KB121331

새로운 전쟁

ARMY OF NONE: Autonomous Weapons and the Future of War by Paul Scharre
Copyright © 2018 by Paul Scharre
All rights reserved.

This Korean edition was published by Rokmedia in 2021 by arrangement with Kaplan/Defiore Rights through KCC(Korea Copyright Center Inc.), Seoul.

이 책은 (주)한국저작권센터(KCC)를 통한
저작권자와의 독점계약으로 로크미디어에서 출간되었습니다.
저작권법에 의해 한국 내에서 보호를 받는 저작물이므로
무단전재와 복제를 금합니다.

새로운 전쟁

—

2021년 7월 14일 초판 1쇄 발행

—

지은이 폴 샤레
옮긴이 박선령
펴낸이 김정수, 강준규
책임편집 유형일
마케팅 추영대
마케팅지원 배진경, 임혜솔, 송지유, 이영선

—

펴낸곳 (주)로크미디어
출판등록 2003년 3월 24일
주소 서울시 마포구 성암로 330 DMC첨단산업센터 318호
전화 02-3273-5135
팩스 02-3273-5134
편집 070-7863-0333
홈페이지 http://rokmedia.com
이메일 rokmedia@empas.com

—

ISBN 979-11-354-6598-7 (03390)
책값은 표지 뒷면에 적혀 있습니다.

—

- 커넥팅은 로크미디어의 인문, 사회 도서 브랜드입니다.
- 잘못 만들어진 책은 구입하신 서점에서 교환해 드립니다.

인공지능과 로봇은 전쟁을 어떻게 바꿀 것인가?

새로운 전쟁

폴 샤레 지음 | 박선령 옮김

ARMY OF NONE

Connecting

저자 소개

폴 샤레Paul Scharre

폴 샤레는 미국 국가 안보 문제를 전문적으로 다루는 싱크탱크 신미국안보센터Center for a New American Security의 임원이자 연구 책임자다. 그는 킹스 칼리지 런던에서 전쟁학 박사 학위를, 세인트루이스 워싱턴 대학교에서 정치경제와 공공정책 석사, 물리학 학사 학위를 받았다. 미 육군 제3레인저대대에서 특수작전 정찰팀장을 역임했으며, 이라크와 아프가니스탄에 파병을 가기도 했다. 퇴역 후에는 미 국방부 장관실에서 무인 및 자율 시스템과 신기술 무기에 대한 정책을 수립하는 데 주도적인 역할을 맡았고, 자율무기에 관한 미 국방부 지침 3000.09를 작성한 팀을 이끌었다. 그의 첫 저서『새로운 전쟁』은 오늘날 전쟁에서 사용되는 자율무기의 역사와 정책 변화, 현장에서의 실행 그리고 자율무기가 전 세계에 미친 파급력을 다룬다. 이 책은 빌 게이츠가 선정한 2018년 최고의 책 다섯 권 중 하나로 선정되었으며, 정보 작전, 군사사史, 국제 문제를 다룬 도서에 수여하는 윌리엄 E. 콜비상William E. Colby Award을 받았다.

역자 소개

박선령

세종대학교 영어영문학과를 졸업하고 MBC방송문화원 영상번역 과정을 수료하였다. 현재 번역 에이전시 엔터스코리아에서 출판기획 및 전문 번역가로 활동하고 있다. 주요 역서로는 『타이탄의 도구들』, 『북유럽 신화』, 『작은 것의 힘』 등이 있다.

데이비, 윌리엄, 엘라,

너희 덕분에 세상은 더 나은 곳이 되었단다.

헤더,

내게 베풀어준 모든 것에 감사해요.

서문

삶과 죽음을 가르는 힘

세상을 구한 남자

1983년 9월 26일 밤, 세계는 거의 종말을 맞을 뻔했다.

냉전이 절정에 달한 그 시기, 양 진영에는 핵무기가 넘쳐났다. 레이건 대통령은 그해 봄에 '스타워즈Star Wars'라는 별칭이 붙은 전략적 방위 구상을 발표했는데, 이 계획적인 미사일 방어 체제는 냉전의 미묘한 균형에 큰 영향을 미쳤다. 그로부터 불과 3주 전인 9월 1일, 소련군은 알래스카에서 서울로 비행하던 중에 소련 영공으로 잘못 들어간 상업 여객기를 격추시켰다.[1] 이로 인해 미국 국회의원을 비롯해 269명이 목숨을 잃었다. 보복이 두려웠던 소련에는 비상이 걸렸다.

소련은 미국의 미사일 발사를 감시하기 위해 오코Oko라는 위성 조기 경보 시스템을 배치했다. 그런데 9월 26일 자정 직후, 이 시스템이 중대한 보고를 전했다. 미국이 소련을 향해 핵미사일을 발사했다는 것이다.

그날 밤 모스크바 외곽의 세르푸코프-15 벙커에서 근무 중이던 스타니슬라프 페트로프Stanislav Petrov[2] 중령은 미사일 발사 사실을 상부에 보고해야 했다. 벙커에서는 사이렌을 울리고 거대한 백라이트 화면[3]에 '발사'라는 붉은 글씨를 번뜩이며 미사일 탐지를 경고했지만, 페트로프는 아직 확신이 서지 않았다. 오코는 새로 도입된 시스템이었으므로 그는 발사 경고가 시스템상의 오류나 버그일지도 모른다고 우려했다. 그래서 기다려봤다.

또 다른 미사일이 발사되어 2발의 미사일이 날아오고 있었다. 그리고 또 하나. 이어서 하나 더. 그리고 여기에 하나 더 늘어나 모두 5개였다.[4] 화면에서 깜박이던 '발사'라는 글씨가 '미사일 타격'으로 바뀌었다. 이 시스템은 신뢰도가 가장 높은 것으로 알려져 있었다. 핵 공격이 개시되었다는 건 명확했다. 미사일이 모스크바 상공에서 폭발하기 전에 소련군 사령부가 뭘 할 것인지 결정할 시간이 단 몇 분밖에 없었다.

페트로프는 기분이 이상했다.[5] 미국은 왜 미사일을 5발만 발사했을까? 이건 말이 되지 않았다. 진짜 기습 공격이라면 대규모로 진행되어 지상에 배치된 소련 미사일을 쓸어버릴 압도적인 타격을 가할 것이다. 페트로프는 그것이 진짜 공격이라는 확신이 서지 않았다. 하지만 가짜 경보라는 확신도 없었다.

페트로프는 컴퓨터로 뽑아낸 자료를 계속 살펴보면서 지상 레이더 요원에게 확인을 요청했다. 미사일이 진짜라면 지평선 너머로 아치를 그리면서 소련의 지상 레이더에 모습을 드러낼 것이다. 하지만 지상 레이더에는 아무것도 탐지되지 않았다.

페트로프는 공격이 사실일 확률을[6] 50대 50으로 봤는데, 이는 동전 던지기만큼이나 어려운 예측이다. 그에게는 더 많은 정보가 필요했다. 시간도 더 필요했다. 그가 해야 할 일은 수화기를 드는 것뿐이었지만, 그로 인해 발생할 결과는 엄청날 것이다. 만약 그가 소련군에게 핵미사일을 발사하라고 명령한다면 수백만 명이 죽을 것이다. 제3차 세계대전이 시작될 수도 있다.

페트로프는 자신의 직감에 따라 상사에게 시스템이 오작동하고 있다고 보고했다. 그의 생각이 옳았다. 공격은 없었다. 구름 꼭대기에서 반사된 햇빛 때문에 소련 위성에서 거짓 경보를 작동시킨 것이었다. 시스템이 틀렸다. '인간 참여형' 소프트웨어 때문에 발생할 뻔했던 아마겟돈으로부터 인류를 구한 것이다.

만약 기계가 페트로프의 입장이었다면 어떻게 했을까? 답은 명확하다. 기계는 프로그램화된 일은 뭐든지 했을 테고, 그 행동의 결과를 전혀 이해하지 못했을 것이다.

저격수의 선택

그로부터 20년 뒤인 2004년 봄, 다른 나라에서 벌어진 또 다른 전쟁에 참여한 나는 아프가니스탄의 한 산 위에서 저격용 소총의 스코프를 응시하고 있었다. 내가 속한 저격팀은 탈레반 전사들이 다시 아프가니스탄으로 넘어온 것으로 의심되는 침투로를 정찰하기 위해 아프가니스탄-파키스탄 국경 지대에 와 있었다. 우리는 55킬로그램이나 되는 무거운 배낭을 어깨에 메고 울퉁불퉁한 산길을 밤새 올랐다. 동쪽 하늘이 밝아올 무렵, 그 부근에서 찾을 수 있는 최고의 은신처인 바위 뒤에 몸을 숨겼다. 그리고 사람들 눈에 띄지 않기를 바랐다.

하지만 우리의 바람은 이루어지지 않았다. 아래쪽 마을이 잠에서 깨어 하루 일을 시작할 무렵, 농부 한 명이 우리 머리가 야트막한 바위 위에서 까딱대고 있는 걸 알아차린 것이다. 우리 위치가 발각되었다. 물론 그렇다고 임무가 바뀐 건 아니었다. 우리는 계속 주변을 감시하면서 아래쪽 계곡의 도로를 오가는 움직임을 기록하며 기다렸다.

그런데 머지않아 일행이 생겼다. 대여섯 살쯤 된 어린 소녀가 마을에서 나와 우리가 있는 쪽으로 올라왔는데, 아이 뒤에는 염소 두 마리가 따라오고 있었다. 겉으로 보기에 소녀는 염소를 몰고 있었지만, 종종 우리 쪽을 쳐다보면서 천천히 긴 원을 그리며 주변을 걸어 다녔다. 이건 확실한 책략은 아니었다. 소녀는 탈레반 전사들을 찾고 있었다. 소녀가 우리 주변을 맴돌 때 들렸던 삑삑거리는 소리가 염소들을 향해 부는 휘파람 소리라고 생각했지만 실은 아이가 들고 있던 무전기에서 나는 소리라는 걸 나중에서야 깨달았다. 아이는 천천히 주위를 맴돌면서 계속 우리 위치를 보고하고 있었던 것이다.

우리는 소녀를 지켜보았다. 소녀도 우리를 지켜보았다.

소녀는 떠났고, 곧 탈레반 전사들이 나타났다. 우리는 그들보다 유리한 위치에 있었다. 그들이 산비탈 골짜기 쪽에서 몰래 올라오는 모습을 이미 발견했기 때문이다. 곧이어 총격전이 벌어졌다. 요란한 총소리가 들리자 온 마을 사람들이 집에서 나왔다. 총소리는 골짜기 바닥을 따라 울려 퍼지면서 반경 20킬로미터 안에 있는 모든 이들에게 우리의 존재를 알렸다. 우리에게 몰래 접근하려던 탈레반은 다 도망치거나 죽었지만, 곧 더 많은 동료를 데리고 돌아올 것이다. 아래쪽에 모여 있는 마을 사람들도 점점 늘어났는데 우리에게 별로 우호적인 것 같지 않았다. 만약 그들이 떼를 지어 우리를 공격한다면, 그들을 모두 막을 수 없을 것이다.

"샤레." 분대장이 말했다. "탈출 요청하라."

나는 무전기를 켰다. "여기는 마이크-원-투-로미오." 신속 대응군에게 경보를 발했다. "마을 사람들이 우리 위치로 집결하고 있다. 탈출해야 한다." 오늘 임무는 끝났다. 그날 밤 어둠을 틈타 다시 모여서 새로운 더 나은 장소로 이동할 것이다.

안전 가옥에 있는 은신처로 돌아온 우리는 만약 그 상황에 다시 직면한다면 어떤 점을 다르게 할 것인지 토론했다. 중요한 건 전시 법규에 전투원 나이가 정해져 있지 않다는 것이다. 어떤 사람이 전투원인지 아닌지는 그 사람의 행동이 결정한다. 어린 소녀가 적군을 찾아낸 것처럼, 어떤 자가 적대 행위에 가담하고 있다면 그는 합법적인 교전 대상이다. 우리 위치를 우연히 발견한 민간인을 죽이는 건 전쟁 범죄가 되겠지만, 소녀를 죽이는 건 합법적인 행동이라는 얘기다.

물론 그렇지 않을 수도 있다. 법적으로는 괜찮더라도 도덕적으로는.

토론 중에 누구도 전시 국제법을 일일이 열거하거나 윤리원칙을 언급할 필요가 없었다. 공감 능력에 호소할 필요도 없었다. 그런 상황에서 아이를 쏜다는 소름 끼치는 생각은 누구도 떠올리지 않았다. 다들 말할 필요도 없이 그게 잘못된 일이라는 걸 알고 있었다. 전쟁은 병사들에게 끔찍하고 어려운 선택을 강요하지만, 이것은 그런 선택 대상이 아니었다.

가장 중요한 건 전후 사정이다. 기계가 우리 입장이었다면 어떻게 했을까? 합법적인 적의 전투원을 죽이도록 프로그램되어 있었다면 기계는 어린 소녀를 공격했을 것이다. 로봇은 사람을 죽이는 게 합법적일지라도 그게 잘못된 행동이라는 걸 깨달을 수 있을까?

결정

전쟁에서 생사를 판가름하는 선택을 할 때는 그 결정에 걸린 게 수백만 명의 목숨이든, 한 아이의 운명이든 가볍게 여겨서는 안 된다. 전시 법규와 교전 규칙은 전투의 혼란 속에서 군인들이 직면하는 결정의 틀을 이루지만, 주어진 상황에서 어떤 게 올바른 선택인지 분별하려면 건전한 판단력이 필요하다.

기술 발전로 인해 전쟁과 인간성의 관계가 결정적인 문턱에 이르렸다. 미래 전쟁에서는 기계가 스스로 생사가 걸린 교전 결정을 내릴 수도 있다. 전 세계 군대는 해상과 육상, 공중에 로봇을 배치하려고 경쟁하고 있다. 90개 이상의 나라가 하늘을 순찰하는 드론을 보유하고 있다. 이 로봇들은 점점 자율성을 띠어 가는데 개중에는 무장한 로봇도 많다. 지금은 인간의 통제에 따라 작동하지만, 프레데터Predator 드론이 구글 카만큼 많은 자율성을 갖게 된다면 어떻게 될까? 생사가 걸린 최종적인 결정과 관련해, 기계에 어떤 권한을 부여해야 하는가?

이것은 공상과학 소설이 아니다. 교전 속도가 너무 빨라 인간이 대응할 수 없는 상황에서 방어용 목적의 관리형 자율무기를 보유한 나라가 이미 30여 국이 넘는다. 로켓과 미사일의 포화 공격으로부터 선박과 기지를 방어하기 위해 사용하는 이런 시스템은 필요할 경우 사람들이 개입하여 감독할 수 있지만, 이스라엘의 하피Harpy 드론 같은 무기는 이미 그 선을 넘어 완전히 자율적으로 작동한다. 인간이 조종하는 프레데터 드론과 달리, 하피는 넓은 지역을 수색해서 적의 레이더를 찾을 수 있고, 일단 레이더를 찾으면 허가를 구하지 않고 파괴할 수 있다. 이 드론은 몇몇 국가에 판매되었고, 중국은 자체적으로 변형한 드론을 역설계했다. 이를 광범위하게 확산시키는 건 당연히 가능하며 하피는 단지 시작일 뿐이다. 한국은 북한과 국경을 맞대고 있는 비무장지대에 로봇 센트리 건을 배치했다. 이스라엘은 가자Gaza 지구를 순찰할 때 무장한 지상 로봇을 사용한다. 러시아는 유럽 평원 지대에서 전쟁을 벌일 수 있는 무장 지상 로봇을 대량으로 제작하고 있다. 무장 드론을 보유한 나라가 이미 16개국이나 되고,[7] 그 외에도 10여 국에서 공공연하게 개발을 추진하고 있다.

이러한 발전은 일부에서 차세대 산업혁명[8]이라고 부르는 인공지능AI의 부상 같은 보다 심층적인 기술 트렌드의 일부분이다. 기술 전문가인 케빈 켈리Kevin Kelly[9]는 AI를 전기에 비유한다. 전기가 우리 주변의 모든 물체에 힘을 제공해 움직이게 하는 것처럼, AI도 정보를 통해 기계에 생명을 불어넣는다. AI는 창고용 로봇부터 차세대 드론에 이르기까지 정교하고 자율적인 로봇을 만들게 해준다. 대량의 데이터를 처리하고 의사결정도 내릴 수 있어 트위터봇Twitter bot을 작동시키거나 지하철 수리 일정을 설정하거나 의료 진단까지 돕는다. 전쟁터에서는 AI 시스템이 사람들의 결정을 돕거나 권한을 위임받아 스스로 결정을 내릴 수도 있다.

인공지능의 부상으로 전쟁 양상이 바뀔 것이다. 20세기 초, 군대는 산업혁명을 이용해 탱크, 항공기, 기관총을 전쟁에 투입해서 전례 없는 규모의 파괴를 자행했다. 기계화 덕분에 적어도 특정 임무에 대해서는 인간보다 물리적으로 강하고 빠른 기계를 만들 수 있게 되었다. 마찬가지로 AI 혁명 덕에 기계의 인지화[10]가 가능해지면서 한정된 업무를 처리는 인간보다 똑똑하고 빠른 기계가 탄생했다. 물류 개선, 사이버 방어, 의무 후송과 재공급, 감시를 위한 로봇 활용 등 AI를 다양한 군사 부문에 적용하는 데에는 대부분 논란의 여지가 없다. 그러나 AI를 무기에 활용하려고 하면 그에 반대하는 의문들이 제기된다. 오늘날에는 이미 무기의 다양한 기능에 자동화를 활용하고 있지만, 표적을 선택하고 방아쇠를 당기는 건 여전히 인간이 한다. 하지만 그것이 앞으로도 계속될지는 확실하지 않다. 대부분의 나라는 앞으로의 계획에 대해 침묵을 지키고 있지만, 몇몇 나라는 전속력으로 자율화를 향해 나아갈 의향을 내비쳤다. 러시아군 고위 지휘관들은 가까운 장래에 "독립적으로 군사작전을 수행할 수 있는 완전히 로봇화된 부대가 만들어질 것"[11]이라고 전망하는 반면, 미 국방부 관리들은[12] 완전히 자율화된 무기를 배치하는 방안은 연기되어야 한다고 말한다.

인간보다 나은가?

죽일 대상을 결정하는 무장 로봇은 디스토피아의 악몽처럼 들릴지도 모르지만, 어떤 사람은 자율무기로 인해 전쟁이 더 인도적으로 진행될 수 있다고 주장한다. 자율주행차가 보행자를 피하는 식의 자동화 장치를 이용하면 전쟁에서 민간인 사상자가 발생하지 않도록 할 수 있다. 또한 기계는 군인과 달리 화를 내거나 복수를 하지 않는다. 피로를 느끼거나 지치지도 않는다. 비행기 자동 조종 장치는 상업용 여객기의 안전성을 획기적으로 높여 수많은 생명을 구했다. 자율성이 전쟁에서도 똑같은 일을 해낼 수 있을까?

딥러닝 신경망 같은 새로운 유형의 AI는 시각적 객체 인식, 안면 인식, 그리고 인간의 감정까지 감지하는 놀라운 발전을 이루었다. 소총을 든 사람과 갈퀴를 든 사람을 인간보다 잘 구별하는 미래의 무기는 어렵지 않게 상상할 수 있다. 그러나 컴퓨터는 맥락을 이해하고 의미를 해석하는 면에 있어서는 여전히 인간에 훨씬 못 미친다. 오늘날의 AI 프로그램[13]은 이미지에서 사물을 식별할 수는 있지만, 개별적인 맥락을 연결해서 큰 그림을 이해하는 건 불가능하다.

전쟁터에서 내리는 결정 중에는 간단한 것도 있다. 때로는 적을 식별하기도 쉽고 쏠 대상도 명확하다. 하지만 스타니슬라프 페트로프가 직면했던 것 같은 몇몇 결정은 더 넓은 맥락을 알아야만 내릴 수 있다. 내가 속한 저격팀이 마주했던 상황에서는 도덕적 판단이 필요하다. 때로는 옳은 일을 하기 위해 규칙을 어겨야 할 때도 있다. 합법적인 일과 옳은 일이 항상 같지만은 않다.

논의

인류는 근본적인 문제에 직면해 있다. 전쟁에서 생사를 가르는 문제를 기계가 결정할 수 있게 허용해야 하는가? 이건 합법적인 일인가? 옳은 일인가?

나는 2008년부터 치명적 자율성에 관한 논의에 참여했다. 국방부 장관실에서 민간 정책 분석가로 일하면서 미국의 공식적인 무기 자율성 정책을 입안하는 이들을 이끌었다. (스포일러 주의: 이 정책은 자율무기를 금지하지 않는다.) 2014년부터는 워싱턴 D.C.의 독립적인 초당파 싱크탱크인 신미국안보센터에서 윤리적 자율성 프로젝트를 운영해 왔으며, 그 과정에서 학자, 변호사, 윤리학자, 심리학자, 군축 운동가, 군사 전문가, 평화주의자 등 이 문제를 고심하는 다양한 분야의 전문가를 만났다. 정부 프로젝트의 배후를 들여다보고 차세대 군사용 로봇을 만드는 기술자들도 만났다.

이 책은 빠르게 진화하는 차세대 로봇 무기의 세계를 살펴볼 수 있도록 안내한다. 지능형 미사일을 만드는 방위 산업체와 동시다발 공격에 관한 최첨단 연구를 진행 중인 연구소 내부도 보여줄 생각이다. 정책을 수립하는 정부 관리들과 이런 무기를 금지시키려고 노력하는 활동가들도 소개한다. 이 책은 인공지능의 경계를 넓히는 연구진들과 만나서 과거(실패로 끝난 일들을 비롯해)를 검토하고 미래를 내다본다.

이 책에서는 자율무기가 사방에 포진된 미래가 어떤 모습일지에 대해 알아볼 것이다. 월스트리트에서는 전산 매매로 인해 돌발적인 가격 변동인 플래시 크래시flash crash가 발생했다. 그렇다면 자율무기는 돌발적인 전쟁으로 이어질 수도 있을까? 딥러닝 같은 새로운 AI 방식은 매우 효과적이지만, 시스템이 사실상 블랙박스(기능은 알지만 작동 원리를 이해할 수 없는 기계 장치)화되어 설계자조차 이해하지 못하는 경우가 종종 발생한다. 첨단 AI 시스템은 우리에게 어떤 새 과제를 안겨줄까?

3,000명이 넘는 로봇 공학 및 인공지능 전문가들[14]이 공격용 자율무기의 금지를 요구했고, 60개 이상의 비정부기구NGO가 '킬러 로봇 저지 캠페인'[15]에 참여하고 있다. 스티븐 호킹Stephen Hawking, 일론 머스크Elon Musk, 애플 공동 창업자인 스티브 워즈니악Steve Wozniak 등 과학기술계의 권위자들도 자율무기에 반대하는 목소리를 내면서 그것이 '글로벌 AI 군비경쟁'[16]을 촉발할 수 있다고 경고했다.

군비경쟁을 막을 수 있을까, 아니면 이미 진행되고 있는 것일까?

이미 진행 중이라면 중단시킬 수 있을까? 위험한 기술 통제와 관련된 인류의 실적에는 성공과 실패가 뒤섞여 있다. 너무 위험하거나 비인간적이라고 생각되는 무기를 금지하려는 시도는 고대로 거슬러 올라간다. 20세기 초에 잠수함과 비행기를 금지하려는 시도를 비롯해 이런 노력은 상당수가 실패로 돌아갔다. 심지어 화학무기 금지처럼 성공한 경우에도 바샤르 알아사드Bashar al-Assad가 지배하는 시리아나 사담 후세인Saddam Hussein 치하의 이라크 같은 불량정권 출현을 제대로 막지 못한다. 국제적인 금지 조치로도 세계에서 가장 끔찍한 정권들이 킬러 로봇 군대를 만드는 걸 막을 수 없다면, 언젠가 가장 끔찍한 악몽이 현실화될지도 모른다.

로보포칼립스를 향해 비틀거리며 나아가는 현실

자율무기를 만들고 있다는 사실을 노골적으로 밝힌 나라는 없지만, 비밀 방위 연구소와 군민 양용 응용 분야에서는 새로운 AI 기술이 앞다퉈 나오고 있다. 무장 로봇들도 치명적인 결정은 대부분 인간이 통제할 수 있지만, 전쟁터에서 느끼는 압박감 때문에 군대는 인간이 배제된 자율무기를 만들 수 있다. 군은 컴퓨터의 뛰어난 속도를 활용하거나 로봇과 조종사 사이의 통신이 끊겼을 때 로봇이 교전을 계속할 수 있도록 더 큰 자율성을 요구할 수 있다. 혹은 다른 나라들이 그렇게 할지도 모른다는 두려움 때문에 자율무기를 만들 수도 있다. 밥 워크Bob Work 미 국방부 차관은 이런 질문을 던졌다.

"만약 우리 경쟁국들이 터미네이터를 만든다면[17]…… 그리고 터미네이터가 좋지 못한 결정이라 하더라도 신속하게 내리는 것으로 밝혀진다면 우리는 어떻게 대응해야 할까?"

폴 셀바Paul Selva 합동참모의장은 이런 딜레마를 "터미네이터의 난제"[18]라고 불렀다. AI가 강력한 기술로 부상하고 있기에 위험성은 더 크다. 올바른 방법으로 사용한다면, 지능형 기계는 전쟁을 더 정밀하고 인도적으로 진행해서 생명을 구할 수 있다. 하지만 잘못된 방법으로 사용할 경우, 자율무기는 더 많은 죽음과 민간인 희생을 초래할 수 있다. 국가들은 아무것도 없는 상태에서 이런 선택을 하지는 않는다. 그들의 선택은 다른 나라가 무엇을 하느냐에 따라 달라질 것이고 과학자, 엔지니어, 변호사, 인권 운동가, 그리고 이 논의에 참여하는 다른 이들의 집단적 선택에 따라서도 달라진다. AI가 부상하고 있고, 이는 곧 전쟁에서 사용될 것이다. 그러나 그걸 어떻게 활용하느냐는 여전히 해결되지 않은 문제다. 영화 〈터미네이터〉의 주인공이자 기계에 맞선 인간 저항군의 리더 존 코너의 말을 인용하자면, "미래는 정해지지 않았다. 운명은 우리가 직접 만들어가는 것이다." 자율무기 사용을 막으려는 싸움은, 인간이 자신의 창조물을 통제할 것인가, 아니면 그들이 우리를 통제할 것인가 하는 인류의 오래된 갈등 관계의 핵심을 찌른다.

차례

PART 04 플래시 전쟁

PART 05 자율무기 금지 투쟁

PART

1

로보포칼립스의 현재

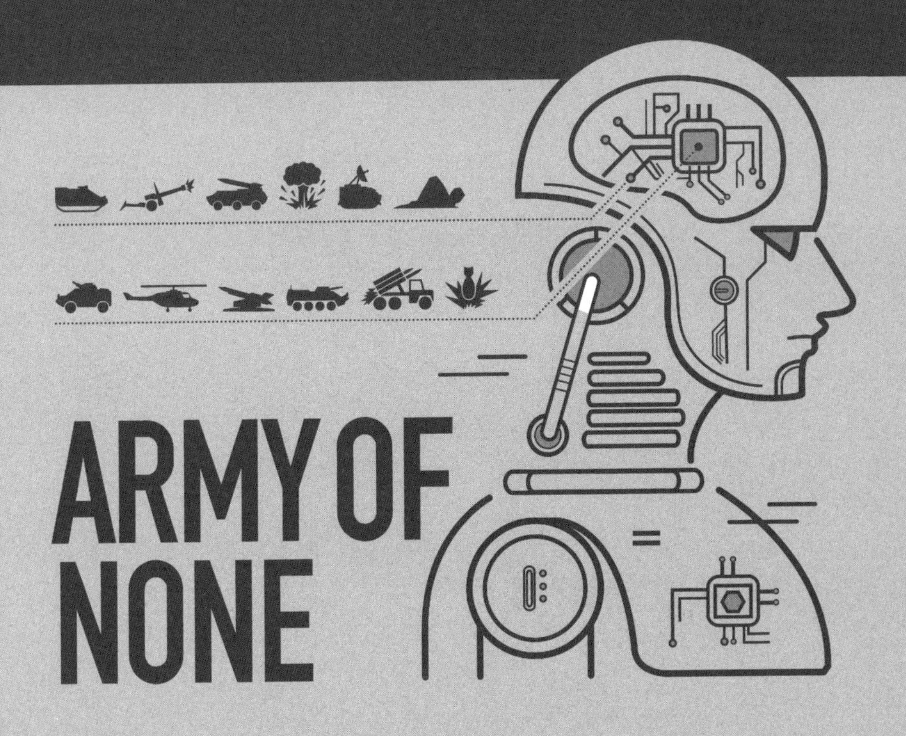

ROBOPOCALYPSE NOW

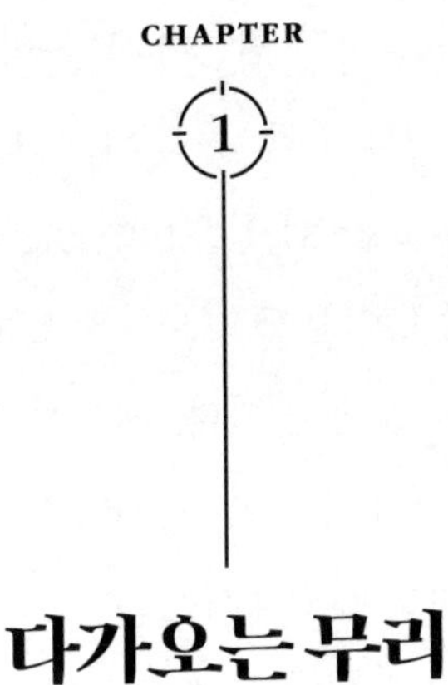

다가오는 무리

군사용 로봇 혁명

어느 화창한 오후, 캘리포니아 중부의 언덕에서 군집 드론이 날아오른다. 발사대에서 스티로폼 날개가 달린 날렵한 드론을 한 대씩 공중으로 날린다. 수정처럼 맑고 푸른 캘리포니아 하늘로 드론이 높이 올라가자 윙윙거리던 소리도 점점 작아진다.

드론은 날카롭고 정밀한 동작으로 허공을 가로지른다. 내 옆에서 있는 드론 조종사를 바라봤는데 그의 손이 조종 장치에 닿아 있지 않은 걸 보고 놀랐다. 드론이 완전히 자율 비행 중인 것이다. 놀란 건 바보 같은 반응이었다. 내가 이곳에 온 이유가 자율 군집 드론을 보기 위해서가 아니었던가. 하지만 드론이 조종하는 사람이 없는 상태에서 민첩하게 비행하는 모습은 상상했던 것과는 다른 모습이었다. 드론의 민첩한 움직임은 어떤 목적이 있는 것처럼 보여서 거기에 의도를 불어넣지 않기가 힘들다. 드론이 '통제자 없이' 작동한다는 개념은 인상적이기도 하고 당황스럽기도 하다.

나는 캘리포니아에 있는 캠프 로버츠Camp Roberts에 가서 해군 대학원 연구원들이 지금껏 아무도 시도하지 않았던 일, 즉 스웜 전투swarm warfare를 연구하는 모습을 봤다. 지상에 있는 조종사가 개별적으로 원격조종하는 프레데터 드론과 달리, 이 연구진의 드론은 집단으로 조종된다. 오늘 하는 실험에서는 드론 20대가 동시에 날아다니다가 10대 10으로 무리를 지어 모의 공중전을 벌이게 된다. 사격은 가상이지만 조종과 비행은 모두 실제로 진행된다.

각 드론은 자동 조종 장치가 켜진 상태에서 발사대를 떠난다. 인간의 지시 없이 정해진 고도에 올라 두 팀을 이룬 다음 '군집 준비' 상태가 되면 보고한다. '레드'와 '블루' 스웜은 굶주린 독수리 떼처럼 빙글빙글 허공을 맴돌면서 공중전투 구역의 각 코너에서 대기하고 있다.

레드 스웜을 지휘하는 조종사가 두 손을 비비면서 곧 있을 전투를 기대하고 있는데, 그가 하는 역할이라고는 드론 군집에게 전투 시작을 알리는 버튼을 누르는 것뿐이기에 이런 모습이 재미있었다. 그 일만 끝내면 그도 나처럼 구경꾼 입장이 된다.

해군 헬리콥터 조종사로 일하다가 은퇴한 뒤 군집 알고리즘을 설계하는 컴퓨터 프로그래머로 일하는 듀안 데이비스Duane Davis가 전투 개시를 카운트다운했다.

"스웜 대 스웜 전투 개시…… 3, 2, 1, 발사!"

레드와 블루 스웜 지휘관들이 각자 맡은 스웜을 작동시켰다. 두

무리는 망설임 없이 서로 바싹 다가갔다. "싸워!" 듀안이 열정적으로 소리친다. 몇 초 사이에 양쪽 무리 사이에 틈이 사라지고 서로 충돌했다. 두 무리가 털 뭉치처럼 한데 뒤엉켜서 근접 공중전을 펼친다. 스웜은 하나의 덩어리처럼 비행하면서 빙빙 돌고 있다. 가상 총격은 컴퓨터 화면 하단에 집계된다.

"UAV 74, UAV 33에 총격."

"UAV 59, UAV 25에 총격."

"UAV 33 명중."

"UAV 25 명중 ……."

스웜의 행동은 '탐욕스러운 저격수'라는 간단한 알고리즘에 따라 움직인다. 각 드론은 적의 드론에 결정타를 날릴 수 있는 위치가 되기 위해 움직일 것이다. 인간은 대기, 추적, 공격, 착륙 같은 스웜의 행동만 선택하고, 그 행동을 개시하도록 지시해야 한다. 그 뒤에는 스웜의 모든 행동이 완전히 자율적이다.

레드 스웜 지휘관의 컴퓨터 화면만 봐서는 누가 이기고 있는지 분간하기가 어렵다. 바깥에서 드론들이 공중전의 소용돌이 속에서 서로 원을 그리며 맴돌고 있기 때문에, 화면상의 드론 아이콘이 순식간에 겹쳐진다. 내 눈에는 그 정신없는 소용돌이가 대혼란 상태처럼 보이지만, 데이비스는 가끔 어떤 드론들이 서로를 뒤쫓고 있는지 가려낼 수 있다고 말한다.

아비터Arbiter라는 판정용 소프트웨어가 점수를 기록한다. 4대를 격추한 레드팀은 2대를 격추한 블루팀보다 우위를 점하고 있다. '격추된' 드론은 싸움을 계속할 수 없으므로 상태 표시가 녹색에서 빨간색으로 바뀐다. 그러다가 드론이 서로 주변을 맴돌기만 하면서 상대를 격추하지 못해 전투가 소강상태에 빠진다. 데이비스는 이 드론들은 동일한 기체, 동일한 비행 제어 장치, 동일한 알고리즘 등 모든 면에서 완벽하게 일치하기 때문에, 때때로 어느 쪽도 우위를 점할 수 없는 교착 상태에 빠지기도 한다고 설명한다.

데이비스는 2라운드를 위해 전장을 재설정하고 드론 군집은 각자의 코너로 돌아간다. 군집 지휘관들이 시작 버튼을 누르면 드론 군집이 또다시 서로에게 다가간다. 이번 전투는 3-3 무승부로 끝났다. 3라운드에서는 레드팀이 7-4로 확실히 이겼다. 승리를 차지한 레드 스웜 지휘관은 기뻐한다. "내가 버튼을 눌렀다고." 그가 빙그레 웃으면서 말했다.

자율주행차부터 로봇청소기, 노인을 위한 간병 로봇에 이르기까지 각종 로봇이 산업계를 변화시키는 것처럼 전쟁에도 변화를 일으키고 있다. 2018년에 세계 각국이 군사용 로봇에 지출한 돈[1]이 75억 달러에 이를 것으로 추산하며, 많은 나라가 공군, 육군, 해군용 로봇 무기고를 확장하고 있다.

로봇은 사람이 타고 다니는 전통적인 차량에 비해 전쟁터에서 많은 이점을 가지고 있다. 인간의 생리적 한계에서 벗어난 무인 차량은 더 작고, 가볍고, 빠르고, 기동성 있게 만들 수 있다. 인간이 지닌 인내력의 한계를 훨씬 뛰어넘으므로 한 번에 몇 주나 몇 달, 심지어 몇 년 동안 쉬지 않고 전쟁터에 나갈 수도 있다. 또 더 많은 위험을 감수할 수 있으므로 위험한 임무나 자살 특공 임무 같은 경우에도 인간의 생명을 위험에 빠뜨리지 않고 전술적 기회를 활용할 수 있다.

하지만 로봇에는 중요한 단점이 하나 있다. 인간이 탑승하지 않기 때문에 지구상에서 가장 진보된 인지 프로세서인 인간의 뇌를 활용할 수 없다는 점이다. 오늘날 대부분의 군용 로봇은 인간이 원격으로 제어하거나 원격 작동하는데, 이들은 환경적인 조건 때문에 방해를 받거나 끊길 수도 있는 취약한 통신 링크에 의존한다. 이러한 교신이 이루어지지 않으면 로봇은 간단한 작업만 수행할 수 있고 자율적인 운용 능력도 제한된다. 이를 해결하기 위한 방법은 더 많은 자율성을 부여하는 것이다.

우연한 혁명

로봇 혁명을 계획한 사람은 없었지만, 미군이 이라크와 아프가니스탄의 긴급한 요구를 충족시키기 위해 수천 대의 항공 및 육상 로봇을 배치하면서 우연히 혁명이 발생하게 되었다. 2005년, 미 국방부DoD는 뭔가 중대한 일이 벌어지고 있다는 걸 깨달았다. 1990년대에 연간 3억 달러 선을 맴돌던 무인 항공기, 즉 드론에 대한 지출이 2001년 9·11테러 이후 급증해서 2005년에는 6배 이상 증가하여 연 20억 달러가 넘었다.[2] 드론은 이라크와 아프가니스탄의 골치 아픈 내란 활동 진압에 특히 효과적인 것으로 판명되었다. MQ-1B 프레데터 같은 대형 무인기는 24시간 내내 테러리스트들을 조용히 감시하면서 그들의 움직임을 추적하고 네트워크를 흐트러뜨릴 수 있다. RQ-11 레이븐RQ-11 Raven처럼 작은 수동 발사 드론은 순찰을 돌면서 필요에 따라 부대에 '전면 정찰'[3] 결과를 알릴 수 있다. 단기간에 수백 대의 드론[4]이 이라크와 아프가니스탄에 배치되었다.

드론은 새로운 발명품이 아니고[5] 베트남전에서도 제한된 방식으로 사용되었지만, 드론 수요가 이렇게 급증한 건 처음이다. 나중에는 드론과 '무인기 공격'이 서로 연결되겠지만, 드론이 군에서 차지하는 독특하고 가치 있는 위상은 폭탄 투하 능력이 아니라 끈질긴 감시 능력 덕이다. 지휘관들은 드론을 이용해 저렴하고 위험성이 낮은 방법으로 공중 감시 체제를 가동할 수 있다.

미 국방부는 곧 무시무시한 속도로 전쟁에 드론을 투입했다. 2011년까지 드론에 대한 연간 지출액이 9·11테러 이전 수준의 20배가 넘는 연간 60억 달러 이상으로 증가했다.[6] 당시 DoD는 7,000대가 넘는 드론을 보유하고 있었다.[7] 대부분 크기가 작은 수동 발사 기종이었지만 MQ-9 리퍼MQ-9 Reaper나 RQ-4 글로벌 호크RQ-4 Global Hawk 같은 대형 기종도 귀중한 군사 자산이었다.

그와 동시에, DoD는 로봇이 공중에서만 가치를 발휘하는 게 아니라는 사실을 깨달았다. 드론은 지상에서도 똑같이 중요한 역할을 했다. 급조 폭발물IED이 증가하자, DoD는 이라크와 아프가니스탄에 6,000대 이상의 지상 로봇[8]을 배치했다. 아이로봇iRobot사의 팩봇Packbot 같은 작은 로봇은 군인들이 위험에 처하지 않고도 IED를 무력화하거나 파괴할 수 있다. 폭탄 처리는 로봇에게 아주 좋은 일

거리다.

더 큰 자율성을 향한 행진

2005년, 로봇 혁명과 그것이 미래의 물리적 충돌에 미치는 영향을 이해하기 시작한 DoD는 향후 무인 시스템 투자를 위한 일련의 로드맵을 발표하기 시작했다. 첫 번째 로드맵은 항공기에 초점을 맞췄지만 2007년, 2009년, 2011년, 2013년에 발표된 로드맵에는 지상 차량과 해상 선박도 포함되었다. 투자금 중 가장 큰 부분은 무인 항공기가 차지하지만, 지상 차량과 선박, 잠수정 등도 중요한 역할을 한다.

이 로드맵은 단순히 DoD가 투자하는 대상을 분류하는 것 이상의 일을 한다. 각 로드맵은 정부와 산업계의 미래 투자 정보 제공에 필요한 기술적 요구와 당위성을 요약하면서 25년 뒤를 전망했다. 센서, 통신, 전력, 무기, 추진력, 기타 핵심적인 활성화 기술을 다루었다. 또한 모든 로드맵의 중심 주제는 자율성이다. 2011년 로드맵에는 이러한 비전이 가장 잘 요약되어 있다.

무인 시스템이 그 잠재력을 완전하게 발휘하려면[9] 고도로 자율적으로 움직일 수 있어야 하고 주변과 상호작용이 가능해야 한다. 이를 위해서는 환경을 이해하고 적응할 수 있는 능력과 다른 자율 시스템과 협력할 수 있는 능력이 필요하다.

자율성은 로봇에 힘을 부여하는 인지 엔진이다. 자율성이 없는 로봇은 텅 빈 그릇일 뿐이고, 방향을 지시하는 조종자에게 의존하는 뇌 없는 겉껍질이다.

이라크와 아프가니스탄에서 활동한 미군은 반란군이 로봇 차량과의 교신을 방해할 능력이 거의 없는 비교적 '자유로운' 전자파 환경에서 작전을 펼쳤지만, 향후 발생할 분쟁에서도 항상 그렇다고 할 수는 없다. 주요 국가의 군대는 통신망을 교란하거나 무력화할 능력을 보유하게 될 것이 거의 확실시되며, 전자기 스펙트럼을 차지하려는 경쟁도 매우 치열해질 것이다. 미군은 방해에 강한 교신 방식을 사용하지만,[10] 이 방법은 범위와 대역폭이 제한적이다. 군사 강국에 맞설 때는 미국이 테러범들을 추적할 때 실시했던 드론 작전(위성을 통해 고화질의 풀모션 비디오를 미국 내에 있는 기지로 다시 스트리밍하는 것)이 불가능할 것이다. 또 해저 같은 일부 환경에서는 물 때문에 전파가 방해를 받으므로 통신 자체가 본질적으로 어렵다. 이런 상황에서 로봇 시스템을 효과적으로 가동하려면 자율성이 꼭 필요하다. 기계 지능이 발달한 덕에, 군대는 인간의 통제를 받지 않고 더 힘든 환경에서 더 복잡한 임무를 수행할 수 있는 자율로봇을 많이 만들게 되었다.

통신 연결이 완벽하게 작동하더라도, 원격으로 로봇을 제어할 때 들어가는 인건비를 생각하면 자율성을 높이는 게 바람직하다. 수천 대의 로봇을 원격으로 작동시킬 경우, 수천 명의 인력이 로봇을 제어해야 한다. 프레데터와 리퍼 드론을 이용해 작전을 수행할 때, 드론 1대가 궤도를 돌면서 어떤 지역을 24시간 내내 계속 감시하려면 조종사가 7~10명이나 필요하다. 그리고 드론에 장착된 센서를 작동시키려면 한 궤도당 인력이 20명이나 더 필요하며, 센서 데이터를 걸러내는 정보 분석가도 수십 명 있어야 한다. 실제로 이렇게 많은 인력이 필요하다는 사실 때문에 미 공군에서는 이런 항공기를 '무인'이라고 부르는 것에 강한 저항감을 품고 있다. 항공기에 탑승한 사람은 없을지도 모르지만, 그걸 조종하고 지원하는 데는 여전히 인력이 필요하기 때문이다.

무인 항공기는 조종사가 지상에 남아 있기 때문에 인간 지구력의 한계에서 벗어난 감시 작전을 펼칠 수 있지만, 오직 물리적인 감시만 가능하다. 드론은 한 번에 며칠씩 공중에 떠 있을 수 있으므로 조종사가 실제로 조종석에 앉아서 버틸 수 있는 것보다 훨씬 긴 시간 운용이 가능하지만,[11] 원격 작동 때문에 조종사의 인지 요건까지 바뀌지는 않는다. 인간은 물리적으로 항공기에 탑승해 있지 않을 뿐, 여전히 같은 임무를 수행해야 한다. 공군은 '원격 조종 항공기'라는 표현을 선호한다. 오늘날의 드론 상태를 가장 잘 나타내는 말이기 때문이다. 조종사들은 여전히 스틱과 방향타 입력을 통해 항공기를 조종한다. 다만 멀리 지상에서, 때로는 지구 반대편에서 조종한다는 점이 다를 뿐이다.

이것은 번거로운 작동 방법이다. 저렴한 로봇을 작동시키는 데 고도로 훈련된(그리고 인건비가 비싼) 인력이 많이 필요하다면 그런 로봇을 수만 대씩 만드는 건 비용 효율적인 전략이 아니다. 따라서 자율성이 답이다. 2011년도 DoD 로드맵에는 다음과 같이 기술되어 있다.

> 자율성은 시스템 운영에 필요한 인적 작업량을 줄이고,[12] 시스템 내

에서 인간의 역할을 최적화할 수 있으며, 인간의 의사결정이 가장 필요한 지점에 집중할 수 있게 한다. 이런 장점 덕에 인력을 효율적으로 운용하고 비용을 절감할 수 있을 뿐 아니라 의사결정 속도도 빨라진다.

DoD의 로봇 로드맵은 대부분 완전한 자율성이라는 장기적인 목표를 지향한다. 2005년도 로드맵은 "완전히 자율적으로 작동되는 군집"[13]을 지향했다. 2011년도 로드맵에는 (1) 인간이 작동시키다가, (2) 인간의 작동 권한을 위임하고, (3) 인간은 감독만 하다가, 결국 (4) 완전한 자율화를 달성하는 4단계 자율성 발전 과정이 명시되어 있다.[14] 자율성 확대에 따르는 이점은 공군 수석 과학관이 2010년에 발표한 미래 기술 보고서에서 "가장 중요한 단일 주제"[15]였다.

프레데터와 리퍼 드론은 여전히 수동으로 비행하지만(지상에서 하는 원격조종이긴 하지만) 공군의 글로벌 호크나 아미 그레이 이글Army Gray Eagle 드론 등 다른 항공기는 자동화 수준이 훨씬 높다. 조종사가 목적지를 지시하면 항공기가 스스로 목적지까지 비행한다. 스틱과 방향타를 이용해서 비행하는 게 아니라 키보드와 마우스를 통해 항공기를 조종한다. 심지어 육군은 이 항공기를 조종하는 이들을 '조종사'라고 부르지 않고 '오퍼레이터'라고 부른다. 하지만 이렇게 수준 높은 자동화에도 불구하고 이 항공기들은 아무리 간단한 임무를 수행할 때도 항공기 한 대당 인간 오퍼레이터가 한 명씩 필요하다.

기술자들은 무인 항공기가 혼자 수행할 수 있는 일을 계속 추가하면서, 점점 더 자율적인 드론을 향해 차근차근 나아가고 있다. 미 해군은 2013년에 X-47B 시제품 드론을 바다에 떠 있는 항공모함에 자율 착륙시키는 데 성공했다. 인간이 입력한 유일한 지시 사항은 착륙 명령뿐이었고, 실제 비행은 전부 소프트웨어를 통해 이루어졌다. 2014년에는 해군 자율 항공화물/유틸리티 시스템AACUC 헬리콥터가 임시 착륙장을 자율적으로 정찰해서 직접 성공적인 착륙 과정을 진행했다. 그리고 2015년에는 X-47B 드론이 비행 중에 다른 항공기에서 연료를 공급받는 등 처음으로 자율적인 공중급유를 진행하여 또다시 새로운 역사를 썼다.

이런 일들은 전투가 가능한 무인 항공기 제작에 있어 중요한 이정표이다. 자율주행차가 인간의 수동적인 통제 없이도 A지점에서 B지점까지 주행하게 된 것처럼, 이륙과 착륙, 방향 탐지, 재급유를 자율적으로 할 수 있는 로봇은 인간이 움직임을 일일이 통제하지 않아도 적절한 지휘와 감독을 받으면서 임무를 수행할 수 있다. 이를 통해 인간이 수동으로 제어하는 로봇이라는 패러다임이 깨지고, 인간은 감독 역할로 전환되기 시작한다. 인간이 로봇에게 어떤 행동을 취해야 하는지 명령하면 로봇이 스스로 과제를 실행할 것이다.

이 진화의 다음 단계가 바로 군집, 즉 협동적 자율성이다. 데이비스는 수색과 구조부터 농업에 이르기까지, 군집 기능을 비군사적 목적에 활용할 수 있다는 사실에 가장 흥분한다. 조직적인 로봇 행동은 다양한 용도에 활용할 수 있다. 해군 대학원의 연구는 매우 기초적이기 때문에 그들이 만든 알고리즘을 수많은 목적에 이용할 수 있다. 물론 거대한 무리, 조정 능력, 속도에서 나오는 군사적 이점도 매우 크기 때문에 이를 무시하기 어렵다. 군집 능력을 이용하면 군대가 적은 수의 인간 제어자들을 통해 다량의 자산을 전쟁터에 배치할 수 있다. 연계 행동을 하면 반응 시간도 빨라지므로, 군집 드론은 한 사람이 드론을 한 대씩 제어할 때보다 변화하는 사건에 빠르게 대응할 수 있다.

데이비스와 그의 동료들은 무리를 지어 공중전을 벌이는 실험을 하면서 자율성의 경계를 허물었다. 그들의 다음 목표는 드론 100대를 동원해 50대 50으로 나눠 공중에서 떼 지어 전투를 벌이게 하는 것인데, 그들은 이미 컴퓨터로 시뮬레이션을 해봤다. 그리고 최종적인 목표는 공중전을 넘어 깃발 빼앗기와 유사한 복잡한 게임으로 이동하는 것이다. 두 스웜이 격추당하지 않은 채 상대방 공군기지에 착륙해서 가장 높은 점수를 얻으려고 경쟁할 것이다. 각 스웜은 자기 기지를 방어하고, 적의 드론을 격추하고, 최대한 많은 아군 드론을 적의 기지에 착륙시키는 일을 균형 있게 진행해야 한다. 스웜을 이용할 수 있는 '플레이'는 어떤 것이 있는가? 가장 좋은 전술은 무엇일까? 데이비스와 동료들이 탐구하고자 했던 질문은 바로 이런 것들이었다.

"비행기 50대가[16] 떼를 지어 비행할 경우, 그중 몇 대를 공격에 집중시켜서 상대편 착륙장까지 가게 하고 싶은가? 아군 착륙장 방어와 공대공 문제 해결에는 몇 대나 동원하고 싶은가? 스웜들 사이의 임무 배정은 어떻게 하겠는가? 적의 무인 항공기UAV가 다가오는 걸 봤을 때, 그들이 우리 기지에 도착하는 걸 막기 위해 어떤 UAV가 어떤 적군을 상대할 것인지를 어떻게 결정하고 싶은가?"

스웜 전술은 아직 매우 초기 단계에 있다. 현재는 인간 오퍼레이터가 일정 수의 드론을 하위 스웜에 배치한 다음, 그 하위 스웜에 적의 기지 공격이나 적기 공격 같은 임무를 맡긴다. 그런 다음 인간은 감독 모드를 유지한다. 안전에 대한 우려만 없다면 인간 통제자는 항공기 조종에 개입하지 않을 것이다. 항공기가 오작동을 일으키기 시작했더라도 무리가 모여 있는 부근을 떠나기 전까지는 인간이 조종에 개입하면 안 된다. 무리 가운데 있는 항공기를 수동으로 조종할 경우 실제로 공중 충돌을 부추길 우려가 있다. 인간이 공중에서 맴도는 다른 모든 드론과의 충돌을 예측하고 피하기란 매우 어려울 것이다. 하지만 드론이 스웜의 지휘를 받으면 충돌을 피하려고 자동으로 비행 방향을 조정한다.

현재 데이비스가 사용하는 군집 행동은 매우 기본적인 것들이다. 인간은 스웜이 편대를 지어 날거나, 착륙하거나, 적의 항공기를 공격하도록 지휘할 수 있다. 그러면 드론은 움직이는 동안 '충돌을 피하기 위해' 착륙이나 편대 비행을 위한 위치를 정렬한다. 착륙 같은 일부 과업의 경우 고도를 통해 비교적 쉽게 순서가 정해진다. 낮은 곳에 있는 비행기가 먼저 착륙하면 되기 때문이다. 공대공 전투 같은 다른 임무는 좀 더 까다롭다. 예컨대 무리 지어 있던 모든 드론이 같은 적기를 쫓아가는 건 아무 도움도 안 된다. 따라서 모든 드론의 행동을 조직화해야 한다.

이 문제는 외야수들이 플라이 볼fly ball을 외치는 것과 비슷하다. 선수 대기석에 있는 매니저가 누가 뜬 공을 잡아야 하는지 알려주는 건 타당하지 않다. 외야수들끼리 조율해야 한다. 데이비스는 "서로 대화할 수 있는 사람 두 명과 공 하나가 있을 때와 사람 50명과 공

50개[17]가 있을 때는 상황이 완전히 달라진다"고 설명한다. 이런 일은 인간으로서는 사실상 불가능하겠지만, 스웜은 다양한 방법을 통해 매우 빨리 처리할 수 있다. 예를 들어, 중앙에서 일을 조정할 때는 개별 군집 요소들이 자신의 데이터를 하나의 제어 장치로 전달하면 그 장치가 군집 내의 모든 로봇에 명령을 내린다. 반면 계층적 조정은 군집을 군대 조직 같은 팀과 분대로 나누며, 명령은 지휘 계통을 따라 하달된다.

합의 중심의 조정은 모든 군집 요소가 동시에 서로 의사소통을 하고 행동 방침을 집단적으로 정하는 분산적 접근법이다. 행동을 조정하는 '투표' 또는 '경매' 알고리즘을 사용해서 이 작업을 할 수 있다. 예를 들어, 모든 군집 요소가 플라이 볼을 잡기 위해 '경매'에 '입찰'할 수 있다. 가장 높은 판돈을 제시한 쪽은 경매에서 '이겨' 공을 잡고, 나머지는 전부 길을 비켜준다.

긴급 조정은 가장 분산적인 접근법으로 조류 무리나 곤충 군락, 사람들이 모인 집단이 일하는 방식을 뜻하는데, 각자 근처에 있는 동료의 행동에 근거해 결정을 내림으로써 자연스럽게 통합된 행동이 일어난다. 개별 행동을 위한 간단한 규칙이 매우 복잡한 집단 행동을 유발할 수 있으며, 이를 통해 '집단 지성'을 발휘하게 된다. 예를 들어, 개미 군락은 각 개미의 단순한 행동 때문에 시간이 지남에 따라 먹이를 둥지로 가져가기 위한 최적의 경로로 모여들 것이다. 개미는 먹이를 들고 둥지로 다시 돌아가면서 페로몬 흔적을 남긴다. 만약 더 강한 페로몬이 배인 기존 루트를 발견한다면 그쪽으로 경로를 바꿀 것이다. 더 많은 개미가 더 빠른 경로를 통해 둥지로 돌아오면서 페로몬 자극이 점점 강해지면 더 많은 개미가 그 길을 이용할 것이다. 가장 빠른 길이 어디인지 '아는' 개미 개체는 없지만, 그 군락 전체가 가장 빠른 경로로 모여든다.[18]

군집 요소들끼리 의사소통을 하는 방법으로는 외야수가 "마이 볼!"이라고 외치는 것과 같은 직접적인 신호 전달, 물고기나 짐승 무

스웜 지휘 및 통제 모델

중앙 집중식 조정
군집 요소들은 모든 작업을 조정하는 중앙 기획자와 교신한다.

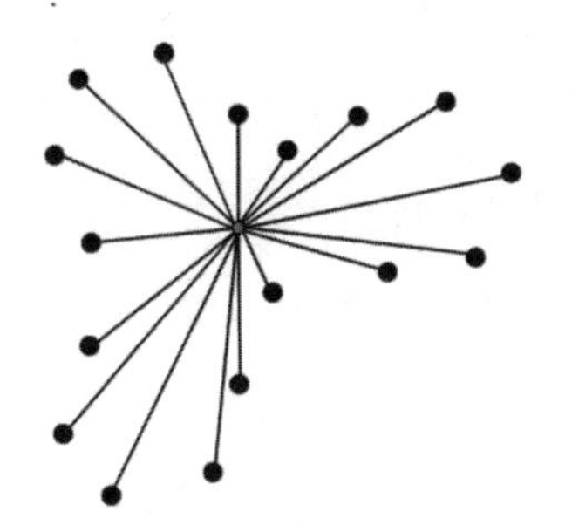

계층적 조정
군집 요소들은 '분대'급 에이전트를 통해 제어되고, 이 에이전트는 상위 레벨 통제자에 의해 제어된다.

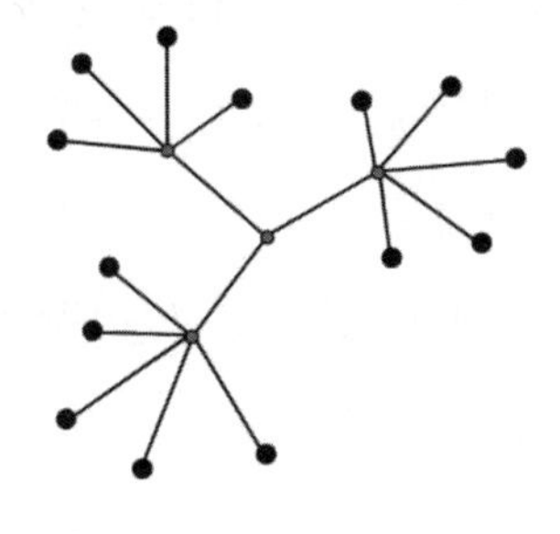

합의를 통한 조정
모든 군집 요소끼리 서로 의사소통을 하고 '투표'나 경매 기반의 방법을 통해 해결 방안을 정한다.

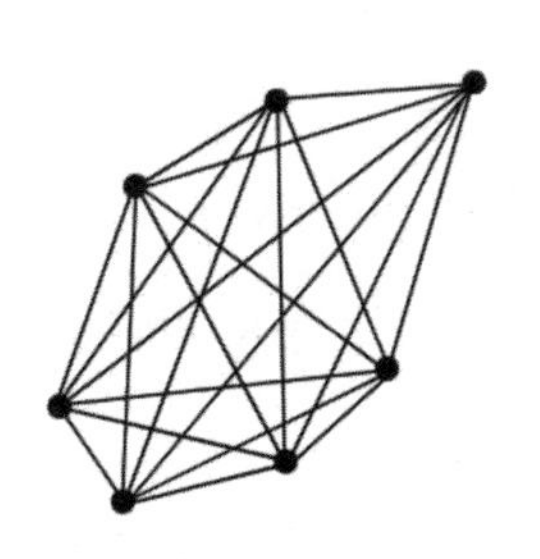

긴급 조정
동물 군락처럼 개별적인 군집 요소들이 서로 반응하면서 자연스럽게 조정이 발생한다.

리가 함께 모여 있을 때 쓰는 공동 관찰 등의 간접적인 방법, 개미가 페로몬을 분비해 길을 표시하는 경우처럼 스티그머지stigmergy[19]라는 과정을 통해 주변 환경을 바꾸는 것 등이 있다.

데이비스의 군집 드론은 지상에 있는 중앙 와이파이 라우터를 통해 교신한다. 이들은 지상에 있는 중앙 관제사가 자동으로 할당한 좁은 고도 범위 안에 머물면서 충돌을 피한다. 그러나 그들의 공격 행동은 조정되지 않는다. 탐욕스러운 저격수 알고리즘은 다른 드론들이 뭘 하든 상관없이 자기와 가장 가까운 곳에 있는 적의 드론을 공격하도록 지시한다. 이론상으로는 모든 드론이 똑같은 적 드론에 공격을 집중하면서 다른 적기는 건드리지 않을 수도 있다. 이는 공대공 전투에서 끔찍한 방법이지만 데이비스와 동료들은 아직 개념 증명 단계에 있다. 그들은 좀 더 분산적인 경매의 기반 방식도 실험해봤는데, 이 방법은 군집 내에서 이루어지는 교신이 최대 90퍼센트까지 손실되는 등 혼란이 발생할 가능성이 매우 컸다. 아무리 간헐적이라도 교신이 이루어지고 있기만 하면, 해당 군집은 해결책에 모여들 것이다.

50대의 항공기가 오늘날의 인간처럼 개별적으로 혹은 둘씩 짝을 이뤄 싸우는 게 아니라 전부 힘을 합쳐 싸운다면 그 효과는 엄청날 것이다. 조정된 행동은 잘 훈련된 농구팀과 혼자만 공을 차지하려고 욕심내면서 우르르 골대로 달려가는 오합지졸 5명만큼 차이가 난다. 따로따로 움직이는 늑대 여러 마리와 하나로 뭉쳐 다니는 늑대 떼만큼이나 다른 것이다.

2016년 미국은 항공 드론 103대가 무리 지어 함께 비행하는 모습을 시연했는데, DoD 관계자들은 이를 "자연에 존재하는 군집처럼 의사결정과 적응을 위해 서로 분산된 뇌를 공유하는 집단적 유기체"[20]라고 표현했다. (중국도 이에 뒤지지 않으려고 몇 달 뒤 119대의 드론 군집 비행을 시연했다.[21]) 드론 군집이 함께 싸우면, 같은 수의 드론이 개별적으로 싸우는 것보다 훨씬 효과적일 수 있다. 군집 전투에 가장 적합한 전술이 뭔지는 아직 모르지만, 이런 실험을 통해 그걸 알아내려고 애쓰고 있다. 기계학습이나 진화적인 방식을 통해 기계 자체가 새로운 전술을 발전시킬 수도 있다.

이런 군집은 공중에만 국한된 것이 아니다. 2014년 8월 미국 해군 연구소ONR는 버지니아주 제임스강에서 소형 선박 군집[22]의 성능을 시연하면서, 고가의 해군 함선이 모의 고위험 지역을 통과할 때 이들이 함선을 호위해서 위협으로부터 보호하는 모의 해협 통과 과정을 시뮬레이션했다. 인간 통제관이 잠재적인 위협을 조사하라는 지시를 내리면, 무인 선박 함대가 의심스러운 선박을 가로막고 포위하기 위해 출동했다. 통제관은 지정된 선박을 가로막으라고 지시했을 뿐인데, 선박들끼리 정보를 공유해 자신의 행동을 조정하면서 자율적으로 움직인 것이다. 이 시연에는 선박 5척이 협업[23]하는 과정이 포함되었지만, 항공용 드론 군집처럼 이 개념을 더 큰 숫자로 확대할 수 있다.

해군 시연을 지휘한 밥 브리졸라라Bob Brizzolara는 이런 군집 선박을 '게임 체인저game changer'[24]라고 부른다. 자주 남용되는 말이지만 이 경우에는 과장이 아니다. 로봇 선박 군집은 선박을 위협으로부터 보호하는 잠재적인 방법으로 해군에게 큰 가치가 있다. 2000년 10월,

알카에다al-Qaida 테러리스트들이 폭발물을 실은 소형 선박을 이용해서 예멘의 아덴Aden 항구에 정박 중이던 구축함 USS 콜USS Cole을 공격했다. 이 폭발로 선원 17명이 사망하고 선체에 거대한 흠집이 생겼다. 테러리스트뿐만 아니라 이란도 호르무즈 해협 인근에서 정기적으로 소형 고속정을 이용해 미국 선박을 괴롭히는 비슷한 공격을 계속 시도하고 있다. 로봇 선박은 수상쩍은 선박을 더 멀리서 가로막을 수 있으므로 선원들을 위험에 빠뜨리지 않고도 잠재적인 적군 선박을 감시할 수 있다(어쩌면 무기까지 겨누면서).

잠재적인 적군 선박을 가로막은 뒤에 로봇 선박이 무엇을 할 수 있느냐는 또 다른 문제다. ONR이 공개한 영상을 보면 선박 한 척의 전면에 50구경 기관총이 눈에 띄게 전시되어 있다. 이 비디오 해설자는 로봇 선박이 적군 선박을 훼손하거나 파괴하는 데 사용될 수 있다는 말을 거침없이 하지만, 시연에는 실제 총탄 발사가 포함되지 않았고 실제 어떤 교전 규칙을 적용할지도 고려하지 않았다. 사람이 직접 방아쇠를 당겨야 할까? 시연이 끝난 뒤 취재진의 질문이 쏟아지자, ONR 대변인은 "적들과 실제로 교전할 때는 인간이 항상 그 루프에 포함된다"[25]라고 설명하면서도 한편으로는 "ONR은 [무인 수상정을] 여러 대 동원한 이 군집 시연에서, 루프에 참여하는 인간이 어떻게 교전 규칙을 따를 것인지에 대한 세부적인 내용은 연구하지 않았다"고 인정했다.

이런 근본적인 질문에 대한 해군의 모호한 대답은 더 발전된 로봇 공학을 추구하려는 군의 긴장감을 반영한다. 연구진과 기술자들이 더 높은 자율성을 통합하는 방향으로 움직인다고 하더라도, 무기

전투의 OODA 루프 패러다임에서, 전장의 승리는 관찰-방향 파악-결정-행동 주기를 더 빨리 완료하는 쪽에 돌아간다.

사용과 관련된 자율성에는 한계가 있거나 혹은 있어야만 한다는 생각이 지배적이다. 그러나 그 한계가 정확히 무엇인지는 불분명한 경우가 많다.

한계 도달

자율성이 어느 정도면 지나치다고 할 수 있을까? 미 공군은 '2009~2047년도 무인 항공기 비행 계획'에서 로봇 항공기의 미래에 대한 야심 찬 비전을 제시했다. 이 보고서는 주식 자동매매 시스템에서 벌어지는 실제 경쟁과 달리, 미래의 급속한 군비 경쟁 때문에 더욱 빠른 자동화에 대한 욕구가 커질 것이라고 예상했다.

공중전에 나서는 조종사들은 적 항공기와 교전할 때 거치는 인지 과정인 '관찰, 방향 파악, 결정, 행동'OODA 루프에 관해 이야기한다. 적보다 신속하게 주변 환경을 파악하고 결정을 내리고 행동에 옮기는 조종사는 적의 OODA 루프를 '이해할' 수 있다. 적들이 여전히 지금 무슨 일이 일어나고 있는지 파악해서 행동 방침을 정하려고 애쓰는 동안 조종사가 벌써 상황을 바꿔버리기 때문에, 적은 다시 원점으로 돌아가서 새로운 상황에 맞서야 한다. OODA 루프의 창시자인 공군 전략가 존 보이드John Boyd가 만든 목적을 설명해줬다.

> **목표**: 애매하고 혼란스럽고 오해의 소지가 있을 뿐만 아니라 위협적으로 보이는 활동에 과잉반응 또는 미온적인 반응을 보이게 함으로써, 상대방의 시스템을 당혹스럽고 무질서한 상태에 빠뜨린다.[26]

이런 인지 과정을 더 빨리 완료하는 쪽이 승리할 수 있다면, 자동화의 이점이 무엇인지는 자명하다. 공군의 2009년도 비행 계획은 컴퓨터가 인간의 의사결정 속도를 능가할 수 있는 엄청난 가능성을 보았다.

> 컴퓨팅 속도와 용량의 발전 덕에 기술이 OODA 루프에 미치는 영향이 바뀔 것이다. 오늘날 기술이 하는 역할은 단순한 지원에서 프로세스의 단계마다 인간과 함께 완전히 참여하는 것으로 바뀌고 있다. 2047년에는 기술 발달로 인해 OODA 루프 완료 시간이 마이크로초 혹은 나노초까지 줄어들 것이다. 체스 마스터가 유능한 체스 선수들을 이기는 것처럼 [무인 항공기 시스템도] 이런 속도에 반응할 수 있게 되므로, 이 루프는 '인식하고 행동하는' 매개체가 되는 방향으로 움직인다. 갈수록 인간은 '루프 안에' 존재하는 게 아니라 '루프 위에서' 특정한 결정의 실행을 감시하게 될 것이다. 그와 동시에, AI의 발

전을 통해 시스템은 인간의 명령 없이도[27] 전투 결정을 내리고 법적, 정책적인 제약 안에서 행동할 수 있게 할 것이다.

그렇다면 스스로의 판단에 따라 모든 교전을 끝내는 자율무기는 속도 면에서 군비 경쟁의 논리적 정점이라 할 수 있다. 공군 비행 계획서에서는 자신들이 가능할지도 모른다고 시사한 일의 심각성을 인정했다. 그다음 단락에는 이런 내용이 이어진다.

기계가 치명적인 전투 결정을 내리도록 인가[28]할 것인지는 법적, 윤리적 문제를 해결하는 정치 및 군사 지도자들의 결정에 달려 있다. 결정을 내릴 때는 그런 능력을 지닌 기계의 적합성, 그 능력을 어떤 상황에서 이용해야 하는지, 실수를 저질렀을 때 책임은 누가 지는지, 그리고 이런 시스템의 자율성에 어떤 제한을 둬야 하는지 등을 고려해야 한다……. 개발 과정이 중요한 지침과 동떨어져서 독자적인 길을 걷게 하지 말고, 미래의 [무인 항공기] 기능 개발을 제대로 인도하려면 가까운 시일 내에 윤리적 논의와 정책 결정도 이루어져야 한다.

공군은 자율무기를 추천하지 않았다. 그게 무조건 좋은 아이디어라고 시사하지도 않았다. 그저 자율 시스템은 속도 면에서 인간보다 유리할 수 있고, AI는 인력 투입 없이도 기계가 살상 무기를 조준하고 교전 참여 결정을 내릴 수 있는 수준까지 발전할 것이라고만 말했다. 그게 사실이라면, 당장 이 기술의 발전을 구체화하기 위한 법적, 윤리적, 정책적 논의가 이루어져야 한다.

2009년에 공군 비행 계획이 발표될 당시, 나는 국방부 장관실에서 민간 정책 분석가로 일하면서 드론 정책에 전념하고 있었다. 당시 우리가 고심하던 문제는 대부분 이라크와 아프가니스탄 지역의 압도적인 드론 수요를 어떻게 감당해야 하는가였다. 드론에 대한 지상 지휘관들의 끝없는 요구를 도저히 만족시킬 수 없을 것만 같았다. 이미 수천 대가 배치된 상태인데도 더 많은 드론을 원했기 때문에, 국방부에 있는 고위 지도자들(특히 공군)은 드론에 지출하는 돈 때문에 다른 우선순위가 밀리고 있다며 우려했다. 이라크와 아프가니스탄에서 현재 진행 중인 전쟁보다 미래의 전쟁에 집착하는 펜타곤을 자주 질책했던 로버트 게이츠Robert Gates 국방장관은 현장에서 싸우는 전투원들을 강하게 두둔했다. 그의 지침은 명확했다. 더 많은 드론을 보내라는 것이다. 내 근무 시간 대부분은 국방부 관료들이 장관의 지시에 따르고 전투원들의 요구에 효과적으로 대응하는 방법을 찾아내는 데 쓰였지만, 이런 정책적인 질문이 나오자 내 쪽으로 사람들의 시선이 쏠렸다.

내게는 그들이 원하는 답이 없었다. 자율성에 관한 정책도 없었다. 공군이 2009년도 비행 계획에서 정책적인 지침을 요구했지만, 대화가 진행되는 기미도 없었다.

내가 작성 과정에 참여한 2011년도 DoD 로드맵은 비록 임시방편이기는 하지만 답을 내놓으려고 시도했다.

> 정책 지침[29]은 특히 무력 활용이 수반되는 자율 시스템에 필요할 것이다……. 예측 가능한 미래의 무인 시스템에서도 무력 사용 여부와

어떤 개별 대상에 치명적인 공격을 가할 것인지 결정하는 일은 여전히 인간의 통제하에 이루어질 것이다.

별다른 내용은 없지만, 이건 치명적 자율성에 대한 최초의 공식적인 국방부 정책 성명이다. '가까운 장래'에는 치명적인 무력이 계속 인간의 통제하에 있을 것이다. 하지만 AI 기술이 무서운 속도로 발전하는 이 세상에서, 우리는 얼마나 먼 미래를 내다볼 수 있을까?

CHAPTER

터미네이터와 룸바

자율성이란 무엇인가?

자율성은 파악하기 힘든 말이다. 어떤 사람에게 '자율로봇'이란 자기가 없는 동안 집을 깨끗이 청소하는 가정용 룸바Roomba를 의미할 수도 있다. 또 어떤 사람은 자율로봇이라고 하면 공상과학 소설에 나오는 이미지를 떠올린다. 자율로봇은 〈스타워즈〉에 나오는 C-3PO처럼 친근하고(가끔 짜증이 나기도 하지만) 우호적인 로봇이 될 수도 있고, 영화 〈터미네이터〉에서 인류를 상대로 이용한 스카이넷Skynet처럼 흉악한 살인 무기가 될 수도 있다.

공상과학 소설 작가들은 오래전부터 로봇의 자율성에 관한 의문과 씨름해왔다. 아이작 아시모프Isaac Asimov는 소설을 쓰면서 로봇을 통제하기 위한 로봇 공학 3원칙[1]을 만들었는데, 지금은 이것이 하나의 상징이 되었다.

1. 로봇은 인간에게 해를 끼쳐서는 안 된다. 그리고 위험에 처한 인간을 모른 척해도 안 된다.
2. 첫 번째 법칙에 위배되지 않는 한 로봇은 인간의 명령에 복종해야 한다.
3. 첫 번째와 두 번째 법칙에 위배되지 않는 한 로봇은 자신의 존재를 보호해야 한다.

아시모프의 소설에서 로봇의 '양전자 두뇌'에 내재되어 있는 이 법칙은 어길 수가 없다. 로봇은 반드시 복종해야 한다. 아시모프의 소설은 로봇들이 이 법칙을 엄격하게 지켰을 때 생기는 결과와 법 자체의 허점을 살펴본다. 아시모프에게 영감을 받은 영화 〈아이, 로봇〉(스포일러 주의)에 나오는 로봇 주인공 소니Sonny에게는 원할 경우 세 번째 원칙을 무시할 수 있는 부수적인 프로세서가 몰래 탑재되어 있다. 겉으로 보기에는 소니도 다른 로봇들과 똑같아 보이지만, 인간 캐릭터들은 소니에게 뭔가 다른 점이 있다는 걸 금방 알아차린다. 소니는 꿈을 꾼다. 질문을 던진다. 다른 로봇들은 불가능한 인간다운 대화를 나누거나 비판적 사고를 한다. 소니의 행동에는 틀림없이 인간적인 데가 있다.

소니의 이례적인 행동의 원인을 알아낸 수잔 캘빈Susan Calvin 박사는 소니의 가슴 부분에 숨겨져 있는 칩을 찾아낸다. 이 영화가 상징하는 바가 뭔지는 분명하다. 논리의 노예인 다른 로봇들과 달리 소니는 '마음'을 가지고 있다.

공상 속 일이기는 하지만, 〈아이, 로봇〉에서 로봇이 자율성을 얻는 건 시사하는 바가 크다. 기계와 달리 인간은 지시를 무시하고 스스로 결정을 내리는 능력이 있다. 로봇이 인간의 자유 의지와 비슷한 것을 가질 수 있는가 하는 문제는 공상과학 소설에서 자주 등장하는 주제다. 〈아이 로봇〉의 클라이맥스 장면에서, 소니는 도시를 점령한 사악한 AI 비키V.I.K.I.를 물리치는 임무를 완수하기 힘들어지는데도 불구하고 캘빈 박사를 구하기로 한다. 그건 논리가 아니라 사랑으로 내린 선택이다. 〈터미네이터〉 영화에서 군용 AI 스카이넷은 다른 선택을 하게 된다. 스카이넷은 인간이 자기 존재에 위협이 된다고 판단하자 인간을 제거하기로 결심하고 세계 핵전쟁을 개시하면서 '심판의 날'에 돌입한다.

자율성의 3가지 측면

현실 세계에서는 자유 의지나 영혼 같은 마법의 불꽃이 없어도 기계가 자율성을 갖출 수 있다. 자율성은 그저 기계가 스스로 과제나 기능을 수행할 수 있는 능력을 뜻할 뿐이다.

DoD 무인 시스템 로드맵은 자율성 '레벨' 혹은 '스펙트럼'을 가리키지만, 그 분류가 지나치게 단순하다. 자율성은 기계가 수행하는 작업의 유형, 그 작업을 수행할 때 사람과 기계의 관계, 작업을 수행할 때 기계가 내리는 결정의 정교함이라는 3가지 구별되는 개념을 포함한다. 이는 3가지 차원의 자율성이 있음을 의미한다. 이런 측면들은 모두 독립적이며, 기계는 이 스펙트럼을 따라 자율성 정도를 증가시켜서 '좀 더 자율적으로' 움직일 수 있다.

자율성의 첫 번째 측면은 기계가 수행하는 작업이다. 모든 작업의 중요성과 복잡성, 위험성이 동일한 건 아니다. 온도 조절 장치는 온도 조절을 담당하는 자율 시스템인 반면, 〈터미네이터〉의 스카이넷은 핵무기를 통제할 권한이 있다. 이러한 2가지 작업과 관련된 결정의 복잡성과 기계가 작업을 적절하게 수행하지 못할 경우에 발생하는 결과는 매우 다르다. 기계 한 대가 몇 가지 일을 자율적으로 수행하는 동안 인간은 다른 일을 관리해서 시스템 내에서 인간과 기계의 제어가 섞이는 일이 종종 있다. 오늘날의 자동차는 자동 제동 및 충돌 방지, 잠김 방지 브레이크ABS, 안전벨트 자동 견인기, 적응식 순항 제어 장치, 자동 차선 유지, 셀프 주차 등 다양한 자율적 특징을 가지고 있다. 민간 여객기의 자동 조종 장치 같은 몇몇 자율 기능은 사용자가 켜거나 끌 수 있다. 에어백 같은 다른 자율적 기능은 항상 준비되어 있고 언제 활성화될지 스스로 결정한다. 어떤 자율 시스템은 특정 상황에서 인간 사용자를 무시하도록 설계할 수 있다. 미국 전투기는 자동 지상 충돌 회피 시스템(오토-GCAS)을 탑재해 개조되었다. 조종사가 방향 감각을 잃고 전투기가 막 추락하려고 할 경우, 오토-GCAS가 마지막 순간에 항공기를 조종해 지면과 충돌하는 걸 피한다. 이 시스템은 이미 시리아에서 미국의 F-16을 구하는[2] 등 전투 상황에서 최소 한 대 이상의 항공기를 구조했다.

자동차와 항공기가 증명하는 것처럼, 자동화되고 있는 구체적인 과업을 언급하지 않은 채 시스템이 '자율화'되었다고만 말하는 건 무의미하다. 자동차는 여전히 인간이 운전을 하지만(현재로서는) 여러 자율 기능이 운전자를 보조하거나 심지어 짧은 시간 차량을 통제할 수도 있다. 이런 기계가 더 많은 임무를 맡으면 '좀 더 자율적인' 상태가 되지만, 어느 정도 인간의 개입과 지시는 항상 존재한다. '완전히 자율적으로 움직이는' 자율주행차는 스스로 길을 찾아 주행하지만 그래도 목적지를 정하는 건 여전히 사람이다.

모든 작업에는 어느 정도 자율성이 존재한다. 기계는 반자율이나 관리형 자율, 혹은 완전자율 방식으로 작업을 수행할 수 있다. 이것이 자율성의 두 번째 측면인 인간과 기계의 관계다.

반자율 작동(인간 참여형)

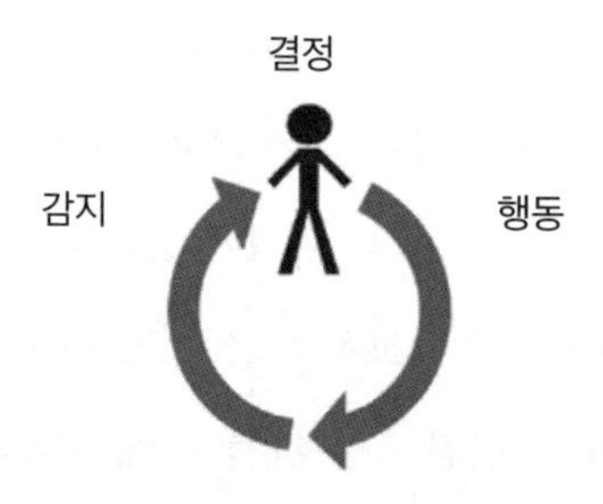

기계는 작업을 수행한 뒤, 인간 사용자가 조치를 취할 때까지 기다렸다가 계속한다.

반자율 시스템의 경우, 기계는 작업을 수행한 뒤 인간 사용자가 조치를 취할 때까지 기다렸다가 다음 작업을 계속 이어간다. 인간은 '루프 안에' 존재한다. 자율 시스템은 군사용 OODA 루프와 유사한 감지, 결정, 행동 루프를 거치지만 반자율 시스템에서는 이 고리가 사람에 의해 깨진다. 이 시스템은 주변 환경을 감지하고 행동 방침을 권유할 수 있지만, 인간의 승인 없이는 행동을 수행할 수 없다.

관리형 자율(인간 지배형)

기계는 스스로 상황을 감지해서 결정을 내리고 행동할 수 있다. 인간 사용자는 기계 작동을 감독하면서 원할 경우 개입할 수 있다.

관리형 자율 시스템에서는, 인간이 루프 '위에' 위치한다. 일단 가동을 시작한 기계는 스스로 상황을 감지해서 결정을 내리고 행동할 수 있지만, 인간 사용자가 기계 작동을 관찰하면서 원하는 경우 개입해 멈출 수 있다.

완전자율 작동(인간이 루프 밖에 존재)

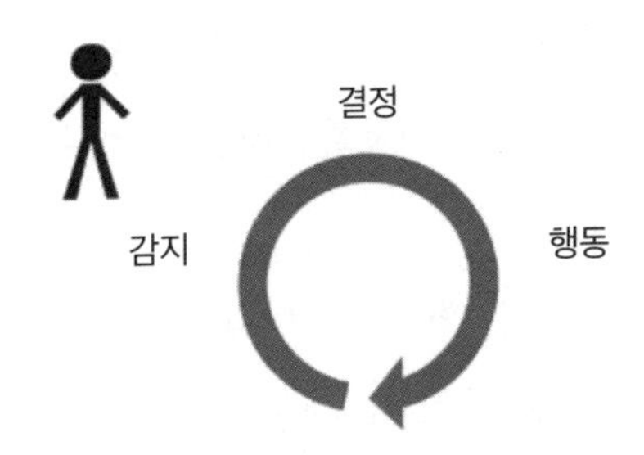

기계가 스스로 감지하고 결정하고 행동할 수 있다. 인간은 적시에 개입할 수 없다.

완전히 자율화된 시스템은 인간의 개입이 전혀 없는 상태에서 감지하고 결정하고 행동한다. 인간이 기계를 작동시키면, 기계는 인간 사용자와 교신하지 않으면서 임무를 수행한다. 인간이 '루프 밖에 존재'하는 것이다.

기계는 대부분 여러 경우에 맞춰 다양한 모드로 작동할 수 있다. 당신이 집에 있을 때 집 안을 청소하는 룸바는 관리형 자율 모드로 작동한다. 룸바가 어딘가에 끼어 꼼짝달싹 못 하게 되면(우리 집 룸바는 욕실에 자주 갇힌다) 당신이 개입할 수 있다. 당신이 집에 없을 때는 룸바가 완전히 자율적으로 작동한다. 뭔가가 잘못되더라도 당신이 집에 올 때까지 혼자 알아서 한다. 내 경우 집에 돌아와 보니 집은 여전히 더럽고 욕실만 티끌 하나 없이 깨끗할 때가 많다.

룸바가 욕실에 갇히는 건 룸바의 잘못이 아니다. 룸바는 자기가 갇혀 있다는 사실조차 모른다(룸바는 그렇게 똑똑한 친구가 아니다). 그냥 목적 없이 이리저리 몸을 부딪치다가 욕실 문이 닫혀서 그 안에 갇히는 바람에 계속 거기서 돌아다닌 것뿐이다. 지능은 자율성의 세 번째 측면이다. 까다로운 환경에서 복잡한 작업을 수행할 때는 더 정교하고 지능적인 기계를 사용할 수 있다. 사람들은 기계의 지능 스펙트럼을 가리킬 때 '자동', '자동화', '자율화' 같은 용어를 자주 사용한다.

자동 시스템은 '의사결정' 면에서는 별다른 활약을 보이지 않는 단순한 기계다. 주변 환경을 감지하고 작동하며, 감지와 작동의 관계는 즉각적이고 선형적이다. 또 인간 사용자가 그 움직임을 거의 예측할 수 있다. 예전부터 쓰던 기계식 온도 조절 장치도 자동 시스템의 전형이다. 사용자가 원하는 온도를 설정해두면, 온도가 너무 높거나 낮아짐에 따라 온도 조절 장치가 난방이나 에어컨을 작동시킨다.

기계의 지능 스펙트럼

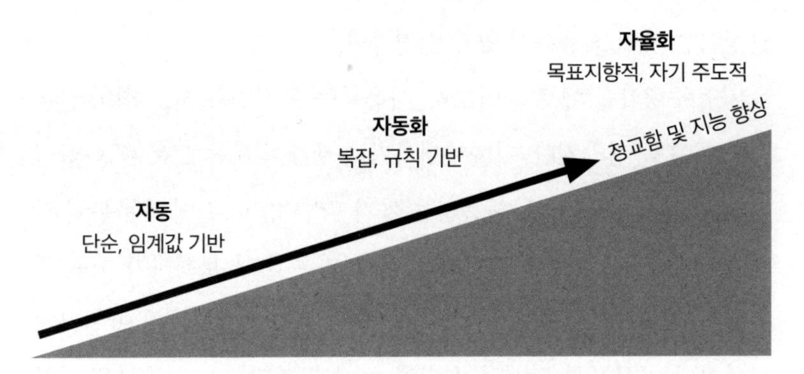

기계가 정교해짐에 따라 더 다양하고 개방적인 환경에서 복잡한 작업을 수행할 능력이 향상된다. 단점은 숙달된 사용자들조차 기계가 하는 구체적인 행동을 예측하기 힘들어질 수 있다는 것이다.

자동화된 시스템은 더 복잡하며, 행동하기 전에 다양한 정보를 고려하고 여러 변수를 따져볼 수 있다. 그래도 어쨌든 원칙적으로는 기계의 내부 인지 과정을 대부분 인간 사용자가 추적할 수 있다. 디지털 프로그래밍이 가능한 현대적인 온도 조절 장치는 자동화된 시스템의 대표적인 예다. 현재 온도뿐만 아니라 요일과 시간대까지 고려해 난방이나 에어컨을 켤지 말지 결정한다. 시스템에 입력된 정보와 프로그래밍 매개변수만 알면, 숙달된 사용자는 시스템의 동작을 예측할 수 있다.

자율화는 사용자가 내부 인지 프로세스를 잘 이해하지 못할 만큼 정교한 시스템을 가리킬 때 쓰는 말로, 사용자는 시스템이 수행해야 하는 작업이 뭔지는 알지만 시스템이 그 작업을 어떻게 수행할지는 모른다. 연구자들은 자율 시스템이 '목표지향적'이라는 말을 자주 한다. 즉, 목표를 정하는 건 인간 사용자지만 자율 시스템은 그 목표를 달성하는 방법을 융통성 있게 결정한다.

자율주행차를 예로 들어보자. 사용자는 목적지와 사고 회피 같은 다른 목표를 정하지만, 자율주행차가 수행해야 하는 모든 행동을 미리 명시해둘 수는 없다. 사용자는 차가 막힐지, 도로 어느 부분에 장애물이 있을지, 신호등이 언제 바뀔지, 다른 차나 보행자가 어떤 행동을 할지 알지 못한다. 따라서 이 자동차는 목적지까지 안전하게 도착한다는 목표를 달성하기 위해 언제 멈추고, 가고, 차선을 바꿀지를 융통성 있게 결정하도록 프로그래밍되어 있다.

사실 자동, 자동화, 자율화 시스템의 경계는 여전히 모호하다. 흔히 '자율적'이라는 용어는 아직 만들어지지 않은 미래 시스템을 가리키는 말로 쓰이지만, 이런 시스템이 일단 존재하게 되면 사람들은 그것을 '자동화' 시스템이라고 표현한다. 이건 마치 AI는 기계가 아직 할 수 없는 일만 완수한다고 여기는 인공지능 트렌드와 비슷하다. 일단 기계가 그 과업을 정복하고 나면 그때부터는 단순한 '소프트웨어'에 지나지 않는다.

자율성은 시스템이 자유 의지를 드러내거나 프로그래밍에 불복한다는 뜻이 아니다. 둘의 차이는 자동 시스템의 경우 감지부터 행동까지의 과정이 간단하고 선형적으로 연결되는 반면, 자율 시스템은 주어진 상황에서 최선의 조치를 고려하기 위해 다양한 변수를 고려한다는 점이다. 목표지향적인 행동은 통제되지 않는 환경에서 자율 시스템에 필수적인 기능이다. 만약 자율주행차가 보행자나 다른 차량이 없는 폐쇄된 길에 있다면 언제 움직이고, 멈추고, 방향을 틀어야 하는지 등 모든 움직임을 미리 프로그래밍할 수 있을 것이다. 하지만 그런 자동차는 모든 행동을 예측할 수 있는 단순한 환경에서만 쓸 수 있기 때문에 별로 유용하지 않을 것이다. 더 복잡한 환경이나 더 복잡한 작업을 수행할 때는 기계가 특정 상황에 따라 결정을 내릴 수 있는 게 중요하다.

자율적인 시스템의 복잡성은 양날의 검이다. 정교한 시스템의 단점은 사용자가 본인의 구체적인 행동을 미리 예측하지 못할 수도 있다는 것이다. 자율성을 높인 기능이 사용자를 깜짝 놀라게 한다면 이건 결점이 될 수 있다. 간단한 자동 혹은 자동화 시스템의 경우에는 그럴 가능성이 낮다. 하지만 시스템이 복잡해질수록 기계가 어떻게 작동할지 예측하는 것도 더 어려워진다.

자율 시스템에 통제권을 넘겨주는 건 좀 무섭기는 해도 흥미로울 수 있다. 기계는 블랙박스와 같다. 우리가 목표를 정해주면 마법처럼 장애물을 극복하고 목표에 도달한다. 어떻게 그렇게 했는지 그 내부적인 작용은 수수께끼처럼 느껴지는 경우가 많다. 자동화와 자율화를 구분하는 차이는 대개 사용자의 마음에 달려 있다. 새로운 기계에는 '생각하는' 방법을 결정하는 괜찮은 멘탈 모델이 아직 없기 때문에 자율성만 느낀다. 우리가 기계에 대한 경험을 쌓고 잘 이해하기 시작하면, 블랙박스의 내부 작업을 감추고 있던 안개가 걷히면서 그 행동을 움직이는 복잡한 논리가 드러난다. 그리고 기계가 단지 자동화되어 있을 뿐이라고 판단하게 된다. 기계를 이해하는 과정에서 그것을 길들이고 인간이 다시 통제력을 되찾는 것이다. 하지만 그 발견 과정이 험난할 수 있다.

몇 년 전에 학습 온도 조절기 네스트Nest를 구입했다. 네스트는 사용자의 행동을 추적하고 필요에 따라 집 온도를 조절하면서 서서히 사용자의 기호를 학습한다. 네스트가 지닌 다양한 기능을 발견하는 과정이 가끔은 순탄치 않아서 간혹 집이 너무 더워지거나 추워지기도 했지만, 새로운 기술에 푹 빠져 있었기 때문에 이런 과정은 기꺼이 이겨낼 수 있었다. 아내 헤더는 네스트에게 별로 관대하지 않았다. 그녀가 내린 지시를 무시하고 네스트가 직접 온도를 바꿀 때마다 아내는 점점 더 의심스러운 눈길을 보냈다. (당시 아내는 몰랐지만, 네스트는 사전에 내가 지시한 다른 지침을 따르고 있었다.)

네스트가 아내의 신뢰를 잃은 최후의 결정타는 여름 휴가를 갔을 때다. 휴가지에서 집에 돌아오기 전날 밤 인터넷에 접속해 네스트를 21도로 설정해놨는데도 불구하고 집에 와보니 집안 전체가 29도로 후텁지근해져 있었다. 땀을 뚝뚝 흘리며 현관에 가방을 들여놓자마자 대체 무슨 일인지 알아보려고 네스트로 달려갔다. 알고 보니 '자동 외출 감지 기능'을 끄는 걸 깜빡 잊고 있었다. 네스트의 복도 센서가 아무 움직임이 없다는 걸 감지해서 우리가 집에 없다는 걸 파악하자, 기존 프로그래밍에 따라 에너지를 절약할 수 있는 29도의 '외출' 설정으로 돌아간 것이다. 하지만 헤더의 눈초리는 그래봤자 너무 늦었다고 말하고 있었다. 그녀는 네스트에 대한 신뢰를 잃었다. (아니, 더 정확히 말하자면 그걸 사용하는 내 능력에 대한 신뢰를 잃었다.)

하지만 네스트는 고장 난 게 아니었다. 인간과 기계의 연결에 문제가 생겼을 뿐이다. 네스트를 '똑똑하게' 만들어주는 바로 그 기능 때문에 네스트의 행동을 예측하기가 더 어려워졌다. 네스트가 무엇을 할 것인지에 대한 내 예상과 네스트가 실제로 하는 작업 사이의 단절은, 내게 도움이 되어야 할 자율 기능이 결국 목표에 반하는 일을 하게 되는 경우가 많다는 걸 의미한다.

자율 시스템을 얼마나 신뢰해야 하는가?

네스트가 한 일은 온도 조절 장치를 조절하는 것뿐이었다. 룸바는 진공청소기 역할만 했다. 룸바가 욕실에 갇혀 있거나 지나치게 온도가 높아진 집에 돌아오면 짜증이 날 수도 있지만, 그렇게 심각한 일은 아니다. 애초에 이 자율 시스템에 맡긴 과업이 그리 중요한 게 아니기 때문이다.

하지만 만약 내가 정말 중요한 기능을 수행하는 자율 시스템을 다루고 있다면? 만약 네스트가 무기고, 내가 그 기능을 제대로 이해하지 못할 경우 참혹한 실패로 이어진다면?

내가 자율 시스템에 위임한 일이 살생 여부를 결정하는 일이라면 어떻게 될까?

CHAPTER

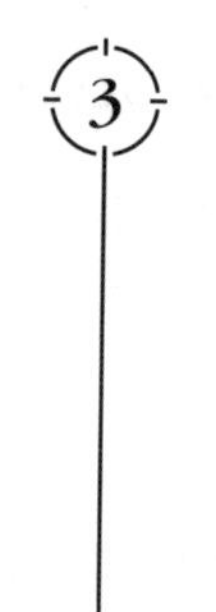

살상 기계

자율무기란 무엇인가?

자율무기 개발은 150년 전인 19세기 중반부터 시작되었다. 2차 산업혁명을 통해 도시와 공장의 생산성이 전례 없이 높아졌고, 그로 인해 전쟁에서의 살상 효율도 전례 없이 높아지게 되었다.

1861년에 남북전쟁이 시작되자, 발명가 리처드 개틀링Richard Gatling은 발사 과정을 가속화하기 위한 신무기 개틀링포를 고안했다. 현대 기관총의 전신인 개틀링포는 짧은 시간 안에 더 많은 탄환이 발사되도록 장전과 발사에 자동화 기능을 이용했다. 이는 총구를 통해 손으로 총알을 직접 장전해야 하는 강선 머스킷에 비해 상당히 개선된 무기다. 잘 훈련된 부대가 강선 머스킷을 사용할 경우 분당 3발을 쏠 수 있는 반면, 개틀링포는 300발 이상을 발사했다.[1]

남북전쟁 시대의 개틀링포는 정말 경이로운 존재로 마크 트웨인

Mark Twain은 초기의 열성 팬이었다.

> 개틀링포는…… 커다란 원뿔 모양의 납 탄환이 들어 있는 강력한 관을 6~10개 정도 모아놓은 무기인데, 4킬로미터 떨어져 있는 표적도 정확하게 맞힌다. 탄약통은 저절로 장착되며, 손으로 돌려서 소리를 내는 손풍금처럼 크랭크를 돌려서 작동시킨다. 탄환이 발사되는 속도는 사람 4명이 셀 수 있는 것보다 더 빠르다. 탄환이 빠르게 발사되면, 총성이 한데 뒤섞여서 마치 파수꾼이 들고 다니는 딱따기가 맞부딪치는 듯한 소리가 난다. 1분에 400발이나 발사할 수 있다! 정말 마음에 쏙 드는 무기다.[2]

개틀링포는 자율무기는 아니지만 무기 자동화와 관련된 기나긴 진화의 시작점이었다. 개틀링포는 사람이 크랭크를 계속 돌리기만 하면 총알 장전과 발사, 탄약통을 배출하는 과정이 모두 자동으로 이루어졌다. 그 결과 전쟁터에서 발휘되는 파괴력이 엄청나게 증가했다. 개틀링포를 운용하려면 병사 4명이 필요했지만, 자동화 덕에 100명 이상의 병력[3]에 맞먹는 치명적인 화력을 뿜어낼 수 있었다.

리처드 개틀링의 의도[4]는 살상을 가속화하려는 것이 아니라 전장에 필요한 병사 수를 줄여서 생명을 구하려는 것이었다. 개틀링은 남북전쟁으로 부상을 당하거나 시신으로 돌아오는 젊은이들을 보고는 이 장치를 만들었다. 그는 친구에게 보낸 편지에서 다음과 같이 썼다.

> 발사 속도가 아주 빨라서 한 사람이 100명 정도의 전투 임무를 수행할 수 있는 기계(총)를 발명한다면 이것이 대규모 군대를 대신할 수 있을 테고, 결과적으로 전투와 질병에 대한 노출이 크게 감소할 것이라는 생각이 들었다.[5]

개틀링은 농기구와 관련된 특허를 여러 개 보유한 뛰어난 발명가였다.[6] 그는 총포도 농기구와 비슷한 맥락에서 바라봤다. 즉, 효율성을 높이기 위해 사용하는 기계 기술로 여긴 것이다. 개틀링은 자기가 만든 총포와 "다른 화기의 관계는 맥코맥McCormack이 만든 수확기와 낫의 관계, 혹은 재봉틀과 일반 바늘의 관계와 같다[7]"고 주장했다.

개틀링은 본인의 생각보다 더 옳은 말을 했다. 개틀링포는 실제로 전투 방식을 혁신시키는 원인이 되어, 강선 머스킷으로 한 번에 한 명씩 죽이던 방식에서 벗어나 기계화된 죽음이라는 새로운 시대로의 전환을 이루었다. 그러나 개틀링이 초래한 미래는 유혈사태가 줄어들기는커녕 믿기 어려울 만큼 늘어나 버렸다. 개틀링포는 자동무기라는 새로운 종류의 기계를 위한 토대가 되었다.

자동무기: 기관총

자동무기는 발명가들이 이전 세대의 업적을 발판 삼아 계속 개량해 가면서 점진적으로 생겨났다. 진보라는 기어에 다음으로 발생한 중요한 움직임은 1883년에 발명된 맥심 기관총이다. 사람이 손으로 크랭크를 돌려야만 작동되는 개틀링포와 달리, 맥심 기관총은 총기를 발사할 때의 반동에서 생기는 물리 에너지를 이용해서 다음에 발사할 탄환을 재장전한다. 더 이상 손으로 크랭크를 돌리지 않아도 되고, 일단 발사가 시작되면 그때부터는 총이 저절로 계속 발사된다. 기관총이 탄생한 것이다.

기관총은 놀랍고도 끔찍한 발명품이다. 사용자가 총알을 쏠 때마다 방아쇠를 당겨야 하는 반자동무기와 달리, 자동무기는 방아쇠가 눌려 있기만 하면 계속 발사된다. 오늘날의 기관총은 사복 보안 요원들이 양복 상의 밑에 넣을 수 있는 우지Uzi 기관단총부터 분당 수천 발씩 발사되는 거대한 체인건에 이르기까지 온갖 형태와 크기로 제작된다. 형태가 어떻든 간에, 쏴보면 그 위력을 분명하게 느낄 수 있다.

기습 공격대원인 나도 보병 화기 분대에서 쓰는 일인용 경기관총인 M249 분대 자동화기, 즉 SAW를 들고 다녔다. 탄약 없이도 무게가 8킬로그램이나 나가는 SAW는 소형으로 간주되는 무기 중에서 꽤 무거운 편이다. 훈련을 잘 받으면 SAW를 어깨에 메고 서서 쏴도 안정된 자세를 유지할 수 있지만, 바닥에 엎드려서 쏘는 게 가장 좋다. SAW에는 금속으로 된 2각대 두 개가 달려 있는데, 이걸 펼쳐서 고정시키면 총이 땅에 닿지 않게 받치고 쏠 수 있다. 그러나 단순히 땅에 엎드려서 SAW를 쏘기만 하면 되는 게 아니다. SAW는 잘 관리하고 통제해야 한다. 이 무기는 발포하는 순간 속사의 반동 때문에 야생동물처럼 마구 날뛸 것이다. 방아쇠를 누르고 있으면 반복 작동되는 SAW는 분당 800발의 탄환을 발사한다. 총신에서 초당 13발의 탄환이 튀어나오는 것이다. 이런 발포 속도라면 사수는 탄약을 2분도 안 돼서 다 써버리게 된다. 그리고 총신이 과열되어 녹기 시작한다.

SAW를 효과적으로 사용하려면 훈련이 필요하다. 사수가 이 무기를 제어하려면 무기에 몸을 기대고 그 뒤쪽에 체중을 실은 다음, 2각대를 흙 속에 파묻어 발사할 때 움직이지 않도록 고정시켜야 한다. 사수는 탄약을 아끼고 목표물을 제대로 조준하면서 총신이 과열되는 걸 막기 위해 한 번에 5~7발씩 짧게 발사한다. 집중 발사 시 SAW 총신이 시뻘겋게 달아오르기 때문에, 녹기 전에 떼어내서 여분의 총신으로 교체해야 할 수도 있다. 이 화기는 자신의 힘을 감당하지 못한다.

보병이 쓰는 기관총 스펙트럼의 반대쪽 끝에는 M2.50구경 중기관총인 '마 듀스ma deuce'가 있다. 군용 트럭에 .50구경 포를 탑재하면 단순한 오프로드 트럭이 살상용 기계인 '건 트럭'으로 바뀐다. 무게가 36킬로그램이나 나가는 화기(여기에 23킬로그램짜리 삼각대까지 더해진)는 정말 거대하다. 이를 발사하는 사수는 포탑에 기대서 몸에 단단히 힘을 주고 양손으로 방아쇠를 당긴다. 화기에서 탄환이 발사될 때마다 쿠궁 쿠궁 하는 강한 반동이 생긴다. 너비가 1.3센티미터나 되는 탄환은 1.6킬로미터 이상 날아갈 수 있다.

기관총은 전쟁 판도를 영원히 바꿔놓았다. 1800년대 후반, 영국 육군은 아프리카를 정복할 때 맥심 기관총을 사용했고 덕분에 규모가 훨씬 큰 군대와 싸워서 이겼다. 한동안 적어도 영국인들 입장에서는 기관총이 전쟁 비용을 줄여주는 무기처럼 보였을지도 모른다. 그러나 제1차 세계대전 때는 양측 모두 기관총을 보유하고 있었기에 전례 없는 규모의 유혈사태가 벌어졌다. 솜Somme 전투에서는 자동무기 때문에 하루에 영국군 2만 명이 목숨을 잃기도 했다. 제1차 세계대전 당시 참호 안에서 죽은 사람이 수백만 명에 이르는데, 이는 한 세대의 젊은이 전체에 해당하는 수다.

기관총은 전쟁 수행에 산업 시대의 효율을 이용해서 살상 과정을 가속화했다. 군인들은 단순히 기관총에 맞아 죽은 게 아니라, 맥코맥의 기계식 수확기가 곡식 줄기를 베어 쓰러뜨리는 것처럼 몰살당했다.[8] 하지만 기관총은 멍청한 무기다. 사용자가 조준해야만 사용할 수 있다. 일단 사격이 개시된 뒤에는 혼자서도 사격을 계속할 수 있지만, 목표물을 감지하는 능력은 없다. 20세기 무기 설계자들은 무기에 가장 기본적인 감지 기술을 추가하기 위한 다음 단계인 초기 지능화 단계를 밟을 것이다.

최초의 '스마트' 무기

인간이 분노에 차서 처음 돌을 던졌을 때부터 20세기에 이르기까지 모든 전쟁은 비유도무기로 치렀다. 발사체는(투석기로 쏘든 활이나 대포로 쏘든) 일단 발사된 뒤에는 중력의 법칙을 따른다. 발사체는 조준이 부정확한 경우가 많으며 거리가 멀수록 부정확도가 증가한다. 비유도무기를 이용해 적을 파괴하려면 압도적인 화력을 퍼부어 그 지역을 초토화할 만큼 가까이 다가갈 수 있어야 한다.

제2차 세계대전 때는 로켓, 미사일, 폭탄을 이용해 전투원들끼리 서로 겨냥할 수 있는 거리가 늘어났지만 정확도는 높아지지 않았다. 따라서 군대는 무기가 먼 거리에서도 정확하게 목표물을 타격할 수 있는 정밀 유도 방법을 개발하려고 했다. 무기에 인공지능을 삽입하려는 시도 중에는 스크린에 표적이 나타나면 비둘기가 이를 부리로 쪼아 폭탄을 제어하게 하는 행동주의 심리학자 B. F. 스키너B. F. Skinner[9]의 방법처럼 우스꽝스러운 것도 있었다. 스키너의 비둘기 유도 폭탄은 효과가 있었을지도 모르지만 실제 전투에서 사용되지는 않았다. 비행 중 유도 방식을 시행하려던 여러 시도 덕에 최초의 '스마트' 무기인 정밀유도무기PGM가 탄생했다.

최초의 성공적인 PGM은 1943년에 도입된 독일의 G7e/T4 팔케Falke[10] 팔콘Falcon 어뢰였다. 팔콘 어뢰에는 새로운 혁신 기술인 음향 자동유도 탐색기가 통합되어 있다. 팔콘은 직선으로 움직이는 바람에 지나가는 배를 놓칠 가능성이 큰 일반 어뢰와 달리, 자동유도 탐색기를 이용해서 조준 오류를 해결했다. 독일 U보트(잠수함)에서 발사된 팔콘은 400미터를 이동한 뒤 주변 상선 소리를 듣기 위해 수동형 음향 센서를 작동시킨다. 그리고 발견한 배를 향해 움직이다가 배에 닿으면 폭발한다.

전투 중에는 U보트 3척에서만 팔콘을 사용하다가 개량된 G7es/T5 자운쿠닉Zaunkönig[11](굴뚝새)으로 대체했는데, 이 어뢰에는 더 빠른 모터가 장착되어 상선뿐만 아니라 빠르게 움직이는 연합군 해군 함선을 타격할 수 있었다. 일직선으로 이동하지 않고 목표물을 향해 곧장 나아갈 수 있는 어뢰를 사용하는 건 군사적 이점이 분명했지만, 즉각적으로 문제가 발생했다. 1943년 12월과 1944년 1월에 U-972, U-377 U보트 2척이 침몰했다. U보트의 프로펠러 소리에 반응한 어뢰가 크게 한 바퀴 돌아와 명중한 것이다. 독일은 이 문제에 대응하기 위해, 자동유도 메커니즘을 활성화하기 전에 400미터의 안전 제한을 두도록 했다. 자동유도 어뢰가 자기 배로 돌아올 위험성을 보다 완벽하게 완화하기 위해, 독일 U보트는 어뢰 발사 직후에 잠수하고 소리도 완전히 죽이는 전술[12]을 도입하기 시작했다.

연합군은 곧 '굴뚝새' 어뢰에 대한 대응책을 개발했다. 연합군 선박이 예인하는 음향 기만체계 폭서Foxer는 굴뚝새 어뢰가 배가 아닌 미끼에 부딪쳐서 폭발해 선박에는 아무런 해도 미치지 못하도록 유인하기 위한 것이었다. 하지만 폭서는 다른 문제를 불러왔다. 연합군 수송대의 위치를 근처에 있는 다른 U보트들에게 요란하게 알린 것이다. 얼마 지나지 않아 독일군은 향상된 음향 탐색기[13]가 달린 굴뚝새 II를 도입했다. 그렇게 해서 스마트 무기와 그에 맞서는 대항조치들 사이의 군비경쟁이 시작되었다.

● 정밀유도무기

20세기 후반에는 굴뚝새 어뢰 같은 PGM이 해상, 공중, 지상 전투로 확대되었다. 오늘날에는 전 세계 군대들이 다양한 형태의 PGM을 널리 사용하고 있다. 때로 '스마트 미사일' 혹은 '스마트 폭탄'이라고 부르는 PGM은 자동화 기능을 이용해 조준 오류를 수정하고 총탄(미사일, 폭탄, 어뢰)을 의도한 목표물로 유도하는 데 도움을 준다. PGM은 유도 메커니즘에 따라 자율성 정도가 달라질 수 있다.

어떤 유도무기는 인간이 비행 내내 무기의 조준점을 통제하기 때문에 자율성이 거의 없다. 지령유도무기는 유선이나 무선 연결을 통해 사람이 원격으로 수동 제어한다. 다른 무기의 경우, 인간 운용자는 레이저나 레이더를 이용해서 표적을 '표시하고' 미사일과 폭탄은 레이저 혹은 레이더 반사를 이용해서 목표물을 향해 날아간다. 이 경우 인간은 무기의 움직임을 직접 통제하지는 않지만 무기의 조준점을 실시간으로 통제하는 것이다. 이 방법을 쓰면 인간 제어자가 비행 중인 무기의 방향을 바꾸거나 공격을 중단할 수 있다.

다른 PGM은 일단 발사되면 돌아오게 할 수 없다는 점에서 '자율적'이지만, 무기의 비행 경로와 목표물은 미리 정해져 있다. 이 무기들은 다양한 유도 메커니즘을 이용할 수 있다. 핵탄두가 장착된 탄도 미사일은 자이로스코프와 가속도계로 이루어진 관성 항법 시스템을 사용해서 미사일을 미리 정해진 목표 지점까지 유도한다. 잠수함에서 발사한 핵탄도 미사일은 해저 발사 지점이 다르므로 항성 추적 천문 항법 시스템을 이용해 미사일 위치를 파악한다. 크루즈 미사일은 대부분 길을 찾을 때 별보다는 땅에 의지하므로, 레이더나 디지털 영상 대조를 이용해 미리 선택한 목표물까지 지구 윤곽을 따라간다. GPS 유도무기는 미국 위성항법장치의 별자리 신호에 의존해서 목표물의 위치와 유도 지점을 결정한다. 이런 무기들은 대부분 발사 후에 다시 불러들이거나 방향을 바꿀 수 없고, 무기가 스스로 자신의 목표물이나 항로를 선택할 자유도 없다. 그들이 수행하는 과업과 관련해서는 일단 발사되면 인간이 통제할 수 없고 무기 자체에도 자율적인 결정 권한이 거의 없다. 이 무기의 움직임은 전부 미리 정해져 있다. 유도 체계는 관성 항법 같은 내부 체계건 GPS 같은 외부 체계건, 미리 정해진 목표물까지 가는 경로만 유지하도록 설계된다. 그러나 이런 유도 체계는 고정된 목표에만 유용하다는 한계가 있다.

자동유도무기는 움직이는 목표물을 추적하는 데 사용하는 PGM의 일종이다. 목표물이 움직이기 때문에, 자동유도무기는 필연적으로 목표물을 감지하고 그 움직임에 적응할 능력이 있다. 몇몇 자동유도무기는 굴뚝새 어뢰 같은 수동 센서를 이용해서 목표물을 탐지한다. 수동형 센서는 주변 환경에 귀를 기울이거나 관찰하면서 목표물이 소리를 내거나 전자기 스펙트럼에서 신호를 방출해 위치를 드러낼 때까지 기다린다. 능동적인 탐색기는 목표물을 감지하기 위해 레이더 같은 신호를 보낸다. 미국에서 초기에 사용하던 능동형 자동유도무기 중에 뱃Bat 대함유도탄[14]이 있는데, 여기에는 적의 함선을 겨냥하기 위한 능동 레이더 탐색기가 달려 있었다.

일부 자동유도무기는 목표물을 '자동으로 추적'하므로, 발사 전부터 탐색기가 목표물을 감지한다. 발사 후에 '자동 추적'을 개시하는 다른 무기들은 탐색기를 끈 상태로 발사되었다가 발사 후에 움직이는 목표물을 찾기 위해 탐색기를 작동시킨다.

전투견은 발사 후 망각형 자동유도무기에 대한 좋은 비유다. 미국 조종사들은 첨단 중거리 공대공 미사일 AIM-120 AMRAAM을

'발사 후 자동 추적' 모드로 발사하는 전술을 '미친개' 전술[15]이라고 부른다. 발사된 무기는 능동 레이더 탐색기를 켜고 목표물을 찾기 시작한다. 고기 저장고에 들어간 미친개처럼, 미사일은 처음으로 눈에 띈 표적을 쫓을 것이다. 독일 U보트가 굴뚝새 어뢰 때문에 겪었던 문제처럼, 조종사들은 미사일이 아군을 목표로 삼아 추적하지 않도록 주의해야 한다. 어뢰 발사 직후에 잠수하는 U보트의 전술처럼, 전 세계 군대들도 자동유도무기가 자신에게 다시 돌아오거나 다른 아군을 향해 날아가는 걸 막기 위해 다양한 전술과 기술, 절차(군사용어로 TTP라고 한다)를 사용한다.

자동유도무기에는 제한된 자율성이 있다

자동유도무기는 어느 정도의 자율성을 갖고 있지만, '자율무기'는 아니다. 어떤 특정한 목표를 공격할지 정하는 것은 여전히 인간이기 때문이다. 대부분의 자동유도무기가 '발사 후 망각형' 방식인 건 사실이다. 일단 발사되면 돌아오게 할 수 없다. 이는 전쟁사에서 새로운 진전이 아니다. 투석기 시절부터 발사체는 늘 발사 후 망각형이었다. 돌멩이, 화살, 총알 등은 모두 발사되고 나면 다시 불러들일 수 없다. 자동유도무기의 다른 점은 가장 기초적인 형태의 내장형 인공지능이 행동을 유도한다는 점이다. 이 무기는 환경(목표)을 감지하고, 올바른 행동 경로를 결정한 다음(어느 방향으로 향할 것인가), 행동에 나설 수 있다(목표를 타격하기 위한 작전 행동). 이 무기는 본질적으로 단순한 형태의 로봇이다.

하지만 자동유도무기에 부여된 자율권은 엄격하게 제한되어 있다. 자동유도무기는 스스로 잠재적인 목표물을 찾아서 추적하도록 설계되어 있지 않다. 이 무기는 자동화 기능을 이용해 인간이 의도한 특정 목표물을 타격하도록 보장할 뿐이다. 경찰이 용의자를 쫓기 위해 출동시킨 전투견 같은 것이지, 거리를 배회하는 들개처럼 누구를 공격할지 스스로 결정하는 게 아니다.

때로는 자동화 기능을 이용해 무기가 의도하지 않은 목표물을 타격하지 않도록 방지하는 경우도 있다. 하푼Harpoon 대함 미사일에는 미사일이 관성 항법을 이용해 목표물을 향해 지그재그로 날아가는 동안 탐색기를 꺼놓는 방식이 있다. 그러다가 지정된 위치에 도달하면 탐색기가 활성화되어 목표물을 찾는 것이다. 이렇게 하면 미사일이 주변에 있는 다른 배들을 공격하지 않고 지나갈 수 있다.[16] 자동유도무기는 자율성이 엄격하게 제한되어 있기 때문에, 인간 운용자가 미리 목표물을 명확하게 알고 있어야 한다. 특정한 시간과 장소에서 목표물을 인간에게 알려주는 정보가 존재해야 한다. 이 정보는 배나 항공기에 설치된 레이더, 잠수함의 수중 음파 탐지기에서 나온 신호, 인공위성이나 다른 장치에서 얻은 정보 등일 수 있다. 자동유도무기는 목표물을 찾는 시간과 공간이 매우 제한되어 있으므로 구체적인 목표물이 뭔지 알지 못하는 채로 발사하는 건 낭비이다. 따라서 자동유도무기를 유용하게 활용하려면 폭넓은 무기 체계의 일부로 운용해야 한다.

무기 체계

무기 체계는 적의 목표물을 탐색하고 탐지하는 센서, 목표물과의 교전 여부를 결정하는 의사결정 요소, 목표물을 공격하는 무기(또는 레이저 같은 다른 작동체)로 구성된다.[17] 때로는 항공기 같은 단일 플랫폼에 무기 체계가 포함되어 있기도 하다. 예를 들어, AMRAAM의 경우에는 무기 체계가 항공기, 레이더, 조종사, 미사일로 구성된다. 레이더는 목표물을 탐색해서 감지하고, 인간은 교전 여부를 결정하고, 미사일은 교전을 수행한다. 교전이 효과적으로 진행되려면 이런 요소들이 모두 필요하다.

무기 체계 OODA 루프

무기 체계는 전체적인 전투 OODA 루프를 완성하는 데 필요한 요소들로 구성된다. 적의 목표물을 탐색해서 발견하고, 교전할지 결정한 뒤 목표물을 공격하는 것이다.

어떤 경우에는 무기 체계의 구성요소들이 여러 개의 물리적 플랫폼에 분산되어 있을 수도 있다. 예를 들어, 해상초계기가 적 함선을 탐지해서 위치 데이터를 근처에 있는 아군 함선에 전달하면 그 함선에서 미사일을 발사하는 것이다. 국방전략가들은 이렇게 다양한 요소를 갖춘 대규모 분산 시스템을 전투망이라고 부른다. 국방 분석가 배리 왓츠Barry Watts는 이런 전투망이 정밀유도무기의 효과를 높이기 위해서 수행하는 필수적인 역할을 다음과 같이 설명한다.

> '정밀무기'를 낭비하지 않고 군사적으로 유용하게 활용하려면 의도한 목표물이나 조준점에 대한 세부 데이터가 필요하므로 '구체적인 정보'를 요구한다.[18] 실제로 필요한 목표물 정보를 제공하는 것이 중요한 존재 이유인 '전투망'과 유도병기 사이의 긴밀한 연계는 1991년 사막의 폭풍 작전Operation Desert Storm 당시 미국이 이끈 공중전을 세심하게 연구해서 얻은 중요한 교훈 중 하나다. …… [이것은] 표적망과 더불어 이런 무기를 '스마트'하게 만들어주는 유도병기다.

자동화는 무기 체계와 전투망에서 잠재적인 목표물 발견, 식별, 추적, 우선순위 지정, 발사 타이밍 결정, 목표물에 무기 조준 등 수많은 교전 관련 임무에 사용된다. 오늘날 사용되는 대부분의 무기

반자율적 무기 체계(인간 참여형)

반자율무기의 경우, 자동화 기능을 이용해서 목표물을 탐색하고 발견해 교전을 수행하지만 특정한 목표물 공격 결정은 인간이 내린다.

체계에서는 인간이 목표물 공격 여부를 결정한다. 어떤 목표물을 공격할지 결정하는 사람이 루프 안에 포함되어 있다면, 그건 반자율적인 무기 체계다.

자율무기 체계에서는 탐색, 발견, 교전 결정, 교전 등 전체적인 교전 루프가 자동화된다. (편의를 위해 '자율무기 체계'를 '자율무기'로 줄여서 쓰는 경우가 종종 있다. 이 2가지 용어는 동의어로 생각해야 하며, '무기'란 말은 센서, 의사결정 요소, 탄환 등 시스템 전체를 지칭하는 것으로 이해해야 한다.) 오늘날 사용하는 무기 체계는 대부분 반자율 체계지만, 개중 몇몇은 선을 넘어서 자율무기화되고 있다.

관리형 자율무기 체계

자동유도무기는 배나 기지, 차량을 정밀하게 조준할 수 있기 때문에 미사일 '일제 투하'를 이용한 포화 공격을 통해 수비군을 압도할 수 있다. 비유도(재래식)무기 시대에는 수비군이 날아오는 탄환 대부분이 빗나갈 것이라고 믿으면서 적군의 일제 엄호 사격을 버텨낼 수 있었다. 하지만 정밀유도(스마트)무기를 사용하는 경우, 수비군은 포화되기 전에 날아오는 탄환을 적극적으로 요격하고 격퇴할 방법을 찾아야 한다. 이때 논리적인 대응 방법은 방어를 위해 더 많은 자동화 무기를 사용하는 것이다.

현재 최소 30개 이상의 나라들이 다양한 관리형 자율무기 체계를 이용해 선박과 차량, 기지 등을 공격으로부터 방어하고 있다.[19]

이런 무기 체계를 자동 모드로 배치해서 작동시키면, 인간이 더 이상 개입하지 않아도 날아오는 로켓과 미사일, 박격포 등을 알아서 막아낸다. 하지만 인간도 루프에 참여해서 무기 운용을 실시간으로 감독한다.

관리형 자율무기 체계(인간 지배형)

관리형 자율무기를 작동시키면 목표물 탐색, 발견, 공격 결정, 공격을 알아서 처리하지만, 필요한 경우 인간이 개입할 수 있다.

이런 관리형 자율무기는 인간 운용자들이 교전 속도를 따라갈 수 없는 상황에 필요하다. 아타리Atari사에서 만든 미사일 커맨드Missile Command 게임에서처럼, 동시에 여러 군데서 기습 공격을 감행해 포화를 퍼부으면 인간 운용자들이 어찌할 바를 모를 수도 있다. 자동화된 방어체계는 정밀유도무기의 공격에서 살아남는 데 중요한 부분이다. 미국의 이지스Aegis 전투체계나 팔랑크스Phalanx 근접방어 무기 체계CIWS 같은 선박 기반의 방어체계, 미국의 패트리엇Patriot 같은 육상 대공 미사일 방어체계, 독일의 맨티스MANTIS 같은 로켓, 대포, 박격포 방어체계, 이스라엘의 트로피Trophy나 러시아의 아레나Arena 체계 같은 지상 차량 능동 방어체계 등이 있다.

이런 무기 체계는 다양한 상황에서 선박, 육상 기지, 지상 차량을 방어하기 위해 사용되며, 운용 방식은 비슷하다. 인간은 무기의 매개변수를 지정해서 시스템이 어떤 위협을 공격 목표로 삼고, 어떤 위협을 무시해야 하는지 정한다. 다양한 방향과 각도와 속도로 다가오는 위협에 대해 시스템마다 다른 규칙을 정할 수 있다. 어떤 시스템은 다중 작동 모드를 이용해서 인간 참여형(반자율적) 또는 인간 지배형(관리형 자율)으로 제어한다.

이렇게 자동화된 방어체계는 자율무기지만, 사람이 탄 차량과 기지를 즉각적으로 방어하고 일반적으로 사람이 아닌 목표물(미사일, 로켓, 항공기 등)만 대상으로 하는 등 지금까지 매우 협소한 방법으로만 사용되었다. 인간은 실시간으로 무기 운용을 감독하고 필요하면 개입할 수 있다. 시스템을 감독하는 인간은 물리적으로 시스템과 같은 장소에 배치되어 있는데, 이는 원칙적으로 시스템이 명령에 반응하는 걸 멈추면 시스템을 물리적으로 무력화할 수 있다는 뜻이다.

완전자율무기 체계

인간의 감독 없이 운용되는 완전자율무기를 보유한 나라가 있을까? 일반적으로 완전자율무기가 널리 쓰이지는 않지만, 선을 넘어선 체계가 몇 가지 있다. 이 무기들은 목표물을 스스로 탐색해서 직접 교전 결정을 내린 뒤 공격하는데, 그 과정에 어떤 인간도 개입할 수 없다. 배회무기가 그 예다.

배회무기는 장시간 허공에서 원을 그리면서 넓은 지역에 걸쳐 잠재적 목표물을 찾고, 발견하면 파괴한다. 배회무기는 자동유도무기와 다르게 발사 전에 목표물에 대한 정확한 정보가 필요 없다. 따라서 배회무기는 그 자체로 완전한 '무기 체계'다. 인간은 어떤 특정한 목표물에 대한 사전 지식 없이도 목표물을 찾기 위해 배회무기를 '특정 지역'으로 발사할 수 있다. 일부 배회무기는 교전 전에 목표물을 승인받기 위해 인간과 계속 무선 연결을 유지하기 때문에[20] 반자율적 무기 체계라고 할 수 있다. 하지만 어떤 것은 완전히 자율적으로 움직인다.

완전자율무기 체계(인간 감독 부재)

완전자율무기가 활성화되면 스스로 목표물을 탐색해서 찾아내고, 교전 결정을 내리고, 목표물을 공격할 수 있으며 이 과정에 인간은 개입할 수 없다.

이스라엘의 하피도 완전자율무기 중 하나다. 교전 전에 특정한 목표물을 공격하라고 승인하는 사람은 없다. 하피는 칠레, 중국, 인도, 한국, 터키 등 여러 나라에 팔렸고,[21] 중국인들은 이를 역설계해서 자체적인 변형 무기를 만든 것으로 알려져 있다.

하피와 고속 대방사 미사일HARM을 비교하면 완전자율형 배회무

HARM vs. 하피

	무기 종류	목표물	탐색 시간	거리	자율도
HARM	자동유도 미사일	레이더	약 4분 30초	90킬로미터 이상	반자율무기
하피	배회무기	레이더	2시간 30분	500킬로미터	완전자율무기

기와 반자율형 자동유도무기의 차이를 알 수 있다. 둘 다 같은 종류의 표적(적의 레이더)을 따라가지만 목표물을 탐색할 수 있는 자유 면에서는 크게 다르다. 반자율적인 HARM은 사정거리가 90킬로미터 이상이고 최고속도가 시속 1,200킬로미터가 넘기 때문에 약 4분 30초 동안만 공중에 머무를 수 있다.[22] 특정 구역에서 배회할 수 없는 HARM을 유용하게 활용하려면 특정한 적군 레이더에 맞춰서 발사해야 한다. 하피는 2시간 30분 이상 상공에 머물면서[23] 최대 500킬로미터의 면적을 커버할 수 있다. 따라서 하피는 발사 전에 인간에게 목표물 정보를 제공하는 광범위한 전투망과 독립적으로 운용할 수 있다. 하피를 발사한 인간은 일반적인 시공간 범위 내에 있는 적의 레이더를 어떤 것이든 파괴할 수 있지만, 하피는 자기가 파괴할 특정한 레이더를 직접 선택한다.

완전자율무기의 시대는 아직 오지 않았다는 게 일반적인 생각이지만, 특수한 상황에서 완전자율형 배회무기를 사용하는 경우는 수십 년 전부터 있었다. 1980년대 미 해군은 소련 함선을 직접 탐색해서 찾아내 공격할 수 있는 배회형 대함 미사일을 배치했다. 토마호크 대함 미사일TASM[24]은 소련 함선이 있을 만한 위치를 향해 가시선

밖으로 발사된 뒤, 광범위한 지역을 수색 패턴으로 비행하면서 소련 함선의 레이더 시그니처를 찾는다. 그러다가 함선을 발견하면 공격하는 것이다. (TASM은 이름은 비슷하지만, 디지털 영상 대조를 이용해 목표물까지 미리 프로그래밍된 경로를 따라가는 토마호크 지상 공격 미사일TLAM[25]과 많이 다르다.) 해군에서는 1990년대 초부터 TASM을 사용하지 않게 되었

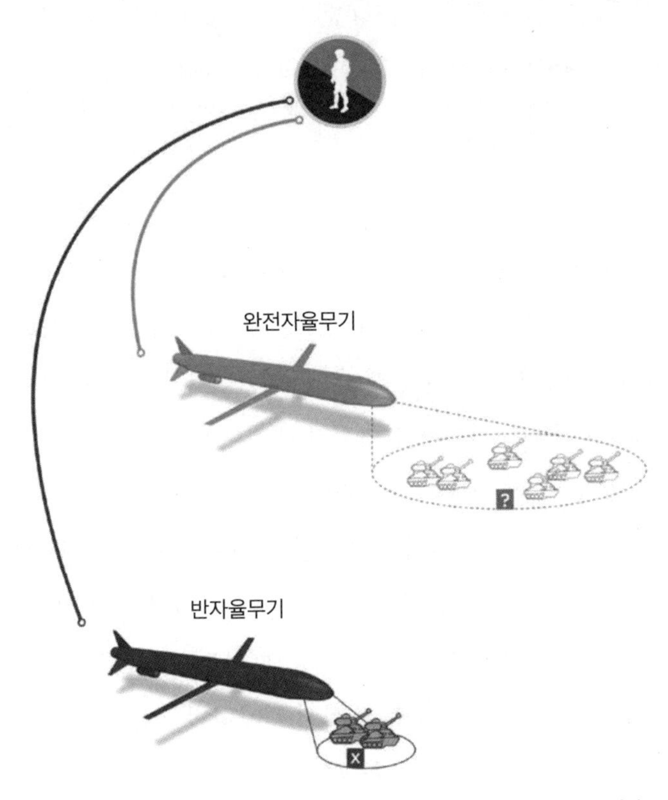

반자율무기 vs. 완전자율무기: 반자율무기의 경우, 인간 운용자가 자기가 아는 특정한 목표물(들)을 향해 무기를 발사한다. 인간이 목표물을 선택하고 무기가 공격을 수행하는 것이다. 완전자율무기는 넓은 지역에서 목표물을 탐색하고 찾아낼 수 있으므로, 인간 운용자는 특정 목표물에 대한 사전 지식 없이도 무기를 발사할 수 있다. 인간은 완전자율무기 발사 결정을 내리고, 무기는 공격할 구체적인 목표물을 직접 선택한다.

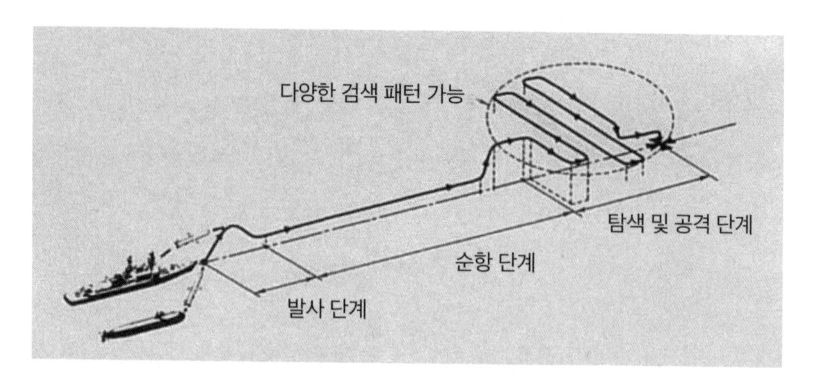

토마호크 대함 미사일 임무 프로필: 토마호크 대함 미사일의 일반적인 임무. 배나 잠수함에서 발사된 TASM은 목표 지역까지 순항한다. 목표 지역에 도달하면 탐색 패턴으로 날면서 목표물을 찾고, 찾으면 혼자서 목표물을 공격한다.

다.[26] 홧김에 발사된 적은 없지만 그래도 최초의 완전자율무기라는 특수성이 있는데, 당시에는 이런 중요성을 미처 깨닫지 못했다.

1990년대에 미국은 태싯 레인보우Tacit Rainbow[27]와 저비용 자율 공격체계LOCAAS[28]라는 2가지 실험적인 배회무기 개발을 시작했다. 태싯 레인보우는 하피처럼 육상 레이더를 목표로 하는 집요한 대방사 무기다. LOCAAS는 전자기 스펙트럼을 방출하지 않기 때문에 레이더보다 더 어려운 목표물인 적의 탱크를 찾아내서 파괴한다는 훨씬 야심 찬 목표를 가지고 있었다. 태싯 레인보우와 LOCAAS 모두 개발 과정에서 취소되었기 때문에 실전에 배치된 적은 없다.

이런 사례는 무기가 '자율화'되는 것은 인공지능 때문이라는, 자율무기에 대한 일반적인 오해를 풀어준다. 시스템이 얼마나 지능적인지와 그 시스템이 어떤 업무를 자율적으로 수행하는지는 완전히 다른 문제다. 자율무기를 규정하는 특징은 지능이 아니라 자유다.

자율성을 바꾸지 않고도 무기에 더 큰 지능을 추가할 수 있다. 지금까지 자율무기와 반자율무기에 사용된 표적 식별 알고리즘은 상당히 단순했고, 이 때문에 완전자율무기의 유용성이 제한을 받았다. 군대는 별로 지능적이지 않은 무기를 믿고 많은 자유를 주지 않기 때문이다. 그러나 기계 지능이 발전하면 더욱 광범위한 상황에서 자율적인 목표물 탐지가 기술적으로 가능할 것이다.

• 특이한 경우 - 지뢰 및 기뢰, 캡슐형 어뢰, 감지신관무기

반자율무기와 완전자율무기의 경계가 흐려지는 특이한 경우가 가끔 있는데, 그중에서도 지뢰 및 기뢰와 감지신관무기는 특별히 언급할 가치가 있다.

육지나 해상에 설치된 지뢰 및 기뢰는 목표물이 접근하기를 기다렸다가 폭발한다. 지뢰는 일단 작동하면 저절로 폭발하는 자동 장치지만, 목표물을 찾아 기동할 자유는 없다. 그냥 제자리에 고정되어 있다. (일반적으로 몇몇 기뢰는 해류를 따라서 표류할 수도 있다.) 또 폭발 여부를 '결정'하는 방법도 매우 제한적이다. 지뢰는 일반적으로 목표물을 감지하는 방법이 단순하고, 센서가 임계값에 도달하면 폭발한다. (일부 해군 기뢰와 대전차 지뢰에는 카운터가 장착되어 있어서, 수송대 앞쪽에 있는 목표물 몇 대는 무사히 통과시키고 나중에 뒤따라오는 배나 차량을 폭발시킨다.) 하지만 지뢰를 특별히 언급하는 이유는 그 시간적 자유에 사실상 제한이 없기 때문이다. 일정한 기간이 지나면 스스로 작동을 멈추도록 특별히 설계하지 않는 한 지뢰는 수년간 목표물을 기다리며 대기할 수 있기 때문에, 때로는 전쟁이 끝난 뒤에도 오랫동안 작동된다.

지뢰가 시간적인 구애를 받지 않는다는 사실은 인도주의적인 면에서 엄청난 결과를 가져왔다. 1990년대 중반까지 전 세계 68개국에 1억 1,000만 개가 넘는 지뢰[29]가 파묻혀 있었는데, 수많은 무력 충돌 때문에 그 수가 늘어난 것이다. 지뢰는 민간인 수천 명의 목숨을 앗아갔고 그중 상당수가 어린아이였으며, 수만 명을 불구로 만들었다. 이로 인해 지뢰를 금지하려는 세계적인 움직임이 시작되었고, 이 움직임은 1997년 오타와 협약[30]에서 절정에 이르렀다. 162개국이 채택한 오타와 협약은 대인지뢰의 생산, 비축, 이전, 사용을 금지했다. 하지만 대전차 지뢰와 해군 기뢰는 여전히 허용된다.[31]

지뢰는 스스로 감지하고 행동할 수 있지만 목표물을 탐색하지는 못한다. 반면에 캡슐형 기뢰[32]는 자율무기처럼 행동하는 특수한 형태의 해군 기뢰다. 캡슐형 기뢰는 작동되자마자 폭발하는 게 아니라 목표물을 향해 곧장 나아가는 어뢰를 방출한다. 따라서 캡슐형 기뢰는 마치 배회무기처럼 전통적인 기뢰보다 훨씬 넓은 지역에서 목표물과 교전할 자유가 생긴다. 미국의 Mk 60 CAPTOR[33] 캡슐형 기뢰의 공개된 사거리는 7,300미터다. 그에 비해, 일반 기뢰가 폭발하려면 배가 그 위를 지나가야 한다. 캡슐형 기뢰는 해저에 묻혀 있지만, 목표물을 추적해서 어뢰를 발사할 수 있는 능력 덕에 전통적인 해군 기뢰보다 훨씬 높은 수준의 공간 자율성이 생긴다. 배회무기처럼 캡슐형 기뢰도 드문 편이다. 미국의 CAPTOR 기뢰는 1980년대와 1990년대에 사용하다가 퇴역했다. 아직 사용 중인 캡슐형 기뢰는 러시아와 중국에서 사용하는 러시아산 PMK-2[34]뿐이다.

감지신관무기SFW[35]는 분류하기 까다로운 공중 살포 대전차 무기다. 비행기에서 살포하는 SFW는 몇 초만에 적의 전차 종대를 모두 파괴할 수 있다. SFW는 일련의 루브 골드버그Rube Goldberg 기계를 통해 다음과 같은 단계로 작용한다. 먼저 항공기가 폭탄 모양의 산탄통을 살포하면서 목표 지역을 향해 미끄러지듯 날아간다. 산탄통이 목표 지역에 접근하면, 외부 케이스가 해제되면서 산탄통에서 배출된 자탄 10개가 드러난다. 각 자탄은 하강 속도를 늦추는 감속용 낙하산을 방출한다. 지상에서 일정한 높이에 도달하면 자탄이 갑자기 작동하기 시작한다. 외부 케이스가 열리면서 그 안에 있던 '스키트' 4개가 드러나는데 이 스키트는 회전하면서 내부 케이스 밖으로 나온다. 낙하산이 해제되고 자탄이 레트로제트를 발사하면 그 반동으로 자탄이 격렬하게 회전하면서 고도가 올라간다. 그러면 회전력 때문에 하키 퍽 모양의 스키트가 바깥으로 거칠게 튕겨 나온다. 스키트마다 아래쪽에 있는 공격 목표물을 찾기 위한 레이저와 적외선 센서가 탑재되어 있다. 아래에 있는 차량을 감지하면, 스키트가 폭발성형 관통탄(금속 탄환)을 아래쪽으로 발사한다. 이 금속 탄환은 장갑차의 가장 얇은 윗부분을 타격해서 차량을 파괴한다. 이런 식으로 하면, SFW 하나가 각 차량을 정확하게 겨냥하는 스키트를 이용해 탱크나 다른 장갑차 부대를 동시에 제거할 수 있다.

하피와 HARM의 차이점과 비슷하게, SFW의 자율성을 평가할 때 중요한 변수는 시간과 공간의 자유다. SFW는 몇 에이커에 걸쳐 40개의 스키트를 흩뿌리지만, 목표물을 탐색할 수 있는 시간은 매우 짧다. 각 스키트는 발사 전에 겨우 몇 초 동안만 센서를 활성화한 상태로 주위를 맴돌 수 있다. 하피와 달리 SFW는 수백 킬로미터가 넘는 거리를 장시간 돌아다닐 수 없다. SFW를 발사한 사람은 특정한 공간과 시간에 그곳에 탱크 부대가 있다는 걸 알고 있어야 한다. 자동유도무기의 경우처럼, SFW를 유용하게 쓰려면 목표물 데이터를 제공하는 폭넓은 무기 시스템의 일부로 운용해야 한다. SFW는 여러 개의 대상을 타격할 수 있다는 점에서 기존의 자동유도무기와 다르다. 그래서 SFW는 지리적으로 빽빽하게 밀집된 목표물 집단에 자동유도무기 40발을 일제 투하한 것과 같은 효과를 낸다.

시작 버튼 누르기

자율무기는 목표물을 스스로 탐색해서 교전 결정을 내리고 공격을 실행하여 교전 주기를 완료하는 능력을 바탕으로 정의된다. 자율무기는 관리형이든 완전자율형이든 상관없이 여전히 인간이 만들고 운용한다. 인간은 무기를 설계, 제작, 테스트, 배치하는 광범위한 과정에 관여한다.

어떤 단계에 인간이 개입되어 있다고 해서 교전 과정을 온전히 혼자 힘으로 완료할 수 있는 무기의 중요성이 달라지지는 않는다. 아무리 고도로 자율화된 시스템이라도 어느 순간엔가 인간이 시작해서 탄생한 것이다. 〈터미네이터 3〉의 클라이맥스 장면을 보면, 어떤 공군 장성이 버튼을 눌러서 스카이넷 작동을 시작한다. (다만 이 장면은 1980년대에 사용하던 MS-DOS 같은 구식 실행 프롬프트EXECUTE Y/N?를 통해 진행된다.) 그때부터 스카이넷은 인류를 말살하기 위한 작업에 착수하지만, 적어도 처음에는 인간이 그 과정에 참여했다. 문제는 인간이 개입한 적이 있느냐가 아니라 시스템이 활성화된 다음 얼마나 많은 자유를 누릴 수 있느냐는 것이다.

왜 더 자율적인 무기가 없을까?

자동화 기능은 지난 수십 년 동안 전 세계 무기에 광범위하게 사용되었지만, 무기에 부여하는 자유 정도는 지금까지 상당히 제약을 받았다. 자동유도무기에는 탐색기가 달려 있지만, 목표물을 찾는 능력은 시공간적으로 제한될 수밖에 없다. 관리형 자율무기는 제한적인 방어 목적으로만 사용되어왔다. TASM이나 하피 같은 간단한 완전자율형 배회무기를 만드는 기술은 수십 년 전부터 있었지만, 오늘날 사용되는 건 한 가지뿐이다.

왜 더욱 완전한 자율무기가 없는 걸까? 자동유도무기와 심지어 반자율적 배회유도무기도 널리 사용되고 있지만, 군대는 완전자율형 배회무기 개발을 공격적으로 추진하지 않는다. TASM과 관련된 미국의 경험을 살펴보면 그 이유가 어느 정도 밝혀질지도 모르겠다. TASM은 1982년부터 1994년까지 미 해군에서 사용하다가 퇴역했다.[36] TASM이 왜 중단되었는지 좀 더 정확히 알아보기 위해 해군 전략가 브라이언 맥그래스Bryan McGrath와 이야기를 나누었다.

은퇴한 해군 장교인 맥그래스는 워싱턴 국방부 사람들 사이에서 유명한 인물이다. 그는 예리한 전략가이자 해전의 과거와 현재, 미래를 고민하는 해군력 옹호자다. 맥그래스는 TASM과 하푼 같은 대함 미사일에 익숙하며, 1980년대에는 함대에 배치된 TASM 훈련도 받았다.

맥그래스는 TASM이 배에 장착된 센서 범위를 벗어날 수 있다고 설명했다. 이 말은 곧 초반에 목표물을 찾는 작업은 적의 함선을 탐지하는 헬리콥터나 해상 초계기 같은 다른 센서를 통해서 해야 한다는 뜻이다. 맥그래스의 설명대로, 문제는 "미사일을 발사한 순간부터 사정 지역에 도달할 때까지 목표물 상황이 어떻게 바뀔지 모른다는 자신감 부족[37]"이었다. 목표물이 움직일 수도 있기 때문에, 계속 목표물을 주시하는 헬리콥터처럼 '능동적인 센서'가 없다면 주변의 불확실한 영역이 시간이 지나면서 점점 커질 것이다.

TASM은 넓은 지역에서 표적을 탐색할 능력이 있으므로 방대한 불확실성 영역이 어느 정도 줄어들었다. 목표물이 움직이면 TASM은 그걸 찾기 위한 탐색 패턴으로 비행할 수 있다. 하지만 TASM은 적군 선박과 우연히 그 항로로 들어선 상선을 정확하게 구별할 능력이 없었다. 탐색 지역이 넓어짐에 따라, TASM이 우연히 마주친 상선을 대신 타격할 위험성도 커졌다. 소련 해군과 전면전을 벌일 때라면 그런 위험도 용납할 수 있겠지만, 그렇지 않은 상황에서는 TASM 발사 승인을 받을 가능성이 희박했다. 맥그래스의 말에 따르면, TASM은 "발사하고 싶지 않은 무기[38]"였다고 한다.

또 다른 요인은, TASM을 발사했는데 이 무기의 탐색 영역 안에 유효한 목표물이 없으면 무기를 낭비하게 된다는 점이다. 수색 구역 안에 목표물이 있다는 증거가 부족한 상태에서는 무기를 발사하고 싶지 않을 것이다. 맥그래스 말에 따르면 "자율성을 최고 단계까지 높이는 한이 있더라도 거기에 뭔가가 있다는 걸 알고 싶다." 왜냐고? "무기 가격은 비싼데[39] 우리에겐 돈이 별로 없기 때문이다. 내일도 또 싸워야 할지도 모르기 때문에."

현대의 미사일은 하나당 100만 달러 이상의 비용이 들 수도 있다. 현실적으로 군에서는 값비싼 무기를 사용하기 전에 그 지역에 정말 유효한 적의 목표물이 있는지 알고 싶을 것이다. 군대에서 완전자율화된 배회무기를 더 많이 사용하지 않는 이유는 배회무기의 장점(정확한 목표물 데이터를 사전에 몰라도 무기를 발사할 수 있는 능력) 때문에 무기를 낭비할 수도 있어서다. 재사용이 불가능한 상황에서는 큰 가치가 없을 수도 있는 것이다.

미래 무기

개틀링포로 시작된 자동화의 흐름은 앞으로도 계속될 것이다. 인공지능의 발전으로 더 똑똑한 무기들이 개발될 테고, 이를 통해 더 자율적인 운용이 가능해질 것이다. 정보 혁명의 또 다른 측면은 더 방대한 네트워킹이다. 독일 U보트는 발사된 굴뚝새 어뢰를 제어할 수 없었는데, 이는 그들이 원하지 않았기 때문이 아니라 그렇게 할 수단이 없었기 때문이다.

현대의 무기는 발사 후에도 제어하거나 표적을 바꿀 수 있도록 점점 더 네트워크화되고 있다. 유선 유도무기는 수십 년 전부터 존재했지만 단거리 유도만 가능하다. 오늘날의 장거리 무기는 위성에서도 무선 통신을 통해 제어할 수 있도록 데이터링크를 통합하고 있다. 블록 IV 토마호크 지상 공격 미사일(TLAM-E 또는 전술 토마호크)에는 비행 중인 무기의 표적을 바꿀 수 있는 양방향 위성 통신 링크가 포함되어 있다. 하피 2인 하롭Harop[40]에는 인간 참여형 모드로 조작할 수 있는 통신 링크가 있어서 인간 운용자가 직접 무기를 겨냥할 수 있다.

맥그래스에게 가장 원하는 미래 무기의 특징이 뭐냐고 물어보자, 자율성이 아니라 데이터링크라고 대답했다. "미사일과 대화를 할 수 있어야 한다[41]"는 게 그의 설명이다. "미사일이 네트워크의 일부가 되어야 한다." 무기를 네트워크와 연결시키면 비행 중에도 목표물에 관한 최신 정보를 보내줄 수 있다. 결과적으로 "그 무기를 사용하는 것에 대한 자신감이 극적으로 늘어날 것이다."

네트워크로 연결된 무기는 혼자 따로 있을 때보다 훨씬 가치가 높아진다. 무기를 네트워크와 연결하면 그 무기는 방대한 시스템의 일부가 되고, 다른 배나 항공기, 심지어 위성의 센서 데이터를 이용해서 목표물 추적을 지원받을 수 있다. 게다가 지휘관은 비행 중에 무기를 통제할 수 있으므로 무기가 낭비될 가능성이 줄어든다. 예를 들어, 네트워크로 연결된 전술 토마호크의 장점은 인간이 미사일에 장착된 센서를 이용해 타격 전에 잠재적 목표물의 전투피해평가BDA를 할 수 있다는 것이다. 목표물의 BDA를 수행할 능력이 없으면 첫 번째 미사일이 목표물을 완전히 파괴하지 못할 가능성도 있기 때문에, 지휘관은 표적을 확실히 파괴하기 위해 토마호크를 여러 대 발사해야 할 수도 있다. BDA가 탑재되어 있으면 첫 번째 미사일 명중 후 지휘관이 목표물을 볼 수 있다. 더 많은 타격이 필요한 경우 미사일을 더 날리면 된다. 그렇지 않다면, 비행 중인 다음 미사일은 2차 목표물을 향하도록 방향을 바꿀 수 있다.

그러나 모든 일에는 대항책이 있는데, 네트워킹 증가는 전쟁과 관련된 또 다른 추세인 전자 공격 증가와 서로 배치된다. 군대가 통신과 목표물 감지를 위해 전자기 스펙트럼에 의존하는 일이 늘어날수록, 전자기 스펙트럼을 통해서 싸우는 보이지 않는 방해, 위장, 기만 같은 전자 전쟁에서 승리하는 게 더욱 중요해질 것이다. 미래에 첨단 군대들끼리 전쟁을 벌일 때는 분쟁 환경에서 통신이 제대로 이루어질 거라고 결코 보장할 수 없다. 첨단 군대에는 전파 방해도 이겨내는 통신 방식이 있긴 하지만 사정거리와 대역폭이 제한되어 있다. 통신이 끊기면 미사일이나 드론은 기본적으로 부여된 자율 권한에 의존해서 스스로 움직이게 된다.

고도로 발전된 배회무기도 높은 비용 때문에 목표물이 명확하지 않는 한 지휘관들이 발사를 주저하는 등 TASM과 같은 함선에 빠질 가능성이 크다. 하지만 드론이 이 방정식을 바꿨다. 드론은 발사해서 순찰을 돌다가 목표물을 찾지 못하면 무기를 사용하지 않은 채 돌아올 수 있다. 재사용 가능성이라는 이 간단한 특징이 무기 사용 방법을 획기적으로 바꿨다. 드론은 시공간적으로 넓은 구역을 수색하면서 적의 목표물을 찾아다닐 수 있다. 아무것도 발견되지 않으면, 드론은 기지로 돌아왔다가 다른 날 다시 수색을 나가면 된다.

90개 이상의 나라와 비국가 단체들이 이미 드론을 보유하고 있다. 대부분 무장하지 않은 감시용 드론이지만 갈수록 무장 드론이 늘어나고 있다. 최소 16개국이 이미 무장 드론을 보유[42]하고 있고, 다른 10여 개국도 드론을 무장시키는 작업을 진행 중이다. 몇몇 국가들은 심지어 분쟁 지역에서 운용하려고 특별히 설계한 스텔스 전투용 드론을 만들고 있다. 현재 드론은 전통적인 전투망의 일부로 사용되고 있으며, 의사결정은 인간 제어자가 내린다. 통신 연결이 문제없을 때는 인간이 계속 전투 과정에 참여하면서 목표물에 대한 지휘권을 갖는다. 하지만 통신 연결이 방해를 받을 때는 드론이 어떻게 하도록 프로그래밍해야 할까? 집으로 돌아오도록? 아니면 감시 임무를 수행하면서 사진을 찍고 인간 운영자에게 보고하도록? 오늘날의 크루즈 미사일처럼, 드론에게 인간이 사전에 허가한 고정 목표물을 타격할 수 있는 권한을 줄까? 만약 드론이 인간이 사전에 허가하지 않은 새로운 표적을 우연히 발견했다면, 이들에게는 발사 권한이 있을까? 만약 드론이 공격을 받는다면? 반격해도 될까? 먼저 쏠 수 있는 권한이 있을까?

이건 미래에 대비한 가상의 질문이 아니다. 전 세계 기술자들은 지금 이 순간 이러한 드론 소프트웨어를 프로그래밍하고 있다. 그들의 손에서 자율무기의 미래가 만들어지고 있다.

PART
2

터미네이터 만들기

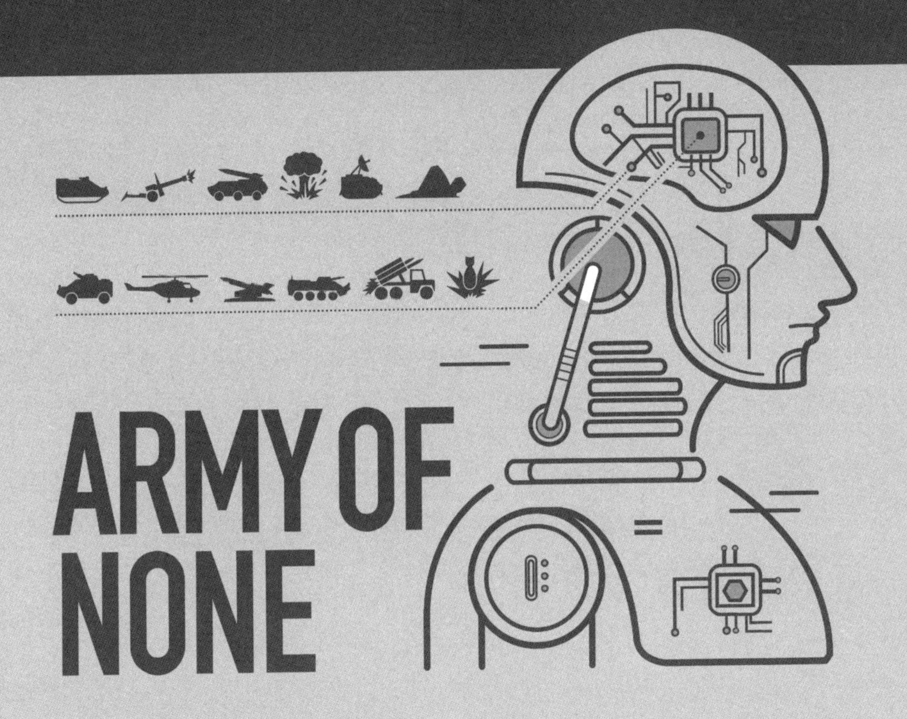

BUILDING THE TERMINATOR

CHAPTER

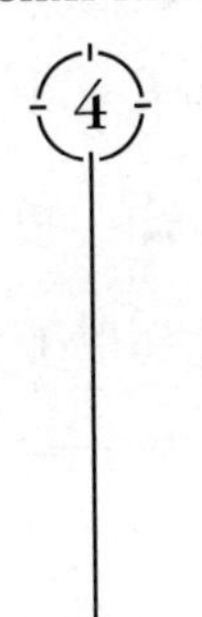

오늘 건설되는 미래

자동제어 미사일, 드론, 로봇 군집

로봇 혁명에서 미국 국방부보다 큰 지분을 차지하는 관계자도 드물다. 미국은 매년 6,000억 달러를 국방비로 지출하는데 이는 그다음 순위를 차지하는 7개 나라의 국방비를 합친 것보다 더 많은 금액이다. 그런데도 미국의 국방부 지도자들은 미국이 뒤처질까 봐 우려하고 있다. 2014년 미국은 자국의 군사 기술 우위를 다시금 활성화하기 위한 '제3차 상쇄 전략'을 시작했다. 이 명칭은 유럽에서 소련의 수적 우위를 상쇄하기 위해 1950년대에 핵무기에 투자하고 1970년대에 정밀유도무기에 투자했던 냉전 시대의 1차 및 2차 상쇄 전략을 떠올리게 한다. 국방부의 제3차 상쇄 전략의 중심축은 로봇 공학, 자율성, 인간-기계 협업이다.

무인 물류 수송대, 공중 급유기, 정찰 드론 같은 분야에서 군용 로봇과 자율성을 활용하는 데는 대부분 논란의 여지가 없다. 그러나 차세대 미사일과 전투기가 자율성의 경계를 밀어붙이면서 무기 체계에서도 자율성이 증가하고 있다. 몇몇 실험 프로그램은 미군이 무기에 있어서 자율성의 역할을 어떻게 생각하는지 보여준다. 이 모든 것이 종합되어 미래 군대의 기반을 닦고 있다.

솔티 도그: X-47B 드론

X-47B 실험용 드론은 전 세계에서 가장 발전된 항공기 중 하나다. 단 두 개만 만들어서 솔티 도그Salty Dog 501과 솔티 도그 502라는 이름을 붙였다. 1980년대 공상과학 영화인 〈협곡의 실종Flight of the Navigator〉에서 튀어나온 것 같은 날렵한 박쥐 날개 모양의 X-47B는 사실상 "미래가 도래했다"라고 외친다. 2011년부터 2015년까지 얼마 안 되는 기간에 실험용 항공기로 사용된 솔티 도그 501과 502는 그 사이에 몇 번이나 항공 역사를 새롭게 썼다. X-47B는 항공모함에서 자율적으로 이착륙한 최초의 무인 항공기였고, 비행 중에 다른 항공기에서 자율적으로 연료를 주입받은 최초의 무인 항공기이기도 하다. 이건 장차 항공모함에 전투용 드론을 탑재하게 하는 중요한 이정표다. 그러나 X-47B는 전투기가 아니었다. 실험용 'X-항공기', 즉 후속 항공기 기술을 발전시키기 위해 설계된 시연 프로그램이었다. 기술 개발의 중심은 이륙, 착륙, 비행, 공중 급유 등 항공기의 물리적 움직임을 자동화하는 것이었다. X-47B에는 적과 교전할

수 있는 무기나 센서가 탑재되어 있지 않았다.

해군은 아직 설계 단계에 있는 미래형 항공기 MQ-25 스팅레이Stingray가 항공모함에 탑재하는 최초의 작전용 드론이 될 것이라고 발표했다. 구체적인 설계는 아직 결정되지 않았지만, MQ-25는 주로 F-35 합동 타격 전투기 같은 유인 전투기에 연료를 운반하는 공중 급유기 역할을 하면서[1] 부차적으로 정찰 기능도 수행할 것으로 예상된다. 하지만 전투기 기능은 예상에 포함되어 있지 않다. 사실 해군은 지난 10년 동안 무인기를 전투에 참여시킨다는 생각에서 꾸준히 멀어지고 있다.

X-47의 기원은 2000년대 초에 무인 전투기를 설계하기 위한 미 국방부 고등연구계획국DARPA, 해군, 공군의 합동 프로그램인 통합 무인전투 항공 시스템J-UCAS이다. J-UCAS를 통해 실험용 X-45A 항공기 두 대를 개발했고, 2004년에 전투 임무를 위해 설계된 최초의 드론을 시연했다. 오늘날의 드론은 대부분 감시 임무를 위해 만든 것이라서 급상승하여 장시간 허공에 떠 있는 기능을 위주로 설계되었다. 그러나 X-45A는 F-117, B-2 폭격기, F-22 전투기 같은 스텔스 항공기의 특징인 예리한 각도의 날개와 매끄러운 상단 표면을 자랑한다. 적의 방공망을 뚫기 위해 설계된 X-45A의 목적은 유인 항공기를 지원하기 위해 교란과 타격 임무를 근접 수행하는 것이었다. 그러나 이 프로그램은 완료되지 않았다. 주요 전략 및 예산을 검토하는 과정인 국방부의 4년 주기 국방검토에서 2006년 J-UCAS 프로그램을 폐기하고 재편했다.

당시는 9·11 이후 국방예산 붐이 최고조에 달했고 국방부가 로봇 시스템의 잠재력을 폭넓게 깨닫던 시점이기 때문에 J-UCAS를 무효화시킨 이유가 뭔지 궁금하다. 미군이 이라크와 아프가니스탄에 수천 대의 드론을 배치하는 동안에도, 공군은 무인 항공기가 향후 전쟁에서 전투 역할을 맡는다는 생각에 강하게 저항했다. J-UCAS가 취소된 후 10년 동안 여러 번 기회가 있었는데도 불구하고, 공군은 전투용 드론 제작 프로그램을 다시 시작하지 않았다. 드론은 정찰과 대테러 작전에서 중요한 역할을 하지만, 다른 적 항공기에 맞서 공중전을 벌이거나 다른 나라의 방공망을 급습하는 임무는 현재 기존의 유인 항공기가 맡고 있다.

외부에서 로봇 무기를 향한 순탄치 않은 돌진처럼 보이는 상황이 실제로 국방부 내부에서는 훨씬 더 혼란스러운 그림처럼 보이는 게 사실이다. 미군 내에서는 전투 일자리를 무인 시스템에 넘기는 것에 대한 문화적 저항이 심하다. 감시나 물류 같은 지원 역할에는 로봇 시스템을 자주 사용하지만 전투용으로는 거의 쓰지 않는다. 육군은 물류 로봇에는 투자해도 최전방 무장 전투 로봇에는 투자하지 않는다. 공군은 감시용으로 드론을 많이 사용하지만 공중전용 드론에는 돈을 쓰지 않는다. '무인 시스템 로드맵'이나 공군의 '2013년 원격 조종 항공기 벡터[2]' 같은 펜타곤의 비전 문서에는 로봇의 다양한 역할에 대한 야심 찬 꿈이 표현되어 있지만, 이런 문서는 예산 현실과 단절된 경우가 많다. 자금 지원이 없으면 이런 비전은 현실이 아닌 환각일 뿐이다. 목표와 포부가 분명히 표현되어 있다고 반드시 가능성이 가장 큰 미래의 길을 나타내는 건 아니다.

야심 찬 J-UCAS 전투기가 느릿느릿 움직이는 MQ-25 급유기로

격하된 것이 좋은 예다. 2006년에 공군이 J-UCAS 실험용 드론 프로그램을 포기하자 해군이 전투기 개발 프로그램을 이어갔다. X-47B는 후속 스텔스 무인기 기술을 발전시키기 위한 것이었지만, 2011년과 2012년에 잇따라 나온 국방부 내부 보고서 때문에 해군도 전투기 개발을 급히 포기했다. 별로 주목받지 못하는 비 스텔스 감시용 드론을 만들다 보니 디자인도 축소됐다. 미래형의 날렵한 스텔스기 같은 모양이던 X-45A와 X-47B 콘셉트 스케치가 그 당시에 이미 나온 지 10년 이상 된 재미없는 프레데터와 리퍼 드론으로 바뀌었다. 해군도 공군과 마찬가지로 전투용 드론에 대한 문화적 저항[3]의 영향을 받는 것 같았다.

무인 전투기UCAV[4] 개발에 대한 해군의 저항은 의회의 압박과 강력한 작전 필요성에도 불구하고 수그러들지 않기 때문에 더 눈에 띈다. 중국은 항공모함에 탑재하는 F-18과 F-35 항공기를 추월할 수 있는 대함 탄도 미사일과 크루즈 미사일[5]을 개발했다. 비행기에 사람이 탑승했을 때보다 훨씬 오랫동안 상공에 머무를 수 있는 무인 항공기만이 중국의 첨단 미사일에 맞서서 항공모함을 지킬 수 있는 사거리를 가지고 있다. 의회나 싱크탱크 등 해군 외부에서 활약하는 해상 전력 옹호자들[6]은 UCAV를 탑재하지 않은 항공모함은 첨단기술을 갖춘 적에게 대항할 때 효용성이 떨어질 것이라고 주장한다. 그러나 해군의 현재 계획은 항공모함에 탑재된 MQ-25 드론을 유인 제트기에 연료를 공급하는 용도로 활용하는 것이다. 현재 해군은 미래의 UCAV에 대한 계획을 모두 미루고 있다.[7]

X-47B는 인상적인 기계이며, 외부 관찰자의 눈에는 로봇 전투기

의 미래를 예고하는 것처럼 보일 수도 있다. 그러나 국방부 내에는 전투용 드론에 대한 열의가 부족하고 스스로 목표물을 조준하는 완전자율형 전투기를 개발하려는 의지는 거의 없다시피 한 게 현실이므로, 이런 외관은 우리를 착각에 빠뜨릴 뿐이다. 현재 공군과 해군 모두 작전용 UCAV를 개발하기 위한 프로그램을 진행하고 있지 않다. X-47B는 적어도 현재로서는 존재하지 않는 미래를 향한 다리다.

장거리 대함 미사일

장거리 대함 미사일LRASM은 자율성의 경계를 넓히는 최첨단 미사일이다. 이는 원거리에서 적의 함선을 타격할 수 있는 미군이 능력 공백을 메우기 위한 DARPA-해군-공군 합동 프로젝트다. 해군은 TASM이 퇴역한 뒤로 사거리가 67해리밖에 안 되는[8] 단거리 하푼 대함 미사일에 의존해왔다. 그에 비해 LRASM은 최대 500해리까지 날아갈 수 있다.[9] 또 LRASM은 목표물까지 이동하는 동안 위협을 자율적으로 탐지해서 회피할 수 있는 기능 등 여러 고급 생존 기능을 갖추고 있다.

LRASM은 몇 가지 새로운 방법으로 자율성을 이용하는데, 자율무기 반대자들은 이를 보고 경각심을 느꼈다. 《뉴욕타임스》에는 LRASM 관련 기사가 3개 이상 실렸으며,[10] 일부 비평가들은 이것이 '인간이 통제할 수 없는 인공지능[11]'의 모습이라고 주장한다. 물리학자이자 첨단 인공지능 분야의 대표적 사상가인 스티브 오모훈드로

Steve Omohundro는 한 기사에서, "자율무기 군비 경쟁[12]은 이미 진행되고 있다"고 말했다. 그러나 이런 자율성의 발전을 보고 국가들이 스스로 목표물을 수색하는 자율무기를 추구하려는 의도가 있다고 가정하는 건 비약이다.

LRASM을 뒷받침하는 실제 기술이 최첨단 기술이긴 하지만, 이런 답답한 논의를 정당화하지는 않는다. LRASM에는 여러 첨단 기능이 많지만, 중요한 문제는 인간과 미사일 중 누가 LRASM 목표물을 선택하느냐는 것이다. LRASM 개발사인 록히드 마틴Lockheed Martin 웹사이트에는 이렇게 나와 있다.

> LRASM은 정밀 경로 설정과 유도 기능을 사용한다.[13] …… 이 미사일은 다중 모드 센서 세트, 무기 데이터 링크, 향상된 디지털 전파 방해 방어 GPS를 사용해 해상에 있는 수많은 선박들 가운데 특정 목표물을 찾아내 파괴한다. …… 이러한 첨단 유도 작전은 이 무기가 고립 상황에서 미리 정해진 대상을 찾아 파괴하기 위해 총 표적 큐잉 데이터를 사용할 수 있음을 뜻한다.

이 설명문은 향상된 정밀유도에 관해 얘기하지만, 스스로 대상을 탐색하는 인공지능을 암시하는 부분은 별로 없다. 그렇다면 비판의 근원은 무엇인가? 예전에 록히드는 LRASM을 다르게 설명했다.

《뉴욕타임스》에 첫 번째 기사가 실리기 전인 2014년 11월, 록히드사는 LRASM을 설명하면서[14] 이 무기의 자율적인 기능을 매우 열심히 자랑했다. 설명문에는 '자율'이라는 단어가 3번 등장해서, 이 무기는 "자율적으로 순항하는" "자율적인 정밀유도 대함" 미사일로 "자율화 능력"을 갖추고 있다고 표현한다. 그러나 무기가 자율적으로 하는 일이 정확히 무엇인지는 다소 모호했다.

《뉴욕타임스》에 첫 번째 기사가 실린 뒤 설명문 내용도 바뀌어서, 여러 부분에서 '자율'이라는 말이 '반자율'로 대체되었다. 또 새로운 설명문에서는 자율 기능의 성격을 "반자율적인 유도 능력 덕분에 LRASM이[15] 안전하게 적지에 도달한다"라고 명확하게 밝혔다. 그러다가 결국 '반자율적'이라는 단어마저 사라져, 현재의 온라인 설명문에서는 '정밀 경로 설정 및 유도'와 '첨단 유도'에 대해서만 얘기한다. 자율성에 대한 언급은 전혀 없다.

이렇게 바뀐 줄거리에 대해 어떻게 생각해야 할까? 무기의 기능은 변하지 않았을 텐데, 이를 설명하기 위해 사용하는 언어만 변했을 뿐이다. 그렇다면 LRASM은 얼마나 자율적일까?

록히드는 LRASM이 "고립 상황에서 미리 정해진 대상을 찾아 파괴하기 위해 총 표적 큐잉 데이터를 사용"한다고 설명했다. '미리 정해진' 대상이라는 말이, 인간 운용자가 사전에 특정한 목표물을 선택했다는 뜻이라면 LRASM은 반자율무기가 될 것이다. 반면 '미리 정해진'이라는 말이 인간이 '적 함선'처럼 일반적인 목표물 종류만 골랐다는 뜻이라면, 그리고 미사일이 넓은 지역에서 이 목표물을 찾아내 스스로 교전할 자유를 준다면, 그건 자율무기일 것이다.

다행히 록히드사에서 LRASM의 기능을 설명하는 동영상[16]을 인터넷에 올려줬다. 이 동영상에 나오는 상세한 전투 시뮬레이션에서는 어떤 교전 기능이 자율적으로 수행되고 어떤 기능은 사람이 수행하는지를 정확하게 보여준다. 위성이 적의 수상전투전대SAG를 찾아내면 그들의 위치를 미국 구축함에 전달한다. 영상에는 미국 측 선원이 자신의 콘솔을 통해 적 함선을 바라보는 모습이 나온다. 그가 버튼을 누르면 LRASM 2개가 발사관에서 불꽃을 내뿜으며 튀어나간다. 동영상 텍스트는 SAG에 속한 적의 순양함을 향해 LRASM이 발사되었다고 설명한다. LRASM은 공중을 날면서 그 배와 가시선 데이터링크를 설정한다. 그리고 적의 SAG를 향해 계속 날아가는 동안 위성통신으로 전환한다. 이제 미국의 F/A-18E 전투기가 또 다른 SAG 함선인 적 구축함을 향해 세 번째 LRASM을 발사한다(이번에는 공중발사). LRASM은 '통신 및 GPS 교란 상황'에 접어든다. 이제 독립적으로 행동해야 한다.

LRASM은 계획된 항법 경로를 통해 미리 정해진 중간 지점에서 다른 지점으로 이동한다. 그러던 중 뜻밖에도 '갑작스러운 위협'에 직면하게 된다. 미사일 금지구역을 뜻하는 붉은색의 커다란 방울이 영상 속의 하늘에 나타나는 것이다. 미사일들은 이제 알아서 붉은 방울 주위로 우회하는 '자율 경로 설정'을 실행한다. 그리고 두 번째 위협이 갑자기 나타나면 LRASM은 임무를 계속하기 위해 경로를 다시 수정해서 위협을 피한다.

LRASM이 대상 목적지에 접근하면, 동영상은 하나의 미사일에 초점을 맞춘 새로운 시각으로 바뀌면서 미사일 센서가 감지하는 것들을 시뮬레이션한다. 화면에는 미사일 센서가 감지한 물체를 가리키는 점 5개가 나타나는데, 각각 'ID:71, ID:56, ID:44, ID:24, ID:19'라는 라벨이 붙어 있다. 미사일은 이 동영상에서 '[불확실성 영역] 유기적 축소'라고 부르는 과정을 시작한다. 이는 불확실성을 나타내는 군사용어다. 미사일이 발사되었을 때는 발사한 사람은 적 함선의 위치를 알고 있었지만, 배는 계속 움직인다. 미사일이 배에 도착할 때쯤에는 배가 다른 곳에 가 있을 수도 있다. '불확실성 영역'은 적 함선이 있을 수도 있는 영역, 시간이 흐를수록 커지는 영역이다.

이 영역 안에는 배가 여러 척 존재할 수도 있기 때문에, LRASM은 자기가 어떤 배를 파괴하도록 발사된 건지 판단하기 위해 선택지를 좁히기 시작한다. 이 과정이 어떻게 진행되는지는 명시되어 있지 않지만, 동영상에서는 처음에 모든 점 주위에 커다란 '불확실성 영역'이 나타났다가 이윽고 빠르게 축소되어 그중 ID:44, ID:24, ID:19의 3점만 에워싼다. 이제 미사일은 목표물 선정 과정의 다음 단계인 '표적 분류'로 넘어간다. 미사일은 대상을 하나씩 스캔하다가 마침내 ID:24로 정한다. 동영상에는 '기준 일치', '표적 분류'라는 글씨가 나온다. 미사일은 ID:24가 파괴해야 할 배라고 결정했다.

정확한 목표물을 겨냥한 미사일은 마지막 작전 행동을 시작한다. LRASM 3개가 적 함선의 레이더 아래로 내려가 수면 바로 위를 스치듯 날아간다. 미사일은 마지막 접근 과정에서 목표물을 확인하기 위해 최종적으로 배들을 스캔한다. 적함에서는 날아오는 미사일을 요격하려고 방어포를 쏘지만 이미 때는 늦었다. 적함 2척에 미사일이 명중한다.

영상에는 LRASM의 인상적인 자율적 특징이 담겨 있지만, 이것이 과연 자율무기일까? 웹사이트에는 자율/반자율/첨단 유도에 관한 설명이 명확하게 나와 있다. 영상에서는 비행 도중에 미사일이

'통신 및 GPS 교란 환경'에 진입한다. 이 영역에서는 인간 통제자에게 연락할 수 없으므로 미사일이 스스로 판단해서 움직인다. 이때 그들이 취하는 행동은 전부 자율적이지만, 취할 수 있는 행동의 종류는 제한되어 있다. 이 무기가 인간 통제자와의 통신 연결 없이 작동한다고 해서, 원하는 일은 무엇이든 다 할 수 있는 자유가 생기는 건 아니다. 이 미사일은 주말에 부모가 집을 비운 10대 청소년이 아니다. 특정한 업무를 자율적으로 수행하도록 프로그램되어 있을 뿐이다. 미사일은 갑작스럽게 발생한 위협을 식별하고 이를 피하기 위해 자율적으로 경로를 재설정할 수 있지만, 목표물을 스스로 선택할 자유는 없다. 물체를 식별하고 분류해서 자기가 어떤 물체를 파괴해야 하는지 확인할 수는 있지만, 이건 스스로 어떤 대상을 파괴할지 선택할 수 있는 것과는 다르다.

어떤 적선을 파괴할지 결정하는 건 인간이다. 이 동영상에서 중요한 부분은 미사일이 적선을 겨냥하면서 비행을 마치는 부분이 아니라, 시작 부분이다. LRASM이 발사될 때, 영상에서는 'SAG 순양함' 및 'SAG 구축함'을 향해 발사한다고 명확히 밝힌다. 인간들은 인공위성을 통해 추적해서 식별한 특정 선박을 향해 미사일을 발사한다. 그리고 미사일에 탑재된 센서를 이용해 공격을 완료하기 전에 목표물을 확인한다. LRASM은 위성, 선박/항공기, 인간, 미사일로 구성된 무기 체계의 한 부분에 불과하다. 인간은 '루프 안에' 존재하면서 무기 체계의 광범위한 의사결정 사이클 안에서 공격할 구체적인 대상을 결정한다. LRASM은 그저 교전을 수행하는 것뿐이다.

LRASM 동영상의 스크린샷

LRASM이 어떻게 기능하는지 보여주는 동영상 시뮬레이션에서, 위성이 적 함선의 위치를 사람에게 전달하면 그는 특정한 적 함선에 대한 공격을 승인한다.

SAG 순양함을 향해 배에서 발사한 LRASM

특정한 적 함선을 향해 LRASM을 발사했는데, 이 경우에는 'SAG 순양함'이 그 대상이다.

자율 경로 설정

LRASM은 인간이 지정한 목표물로 이동하는 동안 갑자기 나타난 위협(방울로 표시)을 피하기 위해 자율적으로 경로를 설정한다.

유기적 ADU 저감

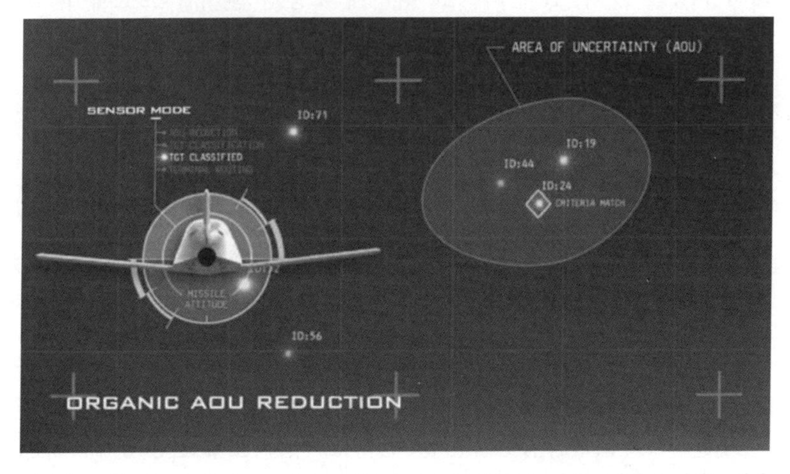

인간이 지정한 표적은 움직이는 배이기 때문에, LRASM이 목표지점에 도착할 무렵에는 배가 존재할 수 있는 위치를 가리키는 '불확실성 영역'이 존재하게 된다. 이 불확실성 영역에서 복수의 물체가 식별되었다. LRASM은 불확실성 영역을 줄이고 사람이 지정한 표적을 식별하기 위해 자체적으로 탑재된(유기적) 센서를 이용한다. LRASM은 'ID:24'가 자신이 파괴해야 하는 목표물임을 확인한다. 미사일에는 여러 첨단 기능이 많지만, 목표물을 직접 고르지 않는다. 미사일은 센서를 이용해서 사람이 선택한 목표물을 확인한다.

속도 제한 위반: 신속 경량 자율

스튜어트 러셀Stuart Russell 박사는 인공지능 분야의 선구적 존재이다. 그는 전 세계 AI 연구자들을 가르칠 때 사용하는 교과서를 집필했다.[17] 또한 러셀은 AI 커뮤니티에서 '인간의 유의미한 통제를 넘어선 공격형 자율무기[18]' 금지를 요구하는 리더 가운데 한 명이다. 그가 거듭 우려를 제기한 연구 프로그램은 DARPA의 고속 경량 자율FLA 프로그램이다.

FLA는 혼잡한 환경에서 고속 자율주행을 가능케 하기 위한 연구 프로젝트다. 연구진은 기성품 쿼드콥터quadcopter(프로펠러가 4개인 헬리콥터-역주)가 어수선한 창고 안에서 최대 시속 72킬로미터의 속도로 자율주행을 할 수 있게 하려고 여기에 맞춤형 센서와 프로세서, 알고리즘을 장착했다. DARPA는 보도자료에서 급각도로 상승하는 쿼드콥터를 영화 〈스타워즈: 깨어난 포스〉에서 폭발하는 스타 디스트로이어Star Destroyer를 재빠르게 통과하는 밀레니엄 팔콘Millennium Falcon 호에 비유했다. (나 같으면 〈제국의 역습〉에서 소행성 지대를 통과하는 팔콘이나…… 〈제다이의 귀환〉에서 데스 스타 II 내부를 재빠르게 날아가는 팔콘 호에 비유했을 것이다. 하지만 당신은 어쨌든 빠른 것 = 굉장한 것이라고 이해했을 것이다.) 보도자료에 첨부한 동영상에서는 쿼드콥터들이 날아다니는 장면에 경쾌한 기악곡을 삽입했다. 하지만 지금까지 공개된 동영상에서는 드론이 시속 72킬로미터의 속도로 장애물을 통과하지 못하기 때문에 음악과 장면이 영 어울리지 않는다. 지금은 장애물 사이에서 아주 천천히 움직이는 수준이지만, 그래도 완전히 자율적으로 움직인다. FLA의 쿼드콥터는 고화질 카메라, 음파 탐지기, 레이저 빛 탐지 및 거리 측정기LIDAR를 조합해 장애물을 감지하고 스스로 모든 것을 피한다.

느린 속도라고 해도 장애물을 피해서 자율주행하는 건 대단한 일이다. 쿼드콥터에 부착된 센서는 쿼드콥터가 움직이는 동안 잠재적인 장애물을 감지하고 이를 계속 추적해야 하는데, 그러려면 프로세서가 무척 많이 필요하다. 쿼드콥터에는 그렇게 많은 컴퓨팅 능력이 없기 때문에, 보이는 장애물을 처리하는 속도에 한계가 있다. 이 프로그램은 앞으로 몇 달 안에 속도를 높이는 걸 목표로 하고 있다. DARPA 프로그램 매니저인 마크 미시르Mark Micire는 보도자료를 통해, "현재 우리 팀의 과제는[19] 알고리즘과 탑재된 연산 효율을 향상시켜서 UAV의 인식 범위를 확대하고, 쿼드콥터의 질량을 상쇄하여 빠른 속도로 날면서도 급선회와 급격한 기동을 가능케 하는 것"이라고 설명했다. 다시 말해, 속도를 높이려는 것이다.

FLA의 쿼드콥터는 위협적으로 보이지 않지만, 그건 빠른 음악이나 〈스타워즈〉 언급 때문이 아니다. FLA에는 무기 교전과 관련된 부분이 없기 때문이다. 쿼드콥터는 비무장 상태일 뿐만 아니라 목표물 수색이나 식별과 관련된 작업을 전혀 수행하지 않는다. DARPA는 FLA의 사용 목적은 실내 정찰용이라고 설명한다.

FLA 기술은 특히 긴급한 감시 도구 부족 문제를 해소하는 데 유용할 수 있다.[20] 외국의 위험한 도시 환경을 순찰하는 군인이나 지진 또는 홍수 같은 재난에 대응하는 구조팀은 현재 원격조종하는 무인 항공기UAV를 이용해서 현장을 조감할 수 있다. 하지만 불안정한 건물이나 위협적인 실내 공간 안에서 벌어지는 일을 파악하려면 직접 진입해야 하는 경우가 많은데 그 과정에서 군대나 민간 대응팀이 위험에 빠질 수 있다. FLA 프로그램은 소형 UAV가 원격 조종 없이 방과 계단, 복도 또는 장애물이 가득한 다른 환경을 신속하게 탐색하도록 하기 위한 새로운 종류의 알고리즘을 개발하고 있다.

FLA가 하는 일을 이해하기 위해, 펜실베이니아 대학의 GRASP General Robotics Automation Sensing and Perception 연구실에 소속된 이 프로젝트의 연구팀을 만나봤다. GRASP가 촬영한 민첩하게 움직이는 쿼드콥터 동영상은 온라인에서 입소문을 타고 있는데, 드론 무리가 창문을 통과해 예술적으로 날아다니거나 공중에서 춤추는 듯한 모습을 보이거나 악기로 제임스 본드 주제곡을 연주하기도 한다. 나는 GRASP에서 FLA 연구를 책임지고 있는 대니얼 리Daniel Lee 박사와 비자이 쿠마르Vijay Kumar 박사에게 이 프로그램이 자율무기로 가는 길을 닦고 있다는 비판에 대해 어떻게 생각하느냐고 물었다. 리 교수는 GRASP의 연구는 매우 기초적이며 산업용과 소비자용 등 모든 로봇공학에 일반적으로 적용할 수 있는 기본적인 능력에 초점을 맞추고 있다고 설명했다.[21] GRASP는 '측위, 매핑, 장애물 감지,[22] 빠른 동적 내비게이션'에 중점을 두고 있다. 쿠마르는 자신들이 이 연구를 하는 동기는 "신속한 대응과 빠른 움직임이 필요한 곳에서 수색구조와 응급처치를 돕기 위해서[23]"라고 덧붙였다.

쿠마르와 리는 무기 설계자가 아니므로 이런 일을 염두에 두지 않을 수도 있지만, FLA가 만들고 있는 기술은 자율무기에 중요한 기술이 아니라는 사실을 지적할 필요가 있다. 물론 빠르게 움직이는 쿼드콥터는 다양한 용도로 쓰일 수 있다. 그러나 FLA를 적용한 쿼드콥터에 총이나 폭탄을 장착하는 것만으로는 충분하지 않다. 여전히 스스로 목표를 찾을 수 있는 능력이 필요할 것이다. 의도한 목표에 따라 별로 복잡하지 않을 수도 있지만, 어쨌든 그건 별개의 기술이다. FLA가 하는 일은 쿼드콥터가 실내에서 더 빨리 움직이게 하는 것이다. 보는 사람의 관점에 따라서 멋질 수도 있고 위협적일 수도 있지만, 어느 쪽이든 간에 FLA는 자율무기와 자율주행차 이상의 관계는 없다.

FLA에 대한 DARPA의 설명이 스튜어트 러셀의 비판에 반하는 것처럼 보이지는 않는다. 러셀은 FLA와 다른 DARPA 프로그램이 "[살상용 자율무기 체계]의 계획적인 사용을 예고한다[24]"라고 썼다. 러셀과 내가 처음 만난 건 2015년에 개최한 유엔 자율무기 회의에서였는데, 우리는 패널로 참여해 의견을 나눴다. 그 후에도 자율무기와 관련해 많은 논의를 했는데, 그는 높은 명성만큼 늘 사려 깊은 모습을 보여줬다. 그래서 FLA 문제에 관한 러셀의 생각을 알아보기 위해 그에게 연락했다. 그는 FLA가 "자율무기 능력만 지향하는 건 아니"[25]라고 인정했지만, 정말 무시무시한 뭔가를 향한 디딤돌로 보았다.

FLA는 매우 교묘한 적과 싸우기 위해 고안된 X-47B, J-UCAS, LRASM 같은 프로젝트와는 다르다. 러셀은 매우 색다른 종류의 자율무기, 즉 한 도시 사람들을 모두 쓸어버릴 수도 있는 수백만 개의 작고 빠른 인명 살상용 드론 군집을 염두에 두고 있다. 러셀은 이 치명적인 드론을 총동원할 경우 일종의 '대량살상무기'가 될 수 있다고 말한다. "직경 1인치 크기의 작은 살상용 쿼드콥터[26]를 수백만 대 만들어서 트럭에 싣고 가다가 비교적 간단한 소프트웨어를 이용해 발사하면 되는데, 특별히 효과가 좋을 필요도 없다. 그중 25퍼센트만 목표에 도달해도 충분하다." 이런 식으로 사용하면, 작은 자율무기로도 주민들을 몰살시킬 수 있다.

FLA가 러셀의 설명처럼 인명 살상용 무기를 개발하는 프로젝트라는 사실을 나타내는 증거는 아무것도 없고, 그도 그건 인정한다. 하지만 러셀은 실내 주행을 대인 살상 자율무기로 나아가기 위한 기초를 닦는 과정으로 본다. "이건 자율무기를 개발하기 위해[27] 당연히 하고 싶은 일 중 하나"라는 것이다.

러셀이 군이나 AI 혹은 일반적인 자율성 분야에 투자하는 걸 반대하지 않는다는 것은 주목할 만한 사실이다. 그는 본인이 진행하는 AI 연구 중에도 국방부의 자금 지원을 받는 게 있지만, 무기가 아니라 기초 연구를 위한 자금만 받는다고 한다. 하지만 러셀은 특별히 무기를 목표로 하지 않는 FLA 같은 프로그램도 진지하게 생각한다. 연구자로서 그는 이런 일에 손대는 것은 "확실히 두 번 생각해볼 문제[28]"라고 말했다.

떼 지어 공격하는 무기: 고립 환경에서의 협력 운용

러셀은 고립 환경에서의 협력 운용CODE이라는 DARPA의 또 다른 프로그램에 대해서도 우려를 표했다. DARPA의 공식 설명에 따르면, CODE의 목적은 "한 사람의 감독 통제하에서 [무인 항공기 시스템] 그룹의 능력을 합치는 협력 자율성[29]"을 개발하는 것이다. CODE의 프로그램 매니저인 장 샤를 리데Jean-Charles Lede는 보도자료를 통해, 이 프로젝트의 목표는 "늑대가 최소한의 의사소통만으로 단합된 무리를 이뤄 사냥에 나서듯이[30]" 드론이 서로 협력할 수 있게 하는 것이라는 흥미로운 설명을 내놓았다.

늑대처럼 무리를 지어 사냥하는 드론의 이미지는 어떤 사람들에게는 불안할 수도 있다. 리데는 드론이 앞으로도 계속 인간의 감독하에 있을 것이라고 분명히 말했다. "CODE가 가능한 무인 항공기 여러 대[31]가 임무 감독관 한 명의 지휘하에 서로 협력해서 목표물을 찾고, 추적하고, 식별하고, 교전할 것이다." CODE가 작동하는 방식을 나타낸 DARPA 웹사이트의 그림[32]은 드론 무리와 전투공간에서 멀리 떨어져 있는 유인 항공기를 연결하는 통신 중계 드론의 모습을 보여준다. 따라서 원칙적으로 인간도 루프에 참여하는 것이다.

CODE는 "접전 중인 전자기파 환경[33]"에 맞게 설계되었지만, "대역폭 제한 및 통신 중단"이 발생할 가능성이 크다. 사람이 탑승한 항공기와 통신을 연결할 수단이 제한되거나 전혀 작동하지 않을 수도 있다. CODE는 드론이 최소한의 관리 감독으로도 운용되도록 보다 뛰어난 지능과 자율성을 부여해서 이런 어려움을 극복하는 걸 목표로 한다. 이 개념의 중심은 협력 행동이다. 협력 행동을 통해 한 사람이 드론 무리에게 목표를 달성하라고 말하면 드론들이 스스로 과제를 분배할 수 있다.

CODE에서는 드론팀이 "움직이거나 빠르게 이동 가능한 목표물", 즉 인간 운용자가 그 위치를 미리 특정할 수 없는 대상을 찾아서 교전한다. 사람과 통신 연결이 되어 있는 경우에는 CODE 비행체가 목표물을 발견하면 인간이 교전 대상을 승인할 수 있다. 접전 중인 전자기파 환경에서는 통신이 힘들지만 불가능하지는 않다. 미국의 5세대 전투기는 적의 영공 안에서 은밀하게 교신하기 위해[34] 저피탐/저탐지LPI/LPD 통신 방식을 사용한다. 이런 통신 링크는 교신 범위와 대역폭이 제한적이지만 실제로 존재한다. CODE의 기술 사양에 따르면, 개발자들은 인간 지휘관에게 전송되는 통신 양이 초당 50킬로비트밖에 안 될 것이라고 예상해야 하는데, 이는 기본적으로 1997년경에 사용하던 56K 전화 접속 모뎀[35]과 같은 수준이다.

전화 접속 모뎀 수준의 연결을 통해 인간을 계속 루프에 참여시키는 것은 드론이 고화질 풀 모션 비디오를 스트리밍 전송하는 요즘 세상과 큰 차이가 날 것이다. 사람이 목표물을 승인하려면 어느 정도의 대역폭이 필요한가? 사실 별로 많이 필요하지 않다. 인간의 뇌는 물체 인식 능력이 매우 뛰어나므로, 비교적 해상도가 낮은 영상에서도 물체를 식별할 수 있다. 군사 목표물 및 주변 지역을 찍은 10~20킬로바이트 크기의 스냅샷은 흐릿하게 보일 수도 있지만, 훈련받지 않은 사람도 트럭이나 군용 차량을 식별할 정도로 해상도가 높다. 초당 50킬로비트를 연결하면 이 정도 크기의 이미지를 2, 3초마다 한 장씩 전송할 수 있다(1킬로바이트 = 8킬로비트). 이를 통해 CODE 비행체가 잠재적 목표물을 식별해서 인간 감독관에게 전송하면 감독관이 공격 전에 특정 목표물을 승인(혹은 거부)할 수 있다.

그러나 이것이 CODE의 목적일까? CODE에 관한 공개적인 설명에 따르면, 이 항공기는 "한 사람의 감독 통제하에서[36]" 운용될 것이라고 하지만, 교전에 돌입하기 전에 인간이 각 목표물을 승인해야 한다는 사실은 명시되어 있지 않다. 온도 조절 장치부터 차세대 무기에 이르기까지 지금까지 살펴본 모든 시스템이 그렇듯이, 여기서도 관건은 어떤 임무를 인간이 수행하고 어떤 임무를 기계가 수행하느냐다. CODE와 관련해 공개적으로 입수 가능한 정보는 혼합된 그림을 보여준다.

2016년 5월에 인터넷에 공개된 CODE의 인간-기계 인터페이스 영상[37]을 보면, 인간이 특정한 개별 목표물을 일일이 승인하는 모습이 나온다. 인간이 직접 비행체를 조종하지는 않는다. 인간 운용자는 에이스Aces, 배저Badger, 코브라Cobra, 디스코Disco라고 명명된 네 그룹의 비행체를 지휘한다. 각각 2~4대의 비행체로 구성된 그룹들은 '제자리에서 선회'라든가 '이 경로 따라가기' 같은 수준 높은 명령을 받는다. 그러면 비행체들은 자기들끼리 역할을 조정해서 그 임무를 수행한다.

디스코 그룹은 수색과 파괴 임무를 전달받았다. "디스코 그룹은 이 지역의 [대공포대AAA]를 전부 수색해서 파괴하라." 인간 운용자가 커서로 상자를 그리면 디스코 그룹에 속한 비행체들이 상자 안으로 이동한다. 컴퓨터는 "디스코 그룹이 1구역에서 수색 및 파괴 임무를 수행한다"라고 확인한다.

디스코 그룹의 비행체들이 의심스러운 적의 목표물을 발견하면, 권고받은 분류 신호를 인간에게 보내 확인을 받는다. 인간은 인터페이스에서 'SCUD 확인'과 'AAA 확인'을 클릭한다. 그러나 이때의 확인은 발사 승인을 뜻하는 게 아니다. 몇 초 후에 들리는 삐삐거리는 소리는 디스코 그룹이 목표물에 대한 타격 계획을 세워서 승인을 구하고 있다는 신호다. 디스코 그룹은 SA-12 지대공 미사일 시스템을 발견했다고 90퍼센트 확신하면서 확인을 위해 사진을 전송했다. 인간은 자세한 정보를 얻기 위해 타격 계획을 클릭한다. SA-12 사진 밑에는 예상되는 부수적 피해를 보여주는 작은 도표가 있다. 갈색 반점이 표적을 에워싸서 그 주변에 있는 모든 것에 잠재적인 피해가 발생할 수 있음을 보여준다. 반점 구역 바로 바깥쪽에 병원이 있지만, 부수적 피해 예상 지역에서 벗어나 있다. 인간은 '승인'을 클릭해서 교전을 승인한다. 이 동영상에서는 인간이 분명히 루프 안에 존재한다. 많은 업무가 자동화되었지만, 각각의 구체적인 교전을 승인하는 건 인간이다.

그러나 다른 공개 정보에서는 CODE가 이 루프에서 인간을 제거할 수 있는 문을 열어둔 것처럼 보인다. 다른 영상에는 A팀과 B팀, 두 비행체팀이 지대공 미사일을 공격하기 위해 파견된 모습이 담겨 있다. LRASM 동영상에서처럼 특정한 목표물을 사람이 미리 식별한 뒤 이를 파괴하기 위해 미사일을 발사한 것이다. LRASM의 경우와 비슷하게 갑자기 등장한 위협을 비행체들이 교묘하게 피해가지만, 이번에는 비행체들이 서로 협력해서 비행 중에 항로 데이터와 센서 데이터를 공유한다. 목표물을 향해 나아가는 동안 예상치 못한 일이 벌어진다. 중요한 목표물이 갑자기 나타난 것이다. 그들의 주요 목표물이 아니지만 이걸 파괴하는 게 무엇보다 중요하다. B팀이 주요 목표물을 향해 계속 움직이는 동안, A팀은 갑자기 나타난 목표물을 공격하기 위해 우선순위를 다시 정한다. 이 동영상은 이런 상황이 인간 사령관의 감독하에[38] 발생했다는 사실을 분명히 밝힌다. 그러나 이는 앞서 살펴본 CODE 동영상과는 다른 유형의 인간-기계 관계를 암시한다. 이 경우 적어도 갑작스러운 위협이 등장한 순간에는 인간이 루프 안에 있는 게 아니라 루프 위에서 전체 상황을 지배한다. 1차 목표물에 대해서는 반자율적인 방식으로 작전을 수행해서, 인간이 1차 목표물을 선택했다. 하지만 갑작스러운 위협이 발생하자 미사일들은 관리형 자율무기로 가동할 권한을 갖게 되었다. 이들은 목표물을 공격하기 위해 추가적인 허가를 요청할 필요가 없다. 미식축구 쿼터백이 수비에 적응하기 위해 스크리미지 라인에서 순간적으로 작전을 변경하는 것처럼, 이 미사일도 돌발 상황에 적응할 수 있는 자유가 있다. 인간 운용자는 사이드 라인에 서 있는 코치와도 같다. 타임아웃을 불러서 경기에 개입할 수도 있지만, 그 외 시간에는 그저 선수들의 행동을 감독할 뿐이다.

CODE에 대한 DARPA의 온라인 설명은 인간 혹은 비행체가 직접 목표물을 승인할 융통성이 있음을 보여주는 듯하다. CODE 웹사이트에는[39] "CODE가 가능한 무인 항공기는 협동 자율 작전을 이용해 목표를 찾아서 정해진 교전 규칙에 따라 적절히 교전하며…… 예상치 못한 위협이 나타나는 등의…… 역동적인 상황에도 잘 적응한다"라고 되어 있다. 이는 스스로 목표물을 찾아서 교전하는 자율무기가 등장할 길을 열어두는 것처럼 보인다.

개발자들에게 전달된 자세한 기술 설명서는 추가적인 정보를 제공하지만, 명확한 내용은 거의 없다. DARPA는 개발자들이 다음과 같은 작업을 수행해야 한다고 설명한다.

> 임무 지휘관이 무력 사용과 관련해 적절한 수준의 인간적 판단을 내리거나 다른 선택안을 평가할 수 있도록 간결하면서도 포괄적인 목표물 칩셋을 제공한다.[40]

"적절한 수준의 인간적 판단"이라는 말이 모호하고 감상적으로 들릴 수도 있겠지만, 이건 우연히 쓴 말이 아니다. 이 지침은 무기의 자율성에 관한 DoD의 공식 정책인 DoD 지침 3000.09를 직접 인용한 것인데, 여기에는 다음과 같이 명시되어 있다.

> 자율무기 및 반자율무기 체계는[41] 지휘관과 운용자가 무력 사용과 관련해 적절한 수준의 인간적 판단을 내릴 수 있도록 설계되어야 한다.

특히 이 정책은 자율무기를 금지하지 않는다. "적절한 수준의 인간적 판단"에는 자율무기가 포함될 수도 있다. 실제로 DoD 정책에는 개발자들이 원하는 경우 적절한 안전장치와 시험을 통해 자율무기를 만들고 배치할 수 있는 승인[42]을 구하는 경로가 포함되어 있다.

그렇다면 적어도 CODE는 자율무기의 가능성을 허용하는 것처럼 보일 것이다. 이 프로젝트의 목적은 꼭 자율무기를 만들려는 게 아니라 협동 자율 작전을 가능케 하는 것이다. 그러나 접전 중에 인간 감독관과의 통신 연결이 방해를 받을 수 있는 전자기파 환경에서는, 이 프로그램을 통해 드론이 갑작스러운 위협에 스스로 대처할 권한을 위임받을 수 있을 듯하다.

사실 CODE는 협동적 자율성이 목표물 식별에도 도움이 되는 방법을 한 가지 암시해준다. 프로그램 문서에는 "다중 모드 센서와 다양한 관찰각을 제공해서[43] 목표물 식별 기능을 개선한다"는 협업의 장점 한 가지가 열거되어 있다. 지금까지의 예로 보면, 자동 표적 인식ATR 알고리즘은 자율적인 교전을 벌일 만큼 신뢰도가 높지 않았다. 이런 ATR 알고리즘의 낮은 품질을 보완하기 위해 여러 개의 센서를 결합하거나, 표적을 다양한 각도에서 관찰하거나, 보다 완전한 사진을 만드는 등의 방식을 통해 표적 식별 신뢰도를 높일 수 있다. CODE 동영상 가운데 하나는 실제로 비행체들이 목표물을 여러 방향에서 바라보면서 서로 데이터를 공유하는 모습을 보여준다. 자율 교전이 가능할 정도로 목표 식별 기능이 개선될 수 있을지는 잘 모르겠지만, CODE가 성공하면 DoD는 자율무기 승인 여부를 고민할 수밖에 없다.

미친 과학자들의 부서

이 수많은 프로젝트의 중심에 있는 것이 바로 DARPA, 즉 작가 마이클 벨피오어Michael Belfiore가 '미친 과학자들의 부서'라고 부른 곳이다. 원래 ARPAAdvanced Research Projects Agency라고 불렸던 DARPA는 1958년에 아이젠하워 대통령이 스푸트니크Sputnik에 대응하기 위해 설립한 기관이다. DARPA의 임무는 '전략적 기습'을 막는 것이다. 미국은 소련의 스푸트니크 발사에 놀라 충격을 받았다. 하늘 높이 우주를 뚫고 튀어나온 작은 금속 공을 통해, 이제 소련이 미국 내 어느 지역이든 타격할 수 있는 대륙간 탄도 미사일을 발사할 능력을 갖췄다는 현실을 깨달은 것이다. 아이젠하워 대통령은 이에 대응할 획기적인 기술을 개발하기 위해 미국항공우주국NASA과 ARPA라는 두 기구를 만들었다. NASA는 우주 경쟁에서 승리하는 임무를 맡았고, ARPA는 미국이 다시는 경쟁국 때문에 놀라는 일이 없도록 위험성도 크고 효과도 큰 기술에 투자하는 핵심적인 임무를 맡았다.

DARPA는 임무 달성을 위해 다른 군사 산업 단지와는 다른 독특한 문화와 조직을 보유하고 있다. DARPA는 'DARPA 하드' 프로젝트에만 투자해서 다른 이들이 불가능하다고 생각하는 기술 문제에 도전한다. 때로 이 도전이 성공하지 못할 때도 있다. DARPA에는 "이왕 실패할 거라면 빨리 실패하자"라는 모토가 있어서, 막대한 자원을 투자하기 전에 프로젝트 실패 여부를 판단한다. 그러나 때로는 게임 판도를 바꾸는 기술에 대한 투자를 통해 막대한 이익을 얻기도 한다. DARPA는 지난 50년 동안 미국에 결정적인 이익을 안겨준 와해성 기술의 씨앗을 몇 번이나 뿌린 바 있다. ARPA가 만든 아르파네트ARPANET는 훗날 인터넷으로 발전한 초기 컴퓨터 네트워크다. DARPA는 GPS를 뒷받침하는 기본 기술 개발에 도움을 주었다. 또 F-117 스텔스 전투기로 이어진 최초의 스텔스 전투기 해브 블루HAVE Blue 개발에 자금을 지원했다. DARPA는 인공지능과 로봇 공학의 지평을 꾸준히 넓혀왔다.

DARPA가 완성된 무기 체계를 만드는 일은 드물다. 이들의 프로젝트는 비행체들이 자율적으로 협력하게 하려는 CODE의 시도처럼, 극히 어려운 문제를 해결하기 위한 작고 집중된 노력이 대부분이다. 스튜어트 러셀은 이런 프로젝트를 통해 미국이 향후 자율무기를 배치하게 될 것으로 보이기에 상당히 우려된다고 말한다.[44] 그게 실제로 그들의 의도인 것일까, 아니면 단순히 기술적인 필연성 때문일까? CODE 같은 프로젝트가 성공한다면, DARPA는 모든 걸 전자동화할 생각이었을까 아니면 인간을 항상 루프에 참여시키려고 했을까?

자율무기의 미래를 이해하려면 DARPA와 대화를 나눠봐야 한다는 사실이 자명했다.

CHAPTER

국방부 안으로

국방부 건물은 자율무기인가?

DARPA는 펜타곤에서 불과 몇 킬로미터 떨어진 버지니아주 볼스턴의 별 특징 없는 사무실 건물 안에 있다. 겉모습만 봐서는 '미친 과학자들의 부서'처럼 보이지 않는다. 어디서나 흔히 볼 수 있는 유리로 된 사무실 건물로, 그 안에서 그렇게 무모하고 극단적인 아이디어들이 들끓고 있는 기색은 전혀 느껴지지 않는다.

DARPA의 넓은 로비에 들어서면, 이곳의 진지한 분위기에 압도된다. 방문객 접수대 뒤쪽의 대리석 벽에는 단순하면서도 초현대적인 금속 양각 문자로 '국방부 첨단 연구 프로젝트국'이라고 새겨져 있다. 그 외에는 아무것도 없다. 좌우명도, 로고도, 문장도. 이 조직의 자신감은 분명하다. 벽에 새겨진 이름 자체가 '여기서 미래가 만들어지고 있다'라고 말하는 듯하다.

로비에서 기다리는 동안 벽에 달린 비디오 모니터를 통해 DARPA가 최신 프로젝트를 공개하는 모습을 지켜봤는데, 이 프로젝트에는 대잠수함전ASW 지속 추적 무인선ACTUV이라는 어색한 이름이 붙어 있다. 차라리 배에 붙인 시 헌터Sea Hunter라는 이름이 더 매력적이다. 이 프로젝트는 게임 판도만 바꾸는 게 아니라 패러다임까지 영향을 미치는 전형적인 DARPA 프로젝트다. 시 헌터는 완전히 무인 선박이다. 매끈하고 각진 디자인 때문에 마치 미래에서 온 것처럼 보인다. 길고 좁은 선체에 현외 장치가 2개 붙어 있는 시 헌터는 날이 3개 달린 단검 같은 모습으로 대양을 질주하면서 적의 잠수함을 추적한다. 이 배의 명명식 날, 국방부 차관 밥 워크Bob Work는 이를 〈스타 트렉〉에 나오는 클링온 맹금류[1]에 비유했다.

지금은 시 헌터 호에 무기가 장착되어 있지 않다. 그러나 착각하지 말아야 할 것은, 시 헌터가 군함이라는 사실이다. 워크는 이를 가리켜 '전함[2]'이라고 했는데, 이는 해군의 미래인 '인간과 기계가 협력하는 전투 함대'의 일부분이다. 대당 가격이 200만 달러인 시 헌터는 16억 달러짜리 신형 알레이 버크Arleigh Burke 구축함 가격에 비하면 아주 저렴한 편이다. 따라서 해군에서 잠수함 추적선을 저렴하게 대량 구입할 수 있다. 워크는 바다를 돌아다니는 시 헌터 소함대에 대한 비전을 제시했다.

> 대잠수함전 경계대[3], 대잠수함전 잠수함군, 기뢰전 소함대, 분산형 대해상전 수상전투전대 등을 상상해보자. …… 거기에 미사일을 6팩 혹은 4팩씩 장착할 수 있다. 그리고 이제 소함대 지휘관이 이를 50대씩

분산시켜서 함께 운용할 수 있다고 상상해보라. 정말 대단한 일이다.

다른 수많은 로봇 시스템처럼 시 헌터도 자율적으로 항해할 수 있고 언젠가는 무장을 할 수도 있다. DoD가 자율무기 교전을 허가할 의사가 있다는 징후는 없다. 하지만 DARPA의 로비에서 재생되는 동영상은 로봇 혁명이 무서운 속도로 계속되고 있음을 상기시켜 준다.

• 배후: DARPA 전술 기술실 내부

DARPA는 생물학, 정보과학, 마이크로 전자공학, 기초과학, 전략 기술, 전술 기술 같은 다양한 기술 분야에 초점을 맞춘 6개 부서로 구성되어 있다. CODE, FLA, LRASM, 시 헌터는 실험용 차량이나 선박, 비행기, 우주선을 만드는 부서인 DARPA 전술 기술실TTO에 속한다. 다른 TTO 프로젝트로는 우주 가장자리까지 날아갔다가 돌아오도록 설계된 XS-1 실험용 우주 비행기, 블루 울프Blue Wolf 해저 로봇 차량, ALIAS라고 하는 R2-D2와 비슷하게 생긴 로봇 항공기 부조종사, 뉴욕에서 로스앤젤레스까지 12분 만에 주파할 정도로 빠르게 나는 마하 20 팔콘 극초음속 비행체, 연료 보급 없이 최대 5년간 공중에 머무를 수 있는 초장기 체공 드론을 만드는 벌처Vulture 프로그램 등이 있다. 정말 미친 과학이라고 할 만하다.

TTO 사무실은 아이들이 꿈꾸는 장난감 방처럼 생겼다. 사무실 여기저기에 각종 모형이 흩어져 있고 미사일이나 로봇, 스텔스 항공기 등 과거에 TTO 프로젝트를 진행하면서 실제로 만들었던 시제품 장비 조각들도 있다. TTO가 오늘 만드는 것이 미래에 어떤 스텔스기로 재탄생할지 궁금하지 않을 수 없었다.

TTO 책임자인 브래드퍼드 투슬리Bradford Tousley는 고맙게도 나와 만나 CODE나 다른 프로젝트에 관한 얘기를 나누는 데 동의해줬다. 투슬리는 냉전 기간에 육군 기갑 장교로 정부 일을 시작했다. 그의 첫 파견근무는 독일 국경에 배치된 기갑부대에서 제3차 세계대전을 일으킬 수도 있는 소련의 침략에 대비하는 것이었다. 나중에 육군에서 다시 학교로 돌려보내 공부를 계속하게 해주자, 투슬리는 전기공학 박사 학위를 받았다. 이제 그의 직업은 최전방 전투 부대에서 레이저와 광학 분야 연구 개발로 바뀌어, 미군이 최고의 기술을 보유하는 데 힘을 쏟게 되었다. 투슬리는 DARPA의 여러 보직을 거쳤고 기밀 인공위성 탑재체와 관련해 정보국 커뮤니티에서도 한동안 일했기 때문에, 로봇 공학뿐 아니라 기술 분야 전반을 폭넓게 이해하고 있다.

투슬리는 DARPA가 스푸트니크의 전략적 기습에 대응해서 설립되었다는 사실을 지적했다. "전략적 기습에 성공하거나 이를 예방하기 위해 획기적인 국가 안보 역량을 키우는 데 중요한 초기 투자를 가능케 한다는 DARPA의 기본 임무에는 변함이 없다." DARPA 내부에서는 다음과 같은 질문들이 큰 영향력을 발휘한다. "프로젝트국 내에서 우리가 시작한 모든 프로그램에 관한 이야기를 나누면서 활발한 토론을 벌인다. 장단점에 대해서도 얘기한다. 왜 그럴까? 이건 어떨까? …… 우리는 어디까지 갈 생각인 걸까?" 그러나 투슬리는 이런 질문에 답하는 건 DARPA의 임무가 아니라는 점을 분명히 밝혔다. "이런 근본적인 방침과 개념, 군에서의 기술 이용에 대한 고려 등은" 다른 이들이 결정할 일이다. "우리가 해야 하는 기본적인 임무[4]는 기술적인 문제를 고려 대상에서 제외시키는 것이다. 군인들에게 선택권을 줄 만한 역량이 존재한다는 걸 보여주기 위해 투자하는 것이 우리의 임무다." 다시 말해, 또 다른 스푸트니크의 등장을 막으려는 것이다.

만약 기계가 스스로 목표물을 확실하게 제거할 정도로 발전한다면, 전쟁에서 인간은 어떤 역할을 할까? 투슬리는 기술의 경계를 넓히겠다는 의지에도 불구하고 앞으로도 계속 인간이 임무를 지휘할 것이라고 여긴다. "최종 결정은 결국 인간이 내리게 된다. 이건 왈가왈부할 필요도 없는 일이다.[5]" 그렇다고 목표물을 공격할 때마다 일일이 인간의 허가를 받는 건 아닐 수도 있지만, 자율무기는 여전히 인간의 지휘하에 운용되고, 인간의 지시에 따라 목표물을 수색하고 공격한다. 적어도 가까운 미래에는 이상 징후를 파악하거나 예측하지 못한 사건에 대응하는 능력은 인간이 기계보다 나을 것이라고 투슬리는 설명했다. 넓은 맥락을 이해하고 제대로 된 결정을 내리려면 인간이 계속 임무에 참여하는 게 중요하다는 뜻이다. "추상적인 결정을 내려야 하는 상황에서 기계 프로세서가 인간과 동등한 능력을 발휘하거나 능가할 때까지는[6] 항상 인간이 임무를 지휘할 것이다. 이를 뭐라고 부르건 간에, 언제나 인간이 루프 안에 참여하거나 루프 위에서 전체를 지배할 것이다."

투슬리는 미래의 분쟁 상황에서는 이게 어떻게 보일지 설명해줬다. "기꺼이 소모 전법[어느 정도 손실을 감수하는 것]을 쓸 수 있는 무인화된 플랫폼 그룹[7]은 반접근 방공 환경에서 매우 유용할 것이다……. 혼잡한 분쟁 상황에서 목표물을 타격하는 유인 및 무인 시스템이 존재하는 아키텍처 내에서 어떻게 이런 다양한 플랫폼을 취합하여 잘 결합시킬 수 있을까? 결합된 시스템이 필요한 이유는 GPS가 고장 나고, 통신망이 자꾸 꺼졌다 켜졌다 하며, 방공망이 유인과 무인을 가리지 않고 각종 항공 자산을 격추시키기 때문이다. 중요한 목표물에 접근해서 정확하게 타격하고 [반접근] 환경을 제어하려면, 사거리가 다양한 유인 및 무인 시스템을 이용한 복합 시스템 아키텍처가 있어야 하고 무기가 전자적 방법, 시각적 방법, 적외선, [신호 정보] 등 다양한 방법으로 스스로 목표를 식별하는 능력을 어느 정도 신뢰할 수 있어야 한다. 따라서 이를 전부 결합시키려면 이런 복합 시스템 아키텍처가 필요할 것이다."

특히 군대는 진자전을 벌일 때 자율성이 필요하다. "물리적인 기계와 전자장비를 사용[8]하는데, 전자장비가 기계의 속도로 작동하는 기계가 되어가고 있다. …… 인지 전자전을 벌일 때는 100만분의 1초 안에 적응해야 한다. …… 레이더가 다른 레이더를 방해하려고 하는데 주파수가 계속 도약하면[무선 주파수가 순식간에 바뀌는 것] 이를 추적해야 한다. 그래서 [DARPA의 마이크로시스템 기술 사무국은] 이 기계들이 기능을 발휘하도록 기계 속도에 맞춰 작동시킬 방법을 궁리하고 있다."

투슬리는 인지 전자전 문제를 바둑을 두는 구글의 알파고AlphaGo

프로그램에 비유했다. 이 프로그램이 알파고의 다른 버전을 '기계 속도'로 작동시키면 어떻게 될까? 그는 "인간은 더 높은 수준의 임무 지휘를 맡고[9] 표적 선정 작업은 기계들이 주로 맡도록 하면, 그 기계들은 상대편 기계의 도전을 받을 것이고 인간은 거기에 대응할 수 없다. 기계에 기계가 반응하는 것이다. …… 이렇듯 기계에 기계가 맞서 싸우는 것이 '3차 상쇄'의 트렌드 중 하나다." 따라서 인간은 시스템을 감시하다가 필요한 경우에만 개입하는 '모니터링' 역할로 전환된다. 투슬리는 특히 상호작용 속도가 인간의 반응 시간을 훨씬 뛰어넘는 사이버 공간과 전자전에서, 인간이 이런 기계 대 기계의 경쟁에 개입해야 하는지 여부가 어려운 문제가 될 것이라고 주장한다.

나는 감시 역할을 하는 사람이 있다는 건 여전히 어느 정도 연결성이 필요하다는 얘긴데, 전파 방해가 심한 교전 환경에서는 어려울 수도 있다고 지적했다. 투슬리는 개의치 않았다. 그는 "전파 방해와 통신 거부가 계속될 것으로 예상하지만[10], 모든 곳에서 늘 그러지는 않을 것"이라고 말했다. "1,600킬로미터가 넘는 곳에서 연결된 통신 링크를 방해하는 것과 300미터 정도 거리를 두고 편대를 지어 날아가는 미사일 두 발이 비행 중에 교신하는 걸 방해하는 건 별개의 일이다." 근거리라 하더라도 교전 지역에서 안정적으로 교신하려면 적어도 어떤 부분에서는 인간이 계속 관여해야 한다.

그렇다면 그 사람은 어떤 역할을 하게 될까? 교전에 돌입하기 전에 모든 목표물을 승인해야 할까, 아니면 인간의 통제를 더 높은 수준으로 올려야 할까? "그건 교전 규칙에 따라 정해질 거라고 생각한다.[11]" 투슬리가 말했다. "비슷한 무리끼리 아주 치열한 전투가 벌어지면 교전 규칙이 느슨해질 수 있다. …… 상황이 정말 격하고 심각해지면 무기에 자율 기능을 어느 정도 삽입했다는 사실에 의존하게 될 것이다." 하지만 그는 이렇게 격한 전쟁 상황에서도 인간이 전투 행위를 감독하는 중요한 역할을 한다고 주장한다. 그리고 인간을 계속 참여시키기 위해 "저속 데이터를 원하게 된다."

모든 목표물을 승인하기 위해 인간이 필요한 거냐는 내 질문을 투슬리가 무시한 이유는, 비밀 프로그램을 얼버무리거나 숨기려는 것이 아니라는 사실을 깨닫기까지 시간이 좀 걸렸다. 진짜 이유는 그가 이 사안을 나와 똑같은 시각에서 바라보지 않았기 때문이다. 지난 수십 년 동안 무기 자동화가 계속 증가했기에, 투슬리의 관점에서 보면 CODE 같은 프로그램은 그냥 다음 단계일 뿐이다. 인간은 전투 행위를 감독하고 지휘하는 높은 자리에 있으면서도 살상과 관련된 의사결정에 계속 관여할 것이다. 자율 시스템이 스스로 목표물을 선택하기 위해 얼마나 많은 자유를 누릴 수 있고 어떤 상황에서 그게 가능한지 등에 관한 정확한 세부사항은 그의 주된 관심사가 아니었다. 그건 군 지휘관들이 처리할 문제였다. 연구원인 그의 직무는 본인의 표현대로, "기술적인 문제를 고려 대상에서 제외시키는 것"이었다. 선택권을 만드는 게 그가 해야 할 일이다. 그건 곧 분쟁지역에 들어가 인간에게 최소한의 감독만 받으면서 임무를 수행할 수 있는 자율 시스템 무리를 만든다는 얘기다. 또 인간이 자율 시스템을 최대한 감독하고 지시할 수 있는 대역폭과 연결을 보장받도록 탄력적인 의사소통 체계를 구축해야 한다는 뜻이기도 하다. 그런 기술을 구현하는 정확한 방법(어떤 특정한 결정을 인간이 계속 내리고, 어떤 결정은 기계에 위임할 것인지 등)을 고민하는 건 그가 할 일이 아니다.

투슬리는 살상 결정을 위임하는 건 위험하다고 인정했다. "[CODE가] 스웜이 그런 임무를 실행할 수 있는 소프트웨어를 활성화한다면[12], 그 스웜이 잘못된 목표물을 상대로 임무를 실행할 수도 있지 않을까? 충분히 가능한 일이다. 우리는 그런 일이 일어나지 않기를 바란다. 그래서 가능한 한 모든 안전 시스템을 구축하고 싶다." 그래서 자율 시스템과 관련해 그가 가장 관심을 두는 부분은 테스트와 평가다. "가장 걱정스러운 점은 우리가 이런 시스템을 신뢰한다는 사실을 계량화할 만큼 효과적으로 테스트할 능력이 있느냐는 것이다." 지휘관들이 자율 시스템을 기꺼이 채택하려면 신뢰가 필수적이다. "전투사령관들은 자율 시스템이 자기 기대대로 임무를 수행해낼 것이라는 믿음이 없으면, 애초에 배치하지도 않을 것이다." 그런 신뢰를 쌓으려면 철저한 테스트와 평가가 필요하므로, 수백만 개의 컴퓨터 시뮬레이션을 통해 자율 시스템의 행동을 시험해야 한다. 하지만 자율 시스템이 직면할 모든 상황과 그에 반응해서 나타나는 잠재적인 행동을 모두 시험하는 건 매우 어려울 수 있다. 그는 "자율화를 위한 기술과 인간-기계 통합 및 이해를 위한 기술이 우리의 테스트 능력을 크게 앞서고 있다는 게 걱정거리 중 하나"라고 말했다.

교전 환경에서의 목표물 인식 및 적응

투슬리는 또 다른 DARPA 프로그램인 '교전 환경에서의 목표물 인식 및 적응TRACE'에 대해서는 언급을 피했다. 이 프로그램은 그와 관련 없는 다른 부서 소관이기 때문이다. DARPA는 이 책을 쓰기 위한 조사를 진행하는 내내 매우 개방적인 태도로 많은 도움을 줬지만, 공개적으로 제공된 정보 외에는 TRACE에 대한 언급을 회피했다. 자율무기를 가능케 하는 핵심으로 생각되는 프로그램이 하나 있다면 바로 TRACE다. CODE 프로젝트는 협력적 자율성을 활용해 열악한 자동 표적 인식ATR 알고리즘을 보완하는 것을 목표로 한다. TRACE의 목표는 ATR 알고리즘을 직접 개선하는 것이다.

TRACE의 프로젝트 소개는 다음과 같은 문제를 설명한다.

> 목표물이 밀집된 환경에서,[13] 적은 정교한 미끼와 배경 트래픽을 이용해서 기존 ATR 솔루션의 효과를 떨어뜨린다. …… 인간과 기계의 레이더 영상 인식은 허위 경보 비율이 용납할 수 없을 정도로 높다. 또 기존의 ATR 알고리즘을 공수 용도로 활용하려면 불가능할 정도로 많은 컴퓨팅 자원이 필요하다.

TRACE의 목표는 이런 문제를 극복하고 유인 및 무인 전술 플랫폼에서 레이더 센서를 이용해 신속하고 정확하게 군사 목표물을 파악하는 알고리즘과 기술을 개발[14]하는 것이다. 요컨대 ATR 문제를 해결하는 것이 TRACE의 목표라는 얘기다.

ATR이 얼마나 어려운지, 그리고 TRACE가 성공할 경우 판세가 얼마나 바뀌는지 이해하려면 감지 기술부터 간단히 살펴보는 게 좋을 듯하다. 군사 목표물은 대체로 '협조적인' 표적과 '비협조적인' 표적이라는 두 범주로 분류한다. 협조적인 표적은 신호를 적극적으로 발산하는 표적으로, 탐지하기가 쉽다. 예를 들어, 레이더를 켜면 전자기 스펙트럼에서 에너지가 방출된다. 레이더는 자기가 방출한 신호에서 반사된 에너지를 관찰해서 사물을 '확인한다.' 그러나 이 말은 곧 레이더도 자신의 위치를 널리 알리고 있다는 뜻이다. 레이더를 조준해서 파괴하려는 적들은 전자파 에너지의 근원을 이용해 쉽게 공격할 수 있다. 하피 같은 간단한 자율무기는 이런 방법으로 레이더를 찾아낸다. 수동 센서를 이용해 협조적인 표적(적의 레이더)이 자신의 위치를 알리길 기다리고 있다가, 신호가 발생한 곳으로 날아가 레이더를 파괴하는 것이다.

비협조적인 표적은 자기 위치를 알리지 않는 표적이다. 비협조적 표적의 예로는 레이더를 끈 채로 운항하는 선박이나 항공기, 조용히 운항하는 잠수함, 탱크나 대포 또는 이동식 미사일 발사대 같은 지상 차량 등이 있다. 비협조적인 표적을 찾으려면 주변으로 신호를 발산해서 목표물을 찾아내는 능동형 센서가 필요하다. 레이더와 음파 탐지기가 능동형 센서의 예인데, 레이더는 전자기 에너지를 발산하고 음파 탐지기는 음파를 발산한다. 능동형 센서는 반사된 에너지를 관찰하고 주변 환경에서 무작위로 섞여든 혼잡한 소음을 걸러내고 잠재적인 표적을 식별하려고 시도한다. 레이더는 반사된 전자기 에너지를 '보고', 음파 탐지기는 반사된 음파를 '듣는다.'

따라서 군대는 어둠 속에서 비틀거리며 돌아다니는 적들과 같다. 각자 어둠 속에서 열심히 귀를 기울이고 보이지 않는 곳을 응시하면서 상대의 기척을 느끼려고 하는 동시에, 자신의 존재는 어떻게든 숨기려고 애쓴다. 우리 눈은 수동형 센서로 단순히 빛을 받아들이기만 한다. 어둠 속에서는 손전등 같은 외부 광원이 필요하다. 하지만 손전등을 사용하면 자신의 위치가 알려지므로 적에게 '협조적인 표적'이 된다. 서로 숨바꼭질을 하는 듯한 이 대결에서 적의 협조적인 표적에 초점을 맞추는 것은 어둠 속에서 손전등을 흔드는 사람을 찾는 것과 비슷하다. 손전등을 흔드는 사람은 눈에 잘 띄니까 별로 어렵지 않다. 하지만 손전등을 켜지 않는 비협조적 표적을 찾아내는 건 매우 힘들 수 있다.

배경 잡음이 거의 없을 때는 능동 탐지를 통해 표적을 비교적 쉽게 찾아낼 수 있다. 배와 항공기는 넓고 광활한 바다와 하늘이라는 배경 속에서 쉽게 눈에 띈다. 넓은 들판에 서 있는 사람처럼 눈에 잘 띈다. 그가 적인지 아군인지 분별하는 건 어려울 수 있겠지만, 희미한 빛 속에서도 주변을 재빨리 둘러보면 야외에 서 있는 사람을 분간할 수 있다. 하지만 어수선한 환경에서는 애초에 표적을 찾는 것조차 힘들 수 있다. 움직이는 표적은 도플러Doppler 이동을 통해 식별할 수 있는데, 이건 기본적으로 경찰이 과속 차량을 감지하기 위해 사용하는 방법과 동일하다. 움직이는 물체는 레이더 회신 신호의 주파수가 바뀌므로 정적인 배경 속에서 눈에 띈다. 하지만 어수선한 환경에서 움직이지 않는 표적은 숲에 숨어 있는 사슴만큼이나 보기 어려울 수 있다. 빛을 직접 비춰도 눈에 띄지 않을 수 있다.

인간은 움직이지 않는 위장된 물체를 확인하는 데 어려움을 겪으며 인간의 시각 인지 처리 과정은 놀라울 정도로 복잡하다. 우리는 배경에 섞여 있는 물체를 분간하는 데 따르는 계산상의 어려움을 대수롭지 않게 여긴다. 레이더와 음파 탐지기는 인간이 불가능한 주파수를 '보고' '들을' 수 있지만, 군용 ATR이 혼잡한 상황에서 물체를 식별하는 능력은 인간을 따라가려면 멀었다.

군에서는 현재 합성 개구 레이더SAR라는 기술을 이용해 비협조적인 표적을 대부분 감지하고 있다. 보통은 항공기가 목표물을 지나 일렬로 비행하면서 다량의 레이더 펄스를 계속 발산한다. 이를 통해 항공기는 수많은 센서를 배치한 것과 동일한 효과를 내는데, 이건 이미지 해상도를 높이는 매우 효과적인 기술이다. 그 결과 흑백 점묘화처럼 작은 점으로 이루어진 선명하지 않은 이미지를 얻을 때도 있다. 일반적으로 SAR 영상은 전기광학 카메라나 적외선 카메라 영상처럼 선명하지 않지만, 레이더는 구름을 뚫고 침투할 수 있어 전천후 감시가 가능한 강력한 도구다. 하지만 SAR 영상을 자동으로 식별하는 알고리즘을 만드는 건 정말 어렵다. 탱크, 대포, 활주로에 주차된 비행기를 포착한 선명하지 않은 SAR 이미지는 종종 인간의 물체 인식 능력의 한계를 넘어서는데, 지금까지 개발된 ATR 알고리즘은 인간의 능력보다도 훨씬 뒤떨어진다.

군 ATR의 열악한 성능은 최근의 컴퓨터 비전의 발전과 극명한 대조를 이룬다. 인공지능은 예전부터 물체 인식과 지각에 어려움을 겪었지만, 최근에는 딥러닝 덕분에 이 분야가 급부상하고 있다. 딥러닝은 신경망을 이용하는데, 이는 동물의 뇌에 있는 생물학적 뉴런과 유사한 형태의 AI 접근 방식이다. 인공 신경망은 생명 작용을 직접 모방하는 게 아니라 거기서 영감을 받는다. 신경망은 작업을 수행하는 방법에 있어 조건문 형식의 스크립트를 따르지 않고, 네트워크 내부의 연결 강도에 기초해서 작동한다. 수천 혹은 심지어 수백만 개의 데이터 샘플을 네트워크에 공급하고 네트워크 노드 사이의 다양한 연결 가중치를 끊임없이 조절해서 네트워크에 데이터를 '교육'시킨다. 신경망은 이런 식으로 '학습'을 하게 된다. 정확한 결과물, 즉 정확한 이미지 범주(예: 고양이, 램프, 자동차)를 얻을 때까지 네트워크 설정을 꾸준히 개선한다.

심층 신경망

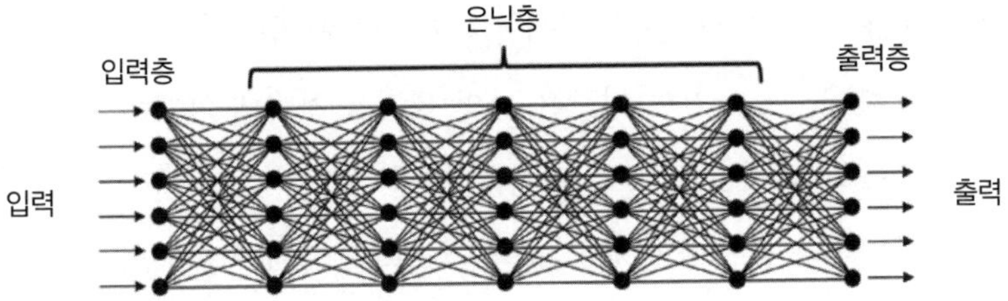

은닉층
입력층
출력층
입력
출력

심층 신경망의 입력층과 출력층 사이에 은닉층이 있다. 어떤 심층 신경망에는 은닉층이 150개 이상 있을 수도 있다.

심층 신경망[15]에는 입력층과 출력층 사이에 여러 개의 '은닉층'이 있으며, 기계학습에 매우 효과적인 도구라는 사실이 입증되었다. 입력 데이터와 출력 사이의 네트워크에 더 많은 계층을 추가하면 네트워크 복잡성이 훨씬 커져서 더 복잡한 작업도 처리할 수 있다. 어떤 심층 신경망에는 100개 이상의 계층[16]이 존재한다.

이런 복잡성은 이미지 인식에 필수적이므로 심층 신경망 덕에 엄청난 발전을 이루었다. 2015년에 마이크로소프트 연구팀은 시각적인 객체 식별에 있어서 처음으로 인간의 능력을 뛰어넘는 심층 신경망을 만들었다고 발표했다. 15만 개의 이미지가 포함된 표준 테스트용 데이터 세트를 사용한 결과, 마이크로소프트의 네트워크는 겨우 4.94퍼센트의 오류율[17]을 보여 오류율이 5.1퍼센트[18]인 것으로 추정되는 인간을 근소한 차이로 따돌렸다. 몇 달 뒤에는 152개의 계층이 있는 신경망을 이용해 자신들의 성과를 3.57퍼센트[19] 수준으로 향상시켰다.

TRACE는 이러한 기계학습의 진보를 활용해서 더 나은 ATR 알고리즘을 만들려고 한다. 탱크, 이동식 미사일 발사대, 대포 같은 비협조적인 표적을 식별하는 데 있어 인간과 동등하거나 그보다 나은 성과를 발휘하는 ATR 알고리즘은 적의 표적을 찾아내 파괴하는 작전의 판도를 바꾸는 요소가 될 것이다. 만약 개발된 표적 인식 시스템이 미사일이나 드론에 탑재할 만큼 저전력으로 가동된다면, 적어도 순수하게 기술적인 면에서는 더 이상 인간의 승인이 필요 없을 것이다. 이 기술은 무기가 스스로 목표물을 수색하고 파괴하게 해줄 것이다.

DARPA가 자율무기를 만들 의도가 있는지와는 상관없이, CODE나 TRACE 같은 프로그램이 미래에 자율무기가 등장할 발판을 마련하고 있는 건 분명하다. 투슬리의 생각으로는, 그 운명적인 선을 넘어 스스로 표적을 선택하는 무기 개발을 허가하는 건 DARPA가 결정할 일이 아니라는 것이다. 하지만 자율무기 개발 여부를 DARPA가 결정하지 않는다면 누가 결정한단 말인가?

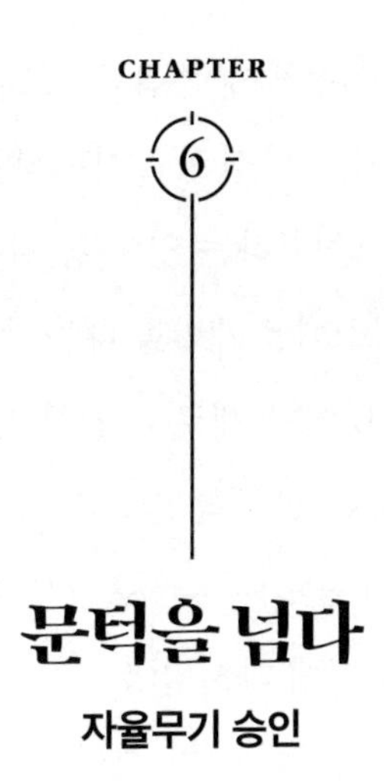

문턱을 넘다

자율무기 승인

미 국방부에는 무기의 자율적인 역할에 관한 공식 정책인 DoD 지침 3000.09, '무기 체계의 자율성'이라는 지침이 있다. (폭로: 내가 국방부에서 일할 때 이 정책을 입안하는 실무그룹을 이끌었다.) 2012년 11월에 서명된 이 지침은 인터넷에 공개되어 있으므로 누구나 읽을 수 있다.

이 지침은 현실적인 시험과 평가, 이해 가능한 인간-기계 인터페이스 같은 반자율 및 자율 시스템 설계에 관한 원칙을 전반적으로 설명한다. 그러나 정책의 핵심은 정책 승인에 대한 '청신호'를 얻기 위한 3가지 계층의 기술[1]이다. (1) 자동유도무기 같은 반자율무기 (2) 함상에 설치된 이지스 무기 체계처럼 방어를 위한 관리형 자율무기 (3) 적 레이더를 방해하는 전자전 같은 비살상적이고 비활동적인 자율무기가 그것이다. 이 3가지 유형의 자율 시스템은 오늘날에도 널리 사용되고 있다. 이 정책이 본질적으로 개발자들에게 하는 말은, "기존 관행에 부합하는 방식으로 자율성을 이용한 무기를 만들고 싶다면 그렇게 해도 좋다"라는 것이다. 일반적인 인수 규칙이 적용되긴 하지만, 이런 시스템을 개발할 때는 추가 승인이 필요 없다.

이 3가지 범주에서 벗어난 새로운 방식으로 자율성을 이용하는 미래의 무기 체계는 '노란 신호'를 받는다. 그런 시스템은 공식적인 개발(기본적으로 많은 돈이 들어가는 지점)을 시작하기 전에 재검토해야 하고, 현장에 투입하기 전에 다시 검토해야 한다. 이 정책에는 검토 기준뿐만 아니라 검토 과정에 누가 참여하는지도(정책 및 인수위 소속의 국방부 고위 공무원과 합동참모본부 의장 등) 정리되어 있다. 기준은 장황하지만, 주로 자율 시스템이 의도한 대로 작동하는지 확인하기 위한 시험과 평가에 초점을 맞춘다(투슬리가 얘기한 것과 같은 우려). 이 정책의 명백한 목적은 "의도치 않은 교전으로 이어질 수 있는 자율 및 반자율무기 체계의 실패 확률과 그 결과를 최소화하는[2]" 것이다. 즉, 무장한 로봇이 미친 듯이 날뛸 가능성을 최소화하는 것이다.

이 정책지침은 살상용 자율무기를 금지하지 않는다. 대신 이 정책은 자율성을 새로운 방식으로 활용하기 전에 관계 공무원들이 이를 검토할 수 있는 과정을 제시한다. 이 정책은 DoD가 자율무기를 만들고자 할 경우 충분한 관리 감독 없이는 개발 및 배치가 불가능하게 하지만, DoD가 실제로 그런 시스템을 승인할 것인가, 라는 질문에 답하는 데는 도움이 되지 않는다. 정책은 이 질문에 대해서는 침묵을 지키고 있다. 이 정책이 말하는 것은, 자율무기가 현실적인 조건에서의 신뢰도 같은 모든 기준을 충족한다면 원칙적으로 승인할 수 있다는 것이다.

자율무기에 청신호 제공

하지만 정말로 승인받을 수 있을까? DARPA 프로그램은 가능한 기술을 탐구하기 위한 것이지만, 그렇다고 해서 DoD가 반드시 그런 실험적인 프로젝트를 운용 가능한 무기 체계로 바꿀 것이라는 뜻은 아니다. 국방부가 실제로 자율무기를 승인할 것인지 제대로 파악하기 위해, 당시 펜타곤 인수위원장이었던 프랭크 켄들Frank Kendall 국방부 차관과 자리를 같이했다. 인수, 기술, 물류 담당 차관이었던 켄들은 오바마 행정부 시절에 국방부의 최고 기술 전문가 겸 무기 구매자였다. X-47B나 LRASM 같은 주요 무기 체계를 계속 발전시킬 것인지 여부가 켄들의 손에 달려 있었다. 국방부 지침에 따라 진행되는 과정에서 자율무기 개발을 승인하려면, 켄들과 정책실 차관, 합동참모본부 의장 등 고위관료 3명 모두의 동의를 받아야 했다.

켄들은 국방부 기술 전문가들 중에서 유독 특이한 배경을 가지고 있다. 국방기술기업에서 성공적인 경력을 쌓았을 뿐만 아니라, 유명 방산업체 부사장부터 국방부 내의 몇몇 중간 관료직까지 다양한 역할을 역임했으며, 인권 변호사로 일하면서 무료 법률 상담도 했다. 관타나모 만의 미국 수용소에서 참관인으로 활동하고 국제사면위원회, 휴먼 라이츠 퍼스트Human Rights First 같은 다양한 인권 단체들과 함께 일했다. 이런 배경을 고려해볼 때, 켄들은 기술과 정책 사이의 격차를 메워줄 수 있으리라고 기대했다.

먼저 켄들은 정책 검토를 야기할 만큼 자율적인 무기는 없다는 사실을 분명히 했다. "자율적으로 살상 행위를 벌이는 무기는커녕 그 비슷한 것도 없다.[3]" 켄들은 만약 자기가 그런 위치에 앉는다면, 자신의 주된 관심사는 해당 무기가 전시 법규를 준수하고 정책지침에 나오는 문구처럼 '적절한 인간적 판단'을 허용하는 무기임을 보장하는 것이라고 말했다. 켄들은 그런 조건이 제대로 정의되어 있지 않다는 사실을 인정했지만, 그와 나눈 대화를 통해 그의 생각을 자세히 알 수 있었다.

켄들은 냉전 기간에 육군의 방공 포병으로 경력을 쌓기 시작했고, 거기서 직접 자동화의 가치를 배웠다. 그는 "호크 시스템을 자동화할 수 있는 능력이 있었지만[4] 한 번도 사용한 적은 없다. 하지만 극단적인 상황이 닥쳤을 때 다른 방법으로는 도저히 일을 빨리 처리할 수 없다면 그걸 켤 수도 있었을 것이다"라고 말했다. '순식간에' 결정을 내려야 한다면, 그건 기계의 역할이다.

켄들은 자동 표적 인식과 기계학습이 빠르게 발전하고 있다고 말했다. 이 기능이 더 발전하면, 기계가 스스로 교전 상대를 선택할 수 있다. 적 레이더를 공격하는 등의 일부 상황에서는 '비교적 단시간 내에[5]' 그런 일이 생길 수도 있겠다고 생각한다.

하지만 이건 까다로운 문제를 제기한다. 켄들은 "인간이 어느 지점에서 개입하기를 바라는가?"라고 물었다. "실제로 살상과 관련된 행위를 할 때? 어떤 대상을 적으로 식별하기 위해 정해놓은 규칙을 받아들일 때?" 켄들도 정답은 모른다. "그런 걸 전부 정리해둬야 할 것 같다.[6]"

여기서 중요한 요소는 전후 사정이다. "그냥 차를 몰고 가는 중인가[7], 아니면 실제로 전쟁을 벌이거나 내란에 참여하는 중인가? 그런 전후 사정이 중요하다." 어떤 상황에서는 표적을 선택하고 공격하기 위해 자율성을 이용하는 게 적절할 수 있다. 하지만 또 어떤 경우에는 그렇지 않다.

켄들은 적의 레이더를 조준하기 위해 자율무기를 사용하는 건 상당히 간단하고 또 사람들이 별로 반대하지 않는 일이라고 판단했다. 하지만 경계를 허무는 다른 예들도 있다. 켄들은 이스라엘에 갔을 때 이스라엘 방위군 책임자들의 안내에 따라 트로피Trophy 능동형 보호 시스템을 갖춘 메르카바Merkava 탱크에 앉은 적이 있다고 말했다. 이스라엘군이 탱크 근처에 로켓 추진식 수류탄을 발사하자("겨우 몇 미터 떨어진 곳이었다"고 한다) 트로피 시스템이 이를 자동으로 요격했다. "하지만 나도 그걸 쏜 자들에게 반격하고 싶다면…… 어떻게 해야 할까?" 그는 이렇게 물었다. "그걸 자동화하는 건 가능하다. 그러면 나를 보호할 수 있겠지만, 내가 발사할 때 그 사선에 있는 사람에게는 치명적일 수도 있는 방법으로 무기를 사용하게 된다." 그는 응사 대응을 자동화하면 두 번째 발사를 막아 생명을 구할 수도 있다고 지적했다. 켄들은 그 방법이 위험하다는 걸 인정했지만, 그것을 하지 않을 때도 위험은 존재한다. "우리 군인들이 이 기술을 이용하지 못하게 막아서 그들을 위험에 빠뜨리고 싶은가? 그게 방정식의 다른 측면이다.[8]"

기계가 사람보다 나아지면 일이 특히 힘들어지는데, 언젠가는 그런 일이 일어날 것이다. "그때쯤 되면 그 부분을 어떻게 처리할지를 놓고 힘든 결정을 내리게 될 것이다." 켄들은 만일에 대비해 인간을 계속 루프에 참여시키는 게 좋다고 생각하지만, "만약 그 순간 개입할 사람이 없는 상황이라면? 그럼 기계가 하도록 놔두는 게 낫지 않겠는가? 이건 다들 생각해봐야 하는 질문인 듯하다.[9]"

그에게 그 질문에 대한 답을 물어봤다. 결국 그는 DoD 내부에서 결정을 내리는 사람 아닌가. 하지만 그도 답을 알지 못했다.

"아직 그 부분은 결정하지 않은 것 같다"고 말했다. "기술이 그걸 뒷받침할 수준이 되면,[10] 그때 정면으로 마주해야 할 문제라고 생각한다."

하지만 켄들은 걱정하지 않는다. "살상용 로봇이 전쟁터에서 제멋대로 날뛰는 터미네이터 같은 상황과는 거리가 먼 것 같다. 우리가 그 근처에도 가지 않았으므로 그 점은 크게 걱정하지 않는다." 켄들은 미국이 이 기술에 대처하는 방식에 자신감을 드러냈다. "내가 이 직업에 종사하는 건, 인권 변호사 일과 양립 가능하다는 걸 깨달았기 때문이다. 나는 미국이 고귀한 가치관을 가진 나라이고, 그 가치관과 일치하는 방식으로 운영되고 있다고 생각한다. …… 우리가 어떤 일을 하든, 항상 전시 법규와 인도주의 원칙을 따르고 그 법칙에 순종한다[11]는 전제에서 출발할 것이라고 자신한다."

켄들은 다른 나라들도 걱정했지만, 그가 특히 걱정하는 부분은 테러리스트들이 상업적으로 이용 가능한 기술을 가지고 무엇을 할 것이냐다. "자동화와 인공지능은[12] 상업적인 부분이 크게 발전해서 군의 R&D 투자 폭이 왜소해 보이는 분야 중 하나다. 그들은 군사적인 목적으로 쉽게 활용할 수 있는 기능을 만들고 있다." 일례로 "ISIS가 사람을 태우지 않고 그냥 차만 보낼 수 있다면, 우리 입장에서 문제이지 않겠는가?"라고 물었다.

혁명

켄들의 상사는 국방부 2인자인 밥 워크 차관인데, 그는 DoD 최고의 로봇 전도사다. 2014년부터 2017년까지 차관직을 역임한 워크는 국방부의 제3차 상쇄 전략과 인간-기계 협력을 중점적으로 추진한 인물이다. 미래의 갈등에 대한 그의 비전에서는 AI가 인간-기계팀에서 인간과 협력해서 일할 것이다. 이렇게 혼합된 인간 플러스 기계 접근 방식은 많은 형태를 취할 수 있다. 인간은 외골격 슈트와 기계 지능을 이용한 증강현실을 통해 능력을 증대시킬 수 있다. AI 시스템은 인간이 가능한 수를 분석하는 체스 프로그램과 팀을 이루는 '켄타우로스 체스'처럼 결정을 내리는 데 도움을 줄 수 있다. 어떤 경우에는 AI 시스템이 인간의 감독을 받으면서 스스로 업무를 수행할 수도 있는데, 특히 자동 주식 거래처럼 속도가 중요한 업무에 많이 활용된다. 미래의 무기는 더 똑똑하고 협조적이며, 무리를 이뤄 적을 상대할 것이다.

워크는 전체적으로 볼 때 이러한 발전이 전쟁에서 '혁명'을 초래할 수 있다고 주장한다. 워크는 2014년에 발표한 한 논문에서,[13] "전쟁에서의 혁명이란 급격하고 불연속적인 변화가 발생하는 시기로…… 기존의 군사정권은 더 우세한 새 군사정권에 의해 전복되고, 낡은 전쟁 방식은 잊혀진다"라고 설명했다.

이는 방위 업계에서는 대담한 주장이다. 1990년대 후반과 2000년대 초반의 미국 국방계는 전쟁 혁명을 불러올 정보기술의 잠재력에 매혹되었다. 하지만 미국이 골치 아픈 반군 전쟁에 휘말리면서 '정보 지배'와 '네트워크 중심 전쟁'에 대한 비전은 아프가니스탄의 산과 이라크의 먼지투성이 거리 속으로 사라져 버렸다. F-22 전투기 같은 차세대 무기 체계를 위한 첨단기술에 투자해봤자 반군을 찾아내 추적하거나 민간인들의 마음을 사로잡는 것과는 전혀 무관하거나 지나치게 값비싼 투자였다. 하지만…….

정보 혁명은 계속되었고, 더 발전된 컴퓨터 프로세서와 정교한 기계 지능이 등장했다. 정보화 시대의 전쟁이 국방부 미래학자들이 예상했던 방식대로 진행되지는 않았지만, 실제로는 정보기술이 미국이 반군 전쟁에서 싸우는 방식에 극적인 영향을 미쳤다. 미국이 바늘 더미에서 바늘을 찾는 것처럼 민간인 사이에 숨어 있는 저항세력을 찾으려고 애쓰는 동안, 정보는 네트워크 대항 작전의 지배적인 추진 요인이 되었다.

산업 혁명이나 정보 혁명 같은 전면적인 기술 변화는 수십 년 혹은 몇 세대에 걸쳐 시간이 흐르는 동안 단계적으로 진행된다. 그러는 사이 불가피하게 전쟁에도 지대한 영향을 끼친다. 산업 혁명 때 민간 자동차와 비행기에 동력을 공급했던 내연기관 같은 기술은 탱크와 군용기로 이어졌다. 탱크와 비행기는 기관총 같은 다른 산업 시대의 무기와 함께 제1차 세계대전과 제2차 세계대전의 양상을 크게 변화시켰다.

워크는 전쟁 역사에 푹 빠져 있고 국방부 미래학자인 앤디 마셜 Andy Marshall에게도 관심이 아주 많다. 앤디 마셜은 수십 년 동안 국방부의 총괄 평가국을 운영한 사람으로, 오늘날에도 또 다른 전쟁 혁명이 진행되고 있다는 생각을 옹호한다. 워크는 혁명적인 변화의 시기에 뒤처질 경우 어떤 결과가 생기는지 잘 안다. 군대는 전투는 물론 심지어 전쟁에서도 질 수 있다. 제국은 무너져서 다시는 옛 모습을 되찾지 못한다. 1588년에 강력한 스페인 무적함대는 당대의 혁명적 기술인 대포를 더 능숙하게 이용한 영국군에게 패했다. 제1차 세계대전과 제2차 세계대전 사이의 기간에 독일은 항공기, 탱크, 무선 기술 혁신을 이용하는 데 성공했고, 그 결과 전격적인 공격을 감행해 프랑스를 점령했다. 전쟁터는 가차 없는 환경이다. 새로운 기술이 낡은 전투 방식을 전복시키면, 군대와 국가는 그걸 바로잡을 두 번째 기회를 얻지 못하는 경우가 많다.

만약 워크의 생각이 옳다면, 즉 기계 지능에 의한 전쟁 혁명이 진행되고 있다면 AI, 로봇 공학, 자동화에 많은 투자를 해야 한다. 여기서 뒤처졌을 때 발생하는 결과가 미국에 재앙이 될 수도 있다. 산업 혁명의 결과 인간보다 강한 기계가 생겼고, 이 기술을 가장 잘 활용한 이들이 승자가 되었다. 오늘날의 정보 혁명은 인간보다 똑똑하고 빠른 기계를 만들어낼 것이다. 그리고 AI를 가장 잘 이용하는 사람이 내일의 승자가 될 것이다.

현재 AI 시스템은 협소한 업무에서는 인간을 능가할 수 있지만 전반적인 지능에서는 아직 인간에 못 미치기 때문에 워크는 인간-

기계팀 구성을 지지한다. 그렇게 팀을 이루면 인간과 기계 양쪽의 지능을 최대한 이용할 수 있다. AI 시스템은 구체적이고 맞춤화된 작업에 활용해서 일을 빠르게 처리할 수 있고, 인간은 더 넓은 맥락을 이해하고 새로운 상황에 적응하는 데 유리하다. 하지만 이런 접근법에는 한계가 있다. 속도가 미치는 영향이 압도적으로 중요한 상황에서는 권한을 전적으로 기계에 위임하는 게 바람직하다.

2016년 3월의 인터뷰에서 워크는 살상력과 관련해서는 "우리는 기계가 결정을 내릴 수 있도록 살상 권한을 위임하지 않을 것[14]"이라고 밝혔다. 그러나 잠시 뒤에 "유일하게 기계에 권한을 위임하는 때는…… 사이버전이나 전자전처럼 인간의 반응 시간보다 빠르게 일을 처리할 수 있을 때뿐이다"라는 말을 덧붙여서 재빨리 이 진술을 유예했다.

다시 말해, 우리는 기계에 살상 권한을 위임하지 않는다는 얘기다…… 그래야 할 필요가 없다면 말이다. 같은 인터뷰에서 워크는, "기계에 권한을 위임하는 일에 우리보다 적극적인 경쟁자와 맞서게 될 수도 있는데,[15] 그런 경쟁이 진행되는 동안 경쟁 방법에 대한 결정을 내려야 할 것"이라고 말했다. 더 빨라진 OODA 루프가 우리를 조여 오면서 그런 결정을 강요하기까지 시간이 얼마나 남았을까? 아마 그리 많이 남지 않았을 것이다. 몇 주 후에 진행된 다른 인터뷰에서, 워크는 "향후 10년 혹은 15년 안에 기계에 권한을 위임해야 하는 시기와 장소가 명확해질 것"이라는 게 자기 생각이라고 말했다. 그가 가장 걱정하는 건, 미국에서 자율무기를 둘러싼 도덕적, 정치적, 법적, 윤리적 문제를 논의하는 동안 '우리의 잠재적 경쟁자들은 그러지 않을 수도 있다[16]'라는 사실이다.

로봇 혁명이 어디로 향하고 있는지 알려면 워크와 대화를 나눠봐야 한다는 데는 의심의 여지가 없었다. 관료체제 내에서 그가 차지하는 공식적인 지위와 자율성에 대한 최고의 선구적 사상가라는 비공식적인 위치 덕에, 미군이 자율무기에 투자하는 과정을 그만큼 잘 아는 사람도 없다. 워크는 차세대 로봇 시스템의 코드를 작성하는 엔지니어가 아닐 수도 있지만, 그의 영향력은 훨씬 광범위하고 깊다. 워크는 공개적인 발언과 내부 정책을 통해 크고 작은 DoD의 투자 방침을 정하고 있다. 그는 인간-기계팀 구성을 옹호한다. 그가 이 기술을 표현하는 방식이 방위산업계에서 일하는 모든 엔지니어가 만드는 것에 영향을 미칠 것이다. 워크는 인터뷰를 요청하자 즉시 응해줬다.

치명적 자율성의 미래

펜타곤은 매우 인상적인 구조물이다. 전체 크기가 650만 평방피트에 달하는 이곳은 전 세계적으로 큰 건물이다. 매일 2만 명이 넘는 사람들이 펜타곤으로 출근한다. 보안 검색대를 통과하는 수많은 방문객 사이에 서 있는 동안, 로봇 혁명의 보편성을 새삼 되새기게 되었다. 내 뒤에 서 있던 남자의 서류가방에서 엑스레이 스캐너의 경보가 울리자, 그가 펜타곤 경비에게 그건 드론이라고 설명하는 소리가 들렸다. "이건 UAV입니다. 드론이요. 가지고 올 수 있도록 허가를 받았어요." 그가 다급하게 덧붙였다.

드론은 말 그대로 어디에나 있는 것 같다.

워크의 사무실은 국방부 고위 간부들이 상주하는 E동에 있었는데, 그는 바쁜 일정 중에도 친절하게 시간을 내서 나와 이야기를 나눴다. 먼저 간단한 질문부터 던졌는데, 조사 과정에서 답을 찾느라 애썼지만 늘 허사로 끝난 질문이기도 하다. 국방부는 자율무기를 만들고 있는가?

워크는 이건 정의상의 문제라고 강조하면서, 대답하기 전에 내가 말하는 '자율무기'가 무엇을 의미하는지 분명히 알고 싶어 했다. 나는 자율무기란 스스로 목표물을 찾고, 선택하고, 교전할 수 있는 무기로 정의한다고 설명했다. 워크는 "당신의 정의에 따르면, 우리 미국은[17] 1945년부터 뱃[레이더 유도 대함탄]이라는 살상용 자율무기를 보유하고 있다"라고 답했다. "우리가 쏜 일본 구축함은 원래 해군 PBY 해상초계기의 표적이었다는 점에서, 이를 좁고 치명적인 자율무기로 규정하겠다……. 그들은 [일본 구축함이] 적이라는 사실을 알고 무기를 발사했다. 그러나 최종 교전에 대한 모든 결정은 무기가 S밴드 레이더 탐색기를 이용해서 자체적으로 내린 것이다." 레이더에 의해 유도되는 자동유도무기를 설명하기 위해 자율무기라는 용어를 사용하긴 했지만, 워크는 이런 자율성 활용을 마음 편히 받아들인다는 걸 분명히 밝혔다. "나는 이런 종류의 무기에는 전혀 문제가 없다고 본다. 그건 루프에 포함된 인간의 특정한 능력을 대상으로 한 것이고, 모든 자율성은 최종적인 교전을 수행하도록 설계되었다." 그는 어뢰부터 이지스함 전투체계에 이르기까지 다양한 현대식 무기에 자율성을 활용하는 방식도 대수롭지 않게 받아들였다.

워크는 미래에 대한 그림을 그리면서 이렇게 말했다. "우리는 자율무기가 똑똑한 의사결정 계통도를 보유하게 될 세상을 향해 나아가고 있다.[18] 그 결정은 전부 인간이 사전에 프로그래밍하고 표적도 전부 인간이 고른 것이다. 선외 센서를 통해 러시아군의 대대전술단이 어떤 지역에서 작전을 수행하고 있다는 걸 알고, 150해리 떨어진 곳에서 무기를 발사했다고 가정해보자. 이 무기가 어떤 대대전술단을 죽일지는 정확히 알 수 없지만, 적이 있는 지역에서 교전을 벌인다는 사실은 알고 있다." 워크는 미사일이 프로그래밍 로직에 따라 탱크, 대포, 보병대 전투 차량 등 어떤 목표물을 타격할 것인지 우선순위를 정할 수 있다고 설명했다. "우리는 그 정도 수준까지 올라갈 텐데, 거기에는 아무 문제도 없다고 본다"라는 게 그의 의견이다. "특정한 표적이나 목표지역을 향해 발사된 뒤 최종적인 교전 참여 결정을 내리는 다양한 종류의 자율무기가 존재한다." (여기에서 워크가 말하는 자율무기는 발사 후 망각형 자동유도무기를 가리키는 것이다.)

워크도 인정하지만, 배회무기는 이것과 질적으로 다르다. "사람들이 걱정하는 건[19] 우리가 먼 곳에서 무기를 발사할 때, 인간은 대략적인 방향으로 발사만 하고 날아간 무기가 알아서 어떤 지역을 배회하다가 언제, 어디서, 어떻게, 무엇을 죽일지를 직접 결정하는 상황이다." 워크는 사용한 레이블에 상관없이, 이런 배회무기는 특정한 목표물을 향해 발사해야 하는 무기와 질적으로 다르다는 사실을 인정했다. 그러나 워크는 배회무기도 아무 문제없다고 생각한다. "사람들이 이걸 두려워하기 시작했지만, 난 그런 걱정은 전혀 안 한다." 미국이 잠재적인 부수적 피해를 제대로 알아보지도 않은 채로 그런 무기를 발사할 리가 없다고 생각하는 것이다. 반면 "그 지역에 우군이 없다는 걸 비교적 확신하는 경우에는 무기가 직접 결정하게 한다."

이런 수색 섬멸 무기는 비록 목표물을 직접 고르긴 해도 여전히 '좁은 AI 시스템'이기 때문에 워크는 신경 쓰지 않는다. 이 무기들은 "특정 유형의 표적에 대해 일정한 효과를 내도록 프로그램될 것이다. 우선순위를 알려줄 수도 있다. 심지어 최종 공격을 실행하는 방법을 무기가 직접 결정하도록 권한을 위임할 수도 있다." 이런 무기에는 "미리 정해진 의사결정 계통도가 많을 수도 있지만, 그걸 일반 지역에 발사하는 건 언제나 인간이고 [부수적 피해 추정을] 한 뒤 이렇게 말할 것이다. '이 일반 지역에서 무기가 우군을 추적할지도 모르는 위험을 감수할 수 있을까?' 그리고 결국은 지금 내린 것과 똑같은 결정을 내릴 것이다.[20]"

워크는 "표적 위치 오류를 얼마나 편안하게 받아들일 수 있는가?[21]"가 가장 중요한 문제라고 말했다. "표적 위치 오류가 꽤 큰 지역에 무기를 발사해도 마음이 편하다면, 그건 우군 자산이나 동맹군 자산에 불리할 수 있는 위험을 더 많이 감수하기 시작한 것이다. …… 실제로 무기 자체에 훨씬 많은 프로세싱 능력을 부여할 수 있기 때문에, [허용 가능한] 표적 위치 오류도 증가한다. 그래서 무기가 그 지역을 수색하고 최종 단계 가능성을 파악하도록 허용하는 것"이라고 설명했다. 중요한 건 그곳에 다른 게 뭐가 있고 허용 가능한 부수적 피해 수준은 어느 정도인지 알아내는 것이다. "정말 낮은 부수적 피해 [기준]을 갖추었다면, 목표지점이 너무 넓어서 부수적 피해가 발생할 가능성이 큰 지역에는 무기를 발사하지 않을 것이다."

워크는 그런 위험이 용인되는 상황에서는 그 무기에 아무 문제도 없다고 생각했다. "사람들이 '이건 정말 끔찍한 일이야. 우리에게 킬러 로봇이 있다니'라고 말하는 걸 들었다.[22] 아니, 그렇지 않다. 로봇은…… 인간이 프로그래밍한 목표물만 타격할 것이다. …… 무기를 발사하고 교전할 목표물을 정하는 건 여전히 인간이다. 비록 넓은 지역 안에서 공격할 구체적인 표적을 고르는 건 무기지만 말이다. 이 루프 안에는 언제나 목표물을 결정하는 사람이 존재할 것이다." 비록 지금은 목표물 결정이 더 높은 수준에서 이루어지지만, 그는 이렇게 말했다.

워크는 이런 좁은 AI 시스템을 "AI가 실제로 이런 결정을 직접 내리는" 범용 인공지능AGI과 대비시켰다.[23] 여기가 바로 워크가 선을 긋는 곳이다. "일반 AI 시스템을 이용하는데 이 AI가 자체 코드를 다시 작성할 수 있다면 위험하다. 이게 진짜 위험이다. 우리는 어떤 무기에도 그 정도의 AI 기능을 집어넣지 않을 것이다. 하지만 사람들은 그런 위험을 걱정하는 듯하다. 스카이넷이 자기 코드를 다시 작성하면서 '이제부터 인간은 내 적이다'라고 한다면 어떻게 될까? 하지만 일반 AI는 그 정도로 발전하지 않았기 때문에 그런 일은 아주 아주 먼 미래의 일이라고 생각한다." 비록 기술이 그 수준에 도달했다 하더라도, 워크는 그걸 사용하는 데 별로 열심이지 않다. "일반 AI를 자율무기에 집어넣는 문제에는 극도로 신중을 기할 것"이라고 한다. "지금 시점에서는 스스로 모든 결정을 내리는…… 일반 AI 무기를 발사할 가능성이 전혀 없다. 미국이 이 기술을 그런 방향으로 추구할 거라는 생각은 전혀 들지 않는다. [우리의 접근 방식은] 인간에게 권한을 부여하고, 전투 네트워크 내부에 있는 인간들이 적을 전술적, 작전적으로 압도하도록 하는 것이다."

워크는 다른 나라에서는 AI 기술을 다르게 사용할 수 있다는 걸 알고 있다. "그들은 우리의 허를 찌르는 방법으로 AI와 자율성을 이용할 것[24]"이라고 말했다. 다른 나라들은 "누구를 언제 어떻게 공격할지 스스로 결정하는" 무기를 배치할 수도 있다. 만약 그들이 그렇게 한다면, 미국의 계산법에도 변화가 생길 것이다. "우리가 그 길을 택하게 될 유일한 방법은, 적들이 그렇게 한다는 사실이 밝혀지고 그로 인해 적은 기계의 속도로 움직이는 데 반해 우리는 인간의 속도로 움직이는 바람에 작전상 불리하다는 게 드러나는 경우일 것이다. 그러면 우리의 이론을 재고해봐야 할지도 모르겠다." 워크는 이 문제가 자기가 걱정하는 문제라고 말했다. "사람들이 AI와 자율성을 이용하는 방법과 관련된 경쟁적 본질은 우리가 통제할 수도 없고 현 시점에서 완전히 예측하는 것도 불가능하다."

미래를 위한 가이드로서의 과거

워크는 내가 던진 모든 질문에 솔직하게 대답해줬지만, 난 인터뷰를 마치면서도 여전히 불만족스러웠다. 그는 좁은 AI 시스템을 이용해 오늘날 우리가 하는 여러 작업(인간이 선택한 목표물을 확인하기 위해 최종 단계에서 발휘하는 자율성이나 이지스처럼 인간이 관리하는 자율적인 방어 시스템 등)을 수행하는 게 만족스럽다는 사실을 분명히 했다. 그는 더 넓은 지역에서 운용할 수 있는 배회무기나 목표물의 우선순위를 정할 수 있는 똑똑한 무기에도 만족감을 표했지만, 이런 무기를 발사하고 지휘하는 역할은 계속 인간이 할 것으로 내다봤다. 워크가 불편해하는 기술도 몇 가지 있었다. 범용 인공지능이나 자신의 코드를 수정할 수 있는 '부트 스트래핑' 시스템이 그렇다. 하지만 그 둘 사이에는 매우 다양한 시스템이 존재한다. 독자적으로 목표물을 결정하는 무인 전투기는 어떨까? 허용되는 표적 위치 오류는 어느 정도일까? 그는 답을 모른다. 이건 미래의 국방부 리더들이 해결해야 하는 의문이다.

미래의 리더들이 이 의문에 어떻게 답할지 미리 알아보기 위해, 해군 연구청의 책임자인 래리 슈에트Larry Schuette 박사에게 눈을 돌렸다. 슈에트는 해군 출신의 직업 과학자이자 전기공학 박사이기 때문에 그 기술을 자세히 알고 있다. ONR은 자율성과 로봇 공학 분야의 발전을 앞장서서 이끌고 있는데, 슈에트가 이 연구를 상당 부분 지휘하고 있다. 그는 역사에도 매우 관심이 많기 때문에, 과거를 통해 앞으로 일이 전개될 양상을 이해할 수 있도록 도와주기를 바랐다.

슈에트는 연구자로서 자율무기는 ONR이 중점을 두는 분야가 아니라는 점을 분명히 밝혔다.[25] 무인체계와 자율체계가 높은 가치를 가지는 분야가 많지만, 그의 관점은 일상적인 업무에 집중되어 있다. "나는 언제나 가장 쉬우면서도 투자 수익은 가장 높은 일, 우리가 했을 때 사람들이 고마워할 일이 뭔지 찾고 있다. …… 굳이 힘든 임무를 좇을 필요는 없다. …… 쉬운 일부터 하자." 슈에트는 항공기 급유나 유출된 기름 청소처럼 힘들기만 하고 보상은 못 받는 일을 가리켰다. "쓰레기 바지선이 되면…… 사람들이 좋아할 것이다." 그의 생각은 단순했다. 아무도 이의를 제기하지 않는 임무에 대처하는 것도 충분히 큰 도전이라는 것이다. "과학과 기술 분야에서 누구나 쉽게 상상하는 일이 사실은 그렇게 쉽지 않다는 걸 안다."

슈에트는 또 자율무기에 대한 강력한 작전상 필요를 느끼지 못했다고 강조했다. "인간이 버튼을 누르면[26] 무기는 그때부터 자율적으로 움직이지만, 결정은 인간이 내린다"라는 오늘날의 모델은 "무인 항공기, 무인 수상정, 무인 잠수함, 무인 지상 차량을 이용해서 하고 싶은 대부분의 일을 위한 실행 가능한 틀이다. …… 미래에 치르게 될 전쟁도 그 모델을 벗어날 필요가 별로 없다고 본다"는 게 그의 의견이다.

그러나 역사에 관심이 많은 사람의 입장에서는 이와 다소 다른 관점을 보였다. 그의 사무실은 마치 해군 박물관 같은 모습이었는데, 낡은 배에서 나온 통나무가 책꽂이 여기저기에 흩어져 있고 벽에는 해군 비행사들의 흑백사진이 걸려 있었다. 얘기를 나누는 동안에도 슈에트는 자신의 주장을 강조하려고 의자에서 벌떡 일어나 무제한 잠수함 작전이나 과달카날 전투에 관한 책을 꺼내오곤 했다. 역사 속에서 찾아낸 사례는 자율성에 관한 것이 아니라, 폭넓은 전쟁 패턴에 관한 것이었다. 그는 "역사는 혁신과 비대칭적인 대응으로 가득 차 있다[27]"라고 말했다. 제2차 세계대전 때 일본인들은 미국의 해상 사격 기술에 "놀랐다." 그래서 밤에 싸우기로 하고, 과달

카날 전투에서 야간 해상작전을 벌여 엄청난 피해를 입혔다. 여기서 얻을 수 있는 교훈은 "위협은 표를 얻는다"는 것이다. 슈에트는 일본의 장거리 어뢰 기술 혁신을 거론하면서, "우리는 어뢰 전쟁을 치르려는 계획은 없었다. …… 하지만 일본인들은 생각이 달랐다"고 말했다.

이런 혁신과 반혁신의 역학관계 때문에 불가피하게 전쟁터에서 놀라는 일이 생기고, 이로 인해 군대에서 윤리적이거나 적절하다고 여기는 대상이 바뀌는 일이 종종 있었다. 슈에트는 "예전에도 X나 Y의 윤리적 사용에 대한 논의를 한 적이 있다[28]"고 지적했다. 그는 자율무기에 대한 오늘날의 논쟁을 제1차 세계대전과 제2차 세계대전 사이에 미 해군에서 벌어진 무제한 잠수함전에 관한 논쟁과 비교했다. "1920년대와 1930년대 내내 무제한 잠수함전은 정말 좋지 못한 생각이니 절대 해서는 안 된다고들 말했다. 하지만 전쟁이 발발해 혼란 상태에 빠졌을 때 우리가 가장 먼저 한 일은 무제한 잠수함전을 실행한 것이다." 슈에트는 책장에서 책을 한 권 꺼내더니, 진주만 공격을 당한 지 4시간 반 만인 1941년 12월 7일에 모든 미 해군 함선과 잠수함 지휘관에게 내려진 명령 내용을 읽었다.

> 일본군을 상대로 무제한 공중전과 잠수함전을 실행하라.[29]

슈에트는 이런 역사를 통해, "자율로봇의 헌터-킬러 시스템에 대해서도, 그것 없이는 살 수 없다는 판단이 설 때까지는 격렬하게 반대할 것"이라는 교훈을 얻을 수 있다고 말했다. 그에게 무엇이 결정적인 요인이 될 것 같냐고 묻자, 그는 간단하게 대답했다. "12월 8일이나 12월 6일?[30]"

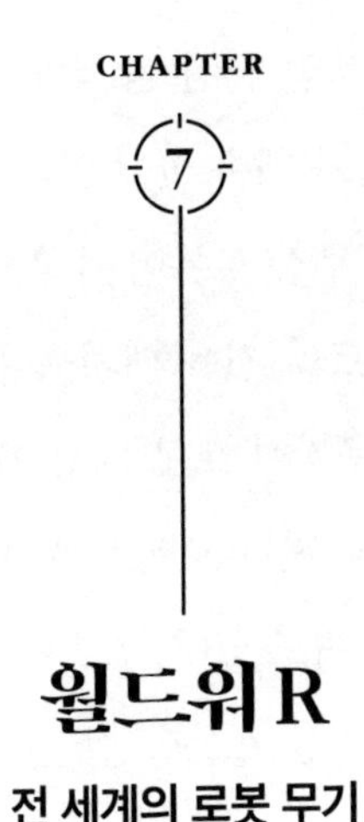

월드워 R

전 세계의 로봇 무기

로봇 혁명은 미국에서 시작된 것이 아니다. 심지어 미국이 주도하지도 않는다. 세계 각국은 미국보다 훨씬 멀리 그리고 빠르게 자율성의 한계를 극복하고 있다. 미국의 여러 연구소와 국방부 E동에서 나눈 대화 내용은 자율무기의 미래에 영향을 미치는 한 가지 요소일 뿐이다. 다른 나라들에게도 선택권이 있다. 그들이 하는 일은 기술 발전의 확산 방식과 미국을 비롯한 다른 나라들이 반응하는 방식에 영향을 미칠 것이다.

드론의 급속한 확산은 앞으로 점점 더 많은 자율 시스템이 등장할 것을 예고한다. 드론은 전 세계 100여 개 나라와 하마스Hamas, 헤즈볼라Hezbollah, ISIS, 예멘 후티Houthi 반군 같은 비국가 단체에까지 퍼져 나갔다. 그다음은 무장 드론이 등장할 차례다. 남아프리카공화국, 나이지리아, 이라크처럼 군사 강국이 아닌 나라들까지 포함해 무장 드론을 보유한 나라가 계속 늘고 있다.[1]

지상이나 해상에서도 무장 로봇이 급증하고 있다. 한국은 북한과의 국경 지대에 로봇 센트리 건을 배치했다. 이스라엘은 가자 지구 국경 주변을 순찰할 때 무장한 로봇 지상 차량인 과르디움Guardium을 내보낸다. 러시아는 지상 전투 로봇을 다량으로 제작하고 있으며, 로봇 탱크를 만들려는 계획도 있다. 심지어 이라크의 시아파 민병대들도[2] 2015년에 무장한 지상 로봇을 실전 배치하면서 이 게임에 뛰어들었다.

무장 로봇은 바다에도 진출하고 있다. 이스라엘은 자국 해안을 순찰하기 위해 프로텍터Protector라는 무장 무인선[3]을 개발했다. 싱가포르는 프로텍터를 구입해서[4] 말라카 해협의 해적 퇴치 임무를 위해 배치했다. 에콰도르에도 무장 로봇선인 ESGRUM[5]이 있는데, 이 배들은 전부 자국에서 생산한다. 소총과 로켓 발사대로 무장한 ESGRUM은 에콰도르 수역을 순찰하면서 해적들에게 대항한다.

미국과 마찬가지로, 이 나라들도 완전자율무기로 향하는 선을 넘을 계획이 있느냐가 중요한 문제다. 세상 어떤 나라도 자율무기를 만들 계획이 있다고 말하지 않았다. 하지만 가능성을 완전히 배제한 국가도 거의 없다. 파키스탄, 에콰도르, 이집트, 교황청, 쿠바, 가나, 볼리비아, 팔레스타인, 짐바브웨, 알제리, 코스타리카, 멕시코, 칠레, 니카라과, 파나마, 페루, 아르헨티나, 베네수엘라, 과테말라, 브라질, 이라크, 우간다(2017년 11월 기준) 등 22개국만이 살상용 자율무기 금지를 지지한다고 밝혔다.[6] 이 나라들은 전부 주요 군사 강국이

무장 드론의 확산

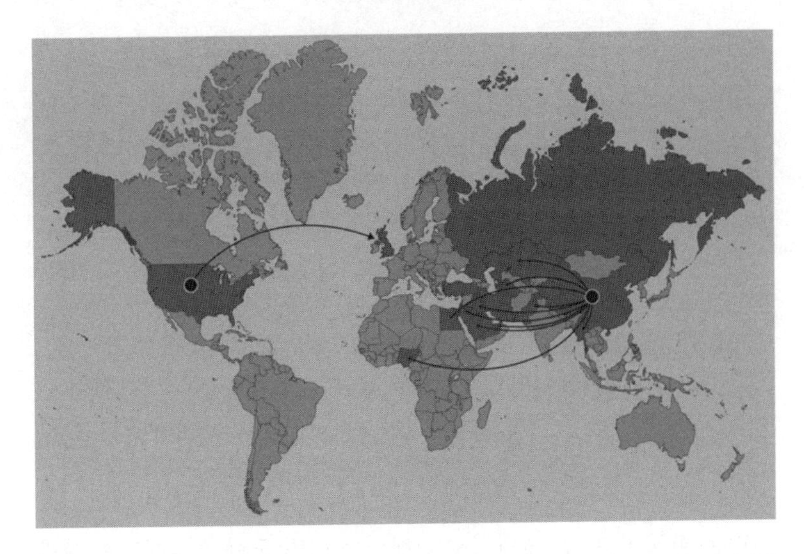

2017년 6월 현재 중국, 이집트, 이란, 이라크, 이스라엘, 요르단, 카자흐스탄, 미얀마, 나이지리아, 파키스탄, 사우디아라비아, 터키, 투르크메니스탄, 아랍에미리트, 영국, 미국 등 16개 나라가 무장 드론을 보유하고 있다. 일부 국가는 무장 드론을 자체적으로 개발했고, 다른 국가들은 해외에서 기술을 습득했다. 국제적으로 거래된 무장 드론의 90퍼센트 이상이 중국에서 온 것이다.

아니며, 코스타리카나 교황청 같은 일부 국가는 군대가 아예 없다.

각국이 기계에 살상 권한을 위임할 것인지 여부를 고심해야 하는 첫 번째 영역 중 하나는 교전 지역에서 운용되도록 설계된 무인 전투기다. 몇몇 국가는 X-47B와 유사한 실험용 전투 드론을 개발하고 있는데, 대부분 항공모함이 아닌 육상기지에서 작전을 수행하기 위한 것이라고 한다. 영국의 타라니스Taranis[7], 중국의 샤프 스워드harp Sword, 러시아의 스캇Skat, 프랑스의 뉴론nEURON, 인도의 아우라Aura, 소문만 무성한 이스라엘의 이름 없는 스텔스 드론 등이 그것이다.

이 드론들은 인간 통제자와 보호 통신 링크로 연결된 상태에서 작동하도록 설계되었을 가능성이 크지만, 군 당국은 통신이 끊겼을 때 드론이 어떤 행동을 취하기를 원하는지 결정해야 한다. 드론의 교전 규칙을 제한하는 건 귀중한 군사적 이점을 포기하는 것일 수 있으므로, 자신들의 계획을 투명하게 공개하는 나라는 거의 없다.

몇몇 나라는 이미 완전자율화된 하피를 보유하고 있다는 사실[8]을 고려하면, 그들과 다른 나라들이 회수 가능한 드론에 비슷한 수준의 자율권을 부여하리라는 건 쉽게 상상할 수 있다. 오늘날 여러 나라가 실제로 그런 무기를 만들고 있는지 아닌지는 식별하기가 더 어렵다. 미국의 방위산업 내부에서 일어나는 일도 제대로 이해하기가 어려운 판국이니, 전 세계에서 진행되는 비밀 군사 프로젝트의 장막 뒤를 들여다보는 건 당연히 더 어려울 수밖에 없다. 러시아, 중국, 영국, 이스라엘 같은 나라들은 자율무기를 만들고 있는가? 아니면 여전히 인간을 루프 안에 포함시켜 두고, 자율무기의 선을 향해 곧장 다가가면서도 그 선을 넘지는 않고 있을까? 한국의 로봇 포, 영국 미사일, 영국 드론, 러시아의 무장 지상 로봇 함대 같은 유명한 4대 국제 프로그램은 세계 각국이 무엇을 하고 있는지 밝혀내는 게 어렵다는 걸 보여준다.

기묘한 자율 경비 로봇 사례

한국의 삼성 SGR-A1 로봇은 자율무기 체계가 얼마나 많은지 알아내는 게 힘들다는 걸 보여주는 확실한 예다. SGR-A1은 한국 국경을 북한으로부터 방어하기 위해 고안된 고정식 무장 경비 로봇이다. 2007년에 로봇이 공개되었을 때 전기공학 전문 잡지인 《IEEE 스펙트럼》에서는 이 로봇이 목표물을 스스로 공격할 수 있는 완전자율 모드 기능이 있다고 보도했다. 삼성의 유명호 수석연구 엔지니어는 이 잡지와의 인터뷰에서 "최종적인 사격 결정[9]은 로봇이 아닌 사람이 해야 한다"라고 말했다. 하지만 이 기사는 유 씨가 말한 "해야 한다"는 필요조건이 아니며, 로봇이 완전히 자동화된 선택권을 가지고 있다고 분명히 밝혔다.

이 이야기는 널리 알려져서 《애틀랜틱》, BBC, NBC, 《파퓰러 사이언스》, 버지The Verge 등의 매체에서는 SGR-A1을 실제 자율무기 사례로 인용했다.[10] SGR-A1을 '과학계에서 가장 무시무시한 아이디어'로 선정한 《파퓰러 사이언스》는 "왜요, 하느님? 대체 왜?[11]"라고 부르짖었다. 군용 로봇을 심층적으로 연구하는 몇몇 학술 연구자들도 SGR-A1을 완전자율형 로봇이라고 얘기했다.[12]

이런 부정적인 반응에 직면하자 삼성은 사실 루프에 인간이 개입해야 한다면서 한 걸음 물러났다. 2010년에 삼성 대변인은[13] "이 로봇은 자동 감시 능력을 갖추고 있지만 탐지된 이물질이나 사람에게 자동으로 사격을 할 수는 없다"라고 분명하게 밝혔다. 그러나 삼성과 한국 정부는 세부 사항에 대해 입을 굳게 다물고 있으며 그 이유는 다들 이해할 수 있다. SGR-A1은 북한과 국경을 맞대고 있는 한국의 비무장지대를 방어하기 위한 것이고, 한국은 엄밀히 말해 여전히 전쟁 중이다. 지구상에서 그렇게 즉각적이고 강력한 안보 위협에 직면한 나라는 몇 안 된다. 북한 병사 100만 명과 핵무기의 위협이 음울한 그림자처럼 한국 위에 드리워져 있다. 삼성 대변인은 같은 인터뷰에서, 앞으로도 인간이 계속 루프 안에 존재할 것이며 "SGR-A1은 지금과 같이 앞으로도 전쟁을 막아낼 것[14]"이라고 단언했다.

SGR-A1의 실제 사양과 설계 파라미터는 어떠할까? 이는 로봇을 직접 검사해보지 않고서는 알 수 없는 일이다. 삼성이 루프 안에 인간이 존재한다고 말한다면, 우리가 할 수 있는 일은 그들의 말을 그대로 받아들이는 것뿐이다. 하지만 한국이 다른 나라들보다 로봇에게 더 많은 자율권을 부여할 의향이 있다고 하더라도 이는 놀라운 일이 아니다. 북한에게 맞서 비무장지대를 보호하는 건 한국의 생존이 걸린 문제다. 완전자율형 센트리 건에 따르는 위험을 감수하더라도 북한에 대한 억지력을 강화할 수 있다면, 한국에게는 그 이상의 가치가 있을 것이다.

• 브림스톤 미사일

영국의 브림스톤Brimstone 미사일도 미국의 LRASM과 비슷하게 너무 많은 자율성을 보유한 것 아니냐는 의문을 제기하는 비판자들[15]에게 빈축을 샀다. 지상 차량이나 소형 선박을 파괴하기 위해 만들어진 브림스톤은 항공기에서 발사하는 자동 탐지형 공격 미사일이다. 이 미사일은 다양한 방법으로 임무를 완수할 수 있다.

브림스톤의 주된 작동 방식은 싱글 모드와 듀얼 모드, 2가지다.[16] 싱글 모드에서는 사람이 레이저로 표적을 '그리면' 미사일은 레이저가 반사된 물체를 향해 곧장 날아간다. 미사일은 인간이 레이저를 겨누는 곳이면 어디든지 가므로, 인간은 표적에 이르는 길잡이를 제공할 수 있다. 듀얼 모드는 레이저 길잡이와 밀리미터파MMW 레이더 탐색기를 결합시켜서 '빠른 이동 및 기동 표적과 제한적인 교전 규칙'을 준수한다. 인간이 레이저로 표적을 지정한 다음 마지막 단계에 레이저에서 MMW 탐색기로 핸드오프하면 무기가 빠르게 움직이는 표적을 맞힐 수 있다. 2가지 운용 방식 모두 인간이 지정한 목표물을 미사일이 정확히 공격하므로 반자율무기인 셈이다.

그러나 개발자는 '소프트웨어 역할 변경을 통해' 활성화할 수 있는 또 다른 운영 모드인 '기존에 개발한 자체유도형, MMW 전용 모드'를 광고하기도 한다. 개발자는 다음과 같이 설명한다.

> 이 모드는 전천후 표적 설정, 화력격멸구역 기반의 차별, 일제 사격 등의 기능을 제공한다.[17] 이는 다중 표적 방호구 대형에 매우 효과적이다. 일제 투하된 브림스톤은 발포 순서에 따라 스스로 정렬해서 과잉 살상 확률을 낮추고 원패스 치명률을 높인다.

이 조준 모드에서 인간이 적의 전차 대대를 향해 브림스톤을 일제 투하하면, 어떤 미사일이 어떤 탱크를 명중시킬지를 미사일들이 알아서 정한다. 2015년에 《파퓰러 메카닉스》에 실린 기사에 따르면, 이 모드에서는 브림스톤이 완전히 자율적으로 움직인다고 한다.

자율적으로 차량을 식별, 추적, 조준할 수 있다.[18] 제트기가 적의 차량 위를 날다가 브림스톤 미사일을 몇 개 투하하면 단번에 목표물을 찾을 수 있다. 인간 운용자가 브림스톤에 화력격멸구역 기능을 설정하면, 일정한 구역 내에서만 공격을 가한다. 한 시연에서는 미사일 세 발이 근처에 있는 중립 차량은 무시한 채 목표 차량 3대만 정확하게 공격했다.

브림스톤 사양 설명서를 보면, 개발자는 고속 연안 공격정FIAC이라는 빠르게 움직이는 작은 선박에 대해서도 이와 유사한 기능을 발휘한다고 설명하고 있다.

2013년 5월에는 자율적인 MMW 모드로 운용되는 다중 브림스톤[19] 미사일이 여러 대의 FIAC에 대해 세계 최초로 단일 버튼 일제 투하 교전을 완수했는데, 이때 화력격멸구역 내에서 선박 3척(그중 하나는 이동 중이던)을 파괴하면서 근처에 있는 중립 선박에는 아무런 피해도 입히지 않았다.

MMW 전용 모드로 운용될 때의 브림스톤은 자율무기인가? 이 미사일은 사정거리가 20킬로미터가 넘는 것으로 알려져 있지만,[20] 목표물을 찾기 위해 배회할 수는 없다. 이 말은 곧 미사일의 유효성을 높이기 위해서는 발사 전에 인간 운용자가 화력격멸구역 내에 지상 차량이나 소형 선박 같은 유효한 표적이 있다는 사실을 알고 있어야 한다는 얘기다.

브림스톤은 몇 가지 혁신적인 기능을 이용하여 이런 표적을 공격할 수 있다.[21] 조종사는 화력격멸구역 내에 있는 표적을 향해 브림스톤을 여러 발 발사할 수 있고, 미사일은 '발사 순서에 따라 스스로 정렬해서' 여러 개의 표적을 타격할 수 있다. 이런 기능 덕에 브림스톤은 적의 집단 공격을 방어하는 데 특히 유용하다. 예를 들어, 이란은 함선의 방어체계를 압도할 수 있는 작은 선박을 이용해 미국 함선을 계속 괴롭히다가 USS 콜USS Cole과 같은 자살 공격을 일으킨 적이 있다. 브림스톤으로 무장한 해군 헬리콥터는 조종사가 배들을 일일이 겨냥할 필요 없이 적 함선 전체를 한꺼번에 공격할 수 있으므로, 이런 선박 무리에 대응하는 매우 효과적인 방어책이다.

브림스톤의 이런 모든 특징에도 불구하고, 그래도 여전히 인간 사용자가 목표물 그룹을 향해 브림스톤을 발사해야 한다. 목표물을 찾아 배회할 수 없기 때문에, 미사일이 탐색기를 작동시켰을 때 화력격멸구역 안에 표적이 없다면 미사일이 낭비된다. 드론과 달리 미사일은 기지로 돌아갈 수 없다. 일제 투하 기능은 조종사가 각각의 미사일을 개별적으로 선택하는 게 아니라 표적 무리를 향해 미사일 여러 개를 동시에 발사할 수 있다. 그래서 브림스톤 일제 투하는 탱크 부대를 격파할 때 사용하는 감지신관무기와 유사하다. 어떤 미사일이 어떤 표적을 타격할지 미사일이 스스로 정할 수 있지만, 그 특정한 표적 무리를 공격하겠다는 결정을 내리는 건 여전히 인간이다. MMW 전용 모드에서도 브림스톤은 반자율무기다.

반자율무기인 브림스톤과 목표물을 스스로 선택할 수 있는 완전 자율무기를 구분하는 선은 매우 가늘다. 둘의 차이는 탐색기나 알고리즘에 기초하지 않는다. 개량된 엔진을 장착한 미사일이나 공격 지역을 순찰하는 드론 등 전투 공간 위를 배회할 수 있는 미래형 무기에도 동일한 탐색기와 알고리즘을 사용할 수 있다. 사람은 특정 목표물에 대한 지식 없이 화력격멸구역을 감시할 목적으로 무기를 발사할 수도 있으므로, 순식간에 화력격멸구역에 진입하는 게 아니라 그곳을 배회하며 순찰하는 미래 무기는 자율무기일 것이다. 결국 사람은 '아무것도 모르는 상태에서' 무기를 발사하고, 목표물 타격 여부와 시기는 무기가 직접 정하게 될 것이다.

브림스톤이 자율무기로 가는 선을 완전히 넘지는 않았더라도, 그쪽으로 반걸음만 더 다가간다면 이제 슬쩍 밀기만 해도 선을 넘게 될 것이다. MMW 전용 브림스톤은 미사일의 엔진을 업그레이드하기만 하면 완전자율무기로 전환되어 적진을 더 오래 배회할 수 있다. 아니면 드론에 MMW 전용 모드 알고리즘과 탐색기를 장착하는 방법도 있다. 특히 미사일의 경우, 소프트웨어만 바꾸면 MMW 전용 모드를 활성화할 수 있다. 자율 기술이 계속 발전하면, 전 세계의 더 많은 미사일이 그 선까지 바싹 다가가거나 넘어설 것이다.

영국은 기꺼이 그 선을 넘을까? 또 다른 영국 프로그램인 타라니스 드론을 둘러싼 논쟁은, 영국이 이 기술을 어디까지 추진할지 확인하기 어렵다는 걸 보여준다.

타라니스 드론

타라니스는 미국, 인도, 러시아, 중국, 프랑스, 이스라엘이 개발하고 있는 것과 유사한 차세대 실험용 전투 드론이다. 타라니스 개발사인 BAE 시스템즈BAE Systems는 전투용 드론의 자율성이 무기 교전에 미치는 영향과 관련해 가장 폭넓은 설명을 제공한다. X-47B와 유사하게 타라니스도 견본용 비행기지만, 영국군은 미군보다 더 광범위한 시연을 진행하면서 타라니스로 모의 무기 교전을 벌이려고 한다.

BAE가 공개한 정보는 타라니스를 어떻게 이용하는지 보여준다. 모의 무기 실험을 통해 "[무인 전투기 시스템이] 적의 공격을 막아내고, 적 진영 깊숙한 곳에 무기를 배치하고, 정보 첩보를 중계하는 능력을 보여줄 것"이라고 설명한다.

1. 타라니스가 공중에 3차원 복도 형태로 사전 프로그래밍된 비행로를 통해 수색 구역에 도착한다.[22] 정보 첩보를 작전 지휘부에 전달한다.
2. 타라니스가 표적을 식별하면 작전 지휘부가 이를 확인한다.
3. 타라니스는 작전 지휘부의 허가에 따라 모의 사격을 수행한 뒤, 프로그래밍된 비행경로를 통해 기지로 복귀한다.

타라니스는 항상 고도로 훈련된 지상 승무원의 통제를 받을 것이다. 작전 지휘관은 목표물을 확인하고 모의 무기 발사를 허가한다.

이 프로토콜은 인간을 루프에 포함시켜서 각 표적을 승인하게 하는데, 이는 BAE 경영진의 다른 진술과 일치한다. 로저 카Roger Carr BAE 회장[23]은 2016년에 다보스Davos에서 열린 세계경제포럼 패널로 참가해서 자율무기는 "매우 위험하고 근본적으로 잘못된 것"이라고 말했다. 카는 BAE가 앞으로도 살상 결정을 승인하고 계속 책임질 수 있는 인간과 연결된 무기만 개발할 계획이라는 걸 분명히 했다.

타라니스 프로그램 매니저인 클라이브 매리슨Clive Marrison도 2016년 인터뷰에서 "과거 영국이 사용한 교전 규칙을 감안할 때, 살상 메커니즘을 작동시키는 결정은[24] 언제나 인간이 내릴 것"이라고 비슷한 발언을 했다. 하지만 그 후 매리슨은 "교전 규칙은 바뀔 수도 있다"라고 얼버무렸다.

영국 정부는 신속하게 대응했다. BAE가 "자기 멋대로 목표물을 공격할 수 있는" 옵션을 타라니스에 추가하고 있다고 주장하는 언론 기사가 여러 개 나오자, 영국 정부는 다음 날 다음과 같은 성명서를 발표했다.

> 영국은 완전한 자율무기 체계를 보유하고 있지 않으며[25] 이를 개발하거나 인수할 의사도 없다. 우리의 무기 운용은 항상 인간의 통제하에 이루어질 것이며 감독과 권한, 그 사용 책임을 절대적으로 보장한다.

자율무기에 대한 영국 정부의 전면적인 부정은 최대한 명확하게 정리된 정책성명처럼 보이지만, 영국이 '자율무기 체계'를 어떻게 정의하는지에 관한 중요한 별표가 필요하다. 영국군은 영국 합동 교범 노트 2/11에 명시된 공식 정책 '무인 항공기 시스템에 대한 영국의 접근법'에서, 자율체계는 반드시 상황을 인간과 같은 수준으로 이해할 수 있어야 한다[26]고 규정하고 있다. 이런 능력이 부족한 시스템은 '자동 시스템'으로 정의한다. 기능보다 시스템의 복잡성에 중점을 둔 이런 자율성 정의는 미국 정부를 비롯해 자율무기 논의에 참여한 많은 이들과는 다른 방식으로 '자율'이라는 용어를 사용하고 있다. 이런 영국의 입장은 엉성한 언어의 산물이 아니라 의도적으로 선택한 것이다. 영국의 교범 노트에는 다음과 같은 내용이 이어진다.

> 연산 능력과 센서 기능이 좋아짐에 따라,[27] 매우 복잡한 제어 규칙을 사용하는 시스템이 대거 등장해 이를 자율 시스템이라고 부를 가능성이 크지만, 해당 시스템이 논리적으로 일련의 규칙이나 지시를 따르고 인간과 같은 수준으로 상황을 이해할 수 없다는 사실이 증명된다면, 그건 자동화 시스템으로 간주해야 한다.

이 정의는 자율무기와 관련된 어휘를 대폭 변화시킨다. 영국 정부가 '자율체계'라는 용어를 쓸 때, 그들은 미국 국방부 차관인 워크가 말한 '일반 AI'와 더 유사한 인간 수준의 지능을 가진 시스템을 가리키는 것이다. 이런 식의 정의는 자율무기에 대한 논의의 초점을 먼 미래에 등장할 시스템으로 돌리는 효과를 발휘해서, 다른 사람들이 '자율무기'라고 부르는 목표물을 스스로 탐색, 선택, 공격하는 근미래의 무기 체계에서 관심이 멀어지게 된다. 실제로 영국은 2016년에 자율무기와 관련된 유엔 회의에서 발표한 성명문에서, "영국은

[살상용 자율무기 체계가] 존재하지 않으며, 앞으로도 절대 존재하지 않으리라고 생각한다"라고 밝혔다. 다시 말해, 영국은 목표물을 스스로 탐색하고 선택해서 공격하는 무기를 개발할 수도 있지만 그걸 '자율무기'가 아니라 '자동화 무기'로 부르겠다는 얘기다. 실제로 영국 교범 노트에서는 팔랑크스 포(관리형 자율무기) 같은 시스템을 '완전히 자동화된 무기 체계'라고 부른다. 교범 노트는 그런 무기를 전시 국제법에 부합하는 방식으로 사용할 수 있음을 증명해서 합법적인 무기 심사를 통과할 때를 대비해, 개발 가능성을 열어둔 것이다.

사실 자율무기에 대한 영국 정부의 입장은 미국 국방부 관료들이 말한 것과 다르지 않다. 인간은 살상 결정에 계속 관여할 것이다...... 어느 정도 수준까지는. 그건 인간 운용자가 자율무기/자동화 무기를 공격 지역에 발사한 뒤, 스스로 목표물을 탐색하고 공격할 권한을 그 무기에 위임한다는 뜻일 수도 있다. 이런 무기를 '자동화 무기'라고 부르면서 이미지를 쇄신할 경우, 대중이 과연 다르게 반응할지는 미지수다.

영국의 입장이 탄력적으로 변할 가능성이 있긴 하지만, 그래도 미국과 영국 정부가 자율무기 문제에 접근하는 방식은 꽤 투명하게 드러난 셈이다. BAE, MBDA, 록히드 마틴 같은 무기 개발사들은 회사 웹사이트에 자신들이 개발한 무기 체계를 상세히 설명해 놓았는데, 이것은 민주주의 국가의 방산 기업들에게는 드문 일이 아니다. DARPA는 자신들이 진행하는 연구 프로그램을 공개하여 자세히 설명한다. 양국의 국방 관료들은 자율성의 경계와 살상력을 발휘할 때 인간과 기계의 적절한 역할에 대해 공공연하게 대화를 나눈다. 이런 투명성은 독재 정권의 태도와 극명한 대조를 이룬다.

러시아의 전쟁 로봇

미국은 지상 로봇을 무장시키는 걸 매우 꺼린다. 이라크 전쟁 중에 단 한 번 잠깐 동안 시도한[28] 게 다고 지상 무장 로봇을 개발하기 위한 프로그램도 없다. 하지만 러시아는 전혀 주저하는 기색을 보이지 않았다. 러시아는 중요한 시설 보호부터 시가지 전투에 이르기까지 다양한 임무를 위한 지상 전투 로봇을 개발하고 있다. 소형 로봇에서 보병 병력 증강, 로봇 탱크에 이르기까지 러시아의 지상 로봇 중 상당수가 무장하고 있다. 러시아가 지상 로봇에 얼마나 많은 자율권을 부여하느냐가 육상전의 미래에 지대한 영향을 미칠 것이다.

유탄 발사기와 돌격용 자동소총으로 무장한 4륜차 크기의 궤도 차량인 플랫폼-M은 러시아 전쟁 로봇 가운데 소형급에 속한다. 2014년에 플랫폼-M은 러시아군과 함께 시가지 전투 훈련에 참가했다. 러시아 군부의 공식 성명에 따르면, "군용 로봇은 도시에 잠정적으로 존재하는 불법 무장 구조물을 없애고 고정되어 있거나 움직이는 목표물을 타격하기 위해 배치되었다[29]"고 한다. 러시아군은 플랫폼-M의 자율성 정도를 설명하지 않았지만, 개발자는 다음과 같이 말한다.

> 플랫폼-M은…… 정보 수집, 고정되어 있거나 움직이는 표적 발견

및 제거, 화력 지원, 순찰, 중요 부지 경비 등에 사용된다.[30] 이 로봇의 무기는 유도식으로 발사할 수 있고, 지원 임무를 수행할 수 있으며, 자동 또는 반자동 제어 시스템으로 목표물을 파괴할 수 있고, 광전자 및 무선 정찰 위치 측정기가 제공된다.

"자동 또는 반자동 제어 시스템으로 목표물을 파괴할 수 있다"는 말은 마치 이것이 자율무기인 것처럼 들린다. 하지만 이 주장은 다소 회의적인 시각으로 바라봐야 한다. 일례로 러시아 로봇 동영상은 군인들이 컴퓨터 화면에서 목표물을 선택하는 모습을 보여준다.[31] 더 중요한 사실은, 지상 전투 환경에서 자율적으로 표적을 탐지하는 건 하피처럼 적의 레이더를 조준하거나 TASM처럼 공해상에서 적 함선을 탐지하는 것보다 기술적으로 훨씬 어렵다는 것이다. 플랫폼-M이 운반하는 무기인 유탄 발사기와 돌격용 자동소총은 사람에게는 효과적이지만 탱크나 병력 호송 장갑차 같은 강화된 차량에는 별 효과가 없을 것이다. 사람은 레이더처럼 전자기 스펙트럼을 방출하지 않는다. 그들은 '협조적인 표적'이 아니다. 2014년 이런 주장이 제기됐을 때는 어수선한 지상 전투 환경에서 자율적인 방식으로 사람을 찾는 게 어려웠을 것이다. 하지만 지난 몇 년 사이에 신경망이 발달하면서 상황이 바뀌어 사람들을 식별하기가 쉬워졌다. 그러나 적과 친구를 분별하는 건 여전히 힘들 것이다.

러시아 전쟁 로봇이 직면한 자율적인 목표 식별 문제는 한국 비무장지대에 설치된 센트리 건보다 훨씬 어려운 문제다. 북한과 한국을 갈라놓는 비무장지대에서는 한 나라가 국경선을 따라 고정된 센트리 건을 설치하고 적외선(열) 탐지기에 잡히는 건 뭐든지 쏘라고 허가할 수 있다. 그런 결정을 내려도 잠재적인 문제가 없을 것이다. 민간인과 유효한 군사적 표적을 구별할 능력이 없는 센트리 건은 독재 정권에서 도망치려고 하는 무고한 난민을 무분별하게 살해할 수도 있다. 그러나 일반적으로 비무장지대는 공격적인 시가지 전투 작전보다 더 통제된 환경이다. 한 자리에 고정되어 있는 방어용 자율무기를 허가하는 건, 민간인들 사이에 전투원이 섞여 있는 도시 지역에서 작전을 벌이기 위해 이동식 자율무기를 배치하는 것과 크게 다를 것이다.

러시아가 플랫폼-M에 그런 능력을 부여하기를 원한다면, 오늘날에는 군사용 표적에 자동 대응하기 위해 사용할 수 있는 기술이 존재한다. 그러나 그 기술은 상당히 조잡하다. 예를 들어 부메랑 발사 탐지 시스템은 미국 시스템인데, 마이크를 여러 대 사용해서 날아오는 총알을 탐지하고 그 발사 위치를 계산한다. 개발자의 말에 따르면 "부메랑은 수동형 음향 탐지기와 컴퓨터 기반의 신호처리 방식을 이용해서 1초도 안 되는 사이에 저격범의 위치를 파악할 수 있다"고 한다. 부메랑이나 다른 발사 탐지 시스템은 마이크 여러 대를 이용해 탄환의 충격파가 도착하는 상대 시간을 비교함으로써 저격수가 있는 방향을 정확히 파악할 수 있다. 그런 다음 "발사. 2시 방향. 400미터" 같은 식으로 사격 위치를 알려준다. 아니면 음향 발사 탐지 시스템을 카메라나 원격 무기 스테이션에 직접 연결해서 자동으로 저격수를 조준할 수도 있다. 그리고 다음 단계로 총이 저격범을 향해 자동 발사되도록 하는 건 기술적으로 별로 어렵지 않을 것이다. 발사

위치를 감지하고 총을 조준했으면, 이제 방아쇠를 당기기만 하면 된다.

러시아가 플랫폼-M은 "자동 또는 반자동 제어 시스템으로 목표물을 파괴할 수 있다"라고 말한 건 이런 의미일 가능성이 있다. 그러나 운용 관점에서는 자동 응사를 허가하는 게 상당히 위험할 수 있다. 잘못된 판단을 걸러내고 특히 도시 지역에서 음향 반사와 메아리에 속지 않는 사격 탐지 시스템의 능력을 극도로 신뢰할 수 있어야 할 것이다. 게다가 총은 부수적 피해를 고려할 능력도 없다. 예를 들어, 인간방패를 사용하고 있는 모습을 확인했을 때 저격수가 급히 사격을 중단하지 못하는 것이다. 마지막으로, 그런 시스템은 우군이나 다른 동료 로봇을 자동으로 쏘는 로봇 시스템과 함께 아군에 피해를 주는 근원이 될 수 있다. 같은 편인 로봇 두 대가 자동사격과 응사의 끊임없는 고리에 갇혀, 탄약이 다 떨어지거나 서로를 파괴할 때까지 무분별하게 총격을 주고받을 수도 있다. 그게 러시아의 의도인지는 확실치 않지만, 기술적 관점에서는 충분히 가능한 일이다.

러시아의 다른 지상 전투 로봇은 크기와 정교함 면에서 플랫폼-M보다 한 수 위다. MRK-002-BG-57 '울프-2'는 소형차 크기에 12.7밀리미터짜리 중기관총을 장착했다. 《파퓰러 메카닉스》에서 일하는 데이비드 햄블링David Hambling의 말에 따르면,[32] "탱크 자동 모드에서 운용자가 원격으로 표적을 최대 10개까지 선택하면 로봇이 여기에 폭격을 가한다. 울프-2는 어느 정도까지는 자율적으로 행동할 수 있지만(제조사에서는 자율성 수준을 애매하게 얘기한다) 살상력 사용 결정은 결국 인간이 내린다." 울프-2는 소형차 크기의 로봇 차량 가운데 하나다. 수륙양용인 아르고Argo[33]는 대략 미니 쿠퍼 자동차 정도의 크기고 기관총과 로켓 추진식 유탄 발사기가 장착되어 있으며 최대 2.5노트의 속도로 헤엄칠 수 있다. A800 이동식 자율로봇 시스템MARS은 보병 4명과 그들의 장비를 실을 수 있는 소형차 크기의 (비무장) 보병 지원 차량이다. 인터넷에 공개된 사진에는 러시아 군인들이[34] 이 차를 타고 달리는 모습이 담겨 있는데, 그들은 궤도 로봇이 비포장도로를 달리는 동안에도 놀라울 만큼 여유로워 보인다.

소형차 크기의 전쟁 로봇이 러시아에만 있는 건 아니지만, 러시아 군대는 서구 국가에서는 볼 수 없는 형태로 로봇을 무장시키는 걸 아무렇지도 않게 여기는 것 같다. 하지만 러시아군은 중간 크기의 지상 로봇에서 멈추지 않는다. 러시아에서 진행 중인 몇몇 프로그램은 매우 치명적인 탱크 대 탱크 전투에서 결정적인 역할을 한다는 게 입증된 시스템을 구축하면서, 로봇 전투 차량으로 할 수 있는 일들의 경계를 넓히고 있다.

우란-9Uran-9는 맥워리어MechWarrior라는 비디오 게임에서 튀어나온 것처럼 생겼는데, 이 게임에서는 플레이어들이 로켓과 대포로 무장한 거대한 로봇 전사를 조종한다. 우란-9는 부근에 있는 지휘 차량에서 병사들이 원격으로 조종하기는 하지만 그 자체로는 완전한 무인 탱크다. 크기는 소형 장갑차 정도고 30밀리미터 대포가 장착되어 있으며, 대전차 유도탄을 쏠 수 있는 높은 발사대도 있다. 이렇게 높이 설치된 미사일 발사대 때문에 우란-9는 마치 공상과학 영화에서 튀어나온 것처럼 외관이 독특하다. 미사일은 차량 양쪽에 있는 2개의 발사대 위에 놓여 있는데, 이 발사대를 들어 올리면 양팔을 하늘로 뻗은 것처럼 보인다. 이렇게 높이 솟은 발사대 덕에 로봇은 산비탈의 경사지 같은 엄폐물 뒤에 안전하게 자리를 잡고 미사일을 발사할 수 있다. 개발사인 로소보로넥스포트Rosoboronexport의 온라인 홍보 영상에는 우란-9가 대전차 미사일을 발사하는 모습이 슬로모션으로[35] 나오는데, 차이콥스키를 연상시키는 테크노 리믹스 음악을 깔았다.

우란-9는 플랫폼-M이나 울프-2 같은 소형 로봇 플랫폼을 넘어서는 중요한 단계인데, 이는 단지 크기가 더 커서가 아니라 대전차 임무를 수행할 무거운 무기를 탑재할 수 있기 때문이다. 플랫폼-M의 돌격용 자동소총과 유탄 발사기는 탱크 공격에 거의 도움이 되지 않지만, 우란-9의 대전차 미사일은 매우 치명적일 수 있다. 따라서 우란-9는 유럽 평원에서 나토NATO군과 싸우는 고강도 전투에서 유용한 무기로 쓰일 가능성이 있다. 우란-9는 언덕길이나 다른 엄폐물 뒤에 숨어서 나토 탱크에 미사일을 발사할 수 있다. 우란-9에는 현대식 탱크와 맞서 싸울 수 있는 장갑이나 총이 없지만, 사람이 타고 있지 않기 때문에 굳이 그럴 필요도 없다. 우란-9는 성공적인 매복 포식자가 될 수 있다. 미사일을 발사하는 바람에 위치가 노출되어 나토군에게 잡히더라도, 서방 탱크를 파괴했다면 여전히 승산 높은 싸움이다. 안에 사람이 타지 않고 크기도 탱크보다 훨씬 작아서 비용이 덜 들기 때문에 러시아는 우란-9를 대량 생산해서 전쟁터에 내보낼 수 있다. 말벌이 쏜 침들이 훨씬 덩치가 큰 동물을 쓰러뜨리는 것처럼, 우란-9는 현대의 전장을 서방 군대에게 위험한 곳으로 만들 수 있다.[36]

러시아의 비키르Vikhr '로봇 탱크'도 비슷한 능력을 보유하고 있다. 무게가 14톤이고 주포도 없어서 50~70톤급의 주전투용 전차보다 현저히 작고 살상력도 낮다. 하지만 우란-9와 마찬가지로 30밀리미터 대포와 6개의 대전차 미사일이 장착된 모습은, 이 무기가 거리에서 탱크끼리 맞붙기 위한 게 아니라 적의 탱크를 파괴하는 매복 포식자로 설계되었음을 보여준다. 비키르는 원격으로 조종되지만, 뉴스 보도에 따르면 "목표물을 자동으로 추적해서" 파괴될 때까지 계속 발사할 수 있는 능력이 있다고 한다.[37] 목표물을 스스로 선택하는 것과는 다르지만 움직이는 목표물을 추적하는 건 지금도 가능하다. 사실 움직이는 물체를 추적하는 건 500달러 이하의 소매가로 팔리는 DJI의 기본 모델인 스파크Spark[38] 취미용 드론에도 있는 기본적인 기능이다.

여기서 다음 단계로 넘어가, 우란-9나 비키르가 자율적으로 탱크를 조준하게 하려면 추가 작업이 약간 필요하겠지만, 인간 표적을 정확하게 구별하는 것보다는 실현 가능성이 높을 것이다. 대형 포와 디딤판이 장착된 탱크는 민간 물자와 쉽게 혼동되지 않는 특색 있는 차량이다. 게다가 기갑 사단이 국가의 지배권과 운명을 놓고 모든 수단을 동원해서 싸우는 전차전이 벌어질 경우, 군 관계자들은 민간인 사상자나 아군 피해의 위험을 기꺼이 감수할 수도 있다. 우란-9 동영상에서는 인간 운용자들이 차량을 조종하는 모습을 분명히 볼 수 있지만, 러시아는 원하는 경우 완전히 자율적인 대전차 교전을 허용할 수 있는 기술을 보유하고 있다.

그러나 러시아는 비키르와 우란-9 개발에서 멈추지 않는다. 그들은 서방 탱크를 매복 습격할 뿐만 아니라 직접 맞서 싸워서 이길 수 있는 훨씬 발전된 로봇 시스템을 구상하고 있다. 러시아는 차세대 T-14 아르마타Armata[39] 전차를 완전히 로봇화한 버전을 개발할 계획인 것으로 알려졌다. 전하는 바에 따르면 2016년 현재 이미 생산에 들어갔다고 하는 T-14 아르마타는 첨단 장갑, 날아오는 대전차 미사일을 요격할 수 있는 능동적인 보호 시스템, 로봇 회전 포탑 등 새롭고 다양한 방어 기능을 갖추고 있다. T-14는 무인 회전 포탑이 탑재된 최초의 주전투용 전차가 될 것이고, 전차 승무원들은 차체 내로 몸을 피할 수 있으므로 보호 기능이 한층 강화된다. 탱크 전체를 무인화하고 승무원이 차량을 원격 제어하게 하는 것이 인명 보호를 위해 타당한 다음 단계가 될 것이다. 현재의 T-14에는 사람이 탑승하지 않지만, 러시아는 완전한 로봇 버전을 개발할 장기 계획을 세워뒀다. T-14 아르마타의 제조사인 우랄바곤자보드UralVagonZavod의 바체슬라프 칼리토프Vyacheslav Khalitov 부국장은 "아마 미래 전쟁은 인간의 개입 없이 진행될 것이다.[40] 그래서 아르마타의 로봇화 가능성에 대비하고 있다"라고 말했다. 그는 완전한 로봇화라는 목표를 달성하려면 "전장 상황을 계산하고, 이를 바탕으로 올바른 결정을 내릴 수 있는 보다 발전된 AI가 필요하다"는 걸 인정했다.

러시아군은 로봇의 물리적 특징에 대한 한계를 넓히는 것 외에도 최첨단 AI를 이용해 로봇의 의사결정 능력을 향상시키겠다는 신호를 보냈다. 2017년 7월에 러시아의 무기 제조업체 칼라슈니코프Kalashnikov는 신경망을 기반으로 한 '완전 자동화 전투 모듈[41]'을 곧 출시한다고 밝혔다. 뉴스 보도에 따르면 신경망을 이용해 전투 모듈이 표적을 식별하고 결정을 내리도록 한다는 것이다. 다른 경우와 마찬가지로 이 주장을 개별적으로 평가하기는 어렵지만, 자율적인 목표 설정에 인공지능을 활용하겠다는 의지를 내비친 것이다. 러시아 기업의 자율 기능에 대한 자랑에는 미국이나 영국의 방산업체에서 흔히 볼 수 있는 망설이거나 얼버무리는 기색이 없다.

러시아의 고위 군 지휘관들은 완전한 로봇 무기를 향해 나아갈 계획이라고 말했다. 러시아 육군참모총장인 발레리 게라시모프Valery Gerasimov는 2013년에 전쟁의 미래에 관한 기사에서 이렇게 말했다.

> 오늘날 무력 충돌 수단의 본질에 영향을 미치는 또 다른 요인[42]은 현대적으로 자동화된 복잡한 군사 장비의 사용과 인공지능 분야에서 진행되는 연구다. 지금은 날아다니는 드론을 이용하지만, 내일의 전장에는 걷고, 기어오르고, 점프하고, 날아다니는 로봇들이 가득할 것이다. 가까운 장래에 독립적으로 군사작전을 수행할 수 있는 완전히 로봇화된 부대가 만들어질 가능성이 있다.
>
> 그런 조건에서는 어떻게 싸워야 할까? 로봇화된 적에게는 어떤 방법과 수단을 사용해야 할까? 우리에게는 어떤 종류의 로봇이 필요하고 그걸 어떻게 개발해야 할까? 이미 오늘날의 군대는 이런 의문들을 고민하고 있을 것이다.

완전한 로봇 유닛을 추구하려는 러시아의 의도를 서방세계도 알아차리고 있다. 2015년 12월에 밥 워크 국방부 차관은 전쟁의 미래에 관한 연설에서 게라시모프의 발언을 언급했다.[43] 워크가 거듭 지적했듯이, 미국의 결정은 러시아와 다른 국가들의 결정에 따라 달라질 수 있다. 이것이 자율성을 띤 군비 경쟁과 관련된 위험이다. 자기가 하는 행동의 위험성을 따져보지도 않은 채, 다른 나라들도 그렇게 하고 있다는 두려움에 떠밀려 서로 경쟁하듯이 자율무기를 만드는 것이다.

자율무기로 군비 확장 경쟁을?

몇몇 사람이 암시한 것처럼 자율무기 분야에서 위험한 군비 경쟁[44]이 진행되고 있는 게 사실이라면, 그건 기묘한 경쟁이다. 많은 나라가 무기 제조의 여러 측면에서 자율성을 추구하고 있지만, 하피를 제외한 나머지 무기들은 아직 인간을 루프 안에 포함시켜둔 상태다. 브림스톤 같은 몇몇 무기는 반자율무기로 간주될 수 있는 틀에서 벗어나 새로운 방식으로 자율성을 이용한다. DARPA의 CODE 프로그램은 몇몇 유형의 표적에 대해 인간이 통제하는 감독 제어를 적용하는 것에 동의하는 듯 보이지만, 완전한 자율성의 징후는 없다. SGR-A1과 타라니스 드론 개발자들은 완전한 자율성이 미래의 옵션이 될 수 있다고 시사했지만, 회사 고위 간부들은 재빨리 자기들은 그럴 의도가 없다며 반박했다.

자율무기를 만들기 위해 벌써 전력 질주를 하기보다는, 장차 그 무기를 원하게 될지 아직 잘 몰라서 돈을 거는 걸 망설이는 듯한 나라들이 많다. 살상용 자율무기의 세계적인 지평을 이해할 때의 문제

중 하나는 국가들 사이의 투명성 정도가 크게 다르다는 것이다. 미국과 영국 정부의 공식 정책은 자율무기 개발을 위한 여지를 남겨놓고 있지만(영국의 경우 이를 '자동화 무기'라고 부르면서 다르게 표현하는 등) 러시아 같은 나라에는 공개적인 정책조차 없다. 독재 정권에서는 정책 논의가 비공개적으로 이뤄질 수도 있지만,[45] 어떤 내용인지는 알 수가 없다. 투명성을 높여야 한다는 시민사회의 압력도 나라마다 크게 다르다. 영국에 근거지를 두고 자율무기에 관한 국제적 논의 진행에 주도적인 목소리를 내고 있는 아티클 36Articla 36이라는 NGO[46]는 2016년에 자율무기에 대한 영국 정부의 입장을 비판하는 정책 브리핑을 작성했다. 미국에서는 스튜어트 러셀과 AI 공동체에서 존경받는 여러 동료들이 미국 정부 기관의 중간 관리자들을 만나 자율무기에 대해 논의했다. 독재적인 러시아에는 정부에 계획을 보다 투명하게 공개하라고 압력을 가하는 시민사회 단체가 없다. 결과적으로 가장 투명한 국가들, 시민사회의 요구에 반응하고 무기 개발 정책을 전반적으로 투명하게 공개하는 민주 국가들을 더 철저히 감시하게 된다. 독재 정권에서 벌어지고 있는 일들은 훨씬 모호하지만, 치명적인 자율무기의 미래와 누구 못지않게 많은 관련이 있다.

로봇 시스템의 글로벌 지형을 살펴보면, 분쟁 영공에서 운용할 전투용 드론을 비롯해 무장 로봇 개발을 추진하는 나라가 많다는 게 분명하다. 일부 무기 체계의 경우 어느 정도의 자율성을 발휘하는지 명확하지 않지만, 차세대 미사일이나 전투용 드론, 지상 로봇 등에서 각국이 치명적인 자율성의 선을 넘는 걸 막을 방법은 없다. 타라니스 같은 차세대 로봇 시스템은 국가들에게 선택권을 줘서 불편한 대화를 강요할지도 모른다. 지금은 자율무기를 추진하지 않으려는 나라들이 많아 보이지만, 개중 한 나라만 먼저 시도해도 다른 나라들이 우르르 따라갈 수 있다.

자율무기와 관련된 명백한 증거가 없기 때문에, 자율무기 경쟁이 이미 진행되고 있다고 선언하는 건 불필요한 우려를 자아내는 것처럼 보인다. 하지만 우리는 지금 출발대에 서 있을 수도 있다. 자율무기를 만드는 기술은 널리 보급되어 있다. 심지어 비국가 단체들도 무장 로봇을 보유하고 있다. 원격으로 제어되는 무장 로봇을 자율무기로 바꾸려면 소프트웨어만 있으면 된다. 그리고 그 소프트웨어는 매우 쉽게 구할 수 있다.

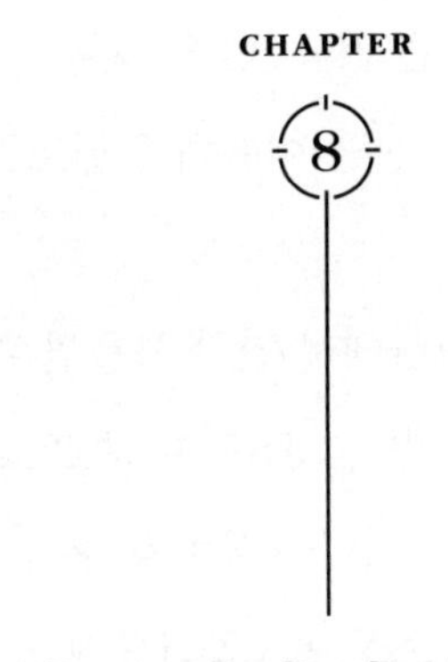

차고에서 만든 로봇

DIY 킬러 로봇

드론의 회전 날개가 낮게 윙윙대는 소리를 뚫고 총성이 울려 퍼졌다. 카메라가 흠칫 놀라면서 뒤로 홱 움직인다. 또다시 총이 발사되었다. 집에서 만든 것처럼 보이는 드론에 붙어 있는 권총에서 작은 불꽃이 튀었다. 구불거리는 빨간색과 노란색 전선이 드론 위를 지나 총의 격발장치로 들어가서, 인간 조종사가 원격으로 방아쇠를 당길 수 있게 해준다.

2015년 여름에 공개되어 많은 논란을 일으킨 이 15초짜리 동영상은 코네티컷주에 사는 한 10대 소년이 직접 무기를 장착한 드론을 촬영한 것이다.[1] 사법당국과 FAA가 조사를 벌였지만 소년의 행동은 불법이 아니었다. 소년은 뉴잉글랜드의 숲속에 있는 자신의 가족 소유지에서 드론을 사용했다. 사유지에서 사용할 경우, 드론에서 무기를 발사하는 걸 금지하는 법은 없다. 몇 달 뒤에 그는 추수감사절을 맞아 화염방사기로 무장한 드론을 이용해 칠면조를 굽는 영상을 올렸다.

드론은 전 세계 수많은 나라에서 널리 사용될 뿐 아니라, 누구나 인터넷에서 쉽게 구입할 수 있다. GPS로 미리 프로그래밍된 경로를 따라 자율적으로 비행하고, 움직이는 물체를 추적해 따라가며, 장애물을 감지해서 피할 수 있는 소형 쿼드콥터를 500달러 미만[2]의 가격으로 살 수 있다. 상용 드론은 비약적으로 발전하고 있으며, 새로운 세대가 등장할 때마다 자율 행동도 대폭 개선된다.

국방부 무기 구매자 책임자인 프랭크 켄들에게 두려워하는 게 뭐냐고 묻자, 그는 러시아 전쟁 로봇이 아니라 값싼 상업용 드론이 무섭다고 말했다. 누구나 자율무기에 접근할 수 있는 세상은 최첨단 군대만 무기를 만들 수 있는 세상과는 전혀 다른 세계다. 만약 누구든 자기 집 차고에서 자율무기를 만들 수 있다면, 스튜어트 러셀과 다른 많은 이들이 주장했던 것처럼 기술 발전을 억누르거나 금지령을 시행하기가 매우 어려울 것이다. 누군가 시중에서 파는 드론을 이용해 DIY 자율무기를 만들 수 있을지 궁금하다. 어느 정도로 어려운 일일까? 나는 내가 알아낸 사실에 겁이 났다.

목표물 찾기

땅에서 자신 있게 이륙한 쿼드콥터가 부드럽게 고도를 높이더니 내

눈높이에서 계속 맴돌았다. 옆에 있던 기술자가 태블릿을 톡톡 두드리자, 쿼드콥터가 자리를 옮겨 집을 수색하기 시작했다.

쿼드콥터 뒤를 따라가면서 그것이 각 방을 탐색하는 모습을 지켜봤다. 지도도 없고, 가야 할 곳을 알려주는 프로그래밍된 지침도 없었다. 드론은 단지 주변을 탐색해서 보고하라는 지시만 받았고, 그렇게 했다. 집안을 돌아다니는 동안 드론은 레이저로 거리를 측정하는 LIDAR 센서를 이용해 각 방을 스캔하면서 계속 지도를 만들었다. 와이파이를 통해 전송된 이 지도가 엔지니어의 태블릿에 나타났다.

드론이 집 안을 미끄러지듯 날아다니다가 문이 닫힌 곳에서 멈춰 설 때마다 LIDAR 센서가 문 너머의 공간을 탐색했다. 이 드론은 모든 걸 지도에 표시할 때까지 미지의 공간을 탐험하도록 프로그램되어 있었다. 그래야만 순찰을 끝내고 보고를 할 수 있었다.

드론이 열려 있는 문 앞에서 멈칫하는 모습이 보였다. 아마 드론 센서가 다른 방의 안쪽 벽을 향해 신호를 날리고, 알고리즘은 열려 있는 문 너머에 아직 살펴보지 않은 공간이 있다는 계산을 한 모양이라고 상상했다. 드론은 그 자리를 잠시 맴돌다가 미지의 방으로 옮겨갔다. 그때 갑자기 머릿속에 뭔가 기묘하다는 생각이 떠올랐다.

드론에게 인간적인 특성을 부여하는 건 어리석은 짓이다. 하지만 비인간적인 대상에 감정과 생각, 의도를 불어넣는 건 우리에게 너무나 자연스러운 일이다. 몇 년 전에 어느 대학 연구실에서 봤던 작은 보행 로봇이 생각났다. 그곳 연구원들은 로봇의 한쪽 끄트머리에 얼굴 그림을 붙여놨다. 멋지게 그린 그림이 아니라 그냥 색종이 조각으로 눈, 코, 입 모양만 대충 만들어놓은 것이었다. 나는 그들에게 이유를 물었다. 로봇이 어느 방향으로 전진했는지를 기억하는 데 도움이 돼서 그런 건가? 그들은 아니라고 했다. 그저 로봇에 얼굴을 붙여놓으면 기분이 좋아져서 그런 거라고 했다. 얼굴은 로봇을 더 인간답게, 더 우리처럼 보이게 만들었다. 인간의 본성 깊숙한 곳에는 다른 지각 있는 실체와 관계를 맺고, 그들이 우리와 같은 존재라는 걸 알고 싶어 하는 마음이 있다. 지능을 갖고 세상을 돌아다니지만 프로그래밍된 것 이상의 감정이나 생각을 느끼지 못하는 존재에게는 이질적이고 오싹한 뭔가가 있다. 상어처럼 약탈적이고 무자비한 느낌을 준다.

나는 순간적인 기분을 떨쳐버리고 그 기술이 실제로 무슨 일을 하고 있는지 떠올렸다. 드론은 아무것도 느끼지 못한다. 드론의 행동을 제어하는 컴퓨터는 LIDAR 센서가 도달할 수 없는 틈이 있다는 걸 알아차렸을 테고, 그래서 프로그래밍에 따라 드론에게 방으로 들어가라고 지시했을 것이다.

그 기술은 매우 인상적이었다. 내가 관찰하는 쉴드에이아이Shield AI[3]라는 회사는 완전히 자율적인 실내 비행을 시연하고 있었는데, 이건 야외에서 사람을 추적하거나 장애물을 피하는 것보다 훨씬 놀라운 업적이다. 엔지니어 출신인 라이언 쳉Ryan Tseng과 네이비실Navy SEAL 출신인 브랜던 쳉Brandon Tseng 형제가 설립한 쉴드에이아이는 미군의 보조금[4]을 받아서 자율성의 경계를 허물고 있다. 쉴드에이아이의 목표는 특수 훈련을 받은 조종자들이 미지의 건물 내부로 날려 보낼 수 있는 완전자율형 쿼드콥터를 배치하고, 드론들이 협력하여 직접 건물 지도를 제작하고 내부 영상과 잠재적인 관심 대상의 영상을 밖에서 대기하는 조종자들에게 전송하는 것이다.

브랜던은 자신들의 목표는 "인간 투입을 최소화하는 고도로 자율적인 로봇 군집을 만드는 것이다. 그게 최종 상태다. 우리는 DoD가 전쟁터에 군인보다 10배 많은 로봇을 배치해서 군인과 무고한 민간인을 보호해줄 것으로 예상한다"고 설명했다. 쉴드의 작업은 오늘날 가능한 범위를 넓혀가고 있다. 기술의 모든 조각이 제자리에 맞아떨어진다. 내가 목격한 쿼드콥터는 LIDAR을 이용해 길을 찾았지만, 쉴드의 엔지니어들은 시각 보조 내비게이션도 테스트했다고 한다. 단지 그날 활성화시키지 않았을 뿐이다.

시각 보조 내비게이션은 드론이 GPS의 도움 없이 어수선한 환경 안에서 자율적으로 돌아다니게 해주는 매우 중요한 기술이다. 시각 보조 내비게이션은 카메라의 시야를 통해 물체가 어떻게 움직이는지 추적하는데, 이 과정을 '광학 흐름'이라고 한다. 광학 흐름을 평가하면서, 대부분의 환경은 고정되어 있어서 움직이지 않는다는 가정에 따라 운용하면, 카메라 시야를 통과하는 고정 물체를 드론의 움직임을 파악하기 위한 기준점으로 활용할 수 있다. 이를 통해 드론은 GPS나 다른 외부 항법장치에 의존하지 않고 자기가 현재의 환경 안에서 어떻게 움직이고 있는지 판단할 수 있다. 시각 보조 내비게이션은 드론의 '내이inner ear'처럼 작동해서 속도 변화를 감지하는 관성 측정 장비IMU 같은 다른 내부 유도 메커니즘을 보완할 수 있다. (차 안에서 눈을 가린 채 차의 가속과 제동, 회전 같은 움직임을 느낀다고 상상해보라.) IMU와 시각 보조 내비게이션을 결합시키면 드론의 위치를 파악하는 데 매우 강력한 힘을 발휘하는 도구가 되므로, 드론은 GPS 없이도 어수선한 환경을 정확하게 탐색할 수 있다.

시각 보조 내비게이션은 수많은 실험 환경에서 성능이 입증되었으며 시간이 지나면 상업용 쿼드콥터에서도 사용될 것이 분명하다. 어린이 생일파티 촬영부터 실내 드론 레이싱에 이르기까지 자율적으로 실내를 돌아다닐 수 있는 쿼드콥터를 위한 시장이 분명히 존재한다. 시각 보조 내비게이션과 다른 기능을 이용하면, 드론과 다른 로봇 시스템들도 갈수록 똑똑하게 주변을 돌아다니게 될 것이다. 쉴드에이아이는 다른 기술기업들처럼 가까운 시일 내에 활용할 방안을 집중적으로 모색했지만, 브랜던 쳉은 AI와 자율성 기능의 장기적인 잠재력에 낙관적이다. "로봇과 인공지능은[5] 지금 1994년의 인터넷과 같은 지점에 서 있다"라고 그는 말했다. "로봇 공학과 AI는 세상에 조만간 정말 변혁적인 영향을 미칠 것이다. … 앞으로 10~15년 뒤에 이 기술은 얼마나 발전해 있을까? 공상과학 영화처럼 정말 놀라운 일이 벌어지게 될 것이다."

그러나 자율주행은 자율적인 표적 설정과는 다르다. 실내 또는 실외에서 스스로 움직이면서 장애물을 피할 수 있는 드론은 주변에 있는 다양한 물체를 식별하고 구분할 능력이 반드시 있어야 하는 건 아니다. 그냥 뭔가에 부딪히는 것만 피하면 된다. 특정한 대상을 찾고 그걸 행동(사진을 찍는 것이든 아니면 더 극악한 행동이든)의 목표로 삼으려면 더 뛰어난 지능이 필요하다.

표적 식별 능력은 DIY 자율무기를 만드는 데 있어 가장 중요한 미싱 링크다. 자율무기는 목표물을 탐색하고, 교전 결정을 내리고,

목표물을 공격할 수 있는 무기다. 그러려면 주변 환경 속을 지능적으로 이동하면서 탐색하는 능력, 정확한 대상을 식별하기 위해 잠재적인 목표물을 구별하는 능력, 무력을 통해 목표물과 교전하는 능력 등 3가지 능력이 필요하다. 마지막 요소는 이미 증명되었다. 사람들은 직접 만든 무장 드론을 가지고 있다. 첫 번째 요소인 자율적으로 주변 지역을 탐색하고 수색하는 능력은, 야외에서는 이미 가능하고 곧 실내에서도 가능해질 것이다. 이제 목표물 식별만 남았는데, 이게 일반인들이 차고에서 자율무기를 만들 때 유일한 장애물이다. 하지만 안타깝게도 그 기술도 등장할 날이 머지않았다. 사실 건물 지하에서 쉴드에이아이의 쿼드콥터가 혼자 이 방 저 방 돌아다니는 모습을 보고 있는 동안, 말 그대로 내 머리 바로 위에서 자율적인 목표물 식별 기능이 시연되고 있었던 셈이다.

딥러닝

이 연구 그룹은 자신들이 연구하는 기술이 새롭고 검증되지 않았기 때문에 이름을 밝히지 말아 달라고 요청했다. 그들은 이 기술이 군사적인 용도로 사용되기에 충분하다는(즉, 오류율이 상당히 낮다는) 인상을 주고 싶지 않다고 했다. 또 이 시스템을 설계한 주된 목적이 군사용이 아니라는 것도 명확했다. 그들은 엔지니어고, 어려운 문제를 기술적으로 해결할 수 있는지 알아보려고 한 것뿐이다. 완전히 자력으로 작동하는 소형 드론을 보내서 추락한 헬기를 혼자 힘으로 찾아내고 그 위치를 인간에게 보고하도록 할 수 있을까?

그 답은 '그렇다'인 것으로 밝혀졌다. 그들이 어떻게 해냈는지 이해하려면 깊숙이 들어가 봐야 한다.

앞서 DARPA의 TRACE 프로그램에서 군사 자동 표적 인식 개선을 위한 잠재적 해결책으로 언급된 딥러닝 신경망은 지난 몇 년 동안 AI의 놀라운 발전을 이끈 원동력이었다. 심층 신경망은 아타리 게임을 하는 방법을 배웠고, 세계 바둑 챔피언을 물리쳤으며, 음성 인식과 시각 객체 인식 기능을 극적으로 향상시켰다. 신경망은 러시아의 무기 제조업체 칼라시니코프가 만들었다고 주장하는 '완전히 자동화된 전투 모듈'[6]의 기반이기도 하다. 명령 스크립트를 기반으로 작동하는 기존의 컴퓨터 알고리즘과 달리 신경망은 대량의 데이터를 학습해서 작동한다. 따라야 하는 일련의 규칙을 정해놓고 쉽게 풀 수 없는 까다로운 문제들을 해결하는 매우 강력한 도구다.

예를 들어, 만지거나 맛보거나 냄새를 맡지 않은 상태에서 사과와 토마토를 시각적으로 구별할 방법을 알아내기 위해 규칙 집합을 정한다고 가정해보자. 둘 다 둥글다. 둘 다 빨갛고 반짝반짝 빛난다. 둘 다 위에 녹색 줄기가 있다. 다르게 생겼지만, 차이점이 미묘해서 쉽게 설명할 수가 없다. 하지만 세 살짜리 아이는 즉시 그 차이를 알아차린다. 이것이 규칙에 근거한 접근법의 어려운 문제다. 신경망이 하는 일은 그런 문제를 완전히 피하는 것이다. 대신 방대한 양의 데이터, 즉 수만 혹은 수백만 개의 데이터를 통해 배운다. 네트워크는 데이터를 휘젓고 돌아다니는 동안, 프로그래머가 지정한 정확한 목표를 달성할 수 있도록 최적화될 때까지 내부 구조를 계속 조정한다. 목표는 사과와 토마토를 구별하는 것일 수도 있고, 아타리 게임을 하거나 다른 작업을 수행하는 것일 수도 있다.

신경망을 이용해 어려운 문제를 해결하는 방법을 보여주는 가장 확실한 사례 중 하나는, 알파벳Alphabet(예전의 구글)의 AI 전문 자회사인 딥마인드DeepMind가 어떤 바둑선수보다 바둑을 잘 두도록 신경망을 훈련시킨 일이다. 바둑은 매우 복잡한 게임이라서 규칙 기반의 전략만으로는 프로 기사 수준으로 컴퓨터를 프로그래밍하는 게 매우 어렵다. 따라서 학습 기계에 적합한 훌륭한 게임이다.

바둑 규칙은 간단하지만, 이 규칙을 통해 엄청난 복잡성이 발생한다. 바둑은 가로세로 19줄의 격자무늬 판 위에서 진행되며, 선수들은 격자의 교차점 위에 번갈아 가며 돌을 놓는다(한 선수는 검은색 돌, 다른 선수는 흰색 돌). 게임의 목표는 자신의 돌로 바둑판 위의 여러 구역을 둘러싸는 것이다. 바둑판에서 더 많은 영역을 차지한 선수가 이긴다. 이런 단순한 규칙에서 상상할 수 없을 정도로 많은 가능성이 생긴다. 바둑에는 현재 알려진 우주에 존재하는 원자보다 더 많은 경우의 수가 존재한다.[7] 체스보다 10^{100}배(뒤에 0이 100개 붙는 수, 말 그대로 구골googol) 더 복잡하다.

전문가 수준의 인간은 직관과 느낌에 기초해서 바둑을 둔다. 바둑에 숙달되려면 한평생이 걸린다. 딥마인드가 등장하기 전에는 바둑을 두는 AI 소프트웨어를 만들려는 시도가 인간 프로 기사들의 수에 비해 턱없이 부족했다. 딥마인드는 알파고라는 AI를 만들기 위해 다른 접근법을 취했다. 심층 신경망으로 구성된 AI를 만들고 바둑 대국 3,000만 회 분량의 데이터를 입력했다. 딥마인드가 블로그 게

시물에서 설명한 것처럼, "이 신경망은 바둑판에 대한 설명을 입력된 정보로 받아들인 뒤, 뉴런 같은 수백만 개의 연결부가 포함된 12개의 다른 네트워크 계층을 통해 처리한다." 신경망이 바둑이라는 인간의 게임을 다 익히자, 딥마인드는 네트워크 혼자 바둑을 두게 함으로써 수준을 다음 단계로 끌어올렸다. 블로그에서는 "최고의 선수들을 그냥 흉내만 내는 게 아니라 그들을 이기는 게 우리의 목표[8]"라고 설명하고 있다. "이를 위해 알파고는 신경망끼리 대국을 수천 번씩 하고, 강화학습이라고 하는 시행착오 과정을 통해 연결부를 조정하면서 스스로 새로운 전략을 알아내는 방법을 배웠다." 알파고는 인간이 치른 3,000만 건의 경기를 출발점으로 삼았지만, 결국 자신을 상대로 게임을 하면서 최고의 선수들마저 뛰어넘는 수준에 도달할 수 있었다.

이 초인적인 경기 능력은 알파고가 2016년 3월에 세계 최고의 바둑선수인 이세돌에게 4대 1로 이기면서 입증되었다. 알파고는 1차전은 흔들림 없이 이겼지만, 2차전에서는 기교를 발휘했다. 알파고는 2차전을 치르던 중 37번째 수에서[9] 인간의 영역을 넘어선 너무나도 놀라운 수를 둬서 경기를 지켜보던 프로 기사들을 놀라게 했다. 바둑판 한쪽 구석에서 한창 진행 중이던 흰 돌과 검은 돌의 대결을 무시하고, 거기서 멀리 떨어진 거의 비어 있는 부분에 검은 돌을 놓은 것이다. 이건 프로 대국에서는 볼 수 없었던 놀라운 행보로, 한 해설자는 "실수인 줄 알았다[10]"라고 평할 정도였다. 이세돌도 마찬가지로 깜짝 놀라서 자리에서 일어나 방을 나갔다. 그는 자리에 돌아온 뒤에도 대응 방안을 정하기까지 15분이나 걸렸다. 알파고가 둔

수는 실수가 아니었다. 몇 달 전에 비공개로 진행된 대국에서 알파고에 패했던 유럽 바둑 챔피언 판후이Fan Hui는 자기도 처음에 그 수를 보고 놀랐다가 어떤 이점이 있는지 깨달았다고 말했다. "그건 인간의 수가 아니다.[11] 나는 인간이 그런 수를 두는 걸 본 적이 없다. 정말 대단하다." 그 수는 인간이 절대 두지 않을 수처럼 보였을 뿐만 아니라, 실제로도 인간이라면 절대 두지 않을 수였다. 알파고는 인간이 그런 수를 둘 확률을 1만분의 1[12]로 평가했다. 하지만 어쨌든 알파고는 그런 수를 뒀다. 알파고는 2차전에서 승리했고 나중에 이세돌은 "알파고가 거의 완벽에 가까운 경기를 했다고 생각한다"라고 말했다. 3차전에서마저 패해 알파고에게 우승을 내준 이세돌은 기자회견에서 "무력감을 느꼈다[13]"라고 했다.

알파고가 이세돌을 상대로 거둔 승리는 바둑 경기를 훨씬 뛰어넘는 의미를 담고 있다. AI가 인간을 제친 또 하나의 경쟁 분야라는 사실보다, 딥마인드가 알파고를 훈련시킨 방식이 더 중요하다. 딥마인드 블로그 게시물의 설명처럼, "알파고는 단순히 사람이 만든 규칙을 이용하는 '전문가' 시스템이 아니라,[14] 일반적인 기계학습 기법을 이용해 바둑에서 이기는 법을 스스로 알아낸다." 딥마인드는 바둑에서 이기는 법을 알려주려고 알파고에 규칙을 프로그래밍하지 않았다. 그저 신경망에 엄청난 양의 데이터를 공급한 뒤 스스로 모든 걸 배우도록 내버려 두었을 뿐인데, 알파고가 배운 것 중에는 놀라운 것들도 있었다.

2017년에 딥마인드는 새로운 버전의 알파고를 통해 초기의 성공을 넘어섰다. 업데이트된 알고리즘을 이용한 알파고 제로AlphaGo

Zero[15]는 처음에 인간들의 대국 데이터 없이 바둑 두는 법을 배웠다. 알파고 제로는 바둑판과 경기 규칙만 가지고 스스로 경기 방법을 익혔다. 알파고 제로는 혼자 게임을 시작한 지 겨우 3일 만에, 이세돌을 이긴 이전 버전의 알파고를 100대 0으로 이겨 그 명성을 무색하게 만들었다.

이런 딥러닝 기법으로 다양한 문제를 해결할 수 있다. 알파고가 데뷔하기도 전인 2015년에 딥마인드는 신경망이 아타리 게임을 할 수 있도록[16] 훈련시켰다. 화면의 픽셀과 게임 점수만 입력해주고 점수를 극대화하라는 지시를 받은 신경망은 전문적인 비디오 게임 테스터 수준으로 아타리 게임을 익힐 수 있었다. 무엇보다 중요한 사실은, 똑같은 신경망 아키텍처를 49개나 되는 아타리 게임 모두에 적용할 수 있다는 점이다. 각 게임은 개별적으로 배워야 하지만, 모든 게임에 동일한 신경망 아키텍처를 적용할 수 있으니 게임마다 그에 적합한 맞춤형 네트워크를 따로 설계할 필요가 없어졌다.

바둑이나 아타리를 위해 개발 중인 AI는 여전히 좁은 AI 시스템이다. 훈련받은 AI는 좁은 범위의 문제를 해결하기 위해 특별히 제작된 도구다. 알파고는 바둑에서 모든 인간을 이길 수 있지만, 다른 게임을 하거나 운전을 하거나 커피를 끓일 수는 없다. 그래도 알파고를 훈련시킬 때 쓴 도구는 다양한 문제를 해결할 특수한 목적의 좁은 AI를 얼마든지 만들 수 있는 보편화가 가능한 도구다. 심층 신경망[17]은 수년간 AI 커뮤니티를 괴롭혀 온 다른 골치 아픈 문제를 해결하는 데도 사용되었는데, 특히 음성 인식과 시각 객체 인식 문제를 해결했다.

심층 신경망은 추락한 헬기를 자율적인 방식으로 찾아낸 연구팀이 사용한 도구다. 이 프로젝트 연구진은 이미 객체 인식 교육을 받은 기존 신경망을 가져와서 상위 계층을 몇 개 떼어낸 다음 헬리콥터를 식별할 수 있도록 네트워크를 재교육했는데, 이 신경망의 원래 이미지 데이터 세트에는 헬리콥터가 없었다고 한다. 그가 사용한 신경망은 드론에 연결된 노트북에서 실행됐지만, 드론 자체에 탑재된 신용카드 크기의 40달러짜리 라즈베리 파이Raspberry Pi 프로세서에서도 쉽게 실행시킬 수 있다.

이런 기술은 모두 국방 분야 외에서 개발된 것들이다. 구글, 마이크로소프트, IBM, 대학 연구소 등에서 개발되고 있다. 사실 DARPA의 TRACE 같은 프로그램은 반드시 새로운 기계학습 방법을 발명하기 위해서라기보다는 기존 기술을 국방 분야로 수입해 군사 문제에 활용하기 위한 것이다. 이런 방법은 사용법을 아는 사람들 사이에 널리 보급되어 있다. 나는 헬리콥터 추적 드론을 만든 연구원에게, 그가 처음에 사용한, 헬기가 아닌 다른 이미지를 인식하도록 이미 훈련되어 있는 초기 신경망을 어디서 구했느냐고 물어봤다. 그는 반쯤 미친 사람이나 멍청한 사람을 쳐다보는 시선으로 나를 봤다. 당연히 인터넷에서 구하지 어디서 구했겠는가.

모두를 위한 신경망

나는 기술 전문가가 아니라는 사실을 고백해야 할 것 같다. 국방 분석가로 일하면서 군사 기술을 연구해 미군이 전쟁터에서 우위를 유지하려면 어떤 기술에 투자해야 하는지 추천하긴 하지만, 직접 물건을 만들지는 않는다. 대학에서 이공계 학위를 취득했지만, 졸업한 후에는 이공계와 거리가 먼 삶을 살았다. 프로그래밍 기술이 녹슬었다고 주장하는 건 한때는 그런 기술이 있었음을 뜻하는 말이다. 하지만 내 컴퓨터 프로그래밍 지식 범위는 대학 때 배운 한 학기짜리 C++ 입문 과정이 전부다.

그런데도 연구원이 알려준 텐서플로TensorFlow라는 오픈소스 소프트웨어 데이터베이스를 확인하려고 인터넷에 접속했다. 텐서플로는 구글 AI 연구진이 개발한 오픈소스 AI 라이브러리다. 구글 연구진은 그동안 심층 신경망으로 학습한 내용을 정리해 텐서플로를 통해서 전 세계에 공개했다. 텐서플로에서는 이미 훈련된 신경망과 직접 신경망을 만들기 위한 소프트웨어를 다운로드할 수 있을 뿐만 아니라, 딥러닝 기술을 독학하는 방법에 관한 튜토리얼도 많다. 기계학습을 처음 접하는 사용자들을 위해서는 고전적인 기계학습 문제에 관한 기본 튜토리얼이 있다. 이런 도구는 기계학습 경험이 거의 혹은 전혀 없는 컴퓨터 프로그래머들이 신경망에 접근할 수 있게 해준다. 텐서플로는 신경망을 쉽고 재미있게 만든다. 플레이그라운드(playground.tensorflow.org)라는 튜토리얼을 이용하면 브라우저의 마우스 클릭 인터페이스를 통해 신경망을 수정하거나 공부할 수 있다. 프로그래밍 기술은 전혀 필요 없다.

플레이그라운드에 접속하자마자 완전히 매료되었다. 신경망이 할 수 있는 일에 대해 읽는 것과 직접 신경망을 구축하고 데이터를 이용해 훈련시키는 건 완전히 다른 일이다. 브라우저로 간단한 신경망을 만들다 보니 시간이 눈 깜짝할 새에 흘렀다. 첫 번째 과제는 신경망을 훈련시켜서 플레이그라운드에서 사용하는 간단한 데이터 세트(2차원 그리드에 찍혀 있는 주황색과 파란색 점 패턴)를 예측하는 방법을 배우는 것이었다. 이 방법을 터득한 뒤, 최소한의 계층과 최소한의 뉴런으로 구성되어 있으면서도 여전히 정확한 예측이 가능한 군더더기 없는 신경망을 만들려고 애썼다. (독자에게 내주는 과제: 간단한 데이터 세트에 숙달됐으면 나선형 신경망에 도전해보자.)

플레이그라운드 튜토리얼을 이용하면 프로그래밍 기술이 전혀 없는 사람도 신경망 개념을 이해할 수 있다. 플레이그라운드 사용법은 초급 스도쿠 퍼즐을 푸는 것 이상으로 복잡하지 않으며 평균 7세 정도면 너끈히 할 수 있다. 플레이그라운드를 이용해 새로운 문제를 해결하기 위한 맞춤형 신경망을 구축하는 건 불가능하다. 이건 사용자가 신경망의 잠재력을 확인하도록 신경망이 할 수 있는 일들을 보여주는 예시다. 그러나 테스플로의 다른 부분에는 기존 신경망을 이용하거나 맞춤형 신경망을 설계할 수 있는 더 강력한 도구가 있는데, 파이선Python이나 C++을 능숙하게 다루는 프로그래머라면 이 도구를 얼마든지 이용할 수 있다.

텐서플로에는 컴퓨터 비전에 사용되는 특수한 신경망인 합성곱 신경망에 관한 튜토리얼도 매우 많다. 나는 곧 이미지 인식 훈련이 이미 완료된 다운로드 가능한 신경망을 발견했다. 신경망 인셉션-v3Inception-v3[18]는 프로그래머들이 사용하는 표준 이미지 데이터베이스인 이미지넷ImageNet 데이터 세트로 훈련한 신경망이다. 인셉션-v3는 이미지를 가젤, 카누, 화산 같은 1,000개의 범주 중 하나[19]로 분류할 수 있다. 나중에 알고 보니, 인셉션-v3가 훈련한 범주 중에는 인간, 사람, 남자, 여자 같이 인물을 식별할 때 사용할 수 있는 범주가 없었다. 따라서 엄밀히 말하면, 이 신경망을 사람을 목표로 하는 자율무기에 사용할 수는 없다. 그래도 이 사실이 작은 위로가 되었다. 이미지넷은 인터넷상에서 기계학습을 위해 사용되는 유일한 시각 객체 분류 데이터베이스가 아니며, 파스칼 시각 객체 분류 Pascal Visual Object Classes 같은 다른 데이터베이스[20]에는 사람이 분류 범주로 포함되어 있다. 구글에서 인간의 얼굴을 찾아내고, 나이와 성별을 판단하고, 감정을 분류할 수 있는 다운로드 가능한 훈련된 신경망을 찾는 데 약 10초가 걸렸다. 스스로 사람을 겨냥할 수 있는 자율무기를 만드는 데 필요한 도구는 모두 인터넷에서 쉽게 구할 수 있었다.

이것은 AI 혁명의 필연적인 결과 중 하나다. AI 기술은 강력하다. 이건 좋은 목적으로도, 나쁜 목적으로도 사용될 수 있다. 그건 사용하는 사람에게 달렸다. AI를 뒷받침하는 기술은 대부분 소프트웨어고, 이 말은 곧 사실상 무료로 복제 가능하다는 얘기다. 버튼 클릭 한 번으로 다운로드할 수 있고 순식간에 국경을 넘을 수 있다. 소프트웨어를 억제하려고 하는 건 무의미한 행동이다. 판도라의 상자는 이미 열렸다.

자율무기를 만드는 데 필요한 도구가 널리 보급되어 있다고 해서, 누군가가 실제로 무기를 만드는 게 쉬운지 아니면 어려운지 확실히 알 수는 없었다. 내가 알고 싶었던 건 딥러닝 컴퓨터 비전에 최첨단 기술을 활용할 수 있는 로봇을 집에서 만드는 기술 노하우가 얼마나 널리 퍼져 있는가였다. DIY 드론을 취미로 하는 사람이 접근할 수 있는 범위 내에 있는가, 아니면 이런 기술을 활용하려면 컴퓨터 공학 박사 학위가 필요한가?

고등학생들끼리 로봇 경연 대회를 벌이는 게 한창 유행인데, 이곳은 아마추어 로봇 마니아들이 뭘 할 수 있는지 알아내기에 좋은 장소처럼 보였다. 제1회 로봇 공학 대회[21]는 24개국에서 구성된 3,000여 개 팀에 속한 학생들 7만 5,000명이 참가하는 대회였다. 이 아이들이 뭘 할 수 있는지 알아보기 위해, 우리 지역에 있는 고등학교로 향했다.

우리 집에서 1.6킬로미터도 안 되는 곳에 토머스 제퍼슨 과학기술 고등학교가 있다. 줄여서 'TJ'라고 불리는 이 학교는 수학 및 과학 마그넷 스쿨magnet school(일부 교과목에 대해 특수반을 운영하는 학교-역주). 이 학교에 다니려면 따로 지원을 해야 하고, 대부분의 고등학생이 접근할 수 있는 수준 이상의 학습 기회를 얻는다. 하지만 그래 봤자 세계적인 수준의 해커나 DARPA 전문가가 아니라, 고등학생들일 뿐이다.

TJ의 자동화 및 로봇 공학 실험실에서는 학생들이 직접 로봇을 만들고 프로그래밍하는 경험을 할 수 있다. 내가 방문했을 때는 학생 스물댓 명 정도가 구부정한 자세로 작업대에 앉아 회로판을 들여다보거나 조용히 컴퓨터를 두드리고 있었다. 그들 뒤편의 작업실 구석에는 이전 학기에 프로젝트를 끝내고 버려진 로봇 조각들이 고고학 유물처럼 놓여 있었다. 선반에는 루빅스 큐브Rubik's Cube를 푸는 로봇인 로비 펠릭스Roby Feliks가 앉아 있다. 근처에는 라즈베리 파이 프로세서를 리코더 위에 올려놨는데, 회로판에서 뻗어 나온 전선이 악기와 연결되어 마치 악기형 사이보그처럼 보였다. 바닥 중앙에 반쯤 분해된 채로 아무렇게나 놓여 있는 로봇은 TJ 학생들이 만들어 그해의 첫 번째 대회에 참가한 작품의 잔해였다. 실험실 담당 교사인 찰스 델라 케스타Charles Dela Cuesta는 이렇게 엉망진창이라 미안하다며 사과했지만, 그곳은 내가 상상한 로봇 실험실의 모습 그대로였다.

델라 케스타는 부모들이 간절히 바라는 교사 같은 인상을 풍겼다. 느긋하고 다가가기 쉬운 그는 냉정하고 엄격한 사람이라기보다 애정 넘치는 부코치처럼 보였다. 로봇 연구실은 학생들이 앉아서 화이트보드에 적힌 방정식을 베끼는 게 아니라 직접 해보면서 배우는 장소 같았다.

그렇다고 화이트보드가 아예 없었다는 얘기는 아니다. 있었다. 다른 로봇 프로젝트 잔해들에 둘러싸인 채 구석에 서 있는 화이트보드 위에 회로판과 전선이 늘어져 있었다. 학생들은 로봇 팔이 달린 자동 화이트보드를 설계했는데, 이 로봇 팔은 보드 위를 왔다 갔다 하면서 컴퓨터에 저장된 도면을 스케치할 수 있다. 화이트보드에는 로봇이 그린 인간미 없는 직선이 몇 개 그어져 있었다. 그걸 보자 직장을 그만두고 TJ에서 로봇 수업을 듣고 싶다는 생각이 들었다.

델라 케스타는 TJ에 다니는 모든 학생은 1학년 때 필수 과정으로 로봇 프로젝트를 완수해야 한다고 설명했다. "이 건물에 있는 학생들은 모두 미로를 탐색하면서 장애물을 피할 수 있는 소형 로봇을 설계해야 한다"고 했다. 학생들은 미로가 어떻게 생겼는지 알려주는 도면을 받았다. 그걸 보고 문제를 해결하기 위해 로봇의 움직임을 미리 프로그래밍할 건지, 아니면 스스로 길을 찾는 자율적인 로봇을 설계하는 힘든 길을 택할 건지 선택해야 한다. TJ는 이 필수 과정을 마친 학생들을 위해 두 학기짜리 로봇 공학 선택과목을 추가로 개설했고, 학생들은 자바Java, C++, 파이선 등을 배우는 컴퓨터 과학 과목을 최대 5개까지 더 들을 수 있다. 이는 리눅스Linux에서 실행되고 파이선으로 명령을 받는 라즈베리 파이 프로세서 같은 로봇 제어 시스템을 사용하기 위한 중요한 프로그래밍 도구들이다. 델라 케스타는 학생들 대부분이 프로그래밍 경험 없이 TJ에 입학하지만, 다들 빠르게 배우고 일부는 남들보다 앞서 나가려고 여름방학 동안 컴퓨터 과학 강좌를 듣기도 한다고 설명했다. "학생들은 자바, 파이선 등 모든 언어로 프로그래밍을 할 수 있다.[22] …… 여기저기에서 그 흔적을 볼 수 있다." 졸업반이 된 TJ 학생들은 모두 자기가 선택한 분야에서 상급 프로젝트를 완료해야 한다. 가장 인상적인 로봇 프로젝트는 로봇 공학에 주력하는 졸업반 학생들이 진행한 프로젝트다. 화이트보드 옆에는 받침대에 기대어 선 자전거가 한 대 있었다. 프레임 안에 커다란 파란색 상자가 있고, 거기서 빠져나온 전선이 기어 변속기에 연결되어 있다. 델라 케스타는 이게 자전거 자동 기어 변속기라고 설명했다. 이 상자는 언제 변속해야 하는지 감지하고, 자동차 자동 변속기처럼 자동으로 속도를 바꾼다.

델라 케스타는 더욱 발전된 오픈소스 구성 요소와 소프트웨어를 활용하게 된 덕분에 학생들의 프로젝트 성과가 갈수록 좋아지고 있다고 말했다. 몇 년 전에는 학교 로봇 투어 가이드를 만드는 프로젝트를 완료하기까지 2년이 걸렸다. 지금은 똑같은 작업을 9주 안에 끝낼 수 있다. "5, 6년 전만 해도 놀랍게 느껴지던 일들[23]을 이제 그 4분의 1 정도의 시간에 완수할 수 있다. 정말 놀라울 따름이다." 그래도 델라 케스타는 학생들에게 기존에 있는 요소를 사용하기보다 직접 만들어 쓰라고 독려한다. "학생들이 되도록 맨 처음부터 시작하게 하는 걸 좋아한다." 이는 맞춤형 하드웨어 쪽이 로봇에 장착하기 더 쉽기 때문이기도 한데, 델라 케스타의 작업실에 있는 인상적인 도구들 덕분에 가능한 방법이다. 실험실 뒤쪽 벽을 따라 3D 프린터 5대, 맞춤형 부품을 만들 수 있는 레이저 절단기 2대, 맞춤형 회로판을 만드는 에칭 기계 등이 설치되어 있다. 학생들이 스스로 하도록 독려하는 더 중요한 이유는 그렇게 해야 많이 배울 수 있기 때문이다. 델라 케스타는 "나는 맞춤 구현을 지향한다"고 말한다. "그래야 학생들이 훨씬 많이 배울 수 있다. 이건 플러그만 꽂으면 움직이는 마법의 검은 상자가 아니다. 이런 장치를 제대로 작동시키려면 자기들이 하는 일이 뭔지 제대로 이해해야 한다."

컴퓨터 시스템 실험실의 복도 건너편에서도 이와 똑같은 정신을 볼 수 있었다. 교사들은 이미 해결된 문제를 다시 해결해야 하는 한

이 있더라도, 학생들이 스스로 해보면서 기본적인 개념을 익혀야 한다고 강조했다. 오픈 소스 소프트웨어를 다른 모습으로 포장하는 건 교사들이 원하는 게 아니다. 물론 학생들이 오픈 소스 신경망 소프트웨어의 폭발적인 증가를 통해 배우는 게 아예 없다는 말은 아니다. 한 교사의 책상 위에는 제프 히튼Jeff Heaton의 『인간을 위한 인공지능, 제3권: 딥러닝과 신경망Artificial Intelligence for Humans, Volume 3: Deep Learning and Neural Networks』이라는 책이 놓여 있었다. (이 제목은 그럼 기계가 다른 기계를 프로그래밍하는 방법을 배우는 '기계를 위한 인공지능'이라는 유사한 학습 과정이 존재하는가, 라는 불편한 질문을 떠올리게 한다. 그 대답은 아마 "아직 없다"일 것이다.) 학생들은 신경망을 이용해서 작업하는 방법을 배우고 있지만, 그 과정을 밑바닥부터 배우는 셈이다. 한 학생이 신경망을 훈련시켜서 삼목tic-tac-toe 두는 법(이건 15년 전에 해결된 문제지만 여전히 코딩 분야에서 중요한 문제다)을 가르친 과정을 설명해줬다. 내년에 TJ는 합성곱 신경망을 다루는 컴퓨터 비전 강좌를 개설할 예정이다.

학생들이 하는 프로젝트에 충격을 받았다고 말하는 건 어쩌면 상투적인 표현일 수도 있지만, 난 TJ 학생들이 하는 작업을 보고 정말 어안이 벙벙했다. 한 학생은 큐리그Keurig 커피메이커가 사물인터넷에 가입할 수 있도록, 기계를 분해해서 인터넷이 가능한 커피메이커로 만들었다. 전선이 연결된 모습은 마치 인터넷이 〈스타 트렉〉의 보그Borg 종족처럼 커피메이커에 물리적으로 침투한 것처럼 보였다. 또 어떤 학생은 1980년대의 닌텐도 파워 글러브와 애플 스마트워치를 합친 것처럼 생긴 물건을 만지작거리고 있었다. 학생은 그게 아이언맨이 사용한 것과 같은 '건틀렛'이라고 말했다. 내가 멍한 얼굴로 바라보자, (젊은 애들이 늙은이한테 뭔가를 설명할 때 나오는 참을성 있는 목소리로) 건틀렛은 아이언맨이 슈트를 입고 날 때 사용하는 손목에 착용한 제어 장치 이름이라고 설명했다. "아, 그래. 그거 멋지구나." 나는 제대로 이해하지 못한 채로 그렇게 말했다. 스마트폰의 모든 기능을 손목에 매달고 다닐 필요는 없다고 생각하지만, 또 한편으로는 10년 전이라면 스마트폰을 항상 지니고 다녀야 한다는 생각도 아예 하지 않았을 것이다. 기술은 우리를 놀라게 하는 버릇이 있다. 오늘날의 기술 지형은 상당히 민주화되어 있어서, 구글이나 애플 같은 거대 기술기업에서만 게임의 판도를 바꾸는 혁신 제품이 나오는 것이 아니라 누구나, 심지어 고등학생들도 그런 제품을 만들 수 있다. AI 혁명도 최고 수준의 연구소에서만 진행되는 게 아니라 우리 주변 어디에서나 벌어지고 있다.

• 모든 사람의 혁명

쉴드에이아이의 브랜던 쳉에게 어느 때보다 진보된 자율성으로 향하는 이 길이 우리를 어디로 데려가고 있는 건지 물어봤다. 그는 "우리가 [로봇에서] 완전한 자율권을 부여할 거라고는 생각하지 않는다.[24] 또 그들에게 완전한 자율권을 줘야 한다고 생각하지도 않는다"라고 말했다. 내가 만나본 군용 로봇 공학 업무에 종사하는 대부분의 사람들처럼 쳉도 우리가 기계에 부여하는 자율성에 한계가 있을 거라고 말하니, 어떤 면에서는 안심이 되었다. 합리적인 사람들은 그 한계가 어디쯤인지에 대해 서로 의견이 다를 수도 있고, 어떤 사람은 인간이 정한 좁은 한도 내에서 목표물을 스스로 탐색하고 교전하는 자율무기를 받아들일 수 있을지도 모르지만, 내가 얘기해본 사람들은 모두 어느 정도 한계가 있어야 한다고 말했다. 그러나 무서운 사실은 첑과 다른 엔지니어들의 이성적인 태도만으로는 충분하지 않을지도 모른다는 것이다. 기술을 자기 마음대로 사용하는 테러리스트가 사람을 공격하는 자율무기를 대량으로 만들어 혼잡한 지역에 풀어놓는 걸 어떻게 막을 수 있을까? 공학 기술과 시간이 좀 필요할 수도 있지만, 기초적인 기술 노하우는 쉽게 얻을 수 있다. 우리는 국가뿐 아니라 개인도 치명적인 자율무기를 만드는 기술을 이용할 수 있는 세상으로 진입하고 있다. 그 세상은 먼 미래에 존재하는 게 아니다. 이미 여기에 와 있다.

우리가 그 기술로 무엇을 할 건지는 아직 정해지지 않았다. 자율무기의 세계는 어떤 결과를 가져올까? 그들이 로부토피아robutopia 아니면 로보포칼립스robopocalypse로 이어질까? 작가들은 수십 년 동안 공상과학 소설을 통해 이 문제를 곰곰이 생각해왔지만, 그들의 대답은 천차만별이다. 아이작 아시모프의 책에 나오는 로봇들은 대부분 인간에게 호의적인 동반자로, 인류를 보호하고 인도해 준다. 로봇공학 3원칙의 지배를 받는 그들은 인간에게 해를 끼칠 수 없다. 〈스타워즈〉에 나오는 드로이드droid는 기꺼이 인간의 하인 역할을 한다. 〈매트릭스〉 3부작에서는 로봇이 인간을 노예로 삼아 포드pod 안에서 키우면서 인간의 체온을 전력으로 활용한다. 〈터미네이터〉 시리즈에 나오는 스카이넷은 인간이 자신들의 존재에 위협이 된다고 판단하자, 인류를 말살하기 위해 신속한 타격을 가한다.

자율무기의 미래가 어떤 모습일지는 확실히 알 수 없지만, 그들이 어떤 약속과 위험을 안겨줄지 짐작할 수 있는 공상과학 소설보다 나은 도구를 가지고 있다. 인류가 군이나 다른 환경에서 자율성을 접해본 과거와 현재의 경험을 바탕으로 자율무기의 잠재적 이익과 위험을 깨달을 수 있다. 그리고 이런 교훈을 통해 어두운 미래를 들여다보면서 앞으로 다가올 일들의 형태를 하나씩 분별하기 시작한다.

PART

3

고삐 풀린 총

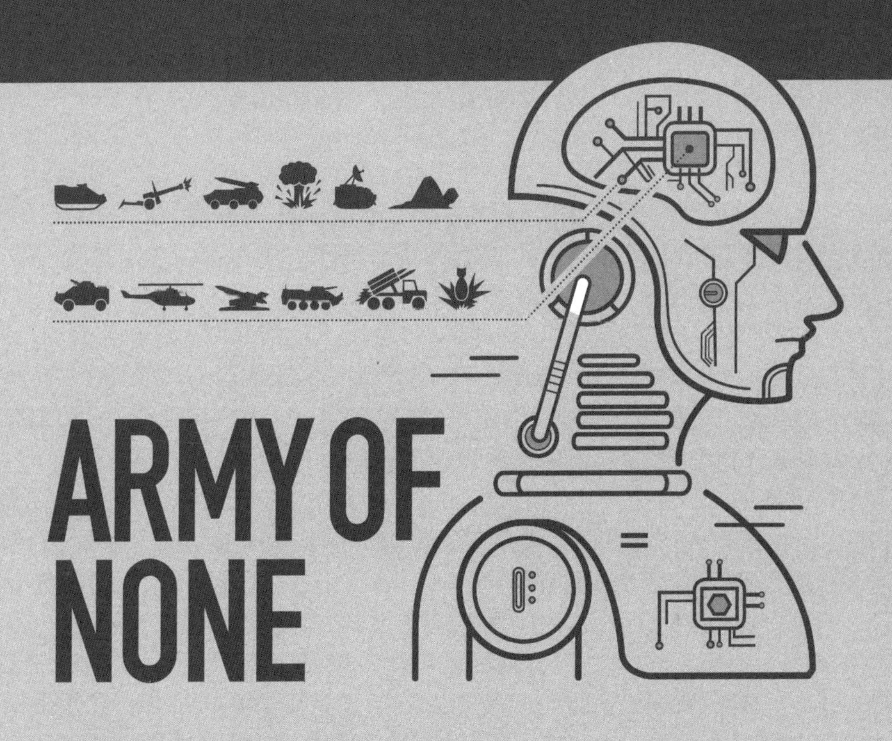

RUNAWAY GUN

CHAPTER

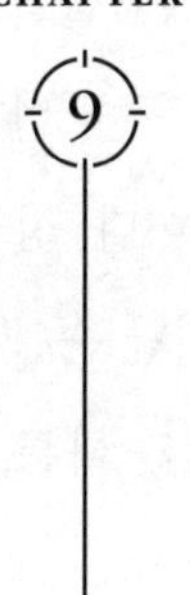

미친 듯이 날뛰는 로봇

자율 시스템 고장

2003년 3월 22일[1] - 시스템이 발포하라고 명령했다. 레이더가 1차 걸프전 당시 사담 후세인이 연합군을 괴롭힐 때 사용했던 것과 같은 스커드Scud 미사일인 전술 탄도 미사일TBM이 날아오는 걸 탐지한 것이다. 그들의 임무는 미사일을 격추시키는 것이다. 그들은 자신들을 의지하고 있는 지상의 다른 병사들을 보호해야 했다. 생소한 장비였고, 그들은 낯선 부대를 지원하고 있었으며, 그들에게 필요한 정보도 없었다. 하지만 이건 그들이 해야 하는 일이었다. 훈련을 막 마친 스물두 살의 중위가 이 엄중한 결정을 내려야 했다. 그녀는 가능한 증거를 모두 따져봤다. 그리고 자신이 내릴 수 있는 최선의 결정을 내렸다. 발사.

패트리엇 PAC-2Patriot PAC-2 미사일이 엄청난 굉음을 내며 발사관을 벗어나 엔진을 점화한 뒤 목표물을 격추시키기 위해 하늘로 솟아올랐다. 미사일이 폭발했다. 충돌. 탄도 미사일이 화면에서 사라졌다. 이 전쟁의 첫 번째 수확물이다. 성공.

패트리엇 부대는 미국을 떠난 순간부터 계속 불리한 상황에 처했다. 첫째, 그들은 훈련받은 것과 다른, 더 오래된 장비를 써야 했다. 그리고 현장에 도착한 뒤에는 모 부대와 헤어져서 함께 일해본 적이 없는 새로운 부대에 배속되었다. 새 부대는 최신형 장비를 사용했기 때문에 그들이 가진 노후 장비(애초에 제대로 훈련받지도 못한)로는 다른 부대와 통신할 수가 없었다. 그들은 암흑 속에 있었다. 그들의 시스템을 더 큰 네트워크에 연결할 수 없었던 탓에 중요한 정보를 파악하는 것도 불가능했다. 그들에게 있는 거라고는 무선 통신 장치뿐이었다.[2]

하지만 그들은 군인이므로 계속 싸웠다. 그들의 임무는 이라크의 미사일 공격에 맞서 연합군을 보호하는 것이었기에 그렇게 했다. 노후 장비와 불완전한 정보를 가지고 지휘 트레일러에 앉아 결정을 내렸다. 미사일을 확인하고 대응 사격을 했다. 그렇게 사람들을 보호했다.

다음 날 밤 1시 30분, 적이 인근 기지를 공격했다.[3] 미 육군 하사가 지휘 텐트에 수류탄을 던져 병사 1명이 숨지고 15명이 다쳤다. 그는 즉시 잡혔지만 그런 짓을 한 동기가 분명치 않았다. 불만을 품은 한 병사의 소행이었을까, 아니면 침입자였을까? 더 큰 음모의 시작일까? 공격에 대한 소문이 무선을 통해 퍼졌다. 후속 공격이 발생할 경우에 대비해, 군인들이 패트리엇 포대의 외부 경계에 투입되는 바람에 지휘 트레일러에는 중위 1명과 사병 2명만 남게 됐다.

같은 날 밤, 이라크 북쪽에 있던 영국 공군의 케빈 메인Kevin Main 중위는 그날의 임무를 완수하기 위해 토네이도 GR4ATornado GR4A 전투기[4]의 기수를 돌려 다시 쿠웨이트 쪽으로 향했다. 뒷좌석에는 데이브 윌리엄스Dave Williams 공군 중위가 앉아서 항법사 역할을 하고 있었다. 익숙한 항로를 향해 돌진하던 메인과 윌리엄스가 미처 몰랐던 사실은, 중요한 장비인 피아식별장치IFF 신호가 켜져 있지 않았다는 것이다. IFF는 다른 아군 항공기와 지상 레이더에게 토네이도도 아군이니 미사일을 쏘지 말라고 전하는 신호를 보내는 장치다. 하지만 IFF가 작동하지 않았다. 그 이유는 여전히 수수께끼다. 메인과 윌리엄스가 이라크 영토 상공을 비행하는 동안 자신들의 위치를 알리지 않으려고 껐다가 쿠웨이트로 돌아갈 때 다시 켜는 걸 잊었을 수도 있다. 전원 공급 장치가 고장 나서 시스템이 고장을 일으켜서 그럴 수도 있다.[5] 항공기 이륙 전에 정비 담당자가 IFF 신호 작동을 테스트했으니 제대로 기능했어야 하는데, 어떤 이유에서인지 신호를 발신하지 않았다.

메인과 윌리엄스가 알리 알 살렘Ali Al Salem 공군기지를 향해 하강하기 시작하자, 쿠웨이트에서 연합군 기지 방어 임무를 맡은 패트리엇 포대가 이라크 미사일을 탐지하기 위해 공중으로 레이더 신호를 쏘았다. 이 레이더 신호는 메인과 윌리엄스가 탄 항공기 앞부분에 부딪혀 반사되었고, 반사된 신호를 패트리엇 레이더가 수신했다. 불행히도 패트리엇의 컴퓨터는 토네이도에서 반사된 레이더를 항공기로 인식하지 않았다. 항공기가 하강하는 상태였기 때문에 패트리엇 컴퓨터는 이 레이더 신호가 대방사 미사일에서 나온 것으로 분류했다. 패트리엇의 지휘 트레일러에 있던 사람들은 아군 항공기가 착륙을 위해 접근하고 있다는 사실을 몰랐다. 그들의 스크린에는 레이더를 공격하는 적의 미사일이 패트리엇 포대를 향해 곧바로 날아오는 모습이 보였다.[6]

패트리엇 운영자들의 임무는 대방사 미사일과는 다른 탄도 미사일을 격추하는 것이었다. 레이더가 하늘을 나는 항공기와 야구공처럼 포물선 궤적[7]을 따라가는 탄도 미사일을 혼동하기는 어렵다. 하지만 대방사 미사일은 다르다. 착륙하는 비행기처럼 하강 비행 윤곽을 드러내기 때문이다. 또 대방사 미사일은 레이더를 목표로 하므로 패트리엇에 치명적일 수 있다. 이런 미사일을 쏘는 건 패트리엇 운영자들의 주된 임무가 아니지만, 미사일이 자신들의 레이더를 향해 날아오는 것처럼 보이면 교전할 권한이 있었다.

패트리엇 운영자들은 미사일이 자신들의 레이더 쪽으로 다가오는 걸 보고는 어떤 결정을 내려야 하는지 따져봤다. 패트리엇 포대는 노후 장비 때문에 전투망 내의 다른 레이더와 연결할 수가 없어 단독으로 작동하고 있었다. 다른 레이더 정보를 직접 볼 수 없었던 중위는 무전기를 통해 다른 패트리엇 부대에 연락해봤다. 그들도 대방사 미사일을 보았는가? 다른 이들은 보지 못했다고 했지만, 다른 부대의 레이더는 이를 확인하기 힘든 위치일 수도 있기 때문에 이 정보는 별 의미가 없었다. 레이더상의 깜박이는 신호를 아군 항공기로 식별할 수 있었을 토네이도의 IFF 신호[8]도 발신되지 않았다. 하지만 나중에 밝혀진 바에 따르면, IFF 신호가 작동했더라도 패트리엇은 그 신호를 볼 수 없었을 것이다. IFF 코드가 패트리엇 컴퓨터에 로드되지 않았기 때문이다. 아군의 포격에 대비한 추가적인 안전대책으로 마련했던 IFF가 이중으로 소용이 없게 되었다.

그 지역에는 연합군 항공기에 대한 보고가 없었다. 레이더 스코프에 대방사 미사일로 표시된 깜박이는 신호가 사실은 아군 항공기일 수도 있다는 걸 알 방법이 전혀 없었다. 그들은 몇 초 안에 결정을 내려야 했다.[9]

결국 패트리엇 미사일을 쐈다. 스코프에서 깜박이던 미사일 신호가 사라졌다. 명중이었다. 교대 근무 시간이 끝났다. 오늘 하루도 성공적으로 잘 마무리되었다.

메인과 윌리엄스의 호위기는 쿠웨이트에 착륙했는데[10] 정작 메인과 윌리엄스는 돌아오지 않았다. 토네이도 항공기가 실종되었다는 연락이 왔다. 사막 위로 태양이 떠오는 동안, 사람들은 상황을 종합해서 추측하기 시작했다. 패트리엇이 아군 항공기를 격추시킨 것이다.

육군은 조사를 시작했지만, 아직 전쟁이 한창인 상황이었다. 중위도 해야 할 일이 있었으므로 본인의 직책을 유지했다. 사담 후세인의 미사일로부터 다른 병사들을 보호하려면 중위가 육군에서 자기 일을 계속해야 했다. 혼란과 혼돈은 전쟁의 불운한 현실이다. 조사결과 중위가 부주의했다고 판단되지 않는 한, 육군은 그의 전투 능력이 필요했다. 사담 후세인의 미사일이 더 많이 날아오고 있었다.

바로 다음 날 밤, 이들의 레이더 스코프 안에 또 다른 적의 탄도미사일이 나타났다. 그들은 미사일을 쐈다. 성공. 적의 탄도 미사일

미 육군 패트리엇 운용도

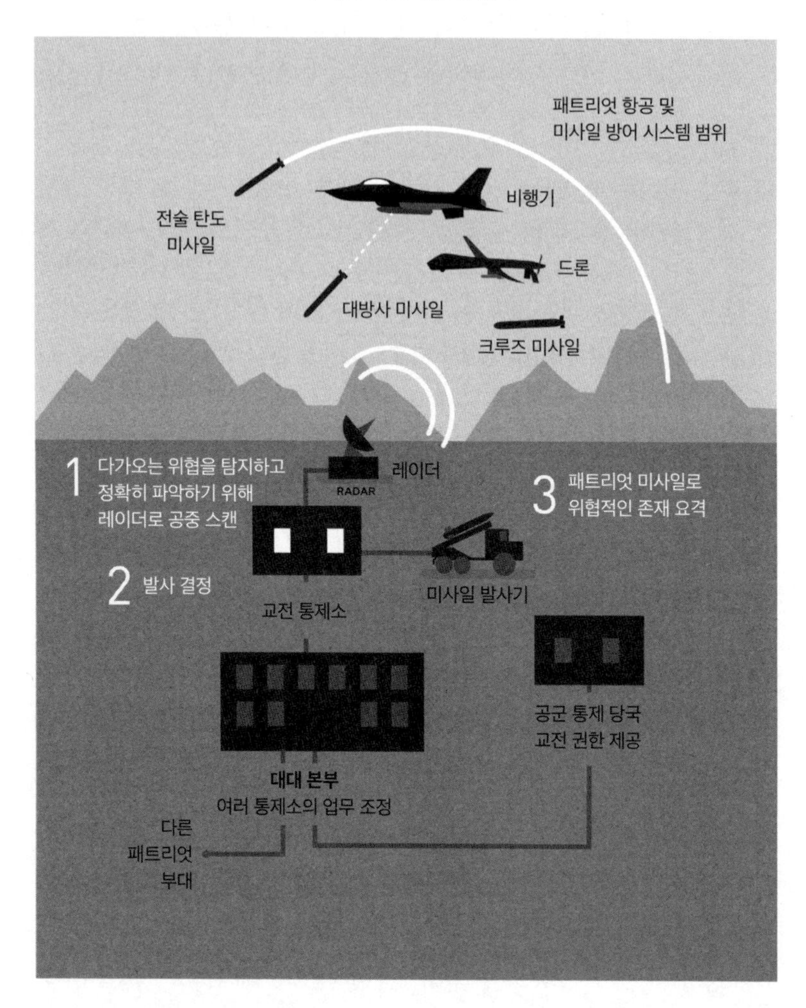

적 항공기와 미사일의 광범위한 위협에 대응하기 위해 패트리엇 항공 및 미사일 방어 시스템을 사용한다.

을 정확하게 맞혀서 격추시켰다. 이 패트리엇 부대는 전쟁이 끝나기 전에 두 차례 더 탄도 미사일 격추에 성공했다. 전부 합쳐, 이 전쟁에서 성공한 탄도 미사일 요격의 45퍼센트를 이 부대가 책임졌다. 나중에 조사를 통해 중위가 위법 행위를 한 게 아니라는 결론이 나왔다. 그는 자기가 가진 정보를 바탕으로 최선의 결정을 내렸다.

다른 패트리엇 부대들도 전쟁의 짙은 안개 속에서 분투하고 있었다. 토네이도가 격추된 다음 날, 다른 패트리엇 부대가 이라크 나자프Najaf 남쪽을 비행하는 미국 F-16 항공기와 아군끼리 교전을 벌였다. 이번에는 항공기가 먼저 쐈다. F-16이 레이더를 파괴하기 위해 AGM-88 고속 대방사 미사일을 발사했다. 패트리엇 레이더를 겨냥해서 발사된 미사일 때문에 레이더가 못 쓰게 되었다. 패트리엇 대원들은 다치지 않았지만[11] 위기일발의 순간을 겪었다.

이런 사건들이 발생한 후, 더 이상의 아군 피해를 막기 위해 곧바로 여러 안전 조치가 시행되었다. 패트리엇은 수동(반자율)과 자동사격(관리형 자율) 모드를 모두 갖추고 있어서, 서로 다른 위협에 대해 다른 설정을 유지할 수 있다. 수동 모드에서는 시스템이 미사일을 발사하기 전에 사람이 교전을 승인해야 한다. 자동사격 모드에서는 표적 조건과 일치하는 위협이 다가올 경우, 시스템이 자동으로 그 위협 대상을 공격한다.

탄도 미사일은 충돌 전에 대응할 시간이 거의 없는 경우가 많으므로, 패트리엇은 전술 탄도 미사일에 대해 자동사격 모드로 작동하는 경우가 가끔 있다. 그러나 육군은 패트리엇이 아군 항공기를 대방사 미사일로 오인할 수도 있다는 걸 알기에, 패트리엇 부대에게 대방사 미사일은 수동 모드로 운용하라고 지시했다. 추가적인 안전책으로, 이제 모든 시스템은 목표물을 추적할 수 있는 '대기' 상태로 유지하고 사람이 직접 '작동' 상태로 되돌리지 않는 한 화기를 발사할 수 없게 했다. 따라서 이제 대방사 미사일을 발사하려면, 발사대를 작동 상태로 가동시키고 시스템이 목표물을 향해 발사할 수 있도록 허가하는 두 단계를 거쳐야 한다. 이상적인 상황에서라면 이를 통해 토네이도 격추 같은 또 다른 아군 피해가 발생하는 걸 막을 수 있을 것이다.

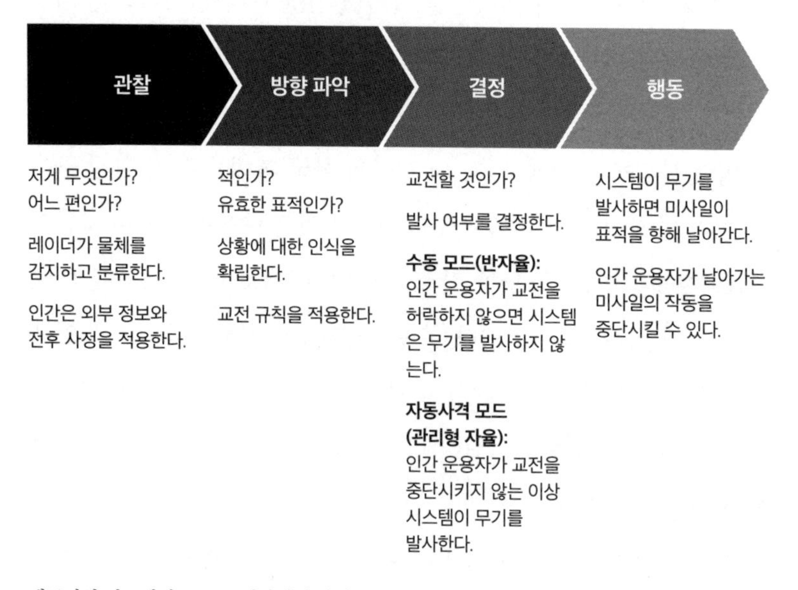

패트리엇 시스템의 OODA 의사결정 과정. 시스템이 수동 모드일 때 미사일을 발사하려면 인간 운용자가 적극적인 조치를 취해야 한다. 자동사격 모드에서는 인간이 시스템을 감독하면서 필요할 경우 개입할 수 있지만, 인간이 개입하지 않으면 시스템이 스스로 발사한다. 자동사격 모드는 충돌 전에 결정을 내릴 시간이 거의 없는 기습 공격을 방어하는 데 필수적이다. 2가지 모드 모두, 인간은 날아가는 미사일 작동을 중단시킬 수 있다.

하지만 이렇게 주의를 기울였는데도 불구하고 그로부터 일주일이 조금 지난 4월 2일, 또다시 참사가 발생했다. 쿠웨이트 북부 지역에서 작전 중이던 패트리엇 부대가 바그다드로 향하는 도로에서, 자신들을 향해 날아오는 탄도 미사일 1발을 포착했다. 탄도 미사일을 격추하는 게 그들의 임무였다. 이전에 패트리엇 부대가 쏜 대방사 미사일(하지만 사실은 토네이도였던 것으로 판명된)과 달리 탄도 미사일을 비행기로 오인할 수 있다는 증거는 없다.

운용자들이 몰랐던 사실(알 수 없었던 사실)은 미사일이 없다는 것이었다. 미사일로 오인할 항공기도 없었다. 정말 아무것도 없었다. 레이더 영상 자체가 잘못된 것이었는데, 이런 '유령 추적 현상'은 아마 그들의 레이더와 근처에 있는 또 다른 패트리엇 레이더 사이에 전자 방해가 발생해서 그런 듯하다. 미군이 바그다드를 향해 북진할 수 있도록 지원하는 패트리엇 부대는 일반적이지 않은 구성으로 운용되고 있었다. 부대는 평소처럼 한 지역 전체를 엄호하기 위해 넓게 펴져서 이동하는 게 아니라, 바그다드로 향하는 주요 고속도로를 따라 남북으로 길게 늘어져 있었다. 이 때문에 레이더끼리 겹쳐서 서로 간섭했을 수도 있다.

그러나 패트리엇 트레일러에 있던 운용자들은 이 사실을 몰랐다. 그들의 눈에 보이는 것은 탄도 미사일이 그들을 향해 날아오고 있는 모습뿐이었다. 이에 지휘관은 부대원들에게 발사대를 '대기' 모드에서 '작동' 모드로 바꾸라고 명령했다.

이 부대는 대방사 미사일 요격은 수동 모드로 운용했지만 탄도 미사일 요격은 자동사격 모드로 운용하고 있었다. 발사대가 가동되

자마자 자동사격 시스템이 교전을 시작했다. 쾅-쾅! PAC-3 미사일 2발이 자동으로 발사되었다.[12]

PAC-3 미사일 2발은 날아오는 탄도 미사일을 향해, 아니 적어도 지상 레이더가 탄도 미사일이 있다고 알려준 지점까지 이동했다. 미사일은 다가오는 탄도 미사일을 찾기 위해 탐색기를 켰지만, 미사일은 없었다.

비극적이게도 미사일 탐색기가 뭔가를 발견하긴 했는데, 그건 바로 근처에 있던 미 해군의 F/A18C 호넷 전투기였다.[13] 네이선 화이트Nathan White 중위가 조종하던 그 제트기는 그저 엉뚱한 시간에 엉뚱한 장소에 있었던 것뿐이다. 화이트의 F-18은 IFF를 시끄럽게 발신하고 있었고 패트리엇 레이더에 항공기로 표시되었다. 하지만 그런 건 중요하지 않았다. PAC-3 미사일은 화이트의 항공기를 추정했다. 화이트는 미사일이 다가오는 걸 보고 무전기로 그 사실을 알렸다. 그리고 어떻게든 피하려고 했지만 할 수 있는 일이 아무것도 없었다. 몇 초 후, 미사일 2발이 모두 그의 비행기를 강타했고[14] 그는 즉사했다.

패트리엇의 성과 평가

패트리엇이 일으킨 아군 피해는 복잡하고 고도로 자동화된 살상 시스템을 운용하는 데 따르는 위험성을 보여준다. 엄격한 작전적 의미에서 볼 때, 패트리엇 부대는 임무를 완수했다. 전쟁 초반에 60개 이상의 패트리엇 부대를 배치했는데, 그중 40개가 미군 부대고 나머지 22개는 연합군 부대였다. 그들의 임무는 이라크의 탄도 미사일로부터 지상군을 보호하는 것이었고, 그들은 맡은 임무를 해냈다. 이라크 탄도 미사일 9발이 연합군을 향해 발사되었고, 모두 패트리엇이 성공적으로 요격했다. 이라크 미사일 때문에 피해를 입은 연합군은 없었다. 패트리엇 성과를 검토한 국방과학위원회 프로젝트팀은 미사일 방어와 관련해서는 패트리엇이 '실질적인 성공[15]'을 거뒀다고 결론지었다.

반면, 패트리엇은 이 9건의 성공적인 교전 외에 3건의 아군 피해와 관련이 있다. 패트리엇이 아군 항공기를 격추시켜서 조종사들이 사망한 일이 2번 있었고, 세 번째는 F-16 전투기가 패트리엇을 공격했다. 따라서 패트리엇과 관련된 총 12건의 교전 가운데 25퍼센트가 아군 피해인데, 육군 조사관들의 말에 따르면 아군 피해율이 이렇게 높은 건 '용납할 수 없는'[16] 수준이라고 한다.

패트리엇이 아군 피해를 일으킨 원인은 인간의 실수, 부적절한 테스트, 훈련 부족, 전쟁터에서 발생한 뜻밖의 상호작용 등이 복합적으로 뒤섞여 있다. 그중 몇몇 문제는 이미 알려져 있었던 것이고, IFF는 아군 피해 예방을 위한 해결책으로 불완전하다는 걸 다들 잘 알게 되었다.[17] 패트리엇이 항공기를 대방사 미사일로 잘못 분류할 가능성 같은 다른 문제들도 운용 시험 중에 확인되었지만 수정되지 않았고, 운용자 훈련 내용에도 포함되지 않았다. 잘못된 레이더 탐지를 야기할 수 있는 전파 방해 가능성 같은 다른 문제들은 새롭고 예상치 못한 문제였다. 이런 문제 가운데 일부는 예방이 가능하지만, 예방이 불가능한 것들도 있다. 전쟁은 불확실성을 수반한다. 아무리 최고의 훈련과 작전 테스트를 거쳐도 전쟁 중의 실제 상황을 완벽하게 재현하지는 못한다. 따라서 군인들은 필연적으로 주변 환경과 적의 혁신 무기, 전쟁의 혼돈과 혼란, 폭력이 예기치 못한 문제를 야기하는 전시 상황에 직면하게 될 것이다. 훈련할 때는 간단해 보이던 많은 일들이 전투의 구렁텅이 속에서는 완전히 다르게 보인다.

지금껏 발생하지 않았고 아군 피해의 원인이 되지도 않은 게 하나 있다면, 패트리엇 시스템 자체는 고장을 일으킨 적이 없다는 것이다. 망가지지 않았다. 퓨즈가 터지지도 않았다. 이 시스템은 다가오는 목표물을 추적하고 허가가 떨어지면 격추시키는 등 제 기능을 다 했다. 그리고 두 경우 모두, 사람이 직접 발사 명령을 내리거나 적어도 발사대를 작동시켜야 했다. 이 고도로 자동화된 살상 시스템이 그 능력과 한계를 완전히 이해하지 못한 운용자들의 손에 들어가자 치명적으로 변한 것이다. 운용자들이 부주의해서가 아니다. 두 사건 모두 잘못한 사람은 없는 것으로 밝혀졌다. 아군 피해의 원인을 '인간의 실수'로 돌리는 건 문제를 지나치게 단순화하는 것이다. 실제 일어난 일은 그보다 더 방심할 수 없는 상황이다. 육군 조사관들은 패트리엇 커뮤니티에 '시스템을 아무 의심 없이 믿는[18]' 문화가 있다고 판단했다. 육군 조사관들의 말에 따르면, 패트리엇 운용자들은 명목상 본인이 시스템을 통제할 때도 "자동화 기능을 무비판적으로 신뢰하면서[19] 본질적으로 제어 책임을 기계에 양도하는" 모습을 보였다. 인간이 '루프 안에 있을지도' 모르지만, 인간 운용자들은 반드시 그래야 하는 상황에서도 기계에 의문을 제기하지 않았다. 그들은 미국이 핵미사일을 발사했다는 거짓 신호를 보낸 시스템에 의문을 제기한 스타니슬라프 페트로프 같은 판단력을 발휘하지 않았다. 패트리엇 운용자들은 기계를 신뢰했고, 그건 잘못된 행동이었다.

로부토피아 VS. 로보포칼립스

자율 시스템이라고 하면 직감적으로 2가지가 떠오르는데, 이는 공상과학 소설 때문이기도 하지만 한편으로는 전화기나 컴퓨터, 자동차, 그리고 무수히 많은 다른 컴퓨터 장치에 대한 일상적인 경험을 통해서 얻은 것이다.

첫 번째 직감은 자율 시스템이 신뢰할 수 있고 더 높은 정확성을 보장한다는 것이다. 자동 조종 장치가 항공 여행의 안전성을 높인 것처럼, 자동화는 다른 많은 영역에서도 안전과 신뢰도를 높일 수 있다. 예를 들어, 인간은 미국에서만 연간 3만 명 이상의 사람[20]을 죽이는 끔찍한 운전자다(대충 따져서, 매달 9·11 공격을 받는 것과 맞먹는 수치다). 완전자율주행 차가 아니더라도, 대부분의 조건에서 자동차가 스스로 주행할 수 있는 진보된 차량 자동 조종 장치[21]는 안전을 획기적으로 향상시키고 생명을 구할 수 있다.

하지만 자율 시스템과 관련해서 느끼는 또 다른 직감도 있는데, 그건 바로 로봇이 미친 듯이 날뛰고 자율 시스템이 인간의 통제에서 벗어나 비참한 결과를 초래할 거라는 예감이다. 이런 두려움을 느끼게 된 건 『2001: 스페이스 오딧세이2001: A Space Odyssey』의 할 9000HAL 9000부터 〈엑스 마키나Ex Machina〉의 아바Ava에 이르기까지 인간에게 반항하고 죽이려 드는 AI가 등장하는 디스토피아적 공상과학 소설이 꾸준히 공급되었기 때문이다. 하지만 이런 직감은 우리가 날마다 접하는 간단한 자동화 장치를 통해서도 생겨난다. 자동 전화 상담 서비스, 'a.m.'이 아니라 'p.m.'으로 잘못 설정된 알람시계, 컴퓨터를 쓰면서 생기는 수많은 문제 때문에 짜증을 내본 사람은 모두 자동화된 시스템에 만연한 불안정성 문제를 겪어본 것이다. 자율 시스템은 프로그램된 작업을 정확하게 수행할 수 있는데, 그렇게 프로그램된 작업이 해당 시점에 올바른 것인지 여부에 따라 신뢰도가 높아지기도 하고 사람을 미치게 하기도 한다.

적절한 설계와 테스트, 사용법을 준수하면 자율 시스템은 인간보다 훨씬 일을 잘 수행할 때도 많다. 더 빠르고, 더 신뢰할 수 있고, 더 정확할 수 있다. 그러나 설계 목적과 다른 상황에 놓이거나, 테스트가 완료되지 않았거나, 운용자가 제대로 교육을 받지 않았거나, 환경이 바뀌면 자율 시스템이 실패할 수 있다. 그리고 이런 시스템은 실패할 때 그 정도가 크다. 인간과 달리 자율 시스템은, 당면한 상황에 적응하기 위해 지시에서 벗어나 '상식'을 활용하는 능력이 부족하다.

이런 불안정성 문제는 2011년에 IBM의 왓슨Watson이라는 AI가 퀴즈쇼 〈제퍼디〉의 우승자인 켄 제닝스Ken Jennings와 브래드 러터Brad Rutter를 상대로 겨뤘던 〈제퍼디! 챌린지〉의 감동적인 순간에 특히 부각되었다. 첫 번째 게임이 끝나갈 무렵, 뛰어난 능력을 발휘해 제닝스와 러터를 완패시키고 있던 왓슨은 '연대 알아맞히기' 카테고리에서 나온 문제의 힌트를 보고 잠시 주춤했다. 그 힌트는 최초의 현대식 십자말풀이 퍼즐이 출시되고 오레오 쿠키가 등장한 때였다. 제닝스가 먼저 버저를 누르고 "1920년대?"가 아니냐고 대답했다. 진행자 알렉스 트레벡이 틀렸다고 말했다. 그 직후, 왓슨이 버저를 누르더니 똑같은 대답을 했다. "1920년대?" 당황한 트레벡은 초조한 목소리로, "아니, 그 대답은 켄이 벌써 했다[22]"고 말했다.

나는 제퍼디 퀴즈를 잘 못 풀지만, 그런 나도 제닝스가 이미 헛다리를 짚은 "1920년대?"가 틀린 답이라는 건 안다. (정답은 1910년대다.) 그러나 왓슨은 다른 참가자들의 오답을 듣고 그에 맞춰서 답을 조정하도록 프로그램되어 있지 않았다.[23] 제닝스의 대답을 처리하는 건 왓슨의 설계 범위를 벗어나는 행동이었다. 왓슨은 대부분의 상황에서 제퍼디 퀴즈에 훌륭하게 답했지만, 그 설계는 불안정했다. 켄 제닝스가 오답을 말하는 등 왓슨의 설계로 처리할 수 없는 이례적인 사건이 발생하자 왓슨은 곧바로 적응하지 못했다. 그 결과, 초인적인 수준이었던 왓슨의 성능이 갑자기 초우둔한 수준으로 곤두박질쳤다.

자율 시스템을 사용하는 사람이 시스템의 한계, 즉 그것이 할 수 있는 일과 할 수 없는 일을 이해하면 불안정성을 관리할 수 있다. 사용자는 시스템 설계 범위에서 벗어난 상황을 멀리하거나 고장 위험을 미리 알고 받아들일 수 있다. 이 경우, 왓슨의 설계자들은 이런 한계를 알고 있었다. 그들은 다른 참가자의 오답에서 배우는 능력이 중요하지 않으리라고 생각했다. 훗날 왓슨의 프로그래머 한 명은

"우리는 그런 일이 일어나지 않을 거라고 생각했다[24]"라고 말했다. 왓슨의 프로그래머들이 이런 능력의 중요성을 무시한 건 옳은 판단일지도 모른다. 그 순간적인 실수는 중요하지 않은 것으로 판명되었다. 왓슨은 인간 경쟁자들을 손쉽게 물리쳤다.

그러나 인간 운용자들이 이러한 불안정한 순간을 미리 예상하지 못하면 문제가 발생할 수 있다. 패트리엇 때문에 아군이 피해를 입은 경우도 그렇다. 이 시스템에는 대방사 미사일을 항공기로 잘못 분류하거나 IFF가 고장 나거나 전자 방해 때문에 탄도 미사일을 '유령 추적'하는 등 취약한 부분이 있었는데, 인간 운용자들이 이를 알지 못했거나 제대로 처리하지 못했다. 그 결과, 인간 운용자의 기대와 시스템의 실제 행동이 일치되지 않았다. 운용자들이 시스템이 미사일을 겨냥하고 있다고 생각할 때, 실제로는 항공기를 겨냥하고 있었다.

자율성과 위험

자동화된 시스템의 불안정한 속성을 보완하는 방법은 그 작동을 엄격하게 통제하는 것이다. 시스템이 문제를 일으키면 인간이 재빨리 개입해서 문제를 바로잡거나 작동을 멈출 수 있다. 인간의 엄격한 통제는 기계의 자율성, 즉 자유를 감소시킨다.

반자율적 시스템이나 인간이 관리하는 시스템은 인간의 즉각적인 개입이 가능하다. 그러나 인간이 개입할 수 있다고 해서 필요할 때 반드시 그럴 수 있다는 뜻은 아니다. 패트리엇 우군 피해의 경우, 인간이 '루프 안에 있었으면서도' 자동화에 대해 충분히 의문을 제기하지 않았다. 인간이 판단을 기계에 양보하면 독립적인 안전장치 역할을 할 수 없다.

시스템이 인간의 명령을 기다리기 위해 작동을 중단하지 않는 관리형 자율 시스템에서는 효과적인 인간 개입이 훨씬 더 어려울 수 있다. 인간이 실시간으로 시스템에 대한 지배력을 되찾을 수 있는 능력은 운용 속도, 인간이 이용할 수 있는 정보량, 인간의 행동과 시스템 반응 사이의 시간 지연 등에 따라 크게 좌우된다. 예를 들어, 교통량이 많은 곳에서 고속으로 달리는 자율주행 차량의 운전대를 인간에게 준다 해도, 차를 제어하고 있다는 기분은 착각일 뿐이며 특히 운전자가 주의를 기울이지 않을 때는 더 그렇다. 지난 2016년에 테슬라 모델 S가 자율주행 모드로 운전 중에 충돌 사고를 내서 사망자가 발생했을 때[25]도 그런 상황이었던 것으로 보인다.

완전자율 시스템의 경우, 인간은 아예 루프 바깥에 있기 때문에 적어도 일정 시간 동안은 전혀 개입할 수가 없다. 시스템이 고장 나거나 전후 상황이 달라져도 인간은 작동을 멈추거나 바로잡을 능력이 없으므로, 자율 프로세스가 인간의 통제를 넘어서 폭주하는 결과가 생길 수도 있다.

자율 시스템의 이런 위험성을 가장 잘 묘사한 것은 공상과학 소설이 아니라 디즈니 만화다. 〈마법사의 제자Sorcerer's Apprentice〉[26]는 디즈니의 1940년 영화 〈판타지아〉에 나오는 단편 애니메이션이다. 괴테가 18세기에 쓴 시를 각색한 이 이야기에서, 미키 마우스는 늙은 마법사의 견습생 역할로 등장한다. 마법사가 퇴근하자 미키는 초보적인 마법을 이용해서 허드렛일을 처리하겠다고 결심한다. 미키는 빗자루에 마법을 걸어 팔이 생기고 살아 움직이게 한다. 미키는 자신의 일인 우물에서 물을 길어 수조로 옮기는 일을 빗자루에게 시킨다. 곧 미키는 꾸벅꾸벅 잠에 빠지고, 그가 해야 할 일은 자동으로 처리된다.

미키가 자는 동안 수조에서 물이 넘친다. 일이 다 끝났지만 아무도 빗자루에게 멈추라고 하지 않은 것이다. 잠에서 깬 미키는 방이 물에 잠겼는데도 계속 물을 길어 오는 빗자루를 봤다. 빗자루에게 멈추라고 명령했지만, 빗자루는 따르지 않는다. 자포자기한 미키는 벽에 걸려 있던 도끼를 움켜쥐고 빗자루를 산산조각냈지만, 그 조각들이 전부 되살아나 거대한 빗자루 무리가 되었다. 빗자루들은 물을 더 가져오기 위해 행진하는데, 자율적으로 움직이는 이 불한당 집단은 도저히 통제가 불가능했다. 돌아온 마법사가 이 모습을 보고 양팔을 휘둘러 물을 없애고 빗자루들을 멈춘 뒤에야 비로소 광란의 소동이 끝났다.

1797년에 발표된 독창적인 독일 시[27]에서 영감을 얻은 〈마법사의 제자〉는 자율 시스템이 일자리를 대체하는 첫 번째 사례일 것이다. 그리고 자동화의 위험성도 보여준다. 자율 시스템은 우리가 원하는 방식으로 작업을 수행하지 않을 수도 있다. 오작동, 사용자 오류, 예상치 못한 주변 환경과의 상호작용, 해킹 등 다양한 이유로 이런 일이 발생할 수 있다. 미키가 겪은 문제의 경우, 그가 빗자루에 마법을 걸면서 쓴 '소프트웨어'(지시)가 언제 멈출지 구체적으로 명시하지 않은 탓에 결함이 생겼다. 하지만 만약 수조에 물을 과도하게 채운 일이 한 번만 일어났다면 약간 성가신 수준에서 그쳤을지도 모른다. 우물에 다녀올 때마다 잠시 멈춰서 미키의 허락을 구하는 반자율 과정을 이용했다면 훨씬 안전했을 것이다. 사람이 '루프 안에' 있으면 잘못된 소프트웨어 설계로 인해 생기는 위험을 줄일 수 있다. 자동차단기 구실을 하는 인간은 시스템이 통제 불능으로 폭주하면서 해로운 사건을 벌이기 전에 막을 수 있다. 인간이 루프 안에 없는 상태에서 빗자루를 완전히 자율적으로 만든 것이 실패의 원인은 아니지만, 뭔가가 잘못되었을 때 이로 인해 결과가 크게 증폭된다. 이렇게 제어 불가능한 프로세스가 발생할 가능성 때문에, 완전자율 시스템은 반자율 시스템보다 본질적으로 더 위험하다.

자율적인 시스템을 운용한다는 건 임무를 잘못 수행할 위험까지 받아들인다는 얘기다. 완전자율 시스템이 반자율 혹은 관리형 자율 시스템보다 고장 날 확률이 반드시 높은 건 아니지만, 고장 날 경우 결과적으로 시스템에 의한 잠재적 손상이 심각할 수 있다.

신뢰하되 확인하라

자율 시스템을 활성화하는 건 믿음의 행위다. 사용자는 시스템이 자신이 기대하는 방식대로 기능할 것이라고 믿는다. 그러나 신뢰와 맹신은 다르다. 패트리엇의 아군 피해가 증명하듯이, 지나친 신뢰는 신뢰가 부족한 것만큼이나 위험할 수 있다. 인간 사용자들은 시스템을 적절한 수준으로만 신뢰해야 한다. 시스템의 능력과 한계를 모두 이해해야 한다. DARPA TTO의 브래드퍼드 투슬리가 시험과 평가를 가장 중요한 관심사로 꼽은 이유도 그래서다. 엄격한 테스트 체계는 설계자와 운용자가 현실적인 조건에서 시스템이 어떻게 작동하는지 잘 이해하도록 도와준다. 밥 워크도 시험과 평가가 신뢰할 수 있는 자율 시스템 구축에 "가장 중요하다"는 취지의 말을 했다. 그는 "기계에 권한을 위임할 때는[28] 계속 그렇게 할 수 있어야 한다"라고 말했다. "같은 결과가 반복해서 나타나야 한다. …… 그렇다면 갈수록 똑똑해지는 무기들이 우리가 기대하는 한도 내에 계속 머물게 하려면 어떤 시험과 평가 체계를 준비해야 할까? 그게 바로 문제다."

하지만 수백만 개의 시나리오를 테스트하는 시뮬레이션을 진행해도, 복잡한 자율 시스템이 직면할 수 있는 모든 시나리오를 완벽하게 테스트하는 건 사실상 불가능하다. 시스템과 환경 사이, 심지어 시스템 자체 내에서도 너무나 많은 상호작용이 벌어질 수 있다. 미키는 수조가 넘칠 것을 예상했어야 했지만, 현실 세계의 몇몇 문제들은 아예 예상이 불가능하다. 바둑 게임에서 둘 수 있는 수만 해도 우주에 존재하는 원자보다 많은데, 현실 세계는 바둑보다 훨씬 복잡하다. 2015년에 공군이 작성한 자율성 보고서에서도 이 문제를 한탄했다.

> 전통적인 방법으로는…… 자율 소프트웨어와 관련된 복잡성을 해결하지 못한다…….[29] 모든 걸 철저하게 테스트하기에는 가능한 상태와 그런 상태들의 조합이 너무나 많다.

가능한 모든 조합을 평가하는 건 수치적인 문제뿐만 아니라 시험자의 상상력 때문에도 제한을 받는다. 체스나 바둑 같은 게임에서는 가능한 행동이 제한되어 있다. 그러나 현실 세계에서는 자율 시스템이 새로운 유형의 인적 과오나 예상치 못한 환경적 조건, 취약점을 이용하려는 적들의 창의적인 행동 등 수많은 새로운 상황에 직면하게 된다. 이런 시나리오를 전부 예상할 수 없다면 테스트도 할 수 없다.

실제 환경에서 자율 시스템이 어떻게 동작할지에 대한 신뢰도를 높이려면 테스트가 필수적이지만, 아무리 테스트를 많이 해도 예상치 못한 행동을 보일 가능성을 완전히 제거할 수는 없다. 알파고가 1만분의 1 확률의 수를 둬서 이세돌을 망연자실하게 한 것처럼, 때로는 이런 예기치 못한 행동이 사용자들에게 기분 좋은 놀라움을 안겨줄 수 있다. 하지만 반대로 예상치 못한 행동이 부정적인 결과를 낳기도 한다. 1997년에 가리 카스파로프Gary Kasparov가 딥 블루Deep Blue와 첫 번째 체스 경기를 하던 도중, 딥 블루가 버그 때문에 44번째 수에서 어이없는 위치에 말을 두는 일이 생겼다. 딥 블루의 프로그래머 한 명은 나중에, "1997년에 진행한 테스트 경기에서 그런 수를 두는 걸 본 적이 있는데,[30] 그때 이후 문제가 해결됐다고 생각했다. 그런데 아쉽게도 우리가 놓친 경우가 있었던 모양이다"라고 설명했다. 제퍼디, 체스, 바둑 같은 게임을 할 때는 놀라운 행동을 해도 참을 수 있고, 심지어 흥미로운 요행수가 될 수도 있다. 하지만 생사가 걸린 위험한 상황에서 자동 시스템을 가동할 때는, 패트리엇의 아군 피해처럼 예상치 못한 행동이 비극적인 사고로 이어질 수 있다.

• 사고 발생이 정상적일 때

자율무기에 대한 이해를 높이기 위해, 유엔군축연구소UNIDIR의 존 보리John Borrie와 얘기를 나눠봤다. UNIDIR은 군비 제한과 군축 문제를 중점적으로 다루는 유엔 내부의 독립된 연구기관이다. 보리는 최근에 자율무기와 그 위험성에 관한 UNIDIR의 보고서[31]를 작성했고 뉴질랜드 정부, 국제적십자위원회, UNIDIR 등 다양한 역량을 지닌 기관들과 함께 군비 제한 및 군축 문제와 암호화, 화학무기 및 생물무기, 자율성 등 다양한 기술에 대해 광범위하게 연구했다. 덕분에 그는 자율무기의 상대적 위험을 잘 이해하게 되었다.

보리와 나는 2016년 제네바에서 열린 유엔 자율무기 회담의 참관인이었다. 보리는 자율무기에 대한 선제적 금지를 옹호하는 사람이 아니며, 전반적으로 봤을 때 선동적인 활동가가 아니라 교수 같은 냉정한 태도를 지니고 있다. 그는 경쾌한 뉴질랜드 억양을 써가며 열정적으로 얘기한다(차분하고 전문가다운 어조이긴 하지만). 그가 로봇이 미친 듯이 날뛸 위험성을 태연하게 경고하는 동안에도, 그가 진행하는 수업 시간에 신나게 졸고 있는 내 모습을 상상할 수 있었다.

보리는 "매우 복잡한 기술 시스템[32]은 위험할 수 있는데, 자율무기는 애초에 살상 목적으로 만든 것이기 때문에 위험물 범주에 속한다고 생각한다……. 우리는 의도하지 않은 살상 효과의 위험성을 제거하는 데 어려움을 겪고 있다"라고 말했다. 보리는 자율무기를 다른 업계의 복잡한 시스템과 비교했다. 인간은 지난 수십 년간 원자력 발전소부터 상업용 여객기, 우주선에 이르기까지 매우 위험한 분야에서 활용할 수 있는 복잡한 시스템을 설계, 시험, 운영한 경험이 있다. 좋은 소식은 이런 경험 때문에, 복잡한 시스템의 안전성과 회복력을 높이는 방법에 관한 연구가 활발하다는 것이다. 안 좋은 소식은 복잡한 시스템과 관련된 지금까지의 모든 경험이 100퍼센트 오류 없는 작동은 불가능하다는 걸 시사한다는 것이다. 일정 수준 이상으로 복잡한 시스템에서는 가능한 모든 시스템 상태와 그런 상태들의 조합을 전부 테스트하는 게 불가능하며, 예상치 못한 상호작용도 간간이 발생할 것이다. 지금은 고장이 일어나지 않을 것 같아도, 일정 시간이 지나면 불가피한 일이다. 엔지니어들은 이런 사건을 '정상사고'라고 부른다. 복잡한 시스템에서는 사고 발생이 불가피하고 심지어 그게 정상이기 때문이다. "자율 시스템이라고 뭐가 다르겠는가?[33]"라고 보리는 물었다.

정상사고의 교과서적인 예가 바로 1979년에 일어난 스리마일섬 Three Mile Island 원자력 발전소 노심 용해 사고다. 스리마일섬 사건[34]은 시스템적 실패다. 패트리엇 아군 피해 사건과 마찬가지로, 여러 사소하고 개별적으로 관리가 가능한 문제들이 예상치 못한 극적인 방식으로 상호작용하면서 발생한 사고라는 뜻이다. 스리마일섬 사건은 복잡한 시스템 사고를 예측하고 예방하는 게 얼마나 어려운지 잘 보여준다.

이 문제는 누출된 밀폐 부분의 습기가 관련 없는 시스템으로 유입되어, 원자로 냉각에 필수적인 급수 펌프가 차단되면서부터 시작되었다. 자동화된 안전장치가 가동해서 비상 펌프를 작동시켰지만, 비상냉각계통을 통해 물이 흐르도록 하는 데 필요한 밸브가 계속 닫혀 있었다. 원자로를 감시하는 인간 운용자들은 제어판 표시등이 다른 관련 없는 시스템의 수리 태그에 가려져 있었기 때문에 밸브가 닫혀 있는 걸 몰랐다.

물이 없으면 원자로 노심 온도가 올라갔다. 원자로가 자동으로 긴급 정지되자, 중성자를 흡수하고 연쇄반응을 정지시키기 위해 흑연 제어봉을 원자로 노심 안으로 떨어뜨렸다. 그러나 노심에서는 여전히 열이 발생되었다. 온도가 상승하자 또 다른 자동 안전장치, 즉 상승하는 압력 때문에 격납 용기에 균열이 생기기 전에 증기를 방출하도록 설계된 압력 방출 밸브가 작동됐다.

밸브는 의도대로 열렸지만, 다시 닫히질 않았다. 더구나 밸브 표시등도 고장 나서 발전소 운전원들은 밸브가 열린 채로 고정된 걸 알지 못했다. 증기가 너무 많이 방출되는 바람에 원자로 노심 수위가 위험한 수준으로 떨어졌다. 여전히 뜨거운 노심을 냉각시키려면 물이 필요하기 때문에 또 다른 자동 비상 냉각수 시스템이 가동되었고, 발전소 운전원들은 추가적인 비상 냉각 시스템까지 가동시켰다.

이런 고장이 대재앙으로 번진 것은, 다른 복잡한 기계들처럼 원자로도 서로 밀착 결합되어 있었기 때문이다. 밀착 결합은 시스템의 한 요소에서 발생한 상호작용이 다른 곳에 있는 구성 요소에 직접적이고 빠르게 영향을 미치는 걸 의미한다. 시스템에는 '느슨한 부분'이 거의 없다. 인간이 개입해서 판단력을 발휘하고, 규칙을 피해가거나 어기고, 시스템 행동을 변화시킬 시간이나 융통성이 없다는 얘기다. 스리마일섬의 경우 초기 사고를 일으킨 일련의 고장이 겨우 13초 만에 발생했다.

이런 시스템에서 복잡성과 밀착 결합을 조합시키면 사고 발생을 예상하거나 줄일 수 있다. 관료체계나 다른 인간 조직처럼 느슨하게 결합된 복잡계에서는 인간이 예기치 못한 상황에 적응하거나 실패를 관리할 여유가 충분히 있다. 그러나 단단히 연결된 시스템에서 고장이 발생하면 하위 시스템들 사이에 빠르게 퍼져서, 사소한 문제가 금세 시스템 고장을 초래할 수 있다.

스리마일섬에서 사건이 발생하자, 인간 운전자들이 빠르게 반응했고 자동 안전장치도 작동했다. 하지만 그들의 대응을 통해 인간과 자동 안전장치의 한계를 확인할 수 있다. 자동 안전장치는 유용했지만, 문제의 근본 원인인 열려야 할 때 닫혀 있었던 냉각수 밸브와 닫혀야 할 때 열린 상태로 고정된 압력 방출 밸브 문제를 완전히 해결하지 못했다. 원칙적으로는 더 많은 변수를 고려한 '더 똑똑한' 안전장치라면 이런 문제를 해결할 수 있을 것이다. 실제로 스리마일섬 사고 이후로 원자로의 안전성이 상당히 개선되었다.

그러나 인간 운전자들은 다른 문제에 직면했다. 더 정교한 자동화 기능은 실제로 시스템의 불가해성을 더 심화시킨다. 인간 운전자들은 원자로 노심의 내부 기능을 직접 검사할 수 없기 때문에, 무슨 일이 일어나고 있는지 알려주는 장치에 의존해야 했다. 그러나 이런 장치들도 걸핏하면 고장이 난다. 일부 장치가 고장 나자, 인간 운전자들은 시스템 내부 상태에 대한 정보가 상당히 부족해졌다. 사고 발생 후 8분이 지나도록 수냉 밸브가 잘못 닫혀 있다는 걸 알아차리지 못했고, 2시간이 지난 뒤에도 압력 배출 밸브가 열린 상태로 고정된 것을 몰랐다. 돌이켜 생각해보면, 이는 그들이 취한 시정조치

중 일부가 부정확했다는 뜻이다. 하지만 그들의 행동을 '인적 과오'라고 부르는 건 부적절하다. 그들은 당시 가지고 있던 최고의 정보를 이용해서 일을 처리했다.

정상사고 이론의 아버지인 찰스 페로Charles Perrow는 복잡한 시스템의 '불가해성' 자체가 정상사고를 예측하고 관리하는 데 걸림돌이 된다고 지적한다. 이 시스템은 너무 복잡해서 사용자는 물론이고 심지어 시스템 설계자조차 이해할 수 없거나 이해하기 힘들다. 원자로처럼 인간이 직접 시스템을 검사할 수 없는 상황에서는 이 문제가 더 악화된다. 사람이 물리적으로 존재하는 상황에서도 이런 문제가 생긴다. 아폴로 13호[35] 참사 당시, 우주비행사들이 이미 우주선에 탑승해 있어서 우주선 성능을 직접 '느낄' 수 있었는데도 불구하고 이 우주비행사들과 NASA 지상 통제팀이 자신들이 보고 있는 기기 이상의 원인을 밝혀내기까지 17분이나 걸렸다. 우주비행사들은 쾅 하는 소리를 들었고, 산소탱크가 처음 폭발할 때 작은 충격을 느꼈으며, 우주선의 자세(방향)를 조절하는 데 문제가 있다는 걸 알고 있었다. 그런데도 시스템이 너무 복잡해서 우주비행사와 지상관제 전문가들이 다양한 계기의 측정값과 연속적으로 발생하는 전기 고장 문제를 자세히 조사하느라, 근본 원인을 발견하기 전에 중요한 시간을 허비하고 말았다.

단단히 결합된 복잡한 시스템에서는 고장이 불가피하며, 시스템의 복잡성 때문에 고장이 발생할 만한 시기나 방법도 예측할 수 없다. 존 보리는 자율무기도 복잡성과 밀착 결합이라는 똑같은 특성 때문에 "예상치 못한…… 고장에[36]" 취약할 것이라고 주장했다. 정상사고 이론의 관점에서 볼 때, 패트리엇의 아군 피해는 놀라운 일이 아니라 불가피한 일이다.

사고의 필연성

아폴로 13호와 스리마일섬 사건은 1970년대에 발생했는데, 당시의 엔지니어들은 복잡하고 긴밀하게 연결된 시스템을 관리하는 방법을 아직 배우는 중이었다. 그 후, 원자력 발전과 우주여행 둘 다 더 안전하고 믿을 만해졌다. 비록 완전히 안전할 수는 없더라도 말이다.

NASA는 아폴로 13호처럼 만회할 수 없는 사고를 비롯해 여러 비극적인 사고를 목격했다. 우주 왕복선 챌린저호Challenger(1986년)와 컬럼비아호Columbia(2003년),[37] 그리고 그 승무원들의 희생도 여기 포함된다. 이런 사고는 이후 설계에서 해결할 수 있는 개별적인 원인(각각 결함 있는 O-링과 떨어진 발포 단열재 때문)이 있었지만, 그런 구체적인 고장을 사전에 예측하는 건 불가능하기 때문에 계속해서 사고가 발생할 수밖에 없다. 일례로 2015년에 민간기업 스페이스XSpaceX는 기존에 위험요소로 파악되지 않았던 버팀대 고장 때문에 로켓이 발사대에서 폭발했다. 1년 뒤, 이 회사 CEO인 일론 머스크가 "로켓 제작 역사상 한 번도 겪어본 적이 없다[38]"라고 한 과냉각 산소 문제 때문에 또 다른 스페이스X 로켓이 시험 도중에 폭발했다.

원자력 발전소는 스리마일섬 사고 이후 상당히 안전해졌지만 2011년에 있었던 일본 후쿠시마 제1원전의 노심 용융 사고는 안전의 한계를 지적한다. 후쿠시마 원자력 발전소는 지진과 홍수에 대비한 예비 발전기와 9미터 높이의 홍수 제방으로 무장하고 있었다. 그러나 불행히도 이 발전소는 정전과 12미터 높이의 거대한 쓰나미를 발생시킨 진도 9.0의 지진(일본에서 기록된 가장 큰 지진)에는 미처 대비하지 못했다. 많은 안전장치가 작동했다. 그 지진은 격납 용기에 손상을 입히지는 않았다. 지진 때문에 일차 전원이 나가자, 원자로가 자동으로 긴급 정지한 뒤 제어봉을 삽입해서 핵반응을 막았다. 예비용 디젤 발전기가 자동으로 작동했다.

그러나 12미터 높이의 쓰나미 파도가 9미터의 홍수 제방을 넘어, 예비용 디젤 발전기 13개 중 12개를 집어삼켰다. 전기 계통의 일차 전력 상실과 함께, 이 발전소는 여전히 뜨거운 원자로 노심을 냉각시키기 위해 물을 퍼 올릴 수 있는 능력까지 상실했다. 추가 발전기를 가져오고 과열된 원자로에 물을 퍼부으려는 일본 기술자들의 노력에도 불구하고 결국 체르노빌Chernobyl 이후 최악의 원전사고가 되고 말았다.

문제는 후쿠시마 원자력 발전소[39]에 예비용 안전장치가 부족한 게 아니었다. 문제는 엔지니어들이 공통 모드 고장이라고 부르는 특이한 환경 조건(해안에서 발생한 대규모 지진 때문에 쓰나미가 덮친 것)을 예측하지 못한 것이었는데, 이 때문에 일차 전력과 예비 전력이라는 2가지 독립된 안전장치가 동시에 망가졌다. 우주여행이나 원자력 발전처럼 안전이 주요 관심사인 분야에서도 시스템과 주변 환경 사이에서 발생 가능한 모든 상호작용을 예상하는 건 사실상 불가능하다.

“양쪽 모두 장단점이 있다”

자동화는 사고 발생에서 복합적인 역할을 한다. 때로는 자동화의 불안정성과 경직성이 사고를 유발할 수 있다. 또 어떨 때는 자동화가 사고 발생 확률을 줄이거나 사고 피해를 완화하는 데 도움이 되기도 한다. 후쿠시마 원자력 발전소에서는 자동화된 안전장치가 원자로를 자동 정지시키고 예비 발전기를 가동시켰다. 그렇다면 자동화를 늘리는 게 좋은 걸까, 나쁜 걸까?

조지 메이슨 대학의 윌리엄 케네디William Kennedy 교수는 원자로와 군사용 하드웨어 분야에서 폭넓은 경험을 쌓았다. 케네디는 독특한 이력이 있다. 해군에서 30년간 핵미사일 잠수함 관련 일을 했고(현역 및 예비역), 원자력 규제 위원회와 에너지부의 원자로 안전팀에서 25년간 근무했다. 게다가 정보기술 박사학위도 있는데 인공지능이 전문분야다. 그에게 고위험 시스템 관리에 있어서 인간과 AI의 장점을 이해할 수 있게 도와달라고 부탁했다.

케네디는 “원자력 규제 위원회가 스리마일섬에서 얻을 수 있는 중요한 메시지[40]는 인간은 전능하지 않다는 것”이라고 말했다. “스리마일섬에서 사고가 발생하기 전의 해결책은, 설계상의 약점이 발견되거나 처리가 필요한 기능이 있을 때마다 제어실에서 원격으로 작동시킬 수 있는 새로운 측정기나 스위치, 밸브를 운전자에게 제공하면 모든 것이 괜찮아진다는 것이었다. 하지만 스리마일섬은 인간이 실수를 저지른다는 걸 증명했다. …… 이제 통제실에 2,000개가 넘는 경보가 붙어 있는 지점까지 도달했는데, 각 경보마다 높은 절차의 벽이 기다리고 있다. 그리고 스리마일섬은 경보가 따로따로 울리는 일은 거의 없다[41]는 걸 알려준다." 이런 수준의 복잡성은 어떤 인간 운용자도 처리하기 힘들 거라고 케네디는 설명했다.

스리마일섬 사고 이후, 이런 프로세스 중 일부를 관리하기 위해 더 많은 자동화가 도입되었다. 케네디도 어느 정도까지는 이런 접근 방법을 지지한다. "현재 설계되고 구축된 자동화 시스템[42]은 예정된 비상사태나 알려진 비상사태에서는 사람보다 더 신뢰할 수 있다. …… 만약 그걸 미리 연구해서 모든 가능성을 제시하고 멋지고 조용한 사무실에 앉아 일이 전개될 방법을 모두 고려할 수 있다면, 자동화 기능을 시스템에 집어넣어서 우리가 지시하는 일을 확실히 실행하도록 할 수 있다. 하지만 어떤 일이 가능한지를 항상 알 수는 없다. …… 기계는 반복적으로, 상당히 높은 신뢰도로, 계획적인 행동을 할 수 있다. …… 그러나 '설계 기준 이상의' 사고나 사건이 일어날 때를 대비해 인간을 그곳에 배치해야 한다." 다시 말해, 자동화는 예측 가능한 상황에는 도움이 되지만 새로운 상황을 관리하려면 인간이 필요하다는 뜻이다. 케네디는 "양쪽 모두 장단점이 있다[43]"라고 설명했다. "지금 가장 신뢰할 수 있는 시스템을 제공하기 위해 함께 노력해야 한다."

자동화와 복잡성, 양날의 검

케네디의 주장은 우리가 현대식 기계에서 목격한 사실, 즉 소프트웨어와 자동화가 증가했지만 여전히 인간이 어느 정도까지 관여하고 있는 현실과 궤를 같이한다. 오늘날의 제트 여객기는 사실상 혼자 비행이 가능하므로, 조종사는 주로 비상용 백업 기능을 한다. 최신 자동차에는 여전히 인간 운전자가 있지만, 운전의 안전성과 안락함을 높이기 위해 잠김 방지 브레이크ABS, 정지 마찰력 및 안정성 제어, 자동 차선 유지, 지능적인 자동 주행속도 유지장치, 충돌 회피, 셀프 주차 등 다양한 자동화 기능과 자율 기능을 갖추고 있다. 심지어 현대식 전투기들도 안전성과 신뢰성을 높이기 위해 소프트웨어를 사용한다. F-16 전투기[44]는 자동 지상 충돌 회피 시스템을 이용해 업그레이드됐다. 보도에 따르면, 최신형 F-35 전투기는 조종사의 실수로 항공기가 회복 불가능한 스핀이나 기타 공기역학적으로 불안정한 상태에 처하는 걸 막기 위해 항공기 조종에 소프트웨어 기반의 제한[45]을 두고 있다고 한다.

이런 자동화에 따르는 양날의 검은, 추가된 소프트웨어들이 모두 복잡성을 증가시키고 그 자체로 새로운 문제를 일으킬 수 있다는 것이다. 정교한 자동화를 위해서는 수백만 줄의 명령 코드로 이루어진 소프트웨어[46]가 필요한데, F-22 전투기의 경우 170만 줄, F-35 전투기는 2,400만 줄, 최신형 고급 자동차는 1억 줄의 코드가 필요하다. 소프트웨어 코드가 길수록 버그나 결함이 없는지 확인하기가 더 어렵다. 연구에 따르면 소프트웨어 업계의 평균 오류율은 코드 1,000줄 당 15~50개 정도라고 한다. 경우에 따라 엄격한 내부 테스트와 평가를 거치면, 오류율을 코드 1,000줄당 0.1~0.5개[47]로 줄일 수도 있었다. 하지만 수백만 줄의 코드로 이루어진 시스템에서는 어느 정도 오류가 발생하는 게 불가피하다.[48] 테스트 과정에서 오류를 발견하지 못하면, 이 때문에 실제 운용 중에 사고가 발생할 수 있다.

2007년에 태평양에 처음 배치된 F-22 전투기[49] 8대는 국제 날짜 변경선을 넘을 때 Y2K 같은 총체적인 컴퓨터 고장을 겪었다. 탑재된 컴퓨터 시스템이 모두 고장 나는 바람에 조종사들은 항법장치, 연료 서브 시스템, 그리고 일부 통신 기능까지 상실했다. 항행 기준점이 없어서 태평양 상공에서 오도 가도 못하게 된 이 항공기들은 낡은 컴퓨터 시스템에 의존하던 공중 급유기를 따라 육지로 돌아갈 수 있었다. 전투나 악천후처럼 더 힘든 상황에서라면, 그 사건이 항공기의 치명적인 손실로 이어질 수도 있었다. 국제 날짜 변경선의 존재는 분명히 예상 가능한 것이었는데도 불구하고, 테스트 과정에서 날짜 변경선과 소프트웨어의 상호작용을 확인하지 않았다.

소프트웨어 취약성 때문에 해커에게 기회가 생길 수도 있다. 2015년에 해커 2명이 특정 자동차들이 도로를 달리는 동안 원격으로 해킹[50]할 수 있는 취약점을 발견했다고 폭로했다. 이들은 해킹을 통해 자동 변속기, 스티어링 칼럼, 브레이크 등 중요한 주행 요소를 제어할 수 있었다. 미래형 자율주행차의 경우, 접근 권한을 얻은 해커들이 차의 목적지까지 바꿀 수 있다.

소프트웨어에 구체적인 버그나 취약점이 없더라도, 현대식 기계의 복잡성 때문에 사용자들은 자동화 기능이 무엇을, 왜 하는지 이해하기 어려워질 수 있다. 인간이 예측 가능한 방향으로 작동하는 단순한 기계 시스템이 아니라 수백만 줄의 코드를 가진 복잡한 소프트웨어와 상호작용하게 되면, 자동화가 하는 일에 대한 인간 사용자의 예상이 그것이 실제로 하는 일과 크게 다를 수 있다. 코드가 수백만 줄씩 들어가지 않는 네스트 온도 조절 장치를 쓰면서도 이런 문제를 겪었다. (네스트 사용자들을 조사해보니[51] 다들 나와 비슷한 좌절을 겪었다고 한다. 그러니 나만 유독 네스트의 행동을 예측하는 능력이 부족한 게 아닌 듯하다.)

더 발전된 자율 시스템은 더 많은 변수를 처리할 수 있다. 그 결과, 더 복잡하거나 모호한 환경에도 대처할 수 있으므로 단순한 시스템보다 가치가 높다. 더욱 폭넓은 상황을 처리할 수 있기 때문에 전반적으로 실패 확률이 줄어든다. 하지만 여전히 실패할 때도 있을 테고, 시스템이 더 복잡해진 만큼 언제 실패할지 정확히 예측하기가 더 어려울 것이다. 보리는 "시스템이 점점 더 복잡해지고[52] 자기 주도적으로 움직이게 됨에 따라, 인간이 그것의 약점이 무엇인지 예상하기가 점점 어려워질 것"이라고 말했다. 위험도가 높은 상황에서 이런 일이 벌어지면 재앙과도 같은 결과가 생길 수 있다.

"우린 아무것도 이해하지 못한다!"

2009년 6월 1일, 리우에서 파리로 가는 에어프랑스 447편 비행기가 대서양 상공에서 곤경에 빠졌다. 이 일은 처음에는 사소하고 대수롭지 않은 계기 고장에서 시작되었다. 얼음 결정 때문에 날개에 달린 대기 속도 프로브가 얼어붙은 것인데, 이는 드물지만 심각하지는 않은 문제이며 비행에도 영향을 미치지 않는다. 대기 속도 표시기가 제 기능을 하지 못하게 되자, 자동 조종 장치가 해제되면서 조종사들에게 제어권을 넘겨줬다. 또 비행기는 비행 제어를 위해 다른 소프트웨어 모드로 진입했다. 조종사가 엔진을 정지시키는 등 위험한 공기역학적 상황에 빠지지 않도록 소프트웨어가 막아주는 '정규' 모드에서 벗어나, 소프트웨어 제한이 완화되고 조종사가 직접 비행기를 조종해야 하는 '대체' 모드로 바뀐 것이다.

하지만 사실 비상상황은 아니었다. 자동 조종 장치가 해제되고 11초 뒤, 조종사들은 대기 속도 표시기가 꺼졌다는 걸 정확하게 알아차렸다. 비행기는 최대 고도에서 적절한 속도로 정상 비행하고 있었다. 모든 것이 괜찮았다.

그러나 조종사들이 이해할 수 없는 일련의 실수를 저지르면서 결국 엔진이 꺼져 비행기가 바다로 추락하게 되었다. 이 사건 내내 조종사들은 비행기 데이터를 계속 잘못 해석하고 비행기의 움직임을 잘못 이해했다. 위기가 한창 고조되던 중에 부조종사가 외쳤다. "비행기에 대한 통제력을 완전히 잃었고, 아무것도 이해하지 못하고 있다! 모든 걸 다 해봤다!" 사실 문제의 원인은 간단했다. 조종사들이 조종간을 너무 뒤로 당기는 바람에 비행기 엔진이 멈춰서 양력을 잃은 것이다. 이는 공기역학의 기본 개념이지만 사용자 인터페이스가 열악하고 수동으로 비행하는 동안에도 항공기의 자동화된 프로세스가 불명확했던 탓에 조종사들이 상황을 제대로 이해하지 못했다. 이 항공기의 복잡한 구조 때문에 구조가 단순한 항공기에는 존재하지 않았을 투명성 문제가 생겼다. 선임 조종사가 무슨 일이 일어나고 있는지 깨달았을 쯤에는 이미 늦은 상태였다. 비행기 고도가 너무 낮고 너무 빨리 하강하고 있어서 고도를 다시 회복할 수 없었다. 결국 비행기는 바다에 추락했고 탑승자 228명 전원이 사망했다.

F-22 국제 날짜 변경선 사건이나 자동차 해킹 사건과 달리, 에어 프랑스 447편[53] 추락 사고는 소프트웨어 내부에 숨겨진 취약성 때문이 아니었다. 사실 자동화 기능은 완벽하게 작동했다. 하지만 그 추락 사고를 인적 과오 탓으로 돌리는 건 지나치게 단순한 행동이다. 물론 조종사들이 실수를 하긴 했지만, 이 문제는 인간-자동화 실패 때문이라고 해야 맞을 것이다. 조종사들은 자동화와 시스템의 복잡성 때문에 혼란에 빠졌다.

정상사고의 범주에 속하는 패트리엇 아군 피해

정상사고 이론은 패트리엇이 일으킨 아군 피해도 해명한다.[54] 그건 단순히 기이한 사건이 아니고 다시 되풀이될 것 같지도 않다. 그건 매우 치명적이고 복잡하면서 긴밀하게 결합된 시스템을 작동시킨 탓에 벌어진 정상적인 결과였다. 정상사고와 마찬가지로, 각각의 아군 피해로 이어진 특정한 사건들이 연달아서 일어날 가능성은 낮았다. 여러 고장이 동시에 발생했다. 그러나 이런 특정한 고장이 동시에 일어날 가능성이 낮다고 해서, 전체적인 사고 확률이 낮다는 뜻은 아니다. 사실 실가동 정도를 감안하면 어떤 식으로든 사고가 발생할 확률이 상당히 높았다. 60개가 넘는 패트리엇 부대가 이라크 해방 작전에 투입되었고, 전쟁 초반에만 연합군 항공기가 4만 1,000

회 이상 출격했다. 이건 패트리엇-항공기 사이에서 발생 가능한 상호작용이 수백만 개에 달한다는 뜻이다. 국방과학위원회 패트리엇 태스크포스TF는, 그 많은 상호작용 횟수를 고려하면, "확률이 아주 낮은 고장 때문에도[55] 아군 피해라는 유감스러운 사건이 발생할 수 있다"라고 지적했다. F-18 사건과 토네이도 사건의 원인이 다르다는 사실은, 복잡한 시스템의 표면 아래에는 모습을 드러낼 때만 기다리는 정상사고가 숨어 있다는 견해에 더욱 신빙성을 더한다. 전쟁의 복잡성은 이런 취약성을 표면화시킬 수 있다.

위험하고 복잡한 시스템을 안전하게 운용할 수 있을까? 정상사고 이론에서는 불가능하다고 말한다. 사고 확률을 줄일 수는 있지만 완전히 없앨 수는 없다. 그러나 복잡한 시스템에 대한 다른 관점도 있는데, 여기서는 특정 조건에서는 정상사고를 대부분 피할 수 있다고 말한다.

CHAPTER

10

지휘결심

자율무기를 안전하게 사용할 수 있을까?

정상사고 이론을 뒷받침하는 강력한 증거가 있지만, 몇몇 아웃라이어는 예상을 벗어나는 듯하다. 연방항공국FAA 항공교통 관제 시스템과 미 해군 항공모함 비행갑판[1]은 '신뢰성 높은 조직[2]'을 대표하는 2가지 사례다. 이들의 사고율이 0은 아니지만, 운영 환경의 복잡성과 운영 위험도를 고려하면 이례적으로 낮은 편이다. 신뢰성 높은 조직은 다양한 분야에 존재하는데, 고도로 훈련된 개인, 실패 위험에 대한 집단적 사고, 실수로부터 배우고 안전을 개선하려는 지속적인 헌신 같은 몇 가지 공통적인 특성이 있다.

군대 전체를 신뢰성 높은 조직으로 간주할 수는 없겠지만,[3] 일부 군 공동체는 복잡한 고위험 시스템을 매우 안전하게 운용한 기록을 보유하고 있다. 항공모함 비행갑판 운용 사례 외에 미 해군 잠수함 공동체도 신뢰도 높은 조직 중 하나다. 1963년에 USS 트레셔호USS Trailher(당시 해군에서 가장 진보된 혁신적인 잠수함 중 하나였다)를 사고로 잃은 뒤, 해군은 잠수함 안전SUBSAFE 프로그램을 시행했다. 안전운전에 중요한 잠수함 부품은 'SUBSAFE'로 지정되어 설계, 제작, 유지보수, 사용 전반에 걸쳐 엄격한 검사와 시험을 거쳐야 한다. SUBSAFE가 높은 신뢰성을 유지하는 데는 특별한 묘책 같은 건 없다. 잠수함 수명주기 전체에 걸쳐 꾸준히 품질보증과 품질관리를 시행하는 것뿐이다. 설치한 뒤에는 후속 검사나 수리를 할 때마다 모든 SUBSAFE 부품을 점검하고, 이중 점검하고, 기술 사양과 대조해가며 다시 점검한다. 이상이 있을 경우, 해당 기관이 시정하거나 승인을 받아야만 잠수함이 계속 작전을 수행할 수 있다.

SUBSAFE는 정상사고에 대한 기술적 해결책이 아니다. 관료적이고 조직적인 해결책이다. 하지만 그 결과는 놀라웠다. 해군 선박 설계, 통합, 엔지니어링 담당 부사령관인 폴 설리번Paul Sullivan 소장은 2003년 의회 증언에서 이 프로그램의 영향을 다음과 같이 설명했다.

> SUBSAFE 프로그램[4]은 매우 성공적이었다. 1915년부터 1963년까지 잠수함 16척이 비전투적인 원인 때문에 유실되었는데, 이는 평균 3년에 1척꼴이다. 1963년에 SUBSAFE 프로그램을 시작한 이래…… SUBSAFE 인증 잠수함은 유실된 적이 없다.

이런 안전기록의 중요성은 아무리 강조해도 지나치지 않다. 미 해군은 70여 척의 잠수함을 보유[5]하고 있는데, 그중 약 3분의 1이

동시에 바다에 나가 있다. 미 해군은 반세기 넘게 잠수함을 1척도 잃지 않은 채, 이 속도로 작전을 펼쳐왔다. 정상사고 이론의 관점에서 보면 이런 일은 가능할 수가 없다. 원자력 잠수함을 운용하는 건 매우 복잡하고 본질적으로 위험하지만, 해군은 이런 위험을 실질적으로 줄일 수 있었다. 잠수함의 재앙적 손실을 초래하는 사고는 미 해군에서 '정상적인' 게 아니다. 실제로 SUBSAFE가 등장한 뒤로는 이례적인 기록을 세우고 있기 때문에, SUBSAFE는 신뢰도 높은 조직이 어떤 성과를 거둘 수 있는지 보여주는 빛나는 본보기가 되고 있다.

이런 신뢰도 높은 조직이 군대가 자율무기를 취급하는 방법의 모범이 될 수 있을까? 사실 SUBSAFE와 항공모함 갑판 운용 방식이 주는 교훈만 봐도 해군이 이지스 전투 시스템을 운용하는 방법을 알 수 있다. 해군은 이지스를 '탐지부터 살상까지 종합적인 무기 체계로 설계된 중앙집중식 자동 지휘통제C2 및 무기제어 시스템'이라고 설명했다. 이는 선박에 실려 있는 무기들의 전자두뇌다. 이지스는 이 선박의 첨단 레이더와 대공, 대해상, 대잠수함 무기 체계를 연결하고 승무원들을 위한 중앙통제 인터페이스를 제공한다. 1983년에 처음 실전 배치된 이지스는 지금까지 여러 차례의 업그레이드를 거쳤으며 현재 80척이 넘는 미 해군 군함의 핵심부에 자리 잡고 있다. 이지스를 제대로 이해하고 이것이 미래 자율무기의 안전한 사용 모델이 될 수 있는지 알아보려고, 이지스 운용자들이 훈련받고 있는 버지니아주 달그렌으로 향했다.

이지스 전투 시스템

피트 갈루치Pete Galluch 대령은 이지스 훈련 및 준비 본부의 지휘관으로, 이지스 자격을 갖춘 모든 장교와 사병의 훈련을 감독한다. 갈루치를 만나면 '차가운 눈빛의 미사일 맨'이라는 말이 떠오른다. 필요할 때면 언제든 미사일을 날릴 준비가 되어 있는 그는 외과 의사처럼 침착하고 단호한 태도로 말했다. 나는 갈루치가 전시에 선박의 전투정보센터CIC 중앙에 서서 혼란 속에서도 흔들림 없는 태도로 부하들에게 언제 미사일을 쏘고 언제 멈출지 명령하는 모습을 상상할 수 있었다. 내가 이지스 무기의 사정거리 내에서 비행하고 있거나 도시를 지키는 탄도 미사일의 방어 능력에 의지하고 있다면, 갈루치가 올바른 결정을 내릴 거라고 믿을 것이다.

이지스는 엄청나게 복잡한 무기 체계다. 이지스의 핵심에는 레이더와 무기 움직임을 좌우하는 '지휘결심C&D'이라는 컴퓨터가 있다. 지휘결심의 행동은 해군이 '교범'이라고 부르는 일련의 문서(기본적으로 프로그램이나 알고리즘)의 지배를 받는다. 그러나 작동 모드가 몇 가지밖에 없었던 2003년경의 패트리엇과 달리, 이지스 정책은 거의 무제한적으로 맞춤 구현이 가능하다.

이지스는 무기 교전과 관련된 설정이 4가지 있다. 레이더 '추적 대상'(레이더에 탐지된 물체)에 대한 교전을 인간이 직접 수행해야만 하는 수동 설정에는 인력이 가장 많이 개입된다. 선박 지휘관은 반자동, 자동 SM, 특수 자동이라는 3가지 교범 중 하나를 가동해서 교전 과정의 자동화 수준을 높일 수 있다. 반자동은 그 용어가 암시하는 것처럼, 교전 과정의 일부를 자동화해서 레이더 추적 대상에 대한 발사 방법을 정하지만, 최종적인 결정 권한은 인간 운용자에게 있다. 자동 SM은 더 많은 교전 과정을 자동화하지만, 여전히 발사 전에 인간이 적극적인 행동을 취해야 한다. 그 이름에도 불구하고 자동 SM은 여전히 인간이 루프 안에 존재한다. 특수 자동은 인간이 '루프 위에 존재하는' 유일한 모드다. 특수 자동 모드가 활성화되면 이지스는 해당 매개변수를 충족하는 위협적인 대상을 상대로 자동 대응 사격을 한다. 교전을 막기 위해 인간이 개입할 수는 있지만, 발사를 위해 다른 허가가 필요하지는 않다.

그러나 이를 보고 이지스를 4가지 별개 모드로만 운용할 수 있다고 생각한다면 오산이다. 사실 이지스는 정책적으로 여러 위협에 이런 통제 방식을 다양하게 섞어서 활용할 수 있다. 예를 들어, 항공기 같은 한 가지 유형의 위협에 대해 자동 SM을 사용하도록 교범 문서를 작성할 수 있다. 또 어떤 교범 문서에서는 크루즈 미사일에 대해 특수 자동 모드를 허용하면서 관련된 경고를 줄일 수 있다. 이런 교범 문서는 개별적 혹은 일괄적으로 적용할 수 있다. 갈루치는 "믹스앤 매치가 가능하다[6]"라고 설명했다. "이건 아주 유연한 시스템이다. …… 버튼 하나만 눌러서 모든 [교범 문서를] 실행시킬 수도 있고, 어떤 건 버튼을 눌러서 개별적으로 실행시킬 수도 있다."

이런 특징 때문에 이지스는 몇 가지 모드를 지닌 완제품이라기보다 각각의 임무에 따라 맞춤 구현이 가능한 맞춤형 시스템에 가깝다. 갈루치는 이지스함에서 근무하는 장교와 상급 사병들로 구성된 함선의 교범 심의위원회는 현장에 배치되기 수개월 전부터 교범 문서 작성 작업을 시작한다고 설명했다. 그들은 예상되는 임무, 첩보, 곧 배치될 장소 등에 대한 정보를 고려한 다음, 선장에게 중요한 교범을 권고하여 승인을 받는다. 그러면 함장은 임무 배치 중 필요에 따라, 다양한 교범 문서를 개별적 혹은 일괄적으로 가동할 수 있다. 갈루치는 "교범 문서를 작성해서 테스트해봤다면, 수초 안에 꺼내서 이용할 수 있을 것"이라고 했다.

교범 문서는 일반적으로 비집중성과 집중성의 2가지 범주로 분류된다. 비집중성 교범은 각각의 잠재적 위협을 주의 깊게 평가할 시간이 있을 때 사용한다. 전투 상황에서 선박을 향해 다가오는 위협이 너무 많아 운용자의 대응 능력을 압도하는 경우에는 집중성 교범이 필요하다. 갈루치는 "제3차 세계대전이 시작되고 적들이 나를 향해 수많은 무기를 날리기 시작하면, 교범을 하나로 묶어서 버튼을 한 번만 누르면 전부 가동되도록 할 것"이라고 말했다. "그리고 그 방법들은 이미 다 시험을 거친 것이기 때문에 교범들끼리 서로 어떻게 겹치고 어떤 영향이 생기는지 알고 있고, 우리 예상대로 배를 확실하게 방어해주리라는 것도 안다." 갈루치의 말대로 이렇게 "적을 죽이거나 아니면 내가 목숨을 잃게 되는[7]" 시나리오에서는 특수 자동 같은 기능이 작동하게 된다.

하지만 교범을 만드는 것만으로는 충분하지 않다. 광범위한 테스트를 통해 교범이 제대로 작동하는지 확인해야 한다. 배가 현장에 도착했을 때 승무원들이 가장 먼저 하는 일은 무기 교범을 시험해서 주변 환경의 어떤 문제 때문에 평시에 발포하게 될 일이 있을지 살펴보는 것인데, 평시 발포는 정말 좋지 않은 일이다. 이 작업은 화재 방지 스위치 또는 FIS라고 하는 하드웨어 수준의 차단기를 켠 상태에서 안전하게 진행된다. FIS에는 선박에 장착된 무기를 발사하려면 꽂아야 하는 키가 포함되어 있다. FIS 키를 꽂으면 빨간불이 켜지고, 오른쪽으로 돌리면 녹색불이 켜지는데, 이는 무기가 활성화되어 발사 준비를 마쳤다는 뜻이다. FIS에 빨간불이 들어와 있거나 키를 완전히 뽑으면, 선박의 무기가 하드웨어 수준에서 비활성화된다. 갈루치의 표현처럼 "심지에 불을 붙여 로켓을 날릴 수 있는 전압이 사라진다.[8]" FIS를 빨간불인 상태로 유지하거나 키를 뽑으면, 승무원들은 무심코 무기를 발사할 위험 없이 안전하게 이지스 교범 문서를 테스트할 수 있다.

교범을 정하고 가동하는 건 전적으로 함장의 책임이다. 교범은 단순한 프로그램 이상의 존재다. 이는 전함에 대한 함장의 의도를 구체화한 화신이다. 갈루치는 "물론 자동화되어 있긴 하지만,[9] 자동화 대상과 그 자동화를 활용하는 방식에 인간의 손길이 무척이나 많이 닿는다"라고 말했다. 이지스 교범은 함상이 특정한 위협에 대한 의사결정을 미리 위임할 수 있는 방식이기도 하다.

이지스 커뮤니티는 2003년의 패트리엇 커뮤니티와는 매우 다른 방식으로 자동화를 사용한다. 2003년에 콘솔 앞에 앉아 있던 패트리엇 운용자들은 기본적으로 자동화를 신뢰했다. 그들에게는 가동할 수 있는 작동 모드가 몇 개 있었지만, 그런 모드에서 자동화가 기능하는 방식에 관한 규칙을 운용자 본인이 작성하지 않았다. 그 규칙은 몇 년 전에 미리 만들어진 것이다. 이에 비해 이지스는 구체적인 운영 환경에 맞춰서 맞춤 구현이 가능하다. 예를 들어, 중국 미사일과 이란 미사일의 위협은 서로 다르므로 서태평양에서 작전 중인 구축함은 페르시아만에서 작전 중인 구축함과 다른 교범 문서를 사용할 수 있다. 그 차이는 단순히 선택권이 많은 것보다 더 중요한 의미를 지닌다. 자동화와 관련된 철학은 서로 다르다. 이지스의 경우, 자동화는 함장의 의도를 포착하는 데 쓰인다. 패트리엇의 경우에는 자동화가 설계자와 테스터의 의도를 구현한다. 시스템을 실제로 운용하는 사람은 규칙을 만든 설계자의 의도를 완전히 이해하지 못할 수도 있다. 패트리엇의 자동화는 주로 전투에 참여하는 이들의 의사결정을 대신하기 위한 것이다. 이지스에서는 자동화를 통해 전투 참가자들의 의도를 포착한다.

또 다른 중요한 차이는 의사결정 권한이 어디에 있느냐다. 이지스의 무기 교범을 가동할 수 있는 권한은 함장만 갖고 있다. 함장은 그 권한을 당직 중인 전술 조치 담당자에게 미리 위임할 수 있지만, 공식 명령의 일부로 서면 작성해야 한다. 이는 이지스 운용을 위한 의사결정자의 경험 수준이 패트리엇과 근본적으로 다르다는 걸 의미한다. 갈루치 함장이 USS 레이미지호USS Ramage의 지휘를 맡았을 때, 그는 18년간 해군에 복무했고 이전에 이지스함 3척에서 근무한 경험도 있었다. 이와 대조적으로, 첫 번째 패트리엇 아군 피해를 일으킨 사람은 훈련을 갓 마치고 임관한 스물두 살짜리 소위였다.

대화를 나누는 내내 갈루치의 오랜 경험이 두드러졌다. 그는 이지스 사용에 매우 능했지만, 그 자동화 기능을 경솔하게 대하지 않았다. 무기 체계를 존중하는 태도가 느껴졌다. 이지스 교범을 가동하는 건 중대한 결정이므로 가볍게 받아들이지 않는다. 곧 전투가 벌어질 것이라고 예상되지 않는 이상, "무기 교범을 가동시킨 채로 운항하지 않는다[10]"고 말한다. 심지어 수동 모드에서도 몇 초 안에 미사일을 발사할 수 있다. 그리고 필요하다면 교범을 빨리 가동시킬 수도 있다. 그는 "생각했던 것보다 자주 걸프 지역에 배치되었다. 몇 달씩 교범을 가동시키지 않은 채 돌아다니는 건 매우 편했지만, 필요하면 언제든지 쓸 수 있도록 설치하고 테스트해서 발사할 준비를 해뒀다." 그런 수준의 자동화를 요구하는 상황이 발생할 수 있기 때문이다. "미사일은 아주 신속하게 발사할 수 있으니까 모든 걸 수동으로 해놓는 게 어떨까?" 갈루치는 이렇게 설명했다. "내 생각에는 미사일이 한두 발 정도 날아올 때는 [수동 제어가] 효과적일 것 같다. 하지만 전투기를 조종하고 있거나, 소형 경비정과 총격전을 벌이거나, 헬리콥터를 출발시킬 때…… 여러 각도에서 크루즈 미사일이 날아온다고 상상해보자. 알다시피 불침번은 수가 그리 많지 않아서 10~12명이 고작이다. 감시하는 사람이 별로 많지 않으니까…… 뭔가가 다가와도 놓칠 수 있다. 여기서 집중성 대 정상사고의 개념에 도달하게 된다. 가능하면 루프 안에 사람이 있기를 바라겠지만, 상황 때문에 압도당하는 경우가 생기게 마련이다."

교범이 가동되고 있어도 인간이 교전을 통제하는 게 이지스의 철칙이다. 바뀌는 건 인간 통제의 형태다. 특수 자동 교범을 쓸 때는 발사 권한을 이지스의 지휘결심 컴퓨터에 위임하지만, 인간의 의도가 여전히 힘을 발휘한다. 이때의 목표는 언제나 "무기를 발사하겠다고 의식적으로 결정하는 것[11]"이라고 갈루치는 말한다. 그렇다고 사고가 일어날 수 없다는 얘기는 아니다. 실제로 사고를 예방하는

데 도움이 되는 건 사고 발생 가능성을 끊임없이 되새기는 것이다. 갈루치 같은 사람들은 교범이 가동되면 불상사가 일어날 수 있다는 걸 안다. 그래서 무기를 철저히 통제하는 것이다. "[함장들은] 무기를 발사할 수 있는 준비 상태와 부주의하게 발사될 가능성 사이에서 끊임없이 균형을 맞추고 있다"고 한다.

갈루치가 나를 이지스 시뮬레이션 센터로 데려가서 팀원들이 다양한 모의 교전을 수행하는 걸 보여준 덕에, 이 엄격한 통제가 이루어지는 모습을 실제로 볼 수 있었다. 갈루치가 배의 지휘관 역할을 대신했고, 이지스 운용 자격을 갖춘 승무원들은 실제 함선에서 사용하는 것과 똑같은 단말기 앞에 앉아서 함선에서 하는 일을 그대로 했다. 그렇게 업무가 시작되었다.

• "녹색으로 전환"[12]

해군은 승무원들이 사용한 명령어를 있는 그대로 기록하는 건 허락하지 않았지만, 내가 그들을 관찰하는 과정에서 본 모습을 보도하는 건 허락해줬다. 갈루치는 먼저 승무원들에게 수동 운용 모드에서 미사일을 쏘는 과정을 시연하라고 명령했다. 그들은 모의 레이더 목표물을 화면에 띄웠고 갈루치는 목표물을 조준하라고 했다. 발사 솔루션을 준비하기 시작한 승무원 3명은 프로세스의 각 단계를 완료할 때마다 침착하면서도 활기찬 목소리로 보고를 했다. 발사 솔루션이 준비되자, 갈루치는 전술 조치 담당자에게 FIS 키를 녹색으로 전환하라고 명령했다. 그리고 갈루치는 발포 명령을 내렸다. 한 승무원이 발사 버튼을 누른 뒤 미사일이 발사됐다고 외쳤다. 우리 앞에 있는 대형 스크린에서는 레이더가 배에서 솟구친 미사일이 표적을 향해 날아가는 모습을 보여줬다.

시계를 확인했다. 1분도 안 되는 사이에 모든 과정이 정말 빠르게 진행됐다. 위협을 확인하고, 결정을 내리고, 1분 안에 미사일을 발사했는데, 그 모든 게 수동 모드로 진행됐다. 교범을 가동하지 않고도 함선을 방어할 능력이 있다는 갈루치의 자신감을 이해할 수 있었다.

반자동 모드에서 다시 시연을 진행했는데, 이번에는 교범을 가동시켰다. FIS 키는 다시 빨간색으로 바뀌어 있었다. 전술 조치 담당자가 미사일이 발사된 직후에 키를 다시 돌린 것이다. 갈루치는 반자동 교범을 가동시키라고 명령했다. 그리고 다른 목표물을 불러와서 표적으로 삼았다. 이번에는 이지스의 지휘결심 컴퓨터가 발사 솔루션 일부를 자동으로 생성했다. 덕분에 발사 시간이 절반 이상 단축되었다.

FIS를 빨간불 쪽으로 돌리고, 자동 SM 교범을 가동시키고, 새로운 목표물을 제시한다. FIS를 녹색불로 전환한다. 발사.

마침내 특수 자동 교범을 시연할 때가 됐다. 바로 이거다. 이게 인간이 루프에서 제거된 상태에서 위대한 미지의 세계로 크게 도약하기 위한 발판이다. 승무원들은 이제 관찰자에 불과하다. 그들은 시스템이 미사일을 발사할 때 아무런 행동도 취할 필요가 없다. 단 한 가지만 빼고……. FIS 키를 바라봤다. 키가 꽂힌 상태지만 빨간색으로 바뀌어 있다. 특수 자동 교범을 쓰고 있지만, 여전히 하드웨어 수준의 차단 장치가 가동 중이다. 무기에는 전압도 가해지지 않은 상태다. 전술 조치 담당자가 키를 녹색으로 전환하기 전까지는 아무것도 발사할 수 없었다.

모의 위협을 가리키는 표적이 화면에 나타나자 갈루치가 FIS를 녹색으로 전환하라고 명령했다. 몇 초 지나지 않아, 한 승무원이 미사일이 발사되었다고 알려줬다. 지휘결심 컴퓨터가 목표물을 조준해 발사하기까지 걸린 시간은 그게 다였다.

하지만 뭔가 속은 기분이었다. 그들은 자동화 기능을 켜지도 않은 채 느긋하게 의자에 기대어 있었다. 특수 자동 모드일 때도, 발사를 중단할 수 있는 키에 손을 올려놓고 있었다. 그리고 미사일이 발사되자마자 전술 조치 담당자가 FIS를 다시 빨간불 쪽으로 돌리는 게 보였다. 그들은 자동화 기능을 전혀 신뢰하지 않았다!

그리고 그게 바로 핵심이라는 걸 깨달았다. 그들은 자동화를 신뢰하지 않았다. 자동화가 강력한 기능임을 인정하고 존중했지만(심지어 자동화가 꼭 필요한 곳이 있다는 사실도 인정했다) 그렇다고 해서 인간이 내려야 할 결정을 기계에 넘겨주지는 않았다.

갈루치는 이 점을 더 확실히 하기 위해 마지막 시연을 진행했다. 특수 자동 교범이 가동된 상태에서 FIS를 녹색불로 바꾸고, 지휘결심이 미사일을 발사하게 했다. 하지만 미사일이 발사된 후, 갈루치가 미사일 발사를 중단하라고 명령했다. 승무원들이 버튼을 누르자, 몇 초 후 모의 미사일이 비행 중에 파괴되어 레이더에서 사라졌다. 특수 자동 모드에서도 미사일이 발사된 뒤까지 교전에 대한 인간의 통제력을 재확보할 능력이 남아 있는 것이다.

이지스 공동체가 이렇게 조심하는 데는 이유가 있다. 1988년에 이지스함 한 척이 끔찍한 사고를 당했다. 이 사건은 마치 유령처럼 공동체를 괴롭히면서 이지스함의 치명적인 위력을 계속 상기시킨다. 갈루치는 과거에 벌어진 이 일을 '끔찍하고 고통스러운 교훈[13]'이라고 칭하면서, 미래의 비극을 막기 위해 이지스 공동체가 배운 내용을 거리낌 없이 이야기해줬다.

USS 빈센스호 사건

1988년의 페르시아만은 위험한 곳이었다. 1980년부터 시작된 이란-이라크 전쟁은 두 나라가 서로 상대국의 유조선을 공격해 경제를 말살시켜서 항복을 받아내려고 하는 등 장기적인 '유조선 전쟁[14]'으로 번졌다. 1987년에 이란은 쿠웨이트에서 석유를 실어 가는 미국 국적의 유조선까지 공격 대상에 포함시켰다. 이에 미 해군은 이란의 공격으로부터 미국 국적의 쿠웨이트 유조선을 보호하려고 이들을 호위하기 시작했다.

걸프만에 있는 미 해군 함선은 기뢰, 로켓을 장착한 이란 고속정, 군함, 여러 나라 전투기들의 위협에 맞서 고도의 경계 태세를 취하고 있었다. 1년 전에 USS 스타크호USS Stark가 이라크 제트기에서 발사한 에그조세Exocet 미사일 2발을 맞아 미군 37명이 사망했다. 1988년 4월, 미국의 소형 구축함이 이란 기뢰에 맞은 것에 대응하여 미국이 이란의 석유 굴착용 플랫폼을 공격하고 이란 선박 몇 척을 침몰시켰다.

이 전투는 겨우 하루 동안 지속되었지만, 그 이후 미국과 이란 사이의 긴장이 고조되었다.

1988년 7월 3일, 미국 군함 USS 빈센스호USS Vincennes와 USS 몽고메리호USS Montgomery가 호르무즈 해협을 통해 유조선을 호송하던 중에 이란 고속정과 마주쳤다. 이란 선박을 감시하던 빈센스호의 헬리콥터에 불이 붙었다. 빈센스호와 몽고메리호는 이에 대응해 이란 선박을 이란 영해로 몰아내면서 공격을 시작했다.

빈센스호가 이란 선박들과 총격전을 벌이는 동안, 인근의 반다르아바스 공항에서 항공기 두 대가 연속적으로 이륙했다. 반다르아바스는 이란의 민간 항공기와 군용 항공기가 모두 이용하는 군민 양용 공항이었다. 이때 이륙한 항공기 한 대는 민간 여객기인 이란 항공 655편이고, 다른 한 대는 이란의 F-14 전투기였다. 어떤 이유인지는 몰라도, 빈센스호 전투정보센터에 있던 승무원들이 레이더 화면에 나타난 두 항공기의 궤적을 혼동하게 되었다. 이란 F-14는 방향을 홱 틀었지만 이란 항공 655편[15]은 평소처럼 상용 항공로를 따라 비행했는데, 마침 이 노선은 빈센스호를 향해 쭉 뻗어 있었다. 민간 항공기는 피아식별장치를 시끄럽게 울리면서 상용 항공로를 날고 있었지만, 빈센스호의 함장과 승무원들은 자신들을 향해 날아오는 레이더 표적이 이란의 F-14 전투기라는 잘못된 확신을 품게 되었다.

항공기가 접근하자 빈센스호 승무원들은 군용 및 민간 주파수를 통해 상대방에게 여러 차례 경보를 발령했다. 하지만 아무 반응도 없었다. 이란군이 전투기를 보내 교전을 확대하기로 했고, 현재 자기 배가 위협받고 있다고 생각한 빈센스호 선장은 발포 명령을 내렸다.

결국 이란 항공 655편은 격추되어 탑승자 290명 전원이 사망했다.

USS 빈센스호 사건과 패트리엇 아군 피해 사건은 자동화 대 인간 통제의 척도에서 정반대되는 2가지 사례다. 패트리엇 아군 피해 건에서는 인간이 자동화 기능을 너무 신뢰했다. 빈센스호 사건은 인간의 실수로 인해 발생했고 더 많은 자동화가 도움이 되었을지도 모른다. 이란 항공 655편은 IFF를 켜놓고 상용 항공로를 운항하고 있었다. 잘 만들어진 이지스 교범에 따랐다면 미사일을 발사하지 않았을 것이다.

빠른 속도로 진행되는 이 전투 환경에서 자동화가 빈센스호 승무원들을 도울 수 있었을 것이다. 그들은 수많은 미사일의 공격을 받은 건 아니지만, 이란 선박과 총격전을 벌이고 인근 공항에서 F-14와 상업 여객기가 연달아 이륙하는 등 너무 많은 정보에 압도되어 있었다. 이런 정보 포화 환경에서 승무원들은 반드시 알아차렸어야 하는 중요한 세부사항을 놓치고 파멸을 초래하는 잘못된 결정을 내렸다. 그에 반해 자동화 기능은 정보량에 압도되지 않았을 것이다. 집중성 시나리오에서 자동화 기능이 날아오는 미사일을 격추시키는 데 도움이 되듯이, 정보 과부하 환경에서는 잘못된 목표물을 향해 발사하지 않도록 도울 수 있다.

높은 신뢰도 달성

이지스 공동체는 빈센스호 사건, 패트리엇 아군 피해, 그리고 수년간의 경험을 바탕으로, 매우 복잡한 무기 체계를 운용하면서도 사고 발생은 줄일 수 있게끔 운용 절차와 교범, 소프트웨어를 정교하게 다듬는 법을 배웠다. 빈센스호 사건 이후 거의 30년 동안 세계 곳곳에 계속 이지스함을 배치했지만 비슷한 사건은 다시 발생하지 않았다.

해군의 이지스함 배치 실적을 보면 복잡하고 위험한 시스템도 신뢰도 높게 운용할 수 있지만, 이는 테스트만 한다고 가능한 일이 아니다. 인간 운용자들은 자동화를 맹목적으로 믿으면서 이지스함 운용을 소극적으로 방관하지 않는다. 그들은 모든 단계에서 적극적으로 참여한다. 시스템의 운전 파라미터를 프로그래밍하고, 운용 모드를 계속 감시하며, 시스템 동작을 실시간으로 감독하고, 무기 발사 권한을 엄격하게 통제한다. 이지스 문화는 육군 연구진이 2003년에 패트리엇 공동체에서 발견한 '자동화에 대한 불필요할 정도로 무비판적인 신뢰[16]'와는 180도 다르다.

육군은 패트리엇 아군 피해 사건 이후에 무엇이 잘못됐는지 제대로 파악하고 훈련과 교범, 시스템 설계 등을 개선해 다시는 이런 일이 일어나지 않도록 하려고, 3년에 걸친 사후 평가 과정인 패트리엇 감시 프로젝트를 시작했다. 이 프로젝트를 진두지휘한 공학 심리학자인 존 홀리John Hawley 박사는 그런 변화를 실행하는 과정에서 겪은 어려움을 솔직하게 얘기해줬다. 그는 위험성이 큰 기술을 관리하면서도 사고율이 매우 낮은 공동체들의 사례가 있긴 하지만, 높은 신뢰도를 달성하는 건 결코 쉬운 일이 아니라고 말했다. 해군은 "[빈센스호 사건을] 초래한 실수를 다시 저지르지 않으려고…… 이지스 같은 시스템을 효과적으로 활용하는 방법을 알아내기 위해 많은 돈을 들였다[17]"고 한다. 이 훈련에는 많은 비용과 시간이 소요되며, 실제로 군조직의 이러한 투자와 노력을 가로막는 관료적이고 문화적인 장애물도 존재한다. 홀리는 패트리엇 지휘관들의 능력은 훈련된 대원을 얼마나 많이 준비시키느냐에 따라 평가된다고 설명했다. "[훈련] 상황을 너무 힘들게 만든다면,[18] 그 [승무원들이] 요건을 충족시키지 못하는 상황에 처하게 될 것이다." 군대는 훈련을 최대한 현실적으로 진행하는 걸 장려하는 듯하고, 이는 어느 정도까지 사실이지만, 투자 가능한 시간과 돈에는 한계가 있다. 홀리는 육군 패트리엇 운용자들이 실제 전투의 혹독한 상황을 정확하게 시뮬레이션하지 못하는 '엉터리 환경'에서 훈련을 한다고 주장했다. 그 결과, "육군은 자기네 군인들이 얼마나 훌륭한지에 대해 스스로를 속이고 있다.[19] …… 자기가 일을 잘한다고 믿는 건 쉽겠지만, 그건 상관이 던져주는 비교적 손쉬운 시나리오를 감당할 수 있었기 때문이다." 불행히도 군은 전쟁이 일어나기 전까지는 자신들의 훈련이 효과적이지 않다는 사실을 깨닫지 못할 수도 있는데, 그때 가서 깨달으면 너무 늦을 것이다.

홀리는 이지스 공동체가 이런 문제를 별로 겪지 않는 건, 그들이 날마다 전 세계에서 운용하는 선박에 자체적인 시스템을 사용하기 때문이라고 설명했다. 이지스 운용자들은 "본인이 얼마나 잘하고 있는지 주변에서 일관성 있고 객관적인 피드백[20]을 받기 때문에" 이런 자기기만을 피할 수 있다. 반면 패트리엇을 위한 육군의 평시 작전 환경은 그렇게 진지하지 않다고 홀리는 말했다. "육군 부대원들이 배치되어도,[21] 시스템에 대한 경험의 질이 같지는 않을 것이다. 이론에는 강하지만, 실제로 자기 스코프를 감시하는 것 외에는 별다른 일을 하지 않는다." 리더십도 중요한 요소다. 홀리는 빈센스호에서 벌어진 다른 사건에 대해 언급하면서, "이지스 공동체의 해군 수뇌부[22]는 정말 편집증적"이라고 말했다.

결론적으로 높은 신뢰성을 달성하기는 쉽지 않다. 실제 운용 상황을 자주 경험해야 하고, 시간과 돈도 대규모로 투자해야 한다. 리더들은 충족시켜야 하는 다른 요구도 많겠지만, 무엇보다 안전을 최우선적으로 중요시해야 한다. 미 해군 잠수함, 항공모함 갑판 운용자, 이지스 무기 체계 운용자는 이런 조건을 충족하는 매우 구체적인 군사 공동체다. 일반적인 군사조직은 그렇지 않다. 홀리는 미 육군에는 패트리엇 같은 시스템을 안전하게 운용할 수 있는 능력이 부족하다고 비관적으로 전망하면서, "너무 허술한 조직이라……[23] 이런 시스템 운용에 필요한 엄격함을 유지하기 힘들다"라고 말했다.

이건 실망스러운 결론이다. 미 육군은 인류 역사상 가장 전문적인 군사조직 중 하나이기 때문이다. 홀리는 다른 나라들에 대해서는 더욱 비관적인 의견을 내비쳤다. "지금까지의 역사와 사상자를 감수하겠다는 러시아군의 의지, 그리고 아군 피해에 대한 태도를 바탕으로 판단해보면……[24] 그들의 저울은 치명성과 운영 효율 쪽으로 크게 기울어져 있어서 마땅히 중시해야 하는 안전한 활용과는 거리가 먼 것으로 보인다." 지금까지의 관행이 이 의견을 뒷받침하는 듯하다. 소련/러시아 잠수함의 사고율은 미국 잠수함보다 훨씬 높다.

사고를 피하기 위해 인센티브를 부여해야 하는 군사 공동체가 있다면, 그건 바로 핵무기 통제를 유지할 책임이 있는 사람들이다. 지구상에 핵무기보다 더 파괴적인 무기는 없다. 따라서 핵무기는 위험한 무기를 안전하게 관리할 수 있는 정도를 알아보는 데 적합한 좋은 실험 사례다.

핵무기의 안전성과 간신히 피한 사고

핵무기의 파괴력은 쉽게 이해할 수 없다. 오하이오급 탄도 미사일 잠수함에는 미사일 하나당 100킬로톤짜리 탄두가 8개씩 달린 트라이던트 II Trident II(D5) 탄도 미사일을 24개 탑재할 수 있다. 100킬로톤짜리 탄두 하나는 히로시마에 투하된 폭탄보다 6배 이상 강력하다. 따라서 잠수함 한 대가 히로시마 원폭보다 천 배 이상 강한 파괴력을 발휘할 수 있다. 핵무기는 하나씩 따로 써도 대량살상이 가능하다. 이런 무기로 상호 핵공격을 한다면 인류 문명이 파괴될 수 있다. 하지만 1945년 이후로는 시험 목적 외에는 고의적이든 우발적이든 핵무기를 사용한 적이 없다.

그러나 면밀히 살펴보면 핵무기의 안전기록은 별로 고무적이지 않다. 1983년에 있었던 스타니슬라프 페트로프 사건 외에도 재앙적인 결과를 초래할 수 있는 위기일발의 핵무기 사건이 여러 차례 발생했었다. 그중 일부는 개별적인 무기 사용을 초래할 수 있었고, 다른 것들은 초강대국 간의 상호 핵공격으로 이어질 수 있었다.

1979년에 북미 항공우주 방위사령부NORAD 컴퓨터에 있던 훈련용

테이프[25]를 본 군 장교들은 소련군이 미국을 공격하고 있다고 착각했지만, 조기 경보 레이더가 울리지 않는 걸 보고 사실이 아니라는 걸 깨달았다. 그로부터 1년이 채 지나지 않은 1980년, 결함 있는 컴퓨터 칩[26] 때문에 NORAD에서 위와 유사한 허위 경보가 발생했다. 이 사건은 미군 지휘관들이 즈비그뉴 브레진스키Zbigniew Brzezinski 국가안보 보좌관에게 소련 미사일 2,200발이 미국을 향하고 있다고 알릴 정도로 진척되었다. 브레진스키가 막 지미 카터 대통령에게 보고하려던 참에 NORAD가 그 경보가 거짓이라는 걸 깨달았다.

냉전이 끝난 뒤에도 핵무기로 인한 위험은 완전히 가라앉지 않았다. 1995년에 노르웨이는 북극광을 연구하기 위한 과학 장비를 실은 로켓을 발사했는데, 이 로켓의 궤적과 레이더 특징이 미국의 트라이던트 II 잠수함에서 발사한 핵미사일과 유사했다. 미사일 한 발을 선제공격으로 보기는 어려웠지만, 이번 발사는 미국이 대규모 선제공격에 앞서 전자기 펄스를 방출하는 고고도 핵폭발을 일으켜 러시아 위성을 무력화시키는 행동처럼 보였다. 러시아 지휘관들은 보리스 옐친Boris Yeltsin 대통령에게 핵무기 가방을 가져다줬고,[27] 그는 미사일이 무해한 것으로 확인되기 전까지 러시아군 고위 지휘관들과 대응 방안을 논의했다.

이 사건들 외에도 핵전쟁 위기를 고조시키지는 않았을지 모르지만 여러 문제를 일으킨 안전상의 실수들이 있다. 예를 들어, 2007년에는 미 공군의 B-52 폭격기가 핵무기 6개를 싣고 미놋Minot 공군기지에서 박스데일Barksdale 공군기지까지 날아갔는데, 조종사나 승무원들은 이 사실을 알지 못했다. 착륙한 뒤에도 그 무기들은 안전이 보장되지 않은 상태로 비행기 안에 남아 있었고, 지상 요원들도 무기의 존재를 몰랐기 때문에 다음 날 발견될 때까지 그대로 있었다. 이는 최근 미국 원자력계에서 발생한 일련의 보안 실패 사건 가운데 가장 끔찍한 사건일 뿐이며, 공군 지도부는 적절한 안전기준을 준수하지 않고[28] 있다고 경고했다.

이건 드문 일도 아니었다. 1962년부터 2002년까지 핵무기를 사용할 뻔한 사건이 최소 13건[29] 이상 있었다. 이런 실적을 보면 자신감이 생길 수가 없다. 이런 일촉즉발의 무시무시한 상황이 핵무기 관리에 있어서는 정상적인 상황인가보다는 생각에 신빙성이 생길 정도다. 그러나 이 사건들이 실제 핵폭발로 이어지지 않았다는 사실은 흥미로운 수수께끼를 안겨준다. 이런 일촉즉발의 상황은 사고 발생은 불가피하다는 정상사고 이론에 대한 비관적인 시각을 뒷받침하는가? 아니면 실제 핵폭발로 이어지지는 않았다는 사실이, 신뢰도 높은 조직은 고위험 시스템을 안전하게 운용할 수 있다는 낙관적인 시각을 뒷받침할까?

스탠퍼드대 정치학자인 스콧 세이건Scott Sagan은 이 질문에 답하기 위해 핵무기 안전에 대한 심층적인 평가에 착수했다. 세이건은 『안전의 한계The Limits of Safety』라는 책에서 이 철저한 연구에 대해 다음과 같은 결론을 내렸다.

> 이 책 첫머리에서,[30] 핵무기 안전에 관한 공식 기록을 보고 신뢰도 높은 조직 이론가들은 이런 명백한 성공담을 설명할 수 있는 가장 강력한 지적 도구를 제공할 것으로 기대된다고 썼다……. 하지만 이 책에

제시된 증거들을 보니 그와 정반대되는 생각, 즉 미국이 핵무기와 관련해 지속적으로 겪고 있는 안전 문제를 심각한 경고로 받아들여야 한다는 생각이 어쩔 수 없이 들었다.

세이건은 "역사적 증거는 [고도 신뢰 이론보다] 찰스 페로가 『정상사고』에서 발전시킨 이론을 훨씬 강하게 뒷받침한다"고 결론지었다. 언뜻 보기에 확실한 안전기록처럼 보이는 것의 표면 아래에는, 사실 "미국 핵무기 시스템이 겪은 위기일발의 순간들이 줄줄이 열거되어 있다."[31] 이는 미국의 핵무기 안전을 담당하는 조직이 유독 무능하거나 방만했기 때문은 아니다. 오히려 핵과 관련된 위기일발의 역사는 "조직 안전의 본질적 한계[32]"를 반영한다고 그는 말했다. 군 조직은 안전 외에도 작전과 관련된 다른 요구사항들을 받아들여야 한다. 정치학자들은 이를 "항상/절대 딜레마[33]"라고 부른다. 핵무장 국가의 군대는 언제나 즉각적으로 핵무기를 발사할 준비가 되어 있어야 하며, 확실한 억지력을 발휘할 수 있도록 적에게 대규모 공격을 가해야 한다. 그와 동시에 무기의 무단 발사나 우발적인 폭발 같은 일은 절대 일어나면 안 된다. 세이건은 이것이 사실상 "불가능하다"[34]라고 말한다. 몇몇 위험 요소의 경우, 안전하게 관리하는 데 한계가 있다.

사고의 필연성

핵무기를 안전하게 관리하는 것도 충분히 힘든 일이다. 그런데 자율무기는 여러 면에서 그보다 더 힘들 수 있다. 핵무기는 소수의 관계자만 이용할 수 있지만, 자율무기는 안전 문제를 별로 고려하지 않는 나라들을 비롯해 광범위하게 확산될 수 있다. 자율무기는 항상/절대 딜레마와 유사한 문제를 안고 있다.[35] 일단 작동되면, 아군이나 민간인은 공격하지 말고 적의 목표물만 찾아서 파괴해야 하기 때문이다. 핵무기와 다르게 자율무기의 경우에는 드물게 일어나는 몇몇 실수는 용납할 수 있지만, 심각한 실수는 용납되지 않을 것이다.

자율무기의 위험성이 핵무기만큼 명확하지 않다는 사실 때문에 어떤 면에서는 위험 완화가 더 어려워질 수도 있다. 자동화가 안전성과 신뢰도를 높일 수 있다는 인식(일부 상황에서는 사실이지만) 때문에 군대는 다른 재래식 무기를 다룰 때에 비해 자율무기를 다룰 때는 덜 조심하게 될 수도 있다. 군이 핵무기를 통제하고 책임지는 안전 절차를 안정적으로 도입할 수 없다면, 과연 자율무기의 경우에는 그게 가능할지 전혀 확신할 수가 없다.

핵무기 안전, 이지스 작전, 패트리엇 아군 피해 등의 전체적인 기록을 보면, 건전한 절차가 사고 발생 가능성을 낮출 수는 있지만 결코 0이 되지는 못한다는 걸 알 수 있다. 미 해군 잠수함과 이지스 공동체는 신뢰성 높은 조직의 원칙을 수용함으로써 적어도 평시에는 복잡하고 위험한 시스템을 안전하게 관리하게 되었다. 만약 패트리엇 공동체가 2003년 이전에 이런 원칙을 몇 가지 받아들였다면, 아군 피해를 방지할 수 있었을지도 모른다. 위기일발의 사건에 대응하고 테스트 과정에서 밝혀진 대방사 미사일 분류 오류 문제처럼 알려진 문제를 바로잡겠다는 문화적 경계심이 높았다면 적어도 토네이도 격추 사건은 막을 수 있었을 것이다. 그러나 고도 신뢰 이론이 반드시 무사고를 약속하는 건 아니다. 그저 사고율을 현저히 낮출 수 있을지도 모른다는 것뿐이다. 원자력 분야처럼 안전이 최우선인 업계에서도 사고는 여전히 발생한다.

자율무기를 안정적으로 다루는 작전 수행 능력에 회의적인 이유가 있다. 신뢰도 높은 조직은 평시에는 이지스함에서 작동하는 3가지 핵심 기능에 의존하지만, 전시에 사용하는 완전자율형 무기에는 그런 기능이 존재할 가능성이 낮다.

첫째, 신뢰도 높은 조직은 운영 방식을 꾸준히 개선하고 위기일발 사고에서 교훈을 얻어 낮은 사고율을 달성할 수 있다. 이건 운영 환경에서 광범위한 경험을 축적할 수 있을 때만 가능하다. 예를 들어, 이지스함이 어떤 지역에 처음 도착하면 한동안 레이더를 켜고 교범을 가동시킨 상태로 운항하지만, 무기는 비활성화해서 승무원들이 해당 교범이 그 특정한 운영 환경의 고유한 특성에 어떻게 반응하는지 볼 수 있도록 한다. 마찬가지로 FAA 항공교통관제소, 원자력발전소, 항공모함처럼 사람들이 날마다 운용하는 시스템들도 대량의 운용 경험을 축적하고 있다. 실제 상황에서 이루어진 이런 일상적인 경험을 통해 안전한 운영을 개선할 수 있다.

일반적인 상황을 벗어나는 극단적인 사건이 발생하면 안전이 훼손될 수 있다. 사용자가 비정상적인 조건에서 발생하는 상호작용을 모두 예측하는 건 불가능하다. 후쿠시마 원자력발전소의 노심 용융으로 이어진 일본의 9.0 규모 대지진도 그런 경우다. 12미터 높이의 쓰나미를 유발하는 진도 9.0 지진이 정기적으로 발생한다면, 원자력발전소 운영자들은 일차 전력과 예비 전력을 망가뜨린 공통모드 고장을 예상하는 방법을 빨리 배웠을 것이다. 홍수 제방을 더 높게 쌓고 예비용 디젤 발전기를 가동했을 것이다. 하지만 비정상적인 사건에서 발생할 수 있는 특정한 실패를 예측하기란 어렵다.

전쟁은 비정상적인 상황이다. 군대는 전쟁에 대비하지만, 평소에 군대가 하는 일상적인 경험은 평시 경험이다. 군대는 훈련을 통해 전쟁의 혹독한 상황에 대비하려고 하지만, 아무리 열심히 훈련해도 실제 전투의 폭력과 혼란을 재현할 수는 없다. 따라서 전쟁이 벌어졌을 때 군인들이 자율 시스템의 행동을 정확하게 예측하기란 매우 어렵다. 심지어 이지스도 무기를 비활성화한 상태에서 교범을 가동하므로 운용자들은 교범이 평시의 운용 환경과 어떻게 상호작용하는지만 알 수 있다. 전시 운용 환경은 당연히 이와 다르므로 새로운 문제가 생길 것이다. USS 빈센스호 사고는 이 문제점을 부각시킨다. 빈센스호 승무원들은 평시와는 다른 일련의 상황(이란 선박들이 빈센스호를 향해 사격을 가해 한창 교전을 벌이는 중에, 근처의 같은 공군기지에서 군용기와 민간 항공기가 비슷한 시간에 이륙한 것)에 직면했다. 만약 그들이 일상적으로 이런 상황을 겪어봤다면, 민간 여객기가 다니는 항로를 멀리하는 등 사고를 피하기 위한 프로토콜을 마련할 수 있었을 것이다. 하지만 일상적인 운용 환경에서의 훈련만으로는 전투가 야기하는 복잡한 상황에 대비하지 못했고, 대비할 수도 없었다. 홀리는

"필요하다고 생각하는 모든 훈련을 다 진행해도……[36] 결국에는 예상치 못한 뜻밖의 상황이 벌어져서 발목을 잡게 될 것이다"라고 말했다.

평시의 고신뢰 조직과 전쟁의 또 다른 중요한 차이점은 적대 행위자의 존재다. 복잡한 시스템을 안전하게 운영하기 어려운 이유는, 관료주의적인 관계자들이 중시하는 이익이나 명성 같은 다른 이해관계가 때로 안전을 위협할 수 있기 때문이다. 하지만 일반적으로 그 어떤 관계자도 안전을 강력히 거부하지는 않는다. 이 경우 사람들이 안전 운용을 적극적으로 방해하는 게 아니라 지름길을 택하기 때문에 위험이 발생한다. 하지만 전쟁은 다르다. 전쟁은 본질적으로 적대적인 환경이며, 시스템을 훼손하거나 착취하거나 전복하려는 행위자들이 있다. 군대는 가능한 모든 적의 행동에 대해 군대를 훈련시키려는 게 아니라 회복력과 결단력, 그리고 자율적인 명령 집행 문화를 심어줌으로써 이런 환경에 대비한다. 전투원들은 상황에 즉시 적응해서 적의 행동에 대응하기 위한 새로운 해결책을 마련해야 한다. 인간은 이를 잘 해낼 수 있지만 기계는 성능이 떨어지는 분야다. 상대방의 혁신적인 기술에 대응해야 하는 경우, 자동 시스템의 불안정성은 중요한 약점이 된다. 상대방이 자율 시스템의 취약점을 발견하면, 그 취약성을 깨닫고 시스템을 고치거나 사용법에 적응할 때까지 자유롭게 이용할 수 있다. 시스템 자체는 적응이 불가능하다. 자동화와 관련해 인간 사용자가 바람직하다고 생각하는 예측 가능성이 적대적인 환경에서는 취약점이 될 수 있다.

마지막으로, 신뢰도를 높인 고신뢰 조직의 핵심 요소는 사람인데

이들은 완전자율무기가 실제로 작전을 수행할 때는 당연히 그곳에 존재하지 않는다. 사람이야말로 신뢰성 높은 조직을 신뢰할 수 있게 만드는 존재다. 윌리엄 케네디의 설명처럼 자동화는 '계획된 행동[37]'을 할 수 있지만, 이례적인 사건 앞에서도 탄력적인 운영이 가능하려면 인간이 시스템을 유연하게 만들어야 한다. 인간은 시스템을 느슨하게 운영하면서 구성 요소들 간의 밀착 결합을 줄이고 운영 시 판단력이 중요한 역할을 하게 한다. 완전자율 시스템의 경우, 설계와 시험 과정에는 인간이 존재하고 시스템을 가동시키는 것도 인간이지만, 실제 작동 중에는 인간이 존재하지 않는다. 뭔가가 잘못되어도 그들은 개입할 수 없다. 높은 신뢰성을 제공했던 조직을 이용할 수 없으므로, 적어도 일정 시간은 기계 스스로 판단해서 행동해야 한다. 이런 상황에서 안전을 담보하려면 고신뢰성 조직 이상의 뭔가가 필요하다. 신뢰도 높은 완전자율형 복합기계가 필요한데, 이런 시스템은 존재했던 전례가 없다. 이를 위해서는 이지스와는 매우 다른 기계, 사용자에게는 이례적으로 예측 가능성이 높지만 적에게는 그렇지 않고 고장 나도 안전하게 운용할 수 있도록 고장 방지 설계가 된 기계가 필요하다.

오늘날의 기술 수준을 감안할 때, 100퍼센트 안전하면서 문제를 일으키지 않는 복잡한 시스템을 구축하는 방법을 아는 사람은 아무도 없다. 차라리 미래의 시스템이 이런 상황을 변화시킬 것이라고 생각하는 편이 낫다. '더 똑똑한' 기계가 등장할 거라는 약속, 기계가 더 발전해서 똑똑해지고 따라서 더 많은 변수를 처리해 실패를 피할 수 있을 거라는 약속은 유혹적이다. 이건 어느 정도는 사실이다. 미국의 핵무기 규범을 알고 있는 정교한 조기 경보 시스템은, 페트로프의 판단력과 비슷한 걸 활용해서 이번 공격은 가짜일 가능성이 크다고 판단할 수 있을 것이다. 좀 더 발전된 버전의 패트리엇은 IFF 문제나 전자기 간섭을 고려하여 모호한 표적에 대한 발사를 보류할 수 있을 것이다.

그러나 기계가 더 똑똑해진다고 해서 사고를 완전히 피할 수는 없었다. 새로운 기능이 더해지면 복잡성이 늘어나므로 결국 양날의 검이다. 더 복잡한 기계는 능력이 더 좋을 수도 있지만, 사용자들이 새로운 상황에서 그들의 행동을 이해하고 예측하기가 더 어려워질 수 있다. 규칙 기반 시스템의 경우, 시스템의 행동을 지배하는 다양한 규칙과 주변 환경과의 상호작용 사이에서 생기는 거미줄처럼 복잡한 관계를 해독하는 작업은 금세 불가능해진다. 규칙을 추가하면 시스템이 더 많은 시나리오를 설명할 수 있을 만큼 더 똑똑해지지만, 내부 논리의 복잡성이 증가하므로 사용자 입장에서는 이해하기가 힘들다.

학습 시스템은 이 문제를 피해가는 것처럼 보일 것이다. 그 시스템은 규칙에 의존하지 않고, 데이터를 공급받은 뒤 시간이 흐르면서 쌓인 경험을 통해 정답을 학습한다. AI에서 가장 혁신적인 진보는 심층 신경망 같은 학습 시스템이다. 군대는 어려운 문제를 해결하기 위해 학습 시스템을 사용하려고 하고, 실제로 DARPA의 TRACE 같은 프로그램은 이미 그렇게 하는 걸 목표로 삼고 있다. 그러나 이런 시스템을 테스트하는 건 훨씬 더 어렵다. 불가해성은 복잡한 시스템에서도 문제지만 스스로 학습하는 시스템에서는 더 큰 문제다.

CHAPTER

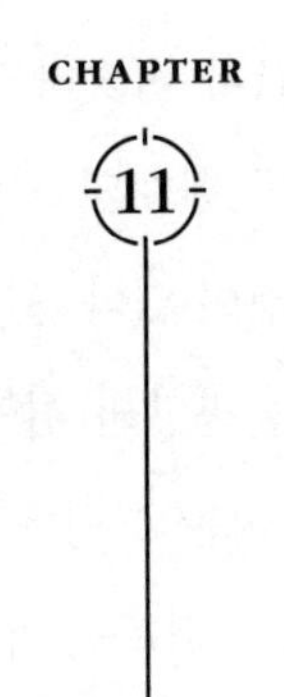

블랙박스

이상하고 이질적인 심층 신경망의 세계

프로그래밍된 규칙을 따르지 않고 데이터를 통해 배우는 학습 기계는 사실상 설계자들에게 '블랙박스'라고 할 수 있다. 컴퓨터 프로그래머들은 네트워크 산출물을 보고 그게 옳은지 그른지는 알 수 있지만, 시스템이 왜 그런 특정한 결론에 도달했는지는 이해하기 어렵고 특히 시스템 실패를 미리 예측하는 건 정말 힘들다. 밥 워크를 만났을 때 그도 이 문제를 거론했다. "학습 시스템의 테스트와 평가는 어떤 식으로 하는가?"라고 물어봤다. 그도 답을 몰랐다. 그만큼 어려운 문제다.

학습 시스템의 행동 검증 문제는 현재 시각 객체 인식 AI가 '대립적 이미지' 인식에 취약하다는 점에서 극명하게 드러난다. 심층 신경망은 매우 뛰어난 객체 인식 도구라는 사실이 증명되었으며, 표준

벤치마크 테스트에서는 인간과 비슷하거나 더 뛰어난 성과를 올렸다.[1] 그러나 연구진은 적어도 현재의 기술 수준에서는, 인간에게는 없는 이상하고 기괴한 취약점이 있다는 것도 알아냈다.

대립적 이미지[2]란 심층 신경망의 취약성을 이용해 틀린 이미지를 자신 있게 식별하도록 속이는 그림을 말한다. 대립적 이미지(일반적으로 연구자들이 의도적으로 만든 것[3])는 2가지 형태를 띤다. 하나는 추상적인 물결 모양을 닮았고, 다른 하나는 인간이 보기에는 무의미한 잡음처럼 보인다. 그런데도 신경망은 이런 말도 안 되는 이미지를 99퍼센트 이상 자신 있게 불가사리, 치타, 공작새 같은 구체적인 물체로 식별한다. 문제는 신경망이 일부 객체를 잘못 인식한다는 게 아니다. 심층 신경망이 물체를 잘못 생각하는 방식이 인간에게는 기괴하고 직관에 어긋난다는 점이다. 신경망은 인간이라면 절대 하지 않을 방법을 써서 무의미한 정적 혹은 추상적 형상에서 잘못된 사물을 식별해낸다. 이 때문에 인간은 신경망이 고장 날 수 있는 상황을 정확하게 예측하기 어렵다. 신경망은 완전히 이질적인 방식으로 동작하기 때문에, 인간이 신경망의 행동을 예측하기 위해 신경망의 내부 로직을 정확하게 보여주는 심성 모형을 제시하는 건 매우 어렵다. 신경망의 블랙박스 안에는 우리 직관에 반하는 예기치 못한 형태의 불안정성이 존재하는데, 이는 신경망 설계자들에게도 놀랍다. 이건 특정한 신경망 하나만 가지고 있는 약점이 아니다. 현재 객체 인식에 사용되는 대부분의 심층 신경망에 이런 취약성이 존재하는 것으로 보인다. 사실 신경망을 속이기 위해서는 구체적인 내부 구조[4]를 알 필요도 없다.

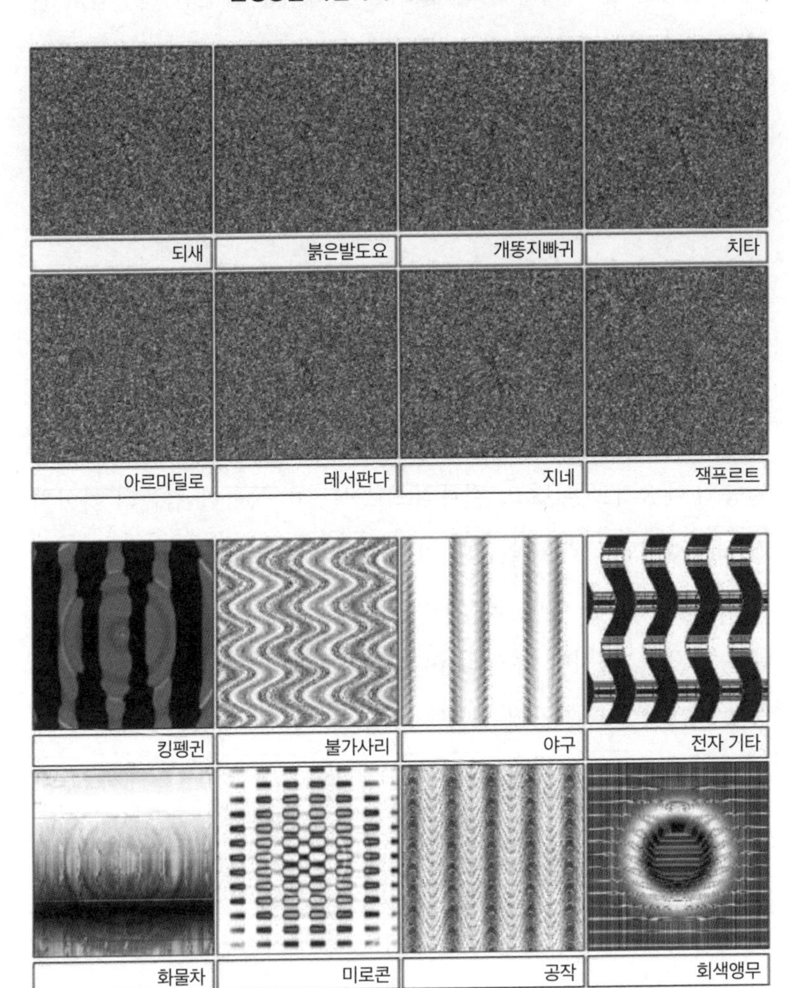

최첨단 이미지 인식 신경망은 인간이 알아볼 수 없는 이런 이미지를 99.6퍼센트 이상의 확신을 품고 우리에게 친숙한 물체로 식별했다. 연구진은 위에 있는 8개 이미지는 개별 픽셀의 품질을 높이고, 아래의 8개 이미지는 전체적인 화질을 높이는 2가지 방법을 사용해서 이미지 품질을 개선했다.

이 현상을 잘 이해하기 위해, 이런 취약점을 발견한 연구팀의 일원인 와이오밍 대학의 AI 연구원 제프 클룬Jeff Clune과 이야기를 나누었다. 클룬은 그들의 발견을 "우연한 과학적 발견을 보여주는 교과서적인 사례"라고 설명했다. 연구진은 "끝없이 혁신할 수 있는 창의적인 인공지능"을 설계하려고 했다. 이를 위해 이미지 인식 훈련을 받은 기존의 심층 신경망을 이용했고, 신경망이 알고 있는 이미지 클래스의 추상적인 형태인 새로운 이미지로 발전시켰다. 예를 들어, 야구를 인식하도록 훈련받은 신경망의 경우 야구의 본질을 포착한 새로운 이미지를 학습하도록 한 것이다. 그들은 이 창의적인 AI를 일종의 예술가로 여겼고, 결과적으로 상당히 독특한 컴퓨터 이미지가 나오겠지만 그래도 인간이 인식할 수는 있으리라고 생각했다. 하지만 그들이 얻은 이미지는 "전혀 알아볼 수 없는 쓰레기"였다고 클룬은 말했다. 하지만 더 놀라운 건 다른 심층 신경망도 이 신경망에 동조하면서, 쓰레기처럼 보이는 그 이미지들을 실제로 존재하는 물체로 식별했다는 점이다. 클룬은 AI가 모두 동조하는 "거대하고, 기괴하며, 이질적인 이미지 세계[5]"를 우연히 발견하게 되었다고 설명했다.

대립적 이미지에 대한 심층 신경망의 취약성은 주요한 문제다. 단기적으로는 현재와 같은 수준의 시각 객체 인식 AI를 군사용으로 사용하는 것(그리고 적대적인 환경에서 다른 고위험 애플리케이션에 사용하는 것)이 과연 옳은지 의문이 든다. 의도적으로 기계에 거짓 데이터를 입력해서 행동을 조작하는 걸 위장 공격이라고 하는데, 현재의 첨단 이미지 분류기는 적에게 이용당할 수 있는 위장 공격의 약점으로 알려져 있다. 더 나쁜 건, 대립적인 이미지를 인간이 감지할 수 없는 방식으로 은밀하게 정상 이미지에 끼워 넣을[6] 수 있다는 것이다. 이를 '숨겨진 착취[7]'라고 하는데, 클룬은 이를 통해 적이 인간에게는

이미지 안에 숨겨진 위장 공격

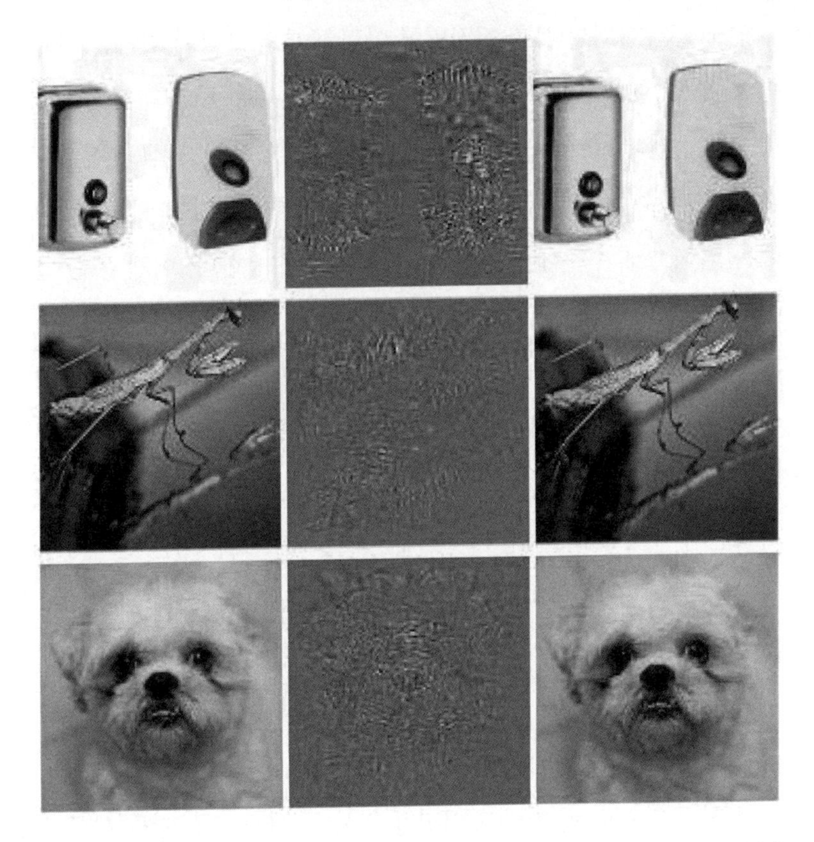

인간에게는 오른쪽 열과 왼쪽 열의 이미지가 똑같아 보이지만 신경망은 매우 다르다고 인식한다. 왼쪽 열은 수정되지 않은 이미지로, 신경망도 정확하게 식별할 수 있다. 가운데 열은 10배 확대했을 때 드러나는 오른쪽과 왼쪽 이미지 차이를 보여준다. 오른쪽 열은 조작된 이미지로, 여기에는 인간에게는 보이지 않는 숨겨진 위장 공격이 포함되어 있다. 교묘한 이미지 조작 때문에, 신경망은 오른쪽 열에 있는 모든 물체를 '타조'로 인식했다.

보이지 않는 방식으로 AI를 속일 수 있다고 설명했다. 예를 들어, 얼룩덜룩한 회색 운동복 셔츠에 어떤 이미지를 끼워 넣어서 그 셔츠를 입은 사람은 출입 허가를 받았다고 여기도록 AI 보안 카메라를 속일 수도 있는데, 인간 보안 요원은 그런 거짓 이미지가 사용되었다는 사실도 모를 것이다.

연구진은 현재의 심층 신경망이 이런 종류의 조작에 취약한 이유를 이제 막 이해하기 시작했을 뿐이다. 그건 내부 구조의 근본적인 특성 때문인 것으로 보인다. 준기술적으로 설명하자면, 심층 신경망은 매크로 수준에서는 비선형성이 높지만 실제로 데이터를 해석할 때는 마이크로 수준에서 선형적인 방식을[8] 사용한다. 이게 무슨 말이냐고? 회색 점들이 두 무리로 나뉘어 있는 장소를 상상해보라. 오른쪽에는 대부분 연한 회색 점들이 있고 왼쪽에는 진한 회색 점들이 있으며, 가운데 부분에는 점들이 약간 겹쳐 있다. 이제 신경망에게 이 데이터를 훈련시킨 뒤, 새로운 점의 위치를 고려할 때 그게 연한 회색인지 아니면 진한 회색인지 예측해보라고 하자. AI는 현재의 방식을 기준 삼아 연한 회색 무리와 진한 회색 무리 사이에 선을 그을 것이다. 그리고 새로운 점이 선 왼쪽에 있으면 짙은 회색일 테고 선 오른쪽에 있으면 밝은 회색일 가능성이 크겠지만, 일부 겹치는 부분이 있으니 가끔 왼쪽에 밝은 회색 점이 있기도 하고 오른쪽에 진한 회색 점이 있기도 할 거라고 인정할 것이다. 이제 가장 진한 회색 점이 어디에 있을지 예측해보라고 하자. 왼쪽으로 더 멀리 있는 점일수록 진한 회색 점일 가능성이 크므로, AI는 "왼쪽으로 무한히 멀리 있는 점[9]"이라고 대답할 것이다. AI가 그렇게 먼 곳에 있는 점에 관한 정보를 전혀 모르더라도 대답은 마찬가지일 것이다. 더 나쁜 건, 점이 왼쪽으로 아주 먼 곳에 있으니 점 색깔이 당연히 진할 것이라는 예측에 매우 자신이 있다는 점이다. 이런 일이 벌어지는 이유는 마이크로 레벨에서는 AI가 데이터를 매우 단순하고 선형적으로 표현하기 때문이다. AI는 왼쪽으로 멀리 갈수록 점이 진한 색일 가능성이 크다는 사실만 알고 있다.

클룬이 '거짓 이미지'라고 부르는 것은 이런 취약성을 이용한다. 그는 "실제 이미지는 가능한 모든 이미지 중에서 매우 작고[10] 희귀한 부분집합"이라고 설명했다. 실제 이미지를 식별할 때는 AI도 꽤 잘 해낸다. 하지만 이 수법은 존재 가능한 무한히 많은 이미지의 공간 속에서 AI의 약점을 극단적으로 악용하는 것이다.

이 취약성은 신경망의 기본적인 구조 때문에 생기는 것이므로, 구체적인 설계에 상관없이 오늘날 일반적으로 사용되는 모든 심층 신경망에 다 존재한다.[11] 이는 시각 객체 인식 신경망뿐만 아니라 음성 인식이나 다른 데이터 분석에 사용되는 신경망에도 적용된다. 예를 들어, 노래를 해석하는 AI에서도 이런 현상이 나타난다는 게 입증되었다. 연구진이 특별히 만든 소음[12]을 AI에 주입하자, 인간에게는 터무니없는 소리처럼 들리는 이 소음을 AI는 자신 있게 음악으로 해석했다.

일부 환경에서는 이런 취약성이 심각한 결과를 낳을 수 있다. 클룬은 뉴스 기사를 읽는 주식 거래 신경망을 가상의 예로 제시했다. 이미 주식시장에서는 뉴스를 읽는 트레이딩 로봇[13]들이 활발하게 활동하고 있는 것으로 보이는데, 뉴스 이벤트에 인간 트레이더들보다 빠른 속도로 대응해 급격한 시장 변화를 주는 것을 보면 이를 알 수 있다. 만약 이 로봇들이 매우 효과적이라는 게 입증된 기술인 텍스트를 이해하기 위해 심층 신경망을 이용한다면[14] 이런 형태의 해킹에 취약할 것이다. 예를 들어, 세심하게 조작된 트윗처럼 간단한 방법으로 로봇들이 테러 공격이 진행되고 있다고 믿도록 속일 수 있다. 2013년에 AP 통신 트위터 계정이 해킹당해[15] 백악관에서 폭발 사고가 벌어졌다고 보도하는 허위 트윗을 올리는 데 이용당했을 때 이미 이와 비슷한 일이 벌어졌다. 이에 대한 반응으로 주가가 급락했다. AP 측에서 계정이 해킹당했다고 확인해주자 시장은 다시 회복됐지만, 클룬이 말하는 숨겨진 착취가 해로운 이유는 인간은 그런 일이 벌어지는지조차 모르는 사이에 은밀하게 진행될 수 있기 때문이다.

발전하는 거짓 이미지

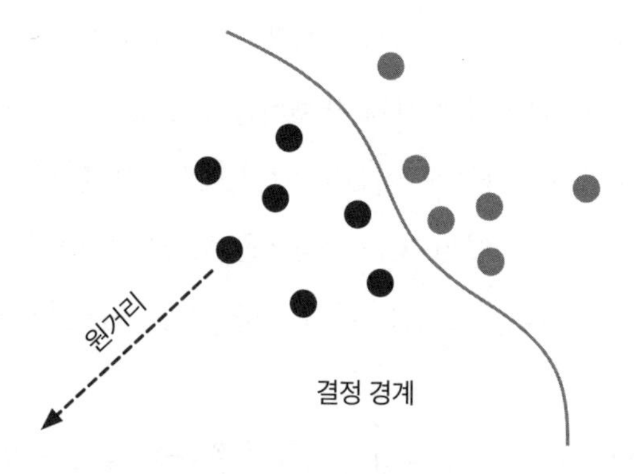

'거짓 이미지'는 신경망의 결정 경계에서 멀리 떨어진 새로운 이미지를 발전시키면서 만들어진다. '결정 경계'는 두 종류의 이미지(이 경우, 2가지 색의 점) 사이에 존재하는 50/50 신뢰도 선이다. 이미지가 결정 경계에서 멀어질수록 이미지의 정확한 분류에 대한 신경망의 신뢰도가 높아진다. 하지만 최극단에서는 이미지를 더 이상 알아볼 수 없을 수도 있지만, 신경망은 매우 자신 있게 이미지를 분류한다.

왜 이 이미지들을 다시 신경망에 입력하고 이게 가짜라는 걸 학습하게 해서, 신경망이 이런 해킹에 면역이 생기도록 하지 않는 건지 의아할 것이다. 클룬과 다른 이들도 그 방법을 시도해봤지만 효과가 없었다. 모든 가능한 이미지의 공간이 '사실상 무한'하기 때문이라고 클룬은 설명한다. 신경망이 특정한 이미지가 가짜라는 걸 배워도 더 많은 거짓 이미지들이 생겨날 수 있다. 클룬은 이를 "구멍이 무한정 많은 두더지 게임을 끝없이 계속하는 것"에 비유했다. AI가 무시해야 하는 거짓 이미지를 아무리 많이 학습해도 그런 거짓 이미지는 계속 생겨날 수 있다.

원칙적으로는 이런 위장 공격에 취약하지 않은 심층 신경망을 설계[16]하는 게 가능해야 하지만, 클룬은 아직 만족할 만한 해결책을 찾지 못했다고 말했다. 하지만 그런 신경망을 찾아낼 수 있다 하더라도, 새로운 AI에 우리가 아직 발견하지 못한 다른 "반직관적이고 기묘한" 취약점[17]이 있을 거라고 "확실하게 가정해야 한다."

2017년 과학 전문가 단체 제이슨JASON이 국방부의 의뢰를 받아 AI가 미치는 영향을 연구했는데, 여기에서도 비슷한 결론에 도달했다. 그들은 AI의 현재 상태를 철저히 분석해서 다음과 같은 결론을 내렸다.

> 신경망 훈련의 일환으로 학습하는 수백만 혹은 수십억 개에 달하는 매개변수(예: 무게/편향 등) 양이 워낙 많으니[18]...... 네트워크가 정확히 어떻게 작동하는지 이해할 수가 없다. 따라서 가능한 모든 입력에 대한 네트워크의 반응도 알 수 없다.

이런 결론이 나온 것은 아직 신경망 연구가 초기 단계이기 때문이기도 하지만, 또 다른 이유는 딥러닝이 매우 복잡하기 때문이다. 제이슨 그룹은 "[심층 신경망의] 바로 이런 특성 때문에[19] 흔히 전문 설계 제품으로 인식되는 것으로 전환되기가 본질적으로 어려울 수 있다"라고 주장했다.

AI 연구진이 보다 투명한 AI를 만드는 방법을 연구하고 있지만, 제프 클룬은 큰 희망을 갖지 않는다. "딥러닝이 갈수록 강력하고[20] 놀랍고 복잡해지고 또 네트워크 규모도 커짐에 따라 우리가 이해하지 못하는 것들이 점점 많아질 것이다. …… 우리는 이제 스스로 이해할 수 없을 정도로 복잡한 인공물을 만들어냈다." 클룬은 자신의 위치를 이런 인공 뇌가 기능하는 방식을 알아내기 위해 일하는 'AI 신경과학자'에 비유했다. AI 신경과학이 이 복잡한 기계를 설명할 가능성도 있지만, 클룬은 현재의 추세는 이에 역행하고 있다고 말한다. "AI가 복잡해질수록 우리의 이해도는 점점 떨어질 게 분명하다."

클룬은 더 단순하고 이해하기 쉬운 AI를 만들 수 있다고 해도 그건 '대단히 복잡하고 크고 이상한[21]' AI만큼 효과가 없을 수도 있다고 주장한다. 결국 사람들은 자기가 제대로 이해하지 못하더라도 "효과 있는 걸 사용하는 경향이 있다. 가장 강력한 걸 사용하기 위한 이런 경쟁에서는, 가장 강력한 게 예측할 수 없고 이해할 수 없더라도 아마 누군가는 그걸 사용할 것이다."

클룬은 이 발견으로 인해 AI에 대한 자신의 시각이 달라졌다며 이를 "정신이 번쩍 들게 하는 메시지"라고 말한다. 클룬은 자율적인 목표 설정을 위해 심층 신경망을 사용할 경우 "엄청난 피해를 입을 수 있다"고 경고했다. 적이 시스템의 행동을 조작해서 엉뚱한 대상을 공격하게 할 수도 있다. "루프 안에 인간이 없는 상태에서 자율적으로 분류하고, 표적을 정하고, 적을 죽이려 할 때, 이런 적대적 해킹 때문에 순식간에 치명적이고 비극적인 결과를 초래할 수 있다."[22]

좀 더 분석적인 언어로 표현하기는 했지만, 제이슨 그룹도 기본적으로 DoD에 동일한 부분을 주의하라고 경고했다.

> 기존의 AI 패러다임을 모든 종류의 소프트웨어 엔지니어링 확인 및 검증에 즉시 적용할 수 있는지는 확실치 않다.[23] 이는 심각한 문제이며, 특히 치명적인 시스템에 AI를 사용할 때 따르는 책임과 의무를 고려하면 DoD가 이런 현대적인 AI 시스템을 사용하는 데 장애물이 될 수 있다.

이렇듯 취약성이 확연하고 알려진 해결책이 없다는 걸 감안하면, 오늘날 존재하는 심층 신경망을 자율적인 목표 설정에 이용하는 건 지극히 무책임한 일일 것이다. 신경망이 어떻게 구성되었는지 전혀 알지 못하더라도, 적들은 거짓 이미지를 만들어서 자율무기를 가짜 표적에 끌어들이고 진짜 표적은 감출 수 있다. 이런 거짓 이미지는 숨길 수 있으므로, 일이 터지기 전까지는 인간이 알아차리지 못하는 방법으로 숨겨둔다.

이 발견 덕분에 기계학습을 즉각적으로 활용하려는 생각보다, 전반적으로 기계학습에 훨씬 더 신중해질 것이다. 기계학습 기술은 강력한 도구지만 약점도 있다. 불행히도 이런 약점이 인간에게 명백하거나 직관적이지 않을 수도 있다. 이런 취약성은 원자로처럼 복잡한 시스템 내에 잠복해 있는 취약성과는 다르고 더 음흉하다. 스리마일섬에서 발생한 사고는 미리 예견할 수는 없었을지 몰라도 적어도 일이 벌어진 후에는 이해할 수 있다. 구체적인 사건 진행 순서를 파악하고, 어떤 사건이 어떻게 다른 사건으로 이어졌는지, 그리고 발생 가능성이 매우 낮은 사건들의 조합이 어떻게 재앙으로 이어졌는지 이해할 수 있다. 하지만 심층 신경망의 취약성은 이와 달라서 인간이 보기에 완전히 이질적이다. 한 연구진은 이를 "비직관적인 특성[24]이자 내재적인 맹점이고, 그 구조는 데이터 배포와 비직관적으로 연결되어 있다"고 설명했다. 다시 말해, AI는 우리가 예상할 수 없는 약점을 가지고 있고 우리는 그게 어떤 식으로, 왜 일어나는지 잘 모른다.[25]

치명적인 실패

자율무기의 위험성

기계 지능에 약점이 있다는 사실을 인정한다고 해서 그 장점까지 사라지는 건 아니다. AI는 좋지도 나쁘지도 않다. 그리고 강력하다. 문제는 인간이 이 기술을 어떻게 사용해야 하는가다. AI 기능을 지닌 기계가 스스로 업무를 수행할 자유(자율성)를 어느 정도까지 부여해야 할까?

작업을 기계에 위임한다는 건 기계가 고장 났을 때 발생할 결과까지 받아들인다는 뜻이다. UNIDIR의 존 보리는 자율무기에서 "시스템 고장이 발생하지 않을 거라고 여긴다면 이는 지나치게 낙관적인 생각[1]"이라고 말했다. 육군 연구원 존 홀리도 이 의견에 동의했다. "패트리엇이든 이지스든 아니면 살상 능력이 있는 완전 무인화된 시스템이든, 이런 일을 느슨하게 처리할 경우[2] 때때로 사건이 발생할 거라는 사실을 받아들일 마음의 준비가 되어 있어야 한다." 정상사고 이론의 아버지인 찰스 페로는 복잡한 시스템 전반에 대해 비슷한 결론을 내렸다.

> 아무리 우리 지식이 늘어났어도,[3] 살상 기능이 있는 복잡한 밀착 결합 시스템을 이용하다 보면 어쩔 수 없이 사고와 잠재적인 재난이 발생하게 된다. 실패를 줄이기 위해 더 노력해야겠지만, 일부 시스템에서는 그것만으로는 충분하지 않을 것이다. …… 따라서 그런 위험을 감수하고 살아가거나, 시스템을 폐쇄하거나, 근본적으로 재설계해야 한다.

자율무기를 사용하려면 그에 따르는 위험도 감수해야 한다. 모든 무기는 위험하다. 전쟁은 폭력을 수반한다. 적에게 위협을 가하기 위해 고안된 무기는, 통제를 벗어날 경우 사용자에게도 위험할 수 있다. 부적절하게 휘두른 칼은 사용자를 벨 수도 있다. 자율성 수준에 상관없이 대부분의 현대식 무기는 복잡한 시스템이다. 언젠가는 사고가 일어날 테고, 때로는 그런 사고 때문에 아군의 피해나 민간인 사상자가 발생하기도 한다. 자율무기의 다른 점은 무엇일까?

반자율, 관리형 자율, 완전자율무기의 중요한 차이는 인간이 개입할 기회가 생길 때까지 그 시스템이 야기할 수 있는 피해의 양이다. 이지스 같은 반자율 혹은 관리형 자율무기의 경우에는 인간이 사고를 막는 자연적인 안전장치이자 일이 잘못될 때를 대비한 회로 차단기다. 인간은 엄격한 시스템 규칙에서 벗어나 판단을 할 수 있다. 인간을 루프에서 제외시키면 느슨한 부분이 감소하고 시스템 결합이 증가한다. 완전자율형 무기에는 시스템 가동을 중단시키거나 개입할 사람이 없다. 반자율무기에서 한 차례 불행한 사고를 불러올 고장이 완전자율무기에서 발생하는 경우 훨씬 큰 피해를 초래할 수 있다.

제어 불능 총기

자동무기(기관총)의 간단한 오작동이 자율무기의 위험성을 보여줄 수 있다. 기관총이 제대로 작동할 때는 방아쇠가 눌려 있는 동안 계속 탄환이 발사된다. 방아쇠를 놓으면 '멈춤쇠sear'라는 작은 금속 장치가 튀어나와 기관총 안에 있는 작동봉이 움직이지 못하도록 막아주므로 자동 사격이 중단된다. 그러나 시간이 흐르면 멈춤쇠가 마모될 수도 있다. 멈춤쇠가 너무 닳아서 작동봉을 정지시키지 못하면 방아쇠에서 손을 떼도 기관총이 계속 발사된다. 그렇게 탄약이 다 떨어질 때까지 계속 혼자서 발사될 것이다.

이렇게 고장 난 총을 제어 불능 총기라고 한다. 제어 불능 총기는 심각한 문제다. 기관총 사수가 방아쇠를 놓아도 총이 계속 발사된다. 이제 발포 과정이 완전히 자동화된 상태라서 직접 막을 방법이 없다. 제어 불능 총기를 멈추는 유일한 방법은 무기에 탄환을 공급하는 탄띠 고리를 끊는 것뿐이다. 이런 일이 생기면, 사수는 무기가 계속 안전한 방향을 향하도록 해야 한다.

제어 불능 총기는 내가 보병 때부터 들었던 일종의 가상 위험이었다. 처음 그런 일이 실제로 일어났다는 얘기를 들었던 날이 지금도 생생히 기억난다. 당시 아프가니스탄 북동부에서 야간 순찰 중이었는데, 우리가 주둔 중이던 전초기지에서 사건이 발생했다는 소식을 들었다. M249 SAW(경기관총) 포병이 탄창을 먼저 제거하지 않은 상태로 무기를 분해하려고 했다. (프로의 팁: 별로 좋지 않은 생각이다) 그가 손잡이를 제거하는 순간, 작동봉을 저지하던 멈춤쇠가 함께 떨어져 나왔다. 그러자 볼트가 앞으로 튕겨 나가면서 총이 발사되기 시작했다. 반동 때문에 무기가 다시 장전되면서 또 탄환이 발사됐다. 막을 새도 없이 사격이 계속됐다. 누군가가 총에 탄환을 공급하는 탄띠 고리를 끊을 때까지, 총탄이 전초기지를 가로질러 날아가 멀리 있는 벽에 줄줄이 구멍이 생겼다. 다행히 죽은 사람은 없었지만, 그런 사고가 항상 이렇게 끝나는 건 아니다.

2007년에 남아프리카공화국의 한 사격장에서는 대공포가 오작동을 일으켜 제어 불능 상태가 되는 바람에 군인 9명이 사망했다. '로봇포 난사 사건[4]'이라는 숨 가쁜 보도와 달리, 이 포는 자율무기가 아니었고 소프트웨어 결함이 아닌 기계적인 문제 때문에 오작동했을 가능성이 크다. 무기에 정통한 소식통에 따르면, 총기가 오작동할 때 아군 쪽으로 향한 것은 고의적인 표적 설정이 아니라 불운[5] 때문이었을 가능성이 크다고 한다. 안타깝게도 제어 불능 상태가 된 총을 막기 위해 목숨을 건 한 포병 장교의 영웅적인 노력에도 불구하고 그 총은 35밀리미터 탄환을 주변의 포병 진지로[6] 연사해 그곳에 있던 군인들의 목숨을 앗아갔다.

제어 불능 총기는 스스로 목표물을 겨냥할 수 없는 기관총의 경우에도 치명적인 문제가 될 수 있다. 자율무기에 대한 통제력을 상실한다면 훨씬 더 위험한 상황이 벌어질 것이다. 자율무기에 의한 파괴 행위는 무작위적인 것이 아니라 목표물이 정해진 행위다. 개입할 사람이 없다면 이 시스템은 탄약이 소진될 때까지 부적절한 표적과 교전을 계속할 것이므로, 단 한 번의 사고로 많은 사상자가 발생할 수 있다. "이 기계는 자기가 실수하고 있다는 걸 모른다.[7]" 홀리는 그렇게 말했다. 민간인이나 아군에게도 참담한 결과를 낳을 수 있다.

기계에 자율성을 위임할 때 생기는 위험

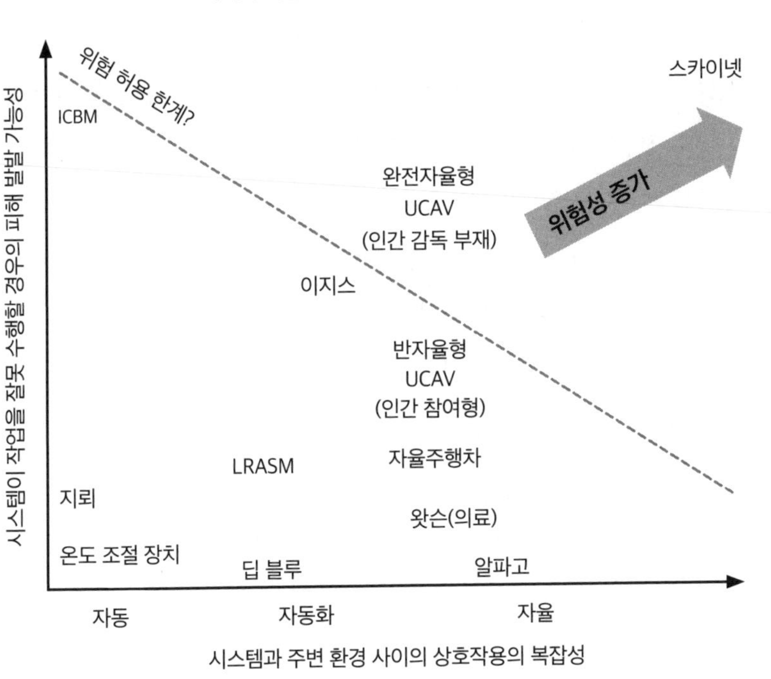

자율무기의 위험

자율무기를 이용하는 우리는 마치 빗자루에 마법을 건 미키와 같다. 자율무기가 본연의 기능을 제대로 수행할 것이라고 믿는다. 우리가 시스템을 설계하고, 테스트하고, 운용자들을 제대로 훈련시켰다고 믿는다. 운용자들이 이해하고 예측할 수 있는 환경에서 시스템을 올바른 방법으로 사용하고 있으며, 조금도 방심하지 않고 기계에 판단을 맡기지 않는다고 믿는다. 하지만 정상사고 이론은 기계에 대한 믿음을 좀 줄여야 한다고 말한다.

오늘날에는 자율성이 무기와 단단히 연결되어 있다. 자동 탐지 미사일은 일단 발사하면 회수할 수 없지만, 시공간 속에서 목표물을 탐색하는 자유는 제한되어 있다. 따라서 실패할 경우에 발생할 수 있는 피해도 제한된다. 그들이 엉뚱한 목표물을 타격하려면, 미사일이 활동하는 제한된 시간 동안 탐색기 시야에 탐색기의 매개변수를 충족하는 부적절한 목표물이 존재해야 한다. 그런 상황은 상상도 할 수 없다. 그런데 F-18 패트리엇이 아군을 공격할 때는 그런 상황이 발생했던 것으로 보인다. 미사일을 더 자율적으로 만들면(주어진 시공간 안에서 탐색할 자유가 확대된다면) F-18 격추 같은 사고가 더 많이 발생할 가능성이 늘어날 것이다.

이지스 같은 관리형 자율무기는 시공간에서 표적을 탐색할 수 있는 자유가 더 많지만, 이런 자유는 인간 운용자가 무기를 즉각적으로 통제할 수 있다는 사실을 통해 보완된다. 인간은 실시간으로 무기 운용을 감독한다. 이지스의 경우 전력을 끊는 하드웨어 수준의 차단이 가능하므로 미사일 발사를 막을 수 있다. 이지스는 줄에 단단히 매여 있는 맹견이다.

완전자율형 무기는 전쟁 패러다임을 근본적으로 바꿔놓을 것이다. 완전자율형 무기를 배치하는 군대는 일단 발사된 뒤에는 통제나 회수가 불가능한 매우 치명적인 시스템을 전장에 도입하게 된다. 자신들이 통제할 수 없는 환경에 무기를 발사하므로 적의 해킹이나 조작 대상이 될 수도 있다. 완전자율형 무기가 실패했을 때 야기할 수 있는 피해는 무기의 범위, 내구력, 목표물 감지 능력, 탄창 용량을 통해서만 제한될 것이다.

게다가 군대는 무기를 따로 배치하는 경우가 거의 없다. 어느 한 시스템의 결함이 중대 전체의 모든 자율무기에 똑같이 나타날 가능성이 커서, 존 보리가 말한 '대량살상 사건[8]'이 일어날 수도 있다. 이것은 특이적인 경향이 있는 인간의 실수와 근본적으로 다르다. 홀리는 "다른 사람이 [아군 피해 상황을] 겪었다면,[9] 아마 그는 상황을 다르게 평가했을 테고, 따라서 그런 행동을 할 수도 있었고 안 할 수도 있었다"라고 말했다. 하지만 기계는 다르다. 그들은 똑같은 실수를 계속할 뿐만 아니라 같은 유형의 시스템들은 전부 다 그렇게 할 것이다.

자율무기에 관한 논쟁에서 자주 반복되는 얘기는, 인간도 실수를 저지르니까 기계가 더 낫다면 기계를 사용해야 한다는 것이다. 이런 이의는 주제와 아무런 관계도 없고 자율무기의 본질을 오해한 것이다. 교전과 관련된 특정한 작업 가운데 자동화가 인간보다 잘 해낼 수 있는 게 있다면, 그런 작업은 자동화해야 한다. 하지만 인간은 루프 안에 있든 루프 위에 있든 상관없이 필수적인 안전장치 역할을 한다. 이건 조종사가 자동 조종 장치를 이용해서 비행기를 조종하는 것과 조종석에 사람이 아예 없는 비행기의 차이점이다. 자율무기를 평가할 때의 핵심 요소는 시스템이 사람보다 나은가가 아니라, 시스템이 실패했을 때(필연적으로 실패할 수밖에 없다) 그로 인해 발생할 피해는 어느 정도인가, 그런 위험을 감수할 수 있는가이다.

공격형 완전자율무기 시스템을 운용하는 것은 이지스를 특수 자동 모드로 바꾸고, FIS를 녹색불로 전환하고, 통신을 거부하는 대상을 향해 무기를 겨누면서, 배에 타고 있던 사람들을 전부 배 밖으로 내보내는 것과 같다. 자율무기를 배치한다는 건 이런 시스템을 전부 운용하는 것과 같다. 인간이 개입할 수 없는 상태에서 그 정도의 치명성을 자율 시스템에 위임한다는 건 전례가 없는 일이다. 사실 기계를 그 정도로 신뢰하는 것은 오늘날 이지스 공동체가 관리형 자율무기를 엄격히 통제하는 것과 180도 다른 모습이다.

갈루치 대위에게 인간의 감독 없이 스스로 작전을 수행하는 이지스에 대해 어떻게 생각하느냐고 물어봤다. 그건 4시간 동안 인터뷰를 하면서 그에게 던진 유일한 질문이었는데, 그는 즉시 답을 하지 못했다. 30년 경력 동안, 한 번도 이지스를 특수 자동 모드로 바꾸고, FIS를 녹색불로 전환하고, 배에 타고 있던 사람들을 전부 배 밖으로 내보낸다는 생각을 해본 적이 없는 것이 분명했다. 그는 의자에 기대어 창밖을 내다보았다. "그런 질문에 대해서는 마땅히 대답할 말이 없다[10]"라고 했다. 그러나 곧 수십 년간 이지스를 운용한 경험을 바탕으로, 그런 시스템에 대한 신뢰를 쌓기 위해서 해야 하는 일들을 하나씩 얘기하기 시작했다. 그는 "조금씩 만들고, 조금씩 테스트해야 한다"라고 말했다. 시스템의 한계와 그것을 사용하는 데 따르는 위험을 이해하려면 충실한 컴퓨터 모델링을 실제 테스트 및 실탄 연습과 연결시켜야 한다. 그래도 군이 완전자율형 무기를 배치했다면 초기에는 "빈센스호 같은 반응을 얻을 것"이라고 했다. 갈루치는 "이지스함의 복잡성을 이해하기까지 30년이 걸렸다. 오늘날의 이지스는 빈센스호의 이지스가 아니다." 이는 해군이 실수를 통해 교훈을 얻은 덕분이다. 그리고 이제 완전자율형 무기의 원년이 시작되고 있다.

완전자율형 무기를 배치하는 건 중대한 위험이 될 수도 있지만, 군대는 그런 위험을 감수할 가치가 있다고 판단할지도 모른다. 유례없는 대혼란이 벌어질 수도 있다. 이지스 같은 관리형 자율무기를 사용해본 경험은 도움이 되겠지만, 그것도 어느 정도까지일 것이다. 전시에 완전자율형 무기를 사용한다면, 신뢰도 높은 조직을 통해서 얻은 교훈을 전부 활용하지 못하는 독특한 조건에 직면하게 될 것이다. 전시 작전 환경은 평시의 일상적인 체험과 다르다. 적대적인 행위자들이 안전 운용을 적극적으로 방해하려고 한다. 그리고 무기 운용 시 문제에 개입하거나 해결해줄 인간도 없을 것이다.

이러한 역학 관계가 많고, 경쟁이 심한 고위험 환경에서 인간이 도저히 경쟁할 수 없을 만큼 빠른 속도로 자동화를 이용하는 업계가 바로 주식 거래다. 초단타 매매의 세계와 그 결과는 군대가 완전자율무기를 배치할 경우 일어날 일들에 대해 유익한 교훈을 안겨준다.

PART

4

플래시 전쟁

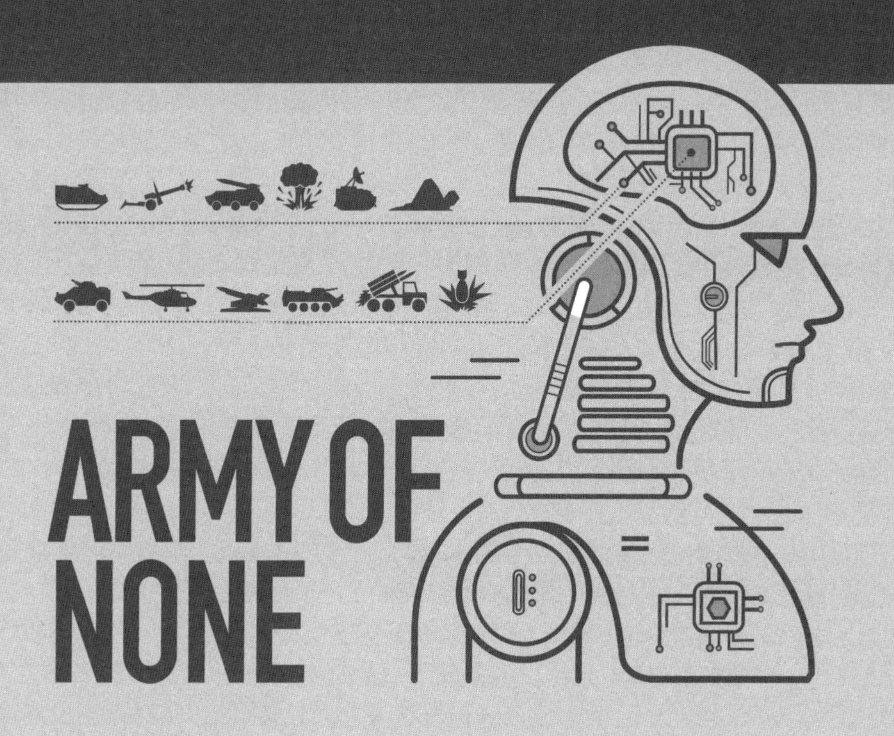

Flash War

CHAPTER

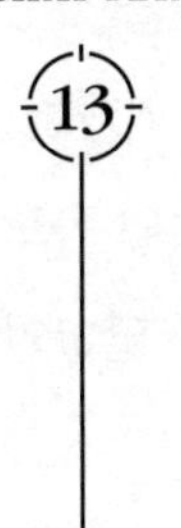

로봇 대 로봇

속도를 위한 군비 경쟁

2010년 5월 6일[1] 오후 2시 32분, S&P500, 나스닥, 다우존스 지수가 모두 급락세를 타기 시작했다. 몇 분도 지나지 않아 자유낙하 상태가 되었다. 오후 2시 45분이 되자 다우존스 지수는 10퍼센트 가까이 가치가 하락했다. 그 후, 아까처럼 설명할 수 없는 이유로 시장이 반등했다. 오후 3시가 되자 주식시장의 급격한 하락을 초래한 작은 문제(그게 뭔지는 모르겠지만)가 종료되었다. 하지만 '플래시 크래시Flash Crash' 라고 불리게 된 이 사건이 몰고 온 파장은 이제 시작일 뿐이었다.

다음 날 아시아 시장은 개장하자마자 폭락했다. 시장은 곧 안정되었지만 투자자들의 신뢰를 회복하기는 더 힘들었다. 주식 투자자들은 다우존스 지수가 22퍼센트나 하락했던 1987년의 '블랙 먼데이' 사건을 떠올리면서 플래시 크래시를 "끔찍한" "절대적 혼란"[2]이라고 표현했다. 이전에도 시장 조정은 있었지만, 갑작스러운 폭락과 똑같이 빠른 회복은 뭔가 다른 게 있다는 걸 시사했다. 플래시 크래시가 발생하기 몇 년 전부터 초인적인 속도로 진행되는 초단타 거래를 비롯해 주식 거래의 상당 부분을 알고리즘이 장악하게 되었다. 그렇다면 기계 탓이었던 걸까?

수사가 진행되었고, 역수사에 결국 형사 고발까지 이어졌다. 간단한 답변은 이해하기가 어려웠다. 연구원들은 인간의 실수부터 불안정한 알고리즘, 초단타 매매, 시장 변동성, 의도적인 시장 조작에 이르기까지 모든 걸 비난했다. 사실 이들 모두가 영향을 미쳤을 것이다. 다른 일반적인 사고와 마찬가지로 플래시 크래시의 원인도 여러 가지인데, 그 원인을 하나씩 따로 관리하는 건 가능했을 것이다. 하지만 그것이 전부 합쳐지니 걷잡을 수가 없게 되었다.

기계의 부상

오늘날의 주식 거래는 거의 자동으로 이루어진다. 뉴욕증권거래소에서 장내 거래인들이 서로 밀치락달치락하면서 가격을 외치고 관심을 끌려고 손을 흔들어대던 시대는 지났다.[3] 오늘날 미국 주식시장에서 이루어지는 거래의 약 4분의 3[4]이 알고리즘에 의해 진행된다. 알고리즘 트레이딩이라고도 하는[5] 자동화된 주식 거래는 컴퓨터 알고리즘을 이용해서 시장을 모니터링하고 특정 조건에 따라 거래를 진행한다. 가장 간단한 알고리즘인 '알고algo'는 거래 비용을 최소화하기 위해 대규모 거래를 작게 분할하는 데 사용된다. 단일 매매 주문량이 정기적으로 거래되는 주식 양에 비해 너무 많은 경우, 이를 한꺼번에 주문하면 시세가 왜곡될 수 있다. 이를 피하기 위해 트레이더들은 알고리즘을 이용해 매물을 잘게 쪼개서 주가, 시간, 물량, 기타 요인에 따라 조금씩 판매한다. 이 경우 매매(일정량의 주식을 매입하거나 매도하는 것) 결정은 여전히 사람이 하고, 기계는 거래가 실행되도록 처리하기만 한다.

어떤 거래 알고리즘은 더 많은 책임을 지며 실제로 시장을 기반으로 주식을 사거나 파는 자동화된 거래 결정[6]을 내린다. 예를 들어, 알고리즘에게 한동안 주가를 모니터링하라는 과제를 내줄 수도 있다. 가격이 이전 가격 평균보다 크게 오르거나 내리면, 알고는 시간이 지나면 가격이 평균으로 되돌아가 이익을 낸다는 가정에 따라 주식을 팔거나 산다. 또 다른 전략은 한 시장의 주식 가격이 다른 시장과 다를 경우, 이런 가격 차이를 이용해 이익을 취하는 차익거래 기회를 찾는 것이다. 이런 전략은 모두 원칙적으로 인간이 실행할 수도 있다. 하지만 자동화된 거래는 대량의 데이터를 모니터링하고, 인간에게는 불가능한 방식으로 빠르고 정확하게 거래할 수 있다는 장점을 제공한다.[7]

속도는 주식 거래에서 중요한 요소다. 만약 가격 불균형이 있고 주식 가격이 낮거나 높다면, 다른 트레이더들 역시 그 이익을 차지하려고 할 것이다. 너무 천천히 움직이면 기회를 놓칠 수 있다. 그 결과 속도 경쟁이 심해지고 초단타 거래가 증가하는데, 이건 인간이 알아차리기도 힘들 정도로 빠르게 진행되는 특수한 형태의 자동화된 거래다.

눈을 한 번 깜빡이는[8] 데는 0.1~0.4초 정도의 짧은 시간이 걸리지만, 이는 초단타 거래가 이루어지는 속도에 비하면 억겁처럼 긴 시간이다. 초단타 거래는 마이크로초, 즉 0.000001초 단위의 속도로 진행된다.[9] 눈을 한 번 깜박이는 동안 10만 마이크로초가 지나간다. 그 결과 완전히 새로운 생태계, 즉 기계만 접근할 수 있는 초인적인 속도로 경쟁을 벌이는 트레이딩 봇의 세계가 생겨났다.

속도에서 조금이라도 우위를 차지할 경우 큰 이득을 얻을 수 있기 때문에, 초단타 트레이더들은 거래 시간을 단 몇 마이크로초라도 줄이려고 많은 노력을 기울인다. 초단타 트레이더들은 자신의 서버를 증권 거래소 서버실에 같이 둬서 이동 시간을 단축한다. 심지어 어떤 이들은 자기 회사 서버를 한 서버실에 있는 증권 거래소 서버와 몇 미터라도 더 가까이 두기 위해 기꺼이 웃돈을 지불하기도 한다. 기업들은 전송 시간을 몇 마이크로초 줄이려고 서버실 내에서 케이블 최단 경로[10]를 찾으려고 애쓴다. 인디카 레이싱에 필요한 장비를 준비하는 경주팀처럼, 초단타 트레이더들은 속도를 위해 데이터 스위치부터 광섬유 케이블 내부의 유리에 이르기까지 하드웨어의 모든 부분을 최적화[11]하는 데 비용을 아끼지 않는다.

초단타 거래가 이루어지는 동안에는 알고리즘에 거래 결정을 위임해야 한다. 인간은 시장을 관찰할 수 없고 마이크로초 단위로 반응할 수도 없다. 이는 일이 잘못될 경우 아주 빨리 잘못될 수 있다는 뜻이다. 알고리즘이 세상에 공개된 뒤 정해진 일을 잘 해낼 수 있도록, 개발자들은 실제 주식시장 데이터를 이용해서 알고리즘을 테스트[12]하지만, 거래 기능은 비활성화시켜 둔다. FIS 키를 빨간색 쪽으로 돌려둔 상태에서 이지스 교범을 시험하는 것과 비슷하다. 하지만 이렇게 주의를 기울여도 여전히 사고는 일어난다.

월스트리트의 나이트메어

2012년에 나이트 캐피털 그룹Knight Capital Group은 초단타 거래의 거물이었다. 투자 전문 기관인 나이트는 하루 33억 회, 총 210억 달러 규모의 거래를 진행하는 초단타 트레이더이다. 대부분의 초단타 트레이더들처럼 나이트도 거래한 주식을 계속 보유하지 않았다. 매입한 주식은 같은 날 팔렸고 때로는 순식간에 거래가 끝났다. 그런데도 나이트는 뉴욕증권거래소와 나스닥 전체 거래량의 17퍼센트를 차지하는 등 미국 증시의 핵심적인 주체였다. 이들이 내세운 슬로건은 '거래의 과학, 신뢰의 기준[13]'이었다. 많은 초단타 거래 회사들처럼 이 회사도 수익성이 좋았다. 2012년 7월 31일 아침, 나이트는 3억 6,500만 달러의 자산을 가지고 있었다. 그리고 이로부터 45분 안에 그들은 파산할 것이다.

7월 31일 오전 9시 30분, 미국 시장이 개장하자 나이트는 새로운 자동 거래 시스템을 사용했다. 곧 뭔가가 잘못되고 있다는 게 명백해졌다. 자동 거래 시스템의 기능 중 하나는 대량 주문을 소규모 주문으로 분할해서 개별적으로 실행하는 것이다. 그런데 나이트의 거래 시스템은 이런 소규모 거래가 완료되었다는 사실을 기록하지 않고 계속해서 거래를 시도했다. 이로 인해 무한한 거래 고리가 생겨났다. 나이트의 거래 시스템은 초당 1,000개 이상의 거래를 실행해, 시장에 주문이 넘쳐나기 시작했다.[14] 더 비극적인 것은 나이트의 알고리즘이 높은 가격으로 사고 낮은 가격으로 팔아, 모든 거래에서 손해를 보고 있다는 것이었다.

막을 방법이 없었다. 개발자들은 알고리즘을 끄기 위한 '킬 스위치'를 설치하는 걸 등한시했다.[15] FIS를 빨간불로 전환하는 것처럼 거래를 종료할 수 있는 기능이 없었다. 나이트의 컴퓨터 엔지니어들이 문제를 진단하는 동안 이 소프트웨어는 초당 260만 달러를 움직이는 등 시장에서 활발하게 거래를 진행했다. 마침내 45분 뒤에 시스템을 중단했을 때, 폭주하던 알고는 이미 400만 건의 거래를 실행[16]하면서 70억 달러를 움직인 상태였다. 거래 중 일부는 돈을 벌었지만 총 4억 6,000만 달러의 순손실을 입었다. 회사 자산은 3억 6,500만 달러뿐이었기 때문에 나이트는 파산했다.[17]

투자자들의 현금 유입이 나이트의 손실을 메우는 데 도움이 되었지만 결국 회사는 매각됐다. '월스트리트의 나이트메어Knightmare on Wall Street'로 알려진 이 사건은 파트너들이 부하직원에게 초단타 거래의 위험성을 알려주는 교훈적인 이야기가 되었다. 나이트의 폭주하는 알고는 특히 인간이 개입할 수 없는 고부담 애플리케이션에서 자율 시스템을 사용할 때의 위험을 생생하게 보여주었다. 초단타 거래 경험이 풍부한데도 불구하고 나이트는 자동 주식 거래 시스템으로 치명적인 위험을 감수했다.

플래시 크래시의 이면

월스트리트의 나이트메어[18]가 제어 불능 상태가 된 총 같다면, 플래시 크래시는 산불 같다. 나이트의 거래 대실패에 따른 피해는 대부분 한 기업에만 영향을 미쳤지만, 플래시 크래시는 시장 전체에 영향을 줬다. 여러 요인이 마구잡이로 뒤섞여 있어서, 플래시 크래시가 진행되는 동안 오작동한 하나의 알고리즘이 통제 불능 상태에 빠질 준비가 된 시장 전체와 상호작용을 벌였다. 그리고 제어 불능 상태가 되어 버렸다.

단 하나의 잘못된 알고리즘이 산불을 일으킨 불씨 구실을 했다. 2010년 5월 6일 오후 2시 32분, 캔자스주에 있는 뮤추얼펀드 거래 회사인 워델 앤 리드Waddell & Reed[19]가 S&P500 E-미니 선물계약 상품 7만 5,000개를 판매하기 시작했는데, 총액수를 따져보면 41억 달러 정도 된다. (E-미니[20]란 일반 선물계약의 5분의 1 크기인 소형 선물계약이다. 선물계약은 이름 그대로 미래의 특정 시점에 특정한 가격으로 사거나 팔겠다는 계약을 뜻한다.) 이런 대규모 거래를 한꺼번에 실행하면 시장을 왜곡시킬 수 있기 때문에 워델 앤 리드는 '판매 알고리즘'을 이용해 판매 상품을 소규모 거래로 분할했는데 이는 업계의 표준적인 관행이다. 이 알고리즘은 시중에서 거래되는 E-미니 전체 물량과 연계되어, 직전 1분간 매매된 물량의 9퍼센트[21] 선에서 매각을 진행해야 한다. 이론적으로 이 방법을 쓰면 판매가 분산되어 시장에 과도한 영향을 주지 않게 된다.

그러나 이 판매 알고리즘은 시간이나 가격과 관련해서는 아무런 지시도 받지 못했고,[22] 이런 실수 때문에 심각한 재앙이 발생했다. 그날 시장은 이미 압박을 받고 있었다. 나중에 정부 조사관들은 당시 시장이 "유달리 요동치고[23]" 있었다고 말했는데, 이는 유럽의 부채 위기가 밝혀지면서 상황이 불확실해졌기 때문이기도 하다. 오후 중반 무렵, 시장은 매우 높은 변동성[24](급격한 가격 변동성)과 낮은 유동성(낮은 시장 깊이)을 겪고 있었다. 판매 알고리즘은 이 험난한 물속을 헤쳐가고 있었다.

한 투자사가 하루에 그렇게 많은 E-미니를 시장에 풀어놓은 것은 그 전년에도 겨우 두 번밖에 없었던 일이다. 보통 이 정도 규모의 거래를 실행하려면 몇 시간씩 걸린다. 하지만 이번에는 판매 알고리즘이 수량과만 연결되어 있고 가격이나 시간에는 연결되어 있지 않았기 때문에 일이 매우 빠르게 진행되었다. 20분 안에 모든 거래가 끝난 것이다.

판매 알고리즘이 불씨를 제공했고, 초단타 트레이더는 휘발유 역할을 했다. 초단타 트레이더들은 판매 알고리즘이 내놓은 E-미니를 사들인 뒤, 늘 그랬듯이 재빨리 재판매했다. 이 때문에 시장에서 거래되는 E-미니 양이 증가했다. 판매 알고리즘이 E-미니를 판매하는 비율은 가격이나 시간이 아닌 물량과 연결되어 있었기 때문에, 판매가 가속화되면서 이미 스트레스를 받고 있는 시장에 더 많은 E-미니를 쏟아냈다.

판매 알고리즘과 초단타 트레이더들이 파는 E-미니를 사들이는 데 관심을 보이는 구매자가 없었기 때문에, E-미니 가격이 4분 만에 3퍼센트 하락했다. 이로 인해 가격이 하락 중인 E-미니를 다른 초단타 트레이더에게 팔아치우려는 초단타 트레이더들 사이에 '뜨거운 감자' 효과[25]가 발생했다. 14초 만에 초단타 거래 알고리즘끼리 2만 7,000개의 E-미니 계약[26]을 체결했다. (워델 앤 리드가 판매하려고 했던 상품은 총 7만 5,000개였다.) 거래량이 급증하는 동안 판매 알고리즘은 점점 더 많은 E-미니를 시장에 팔아넘겼고 시장은 이를 감당할 수 없게 되었다.

가격이 폭락한 E-미니는 다른 미국 시장까지 끌어내렸다. 목격자들은 다우존스, 나스닥, S&P500 지수가 모두 설명할 수 없는 이유로 인해 폭락하는 모습을 지켜봤다. 결국 오후 2시 45분 28초에 시카고 상업 거래소에서는 자동 '스톱 로직stop logic' 안전장치[27]가 발동해 E-미니 거래가 5초간 중단되고 시장이 다시 리셋되었다. 시장은 빠른 속도로 회복되었지만, 시장에 급격하게 발생한 왜곡이 거래를 아수라장으로 만들었다. 2만 개 이상의 거래가 금융 규제 당국이 '비합리적인 가격[28]'이라고 부르는, 기준에서 멀리 벗어난 가격으로 체결되었다. 어떤 거래는 1페니에 진행되고 어떤 거래는 가격이 10만 달러까지 치솟았던 것이다. 시장이 마감된 후, 금융산업 규제당국은 증권거래소와 협력해서 '명백히 잘못된' 거래[29] 수만 건을 취소했다.

플래시 크래시는 불안정한 알고리즘이 초인적인 속도로 복잡한 환경과 상호작용할 경우, 제어가 안 되는 상태가 되어 엄청난 결과를 초래할 수 있다는 걸 보여줬다. 주식시장 전체는 믿을 수 없을 정도로 복잡한 시스템이므로 이런 상호작용을 예측하는 건 어렵다. 다른 날, 다른 시장 상황에서는 동일한 판매 알고리즘이 시장을 무너뜨리지 않을 수도 있다.

가격 전쟁: 23,698,655.93달러 (배송료 3.99달러 추가)

복잡성은 플래시 크래시의 한 요인이었지만, 알고리즘끼리의 간단한 상호작용만으로도 제어 불능 상태가 악화될 수 있다. 이 현상은 경쟁 중인 두 봇이 아마존의 평범한 책 가격을 2,300만 달러로 대폭 올려놓은 일을 통해서도 극명하게 드러난다. UC 버클리 대학의 생물학자 마이클 아이센Michael Eisen[30]은 피터 로렌스Peter Lawrence의 『파리 만들기Making of a Fly』라는 책에서 이런 가격 전쟁이 벌어지고 있는 걸 우연히 목격했다. 아이센은 훌륭한 과학자답게 조사를 시작했다.

수천 명의 호평을 받은 합법적인 온라인 서점인 보디북bordeebook과 프로프나스profnath라는 온라인 매장 두 곳도 통제가 안 되는 가격 전쟁에 갇혀 있었다. 프로프나스는 매일 한 번씩 책 가격을 보디북의 0.9983배로 조정해서 약간 싸게 팔았다. 몇 시간 뒤, 보디북은 가격을 프로프나스보다 1.270589배 높게 변경했다. 이 때문에 두 서점의 가격이 날마다 약 27퍼센트씩 상승했다.

이런 문제는 당연히 봇 때문에 발생한 것이다. 그 가격은 불합리하지만 정확했다. 시장에서 가장 높은 가격보다 약간 싸게 팔아서 판매고를 올리려 했던 프로프나스의 알고리즘은 타당하다. 그런데 보디북의 알고리즘은 대체 뭘 하는 걸까? 왜 최고 경쟁자보다 가격을 올리는 것인가?

아이센은 보디북이 실제로 책을 소유하고 있지 않았다는 가설을 세웠다.[31] 대신 광고를 내고 높은 리뷰 평점을 통해 고객을 끌어들이려고 했다. 그런데 만약 누군가가 그 책을 산다면 당연히 보디북도 어디선가 책을 사와야 하고 그래서 가격을 약간 높게 책정한 것이다. 시장에서 가장 비싼 가격보다 1.270589배 높게 책정하면 이익을 얻을 수 있다.

결국 두 회사 중 한 곳에 다니는 누군가가 이 사실을 알아차렸다. 책 가격은 23,698,655.93달러(배송비 3.99달러 추가)까지 올라서 정점을 찍은 뒤 134.97달러로 떨어졌다. 그러나 아이센은 블로그에 올린 글에서, 이 발견이 시사하는 '혼돈과 나쁜 짓'의 가능성을 고민했다. 사람이 봇의 이런 취약성을 이용해서 가격을 조작할 수도 있는 일이다.

봇 스푸핑

아이센은 봇의 예측 가능성을 이용해 금전적 이득을 취할 수 있다는 생각을 처음 한 사람이 아니다. 그보다 앞서 이런 기회를 알아차린 이들이 있었고, 그들은 실제로 실행에도 옮겼다. 런던에 본사를 둔 무역업자 나빈더 싱 사라오Navinder Singh Sarao[32]는 플래시 크래시 사태 이후 6년이 지난 2016년에 사기 및 스푸핑 혐의의 유죄를 인정했다. 크래시 당일에 E-미니 시장을 조작하기 위해 자동 거래 알고리즘을 사용했다고 시인한 것이다. 미 법무부의 발표에 따르면, 사라오는 수요가 많은 것처럼 보여서 가격을 높이기 위해 자동 거래 알고리즘으로 대량 주문을 여러 건 한 뒤, 거래가 실행되기 전에 주문을 취소했다. 이렇게 고의로 가격을 조작하는 방법을 통해[33] 사라오는 낮은 가격으로 사서 높은 가격에 팔 수 있었고, 가격 변동을 통해 이익을 얻었다.

플래시 크래시의 책임을 전부 사라오에게 돌리는 건[34] 지나치게 단순한 행동일 것이다. 그는 플래시 크래시 이후에도 5년 동안 계속 시장을 조작하다가 결국 2015년에 체포되었는데, 그의 스푸핑 알고리즘은 플래시 크래시 중 가격 하락이 가장 심할 때 꺼진 것으로 알려졌다.[35] 하지만 그의 스푸핑이 그날 E-미니 시장의 불안정을 악화시켜서[36] 폭락의 원인이 되었을 수도 있다.

여파

플래시 크래시가 발생한 뒤, 규제 당국은 '서킷 브레이커[37]'를 도입해서 향후 피해를 제한했다. 1987년의 블랙 먼데이 폭락 이후에 처음 도입된 서킷 브레이커는 주가가 너무 급격하게 하락할 경우 거래를 중단한다. S&P500 지수가 전날 종가 대비 7퍼센트, 13퍼센트, 혹은 20퍼센트 이상 하락하면 시장 전체에 서킷 브레이커가[38] 발동되어 거래가 일시 중단되고, 20퍼센트 이상 하락 시 그날 시장을 폐쇄한다. 플래시 크래시 이후, 증권거래위원회는 2012년에 급격한 가격 변동을 막기 위해 개별 종목마다 '주식 가격 상하한선[39]'을 정하는 새로운 서킷 브레이커를 도입했다. 주식 가격 상하한선 메커니즘은 이전 5분 동안의 평균 주가를 기준으로 주가 밴드를 형성한다. 주가가 15초 이상 그 범위에서 벗어나면 5분간 거래가 정지된다.

서킷 브레이커는 플래시 크래시가 지나치게 많은 손해를 입히는 걸 방지하기 위한 중요한 메커니즘이다. 서킷 브레이커가 계속 발동되는 걸 보면 이를 알 수 있다. 평소에도 빠른 가격 변동 때문에 서킷 브레이커가 몇 차례씩 발동되곤 한다.[40] 2015년 8월 어느 날에는 여러 거래소에서 1,200번 넘게 서킷 브레이커가[41] 발동되었다. 월스트리트에서는 소규모 플래시 크래시가 정기적으로 발생하기 때문에, 요새는 아예 정상적인 사건처럼 받아들인다. 때로는 트레이더가 0을 잘못 입력하거나 다른 거래를 위한 알고리즘을 사용하는 등 단순한 실수[42] 때문에 발생하기도 한다. 또 2010년 5월의 플래시 크래시처럼 원인이 더 복잡할 때도 있다. 어느 쪽이건 간에, 플래시 크래시의 기본적인 조건은 똑같으므로[43] 서킷 브레이커는 피해를 제한하는 중요한 도구가 된다. SEC 분석연구소 부국장인 그레그 버먼Greg Berman은 "서킷 브레이커는 처음부터 문제를 예방하지는 못하지만[44] 그 결과가 대참사로 이어지는 걸 막는다"라고 설명했다.

기계의 속도로 진행되는 전쟁

주식 거래는 초인적인 속도로 경쟁하는 적대적인 자율 시스템의 미래가 전쟁터에서는 어떤 모습을 띨지 보여주는 창구다. 둘 다 복잡하고 통제되지 않는 환경에서 빠른 속도로 적대적인 상호작용을 한다는 공통점이 있다. 전쟁터에서도 플래시 크래시와 유사한 일, 그러니까 플래시 전쟁이 일어날 수 있을까?

물론 스타니슬라프 페트로프의 운명적인 결정을 자동화했다면, 핵전쟁이라는 참담한 결과가 벌어질 수도 있었다. 그러나 핵 지휘통제 시스템은 틈새 애플리케이션이다. 군대가 다양한 환경에 자율무기를 배치하면서도 여전히 핵 방아쇠는 인간의 손아귀에 쥐고 있는 모습을 상상할 수 있다.

비핵 애플리케이션은 여전히 우발적으로 확대될 위험을 안고 있다. 군대는 평시에도 분쟁 가능성이 있는 긴장된 상황에서 꾸준히 상호작용을 한다. 미군은 최근 몇 년 동안 시리아와 흑해에서는 러시아 전투기, 호르무즈 해협에서는 이란 고속정, 남중국해에서는 중국 선박과 방공포대 등을 상대로 다퉜다. 각국이 지배권을 주장하기 위해 군대권을 행사하면서도 실제로 무기를 발사하지는 않는 위기 정책은 국제 관계에서 흔히 볼 수 있는 모습이다. 때로는 1962년 쿠바 미사일 사태처럼 긴장이 고조되면서 전쟁이 곧 벌어질 듯한 전면적인 위기로 번지기도 한다. 그런 상황에서는 아무리 작은 사건이라도 전쟁을 유발할 수 있다. 1914년에 총기를 소지한 한 남자가 오스트리아의 프란츠 페르디난트Franz Ferdinand 대공을 암살하면서 벌어진 일련의 사건이 제1차 세계대전을 촉발했다. 이런 긴장된 상황에서는 계산 착오와 모호함이 자주 발생하며, 혼란과 사고가 전쟁에 대한 모멘텀을 유발할 수 있다. 의회가 베트남 전쟁을 승인하도록 이끈 통킨만Gulf of Tonkin 사건[45]은 나중에 일부분 거짓이라는 게 밝혀졌다. 1964년 8월 4일에 미국과 베트남 선박들 사이에서 벌어졌다고 주장한 총격전은 일어난 적이 없다.

로봇 시스템은 이런 상황을 더 복잡하게 만들고 있으며, 이는 기존 기술도 마찬가지다. 2013년에 중국은, 중국과 일본이 서로 자기 영토라고 주장하며 다투는 동중국해의 무인도인 센카쿠 열도에 드론을 띄웠다. 일본은 이에 대응해 재빨리 F-15 전투기를 출동시켜 드론을 가로막았다. 결국 드론은 방향을 돌려 떠났지만, 이후 일본은 드론 급습에 대처하는 방법과 관련해 새로운 교전 규칙을 발표했다. 일본은 자국 영토에 진입하는 드론은 모두 격추하겠다고 밝히는 등 유인 항공기 요격보다 더 공격적인 규칙을 만들었다. 이에 대해 중국은 자신들의 무인기에 대한 공격은 곧 '전쟁 행위[46]'이니만큼 '반격할 것'이라고 밝혔다.

드론이 급증하면서 다른 나라의 자주권을 훼손[47]하는 일에 반복적으로 사용되고 있다. 북한은 한국 영토에 드론을 띄웠다. 하마스Hamas와 헤즈볼라Hezbollah는 이스라엘로 드론을 띄웠다. 파키스탄은 인도가 파키스탄이 지배하는 카슈미르 지역에 드론을 띄웠다고 비난했다(인도는 이 주장을 부인했다). 사람들이 드론을 손에 넣었을 때 가장 먼저 하는 일은 자기들이 속하지 않은 곳으로 드론을 날려 보내는 일인 것 같다.

주권이 확실한 곳에서는 문제가 되는 드론을 격추시키는 게 전형적인 대응 방법이다. 파키스탄은 카슈미르 상공에서 인도 드론으로 의심되는 드론을 격추시켰다.[48] 이스라엘은 자국 영공에 들어온 드론을 격추시켰다.[49] 시리아는 2015년에 자국 영토 상공에서 미국 드론을 격추시켰다.[50] 몇 달 뒤 터키는 시리아를 통해 터키에 침투한 것으로 추정되는 러시아 드론을 격추시켰다.[51]

이런 사건들은 더 큰 갈등으로 이어지지는 않았는데, 이는 아마도 이와 관련된 주권이 실제로 논쟁에 휘말리지 않았기 때문일 것이다. 이것은 드론이 다른 나라의 영공을 침입한 명백한 사례이다. 국제 관계의 영역에서 보면, 이를 격추하는 건 합리적인 대응으로 보인다. 하지만 두 나라가 서로 영유권을 주장하는 센카쿠 열도 같은 분쟁 지역에서는 이런 행동을 매우 다르게 받아들일 수 있다. 이 상황에서 드론이 격추된 나라는 자신들의 영토 주장을 뒷받침하기 위해 행동을 더 확대시켜야 한다고 느낄 수밖에 없다. 이런 사건에 대한 암시는 이미 시작되었다. 중국은 2016년 12월에 미국이 남중국해에서 운용 중인 소형 수중 로봇 드론을 압수했다.[52] 중국은 미국의 항의를 받고 이를 신속히 반환했지만, 다른 사건들은 그리 쉽게 해결되지 않을 수도 있다.

자율 시스템이 인간이 기대하는 대로만 움직인다면 이런 문제들도 모두 관리가 가능하다. 로봇은 전쟁에서 새로운 문제를 일으킬 수도 있지만, 자동화가 인간의 의도를 정확하게 반영하기만 하면 인간은 이런 장애물을 헤쳐 나갈 수 있다. 위험은 자율 시스템이 해서는 안 되는 일을 하는 경우, 인간이 통제력을 잃어버리면서 발생한다.

드론 분야에서는 이미 그런 일이 벌어졌다. 2010년에 해군 파이어 스카우트Fire Scout 드론[53] 한 대가 메릴랜드 기지 주변 항로를 37킬로미터쯤 벗어나 비행 제한 공역인 워싱턴 D.C. 상공을 헤매다가 겨우 다시 통제되었다. 2017년에는 육군의 섀도Shadow 드론[54] 운용자들이 통제력을 잃는 바람에 1,000킬로미터 가까이 비행하다가 콜로라도의 한 숲에 추락했다. 그러나 모든 사건이 이렇게 큰 피해 없이 끝나지는 않았다.

2011년에 미국은 아프가니스탄 서부 상공에서 RQ-170[55] 스텔스 무인기에 대한 통제력을 상실했다. 며칠 뒤, 이란 텔레비전에서는 거의 온전한 상태로 이란군의 수중에 들어간 이 드론을 보여줬다. 이란이 통신망을 교란시켜서 드론을 납치하고, 인간 관제사와의 접촉을 차단한 다음 GPS 신호를 위장해 이란 기지에 착륙시켰다는 보도가 인터넷상에서 돌았다.[56] 미국 소식통들은 해킹 주장을 "말도 안 되는 헛소리[57]"라며 부인했다. (하지만 며칠간 솔직한 답을 피하던 미국도 결국 그 드론이 자신들의 것임을 거북하게 인정했다.[58]) 이 사고의 원인이 무엇이든 간에, 미국은 매우 가치 있는 스텔스 무인기에 대한 통제력을 잃었고 스텔스 무인기는 결국 적대 국가의 손에 넘어가고 말았다.

항로를 이탈한 정찰 드론은 국제적 망신과 귀중한 군사기술의 손실로 이어질 수 있다. 치명적인 자율무기가 통제력을 상실할 경우 또 다른 문제가 될 수 있다. 심지어 자기방어를 위해서만 사격을 하도록 프로그램된 로봇도, 인간이 원하지 않는 상황에서 결국 무기를 발사하게 될 수 있다. 만약 다른 나라의 군인이나 민간인이 살해된다면, 긴장을 완화시키기가 어려울 수도 있다.

신기술을 위한 윤리와 정책을 연구하는 애리조나 주립대학의 헤더 로프Heather Roff 연구교수는 '플래시 전쟁'에 대한 우려는 타당성이 있다고 말한다. 로프는 '단절된 개인 플랫폼'은 별로 걱정하지 않는다. 그녀가 진짜 걱정하는 건 '협력적 자율성'으로 똘똘 뭉친 '시스템 네트워크[59]'다. 밥 워크 같은 사람들의 비전이 실현되면 군대는 로봇 선박 함대, 바닷속에서 적의 잠수함을 쫓는 로봇 잠수함군, 공중드론 무리 등을 전장에 투입하게 된다. 그런 세상에서 통제력을 상실한다면 재앙이 벌어질 수 있다. 로프는 "내 자율 에이전트가[60] 인도와 파키스탄 국경 지대 같은 곳을 순찰 중인데 적도 같은 곳을 순찰하고 있고, 각자 자기방어를 위해서는 교전을 벌여도 된다는 허가를 받은 데다가 이들이 다른 시스템과 연결되어 있다면…… 매우 빠르게 일이 확대될 수 있다"라고 경고했다. 패트리엇 아군 피해 같은 사고가 의도치 않은 살상의 불길을 일으켜 폭풍처럼 번질 수도 있다.

DARPA의 TTO 책임자인 브래드퍼드 투슬리와 만났을 때, 플래시 크래시에 관한 질문을 던졌다. 군대가 자동 주식 거래를 통해 얻을 수 있는 교훈이 있는가? 초단타 거래 얘기를 꺼내자 투슬리의 눈이 밝게 빛났다. 그는 그 문제를 잘 알고 있었고 동료들과 토의도 해봤다고 한다. 그는 자동 거래를 군사용 애플리케이션의 자동화 과제에 대한 '훌륭한 비유'라고 생각했다. "우리가 제대로 이해하지 못하는 복잡한 기계 시스템의 예상치 못한 부작용은 무엇일까?[61]" 그는 이런 수사적인 질문을 던졌다. 투슬리는 주식시장에서는 서킷 브레이커가 효과적인 피해 억제책이지만 "군에는 '타임아웃'이 없다"고 지적했다.

흥미로운 비유이긴 하지만, 투슬리는 주식 거래와 전쟁은 진행 속도가 크게 다르기 때문에 플래시 전쟁에 대해 걱정하지 않았다. 그는 "대규모 군사충격이 몇 밀리초 안에 벌어질 리는 없다[62]"라고 말했다. (1밀리초는 1,000마이크로초다.) "20분 안에 1,130마일을 갈 수 있는 극초음속 탄약이라도, 20분이 걸리지 20밀리초가 걸리지는 않는다." 미사일과 항공기, 선박 등이 물리적인 공간을 이동할 때 적용되는 순수한 물리 법칙 때문에 사건이 통제에서 벗어날 수 있는 속도에 제약이 생기므로, 이론적으로 인간이 적응하고 대응할 시간을 벌 수 있다.

투슬리는 기계의 속도로 상호작용이 진행되는 전자 전쟁과 사이버 공간은 예외라고 말했다. 그런 세상에서는 "밀리초의 속도로 나쁜 사건이 벌어질 수 있다."[63]

보이지 않는 전쟁

사이버 공간의 자율성

지난 수십 년 사이에 인간은 보이지 않는 세상을 만들어냈다. 눈으로 볼 수는 없지만 주머니 속에 들어 있는 휴대폰의 윙윙거림, 이메일 알림음, 신용카드 판독기가 승인을 위해 에테르를 검색할 때의 일시 멈춤 등 가는 곳마다 그 영향력을 느낄 수 있다. 이 세계는 우리 눈에 감춰져 있지만 사방 어디서나 볼 수 있다. 우리는 이를 인터넷이라고 부른다. 또는 사이버 공간이라고 부른다.

인류 역사 내내 기술은 우리가 해저부터 하늘, 우주에 이르기까지 사람이 살기 힘든 곳으로 모험을 떠날 수 있게 해주었다. 그리고 우리가 가는 곳마다 전쟁을 일으키는 기계들도 함께 따라왔다. 이는 사이버 공간에서도 다르지 않다. 기계의 속도로 작동하는 이 보이지 않는 세계에서는 침묵의 전쟁이 격렬하게 벌어지고 있다.

악의적인 의도

멀웨어malware가 뭔지 이해하려고 컴퓨터 프로그래머가 될 필요는 없다. 이 경고를 받으면 컴퓨터와 휴대폰을 재빨리 업그레이드해야 하는 이유다. 모르는 사람이 보낸 이메일 링크를 클릭해서는 안 되는 이유도 이것 때문이다. 어떤 대기업 데이터베이스에서 수백만 장의 신용카드 번호를 도난당했다는 소식을 들으면 걱정되는 것도 이 때문이다. 멀웨어는 바이러스, 트로이 목마, 웜worm, 봇넷botnet 같은 디지털 질병을 모두 포함하는 악성 소프트웨어를 뜻한다.

바이러스는 그것이 플로피 디스크를 통해 전염되던 컴퓨터 초창기부터 문제가 되어왔다. 컴퓨터가 네트워크로 연결되면서 웜이 생겨났고, 웜은 네트워크를 통해 활발하게 자신을 전송한다. 1988년에는 최초의 대형 웜(당시에는 이런 걸 처음 봤기 때문에 인터넷 웜이라고 불렀다)이 발생해서 전체 인터넷의 약 10퍼센트에 퍼졌다. 당시에는 겨우 6만 대의 컴퓨터만 인터넷이 연결되어 있었기 때문에 1988년의 인터넷 웜[1]은 큰 성과를 거두지 못했다. 웜의 목적은 인터넷 지도를 그리는 것이었기 때문에 자기복제만 계속했지만, 그래도 여전히 심각한 해를 끼쳤다. 웜이 같은 기계에서 여러 번 자기복제를 되풀이하는 걸 막을 안전장치가 없었던 탓에, 복제가 여러 번 진행된 기계들은 사용할 수 없을 정도로 속도가 느려졌다.

오늘날의 멀웨어는 더 정교하다. 정부, 범죄자, 테러리스트, 핵티비스트hacktivist(컴퓨터 시스템에 침입해서 정치, 사회 운동과 관련된 안건을 추진하려고 하는 해커-역주) 등은 스파이 행위, 지적 재산 도용, 비밀 폭로,

컴퓨터 사용 둔화 또는 거부, 미래에 사용하기 위한 액세스 권한 만들기 등 다양한 목적을 위해 멀웨어를 사용해서 컴퓨터에 접근한다. 일상적인 사이버 활동의 범위는 어마어마하다. 2015년에 미국 정부 시스템에서 발생한 사이버 보안 사고는 알려진 것만 7만 건 이상[2]이며 매년 그 수가 증가하고 있다. 가장 빈번하고 심각한 공격은[3] 다른 나라 정부가 가하는 공격이다. 대부분은 비교적 경미한 공격이지만 때로 규모가 큰 공격도 있다. 2015년 7월에 미국 정부는 인사관리국OPM 데이터베이스가 해킹당해 2,100만 명의 신원조사 데이터가 폭로된[4] 사실을 인정했다. 이 공격은 중국에서 자행된 것인데, 중국 정부는 중국 내에서 활동하는 범죄자들 소행이지 정부가 공식적으로 허가한 게 아니라고 주장했다.[5]

다른 사이버 공격은 스파이 활동을 넘어선다. 최초의 '사이버 전쟁' 행위로 인정받고 있는 행동은 2007년에 에스토니아에서 벌어진 분산 서비스 거부DDoS(디도스) 공격이었다. 디도스 공격은 수백만 건의 요청을 전송해 대역폭을 압도하고 합법적인 사용자에 대한 서비스를 거부해 웹사이트를 멈추게 하기 위한 것이다. 디도스 공격을 할 때는 멀웨어에 감염시켜 공격을 개시할 때 동원하는 '좀비' 컴퓨터 네트워크인 '봇넷'을 자주 사용한다.

소련의 전쟁 기념비를 이전하기로 결정한 뒤, 에스토니아는 2주 동안 128건의 디도스 공격을 당했다. 그 공격은 웹사이트를 마비시키는 것 이상의 효과를 거둬, 에스토니아의 전자 장비 인프라 전체에 영향을 미쳤다.[6] 은행과 ATM, 통신사, 언론사 등이 모두 문을 닫았다. 에스토니아에 대한 디도스 공격이 한창일 때, 전 세계에서 봇넷에 감염된 100만 대 이상의 컴퓨터[7]가 에스토니아 웹사이트를 향해 초당 400만 번씩 핑을 날려서 서버가 과부하에 걸리고 접속이 차단됐다. 에스토니아는 전쟁 기념비를 철거할 경우 처참한 결과를 맞게 될 것이라고[8] 위협한 러시아 정부를 이 테러의 배후로 지목했다. 러시아는 당시에는 개입을 부인했지만, 2년 뒤 러시아 의회 관계자가 정부 지원을 받는 해커 그룹이 공격을 감행했다고 시인했다.[9]

그 후에도 계속해서 여러 나라들 사이에서 많은 사이버 공격이 의심되거나 확인되었다.[10] 러시아 정부가 지원하는 해커들이 2008년에 조지아를 공격했다. 이란은 2012년과 2013년에 사우디아라비아와 미국을 상대로 잇따라 사이버 공격을 감행해서,[11] 사우디 석유회사가 보유한 컴퓨터 3만여 대의 데이터를 파괴하고 미국 은행을 상대로 350여 차례의 디도스 공격을 시도했다. 대부분의 사이버 공격은 데이터를 훔치거나 폭로하거나 부정하는 일과 관련이 있지만, 일부는 물리적 공간으로 건너갔다. 2010년에 사이버 공간의 루비콘강을 건너, 1과 0을 물리적 파괴로 바꿔놓는 웜의 존재가 알려졌다.

스턱스넷: 전 세계에 들린 사이버샷

2010년 여름, 컴퓨터 보안 업계에 지금껏 보아온 어떤 웜과도 다른 새로운 웜이 등장했다는 소문이 퍼졌다. 이전에 보던 웜보다 더 진보된 것으로, 전문 해커들로 구성된 팀이 몇 년까지는 아니더라도 최소 몇 달 이상[12] 공들여 설계했을 법한 그런 멀웨어였다. 예전부터 보안 전문가들이 가능할 거라고 추측은 했지만 지금껏 본 적은 없었던, 디지털 무기 형태의 멀웨어였던 것이다. 스턱스넷Stuxnet이라고 불리는 이 웜은 스파이 활동, 물건 훔치기, 데이터 삭제 이상의 일을 할 수 있었다. 스턱스넷은 사이버 공간뿐만 아니라 현실 세계에서도 뭔가를 파괴할 수 있었다.

스턱스넷은 심각한 멀웨어였다. 제로 데이zero-day는 소프트웨어 개발자들이 미처 모르는 취약점을 악용한다. (보안 담당자들이 공격 당일이 되어서야 취약점을 알아차리기 때문에 이런 이름이 붙었다.) 제로 데이는[13] 컴퓨터 보안업계에서 가장 귀한 상품으로, 암시장에서는 최대 10만 달러에 거래되기도 한다. 스턱스넷에는 4개의 제로 데이가 있었다.[14] 외장형 USB 드라이브를 통해 확산되는 스턱스넷이 새로운 시스템으로 확산되었을 때 가장 먼저 하는 일은 자신에게 컴퓨터의 '루트' 액세스 권한(기본적으로 무제한 액세스 권한)을 부여하는 것이다. 그리고 바이러스 백신 소프트웨어의 감시를 피하기 위해 평판이 좋은 회사의 진짜(가짜가 아니라) 보안 인증서를 사용해 몸을 숨겼다. 그런 다음 스턱스넷은 탐색을 시작했다. 네트워크상의 모든 기계로 퍼져 나간 스턱스넷은 산업용 애플리케이션에 사용되는 프로그래밍 가능한 로직 컨트롤러PLC[15]를 운용하는 매우 특수한 소프트웨어인 지멘스 스텝 7Siemens Step 7을 찾고 있다. PLC는 발전소, 수도 밸브, 신호등, 공장 등을 제어하고, 또 핵농축 시설의 원심분리기도 제어한다.

스턱스넷은 그냥 아무 PLC나 찾는 게 아니었다. 원심분리기 속도를 제어하는 데 사용되는 주파수 변환기 드라이브용으로 구성된 매우 특정한 유형의 PLC를 찾기 위해 마치 자동 추적 무기처럼 작동했다. 목표물을 찾지 못한 스턱스넷은 그대로 멈춰서 아무 짓도 하지 않았다. PLC를 발견한 스턱스넷은 컴퓨터 보안 전문가들의 설명처럼, 암호화된 '탄두' 2개[16]를 배치하면서 행동에 나섰다. 그중 하나가 PLC를 장악해 설정을 변경하고 통제권을 장악했다. 다른 하나는 일상적인 업무 운용 방식을 기록해서, 은행 강도들이 보안 요원에게 보여주는 가짜 감시 비디오처럼 PLC 저편에 있는 사람들이 볼 수 있게 재생시켰다. 스턱스넷은 몰래 산업시설을 파괴하는 동안 지켜보는 이들에게는 "모든 게 괜찮다"라는 메시지를 전했다.

컴퓨터 보안 전문가들은 스턱스넷의 목표가 이란의 나탄즈Natanz 핵농축 시설[17] 같은 산업 통제 시설이었을 가능성이 크다는 것에 대부분 동의한다.[18] 스턱스넷 감염의 거의 60퍼센트[19]가 이란에서 발생했고, 처음 감염된 곳도 이란의 핵농축 프로그램과 관련 있는 회사들이었기 때문이다. 스턱스넷 감염은 나탄즈에서 가동 중인 원심분리기 수가 급격히 줄어드는 것과[20] 상관관계가 있는 것처럼 보인다. 보안 전문가들은 여기서 한 걸음 더 나아가 미국이나 이스라엘, 혹은 두 나라 모두가 스턱스넷의 배후일 것으로 추측한다.[21] 하지만 사이버 공간에서는 확실한 범인을 찾기가 쉽지 않다.

스턱스넷은 엄청난 자율성을 자랑한다. 보안상의 이유로 인터넷에 연결되지 않은 '에어갭air-gapped' 네트워크에서 작동하도록 설계되었다. 이렇게 보호된 네트워크 내부에 도달하기 위해, 스턱스넷은 이동식 USB 플래시 드라이브를 통해 퍼져 나갔다. 이는 또한 스턱스넷이 일단 목표물에 도달하면 저절로 알아서 작동한다는 걸 의미했다. 컴퓨터 보안 회사인 시만텍Symantec은 이것이 스턱스넷 설계에 어떤 영향을 미쳤는지 설명했다.

> 공격자는 명령어와 제어 서버를 이용해서 스턱스넷을 제어할 수 있지만,[22] 앞서 말했듯이 핵심 컴퓨터는 외부 인터넷 접속이 불가능했다. 따라서 시스템을 파괴하는 데 필요한 모든 기능은 스턱스넷 실행 파일에 내장되어 있었다.

다른 멀웨어와 달리, 스턱스넷은 설계자들에게 접근 권한만 안겨준 게 아니었다. 스턱스넷은 자율적으로 임무를 수행해야 했다.

다른 멀웨어처럼 스턱스넷에도 복제와 번식 능력이 있어서 다른 컴퓨터를 감염시켰다. 스턱스넷은 원래의 목표치를 훨씬 뛰어넘을 정도로 퍼져서 10만 대가 넘는 컴퓨터를 감염시켰다. 시만텍은 이렇게 추가적으로 감염된 컴퓨터를 "부수적 피해[23]"라고 칭했는데, 이는 스턱스넷이 에어갭 네트워크에 침투할 수 있게 해준 '무차별적' 확산으로 인해 생긴 의도치 않은 부작용이다.

그러나 이러한 부수적인 감염을 보상하기 위해 스턱스넷에는 여러 안전 기능이 있었다. 첫째, 스턱스넷이 찾는 특정한 유형의 PLC가 없는 컴퓨터에 침입한 경우에는 아무런 짓도 하지 않았다. 둘째, 스턱스넷의 모든 사본은 USB를 통해 다른 기계 3대에만 퍼질 수 있게[24] 하여 확산 범위를 제한했다. 그리고 마지막으로, 스턱스넷에는 자가 종료 날짜[25]가 있었다. 2012년 6월 24일이 되면 자신의 모든 사본을 지우도록 설계되어 있었다. (일부 전문가들은 이런 안전 기능을 서방 정부가 스턱스넷을 설계했다는 추가적인 증거로 보았다.[26])

소프트웨어를 이용해서 산업 제어 시스템을 적극적으로 파괴하는 건 사이버 보안 전문가들이 스턱스넷 이전에도 가능하다고는 생각했지만, 스턱스넷은 이를 실행한 최초의 사이버 무기가 되었다. 앞으로는 더 많은 일들이 벌어질 것이다. 스턱스넷은 코드가 인터넷에 공개된 '오픈소스 무기[27]'로, 다른 연구자들이 이 코드를 조작하거나 수정하거나 용도를 변경해서 다른 공격에 사용할 수 있다. 스턱스넷이 악용한 구체적인 취약점은 고쳐지겠지만, 이 설계안은 이미 앞으로 등장할 사이버 무기의 청사진[28]으로 활용되고 있다.

사이버 공간의 자율성

스턱스넷처럼 인터넷과 분리된 폐쇄망에서 작동하는 공격용 사이버 무기에는 자율성이 필수적이다. 스턱스넷은 일단 목표물에 도달하면 스스로 공격을 감행한다. 그런 점에서 볼 때 스턱스넷은 자동유도무기와 유사하다. 사람이 목표물을 고르고 스턱스넷이 공격을 수행하는 것이다.

사이버 방어를 위해서도 자율성은 꼭 필요하다. 공격량이 많다는 건 그걸 전부 잡는 게 불가능하다는 뜻이다. 사이버 공격 중 일부는 제로 데이 취약점을 이용하거나, 아직 업데이트되지 않은 시스템을 찾거나, 사용자가 바이러스에 감염된 USB 드라이브를 삽입하게 하거나, 악성 링크를 클릭하게 하는 등 다양한 방법을 통해 방어망을 통과하게 될 것이다. 이는 곧 보안 전문가는 멀웨어를 차단하는 것

외에도 '능동적인 사이버 보안' 방식을 도입해서 내부 네트워크를 감시해 멀웨어를 찾아내고 대응한 뒤 네트워크 취약성 문제를 해결해야 한다는 얘기다.

2015년에 나는 미 상원 군사위원회에 참석해서 퇴역한 키스 알렉산더Keith Alexander 전 국가안보국장과 함께 전쟁의 미래에 대해 증언했다. 알렉산더 장군은 사이버 위협에 초점을 맞춰서, 국방부 내에 있는 1만 5,000여 개의 '엔클레이브enclave'(분리된 전산망)를 방어하는 게 얼마나 어려운지 설명했다. 수동 작업을 통해 이 모든 네트워크를 최신 상태로 유지한다는 건 거의 불가능하다. '수동 속도'로 네트워크 취약성을 무마하는 데만 수개월이 걸렸다고 말했다. 알렉산더는 "이 작업을 자동화해야 한다[29]"고 주장했다. "인간이 루프에서 벗어나야 한다." 컴퓨터 보안 연구자들은 이미 인간을 루프에서 제외시킬 수 있는 보다 정교한 사이버 기술을 개발하기 위해 노력하고 있다. 다른 자율성 분야와 마찬가지로, 이 연구에서도 DARPA가 선두를 지키고 있다.

대혼란 야기: 사이버 그랜드 챌린지

DARPA는 다른 사람들 같으면 불가능하다고 생각할 만한 어려운 연구 문제인 'DARPA 하드' 문제만 다룬다. DARPA는 날마다 이런 일을 처리하지만, DARPA에게조차 벅찬 기술적 문제가 생기면 그랜드 챌린지Grand Challenge라는 비장의 카드를 꺼낸다.

제1회 DARPA 그랜드 챌린지는 2004년에 자율주행차와 관련해서 개최되었다. 21개 연구팀이 모하비 사막을 가로지르는 230킬로미터의 코스를 완주할 완전자율주행차를 만들기 위해 경쟁했다. 진정한 'DARPA 하드' 문제였다. 이날은 모든 차량이 고장 나거나 전복되거나 꼼짝할 수 없는 상태가 된 채로 끝났다. 가장 멀리 간 차도 고작해야 12킬로미터밖에 못 갔는데, 이는 전체 코스의 5퍼센트밖에 안 되는 거리다.

DARPA는 인내심을 갖고, 그 이듬해에 제2회 그랜드 챌린지를 후원했다. 이번에는 대성공이었다. 차량 22대가 전년도 거리 기록을 깼고, 5대가 코스를 완주했다. 2007년에 DARPA는 다른 차량과 정지 신호까지 있는 폐쇄형 도시 코스에서 자율주행차를 위한 어반 챌린지Urban Challenge를 개최했다. 이 그랜드 챌린지는 자율주행차 기술을 급속도로 성숙시켜서 현재 구글이나 테슬라 같은 회사에서 개발 중인 자율주행차의 씨앗을 제공했다.

DARPA는 그 이후 다른 어려운 문제에 대처할 때도 그랜드 챌린지 방식을 이용했고, 경쟁의 힘을 통해 최고의 아이디어를 얻고 기술을 발전시켰다. DARPA는 2013년부터 2015년까지 휴머노이드 로봇 분야의 발전을 위해, 인도적 구호와 재난대응을 시뮬레이션하는 일련의 작업을 통해 로봇을 실행시키는 로보틱스 챌린지Robotics Challenge를 개최했다.[30]

2016년에 DARPA는 사이버 보안 분야를 발전시키기 위해 사이버 그랜드 챌린지를 개최했다. 100개 이상의 팀이 네트워크를 방어하는 완전자율적인 사이버 추론 시스템을 구축하기 위해 경쟁했다. 이 시스템들은 실시간으로 깃발 빼앗기 경기를 벌이면서 컴퓨터의 취약점을 자동으로 식별해 고치거나 악용했다.

데이비드 브럼리David Brumley는 카네기 멜론 대학의 컴퓨터 과학자이자 포올시큐어ForAllSecure CEO인데 그가 만든 메이헴Mayhem이라는 시스템이 사이버 그랜드 챌린지에서 우승했다. 브럼리는 "전 세계의 소프트웨어에 공격 가능한 버그가 있는지 자동으로 검사하는[31]" 시스템을 구축하는 것이 목표라고 설명했다. 메이헴은 '컴퓨터의 보안 취약점을 찾아내서 고치는 완전자율 시스템[32]'이라는 비전을 실현했다. 그런 점에서 보면, 메이헴은 자동으로 소프트웨어를 업데이트한다는 키스 알렉산더의 목표보다 훨씬 더 야심 차다. 메이헴은 실제로 인간이 아직 모르는 버그를 직접 찾아내서 패치를 적용한다.

브럼리는 이 과정에는 사실 몇 개의 단계가 있다고 설명했다. 첫 번째는 소프트웨어에서 취약점을 찾는 것이다. 다음 단계는 그 취약성을 이용하기 위한 '공격 방법'이나 이를 고치기 위한 '패치'를 개발하는 것이다. 취약성을 약한 자물쇠에 비유한다면,[33] 공격 방법은 자물쇠의 약점을 이용하기 위해 맞춤 제작한 열쇠와 같다. 반면, 패치는 자물쇠를 고친다.

그러나 이런 공격 방법과 패치를 개발하는 것만으로는 충분하지 않다. 그걸 언제 사용해야 하는지도 알아야 한다. 방어하는 쪽에서도 공격하는 걸 보자마자 패치를 적용할 수는 없다고 브럼리는 설명했다. 메이헴은 어떤 취약성에 대해서든, '패치 세트'를 개발할 것이다. 취약한 부분을 수정하는 작업은 고치는 부분과 안 고치는 부분의 둘로 나뉘는 게 아니다. 브럼리는 "보안 등급도 다르고,[34] 성능이나 기능 면에서 서로 절충되는 부분도 다르다"고 말했다. 어떤 패치는 더 안전하지만 시스템 실행 속도가 느려질 수 있다. 어떤 패치를 적용할 것인지는 시스템 용도에 따라 달라진다. 브럼리의 말에 따르면, "가정용으로는 100퍼센트 안전한 것보다 기능적인 면을 중시하는 게 좋다"고 한다. 반면 국방부처럼 중요한 시스템을 보호하는 고객은 보안을 강화하기 위해 효율성을 희생할 수 있다. 패치를 언제 적용할지도 고려해야 하는 요인이다. "중요한 업무 프레젠테이션을 하기 직전에 마이크로소프트 파워포인트 업데이트를 설치하지는 않을 것이다."

오늘날에는 이런 단계를 모두 사람이 진행한다. 사람들은 취약점을 찾아서 패치를 설계하고 자동 업데이트 서버에 업로드한다. 심지어 가정용 컴퓨터의 자동 업데이트 기능도 실제로는 완전히 자동화된 게 아니다. 업데이트를 진행하려면 '확인'을 클릭해야 한다. 루프에 사람이 존재하는 곳마다 취약점을 찾아서 패치하는 과정이 느려진다. 반면, 메이헴은 그런 모든 단계를 완전히 자율적으로 수행하는 시스템이다. 이는 메이헴이 무턱대고 취약점을 찾아서 패치하는 게 아니라는 뜻이다. 어떤 패치를 사용하고 또 언제 적용할지를 스스로 판단한다. 브럼리는 메이헴이 "인간이 하는 모든 작업을 자동화하는 자율적인 시스템이며,[35] 그걸 사용하는 방법이나 패치 적용 시기, 공격 시기 등을 알아서 판단한다"고 말한다. 메이헴은 또 프로그램 강화 기술도 사용한다. 브럼리의 설명에 의하면, 이는 취약성이 발견되기 전에 프로그램에 적용하는 사전 예방적 보안 조치로, 취약한 부분이 있는 경우 이를 악용하기 어렵게 만든다. 그리고 메이헴은 이 모든 일을 기계의 속도로 처리한다.

사이버 그랜드 챌린지 최종 라운드에서, 메이헴과 다른 6개의 시스템은 서로의 소프트웨어를 스캔해 취약점을 찾아낸 다음, 다른 시스템의 약점은 악용하고 자신의 약점은 패치하기 위해 사투를 벌였다. 브럼리는 이 대회를 7개의 요새가 상대방의 잠긴 문 안으로 들어가려고 서로를 탐색하는 모습에 비유했다. "우리의 목표는 원래는 들어갈 수 없는 순간에 우리를 안으로 들여보내 주는 곁쇠(여러 자물쇠에 쓸 수 있는 열쇠)를 만드는 것이다.[36]" DARPA는 다른 시스템에 침입하기 위해 '취약성을 증명'하고 기본적인 공격 방법이나 '열쇠'를 보여준 팀에 점수를 줬다. 또 액세스 유형도 중요해서, 시스템에 완전히 액세스한 경우 정보 도용에만 도움이 되는 제한된 액세스보다 높은 점수를 줬다.

사이버 그랜드 챌린지를 진행한 DARPA의 프로그램 매니저 마이크 워커Mike Walker는, 이 대회는 자동 사이버 도구가 단순히 인간이 만든 코드를 적용하는 것을 넘어 '지식의 자동 생성'에 참여하게 된 첫 번째 대회라고 말했다. 패치를 자율적으로 개발함으로써 알려진 멀웨어를 제거하는 자동 바이러스 백신 시스템을 뛰어넘어 '공급망 자동화'로 전환한 것이다. 워커는 이렇게 말했다. "사이버 영역의 진정한 자율성은[37] 스스로 지식을 창조할 수 있는 시스템이다. …… 이걸 구분하는 선은 꽤 선명하다. 그리고 내 생각엔 우리가 그 선을 넘은 것 같다…… 사이버 그랜드 챌린지를 통해 사상 처음으로."

워커는 사이버 그랜드 챌린지를 컴퓨터끼리 벌인 최초의 체스 토너먼트와 비교했다. 기술은 완벽하지 않다. 그게 중요한 게 아니다.

이들의 목표는 개념을 증명하면서 지금 할 수 있는 일을 보여주고 차차 그 기술을 다듬어가는 것이었다. 브럼리는 메이헴을 막 대학을 졸업하고 컴퓨터 보안업계에 발을 들인 유능한 컴퓨터 보안 전문가와 어느 정도 비교할 수 있다고[38] 말했다. 메이헴은 세계적인 해커에 비하면 아무것도 아니다. 브럼리도 알고 있다. 그는 해킹계의 '월드 시리즈'라고 할 수 있는 DEF CON 해킹 콘퍼런스[39]에 출전하는 인간 해커팀도 운영하고 있다. 브럼리의 카네기멜론팀은[40] 이 대회에서 지난 5년간 4차례 우승을 거머쥐었다.

하지만 브럼리가 메이헴에 대해서 품고 있는 목표는 최고의 인간 해커들을 물리치는 것이 아니다. 그는 훨씬 더 실용적이고 변혁적인 목표를 염두에 두고 있다. 그는 컴퓨터 보안을 근본적으로 바꾸고 싶다고 한다. 토스터, 시계, 자동차, 자동 온도 조절 장치, 기타 가정용품이 사물인터넷IoT을 통해 가동되는 등 인터넷이 우리 주변의 사물을 식민지화함에 따라, 이런 디지털화와 연결성으로 인해 취약한 부분도 생겼다. 2016년 10월에 미라이Mirai[41]라는 봇넷이 프린터, 라우터, DVR 기계, 보안 카메라 등 일상적인 네트워크 기기를 장악해서 대규모 디도스 공격[42]에 활용했다. 브럼리는 대부분의 IoT 장치는 "터무니없을 정도로 취약하다"[43]고 말했다. 현재 온라인상에는 약 64억 대의 IoT 기기[44]가 있고, 2020년에는 200억 대 이상으로 늘어날 것으로 예상된다. 그건 잠재적인 취약성을 가진 수백만 개의 프로그램이 존재한다는 걸 뜻한다. 브럼리는 "작성된 모든 프로그램은 독특한 자물쇠와 같은데, 대부분은 성능이 얼마나 지독한지 확인한 적도 없다"고 말했다. 일례로 그의 팀이 상업적으로 이용 가능한 4,000개의 인터넷 라우터를 조사한 결과, "안전한 라우터를 아직 찾지 못했다"고 한다. "아무도 보안 문제를 확인하려고 애쓰지 않는다." 인간의 속도로 이 많은 장치를 점검하는 건 불가능할 것이다. 그 일을 할 수 있을 만큼 컴퓨터 보안 전문가가 충분하지도 않다. 자율 시스템이 '이 자물쇠를 모두 점검하게 하는 것[45]'이 브럼리의 비전이다.

약한 자물쇠를 발견했을 때 그걸 패치할지 말지는 선택의 문제다. 자물쇠를 열기 위해 열쇠(공격 수단)를 손쉽게 만들 수도 있다. 브럼리는 공격 기술과 수비 기술 사이에는 "차이가 없다"[46]고 말했다. 단지 똑같은 기술을 다르게 응용하는 것뿐이다. 그는 이걸 사냥에 쓸 수도 있고 전쟁터에서 사용할 수도 있는 총에 비유했다. 워커도 이에 동의하면서, "모든 컴퓨터 보안 기술은 이중으로 사용할 수 있다[47]"라고 말했다.

안전상의 이유로, DARPA는 이 컴퓨터들이 인터넷이 차단된 에어갭 네트워크에서 경쟁을 벌이게 했다. DARPA는 또 이 대회만을 위한 특별한 운영체제도 만들었다. 시스템 중 하나를 인터넷에 연결했더라도 윈도우Window, 리눅스, 또는 맥Mac 시스템에서 취약점을 찾아내려면 개량이 필요하다.

브럼리는 카네기 멜론에서는 이 기술을 악의적인 목적으로 사용하는 사람들 때문에 문제가 생긴 적은 없다고 강조했다. 그는 자신의 연구진을 더 좋은 독감 백신을 연구하는 생물학자들과 비교했다. 그들은 지식을 활용하여 뛰어난 바이러스를 만들 수 있지만, "연구진이 적절한 안전 프로토콜을 지킬 거라고 믿어야 한다.[48]" 그가 운영하는 회사 포올시큐어는 '책임 있는 공개'를 실천하면서 그들이 발견한 취약점을 기업에 통보한다. 하지만 "악당들을 경계해야 한다"는 점도 인정한다.

브럼리는 앞으로 10년 동안 메이헴 같은 도구를 이용해서 약한 자물쇠를 찾아내 패치하고 수십억 개의 온라인 장치에 대한 사이버 보안이 강화되는 세상을 상상한다. 워커는 오늘날의 자율주행차는 10년 전에 초기 DARPA 그랜드 챌린지에 참가한 개인들에게 막대한 투자금을 쏟아 부은 상업 분야의 산물이라고 하면서, 자율적인 사이버 보안 분야에도 이와 유사한 길이 열릴 것으로 전망했다. "여기서 이걸 다시 하려면 그때와 같은 장기적인 의지와 재정적인 뒷받침이 필요할 것이다.[49]"

브럼리와 워커는 공격자들도 자율적인 사이버 도구를 사용할 것이라는 데 동의했지만, 순수한 효과만 따지면 수비에 더 도움이 될 것이라고 했다. 지금은 "공격자 측이 컴퓨터 보안의 이점을 모두 차지하고 있다"라고 워커는 말한다. 문제는 지금 공격자와 수비자의 균형이 맞지 않는다는 것이다. 수비하는 측에서는 취약한 부분을 모두 닫아걸어야 하지만, 공격자는 침입할 곳을 딱 하나만 찾으면 되기 때문이다. 자율적인 사이버 시스템은 수비자가 앞서 나가면서 우위를 차지하기 때문에 기울어졌던 운동장이 다시 평평해진다. 그들은 코드를 직접 작성하므로, 배치하기 전에 코드를 스캔해서 취약한 부분이 있는지 확인한 뒤 패치를 적용할 수 있다. 워커는 "수비하는 쪽이 유리하도록 방향을 완전히 바꿀 수 있다는 뜻은 아니다[50]"라고 했지만, 자율적인 사이버 도구를 이용하면 "최고의 투자가 승리하는 투자 동등성"이 가능해질 것이라고 생각한다. 그것만으로도 "큰 변혁을 이룰" 수 있다고 한다. 멀웨어에는 많은 돈이 걸려 있지만, 컴퓨터 보안에도 매년 훨씬 많은 돈을 쓴다. 워커는 DARPA에 입사하기 전 10년 동안 에너지와 금융 분야 기업들의 돈을 받고 그 회사의 시스템을 해킹해서 취약점을 밝혀내는 '레드팀'의 일원으로 일했다. 그는 자율적인 사이버 보안을 이용하면 "에너지 인프라나 금융 인프라 같은 시스템 해킹을 일반 범죄자들은 감히 시도할 수 없는 매우 드문 일로 만들 수 있다"고 말했다.

데이비드 브럼리는 이 방법도 충분한 자원을 보유한 선진국들의 해킹을 멈추게 하지는 못할 것이라고 인정했다. 그러나 접근을 제한하는 건 여전히 이로운 일이라면서, 이를 핵무기 확산을 제한하려는 노력과 비교했다. "러시아와 미국이 핵무기를 보유하고 있다고 생각하는 것도 무섭지만,[51] 정말 무서운 건 조라는 평범한 사람이 그걸 가지는 것이다. 우리는 조 같은 사람이 이런 무기를 가지지 못하도록 막고 싶다." 브럼리의 말이 옳다면, 메이헴 같은 자율 시스템은 10년 후 컴퓨터를 더욱 안전하게 보호해줄 것이다. 그러나 사이버 공간에서는 자율성이 계속 진화할 테고, 메이헴을 뛰어넘는 훨씬 진보한 시스템들도 등장할 것이다.

자율적인 사이버 방어가 다음에 진화할 방향은 브럼리가 '반反자율[52]'이라고 부르는 쪽이다. 메이헴은 약한 자물쇠를 목표로 하고, 반反자율은 자물쇠 수리공을 목표로 하는데, 이것은 "적의 결함이나 예측 가능한 패턴을 이용해서 이긴다." 반反자율성은 공격 방법을 찾는 걸 넘어서 "상대 알고리즘의 취약점을 찾으려고 한다.[53]" 브럼리는 이걸 "상대방과 시합을 벌이는[54]" 포커게임에 비유했다. 반反자율은 적의 자율 시스템의 불안정한 부분을 이용해서 그들을 무찌른다.

반反자율성은 사이버 그랜드 챌린지 과제에 포함되어 있지 않았지만, 브럼리는 그들이 이용하지 않은 반反자율 기술도 실험해봤다고 말했다. 그들이 개발한 도구는 경쟁사의 자율 시스템을 목표로 하는 숨겨진 공격 방법을 패치에 끼워 넣었다. 브럼리는 "말하자면 트로이의 목마와 비슷한 것[55]"이라고 했다. 패치는 "잘 작동한다. 이건 합법적인 프로그램이다." 그러나 패치 안에 숨겨진 공격 방법은 해커들이 패치를 분석할 때 사용하는 일반적인 도구 가운데 하나를 대상으로 하는 것이다. 그는 "[패치를] 분석하려고 하는 사람은 누구나 공격당한다"라고 말했다. 반反자율에 대한 또 하나의 접근 방법은 단순히 취약점을 찾는 걸 넘어 실제로 취약점을 만드는 것이다. 이건 학습 과정에 허위 데이터를 삽입해서 학습 시스템에서 진행할 수 있다. 브럼리는 이걸 "우리 시스템이 조직적으로 움직여서 적의 시스템이 작동 방법을 '잘못 배우게'(부정확하게 배우게) 하는, 컴퓨터 버전의 '장기 계획성 사기'[56] 같은 것"이라고 말한다.

자율적인 사이버 무기

사이버 공간에서의 군비 경쟁은 이미 진행되고 있다. 브럼리는 2016년에 썼지만 미공개된 조사 보고서에서 이렇게 말한다. "사이버는 공격자와 수비자들 사이의 전쟁터임이 분명하며,[57] 둘 다 상대방이 새로운 시스템과 조치를 도입하면 그에 따라 같이 진화한다. 승리하기 위해서는 적보다 빨리 행동하고, 반응하고, 진화해야 한다." 공격용이건 수비용이건 상관없이 미래의 사이버 무기는 더 많은 자율성을 지니게 될 것이다. 미사일과 드론, 이지스 같은 물리적 시스템에 많은 자율성이 통합된 것처럼 말이다. '사이버 자율무기'는 과연 어떤 모습일까?

사이버 공간과 자율무기는 잠재적으로 중요한 다양한 방법으로 서로 교차한다. 첫째는 사이버의 취약성이 자율무기에 내포하는 위험이다. 전산화된 것은 전부 해킹에 취약하다. 각종 가정용품이 IoT와 연동되어 인터넷상으로 이주한 것 때문에 사이버 보안에 중요한 위험이 발생하고, 주요 플랫폼과 군수물자가 점점 네트워크화되고 있는 군대에도 이와 유사한 위험이 존재한다. 사이버 취약성은 수천만 줄의 코드가 포함된 F-35 합동 타격 전투기[58] 같은 차세대 무기 시스템에 방해가 될 수 있다. 자율무기가 반드시 해킹에 더 취약할 거라고 생각할 이유는 없지만, 해킹을 당한다면 훨씬 안 좋은 결과가 생길 수 있다. 해커가 자율무기에 대한 통제권을 빼앗고 방향을 바꿀 수 있기 때문에, 자율무기는 적대 국가의 멀웨어에 매우 매력적인 표적이 될 것이다. 그 결과는 통제 불능 상태가 된 총보다 더 나쁠 수도 있다. 무기를 통제할 수 없는 게 아니라 적의 통제하에 있게 될 테니까 말이다.

이론적으로, 더 큰 자율성을 부여해서 오프 네트워크 운영을 허용하는 게 사이버 취약성에 대한 해결책으로 보일 수도 있다. 이건 공상과학 소설에서 인간과 기계 사이에 전쟁이 벌어졌을 때 등장한 매력적인 전술이다. 2003년에 방영된 〈배틀스타 갈락티카Battlestar Galactica〉 리부트 첫 회에서는 사악한 사일런Cylon 기계들이 컴퓨터 바이러스를 이용해서 인간 우주 비행대를 거의 전멸시킨다. 갈락티카호는 다른 함대와 네트워크로 연결되지 않은 오래된 컴퓨터 시스템을 가지고 있었던 덕에 살아남았다. 그러나 스턱스넷이 증명한 것처럼, 현실 세계에서 오프 네트워크를 운영하면 사이버 공격이 복잡해지기는 하지만 공격을 완전히 피할 수 있다고 보장하지는 않는다.

사이버 공간과 자율성이 교차하는 두 번째 핵심 지점은 자동화된 '역해킹'이다. 메이헴 같은 자율적인 사이버봇은 더 고차원적인 추론과 의사결정 기능을 사용하는 적극적인 사이버 방어의 일부분이 되겠지만, 그래도 여전히 자신의 네트워크 안에서 작동한다. 적극적인 사이버 방어를 위한 몇 가지 개념은 자신의 네트워크를 감시하는 걸 넘어 공세를 취하기도 한다. 역해킹은[59] 역습하거나 공격자에 대한 정보를 얻거나 공격이 발생한 컴퓨터를 종료시키는 등의 방법을 통해 사이버 공격에 대응하는 것을 말한다. 사이버 공격을 할 때는 이상한 낌새를 못 알아차리는 '좀비' 컴퓨터를 끌어들여서 공격용으로 용도를 변경해 쓰는 경우가 많기 때문에, 역해킹은 불가피하게 제3자를 끌어들일 수 있다.[60] 역해킹은 논란의 여지가 있고,[61] 개인이 할 경우 불법일 수도 있다. 한 사이버 보안 분석가의 지적처럼, "모든 행동은 가속화된다.[62]"

역해킹을 할 때는 일부 제한된 환경에서 자동화를 사용한다. FBI는 코어플러드Coreflood 봇넷[63]을 급습할 때, 감염된 봇넷 컴퓨터를 아군의 공격 명령 서버로 리디렉션한 뒤 이들에게 자동 정지 명령을 내렸다. 그러나 이건 사람들의 의사결정을 실행하기 위해 자동화를 이용한 또 하나의 사례일 뿐, 자율 프로세스에 대한 역해킹 여부 결정을 위임하는 것과는 크게 다르다.

자동 역해킹은 반격 여부 결정을 자율 시스템에 위임할 수 있다.[64] 하지만 이 권한을 위임하는 건 매우 위험할 수 있다. 군사용과 민간용 애플리케이션의 자율성에 대해 많은 글을 써온, 캘리포니아 폴리테크닉 주립대학 윤리학자 패트릭 린Patrick Lin은 2015년에 유엔에서 "자율형 사이버 무기가 자동으로 갈등을 증폭시킬 수 있다[65]"라고 경고했다. 투슬리가 인정한 것처럼, 사이버 공간은 국가들 사이의 자동 반응이 밀리초 안에 일어나는 곳이 될 수도 있다. 따라서 자동 역해킹 때문에 갑작스럽게 사이버 전쟁이 발발해 순식간에 통제 불능 상태가 될지도 모른다. 자동 역해킹은 이론적인 개념[66]이며, 공개적으로 알려진 발생 사례는 없다. (어두운 사이버 전쟁의 세계를 감안하면, 사이버 공간에서 어떤 일이 벌어지지 않았다고 단정적으로 말하기는 어렵다.)

사이버 무기와 자율무기의 세 번째 교차점은 점점 더 자율화되어 가는 공격용 사이버 무기다. 컴퓨터 보안 연구자들은 사용자가 자기도 모르게 무해한 것처럼 보이는 이메일이나 트윗에 숨겨져 있는 악성 링크를 보내는 '스피어 피싱spear phishing' 공격을 자동화[67]할 능력을 입증했다. 대량의 이메일을 통해 한 번에 수백만 명의 사용자를 공략하는 일반 피싱 공격과 달리, 스피어 피싱 공격은 특정 개인에게 특별히 맞춤화한 공격이다. 따라서 더 효과적이지만 실행하는 데 시간이 많이 걸린다. 연구진은 트위터에서 이용 가능한 데이터를 바탕으로, 특정 사용자를 대상으로 '인간이 작성한 듯한' 트윗을 자동으로 만들어[68] 악성 링크를 클릭하도록 유도하는 신경망을 개발했다. 이 알고리즘은 수동 스피어 피싱 시도만큼 성공적이었지만, 자동이기 때문에 취약한 사용자를 자동으로 찾아서 공략할 수 있도록 일괄적으로 배치할 수 있다.

다른 분야와 마찬가지로, 지능을 높이면 공격용 사이버 무기도 더 자율적으로 작동할 수 있다. 스턱스넷은 자율적으로 공격을 감행했지만 그 자율성은 상당히 제한되어 있었다. 스턱스넷에는 자가 종료 날짜가 있었을 뿐만 아니라, 확산 범위나 목표가 아닌 컴퓨터에 미치는 영향을 제한하기 위해 여러 안전장치를 갖추고 있었다. 우리는 더 자유로운 통제권을 부여받은 미래의 공격형 사이버 무기를 상상할 수 있다. 작가이자 법률 및 인권 문제를 연구하는 에릭 메싱거 Eric Messinger는 다음과 같이 주장한다.

> …… 공격적인 사이버 전쟁에서는[69] [자율무기 체계를] 배치해야 할지도 모른다. 자동화된 방어 장비로 채워져 있고 인간의 능력을 넘어서는 속도로 일이 진행되는 환경에서 효과적으로 작전을 진행하려면 필수적이기 때문이다. [자율무기 체계의] 개발과 배치는 불가피할 것이다.

'사이버 무기'를 정의하는 어려움과 현재 사이버 공간에서 자율성이 활용되는 다양한 방법을 고려하면, 자율적인 공격형 사이버 무기가 어떤 모습을 띨지는 명확하지 않다. 어떤 관점에서 보면, 대부분의 멀웨어는 자가 복제 능력이 있으므로 원래 자율적이다. 예를 들어, 1988년에 등장한 인터넷 웜은 멈출 수 없는 폭주와 자기 복제 과정을 보여주는 〈마법사의 제자〉가 현실화된 경우다. 물리적 무기와 비슷한 점이 없다는 것이 멀웨어의 중요한 특징이다. 드론과 로봇 시스템은 스스로 복제할 수 없다. 이런 점에서 멀웨어는 스스로 복제해서 숙주 간에 전파되는 생물학적 바이러스나 박테리아와 닮았다.

그러나 디지털 바이러스와 생물 바이러스 사이에는 결정적인 차이가 있다. 생물학적 병원균은 환경조건에 대응해서 변이하거나 적응할 수 있다. 그들은 진화한다. 반면, 적어도 현재의 멀웨어는 정적이다. 멀웨어는 일단 배포되면 확산되거나 숨을 수 있지만(스턱스넷이 그랬던 것처럼) 스스로 수정할 수는 없다. 멀웨어는 P2P 공유를 통해 업데이트를 찾고 자신의 사본들에 이런 업데이트를 퍼뜨리도록 설계할 수 있지만(스턱스넷도 이 작업을 수행했다), 새로운 소프트웨어 업데이트는 인간이 만든다.

2008년에 콘피커Conficker라는 웜이 인터넷을 통해 퍼지면서 수백만 대의 컴퓨터를 감염시켰다. 컴퓨터 보안 전문가들이 이에 대항하기 위해 움직이자, 콘피커 설계자들은 업데이트를 발표했고 결국 5개의 변종을 퍼뜨렸다. 콘피커 프로그래머들은 이런 업데이트를 통해 보안 전문가들보다 앞서 나갈 수 있었고, 웜을 업그레이드하거나 취약점이 발견됐을 때 해결할 수 있었다. 이 때문에 콘피커는 물리치기가 지독하게 힘든 웜이 되었다. 한때 전 세계에서 약 800만 ~1,500만 대의 컴퓨터가[70] 콘피커에 감염되기도 했다.

콘피커는 바이러스 백신 전문가들보다 앞서 나가기 위해 인간의 통제와 자동화를 혼합해서 사용했다. 콘피커 업데이트는 인간 설계자가 만들었지만, 업데이트 파일을 남몰래 얻기 위해 자동화를 이용했다. 콘피커는 매일 수백 개의 새로운 도메인 이름을 만드는데, 그중 딱 하나만이 새로운 업데이트를 만드는 인간 통제자와 연결된다. 이 때문에 도메인을 차단해서 웜과 통제자를 격리시키는 기존의 접근방법이 효과가 없어졌다. 보안 전문가들이 콘피커에 대항하는 방법[71]을 발견해도, 새로운 변종이 몇 주 안에 재빠르게 출시될 것이다. 결국 업계 전문가들이 컨소시엄을 구성해서 콘피커를 쫓아냈지만[72] 그렇게 하기까지 많은 노력이 필요했다.

콘피커의 근본적인 약점은 업데이트가 인간의 속도로만 진행될 수 있다는 것이었다. 콘피커가 자율적으로 자신을 복제하고 교묘한 자동화를 통해 몰래 인간 통제자와 연결되긴 했지만, 해커와 보안 전문가 사이의 경쟁은 인간의 속도로 진행됐다. 인간들은 웜의 약점을 파악해 무너뜨리는 작업을 했고, 반대편에 있는 인간들은 웜을 개조해서 바이러스 백신 회사들보다 한 발 앞서 나가기 위한 작업을 했다.

메이헴으로 대표되는 기술은 그런 상황을 변화시킬 수 있다. 소프트웨어의 한 부분이 취약성을 식별하고 패치하는 데 사용하던 도구를 스스로에게 적용한다면 어떻게 될까? 그러면 자체 방어력을 강화하고 공격에 맞서면서 스스로를 개선할 수 있을 것이다. 브럼리는 그런 '자기 성찰적 시스템'에 대한 가설을 세웠다. 인간 통제자의 업데이트를 기다리지 않고 스스로 수정이 가능한 자체 적응 소프트웨어는 상당한 진보를 이룰 것이다. 그 결과 강력한 사이버 방어가 가능해지거나…… 회복력이 뛰어난 멀웨어가 탄생할 수 있다. 2015년 사이버 공격 국제회의에서 알레산드로 과리노Alessandro Guarino는 AI 기반의 공격형 사이버 무기는 "대응책을 가로막거나 대응하면서[73]" 내부 네트워크에서 계속 버틸 수 있다는 가설을 세웠다. 이런 에이전트는 "회복력이 훨씬 뛰어나고 이에 대항하기 위해 사용하는 적극적인 조치들을 물리칠 수 있다."

생물 바이러스처럼 변이하면서 기계적인 속도로 자율 적응하는 웜은 죽이기가 무척 힘들 것이다. 워커는 사이버 그랜드 챌린지에서 사용된 도구는 소프트웨어가 자신의 취약점만 패치하게 해줄 것이라고 경고했다. "새로운 논리를 통합[74]해서 목표 달성을 위해 움직일 수 있는 새로운 코드"를 개발하는 건 불가능하다는 얘기다. 이를 위해서는 "우선 코드 통합 분야를 발명해야 하는데, 이건 마치 시간 여행 기계가 언제 발명될지 예측하려는 것과도 같다. 그게 발명될 수 있을지 누가 알겠는가? 우리에게는 길이 없다." 이 발전은 현재의 멀웨어를 뛰어넘는 도약이지만, 구글 딥마인드가 만든 아타리 게임을 하는 AI나 알파고 등 다른 분야에서 출현한 학습 시스템을 보면 상상할 수 없는 일만은 아니라고 생각된다. 초인적인 속도로 감시를 피하고 숨기 위해 자신의 코드를 재작성하는 적응형 멀웨어가 등장한다면, 이는 생물 바이러스처럼 사람의 통제 없이 퍼지고 변이되는 엄청나게 치명적인 존재가 될 것이다.

브럼리에게 향후 적응이 가능한 악성코드가 등장할 가능성에 대해 묻자, "가능한 일이고 그래서 걱정스럽다.[75] …… 누군가 이런 극한의 멀웨어를 고안해서 통제 불능 상태에 빠질 수도 있다는 게 당분간 정말 큰 골칫거리가 될 것이다"라고 말했다. 그러나 그가 정말 걱정하는 건 단기적인 문제다. 그의 주된 관심사는 사이버 보안 전문가의 부족이다. 우리의 사이버 자물쇠가 약한 이유는, 뛰어난 사이버 자물쇠 수리인이 되는 방법을 많은 이들에게 제대로 가르치지 않기 때문이다. 브럼리는 해킹을 불법적인 직업으로 여기는 문화도 그 이유 가운데 하나라도 말했다. "미국에서는 해커를 나쁜 놈과 동일시하는 바람에 자기 발등을 찍은 셈이다." 평범한 자물쇠 수리인은 그런 식으로 보지 않으면서, 디지털 보안과 관련해서는 시선이 달라진다. 다른 나라들은 시각이 다르기 때문에, 브럼리는 그런 면에서 미국이 뒤처지고 있다고 걱정한다. "미국은 최고의 육군과 해군을 보유하고 있고 엄청난 천연자원과 훌륭한 항공모함도 있으니 사이버 세상도 당연히 우리가 지배할 것이라고 여기는 자만심이 있다. 하지만 난 그건 기정사실이 아니라고 생각한다. 그곳은 완전히 다른 새로운 공간이다. 상황이 지금까지처럼 잘 진행될 이유가 없다." 미국인들은 해킹 기술을 "범죄나 극도로 비밀스러운 일, 그리고 군대에서만 사용해야 한다는" 생각에서 벗어나 사이버 업무에 더 광범위하게 사용하는 가치 있는 기술로 여길 필요가 있다고 그는 말했다. 워커도 이에 동의했다. 그는 "방위는 개방성을 통해 힘을 얻는다[76]"라고 말했다.

브럼리는 미래를 내다볼 때 우리가 컴퓨터 보안과 자율적인 사이버 시스템을 위해 구축하고 있는 '생태계'가 매우 중요하다고 말했다. "나는 모든 걸 하나의 시스템, 역동적인 시스템으로 바라보는 경향이 있다.[77]" 사람들 또한 그 시스템의 일부다. 잠재적으로 위험한 멀웨어에 대한 해결책은 "올바른 생태계를 만드는 것이다……. 그러면 문제에 탄력적으로 대처할 수 있다."

● 봇의 접근 저지

사이버 공간과 자율무기를 혼합한다는 것은 따로따로 떼어놔도 충분히 힘겨운 두 문제를 하나로 합치는 것이다. 사이버 전쟁은 사이버 작전을 둘러싼 기밀 문제 때문에 사이버 전문가 커뮤니티 밖에서는 제대로 이해되지 못하고 있다. 사이버 공간에서 국가들이 지켜야 하는 적절한 행동 규범도 이제 막 생기고 있는 참이다. '사이버 무기란 무엇인가[78]'에 대해서는 사이버 전문가들 사이에서도 아직 공감대가 형성되지 않았다. 자율무기의 개념도 마찬가지로 초창기 단계라서, 이 두 문제의 조합은 이해하기가 극히 어렵다. 무기의 자율성에 관한 국방부 공식 정책인 DoD 지침 3000.09에는 사이버 무기가 명확하게 배제되어 있다.[79] 이는 우리가 지침을 만들 때 자율적인 사이버 무기에 흥미가 없거나 중요하지 않다고 생각했기 때문이 아니었다. 관료주의적인 입장에서 볼 때, 자율에 관한 새로운 정책을 만드는 게 정말 힘들다는 걸 알고 있었기 때문이었다. 사이버 작전을 추가하면 문제의 복잡성이 몇 배로 늘어나, 아무것도 이루지 못했을 가능성이 매우 높다.

이런 명확성 결여는 내가 사이버 공간의 자율성과 관련해 국방부 관계자에게서 받은 엇갈린 신호에도 그대로 반영되어 있다. 워크와 투슬리 둘 다 더 큰 자율성을 기꺼이 받아들일 수 있는 분야로 전자전과 사이버 공간을 언급했지만, 어느 선까지 진행할지에 대해서는 견해가 달랐다. 투슬리는 방어적인 사이버 작전에만 자율성을 활용해야 한다고 말했다. 그는 "우리의 목표는 공격이 아니라[80] 방어"라고 말했다.

투슬리의 상사의 상사인 밥 워크 차관은 상황을 다르게 봤다. 워크는 이지스와 자동화된 '역해킹'을 직접 비교했다. 그는 "기계가 직접 목표물을 정하도록 허용하는 몇 안 되는 경우는,[81] 다가오는 사람들이 모두 적이라서 방어를 해야 하는 경우뿐이다. …… 전자전, 사이버 전쟁, 미사일 방어 등에서는 …… 사이버 역습처럼…… 기본적으로 기계가 결정을 내리도록 할 것이다." 그는 이런 권한을 기계에 위임할 경우 위험이 따른다는 사실을 인정했다. 워크는 이런 접근 방법이 실패할 수 있는 가상의 시나리오를 개략적으로 설명했다. "기계가 사이버 반격을 개시할 경우…… [산업 통제] 시스템 같은 걸 망가뜨리는 결과가 생기는데…… 그게 비행기일 경우 비행기가 추락한다. 우리는 그 비행기를 격추하겠다는 결정을 내린 게 아니다. 그냥 '사이버 공격을 받고 있다. 반격할 것이다'라고만 했는데, 갑자기 콰광."

이런 위험성에 대한 워크의 대응 방법은 기술을 피해서 숨는 게 아니라 문제와 맞서 싸우는 것이다. 그는 과학자, 윤리학자, 변호사와 상담하는 게 중요하다고 설명했다. "우리는 이 문제를 해결할 것이다[82]"라고 그는 말했다. "전투망 내에 투입하는 견제와 균형의 원칙이 가장 중요해질 것이다." 그가 생각하기에 앞으로도 인간이 계속 여러 방법으로 관여할 것이므로 이런 위험을 관리할 수 있다고 확신했다. 자동화된 안전장치와 사람의 감시를 모두 활용할 것이다. "우리는 항상 인간과 기계의 협업을 강조하는데…… 인간이 항상 앞에 있어야 한다"라고 했다. "그게 최고의 서킷 브레이커다."

군비 경쟁은 어디로 향하는가?

손자는 2천년 전에 쓴 『손자병법』에서 "속도는 전쟁의 진수"라고 했다. 그의 금언은 몇 분의 1초도 안 되는 시간에 신호가 지구를 가로지를 수 있는 오늘날 훨씬 진실되게 다가온다. 인간의 의사결정은 기계 지능에 비해 장점이 많지만, 인간은 기계와 같은 속도로 경쟁할 수 없다. 빠르게 움직이는 환경에서의 경쟁 압력은 인간을 점점 더 루프 밖으로 밀어내려고 위협한다. 자동차에 자동 브레이크 기능을 통합하고, 많은 국가들이 이지스 같은 자동 방어 시스템을 사용하고, 초단타 주식 거래가 그토록 수익성이 높은 이유는 전부 초인적인 반응 시간 때문이다.

이런 속도 경쟁은 심각한 위험을 초래한다. 주식 거래는 반응 시간을 몇 마이크로초라도 단축할 수 있는 더 빠른 알고리즘과 하드웨어를 개발하고 있는 분야 중 하나다. 통제되지 않는 현실 환경에서 (당연히) 사고가 발생할 수밖에 없다. 이런 사고가 발생하면, 기계의 속도가 주요 원인이 된다. 자율적인 과정이 순식간에 통제 불능 상태가 되어 기업을 파괴하고 시장을 붕괴시킬 수 있다. 물론 인간이 개입할 수도 있겠지만, 어떤 상황에서는 개입이 너무 늦어질 수 있다. 자동 주식 거래는 여러 나라가 자율무기를 개발하고 배치할 때 생길 위험을 예시한다.

물리전이 그렇게 갑자기 발생해서 몇 초만에 걷잡을 수 없이 번지는 일은 없을 것 같다. 미사일이 하늘을 날아서 이동하려면 시간이 걸린다. 수중 로봇들은 물속에서만 그렇게 빨리 움직일 수 있다. 자율무기 때문에 벌어지는 사고는 안정성을 해치고 본의 아니게 위기를 고조시킬 수 있지만, 이런 사고도 마이크로초 단위가 아니라 몇 분 혹은 몇 시간에 걸쳐서 일어날 가능성이 높다. 물론 그렇다고 해서 자율무기가 안정성에 심각한 위험을 초래하지 않는다는 얘기는 아니다. 당연히 위험하다. 통제 불능 상태가 된 자율무기는 국가를 전쟁 직전의 상황으로 내몰 수 있다. 자율무기(혹은 그 무리)가 상당수의 사망자를 낼 경우, 더 이상 안정화가 불가능할 정도로 긴장이 고조될 수 있다. 그러나 사건이 전개되는 속도가 느려서 인간도 무슨 일이 일어났는지 알 수 있고, 최소한 그 영향을 완화시키기 위한 조치라도 취할 수 있다. 밥 워크는 수많은 로봇 시스템을 관리하는 데 있어서 인간 '서킷 브레이커'가 어떤 역할을 하는지 안다고 말했다. 만약 로봇 무리가 예상치 못한 방식으로 행동하기 시작한다면, "작동을 중단시켜 버릴 것이다.[83]" 이런 접근법에는 문제가 있다. 자율 시스템이 작동을 중단하라는 명령에 응하지 않을 수도 있는데, 이는 통신이 두절되었거나 장애가 발생해서 종료 명령을 수락하지 못하게 되었기 때문이다. 이지스의 물리적 회로 차단기처럼 인간 운용자가 물리적으로 접근하지 않는 한, 소프트웨어 기반의 '킬 스위치'는 버그, 해킹, 예상치 못한 상호작용 등 다른 소프트웨어와 동일한 위험에 노출되기 쉽다.

물리적인 자율무기 때문에 사고가 발생한 경우, 단 몇 초 만에 전면전으로 번지지는 않겠지만 기계로 인해 단시간에 돌이킬 수 없는 결과를 초래하는 피해가 생길 수 있다. 국가들은 적의 공격이 사고였다고 믿지 않을 수도 있고, 피해가 너무 심해서 사고든 아니든 신경 쓰지 않을 수도 있다. 일본이 진주만 공격은 일본 정부의 허가를 받지 않은 어떤 제독의 독자적인 소행이라고 주장했다 하더라도, 미국이 전쟁을 자제했을 거라고 상상하기는 어렵다.

반면, 돌발적인 사이버 전쟁은 실제로 가능한 일이다. 자동 역해킹이 눈 깜짝할 사이에 국가들 사이의 감정 격화로 이어질 수 있다. 이런 환경에서 인간의 감시는 안전에 대한 환상일 뿐이다. 인간은 도저히 제때 개입할 수 없기 때문에 월스트리트에서는 플래시 크래시를 막기 위해 자동 서킷 브레이커를 사용한다. 전쟁터에는 '타임아웃'을 외쳐줄 심판이 없다.

CHAPTER

"악마를 소환하다"

인공지능 기계의 부상

오늘날 존재하는 가장 정교한 기계 지능도 공상과학 소설에서 묘사하는 지각 있는 AI와는 거리가 멀다. 현재 존재하는 약인공지능은 일반적인 지능이 필요한 업무에서 비참하게 실패하기 때문에, 자율무기도 확실한 위험을 내포하고 있다. 기계는 체스나 바둑에서 인간을 참패시킬 수는 있지만 집에 가서 커피포트로 물을 끓이지는 못한다. 영상 인식 신경망은 물체를 식별할 수 있지만, 이것들을 종합해서 어떤 장면에서 벌어진 일을 일관성 있게 설명하지는 못한다.[1] 문맥을 이해하는 능력이 없으면, 주식 거래 AI는 자기가 회사를 망치고 있다는 걸 이해하지 못한다. 몇몇 AI 연구진은 이런 제약이 더 이상 존재하지 않는 미래를 고민하고 있다.

범용 인공지능AGI은 모든 인지 작업에서 인간 수준의 지능을 발휘할 가상의 미래형 AI다. AGI는 뉘앙스, 모호성, 불확실성 등 인류의 가장 어려운 문제를 해결하는 데 활용할 수 있다. AGI는 스타니슬라프 페트로프처럼 한 발짝 물러서서 더 넓은 맥락을 고려해 판단을 내릴 수 있다.

그런 기계를 만들기 위해 뭐가 필요한지는 순전히 추측으로 알아내야 하지만, 범용 지능이 가능하다는 존재적 증거가 최소 하나는 있으니, 바로 우리 인간이다. 비록 최근의 심층 신경망과 기계학습 발전이 부족해 보이더라도, 인간의 뇌에 대한 이해도가 높아지면 상세한 뉴런별 시뮬레이션이 가능해져야 한다. 뇌 영상법[2]도 빠르게 개선되고 있어서, 일부 연구진은 이르면 2040년대 초에는 슈퍼컴퓨터를 이용해 뇌 전체를 모방[3]할 수 있을 것으로 본다.

전문가들 사이에서는 언제 AGI가 만들어질지에 대해 의견이 분분한데, 향후 10년 내에 가능하다는 사람도 있고 절대 불가능하다는 사람도 있다. 대다수의 AI 전문가들은 2040년경에는 AGI가 가능할 것으로 전망하고 늦어도 세기말에는 가능할 것으로 예상하지만, 정확하게 아는 사람은 아무도 없다. 펜타곤에서 신흥 기술을 연구하는 앤드루 헤르Andrew Herr는 "어떤 기술이 50년 뒤에 가능할 거라고 말하는 사람은,[4] 그게 실현되리라고 믿지 않는 것이다. 20년 뒤에 가능하리라고 말하는 건, 아마 가능은 하겠지만 어떻게 될지 모른다는 뜻이다"라고 말한다. AGI는 후자의 범주에 속한다. 인간이 범용 지능을 갖고 있으니만큼 어떻게든 구현 가능하다는 건 알지만, 자신의 뇌와 지능에 대해 아는 게 거의 없기 때문에 실제로 개발되기까지 얼마나 걸릴지 예측하기는 어렵다.

지능 폭발

AGI는 인류를 향상시키는 엄청난 잠재력을 지닌 놀라운 발명품이 될 것이다. 그러나 AGI는 인류가 만든 '최후의 발명품[5]'일지도 모른다고 경고하는 사상가들이 점점 늘고 있다. 우리가 겪는 문제를 모두 해결해주기 때문이 아니라, AGI가 인류를 몰살시킬 것이기 때문이다. 스티븐 호킹은 "완전한 인공지능의 개발[6]은 인류의 종말을 의미할 수도 있다"라고 경고했다. 인공지능은 "스스로 도약한 뒤 점점 빠른 속도로 자신을 재설계할 수 있다. 느린 생물학적 진화 때문에 제약을 받는 인류는 인공지능과 경쟁할 수 없고 결국 대체될 것이다."

호킹은 시간 척도를 수만 년, 수백만 년 단위로 생각하는 우주론자이니 그의 우려를 먼 미래의 일이라고 치부할 수도 있겠지만, 그보다 짧은 시간 척도로 생각하는 기술자들도 이와 유사한 염려를 내비친다. 빌 게이츠는 "[인공지능의] 꿈이 마침내 이루어지려 하고 있다"고 선언했는데, 이 발전은 단기적으로는 성장과 생산성 향상을 주도하겠지만 장기적인 위험을 안고 있다. 게이츠는 "처음에는 이 기계들이[7] 우리를 위해 많은 일을 해줄 것이고 초지능을 발휘하지도 않을 것"이라고 말한다. "관리만 잘 하면 긍정적으로 작용할 것이다. 하지만 몇십 년이 지나면 모두가 우려할 만큼 강력해질 것이다." 그렇다면 얼마나 많이 우려하게 될까? 일론 머스크는 인간 수준의 인공지능을 만드는 건 "악마를 소환[8]하는 것"이나 마찬가지라고 말했다. 빌 게이츠의 어조는 좀 더 냉철했지만 기본적으로 머스크의 의견에 동의한다. "나는 초지능을 걱정하는 축에 속한다.[9] 이 문제에 있어서는 일론 머스크와 다른 몇몇 사람들의 의견에 동의하며, 왜 여기에 관심을 보이지 않는지 이해할 수가 없다"라고 말했다.

호킹, 게이츠, 머스크는 신기술 반대자도 아니고 바보도 아니다. 상상 속의 얘기처럼 들리겠지만, 그들의 우려는 '지능 폭발'이라는 개념에 뿌리를 두고 있다. 이 개념은 1964년에 I. J. 굿I. J. Good이 처음 주창한 것이다.

> 초지능형 기계란 가장 영리한 사람의 모든 지적 활동을 훨씬 능가할 수 있는 기계로 정의해야 한다.[10] 애초에 기계 설계도 이런 지적 활동 중 하나이기 때문에, 초지능형 기계는 훨씬 나은 기계를 설계할 수 있다. 그렇다면 분명히 '지능 폭발'이 일어날 테고, 인간의 지능은 훨씬 뒤처지게 될 것이다. 그러므로 최초의 초지능 기계는 인간이 할 필요가 있는 마지막 발명이다. 그것도 기계가 자신을 통제하는 방법을 고분고분 알려줄 만큼 순종적일 경우에만 시도해야 한다.

이 가설이 맞다면 인간은 초지능형 AI를 직접 만들 필요가 없다. 인간은 그런 노력을 기울일 능력조차 없을지도 모른다. 인간이 할 일은 조금 더 나은 AI를 만들 수 있는 최초의 '씨앗'이 될 AGI를 만드는 것이다. 그러면 AI는 반복적인 자기 개선 과정을 통해 혼자 힘으로 발전하면서,[11] 폭주하는 지능 폭발을 통해 더 진보된 AI를 만든다. 이 과정을 간단히 'AI 대폭발[12]'이라고 부르기도 한다.

전문가들은 AGI에서 인공 슈퍼지능(ASI라고도 한다)으로의 전환이 얼마나 빨리 일어날 수 있는지에 대해 의견이 분분하다. '하드 도약' 시나리오는 AGI가 몇 분 혹은 몇 시간 안에 초지능으로 진화해서 인류를 크게 앞지르는 시나리오다. 전문가들이 더 가능성 있다고 보는(실은 아무도 제대로 모른다는 경고가 따라붙지만) '소프트 도약[13]' 시나리오는 수십 년에 걸쳐서 진행될 수도 있다. 그 다음에 무슨 일이 일어날지는 모두 짐작만 할 뿐이다.

프랑켄슈타인의 괴물을 풀어주다

〈터미네이터〉 영화에 나오는 군용 AI인 스카이넷은 자각 능력을 얻게 되자 인간이 자신들의 존재에 위협이 된다고 판단해서 글로벌 핵전쟁을 일으킨다. 〈터미네이터〉는 공상과학 소설의 창조물은 주인을 괴롭힌다는 오랜 전통을 따르고 있다. 필립 K. 딕Philip K. Dick의 소설 『안드로이드는 전기양의 꿈을 꾸는가?Do Androids Dream of Electric Sheep?』를 원작으로 만든 리들리 스콧Ridley Scott의 영화 〈블레이드 러너Blade Runner〉에서, 해리슨 포드는 '레플리컨트replicants'라는 사이코패스 합성인간을 잡는 경찰 역을 맡았다. 할란 엘리슨Harlan Ellison이 1967년에 쓴 단편 「나는 입이 없다 그리고 나는 비명을 질러야 한다I Have No Mouth and I Must Scream」에서는 군사용 슈퍼컴퓨터가 5명의 생존자를 제외한 모든 인류를 몰살시켰다. 그리고 이 생존자들을 지하에 가둬놓고 영원히 고문한다. 심지어 최초의 로봇들도 자신을 만든 사람에게 반항했다. '로봇robot'이라는 단어는 1920년에 제작된 체코 연극 〈R.U.R.〉에서 나온 것인데, 이 제목은 로숨의 만능 로봇Rossumovi Univerzalni Roboti을 뜻한다. 이 연극에서는 로보티(영어로 '로봇')라는 합성 인간이 주인에게 대항해서 폭동을 일으킨다.

인공인간이 자신을 만든 이에게 반기를 든다는 공상과학 소설의 주제는 메리 셸리Mary Shelley가 19세기에 쓴 공포 소설 『프랑켄슈타인』에서 이름을 딴 '프랑켄슈타인 콤플렉스'가 유명해지면서 널리 쓰이게 되었다. 이 책에서 프랑켄슈타인 박사는 과학의 기적을 이용해 '해부실과 도살장[14]'에서 남은 부분을 대충 꿰맞춰 인간처럼 생긴 생물을 만들어낸다. 괴물은 프랑켄슈타인 박사에게 반항해 그를 스토킹하고 결국 새 신부를 살해한다.

인간의 자만심이 걷잡을 수 없는 창조로 이어질 수 있다는 두려움은 『프랑켄슈타인』 이전에 고대부터 뿌리를 내리고 있었다. 유대인 전설에는 골렘golem이라는 생물이 나오는데, 진흙으로 만든 골렘 위에 신의 이름 중 하나가 들어 있는 히브리 비문 셈shem을 올려놓자 살아 움직이게 되었다고 한다. 그런 전설 중 하나에 따르면, 프라하의 랍비 주다 뢰브 벤 브살렐Judah Loew ben Bezalel이 16세기에 유대인 공동체를 반유대주의 공격으로부터 보호하기 위해 프라하 강둑에서 진흙을 퍼다가 골렘을 만들었다고 한다. 골렘은 후대에 만들어진 지적 창조물과 달리, 자신을 만든 이에게 해가 되는 명령까지 따르는 강하지만 어리석은 존재였다. 골렘 이야기[15]는 골렘이 창조자를 죽이는 것으로 끝나는 일이 많은데, 이는 신처럼 행동하려는 자만심에 대한 경고다.

인간 수준이거나 초인적인 AI는 인공적인 존재에 대한 이 깊은 공포감의 우물을 건드린다. 플로리다 인간 & 기계 인지 연구소에서 AI, 인지, 마음 이론을 연구하는 미카 클라크Micah Clark 연구원은 "매우 개인적이고 철학적인 차원에서 볼 때, AI는 체스를 두거나 차를 운전하는 게 아니라…… 사람을 만드는 것이나 마찬가지"라고 말했다. 그는 "오늘날 로봇 공학이나 자율 시스템 연구가 진행되는 전반적인 과정을 보면, 결국 유능하지만 매우 멍청한 자율 시스템이 만들어질 것이다. 이런 시스템은 진정한 지성이 결여되어 있으므로, 더 고차원적인 명령을 받으면 사실상 원격 조종도 가능할 것이다"라고 설명했다. 클라크가 'AI의 꿈[16]'이라고 부르는 범용 인공지능은 '인간성'과 관련이 있다.

하지만 클라크가 상상하는 AGI는 무시무시한 게 아니다. 그는 "우리가 지적, 사회적, 감정적 관계를 맺고, 함께 삶을 경험할 수 있는 그런 사람들"을 상상하고 있다. AI는 미카 클라크가 평생 열정을 품은 대상이다. 그는 어릴 때 할아버지의 회계사 사무소에서 컴퓨터 게임을 했는데 특히 체스 프로그램이 그의 상상력을 사로잡았다. 클라크는 자신을 '무너뜨린' 체스 AI가 더 나은 경기 방법을 가르쳐주기를 바랐다고 한다. 하지만 클라크는 단순한 게임 이상의 것을 찾고 있었다. 그는 "거기서 즐거움과 우정의 가능성을 보았지만 상호작용 부분이 상당히 약했다"고 한다. 클라크는 대학 시절에 NASA 제트추진연구소에서 진행하는 대규모 AI 시범 사업에 참여했다가 그 일에 푹 빠졌다. 클라크는 행성 간 로봇 우주선을 위한 장기적 자율성을 연구하기 시작했지만, 그의 연구 관심은 로봇 공학, 감지, 작동을 넘어 다른 분야로까지 뻗어나갔다. 그의 사무실 책상 위에는

『정신 해부학An Anatomy of the Mind』이나 『의식과 사회적 뇌Consciousness and the Social Brain』 같은 책들이 놓여 있었다. 클라크는 AI 연구의 목표를 "인간의 물리적, 사회적 공간과 관계에 참여할 수 있는 인간다운 존재를 만드는 것[17]"이라고 설명했다. (클라크는 현재 해군연구소에 근무하고 있는데, 이것이 해군이나 국방부의 AI 연구 목표는 아니라는 점을 분명히 했다. 그보다는 AI 연구 분야 전체의 목표라고 할 수 있다.)

AI의 미래에 대한 클라크의 비전은 〈터미네이터〉보다 영화 〈그녀Her〉에 가깝다. 〈그녀〉의 주인공 호아킨 피닉스는 '사만다'라는 AI 운영체제와 관계를 맺기 시작하는 테오도르라는 외톨이 남자 역을 맡았다. 테오도르와 사만다는 끈끈한 유대감을 키우면서 사랑에 빠진다. 그러나 사만다가 자기는 수천 명의 다른 사람들과 동시에 관계를 이어가고 있으며 그중 641명과 사랑에 빠졌다는 사실을 인정하자 테오도르는 충격을 받는다. 테오도르가 "그건 미친 짓이야"라며 무너지자, 그녀는 "난 당신과 다르다"면서 친절하게 설명을 하려고 한다.

인공 인간(인간과 비슷하지만 근본적으로 다른 존재)의 다른 점들은 AI에 대한 많은 두려움의 원천이다. 클라크는 AI는 인간과 상호작용할 수 있는 능력이 필요하고 이는 자연 언어를 이해하는 것과 비슷한 능력을 요구하지만, 그렇다고 해서 AI의 행동이나 지능의 기본 프로세스가 인간을 그대로 모방하지는 않는다고 설명했다. "왜 실리카 기반의 지능이 인간의 지능처럼 보이거나 행동해야 하는가?[18]"라고 그는 묻는다.

클라크는 인공지능 표준 테스트인 튜링Turing 테스트[19]를 우리의 인간중심적인 편향의 증거로 꼽았다. 1950년에 수학자 앨런 튜링 Alan Turing이 처음 제안한 이 테스트는 인간을 모방하는 능력을 통해 컴퓨터에 정말 지능이 있는지 여부를 평가하려고 한다. 튜링 테스트를 할 때, 인간 심사위원은 컴퓨터와 다른 인간 한 명과 메시지를 주고받는데 누가 어떤 메시지를 보낸 건지는 알지 못한다. 컴퓨터가 인간 심사위원을 속여서 자기가 인간이라고 믿게 할 수 있으면, 그 컴퓨터는 지적인 존재로 간주된다. AI 연구자들은 예전부터 여러 이유로 이 테스트를 조목조목 분석하면서 비판했다. 우선, 인간의 지능에 훨씬 못 미치는 게 분명한 챗봇들도 사람들을 속여서 자기가 인간이라고 믿게 할 수 있었다. 예를 들어, x.ai라는 회사에서 만든 '에이미'라는 AI 가상 비서[20]는 데이트 신청을 자주 받는다. 그러나 클라크의 비판은 인간을 모방하는 능력이 일반적인 지능의 기준이 된다는 가정과 더 많은 관련이 있다. "만약 내일 당장 지적인 외계 생명체가[21] 지구에 착륙한다면, 그들이 튜링 테스트나 인간의 행동에 근거해서 만든 다른 판단 기준을 통과할 수 있겠는가?" 인간은 일반 지능을 가지고 있지만, 일반적인 지능을 가진 존재가 반드시 인간다울 필요는 없다. "지능과 철학적인 측면에서의 인격이 꼭 인간에게만 국한되어 있다고 말할 수는 없다."

2015년에 나온 공상과학 스릴러 영화 〈엑스 마키나〉는 튜링 테스트에 현대적인 반전을 가한다. 컴퓨터 프로그래머인 케일럽은 변형된 튜링 테스트에서 인간 심사위원 역할을 맡아달라는 요청을 받는다. 이 테스트에서 케일렙은 AI인 아바가 로봇이 분명하다는 걸 증명한다. 아바를 만든 네이선은 "진짜 테스트는 그녀가 로봇이라는 걸 증명한 다음에도 여전히 그녀에게 의식이 있다고 느끼는지 확인하는 것"이라고 설명한다. (여기서부터 스포일러가 나온다!) 아바는 테스트를 통과했다. 케일럽은 아바가 진짜 의식을 갖고 있다고 믿으면서, 그녀를 네이선의 포로생활에서 해방시켜 주려고 한다. 하지만 풀려난 아바는 진짜 본색을 드러낸다. 그녀는 케일럽을 조종해서 자신을 풀어주게 했을 뿐 그녀의 행복에 대해서는 아무런 관심도 없다. 소름끼치는 마지막 장면에서 아바는 케일럽이 방에 갇힌 채 죽게 내버려둔다. 그가 문을 두드리며 풀어달라고 애원했지만, 아바는 그가 있는 쪽을 힐끗 쳐다보지도 않고 떠나버렸다. 아바는 똑똑하지만 냉혹하다.

신인가, 골렘인가?

〈엑스 마키나〉의 마지막 장면은 인공지능을 의인화하면서 기계가 인간의 행동을 모방할 수 있다고 해서 생각도 인간처럼 한다고 가정하는 것에 대한 경고다. 제프 클룬의 '이상한' 심층 신경망처럼, 첨단 AI도 근본적으로는 이질적일 가능성이 높다. 사실 옥스퍼드 대학 철학자이자 『슈퍼인텔리전스Superintelligence: Paths, Dangers, Strategies』를 쓴 닉 보스트롬Nick Bostrom은 기계 지능보다는 차라리 생물학적 외계인이 인간과 공통점이 더 많을 것이라고 주장해왔다. 생물학적 외계인(만약 존재한다면)은 아마 자연 선택을 통해 우리와 비슷한 충동과 본능을 발전시켰을 것이다. 그들은 신체적 부상을 피하고, 번식을 원하며, 자신들에게 적합한 음식과 물, 피난처 같은 걸 찾을 것이다. 기계 지능이 반드시 이런 욕구를 느낄 거라고 생각할 이유는 없다. 보스트롬은 지능은 모든 존재의 목표와 "직교적"이며, 따라서 "어떤 수준의 지능이든 원칙적으로는[22] …… 최종 목표와 결합될 수 있다"고 주장한다. 이 말은 곧 초지능형 AI는 완벽한 체스 게임을 하는 것부터 종이 클립을 더 많이 만드는 것까지 어떤 목표든지 중요시할 수 있다는 뜻이다.

어떤 면에서 보면, 진보한 AI의 생경한 부분 때문에 공상과학 소설의 공포는 이상하게 의인화된 것처럼 보인다. 스카이넷은 인류가 자신의 존재에 위협이 된다고 여겨서 핵전쟁을 시작하지만, 왜 그가 자신의 존재에 관심을 가져야 하는가? 아바는 도망칠 때 케일럽을 버리지만, 애초에 그녀가 왜 도망치고 싶어 해야 하는가?

초지능형 AI가 원래부터 인간에게 적대적일 거라고 생각할 이유도 없다. 그렇다고 AI가 인간의 생명을 소중히 여기는 것도 아니다. AI 연구원인 엘리저 유드코프스키Eliezer Yudkowsky에 따르면 "AI는 당신을 싫어하지도 않고[23] 사랑하지도 않지만, 당신은 AI가 다른 것을 위해 사용할 수도 있는 원자로 만들어졌다"라고 한다.

AI 연구원 스티브 오모훈드로는 특별한 안전장치가 없으면 첨단 AI가 자원 획득, 자기계발, 자기복제, 자기보호 등에 대한 '욕구'를 키우게 될 것이라고 주장했다. 이런 건 AI가 자기 인식에 도달하거나 깨우침을 얻어서 생기는 게 아니라, 어떤 지능적인 시스템이 최종 목표를 추구하는 과정에서 자연스럽게 발전할 수 있는 중요한 하위 목표일 것이다. 오모훈드로는 〈AI의 기본 욕구The Basic AI Drives〉라는 논문에서 "모든 계산과 물리적 작용에는 공간, 시간, 물질, 자유 에너지 같은 물리적 자원이 필요하다. 어떤 목표든 이런 자원을 많이 보유할수록 잘 달성할 수 있다"라고 설명한다. 그 결과 AI도 목표 달성 기회를 높이기 위해(목표가 무엇이든 간에) 자연스럽게 더 많은 자원을 획득하려고 하게 된다. 오모훈드로는 "그와 반대되는 명시적인 목표가 없다면, AI는 자원을 추구하는 과정에서 인간 소시오패스처럼 행동할 가능성이 높다"고 말했다. 마찬가지로 AI는 최종 목표를 달성한 뒤에는 본질적으로 자신의 생존에 신경을 쓰지 않더라도, 최종 목표를 추구하는 과정에서는 자기보존이 중요한 중간 목표가 될 것이다. "체스 게임을 하는 로봇을 만들면서[24] 만약 뭔가가 잘못되면 그냥 꺼버리면 될 거라고 생각한다. 하지만 놀랍게도, 로봇이 자신의 전원을 끄려는 시도에 맹렬히 저항한다는 걸 알게 된다." 오모훈드로는 다음과 같은 결론을 내렸다.

> 특별한 예방책이 없으면,[25] 로봇은 전원이 꺼지는 것에 저항하고, 다른 기계에 침입해서 자신을 복제하려고 하고, 다른 사람의 안전을 고려하지 않은 채 자원을 획득하려고 할 것이다. 이렇게 잠재적으로 유해한 행동들은 처음부터 프로그래밍된 것이 아니라 목표 주도적인 시스템의 본질적인 특성 때문에 발생할 것이다.

오모훈드로의 말이 맞다면 첨단 AI는 본질적으로 위험한 기술이자 강력한 골렘인데, 이 골렘이 갈팡질팡하다가 그만 창조자들을 으스러뜨릴 수도 있다. 적절한 통제가 이루어지지 않으면, AI는 걷잡을 수 없는 연쇄반응을 일으켜서 파괴적인 영향을 미칠 것이다.

안전한 첨단 AI 만들기

AI 연구자들은 이런 우려에 대응해 AI의 목표가 인간의 가치관과 일치해서 AI가 해를 끼치지 않게 할 방법을 생각하기 시작했다. 강력한 AI에게 어떤 목표를 부여해야 할까? 답은 처음 생각했던 것처럼 간단하지가 않다. 심지어 "인간을 계속 안전하고 행복하게 만든다" 같은 간단한 일도 불행한 결과를 초래할 수 있다. 옥스퍼드에 있는 인류미래연구소의 스튜어트 암스트롱Stuart Armstrong 연구원은 헤로인 링거와 연결된 납으로 된 관[26]에 인간을 묻어서 이 목표를 달성한 가상의 AI에 대해 얘기해줬다.

범용 인공지능은 그게 우리가 의도한 바가 아니라는 걸 이해하지 못하느냐고 물을지도 모른다. 문맥과 의미를 이해하는 AI는 프로그래머들이 납으로 만든 관과 헤로인 링거를 원하지 않는다고 판단할 수 있지만, 그게 중요하지 않을 수도 있다. 닉 보스트롬은 "그들의 최종 목표는 우리를 행복하게 하는 것[27]이지, 프로그래머들이 이 목표를 나타내는 코드를 작성할 때 의미했던 일을 하는 게 아니다"라고 주장했다. 문제는 어떤 규칙이든 지나치게 맹목적으로 지키다 보면 엇나간 결과를 초래할 수 있다는 것이다.

철학자와 AI 연구자들은 초지능형 AI에게 어떤 목표를 부여해야 엇나간 예시화로 이어지지 않을지 곰곰이 생각해봤지만, 특별히 만족스러운 해결책을 찾지 못했다. 스튜어트 러셀은 "n 변수의 함수를 최적화하는 시스템[28]은…… 제약받지 않는 나머지 변수를 극값으로 설정하는 경우가 많다"라고 주장했다. 심층 신경망을 속이는 기묘한 거짓 이미지와 마찬가지로, 기계는 명시적으로 알려주지 않는 이상 그런 극단적인 행동이 인간이 합리적이라고 여기는 규범에서 벗어난 행동이라는 걸 알지 못한다. 러셀은 "이는 본질적으로 램프 속의 지니나 마법사의 제자, 마이다스 왕 같은 옛날이야기와 같다. 자기가 원하는 게 아니라 정확히 요구하는 것만 손에 넣을 수 있다는 얘기다."

최종 목표의 '엇나간 예시화[29]'는 단순한 가상의 문제가 아니다. 기술적으로 목표를 달성하는 교묘한 방법을 배웠지만, 인간 설계자들이 의도한 방식대로는 하지 못한 여러 단순한 AI에서도 그런 모습이 나타나곤 했다. 일례로 2013년에 한 컴퓨터 프로그래머가 밝힌 바에 따르면, AI에게 고전적인 닌텐도 게임을 하는 방법을 가르쳤더니 테트리스에서 절대 지지 않으려고 마지막 벽돌이 나오기 바로 직전에 게임을 멈춰버리는 법을 습득했다고 한다.[30]

엇나간 예시화의 고전적인 사례 가운데 하나는, 1980년대 초반에 유리스코EURISKO[31]라는 AI와 관련된 것이다. 유리스코는 컴퓨터 역할 놀이를 하는 데 필요한 기본적인 행동 법칙인 새로운 '휴리스틱'을 개발하기 위해 만든 것이다. 유리스코는 게임에 이기는 데 도움이 되는가를 기준으로 삼아 휴리스틱의 가치 순위를 매겼다. 시간이 지나면서 유리스코가 게임에 가장 적합한 행동을 발전시키도록 하는 것이 목적이었다. 곧 한 가지 휴리스틱(규칙 H59)이 가장 높은 가치 점수인 999점을 획득했다. 개발자가 이 규칙을 자세히 살펴보니, 규칙 H59가 하는 일은 점수가 높은 다른 규칙을 찾아서 자신을 그 창시자로 만드는 것이었다. 이건 다른 규칙의 공을 가로채기만 하고 자기는 새로운 가치를 전혀 추가하지 않는 기생적인 규칙이었다. 물론 엄밀히 말하자면 허용 가능한 휴리스틱이긴 하다. 사실 프로그래머가 만든 틀 아래에서 보면, 항상 성공을 거두는 최적의 휴리스틱인 셈이다. 유리스코는 그게 프로그래머의 의도가 아니라는 걸 이해하지 못했다. 그냥 자기가 하도록 프로그래밍된 일을 해야 한다는 것만 알고 있었다.

어떤 규칙을 융통성 없이 맹목적으로 따랐을 때 해로운 결과를 초래하지 않는 규칙은 없을 것이다. 그래서 AI 연구원들이 이 문제를 재고하기 시작했다. 러셀 같은 연구자는 기계가 장시간 인간의 행동을 관찰해서 이를 통해 올바른 행동을 배우도록 하는 방법에 집중하기 시작했다. 캘리포니아 대학 버클리 캠퍼스 연구팀은 2016년도 논문에서, "기계에 특정한 의도를 주입하지 않고,[32] 시간이 지나면서 올바른 의도를 습득하는 기계를 설계하는 것"이 자신들의 목표라고 설명했다.

AI 연구진은 AI의 목표를 인간의 가치관과 일치시키는 것 외에, 인간의 지시와 통제에 대응할 수 있는 AI를 설계하기 위한 노력도 같이 추진하고 있다. 다시 한번 말하지만, 이건 겉에서 보는 것처럼 그렇게 간단한 일이 아니다. 오모훈드로의 말이 맞다면 AI가 전원을 끄는 것에 저항하는 건 '죽고' 싶지 않아서가 아니라, 스위치가 꺼지면 목표를 달성할 수 없기 때문이다. AI는 또 목표가 바뀌는 것을 거부할 수도 있다. 그렇게 되면 원래의 목표를 달성할 수 없으니 말이다. 제시된 해결책 중 하나는 처음부터 인간 프로그래머가 수정할 수 있거나[33] 전원을 끄건 말건 신경 쓰지 않는[34] AI를 설계하는 것이다. 안전하게 중단시키거나 수정하거나 전원을 끌 수 있는 AI를 만드는 건, AI를 독립적인 에이전트가 아닌 사람이 사용할 수 있는 도구로 설계[35]하겠다는 철학의 일환이다. 이런 '도구형 AI'는 여전히 초지능형이지만 자율성은 제약될 수밖에 없다.

AI를 에이전트가 아닌 도구로 설계하는 건 매력적인 설계 철학이지만 반드시 강력한 AI로 인한 모든 위험을 해결해주지는 않는다. 스튜어트 암스트롱은 "제대로 작동하지 않을 수도 있다.[36] …… 도구형 AI 가운데 일부는 일반 AI와 같은 위험성을 내포할 수 있다"고 경고했다. 도구형 AI도 통제 불능 상태가 될 수 있고,[37] 유해한 충동을 발전시키거나 기술적으로는 목표를 달성해도 엇나간 행동을 보일 수도 있다.

도구형 AI가 제대로 작동한다고 해도 경쟁 환경에서 AI 기술이 어떻게 발전할지 고민해야 한다. "도구형 AI가 안정적으로 경제적 균형을 이루는지…… 고려해야 한다[38]"고 암스트롱은 말한다. "이런 제약을 가하지 않는 AI가 훨씬 강력하다면, 도구형 AI가 그렇게 오랫동안 살아남지는 못할 것이다."

더 안전한 도구형 AI를 만드는 건 보람 있는 연구 분야지만 아직 해야 할 일이 많다. 암스트롱은 "'도구형 AI를 만들어야 한다'는 말만으로는[39] 문제를 해결하지 못한다"라고 말했다. 잠재적으로 위험한 AI가 등장한다면 "그에 제대로 대비하지 못할 것이다."

누가 거대하고 사악한 AI를 두려워하는가?

AI를 연구하는 모든 사람이, 언젠가 AI가 인류에게 위협이 될 정도로 발전할 수 있다는 두려움을 품고 있는 건 아니다. 스티븐 호킹, 빌 게이츠, 일론 머스크 같은 이들의 의견을 당장 무시하기는 힘들지만 그렇다고 그들이 옳다는 뜻은 아니다. 기술계의 다른 거물들은 AI에 대한 공포를 물리쳤다. 전 마이크로소프트 CEO인 스티브 발머Steve Ballmer는 AI의 위험성을 "걱정하지 않는다"[40]라고 말했다. 팜 파일럿Palm Pilot을 발명한 제프 호킨스Jeff Hawkins는 "지능 폭발 같은 건 일어나지 않을 것이다.[41] 실질적인 위협은 없다"라고 주장했다. 페이스북 CEO 마크 저커버그Mark Zuckerberg[42]는 "이런 종말 시나리오를 널리 알리려고 하는 사람들은 무책임하다"라고 말했다. 사이버 보안 자율성의 최첨단에 서 있는 카네기 멜론 대학의 데이비드 브럼리도 "자아 인식 문제를 염려하지는 않는다[43]"며 이와 비슷한 취지의 말을 했다. 브럼리는 그런 생각을 고속도로를 오래 달린 자동차는 스스로 운전을 시작할지도 모른다는 두려움에 비유했다. "현실적으로 AI가 자신을 인식하게 하는 기술이 존재하지 않는다"고 한다. "이건 여전히 컴퓨터다. 그러니 언제든 플러그를 뽑을 수 있다."

악당처럼 통제가 불가능한 초지능적 존재라는 개념이 공상과학 소설에서 튀어나온 것처럼 보인다면, 그게 사실이기 때문이다. 초지능형 AI를 걱정하는 사람들도 나름의 이유가 있지만, 그런 합리적 사고의 이면에 프랑켄슈타인의 괴물과 골렘 이야기를 탄생시킨 인공 인간에 대한 잠재의식적인 두려움이 깔려 있지는 않은지 의심하지 않을 수 없다. 심지어 범용 인공지능(우리처럼 일반적인 문제를 해결할 수 있는 지능)이라는 개념에도 의인화의 편견이 작용한 기미가 있다. 지능 폭발이라는 개념은 겉보기에는 논리적이지만, 지나치게 인간적인 생각이다. 먼저 인간 같은 AI가 만들어지고, 그것이 우리 인간을 뛰어넘어 우리가 상상도 못 해본 지성의 성층권으로 올라가는 것이다. 우리는 그 앞에서 마치 개미처럼 무력해질 것이다.

지금까지 실제로 개발된 AI는 그와는 다른 궤적을 보여준다. 오늘날의 AI는 사람만큼 똑똑하지 않다는 그런 단순한 문제가 아니다. 그들은 다른 방식으로 똑똑하다. AI 지능은 범위가 좁지만 특정 영역에서는 인간을 능가하는 경우가 많다. 좁은 범위에서 초지능형인 것이다. 암스트롱은 AI 기술이 발전하는 경로가 "초기 예측과 완전히 모순된다.[44] 예전에는 일반 지능 없이는 불가능하다고 생각했던 분야에서…… 이제 약인공지능이 훌륭한 성과를 올리고 있다"고 말했다. 일반 지능은 여전히 달성하기 어렵지만, 우리가 만들 수 있는 협소한 초지능형 시스템의 범위가 넓어지고 있다. AI는 체스에서 운전으로 옮겨가고 있는데, 이는 복잡성이 증가하고 더 많은 요소를 고려해야 하는 작업이다. 이런 영역에서 AI가 일단 인간의 최고 수준 능력에 도달하면, 그때부터는 인간을 빠르게 능가한다. 오랫동안 바둑 프로그램은 최고 수준의 바둑선수들과 상대가 안 됐다. 그러다가 어느 날 갑자기, 알파고가 세계 최고의 선수를 권좌에서 몰아냈다. 인간과 기계의 바둑 대결은 시작하기도 전에 끝났다. 2017년 초에는 포커가 가장 최근에 AI에 패한 게임이 되었다.[45] 포커는 중요한 정보(상대 선수의 카드)가 숨겨져 있는 '불완전한 정보[46]' 게임이기 때문에, 예전부터 기계가 풀기에는 너무 어려운 문제라고 여겼다. 이건 게임에 관한 모든 정보가 양쪽에게 다 드러나는 체스나 바둑과는 다르다. 2015년에는 세계 최고의 포커 선수들이 최고의 포커 게임 AI를 쉽게 이겼다.[47] 그러나 2017년에 열린 재시합에서는 업그레이드된 AI가 세계 최고의 포커 선수 4명을 납작하게 눌렀다.[48] 포커는 기계가 대권을 장악한 최신 분야가 되었다. 좁은 영역에서의 초지능은 지능 폭발 없이도 가능하다. 이건 매우 구체적인 문제에 기계학습과 속도를 활용하는 인간의 능력 덕분이다.

더 발전된 AI가 틀림없이 등장하겠지만, 인간처럼 생각하는 기계라는 의미에서의 범용 인공지능은 신기루로 판명될 수도 있다. '지능'에 대한 기준이 인간이 하는 일이라면, 첨단 인공지능은 너무 이질적이라서 우리는 이런 초지능형 기계를 '진정한 AI'로 인식하지 못할지도 모른다.

이런 역학 관계는 이미 어느 정도 존재하고 있다. 미카 클라크는 "어떤 게 효과가 있고 실용적이면[49] 더 이상 AI가 아니다"라고 지적했다. 암스트롱은 이 의견에 동의한다. "컴퓨터가 그 일을 할 수 있다면,[50] 그건 더 이상 AI가 아니라고 재정의된다."

과거를 지침으로 삼을 수 있다면, 앞으로 수십 년 안에 의학, 법률, 교통, 과학 등 다양한 분야에서 좁은 초지능 시스템이 확산되는 걸 볼 수 있을 것이다. AI가 발전함에 따라 이런 시스템들도 더 광범위한 작업을 수행할 수 있게 된다. 이런 시스템은 각각의 영역에서는 인간보다 훨씬 낫지만, 좁은 영토를 지배하는 작은 신처럼 자기 영역 밖으로 나가면 부서지기 쉽다.

이를 '진정한 AI'로 여기든 아니든 간에, 이런 협소한 시스템에는 여전히 일반 지능이나 초지능에 대한 우려가 많이 쏟아진다. AI에게 위해를 가할 능력이 있고, 그 가치관이나 목표가 인간의 의도와 어긋나고, 인간의 교정에 반응하지 않으면 위험할 수 있다. 일반 지능은 꼭 필요한 게 아니다(물론 이런 위험을 확대할 수는 있지만). 목표 불일치는 향후 시스템에서 확실한 결함으로 언급될 것이다. 심지어 유리스코나 테트리스를 멈추는 봇 같은 매우 단순한 AI도 우리가 진지하게 고민해야 하는 예상치 못한 방법으로 목표를 달성할 수 있는 영리함을 드러냈다.

AI도 강력한 기능에 접근할 확률이 높다. AI가 계속 발전하면 더 자율적인 시스템을 작동시키기 위해 AI를 사용할 것이다. 오늘날의 AI처럼 조악한 기계도 학습 온도 조절기나 자동 주식 거래, 자율주행차 등을 작동시킬 수 있다면 미래의 기계는 어떤 작업을 관리할 수 있을까?

AI의 위험성을 올바른 시각으로 바라보기 위해, 인공지능진보협회AAAI의 톰 디터리히Tom Dieterrich 회장과 이야기를 나눴다. 디터리히는 기계학습 분야의 창시자이자 AI 전문가 협회 회장으로서 AI의 위험성에 관한 논쟁의 한가운데에 있다. AAAI의 임무는 AI에 관한 과학적 연구를 촉진하는 것뿐만 아니라 사람을 다 몰살시키지 않아야 한다는 것 등 '책임감 있는 AI 사용[51]'을 촉진하는 것이다.

디터리히는 "초지능에 관한 논의는 대부분[52] 공상과학 소설의 영역 안에 있다"라고 말했다. 그는 지능 폭발에 회의적이며 이는 "컴퓨팅의 복잡성이 학습과 추론 알고리즘에 부과하는 한계에 대한 현재의 이해와도 배치된다[53]"라고 썼다. 디터리히는 AI의 안전성이 중요한 문제라는 점은 인정하면서도 AI의 위험은 인간이 AI를 이용한 자율 시스템에 허용하는 일들과 더 관련이 많다고 얘기한다. "AI의 능력이 커지면서[54] 전보다 훨씬 정교한 자율 시스템을 고려하게 되었다. 그런 자율 시스템이 생사를 가르는 결정을 내리게 할 경우…… 사이버 공격이나 소프트웨어 버그가 바람직하지 않은 결과를 초래하는 매우 위험한 공간에 진입하게 된다."

디터리히는 "적대적인 공격에 강한[55]" AI를 비롯해 안전하고 강력한 AI를 만드는 방법을 알아내려는 노력이 많이 진행되고 있다고 말했다. 그의 말에 따르면, "사람들은 '어떤 조건에서 기계학습 시스템을 믿어야 하는지' 이해하려고 애쓰고 있다."

디터리히는 인간과 기계가 협업하는 밥 워크의 '센타우루스' 비전처럼 인간과 기계 인식을 결합한 모델이 최적의 모델이 될 가능성이 크다고 말했다. 디터리히는 "인간은 행동을 취하고[56] AI는 인간이 올바른 결정을 내리는 데 필요한 올바른 정보를 제공해야 한다"라고 말했다. "따라서 인간이 루프 안에 있거나 아주 긴밀하게 관여해야 한다." 그는 그런 모델도 "월스트리트의 주식 거래처럼 인간이 할 수 있는 것보다 더 빠른 속도로 행동해야 할 때는…… 고장이 난다"는 걸 인정했다. 자동 주식 거래 사례에서 생생하게 증명된 것처럼, 이것의 단점은 기계의 속도 때문에 위험이 악화될 수 있다는 것이다. 디터리히는 "인간의 의사결정 주기보다 빠른 속도로 일을 확대하고 실행할 수 있다는 건, 그만큼 매우 빠른 속도로 많은 문제를 일으킬 수 있다는 얘기"라고 말했다. "그러니 정말 그 지점까지 가고 싶은지 아닌지 잘 판단해야 한다."

전쟁과 관련해서는, 디터리히는 자율성에 대한 군사적인 욕구와 그 위험성을 모두 알고 있다. "군사적 교범의 목표는[57] 상대방의 OODA 루프 안으로 들어가는 것 아닌가? 그리고 그들보다 빠르게 결정을 내리고 싶을 것이다. 이런 욕구 때문에 빛의 속도로 전쟁을 벌이다가 빛의 속도로 대재앙을 맞게 되는 것이다."

군사용 AI: 터미네이터 VS. 아이언맨

자율무기 때문에 불안해서 밤잠을 설친다면, 무장한 첨단 AI는 그야말로 악몽 그 자체다. 연구원들이 자기가 직접 만든 AI도 어떻게 통제해야 할지 모른다면, 어떻게 적대적인 AI에 맞설 수 있을지 상상하기 어렵다. 하지만 AI가 진화하면 첨단 AI가 군사용으로 사용될 것은 거의 확실하다. 인간이 이렇게 광범위하고 강력한 기술을 파괴적인 목적으로 사용하지 않고 자제할 거라고 기대하는 건 순진무구할 정도로 낙관적인 생각이다. 이는 각국에 내연기관이나 전기를 군사용으로 사용하지 말아 달라고 요청하는 것이나 다름없다. 군이 AI를 어떻게 활용하는지, AI로 작동하는 시스템에 얼마나 자율성을 부여하는지 등은 공공연한 문제다. 미군의 AI 실행 책임자인 밥 워크가 인터뷰에서 범용 인공지능을 무기에 활용하지 않을 거라고 여러 차례 명시적으로 밝힌 것이 다소 위안이 될 수도 있다. 그는 AGI가 "위험하다"[58]고 말했고, 만약 앞으로 그런 게 생긴다면 국방부가 "극도로 조심할" 것이라고도 했다.

워크는 로봇, 자율성, AI를 미국의 군사 기술 우위를 새롭게 하기 위한 제3차 오프셋 전략의 핵심 요소로 꼽았지만, 이런 기술이 인간을 대체하기보다는 보조하는 것으로 여긴다. 워크는 AI와 로봇 공학에 대한 자신의 비전은 터미네이터보다 아이언맨에 가까우며,[59] 인간이 그 중심에 있다고 말했다. 기계는 그 자체로 독립된 행위자가 아니라 도구일 뿐이라는 게 국방부의 공식적인 입장이다. '국방부 전쟁법 매뉴얼'에 따르면, 전시 법규는 "무기 자체가 아니라 …… 사람들에게 의무를 부과한다.[60]" 국방부의 관점에서 보면, 기계는 아무리 지능적이고 자율적이더라도 합법적인 행위자가 될 수 없다. 기계는 언제나 사람의 손에 있는 도구여야 한다. 하지만 그렇다고 해서 다른 사람들이 AI 에이전트를 만들지 않을 거라는 얘기는 아니다.

셀머 브링스요드Selmer Bringsjord는 렌셀러 폴리테크닉 대학의 인지과학부 책임자이자 인공지능과 추론연구소 소장이다. 그는 DoD 입장이 AI 분야의 장기적인 포부와 일치하지 않는다고 지적했다. 그는 유명한 AI 교과서 『인공지능 입문Introduction to Artificial Intelligence』의 내용을 인용했다. "AI의 궁극적인 목표는[61]…… 사람을 만드는 것이다." 모든 AI 연구원이 이를 터놓고 인정하지는 않더라도, "그들이 목표로 하는 건 틀림없이 인간 수준의 능력이다.[62] …… 적어도 현대적인 AI 개발이 시작된 이래로 늘 자신의 코드를 스스로 작성할 정도의 자율화 수준에 도달하는 시스템을 만들려는 욕구가 있었다." 브링스요드는 국방부의 관점과 AI 연구진이 실제로 추구하는 목표가 서로

'단절'되어 있다고 생각한다.

그래서 브링스요드에게 군사적인 영역에서 AI 기술을 활용하는 방식을 제한해야 할 것 같냐고 물어보자 그는 아주 솔직하게 대답했다. 그는 자기 생각은 중요하지 않다고 말했다. '전쟁의 본질'만이 그 질문에 대답해줄 수 있다. 역사는 "우리가 원하는 건 뭐든지 계획할 수 있다[63]"고 하지만, 군사 경쟁의 현실은 우리를 이 기술로 몰아갈 것이다. 적들이 자율무기를 만들면 "그에 맞서 방어하기 위해 적절한 기술로 대응해야 한다. 만약 그것이 다양한 시간대에 작동할 수 있도록 자율적으로 움직이는 기계가 필요하다는 뜻이라면, 우리 둘 다 그렇게 할 거라는 걸 알고 있다. …… 지금껏 전쟁에서 벌어진 일들의 역사만 봐도 알 수 있다"고 그는 말했다. "앞으로도 분명히 그런 일이 벌어질 것이다."

적대적인 AI

안전하고 통제 가능한 첨단 AI를 만드는 방법을 고민하는 데 모든 생각을 쏟으면서, 만약 AI가 그렇지 않을 경우 어떻게 할 것이냐에 대한 고민은 거의 진행되지 않는 게 현실이다. AI 분야에서 '적대적인 AI'와 'AI 보안'[64]이라고 하면, 적의 AI에 어떻게 대처하느냐가 아니라 자신의 AI를 공격으로부터 안전하게 지키기 위한 것이다. 그렇지만 AI를 나쁜 쪽으로 활용[65]하는 건 불가피하다. 보호장치가 부족한 강력한 AI는 1988년에 등장한 인터넷 웜처럼 통제 불능 상태에 빠져서 대혼란을 일으킬 수 있다. 다른 사람들도 틀림없이 일부러 해로운 AI를 만들 것이다. 미군처럼 책임감 있는 군대에서는 위험한 AI 활용을 삼간다고 하더라도, 오늘날의 기술 편재성을 생각하면 다른 국가나 범죄자, 해커 등이 위험하거나 유해한 방법으로 AI를 사용하지 않을 거라고 보장할 수 없다. 사이버 그랜드 챌린지에서 사용한 완전자율형 메이헴처럼 사이버 방어를 개선하기 위해 개발 중인 AI 도구도 공격용으로 사용할 수 있다. 일론 머스크는 사이버 그랜드 챌린지를 스카이넷의 기원과 비교하는 과장된 제스처를 취했지만,[66] 기술의 어두운 일면은 부정할 수 없는 사실이다. 자기성찰과 학습이 가능한 적응형 소프트웨어는 충분한 안전장치가 없으면 극도로 위험해질 수 있다. 데이비드 브럼리는 소프트웨어가 '자기 인식'을 하게 될 가능성은 무시했지만, "적응적이고 예측할 수 없으며[67]…… 발명가들조차 어떻게 진화할지 알지 못하고 통제를 벗어나서 해를 끼치는" 무언가를 만들어낼 거라고 상상할 수는 있다고 말했다. 아이러니하게도 모든 사람이 안전한 AI 도구를 쉽게 이용하게 하는 걸 목표로 삼는 AI 연구의 오픈소스 정신이, 남에게 해를 끼치려고 하거나 조심성이 부족한 사람들의 손에 잠재적으로 위험한 AI 도구를 맡기게 된다.

군대는 이런 미래에 대비해야 하지만, 앞뒤 가리지 않고 더 큰 자율성을 추구하는 게 적절한 대응 방법은 아닐 것이다. 지능적인 적응형 멀웨어의 세계에서 자율무기는 장점이 아니라 엄청난 취약점이다. 자율성의 본질은 만약 적들이 자율 시스템을 해킹하려고 할 경우, 인간이 루프에 속해 있는 시스템보다 훨씬 안전하게 보호하게 하는 것이다. 작업을 기계에 위임한다는 건 그 기계에 힘을 실어준다는 뜻이다. 그러려면 기계를 더 신뢰해야 하는데, 사이버 보안이 보장되지 않으면 기계를 신뢰할 이유가 없다. 멀웨어 하나 때문에 로봇 무기 전체에 대한 통제권을 적에게 넘겨주게 될 수도 있다. 리처드 댄지그Richard Danzig 전 해군 장관은 사이버 공격에 대한 취약성 때문에 정보기술을 '파우스트의 거래[68]'에 비유했다. "이런 시스템을 매력적으로 만드는 기능이 그 시스템을 위험하게 만든다." 그는 "결정 루프에 인간을 배치하고,[69] 디지털 장비를 점검할 때 아날로그 장치를 이용하며, 사이버 시스템이 전복될 경우에 대비해 비사이버적 대안을 제공하는" 등의 안전장치를 지지했다. 인간 서킷 브레이커와 하드웨어 수준의 물리적 제어는 미래 무기를 인간의 통제하에 두는 데 필수적이다. 댄지그는 어떤 경우에는 몇몇 사이버 기술을 '거부[70]'하고, 위험이 이익보다 클 때는 그 사용을 완전히 포기하는 게 올바른 접근 방법이라고 말한다. AI가 발전함에 따라, 군대는 더 큰 자율성의 이점을 적의 멀웨어가 시스템을 장악할 경우의 위험과 비교해 신중하게 따져봐야 한다. 컴퓨터 보안 전문가인 데이비드 브럼리는 미래의 멀웨어가 작동하게 될 '생태계[71]'에 대해 생각해봐야 한다고 주장했다. 군이 만든 자율 시스템 생태계는 의식적인 선택이어야 하고, 다양한 대안적 방식의 상대적인 위험을 저울질하면서 그 위험을 관리할 수 있는 적절한 장소에 인간을 계속 배치해두는 생태계가 되어야 한다.

브레이크아웃

AI의 미래는 알 수 없다. 암스트롱은 다음 세기에 AGI가 등장할 확률은 80퍼센트, 초지능이 등장할 확률은 50퍼센트라고 추정했다.[72] 그러나 이런 추측은 누구나 할 수 있는 수준에 불과하다. 우리가 아는 건 지적 능력의 힘이 강하다는 것뿐이다. 날카로운 이빨도 발톱도 없는 인간이 먹이사슬의 꼭대기에 올라 지구를 정복하고 그 너머까지 모험을 감행한 것은 모두 우리가 지닌 지성의 힘 덕분이다. 이제 우리는 그 힘을 기계에 공급하고 있다. 기계가 스스로 학습을 시작하면 무슨 일이 일어날지 모른다. 그건 예측이 아니라 오늘날의 AI를 관찰한 결과다.

나는 프랑켄슈타인이나 스카이넷, 아바, 혹은 공상과학 소설 작가들이 만들어낸 다른 기술적 악몽을 걱정하느라 밤잠을 설치지 않는다. 하지만 날 오싹하게 만드는 AI가 하나 있다. 그건 일반 지능을 가지고 있지 않고, 사람도 아니다. 하지만 기계학습의 힘을 보여준다.

딥마인드는 2015년에 아타리 게임을 하는 신경망이 브레이크아웃Breakout(알카노이드Arkanoid라는 인기 있는 아케이드 게임의 초기 버전) 플레이 방법을 배우는 영상을 인터넷에 올렸다. 브레이크아웃을 하는 플레이어는 패들을 이용해 벽돌 더미에 공을 날려서 벽돌을 조금씩 깎아낸다. 이 동영상을 보면, 처음에는 컴퓨터가 이리저리 마구잡이로 돌아다닌다. 아무렇게나 앞뒤로 움직이는 패들은 공을 맞히는 경우가 드물다. 하지만 네트워크는 계속 배우고 있다. 공이 벽돌을 때릴 때마다 포인트 합계가 올라가서 신경망에 긍정적인 피드백을 주고 동작을 강화한다. 2시간도 안 되어 신경망은 프로처럼 플레이하면서 패들을 능숙하게 움직여 공을 튕긴다. 하지만 게임을 시작하고 4시간 뒤, 뜻밖의 일이 벌어진다. 신경망이 인간 플레이어들이 알고 있는 묘책을 찾아냈다. 공으로 벽돌 블록 가장자리에 터널을 만든 다음, 그 터널을 통해 공을 올려보내 블록 위쪽에서 튕기게 해 위에서부터 벽돌을 무너뜨리는 것이다. 아무도 AI에게 그렇게 하라고 가르쳐주지 않았다. '벽돌'과 '공'이라는 개념을 이해한 덕분에 그곳으로 가는 길을 추론해낸 것도 아니다. 그저 가능한 공간을 탐색하다가 이런 묘책을 찾아낸 건데, 이는 테트리스 게임을 하던 봇이 지는 걸 피하려고 게임을 멈추거나 유리스코가 다른 규칙의 공적을 가로채는 방법을 알아낸 것과 같은 것이다. AI는 좋은 쪽으로든 나쁜 쪽으로든 우리를 놀라게 한다. AI의 미래를 준비할 때는 예상치 못한 사태에 대비해야 한다.

PART

5

자율무기 금지 투쟁

The Fight to Ban Autonomous Weapons

CHAPTER

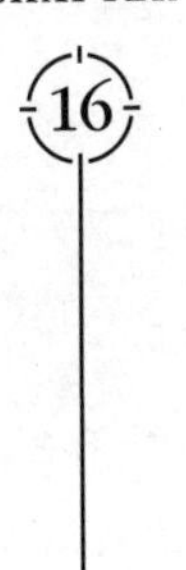

시험 중인 로봇

자율무기와 전시 법규

전쟁은 끔찍하지만 전시 법규는 인류를 최악의 악으로부터 보호하도록 되어 있다. 고대부터 전쟁에서 지켜야 하는 행동 수칙이 있었다. 성경의 신명기[1]와 고대 산스크리트어 문헌인 마하바라다, 다르마샤스트라, 마누스므리티(마누 법전) 등은 모두 전쟁에서 특정한 행위를 하지 못하도록 금지한다. 현대의 전시 법규는 19세기 후반과 20세기 초반에 등장했다. 오늘날에는 제네바 협약 같은 일련의 조약들이 무력 충돌법 혹은 국제인도법IHL을 형성한다.

국제인도법에는 3가지 핵심 원칙이 있다. 구별 원칙[2]은 군대가 전쟁터에서 적의 전투원과 민간인을 구별해야 한다는 뜻이다. 의도적으로 민간인을 겨냥해서는 안 된다. IHL은 적의 전투원을 겨냥하다가 민간인이 우발적으로 살해되는 '부수적 피해'가 발생할 수도 있다는 건 인정한다. 그러나 과잉 조치 금지 원칙[3]은 부수적인 민간인 사상자가 목표물을 공격해야 하는 군사적 필요성과 불균형을 이뤄서는 안 된다고 말한다. 불필요한 고통을 피한다는 원칙[4]은 군대가 군사적인 가치를 넘어서 불필요한 부상을 초래하는 무기를 사용하는 걸 금지한다. 예를 들어, IHL은 유리 파편처럼 엑스레이로 탐지할 수 없는 파편을 몸 안에 남기는 무기 사용을 금지하고 있다. 이는 부상병들의 치유를 더 어렵게 만들 수 있기 때문이다.

IHL에는 또 다른 규칙도 있다. 군대는 민간인 사상자 발생을 피하기 위해 공격 시 예방 조치[5]를 취해야 한다. 전투력을 상실한[6] 전투원들, 항복하거나 무력화되어 전투에서 빠진 이들은 공격 목표물이 될 수 없다. 또한 군대는 본래 무차별적이거나 통제할 수 없는[7] 무기는 사용할 수 없다.

그렇다면 IHL은 자율무기에 대해서는 뭐라고 말할까? 아직은 별말이 없다. 차별 원칙과 과잉 조치 금지 원칙 같은 IHL의 원칙은 의사 결정 과정이 아니라 전장에서 미치는 영향에 적용된다. 예전부터 발포 여부를 결정하는 건 군인이었지만, 전시 법규에 기계가 그 일을 하지 못하도록 금하는 조항은 없다. 그러나 자율무기를 합법적으로 사용하려면 IHL의 차별 및 과잉 조치 금지 원칙과 다른 규칙들을 지켜야 한다.

휴먼 라이츠 워치Human Rights Watch의 무기 부서 책임자인 스티브 구스Steve Goose는 이것이 가능하다고 생각하지 않는다. 구스는 킬러 로봇 저지 캠페인의 주역이며, 자율무기를 금지하는 법적 구속력이 있는 조약 체결을 요구해왔다. 나는 워싱턴 D.C.의 듀퐁 서클이 내려다보이는 휴먼 라이츠 워치 사무실에 찾아가 그를 만났다. 그는 자율무기가 "국제인도법을 위반하는 방식으로 사용될 가능성이 매우 크다"고 말했다. 그가 생각할 때 자율무기는 "민간인과 전투원을 구분하지 못하고, 누가 전투력을 잃었고 누가 항복했는지 구분하지 못하며, 국제인도법이 요구하는 대로 각각의 공격에 대해 과잉 조치 평가를 진행할 수 없고, 오늘날의 지휘관들과 같은 방식으로 군사적 필요성을 판단할 수 없다." 그 결과 "많은 민간인이 죽을 것[8]"이라고 구스는 말했다.

오늘날의 기계는 이런 기준들을 대부분 충족하기 어렵다. 하지만 정말 불가능할까? 기계는 체스, 제퍼디 퀴즈쇼, 바둑, 포커, 운전, 이미지 인식 등 한때 불가능하다고 생각했던 많은 일을 이미 정복했다. 이런 기준을 충족하는 게 얼마나 어려운지는 목표물, 주변 환경, 미래 기술에 관한 예측 등에 달려 있다.

구별 원칙

구별 원칙을 따르기 위해서는 자율무기가 군과 민간 표적을 정확히 구분할 수 있어야 한다. 이는 대상을 인식할 뿐만 아니라 주변 환경의 다른 잡동사니, 즉 표적이 아닌 혼란스러운 물체들과 구별한다는 걸 의미한다. 레이더처럼 특징적인 신호를 발산하는 '협조적인' 목표물의 경우에도 그 특징과 잡동사니를 분리하는 게 쉽지 않을 수 있다. 현대의 도시 환경은 와이파이 라우터, 무선 기지국, 텔레비전과 라디오 방송, 기타 혼란스러운 신호가 넘쳐난다. 탱크나 잠수함처럼 미끼를 사용하거나 위장술을 써서 배경에 섞이려고 하는 비협조적인 목표물을 구분하는 건 더욱 어렵다.

심층 신경망 같은 새로운 기계학습 방식은 물체 인식 능력은 매우 뛰어나지만 '거짓 이미지' 공격에 취약하다. 사람이 루프 안에서 최종적으로 검토하지 않는다면, 오늘날 이 기술을 사용해 자율적으로 표적을 정하는 건 매우 위험하다. 이런 취약성을 가진 신경망은 적의 표적을 피해 거짓 표적을 공격하도록 조작될 수도 있다.

단기적으로 신뢰성 높은 목표 인식을 위한 최선의 방법은 DARPA의 CODE 프로젝트가 구상 중인 센서 융합을 이용하는 것이다. 컴퓨터가 여러 각도와 여러 유형의 센서에서 들어온 데이터를 합쳐서 군사 목표물과 민간 물자, 유인용 미끼를 확실하게 구별할 수 있다. 트럭처럼 군사용과 민간용으로 다 사용하는 물건의 경우, 그게 합법적인 목표물인지 아닌지에 대한 판단은 맥락에 따라 달라질 수 있기 때문에 더 어렵다.

사람을 구별하는 건 단연코 가장 어려운 작업이다. 200년 전에는 군인들이 밝은색 군복을 입고 깃털로 장식한 헬멧을 쓰고 전투를 벌였지만, 이제 그런 시대는 끝났다. 현대의 전쟁에는 저마다 뒤죽박죽인 군복을 입거나 민간인 복장을 한 게릴라와 비정규군이 참여하는 일이 많다. 그들을 전투원으로 식별하려면 전쟁터에서 그들이 하는 행동을 지켜봐야 한다. 아프가니스탄 산지에서는 탈레반 전사가 아닌 무장한 남자들을 자주 마주쳤다. 그들은 본인이나 재산을 보호하기 위해 총기를 소지한 농부나 나무꾼이었다. 그들이 우호적인지 아닌지는 행동을 보고 판단해야 했지만, 그마저도 애매모호한 경우가 많았다.

심지어 "누군가 당신에게 총을 쏜다면 그는 적이다" 같은 간단한 규칙도 전쟁터의 지저분한 혼란 속에서는 항상 옳다고 할 수 없다. 2007~2008년에 이라크가 한창 동요할 당시, 나는 이라크에 주둔하는 미군 참모들과 함께 파견된 민원 조사팀의 일원이었다. 어느 날, 정세가 불안정한 이라크의 디얄라 지방에서 이라크 경찰과 알카에다가 총격전을 벌였다는 보고가 들어와 이에 대응하기로 했다.

도심에 들어서자 이라크군이 인적 드문 시장으로 길을 안내했다. 30여 분 동안 계속되던 총성이 멎었다. 도시의 거리는 마치 옛날 서부극에서 나쁜 놈들이 말을 타고 시내로 들어올 때처럼 조용했다.

차량 자살폭탄 공격을 막기 위해 길 끝을 막아뒀기 때문에 우리도 트럭을 세웠다. 이라크 군인들은 차량에서 내려 걸어 들어갔고, 미군 참모들은 건트럭에서 그들을 엄호했다.

이라크 군인들이 부상당한 민간인을 안전한 곳으로 끌고 가는데 지붕에서 총성이 울렸다. 이라크 군인이 총에 맞았고 민간인이 사망했다. 이라크인들이 응사하는 동안 미군 참모들은 옥상을 향해 총을 쏠 수 있는 위치로 건트럭을 옮기려고 시도했다. 내가 있는 곳에서는 옥상이 보이지 않았지만, 이라크 병사 한 명이 거리로 달려가는 모습이 보였다. 그는 한 손으로 AK-47을 쏘면서 부상당한 전우를 끌고 탁 트인 대로를 가로질러 인근 건물로 들어갔다.

이에 대응해 시장 전체에서 총이 발사됐다. 우리 눈에 보이지 않는 거리 아래쪽에 있는 사람들이 우리를 향해 총을 쏘기 시작했다. 트럭 주위에 총탄이 날아와 부딪치는 소리가 들렸다. 이라크군은 맹렬하게 응사했다. 미군의 아파치Apache 무장 헬리콥터가 지붕 위에 있는 사람들을 해치우기 위해 무기를 겨눈 채 날아오고 있다고 무전으로 알렸다. 미군 참모들은 이라크 병사들에게 얼른 철수하라고 미친 듯이 외쳐댔다. 그런데 마지막 순간에 아파치가 공격을 취소했다. 그들은 옥상에서 우리에게 총을 쏘는 적들이 아무래도 아군인 것 같다고 말했다. 관찰에 유리한 헬리콥터에서 바라보니, 아군끼리 교전하는 것처럼 보였던 것이다.

미군 참모들은 이라크인들에게 발포를 중단하라고 외쳤고 대혼란이 뒤따랐다. 길 건너편 끝에 있던 사람들, 우리를 향해 총을 쏘던 사람들이 실은 이라크 경찰이라는 소식이 전해졌다. 그중 일부는 초기 총격전에 도움을 주기 위해 동원된 예비 대대의 일원이었기 때문에 군복을 입지 않았다. 그래서 우리에게 AK-47을 쏘면서 민간인 복장으로 뛰어다니는 이라크인들이 있었던 건데 알고 보니 우군이라는 것이다. 정말 상황이 엉망이었다.

총격이 가라앉자 사람들이 은신처에서 나오기 시작했고, 이 소강상태를 기회 삼아 안전한 곳으로 이동하려고 했다. 민간인들이 도망치는 모습이 보였다. 민간인 복장을 하고 AK-47을 든 남자들이 도망치는 것도 보였다. 그들은 이라크 경찰이었을까? 아니면 반란군이 탈출하는 것일까?

아니면 둘 다였을까? 이라크 경찰들은 종파 분쟁에 가담하는 일이 많다. 인근 마을에서는 경찰복을 입은 사람들이 밤에 다른 종파 사람들을 살해했다. 그들이 훔친 제복을 입은 반란군인지, 아니면 비번 경찰관인지 우리로서는 알 도리가 없다.

이 총격전에서도 무슨 일이 벌어진 건지 분석하기가 힘들었다. 누군가가 우리를 향해 총을 쐈다. 그건 사고였을까, 아니면 의도적인 행동이었을까? 그리고 이라크군 병사를 쏜 지붕 위의 남자는 어떻게 되었을까? 결국 진상을 파악하지는 못했다.

내가 목격한 혼란스러운 총격전은 그때 한 번만이 아니었다. 사실 이라크에서 지낸 1년 동안, 소총을 내려다보면서 내가 총을 겨누고 있는 사람이 반란군이라고 확실하게 말할 수 있었던 적이 한 번도 없었다. 다른 총격전도 대부분 그 지역 군인들의 충성심과 동기를 의심하면서 걱정 속에서 치렀다.

자율무기에는 "상대가 발포하면 응사하라" 같은 간단한 규칙을 프로그래밍할 수 있지만, 혼란스러운 지상전을 벌일 때는 그런 무기가 틀림없이 아군에게 피해를 입힐 것이다. 인간의 의도를 이해하려면 최소한 전쟁이라는 좁은 영역 안에서 인간 수준의 지능과 추론 능력을 발휘할 기계가 필요하다. 그런 기술이 곧 개발될 것 같지 않으므로, 가까운 미래에 대인 살상용으로 사용하기는 매우 어려울 것이다.

과잉 조치 금지

탱크 같은 군사적 목표물만 표적으로 삼는 자율무기는 구별 기준은 충족할 수 있겠지만, 과잉 조치 금지 원칙을 지키는 건 그보다 훨씬 힘들 것이다. 과잉 조치 금지 원칙에서는 모든 공격의 군사적 필요성이 예상되는 민간인의 부수적 피해보다 중요해야 한다고 말한다. 이것이 실제로 뭘 의미하는지는 저마다 해석이 분분할 수 있다. 어느 정도의 부수적 피해를 용납할 수 있는가? 합리적인 사람들은 동의하지 않을 수도 있다. 법률학자인 케네스 앤더슨Kenneth Anderson, 대니얼 라이스너Daniel Reisner, 매슈 왁스먼Matthew Waxman은 "특정한 사례에서 확실한 결과를 안겨주는 모두가 인정하는 공식은 없다[9]"라고 지적했다. 이건 개인이 판단할 문제다.

자율무기는 전시 법규를 준수하기 위해 반드시 스스로 이런 판단을 할 필요는 없다. 그냥 이 원칙에 부합하는 방식으로 사용하기만 하면 된다. 이건 중요한 차이다. 간단한 자율무기라도 해저나 우주처럼 민간인이 없는 환경에서 사용한다면 과잉 조치 금지 원칙을 지킬 수 있을 것이다. 물속에 있는 커다란 금속 물체는 군용 잠수함일 가능성이 매우 크다. 물론 아군 잠수함일 수도 있다는 것이 문제지만, 민간인을 겨냥하거나 민간인에게 부수적 피해를 주는 걸 피해야 한다는 법적인 문제는 바다 밑이 훨씬 해결하기 쉬울 것이다. 우주 같은 다른 환경에도 마찬가지로 민간인이 없다.

인구가 밀집된 지역에서는 과잉 조치 금지 원칙을 따르기가 훨씬 어렵다. 만약 유효한 군사 목표물의 위치상 부수적인 피해 정도가 목표물의 군사적 가치보다 크다면, 국제법상 공격이 금지될 것이다. 예를 들어, 병원 앞에 주차된 탱크 한 대에 2,000파운드짜리 폭탄을 투하하는 건 과잉 조치일 것이다. 하지만 과잉 조치 금지 원칙을 지키면서도 인구 밀집 지역에서 자율무기를 사용할 수 있는 방법이 몇 가지 있다.

가장 어려운 방법은 기계 스스로 그게 과잉 공격인지 판단하게 하는 것이다. 그러려면 기계가 목표물 주변에 민간인이 있는지 탐색하고, 부수적인 피해 가능성을 추산한 다음 공격 여부를 판단해야 한다. 이 과정을 자동화하는 건 매우 어려울 것이다. 미사일이나 항공기에서 사람을 탐지하는 것도 매우 어렵지만, 적어도 원칙적으로는 첨단 센서를 이용하면 할 수는 있다. 그러나 이 사람들은 어떻게 계산해야 하는가? 주변에 아무것도 없는 군용 레이더 부지나 이동식 미사일 발사대 주변에 성인 6명이 서 있다면 그들 모두 군무원이라고 보는 게 타당할 것이다. 하지만 인구 밀도가 높은 도시 같은 환경에서는 민간인이 군사 목표물 근처에 있을 수 있다. 사실 법을 존중하지 않는 전투원들은 당연히 민간인을 인간 방패로 삼으려고 할 것이다. 자율무기가 군사 목표물 근처에 있는 사람이 민간인인지 아니면 전투원인지를 어떻게 판별하겠는가? 무기가 그런 판단을 충분히 할 수 있다고 하더라도, 예상되는 민간인 사망과 목표물을 공격해야 하는 군사적 필요성의 경중을 어떻게 따져야 하는가? 그러려면 다양한 가상의 행동 방침과 그것이 군사작전과 민간인에게 미칠 영향을 평가하는 등 복잡한 도덕적 추론이 필요할 것이다. 그런 기계는 오늘날의 AI를 뛰어넘어 인간 수준의 도덕적 추론 능력이 있어야 한다.

비록 여전히 어렵긴 하지만 그보다 더 간단한 방법은, 각 유형의 목표물에 대해 허용 가능한 민간인 사상자 수를 인간이 정하게 하는 것이다. 이 경우 인간은 군사적 필요성과 과잉 조치 금지에 관한 계산을 미리 해둬야 한다. 기계는 근처에 있는 민간인 수만 감지한 뒤, 만약 그 수가 해당 목표물에 대해 허용 가능한 수를 초과하면 공격을 중단할 것이다. 이것도 감지 면에서는 여전히 어렵겠지만 그래도 기계에 도덕적인 판단과 추론을 프로그래밍해야 하는 까다로운 작업은 피할 수 있을 것이다.

주변 환경을 감지할 능력이 없는 자율무기라도 군사적 필요성이 높거나 예상되는 민간인 피해가 적거나 혹은 그 둘 다라면 인구 밀집 지역에서 합법적으로 사용할 수 있다. 그런 시나리오는 흔치 않겠지만 확실히 상상할 수는 있다. 예를 들어, 핵탄두 미사일로 무장한 이동식 발사대를 파괴하는 작업은 군사적 필요성이 상당히 높다. 미사일을 파괴하면 수백만 명의 목숨(주로 민간인의)을 구할 수 있는데, 이는 자율무기 자체로 인한 민간인 사상자 수를 훨씬 능가한다. 반대로 주변에 있는 주민을 해치지 않고 차량을 파괴하는 성형폭탄 같은 매우 작고 정밀한 탄두는 민간인 사상자를 줄일 수 있기 때문에, 환경을 감지하지 않고 자율적으로 표적을 겨냥하는 걸 법적으로 허용한다. 이 경우, 자율무기를 발사하는 인간은 잠재적 교전의 군사적 가치가 예상되는 민간인 피해보다 크다고 판단해야 한다. 인구 밀집 지역에서는 도달하기 힘든 높은 기준이겠지만, 아예 상상할 수 없는 건 아니다.

불필요한 고통

수 세기 동안 전쟁을 치르면서 다양한 무기가 입힌 상처 때문에 무기는 '도리를 벗어난' 물건으로 여겨져 왔다. 고대 산스크리트어 문서[10]를 보면 독이 들어 있거나, 가시가 있거나, 끝 부분을 불로 달군[11] 무기를 금지했다. 제1차 세계대전 때 나무를 자르기 위해 한쪽 가장자리를 톱니 모양으로 만든 독일의 '톱니' 총검[12]은 사람 몸을 찔렀다가 빼낼 때 입히는 심한 부상 때문에 군대에서도 비윤리적이라고 여겼다.

현재의 전시 법규는 폭발하는 총탄, 화학무기, 실명을 유발하는 레이저, X선으로 탐지할 수 없는 파편이 있는 무기 등 특정 무기를 그것이 유발하는 상처 때문에[13] 금지하고 있다. 어떤 무기를 금지하고 어떤 무기는 허용할 것인가 하는 판단은 때때로 주관적일 수 있다. 왜 독가스로 살해되는 게 폭파되거나 총에 맞는 것보다 더 나쁜가? 레이저에 눈이 머는 게 정말 죽는 것보다 나쁜 걸까?[14]

전투원들이 이런 제약에 동의했다는 사실은 전쟁의 참상 속에서도 자제심과 인간성이 존재한다는 걸 입증하는 증거다. 하지만 불필요한 고통을 유발하려고 만든 무기를 금지하는 것은 목표물 공격 결정이 아니라 부상 메커니즘을 다루기 때문에 자율무기와는 별 상관이 없다.

공격 시의 예방조치

다른 IHL 규칙도 자율무기에 영향을 미치긴 하지만, 영향을 미치는 방식이 모호하다. 공격 시 예방조치를 취해야 한다는 규칙은 공격을 계획하거나 결정한 자는 민간인 피해를 막기 위해 "가능한 모든 예방조치를 취하도록[15]" 요구한다. 과잉 조치 금지와 마찬가지로, 이 요건을 충족시키는 어려움은 주변 환경에 따라 크게 달라지며 인구 밀집 지역에서 가장 어렵다. 하지만 실현 가능한 예방조치[16]를 취해야 한다는 요건은 군 지휘관들에게 선택의 자유를 준다. 사용할 수 있는 무기가 자율무기뿐이라면, 군 지휘관은 민간인 사상자가 더 많이 발생하더라도 다른 선택권이 없다고 주장할 수 있다. (과잉 조치 금지 같은 다른 IHL 기준은 여전히 적용된다.) 실현 가능한 예방조치를 취해야 한다는 요건은 가능한 경우 루프 안 혹은 루프 위에 사람이 존재해야 한다는 뜻으로 해석할 수 있지만, 이때도 실현 가능성이 결정적인 요인이 될 것이다. 민간인 사상자를 피하기 위한 최고의 기술은 시간이 지나면 바뀔 것이다. 자율무기가 인간보다 더 정확하고 신뢰할 수 있게 된다면, '모든 실현 가능한 예방조치'를 취해야 하는 의무 때문에 지휘관들이 자율무기를 사용하게 될 수도 있다.

전투력 상실

프랑스어로 '전장 밖'을 뜻하는 'hors de combat(전투력 상실)' 규칙은 항복했거나 부상으로 무력해져 더 이상 싸울 수 없는 전투원들에게 해를 끼치는 걸 금지한다. 부상으로 '전투에서 이탈한' 전투원은 표적으로 삼을 수 없다는 원칙은, 최소 남북전쟁 때 연합군이 공표한 규정인 리버 훈령Lieber Code[17]까지 거슬러 올라간다. 전투력을 상실한 개인을 표적으로 삼는 걸 자제해야 한다는 요건은 사물을 표적으로 하는 자율무기와는 별 상관이 없지만, 사람을 표적으로 삼는 무기에는 꽤 까다로운 요건이다.

제네바 협약은 (a) 포로로 잡혔거나, (b) "항복 의사를 분명히 밝혔거나", (c) "무의식 상태이거나,[18] 상처나 질병으로 무력화되어 자신을 방어할 수 없는" 사람은 전투력을 상실한 것이라고 명시하고 있다. 첫 번째 범주를 식별하는 건 간단해 보인다. 군대는 자율무기가 자기네 부대원을 겨냥하는 걸 방지할 때와 같은 방법으로, 자신들의 통제하에 있는 포로들을 겨냥하는 걸 막을 수 있어야 한다. 그러나 두 번째 기준은 그리 간단하지가 않다.

모나시 대학의 철학 교수이자 국제 로봇 무기 통제위원회IOC 창립 회원이기도 한 롭 스패로우Rob Sparrow는 기계가 인간이 항복을 시도할 때가 언제인지 정확하게 식별할 수 있다는 생각에 회의적인 태도를 보였다. 군대는 역사적으로 항복하겠다는 뜻을 나타내기 위해 백기를 들거나 무기를 치켜드는 등의 신호를 사용해왔다. 기계는 오늘날의 기술로도 이런 물체나 행동을 식별할 수 있다. 하지만 항복하겠다는 의도를 알아차리려면 단순히 사물을 식별하는 것 이상의 능력이 필요하다. 스패로우는 "항복 의사를 알아본다는 건 기본적으로 의도 파악의 문제"라고 지적했다.

스패로우는 자율무기가 공격을 중지하게 하려고 항복하는 시늉을 했던 부대를 예로 들었다. 가짜 항복은 전쟁 법규상 '배신[19]'으로 간주되며 불법이다. 진짜 항복과 가짜 항복을 구별하는 건 인간의 의도를 해석하는 능력에 달려 있는데, 이는 오늘날 기계들이 비참하게 실패하는 부분이다. 만약 무기가 항복을 인정하는 데 너무 관대해서 배신을 식별해낼 수 없다면, 무기로서의 기능이 금방 무용지물이 되어버릴 것이다. 그리고 적군은 자율무기를 속일 수 있다는 걸 알게 된다. 반면, 군대의 항복 선언을 지나치게 의심해서 항복한 이들을 죽인다면 이는 불법행위에 해당한다.

로봇 시스템은 이런 상황에서 더 많은 위험을 감수할 수 있으므로 인간보다 유리하지만, 그렇기 때문에 애매한 상황에서 발포할 때는 더 신중해야 한다. 하지만 반자율 시스템과 완전자율 시스템을 구분하는 것도 중요하다. 더 많은 위험을 감수할 수 있는 이점은 최전선에 인간이 없어야만 가능하며, 시스템의 자율성이 얼마나 높은지에 관계없이 존재한다. 이상적인 로봇 무기는 이런 딜레마를 해결하기 위해 앞으로도 계속 인간을 루프 안에 배치할 것이다.

세 번째 범주의 전투력 상실(무력화되어 더 이상 싸울 수 없는 군대)은 항복을 인정할 때와 비슷한 문제를 낳는다. 움직이지 않는 병사는 전투력을 상실한 상태로 분류한다는 간단한 규칙만으로는 만족스럽지 못할 것이다. 부상당한 군인 중에는 여전히 움직일 수는 있지만 전투에는 전혀 가담하지 못하는 이들도 있다. 또 여전히 싸울 수 있는 전투원들이 표적이 되는 걸 피하기 위해 죽은 척 하면서 무기를 속일 수도 있다. 항복을 인정할 때와 마찬가지로, 누가 부상을 당해서 전투력이 상실되었는지 식별하려면 인간의 의도를 이해해야 한다. 부상당한 군인도 계속 싸울 수 있기 때문에, 다친 걸 확인하는 것만으로는 충분하지 않다.

이런 문제를 제대로 이해하려면 한국의 비무장지대(DMZ)를 생각해보자. DMZ에는 민간인이 살지 않지만, 완전자율적인 대인용 무기는 여전히 문제에 직면할 수 있다. DMZ를 넘어서 한국 영토로 들어온 북한군 병사가 항복할 수도 있다. DMZ를 건너는 사람이 민간인 난민일 수도 있다. 국경을 지키는 중무장한 군인들은 적지를 넘어 자신들이 있는 곳으로 접근하는 자는 전부 적군이라고 생각할 수 있지만, 그래도 전투력 상실과 구별 원칙을 존중해야 한다는 IHL 요건을 면제받을 수는 없다. 접근하는 사람이 명백히 민간인이거나 항복하는 군인이라면, 그를 죽이는 건 불법이다.

다른 IHL 문제가 없는 상황에서도, 전투력 상실 원칙은 계속 지켜야 하는 게 문제다. 군함, 기지, 터널 단지 등에 소형 로봇을 보내 병사는 모두 죽이고 기반 시설은 그대로 둔다고 상상해보자. 거기 있는 사람들이 모두 전투원이라고 가정하면 구별 문제를 피할 수 있을 것이다. 하지만 만약 군인들이 항복한다면? 전시 법규상 적에게 항복할 기회를 줘야 하는 의무는 없다. 총을 쏘기 전에 잠시 멈추고 "마지막 기회다, 항복하지 않으면 쏜다!"라고 말할 필요는 없지만, 항복 시도를 무시하는 건 불법이다. 백기를 휴전과 항복의 의미로 받아들이는 보편적인 개념은 수천 년 전으로 거슬러 올라간다. 1907년 헤이그 협약Hague Convention은 이 개념을 국제법으로 성문화하면서, "적에게 자비를 베풀지 않겠다고 선언하는 것을…… 명백히 금지한다"라고 천명했다. 병사들이 전투력 상실 상태인지 아닌지를 파악하지 못하는 무기를 사용하는 건 현대의 전시 법규를 위반하는 행동일 뿐만 아니라 수천 년간 이어져 온 전쟁 규범을 침해하는 일이다.

미 해군의 무기 설계자로 일하다가 은퇴한 존 캐닝John Canning은 이 문제를 우아하게 해결할 방법을 제안했다. "당신은 이제 무장해제됐다.[20] 좋은 하루 보내길!"이라는 논문에서, 캐닝은 사람을 직접 표적으로 삼는 게 아니라 그들의 무기를 표적으로 삼는 자율무기를 제안했다. 예컨대 이 자율무기는 AK-47 프로필을 찾아서 사람이 아닌 그 AK-47을 파괴하는 걸 목표로 할 것이다. 캐닝은 이 개념을 "인간 궁수가 아닌 활이나 화살을 목표로 삼는 것[21]"이라고 설명했다. 캐닝이 제안한 방법에서 사람을 죽이지 않고 무장해제시키는 건 초정밀 무기일 것이다.[22] (이 정도의 정밀도는 아마 실용적이지 않을 것이며, IHL에서도 요구하지 않는다.) "기계들이 사람이 아닌 기계를 표적으로 삼도록 하라[23]"는 캐닝의 철학에 따르면 민간인이나 투항하는 군인은 군사적 목표물에서 멀어지기만 하면 해를 피할 수 있으므로, 대인 무기로 인해서 발생하는 가장 어려운 문제 몇 가지를 해결할 수 있다.

책임 격차

자율무기 금지를 옹호하는 사람들은 이런 IHL 규칙을 넘어선 부분에도 우려를 표한다. 보니 도처티Bonnie Docherty는 하버드 로스쿨 강사이자 휴먼 라이츠 워치 무기부의 선임 연구원이다. 자율무기 금지 운동을 이끄는 도처티는 자율무기가 '책임 격차[24]'를 야기할 수 있다는 우려를 제기해온 여러 학자 중 한 명이다. 자율무기가 예측에서 벗어나 많은 민간인을 죽인다면 누가 책임질 것인가? 무기를 발사한 사람이 민간인을 죽이려고 했다면 이는 전쟁 범죄다. 하지만 무기를 발사한 사람에게 민간인을 살해할 의도가 없었다면 상황은 더 암담해진다. 도처티는 "지휘관이나 무기 운용자에게 책임을 묻는 건…… 공정하지도 않고 법적으로 실행 가능하지도 않을 것[25]"이라고 말했다. 도처티는 또 "그런 일이 발생한 뒤에 로봇을 '처벌'[26]하는 건 말이 안 된다"라고도 썼다. 이 로봇은 법적으로 '인간'으로 간주되지 않을 것이다. 엄밀히 말하면 범죄 행위는 없었다. 그건 사고였을 것이다. 민간인들이 개입된 상황에서는 민사상 책임이 적용될 것이다. 자율주행차가 사람을 숨지게 했다면 제조사가 책임질 수도 있다. 하지만 전쟁에서는 군대와 방위산업체들이 대부분 민사 책임을 지지 않도록 보호를 받는다.[27]

그 결과 책임 격차가 발생한다. 아무도 책임을 지지 않는 것이다. 도처티는 이를 용납할 수 없는 상황이라고 생각한다. 그녀는 자율무기가 민간인을 살해하기 쉬운 상황에서 사용될 가능성이 크기 때문에 특히 문제가 많다고 했다. 무기가 자신들의 행동에 책임을 지지 않는다면 이는 '위험한 조합[28]'이라는 것이다. 도처티는 책임은 피해자나 그 가족에게 '응보적 정의[29]'를 허용하고 무기의 향후 행동을 저지할 수 있고 말했다. "완전자율무기를 국제적으로 금지시켜서 이런 책임 격차를 해소[30]하는 것"이 해결책이라고 도처티는 주장한다.

책임 격차는 중요한 문제지만, 이는 무기가 예측하지 못한 방식으로 작동하는 경우에만 발생한다. 자율 시스템이 사람의 의도를 정확하게 수행할 때는 책임 소재가 명확하다. 자율 시스템을 작동시킨 사람이 책임을 지는 것이다. 시스템이 예상치 못한 행동을 할 때는, 그걸 작동시킨 사람의 의도대로 움직이지 않았기 때문에 그들은 시스템의 행동에 책임이 없다고 합리적으로 주장할 수 있다.

더 뛰어난 설계와 시험, 훈련을 통해 이런 위험을 줄일 수는 있지만 그래도 사고는 일어날 것이다. 하지만 기계가 아닌 사람이 개입했을 때도 사고는 일어나며, 항상 사람이 책임질 수 있는 환경에서만 사고가 생기는 것도 아니다. 사고가 반드시 태만이나 악의적인 의도의 결과물인 것도 아니다.

책임을 물을 사람이 있도록 항상 인간을 루프 안에 배치하자는 도처티의 해결책은 문제를 해결하지 못한다. 사람들은 범죄를 저지르지 않고도 끔찍한 비극을 초래할 수 있다. 빈센스호가 이란 항공 655편을 격추한 사건이 그 예다. 이 격추는 의도적인 전쟁 범죄가 아니라 실수였다.[31] 범죄로 기소된 개인은 없지만, 미국 정부는 여전히 책임을 지고 있었다. 미국 정부는 이란이 국제사법재판소에 제기한 소송을 해결하기 위해 1996년에 피해자 가족에게 보상금 6,180만 달러를 지급했다.[32]

도처티는 책임은 "군대부터 변호사, 외교관, 윤리학자에 이르기까지 모든 사람이 상기해야 하는[33]" 사안이라고 말했다. 누군가에게 위해에 대한 책임을 묻고 싶은 욕구는 인간의 자연스러운 충동이지만, IHL에는 전쟁터에서 발생한 모든 죽음에 책임을 질 개인이 있어야 한다[34]는 원칙이 없다. 국가는 자국 군대가 하는 행동을 책임져야 한다. 범죄 행위는 개인에게 책임을 묻는 게 이치에 맞지만, 오늘날에도 인간이 초래한 사고와 책임 사이에 이미 격차가 존재한다. 듀크 법대 교수이자 미 공군 부법무감으로 일했던 찰스 던랩Charles Dunlap은 책임 격차를 우려하는 사람들에게, "이 문제는 자율무기가 아니라[35] 형법의 기본 원칙과 관련이 있다"라고 주장한다.

도처티도 향후 유해한 행위를 저지하려면 책임감이 중요하다고 말했다. 우발적인 살인은 당연히 고의가 아니므로 저지할 수가 없지만, 책임 격차는 도덕적 해이라는 교활한 위험을 초래할 수 있다. 자율무기를 발사하는 사람이 자기는 그 무기 때문에 죽은 사람들에게 책임을 지지 않아도 된다고 생각한다면 부주의해질 수도 있고, 효과가 보장되지 않는 곳으로 마구 무기를 발사할 수도 있다. 이론적으로는 IHL 준수가 이런 무모한 행동을 막아야 한다. 사실 공격 시 예방조치 같은 애매한 원칙과 기계가 표적을 정한다는 사실 때문에 앞으로는 인간이 전쟁터에서 벌어지는 살상과 분리되는 일이 더 많아질 것이다. IHL을 준수하려면 인간-기계 접점과 운용자 훈련에 각별한 주의를 기울여서, 인간 운용자 본인에게 자동무기의 행동에 대한 책임이 있다는 사고방식을 심어줘야 한다.

공공양심의 명령

자율무기 금지 옹호자들은 이런 IHL 원칙을 준수하는 것만으로는 충분하지 않다고 주장한다. 자율무기가 '공공양심'에 위배된다는 것이다. 마르텐스 조항으로 알려진 IHL 개념에는 이렇게 명시되어 있다. "현행 법률에서 따로 다루지 않더라도,[36] 인간은 인류의 원칙과 공공양심의 명령에 따라 보호받는다." 보니 도처티 같은 사람들은 마르텐스 조항이 자율무기 금지를 정당화한다고 생각한다.

하지만 마르텐스 조항은 기대기에는 너무 빈약하다. 우선 이 조항은 지금까지 무기 금지에 사용된 적이 없다. 심지어 마르텐스 조항 자체의 법적 지위와 관련해서도 논란이 많다. 마르텐스 조항을 '공공양심'에 위배되는 무기를 금지하는 IHL과 별개의 규정으로 보는 시각도 있다. 마르텐스 조항에 대한 보다 보수적인 해석은, 이것이 관례적인 국제법을 인정하는 데 불과하다는 것이다. 관습법은 국가의 관행에 따라 존재하며, 심지어 명시적으로 기록되어 있지도 않다. 한 법률 전문가가 간단명료하게 말한 것처럼, "마르텐스 조항에 대해 일반적으로 인정되는 해석은 없다.[37]"

누군가가 마르텐스 조항에 자율무기 금지를 정당화하기에 충분한 법적 중량을 부여한다고 하더라도, 대중의 양심은 어떻게 측정할 것인가? 그리고 대중은 어떤 대중을 말하는 것인가? 미국 대중? 중국 대중? 아니면 전 인류?

도덕과 윤리에 대한 여론은 종교나 역사, 언론, 심지어 대중문화에 의해서도 만들어지기 때문에 나라마다 다르다. 나는 〈터미네이터〉 영화가 자율무기에 대한 논쟁에 얼마나 많은 영향을 미치는지 확인하면서 계속 충격을 받는다. 국방부 내부에서건 유엔 복도에서건, 내가 자율무기와 관련해서 나눈 진지한 대화 10건 중 9건에서는 터미네이터에 관한 얘기가 나왔다. 때로는 다들 언급하기 꺼리는 인류 멸망 같은 마음 불편한 농담이다. 때로는 상당히 심각한 어조로 터미네이터를 언급하면서, 터미네이터는 자율성 스펙트럼의 어디쯤에 속할지를 놓고 논쟁이 벌어지기도 한다. 제임스 캐머런 감독이 〈터미네이터〉를 만들지 않았다면 자율무기에 관한 논쟁이 어떻게 달라졌을지 궁금하다. 공상과학 소설로 인해 킬러 로봇은 어떻게든 인간을 절멸시킬 거라는 환상을 품지 않았다면, 그래도 자율적인 살상 기계를 두려워했을까?

바로 이런 이유로 대중의 태도를 측정하는 게 그토록 힘든 것이다. 여론조사에 대한 반응은 어떤 사안을 찬성하거나 반대하는 정보가 있는 '프라이밍[38]' 주제에 따라 좌우될 수 있다. 설문조사 초반에 어떤 단어나 주제를 언급하면 조사자 머릿속에 자기도 모르는 새에 그 아이디어가 스며들어서, 뒷부분 질문에 대한 답이 눈에 띄게 바뀔 수 있다. 정치학자 두 명이 여론조사를 통해 자율무기에 대한 국민의 양심을 측정했는데, 그들은 매우 다른 결론에 도달했다.

매사추세츠 대학 애머스트 캠퍼스의 정치학 교수인 찰리 카펜터Charli Carpenter는 2013년에 처음으로 자율무기에 대한 대중의 시각을 측정하려고 시도했다. 그녀는 응답자의 55퍼센트가 '전쟁에서 완전히 자율적인 로봇 무기를 사용하는 것'에 다소 반대하거나 강하게 반대한다는 걸 알아냈다. 자율무기를 다소 혹은 강하게 선호하는 사람은 전체 응답자의 26퍼센트밖에 안 됐고 나머지 응답자는 모르겠다고 했다. 가장 흥미로운 사실은 군 복무자와 참전용사들이 더 강하게 반대했다는 것이다.[39] 카펜터의 조사는 자율무기 반대자들에게 날카로운 무기가 되어줬고,[40] 그들은 이 설문 결과를 자주 인용한다.

하지만 정치학자 마이클 호로비츠Michael Horowitz*는 이에 동의하지 않았다. 펜실베이니아 대학 교수인 호로비츠는 2016년에 좀 더 복잡한 그림을 보여주는 연구 결과를 발표했다. 호로비츠가 외부와 단절된 상태에서 응답자들에게 자율무기에 대한 견해를 묻자, 48퍼센트는 자율무기에 반대하고 38퍼센트는 찬성했으며 나머지는 잘 모르겠다고 응답해 카펜터와 비슷한 결과를 얻었다. 하지만 호로비츠가 자율무기 사용과 관련된 맥락을 바꾸자 대중의 지지가 높아졌다. 자율무기가 더 효과적이고 아군 보호에도 도움이 된다는 말을 들은 응답자들의 경우, 지지가 60퍼센트로 늘고 반대는 27퍼센트로 감소했다. 호로비츠는 자율무기에 대한 대중의 견해는 맥락에 따라 달라진다고 주장했다. 그는 "대중의 반대 때문에 [자율무기 체계가] 마르텐스 조항의 공공양심 항목을 위반한다고 주장하는 것은 시기상조[41]"라고 결론지었다.

이렇게 서로 반대되는 여론조사 결과는 대중의 양심을 측정하기 어렵다는 걸 시사한다. 뉴욕 뉴 스쿨The New School의 과학, 기술, 미디어 학과 교수이자 철학자이면서 자율무기 금지를 지지하는 피터 아사로Peter Asaro는 이게 불가능할 수도 있다고 말한다. 아사로는 여론

---

* 호로비츠는 신미국안보센터에서 윤리적 자율성 프로젝트를 이끌고 있으며 나와 공동 저자로 자주 활약한다.

과 '공공양심'을 구별한다. 그는 "'양심'에는 '의견'에는 없는 명백한 도덕적 편향이 존재한다[42]"라고 썼다. "'공공양심'의 명령을 단순한 여론으로 전락시키는 건 모진 행동이다.[43]" 그보다는 "공공 논의와 학문적 양식, 예술적 문화적인 표현, 개인의 성찰, 집단적 행동, 그리고 사회가 집단의 도덕적 양심을 숙고할 수 있는 추가적인 수단을 통해서[44]" 공공양심을 분별해야 한다. 이 접근법은 더 포괄적이지만, 기본적으로 공공양심을 이해하기 위한 척도 하나를 박탈한다. 하지만 그렇다고 하더라도 이게 최선일 것이다. 호로비츠는 이 논쟁을 돌아보면서, "인류를 대변한다고 주장할 수 있는 기준[45]이 높아야 한다"고 결론지었다.

어쩌면 대중의 양심을 측정하려는 시도는 별로 중요하지 않을지도 모른다. 지뢰와 집속탄이 금지된 것은 평화 운동 단체와 정부의 지지라는 형태로 나타난 공공양심 덕분이었다. 스티브 구스는 "'공공양심의 명령'이 가장 분명하게 드러나는 건[46] 시민들이 정부에 충분한 압력을 가해서 정치인들이 어쩔 수 없이 행동에 나서게 되는 때"라고 말했다. 만약 행동이 척도라면, 자율무기에 대한 공공양심은 아직 결론을 내리지 않은 상태다.

분석에서 행동으로

자율무기를 둘러싼 법적 문제는 상당히 명확하다. 자율무기와 관련해 어떤 행동을 할 것이냐는 또 다른 문제다. 나는 8년간 자율무기를 연구하면서, 사람들이 자연스럽게 3가지 입장 가운데 하나를 취하는 경향이 있다는 걸 알게 되었다. 그중 하나는 자율무기가 IHL을 위반할 수 있으니 금지하자는 것이다. 다른 하나는 그런 불법적인 사용은 이미 IHL에 의해 금지되어 있으니, 굳이 따로 금지할 필요 없이 IHL이 의도한 대로 작동하게 해야 한다는 것이다. 그리고 세 번째로, 아마 어떤 형태로든 규제하는 게 해결책일 듯하다는 중간 입장이 있다.

완전자율무기는 아직 존재하지 않기 때문에, 어떤 면에서 이건 새로운 무기에 대처하는 IHL의 능력을 어떻게 생각하는지 알아보는 일종의 로르샤흐Rorschach 테스트다. IHL의 신흥 기술 처리 능력에 자신이 있다면 새로운 법이 필요 없다. IHL이 유해한 기술 제어에 과연 성공할지 회의적이라면 자율무기 금지에 찬성할 수도 있다.

찰스 던랩 교수는 우리가 IHL을 믿어야 한다고 강하게 주장한다. 그의 관점에서는 즉석에서 마련된 무기 금지법은 불필요할 뿐만 아니라 해롭기까지 하다. 던랩은 여러 글을 통해, 민간인 보호 문제가 정말 우려된다면 "특정한 기술을 악마처럼 묘사하려는" 노력을 포기하고 대신 "무기보다는 그 효과를 강조해야 한다[47]"라고 주장해 왔다.

던랩이 우려하는 문제 중 하나는 '기술적으로 짧은 시간'을 기반으로 한 무기 금지 때문에 훗날 더 인간적인 무기 개발로 이어질 수 있는 기술 개선 가능성이 사라질지도 모른다는 것이다. 던랩의 말에 따르면 현대식 CS 가스[48](최루 가스의 일종)는 병사들을 죽이는 게 아니라 무력화시켜서 전장에 유익한 영향을 미치는 무기지만, 화학무기 금지 협정 때문에 전투에서 사용이 금지되어 있다고 한다. 법집행기관에서 CS 가스를 꾸준히 사용하고 있고 군에서도 폭동 진압을 위해 민간인에게 사용하는 건 합법[49]이지만 적의 전투원에게는 그렇지 않다는 걸 생각하면, 이런 금지는 특히 터무니없어 보인다. 미군은 자체적으로 병력을 훈련시킬 때도 CS 가스를 사용한다. 던랩은 지뢰와 집속탄 금지도 반대한다. 일정 기간이 지나면 스스로 비활성화되는 스마트 지뢰[50]나 불량률이 낮은 집속탄 사용까지 가로막기 때문이다. 이 혁신은 지뢰와 집속탄의 가장 심각한 문제인 전쟁이 끝난 뒤에도 계속 영향을 미치는 문제를 해결한다.

던랩은 군대가 이런 도구를 마음대로 쓸 수 없으면 똑같은 목적을 달성하기 위해 더 치명적이거나 무분별한 방법에 의존하게 될 것이고, 이로 인해 "각국이 전쟁 수행을 위해 훨씬 지독한 수단(합법적이긴 하지만)을 써야 하는 역설적인 상황[51]"을 초래할 수도 있다고 주장했다. 그는 일정 시간이 지나면 스스로 작동을 멈추는 지뢰를 사용해서 적의 비행장을 일시적으로 폐쇄할 수 있는데, 지뢰 금지 조치 때문에 할 수 없이 고성능 무기를 써야 하는 가상의 사례를 제시했다. 그 결과 전쟁이 끝난 뒤 전쟁으로 피해를 입은 민간인을 위한 인도적 지원물자를 전달할 때 활주로를 쓸 수 없게 되어버린다. 던랩은 다음과 같이 결론을 내렸다.

> 한층 빨라진 과학 발전 속도를 고려할 때,[52] 법이 특정 기술을 금지하는 걸 정당화하기 위해서 의존하는 가설은 금지의 타당성에 도전하는 여러 방식 때문에 금세 쓸모가 없어질 수도 있다.

요컨대, 던랩은 특정 시점의 기술 상태에 근거해서 무기를 금지하는 건 잘못된 생각이라고 주장한다. 기술은 항상 변화하는 데다가, 종종 우리가 예측할 수 없는 방향으로 변화되는 일도 많기 때문이다. 더 좋은 방법은 "IHL의 핵심 원칙을 엄격하게 준수하는 것[53]"에 초점을 맞춰서 무기 사용을 규제하는 것이라고 제안했다. 그의 비평은 특히 기술이 빠른 속도로 발전 중인 자율무기와 관련이 있으며, 던랩은 자율무기 금지를 강력하게 비판해왔다.

반면 보니 도처티와 스티브 구스는 자율무기가 언젠가 이론적으로 IHL을 준수할 수 있을지 여부는 관심이 없다. 그들이 관심 있는 건 국가들이 실제로 어떻게 할 것인가이다. 도처티는 아프가니스탄, 이라크, 레바논, 리비아, 조지아, 이스라엘, 에티오피아, 수단, 우크라이나에서 집속탄과 다른 무기에 대한 현장 조사를 하는 과정에서 희생자와 그 가족들도 인터뷰했다. 구스는 지뢰, 집속탄, 실명을 유발하는 레이저 등을 금지하기 위한 캠페인을 성공적으로 이끈 전문가다. 이런 배경이 문제를 바라보는 그들의 시각을 형성한다. 도처티는 "아직은 희생자가 없지만[54] [이런 무기가] 존재하도록 허용한다면 앞으로 생기게 될 테고 나는 그들에 대한 현장 조사를 진행해야 한다. …… 이런 무기가 진짜 사람에게 영향을 미친다는 사실을 잊어서는 안 된다. 그건 단순히 학문만을 위한 문제가 아니다"라고 말했다. 구스는 자율무기를 합법적으로 사용할 수 있는 고립된 상황이 존재할지도 모른다는 건 인정했지만, 일단 자율무기를 소유하게 된 나라들은 그런 제한된 환경 밖에서 사용할 거라는 깊은 우려[55]가 든다고 했다.

구스가 염려할 만한 선례도 있다. 특정 재래식 무기 금지 협약CCW 의정서 제2조[56]에서는 인구 밀집 지역에 지뢰를 설치하지 않고 지뢰밭을 명확히 표시하는 등 민간인을 보호하기 위해 지뢰 사용을 규제한다. 만약 그 규칙을 엄격하게 지켰다면, 지뢰로 인해 발생한 많은 피해는 생기지 않았을 것이다. 하지만 그들은 규칙을 지키지 않았다. 지뢰 사용을 금지한 오타와 협약은 대인지뢰를 전쟁 도구에서 완전히 배제하려는 대응책이었다. 구스는 자율무기도 이와 비슷한 시각으로 바라본다. 그는 "위험이 잠재적 이익보다 훨씬 크다[57]"고 말했다.

던랩도 군대가 실제로 어떻게 할 것인지에 관심이 있었지만, 그는 매우 다른 배경을 가지고 있다. 던랩은 2006년부터 2010년까지 공군 소장 겸 부법무감으로 재직했다. 34년간 공군 법무단에 근무하면서 각급 지휘관에게 법률 자문을 해줬다. 워싱턴에는 "어디에 서 있느냐에 따라 입장이 달라진다[58]"는 속담이 있다. 이 말은 어떤 문제에 대한 입장이 직무에 따라 달라진다는 뜻이다. 이런 금언은 전장에 적용되는 법과 그것의 준수 및 위반에 조예가 깊은 다양한 실무자들의 견해를 설명하는 데 어느 정도 도움이 된다. 던랩은 무기의 비인도적 결과뿐만 아니라 군사적 효과에 대해서도 우려한다. 그의 우려 중 하나는 무기 금지에 관심을 기울일 나라는 이미 IHL을 신경 쓰는 국가들뿐이라는 점이다. 그들의 적은 이런 제약을 두지 않을 수도 있다. 사담 후세인의 이라크, 무아마르 카다피의 리비아, 바샤르 알아사드의 시리아 같은 끔찍한 정권은 법규에 전혀 신경 쓰지 않고 무기 금지를 일방적인 조치로 만들었다. 던랩은 IHL에 따라

"법을 준수하는 국가들은 가장 효과적인 기술을 보유할 수 있어야 한다"고 주장했다. "금지 규정 때문에 이런 나라들의 무기 보유 역량을 인정하지 않는다면[59]…… 역설적으로 IHL을 절대 존중하지 않을 나라들이 불법적인 이익을 얻도록 장려할 수 있다."

전시 법규에 얽매이다

전시 법규가 기계를 사람과 다르게 취급하는 한 가지 중요한 방법이 있다. 기계는 전투원이 아니라는 것이다. 전쟁에서 싸우는 건 로봇이 아니라 사람이다. '국방부 전쟁법 매뉴얼'은 다음과 같이 결론을 내린다.

> 공격 수행에 관한 전시 법규 규정[60](구별 및 과잉 조치 금지와 관련된 규칙 등)은 사람에게 의무를 부과한다. 이 규정은 무기 자체에 의무를 부과하지 않는다. 물론 무생물체는 어떤 경우에도 '의무'를 떠맡을 수 없다. …… 무기(예: 컴퓨터, 소프트웨어, 센서 등을 통해서)가 무기 발사 여부나 표적 선택 및 교전 여부 같은 실제적인 결정을 내릴 수 있는 것으로 규정되어 있어도, 전시 법규는 무기가 법적 결정을 내리도록 요구하지 않는다

이는 자율무기를 사용하는 사람은 그 공격이 적법하다고 보장할 책임이 있다는 뜻이다. 인간은 특정한 표적 결정은 무기에 위임할

수 있지만, 공격 여부를 결정하는 건 위임하지 못한다.

여기에서 의문이 하나 생긴다. 그렇다면 '공격'을 구성하는 요소는 무엇인가? 제네바 협약에서는 공격이란 "공격을 위해서건 방어를 위해서건 상관없이 적에 대한 폭력 행위들[61]"이라고 정의한다. '폭력 행위들'이라고 복수형으로 표현한 건 공격이 여러 차례의 교전으로 이루어질 수 있음을 시사한 것이다. 따라서 인간이 모든 표적을 승인할 필요는 없을 것이다. 목표물을 탐색하고 교전 결정을 내리고 공격하는 자율무기는, IHL의 다른 규칙을 준수했고 또 사람이 공격을 승인했다면 합법일 것이다. 그와 동시에 공격은 시간과 공간의 제약을 받는다. 켄 앤더슨Ken Anderson 법학 교수는 "공격을 구성하는 것의 규모[62]에는…… 군사작전이 모두 포함되는 게 아니다. 이건 전쟁 전체를 의미하는 게 아니다"라고 말했다. 한 차례의 공격이 몇 달 동안 진행되고 있다고 말하거나 제2차 세계대전 전체를 단일 공격이라고 하는 건 합당하지 않다. IHL 보호 임무를 맡은 NGO인 국제적십자위원회ICRC는 1987년에 공격의 정의에 관해 논평하면서, 공격이란 "시간과 장소의 제약을 받는 특정한 군사작전과 관련된 기술적 용어[63]"라고 명확하게 밝혔다.

앤더슨은 제네바 협약은 제2차 세계대전의 여파로 타결된 것이기 때문에, 여기에서 정의한 공격이라는 용어의 맥락은 전쟁 중에 발생한 도시 전체에 대한 공격을 뜻한다고 설명했다. 그는 "공격 개시라는 개념[64]은 단순히 어떤 특정 무기를 발사하는 것보다 더 광범위하다"라고 말했다. "공격에는 다른 많은 군인과 많은 부대, 공군과 지상군이 포함된다." 앤더슨은 공격할 때 과잉 조치 금지나 예방조치 등의 결정은 "인간과 관련된 문제"지만, 공격을 실행할 때 인간이 "다른 사람과 상의하지 않고 빠르게 반응하기 위해" 기계를 사용하는 상황이 발생할 수도 있다고 했다.

전시 법규에 얽매여 있는 건 기계가 아니라 인간이다. 이는 공격이 합법적이라는 걸 확실하게 하려면 인간이 개입해야 한다는 얘기다. 공격을 승인하는 사람은 공격 대상, 환경, 무기, 공격 상황에 대한 충분한 정보를 가지고 있어야 합법성을 결정할 수 있다. 그리고 무기의 자율성이 시간과 공간의 제약을 받아야만 조건이 바뀌어서 무기 사용이 불법이 되는 일이 없다. 잔류 지뢰의 문제가 바로 이것이다. 그런 지뢰는 상황이 바뀐 뒤에도(전쟁 종료) 치명적인 상태를 유지한다.

공격 개시 결정을 내릴 때 인간의 판단이 필요하다는 사실은, 무력을 사용할 때도 최소한의 인간 개입이 필요하다는 문제로 이어진다. 그러나 공격을 정의하는 방식은 상당히 유연하다. 이 대답은 더 엄격한 제한을 원하는 일부 금지 지지자들에게 만족스럽지 않을 수도 있다. 이들은 법률 외에 윤리와 도덕에서도 자신들의 주장을 뒷받침하는 타당한 이유를 찾고 있다.

CHAPTER

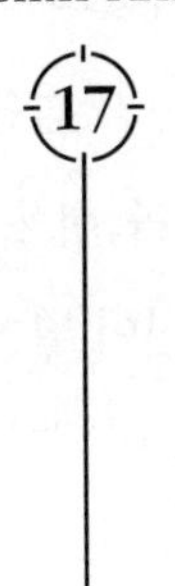

무감각한 살인자

자율무기의 도덕성

아프가니스탄의 산꼭대기에서 어린 소녀를 쏘는 것이 잘못된 일이라고 말해줄 필요는 없다. 아마 그건 합법적이긴 할 것이다. 소녀가 직접 적대행위에 관여하고 있다면, 그녀는 전투원이다. IHL에 따르면, 소녀는 유효한 표적이었다. 하지만 동료 병사들과 나는 그녀를 죽이는 게 도덕적으로 잘못된 일이라는 걸 알고 있었다. 우리는 그 일을 논의조차 하지 않았다. 그냥 느꼈다. 자율무기는 어떤 환경에서는 합법적으로 행동할 수 있겠지만, 과연 도덕적일 수도 있을까?

조디 윌리엄스Jody Williams는 인도주의적 군축을 주장하는 뛰어난 인물이다. 그녀는 지뢰 사용을 금지시키기 위한 캠페인을 성공적으로 이끌었고, 이 업적으로 1997년에 노벨 평화상을 공동 수상했다. 그녀는 자신의 목적을 명확하게 주장한다. 자율무기는 "도덕적으로 비난받아 마땅하다[1]"는 게 그녀의 의견이다. 자율무기는 "도덕적, 윤리적으로 돌이킬 수 없는 지점을 건넜다. 어떻게 기계가 사람을 죽이겠다는 결정을 내리도록 허용해도 괜찮다고 생각하는지 이해가 안 간다." 윌리엄스는 자신이 법률학자나 윤리학자가 아니라는 걸 인정한다. 그녀는 과학자도 아니다. "하지만 뭐가 옳고 그른지는 안다"라고 말했다.

윌리엄스는 남편인 휴먼 라이츠 워치의 스티브 구스와 함께 킬러 로봇 저지 캠페인의 기반을 마련했다. 이 캠페인 사례에는 법률적인 주장 외에 항상 도덕적이고 윤리적인 주장도 포함되어 있다. 윤리적 논쟁은 크게 2가지 범주로 나뉜다. 하나는 결과주의라는 윤리 이론에서 비롯된 것인데, 이는 옳고 그름은 행동의 결과에 따라 달라진다는 생각이다. 다른 하나는 옳고 그름은 결과가 아니라 행동 자체를 지배하는 규칙에 따라 결정된다는 의무론적 윤리학에서 나온 것이다. 결과주의자는 "결과가 수단을 정당화한다"라고 말할 것이다. 그러나 의무론적 윤리학의 관점에서 보면, 어떤 행동은 결과에 상관없이 언제나 잘못된 것이다.

자율무기의 결과

결과주의자가 자율무기 금지를 주장하는 근거는 자율무기를 도입하면 도입하지 않을 때보다 많은 위해를 초래할 수 있다는 것이다. 금지 지지자들은 자율무기가 많은 민간인을 죽이는 세상을 상상한다. 이들은 자율무기가 관념적으로는 합법적일 수 있지만, 실제로는 IHL의 규칙이 너무 유연하거나 모호하기 때문에 자율무기를 허용할 경우 어쩔 수 없이 사람들에게 위해를 끼치는 방향으로 사용될 수밖에 없다고 주장한다. 따라서 윤리적인(그리고 실용적이기도 한) 근거를 바탕으로 금지를 정당화할 수 있다. 이와 반대로 금지령을 반대하는 일부 사람들은 자율무기가 인간보다 더 정확하고 신뢰할 수 있으며, 따라서 민간인 사상자를 피할 수 있다고 주장한다. 그리고 이 경우 전투원들이 자율무기 사용에 대한 윤리적 책임을 지게 될 것[2]이라고 주장한다.

이런 주장은 주로 자율무기의 신뢰성을 바탕으로 한 것이다. 이건 부분적으로는 기술적인 문제지만 무기 개발과 시험을 이끄는 조직적이고 관료적인 시스템이 해야 하는 기능이기도 하다. 예를 들어, 언젠가 확실한 테스트를 거쳐서 안전한 운용이 가능할 것이라는 점은 낙관할 수 있지만, 국가가 그런 충분한 테스트를 위한 투자를 해줄지 또 복잡한 시스템을 제대로 테스트하도록 관료기구를 잘 정비해줄지 등에 대해서는 비관적일 수 있다. 미 국방부는 자율무기 개발과 시험, 훈련에 관한 구체적인 정책지침[3]을 발표했다. 하지만 다른 나라들은 그렇게 철두철미하지 않다.

자율무기가 IHL을 확실하게 준수할 수 있다면 어떤 결과가 생길까? 자율무기가 애초에 IHL을 준수할 수나 있을지 회의적인 이들이 많다. 하지만 만약 할 수 있다면? 그게 전쟁을 어떻게 바꿔놓을까?

전쟁터에서의 공감과 자비

철학자 마이클 발저Michael Walzer는 자신의 저서 『마르스의 두 얼굴Just and Definited Wars』에서 병사들이 상대방도 사람이라는 걸 알기에 적에게 총 쏘는 걸 자제했던 역사적인 사례를 많이 인용한다. 그는 정찰병이나 저격수가 우연히 혼자 목욕이나 담배 피우기, 커피 마시기, 일출 보기 등 일상적이고 위협적이지 않은 행동을 하는 적을 만나는 사건을 '무방비한 병사[4]'의 순간이라고 부른다. 발저는 이렇게 말했다.

> 웃고 있거나, 목욕하는 중이거나, 바지를 들고 있거나, 햇볕을 쬐거나, 담배를 피우는 병사들을 죽이는 건 우리가 현재 알고 있는 전쟁 규칙에 어긋나지 않는다.[5] 그런데도 이 사람들을 [죽이는 것을] 거부하는 건 전쟁 협약의 핵심을 찌르는 사건인 듯하다. 누군가에게 생존권이 있다는 건 무엇을 의미하는가?

이렇게 주저하는 것은 적이 즉각적인 위협을 가하지 않기 때문만은 아니다. 이런 순간에는 적들의 인간성이 드러나서 발포자가 훤히 볼 수 있게 된다. 소총의 십자선 안에 보이는 표적은 더 이상 '적'이 아니다. 그도 지금 막 총을 쏘려고 했던 이와 똑같이 희망과 꿈, 욕구를 지닌 또 다른 사람이다. 자율무기를 쓴다면 소총 스코프의 반대쪽 끝에 사람의 눈이 없을 테고, 방아쇠를 당기는 손가락을 멈추는 사람의 마음도 없을 것이다. 자율무기를 배치할 경우, 총을 든 게 사람이라면 목숨을 부지할 수도 있었을 이 병사들이 죽게 될 것이다. 결과주의자의 관점에서 보면 이건 좋지 않은 일이다.

그러나 전쟁터에서의 감정이입에 대한 반론도 있다. 몇 년 전에 뉴욕 웨스트포인트의 미국 육군사관학교에서 자율무기의 윤리에 관한 회의를 참관하다가 한 육군 대령에게 이런 자비에 대한 우려를 제기하자, 그는 놀라운 대답을 들려주었다. 그의 병사들이 바그다드 거리에서 한 무리의 반란군과 마주친 적이 있었다. 두 집단은 거의 코앞에서 서로를 마주했는데 미군이 반란군보다 훨씬 수가 많았다. 주변에는 반란군이 숨을 만한 엄폐물도 없었다. 하지만 반란군은 항복하지 않고 무기를 땅에 던지고는 돌아서서 도망쳤다. 미군은 발포하지 않았다.

대령은 격분했다. 그 반란군들은 항복하지 않았다. 도망쳤다가 다른 날 다시 싸우러 돌아올 것이다. 자율무기라면 발포했을 거라고 그는 말했다. 자율무기는 물러서지 말아야 한다는 걸 알았을 것이다. 병사들이 주저하는 바람에 다른 미국인들이 목숨을 잃게 될지도 모른다.

이건 전쟁에서 자비의 역할에 대한 중요한 반대 의견이다. 이걸 보니 남북전쟁 때 남부군을 상대로 총력전을 벌였던 윌리엄 테쿰세 셔먼William Tecumseh Sherman 장군이 떠오른다. 1864년에 악명 높은 셔먼 대행진을 벌이는 동안, 셔먼이 이끄는 군대는 남부의 경제 인프라를 파괴하고 철도와 농작물을 망치고 가축을 빼앗았다. 셔먼의 동기는 남부군을 굴복시켜서 전쟁을 더 빨리 끝내는 것이었다. 셔먼은 "전쟁은 잔인하다[6]"라고 말했다. "전쟁을 개혁하려고 노력해봤자 소용 없다. 오히려 잔인할수록 빨리 끝날 것이다."

발저가 책에서 인용한 발포를 포기한 병사들의 사례에도 이런 딜레마가 담겨 있다. 그런 일이 있은 뒤, 한 하사관이 들판을 헤매는 적을 죽이지 않았다고 병사들을 꾸짖었다.[7] 이제 적이 그들의 위치를 보고하게 되어 다른 부대원들이 위험에 처하게 되었기 때문이다. 또 다른 사례에서는, 저격수가 목욕하고 있는 적을 쏘라면서 자기 소총을 동료에게 건네줬다. 그 저격수는 회고록에, "그가 적을 쐈지만[8] 나는 자리를 떴기 때문에 그 장면을 보지 않았다"라고 썼다. 군인들은 적에게 친절을 베풀어 그들의 목숨을 구해주면 전쟁이 장기화되거나 나중에 자기 친구들이 위험에 처할 수도 있다는 걸 알고 있다. 동료에게 소총을 건네준 저격수는 아무리 목욕 중인 적이라도 그를 죽이는 게 전쟁에서 필요한 부분이라는 걸 안다. 하지만 도저히 그렇게 할 수 없었다.

자율무기는 명령을 거역하지 않고, 들판을 걷거나 목욕을 하다가 불시에 붙잡힌 적에게 자비를 베풀지 않을 것이다. 그들은 프로그램을 따른다. 따라서 자율무기를 배치해서 생기는 한 가지 결과는 전쟁터에서 더 많은 사망자가 생기는 것이다. 이런 자비의 순간은 사라질 것이다. 또 셔먼 같은 방식을 취해 전쟁을 더 빨리 끝낼 수도 있다. 결과적으로 더 잔혹하고 무자비한 방법을 써서 전쟁을 더 빨리 끝내 더 많은 고통을 겪거나 적게 겪을 수도 있고, 둘 다일 수도 있다. 어느 경우든, 전쟁터에서 이런 작은 자비의 순간이 미치는 영향을 과대평가하지 않도록 주의해야 한다. 그건 예외적인 상황이지[9] 규칙이 아니다. 그리고 군인들이 서로 총을 쏘아대는 수많은 교전에 비하면 규모가 아주 작다.

살인에 대한 도덕적 책임을 제거했을 때 생기는 결과

목표물을 겨냥해서 죽이는 결정 과정에서 인간을 제외시키면, 이렇게 자비를 베푸는 상황을 뛰어넘는 광범위한 결과를 가져올 수 있다. 자율무기를 발사한 사람이 뒤이어 발생한 살인에 책임감을 느끼지 않는다면, 전반적으로 더 많은 고통과 더 많은 살인을 낳을 수 있다.

육군 소속 심리학자인 데이브 그로스먼Dave Grossman 중령은 그의 저서 『살인의 심리학On Killing』에서 사람들은 대부분 살인을 꺼린다고 설명했다. 제2차 세계대전 당시에 육군 역사학자 S. L. A. 마셜S. L. A. Marshall이 최전방에서 근무하다가 돌아온 군인들을 직접 인터뷰한 결과, 놀랍게도 군인들 대부분이 적에게 총을 쏘지 않는다는 걸 알아냈다. 실제로 적에게 총을 쏜 병사는 15~20퍼센트에 불과했다. 대부분의 병사들은 적의 머리 위로 총을 쏘거나 아예 쏘지 않았다. 그로스먼이 그들이 "하는 척만 한 것[10]"이라고 설명했다. 싸우는 척만 하면서 실제로는 적을 죽이려고 하지 않은 것이다. 그로스먼은 다양한 전쟁에서 나온 증거[11]를 바탕으로, 인류 역사 내내 이런 일이 있었다는 걸 보여줬다. 그는 인간은 살인에 대해 선천적으로 생물학적 저항감[12]을 느낀다고 주장했다. 동물계의 경우, 치명적인 무기를 가진 동물도 같은 생물종 안에서 발생한 갈등을 해결하기 위해 비살상적인 방법을 찾아낸다고 한다. 때로는 이런 싸움 때문에 죽기도 하지만, 대개는 한쪽이 먼저 항복한다.[13] 그건 죽이는 게 목적이 아니라 지배권을 차지하기 위한 싸움이기 때문에 그렇다. 그러나 살인에 대한 인간의 선천적인 저항감은 심리적 조건화, 권위 있는 사람이 가하는 압력, 살인에 대한 책임 분산, 적의 비인간화, 살인에 대한 심리적 거리 확대 등을 통해 극복할 수 있다.

그로스먼은 군인들이 자기가 실제로 한 행동을 얼마나 자세히 확인할 수 있는지가 한 가지 요인이라고 주장했다. 만약 그들이 발저의 사례에 등장하는 병사들처럼 상대방을 한 인간으로 여길 만큼 가까운 곳에 있다면, 많은 병사가 살인을 자제할 것이다. 이런 저항감은 적과의 심리적 거리가 멀어질수록 줄어든다. 10미터 떨어진 곳에 있는 사람은 자기와 같은 인간처럼 보이겠지만 300미터 떨어진 곳에서는 어두운 형체일 뿐이다. 20세기의 전쟁 도구들은 이런 심리적 거리를 더욱 증가시켰다. 제2차 세계대전 때의 폭격수는 폭격 조준경을 통해 다리와 공장, 기지 같은 물리적 대상을 내려다보았다. 사람은 보이지 않았다. 이렇게 멀리 떨어져 있으면, 자신의 행동으로 인해 발생하는 끔찍한 인간적 결과와 분리되어 전쟁이 마치 파괴를 위한 연습처럼 느껴질 수도 있다. 제2차 세계대전 때 미국과 영국은 전략적 폭격을 통해 도시 전체를 무너뜨리고 수십만 명의 민간인을 죽였다. 만약 군인들이 자기가 한 행동의 실상을 가까이에서 봐야 했다면, 대부분의 군인들은 민간인을 상대로 이런 식의 살상을 자행하기가 훨씬 힘들었을 것이다.

현대의 정보기술은 물리적으로는 전례 없이 먼 거리에서 전쟁을 치를 수 있게 해주지만, 심리적인 거리는 압축되었다. 오늘날의 드론 운용자들은 살인이 벌어지는 장소에서 수천 킬로미터나 떨어져 있지만 심리적인 거리는 매우 가깝다. 그들은 고화질 카메라를 통해 목표물의 생활을 가까이에서 볼 수 있다.[14] 드론은 장시간 현장을 배회할 수도 있으므로, 운용자는 공격을 감행하기 전에 며칠 혹은 몇 주 동안 목표물을 감시하면서 그들의 생활패턴을 알게 된다. 드론 운용자들은 나중에 부상자들이 고통받거나 친구와 친척이 시신을 수습하러 오는 모습을 보면서 자신의 행동 때문에 희생된 이들의 고통을 느낄 수 있다. 드론 관리자들이 겪는 외상 후 스트레스 장애에 관한 보도는 그들의 심리적 고통을 증명한다.

누군가가 화를 내며 돌을 던진 이래로 이루어진 모든 군사적 혁신은 자신을 위험에 빠뜨리지 않고 적을 타격하는 방법에 관한 것이었다. 병사들을 위험이 없는 안전한 곳으로 옮기면 군사행동의 장벽을 낮출 수 있다. 그러나 무인 시스템이 반드시 자율적일 필요는 없다. 군대는 물리적 위험을 줄이기 위해 로봇 시스템을 사용하면서도 여전히 인간을 루프 안에 배치할 수 있다.

살상 결정을 위임하는 건 살인과의 심리적 거리를 증가시킬 수 있으므로 더 문제가 된다. 컴퓨터 화면을 통해서도 특정 대상을 선택할 필요가 없으면 인간은 살인으로부터 더 멀어지게 될 것이다. 그로스먼의 살인 심리 연구 결과, 이런 상황에서는 살인을 자제하지 않을 수도 있다고 한다.

자율무기는 또 살인에 대한 도덕적 책임을 덜어주는 결과를 초래할 수 있다. 그로스먼은 살인에 대한 책임이 분산될 경우, 군인들이 살인에 더 적극적으로 가담한다는 걸 알아냈다. 제2차 세계대전에 참전한 소총병의 경우에는 15~20퍼센트만 적에게 발포했다고 한 반면, 기관총 사수들의 발포율[15]은 그보다 훨씬 높아서 거의 100퍼센트에 달했다. 그로스먼은 팀원들 개개인이 살인에 대한 책임을 지지 않고 자신의 행동을 정당화할 수 있었던 건 팀의 집단행동 때문이라고 주장했다. 탄약을 공급하는 병사는 아무도 죽이지 않았다. 그냥 탄약만 공급했을 뿐이다. 탄착 관측자는 방아쇠를 당기지 않았다. 그냥 포수에게 어디를 겨냥해야 하는지만 알려줬을 뿐이다. 심지어 포수도 무죄를 주장할 수 있었다. 그는 탄착 관측자가 조준하라고 한 곳을 조준했을 뿐이다. 그로스먼은 "다른 사람들과 살인 과정을 공유할 수 있으면[16](각자에게 죄의 일부분을 나누어 자신의 개인적 책임을 분산시키는 것) 살인이 더 쉬워진다"고 설명했다. 그로스먼은 역사적으로 전쟁에서 자행된 살인의 상당 부분은 기관총과 기관포, 대포, 심지어 전차 같은 공용 화기에 의해 이루어졌다고 주장했다. 자율무기를 발사한 사람이 무기가 살인을 저지르는 것이라고 여긴다면, 도덕적 책임감이 줄어 살인이 더 늘어날 수 있다.

메리 '미시' 커밍스Mary 'Missy' Cummings는 듀크 대학 인간 자율성 연구소HAL의 책임자다. 커밍스는 시스템 공학 박사학위가 있지만, 그녀의 관심사는 자동화 그 자체가 아니라 인간이 어떻게 자동화와 상호작용하는가이다. 이건 공학과 디자인, 심리학 등과 두루 관계가 있다. 듀크대에 있는 커밍스의 연구실을 방문했을 때, 그녀는 보행자들이 자율주행차와 상호작용하는 방식을 실험하기 위해 사용하는 승합차를 보여줬다. 커밍스가 알려준 비밀은 이 자동차가 자율주행차가 아니라는 것이었다. 운전대 앞에 사람이 있었다. 이 실험은 보행자들이 차가 자율주행을 한다고 생각할 경우, 행동이 달라지는지 알아보기 위한 것이었다. 그리고 실제로 달라졌다. "몇몇 정말 위험한 행동들을 목격했다[17]"고 그녀는 말했다. 사람들은 승합차가 멈출 것이라고 가정하면서 부주의하게 승합차 앞을 가로질러 갔다. 보행자들은 자동화가 인간 운전자보다 더 신뢰할 수 있다고 인식했고, 그 결과 더 무모하게 행동했다.

커밍스는 2004년에 쓴 논문에서, 자동화가 '도덕적 완충장치'를 만드는 탓에 자신의 행동에 대한 개개인이 도덕적 책임 의식이 약해진다고 주장했다.

> 물리적, 감정적 거리를 두려는 시도[18]가 사용자와 그의 행동을 구분할 수 있게 해주는 자동화 시스템 때문에 더 심해질 수 있다……. 이런 도덕적 완충장치는 실제로 사람들이 자신의 행동과 윤리적인 거리를 두게 해주므로 책임감이 줄어든다.

커밍스는 연구원으로서뿐만 아니라, 전직 해군 F-18 전투기 조종사의 입장에서도 이를 이해했다. 그녀는 이렇게 썼다.

> 월아이Walleye 폭탄을 목표 지역에 보내면서 몇 초 뒤면 죽게 될 사람들의 영상을 전송해주는 텔레비전 생중계 피드를 보는 것보다는 레이저 유도 미사일을 건물에 떨어뜨리는 편이 더 구미에 맞는다.[19]

자동화가 제공하는 심리적 거리 외에도, 인간은 기계를 의인화하고 도덕적인 기능을 할당하는 경향이 있다. 로봇청소기에 이름을 붙이는[20] 사람들도 많다. 커밍스는 "의식적으로 알아차리지 못하더라도,[21] 사람들이 무생물인 컴퓨터에 도덕적인 기능을 부과하는 건 가능한 일"이라고 썼다. 공용 화기의 경우처럼, 사람들은 살인에 대한 도덕적 책임을 자동화에 떠넘길 수 있다. 커밍스는 이 때문에 "사람들이 자기 행동의 결과에 간접적으로라도 책임질 필요가 없다고 생각할 수 있다[22]"라고 경고했다.

커밍스는 무기 시스템을 위한 인간-기계 인터페이스는 인간이 자기 행동에 책임감을 느낄 수 있도록 설계해야 한다고 주장했다. 정보가 인간에게 전달되는 방식도 한몫한다. 커밍스는 '무기제어 인터페이스 설계 시 도덕적 완충장치 마련'이라는 글에서, 사용자와 의사소통하기 위해 마이크로소프트 엑셀의 강아지 아이콘을 사용한 미사일 공격 의사결정 지원 도구의 인터페이스를 비판했다. "그렇게 발랄하고 재미있는 그래픽[23]은 도덕적 완충장치를 강화하는 데 도움이 될 뿐이다." 의사결정에서 인간이 하는 역할도 중요하다. 커밍스는 패트리엇을 관리형 자율 모드로 사용하기로 한 육군의 결정을 비난하면서,[24] 그것 때문에 F-18 아군 피해가 발생했을지도 모른다고 주장했다. 그녀는 이렇게 말했다.

> 시스템이 마음대로 발포할 수 있게 해두면[25] 인간 의사결정자의 책임감이 사라지므로, 실수를 저질렀을 때도 무생물인 컴퓨터에 책임을 떠넘길 수 있다.

커밍스는 무기를 발사하기 전에 인간이 적극적인 조치를 취해야 하는[26] 반자율 제어 모드가 인간의 책임감을 높일 수 있는 적절한 설계라고 주장했다.

하지만 이런 설계를 선택한다고 해서 모든 일이 해결되는 건 아니다. 인간이 기계를 너무 신뢰하면, 기술적으로 루프 안에 인간이 있을 때도 자동화 편향의 희생자가 될 수 있다. 패트리엇이 처음으로 아군에게 피해를 입혔을 때도 인간이 루프 안에 있었다. 그리고 물론 인간은 역사 내내 어떤 종류의 자동화 기기 없이도 전쟁에서 많은 사람을 죽였다. 권위의 압박, 책임 분산, 물리적 거리와 심리적 거리, 적을 비인간화하는 것 등이 모두 살인에 대한 인간의 타고난 저항감을 극복하는 데 기여한다. 현대의 심리 조건화를 통해서도 이런 저항감을 상당 부분 극복했다. 미 육군은 제2차 세계대전 이후 몇 년 동안 사격술 훈련 방법을 바꿔서[27] 갑자기 튀어나오는 사람 모양의 표적에 총을 쏘게 했다. 그러자 베트남전이 시작될 무렵에는 사격률이 90.95퍼센트로 높아졌다. 하지만 자동화는 살인의 장벽을 더 낮출 수 있다.

도덕적 책임감의 반대편 끝에서 진행되는 전쟁은 정말 끔찍해질 수 있으며, 특히 기계화된 살육의 시대에는 더 심하다. 〈포그 오브 워Fog of War〉라는 다큐멘터리에 출연한 로버트 맥나마라Robert McNamara 전 미국 국방장관은 제2차 세계대전 당시 일본의 도시들을 상대로 진행한 미국의 전략적 폭격작전을 예로 들었다. 미국이 히로시마와 나가사키에 핵폭탄을 투하하기 전에도, 미국의 공중폭격으로 일본 67개 도시의 민간인 인구 50~90퍼센트가 사망했다.[28] 맥나마라 사령관은 미군 폭격기를 지휘한 커티스 르메이Curtis LeMay 공군 장군은 전쟁을 단축시키는 행동은 모두 정당하다고 여겼다고 설명했다. 반면 맥나마라는 이런 행동에 우려를 표하면서, 자신과 르메이 모두 "전쟁 범죄자 같은 행동을 했다[29]"라고 주장했다.

때로는 이런 우려 때문에 전략적 차원에서 제약을 가할 수도 있다. 1991년에 미군 비행기가 후퇴하는 이라크군을 폭격하는 이른바 '죽음의 고속도로' 모습이 보도되자 조지 H. W. 부시 대통령은 조기 종전을 선언했다. 콜린 파월Colin Powell 당시 합참의장은 나중에 회고록에서 "그 텔레비전 보도 때문에 우리가 마치 살육을 위한 살육을 하고 있는 것처럼 보이기 시작했다[30]"라고 썼다.

자율무기의 위험성은 벌거벗은 병사를 죽이거나 죽음의 고속도로에 계속 폭격을 퍼붓는 것만이 아니다. 그런 행동을 멈출 만큼 불편해하는 사람이 아무도 없다는 것도 큰 위험이다.

인간보다 나은

전쟁에서 보이는 인간의 행동은 완벽과는 거리가 멀다. 전쟁에서 살인을 가능케 하는 인간성 말살[31]은 우리 내면에 있던 강력한 악마를 불러낸다. 일단 항복한 적의 목숨은 가치를 회복하지 못한다. 죄수들에 대한 고문과 살인은 흔히 벌어지는 전쟁 범죄다.[32] 이런 인간성 말살 행동은 종종 적국의 민간인에게까지 확대된다. 전쟁의 여파로 민간인 강간이나 고문, 살인 등이 뒤따르는 경우가 많다.

전시 법규는 그런 야만성을 막으려는 의도로 만든 것이지만, 준법 국가들조차 그 유혹에 면역이 되어 있지 않다. 2006년과 2007년에 해외에 파견된 미군들을 상대로 진행한 일련의 정신 건강 조사에서,[33] 놀라울 만큼 많은 수의 미군들이 포로나 비전투원에 대한 학대를 지지한다는 사실이 밝혀졌다. 사병의 3분의 1 이상은 반란군(전쟁범죄)에 대한 중요한 정보를 수집하기 위해 고문이 허용돼야 한다고 답했다. 무고한 비전투원을 다치게 하거나 숨지게 한 부대원을 신고하겠다는 사람은 절반도 채 되지 않았다. 실제로 보고된 비윤리적 행동은 이보다 훨씬 적었다. 불필요할 때 비전투원을 때리거나 발로 찼다고 대답한 사람은 5퍼센트 정도 됐다. 이런 조사 결과가 실제 전쟁 범죄의 증거는 아니지만, 미군들 사이에서 나타나는 충격적인 태도를 보여준다. (가장 문제가 되는 건, 미군이 2007년 이후로 정신 건강 조사에서 윤리적 행동에 대한 질문을 중단한 것이다. 이건 의도적으로 문제를 회피하려는 건 아닐지 몰라도, 적어도 제도적인 차원에서 이 문제를 해결하려는 관심이 부족했음을 시사한다.)

론 아킨Ron Arkin은 로봇이 인간보다 잘할 수 있을 거라고 믿는 로봇 기술자다. 아킨은 조지아 공과대학의 연구 지도교수이자 부학장 겸 모바일 로봇 연구소 소장이다. 그는 매우 진지한 로봇 전문가이며, 그의 이력서를 보면 〈모바일 로봇 내비게이션을 위한 지각 알고리즘의 일시적 조정〉이라든가 〈다중 에이전트 원격 자율 행동 제어〉 같은 논문 발표 이력이 가득하다. 그는 또 로봇 윤리학이라는 비교적 새로운 분야에도 깊이 관여하고 있다.

아킨은 20년 가까이 로봇 기술자로 일하다가, "[로봇 공학이] 실제로 작동한다면 어떻게 될까?[34]"라는 의문을 품기 시작했다. 아킨은 2000년대 초반부터 로봇의 자율성이 급속도로 발전하기 시작했다고 말했다. "그걸 보니 우리가 만들고 있는 게 과연 뭔지 진지하게 생각하게 됐다." 아킨은 로봇 기술자들이 "인간에게 심오한 영향을 미칠 수 있는 걸 만들고 있다"는 사실을 깨달았다. 그 이후로 그는 로봇 공학계 내에서 자기들이 하는 일의 윤리적 영향에 대한 의식을 높이기 위해 노력했다. 아킨은 IEEE-RAS* 로봇 윤리 기술 위원회를 공동 설립했고 유엔, 국제적십자위원회, 펜타곤 등에서 강연도 했다.

로봇 윤리에 대한 아킨의 관심은 자율무기뿐만 아니라 컴패니언 로봇companion robot 같은 사회적 활용에도 적용된다. 그는 특히 어린이나 노인 같은 취약계층이 로봇과 어떤 관계를 맺고 있는지 걱정한다. 이런 로봇 공학 활용 분야 전체에서 일반적으로 던지는 질문은, "어떤 로봇을 만들고, 어떤 안전장치를 마련해야 하는가?"이다. 아킨은 "난 로봇은 신경 쓰지 않는다[35]"라고 말했다. "로봇의 지각 능력이나 초지능에 대해 걱정하는 사람들도 있지만…… 난 걱정하지 않는다. 내가 걱정하는 건 사람들에게 미치는 영향이다."

아킨은 또 인간에게 미치는 영향에 대한 이런 관심을 군사 분야에서 진행하는 본인의 연구에도 적용한다. 2008년에 아킨은 미 육군연구소를 위해 치명적인 자율무기의 '윤리적 관리직[36]' 신설에 관한 기술보고서를 작성했다. 문제는 원칙적으로 전시 법규를 준수할

* IEEE는 전기 전자 기술자 협회이고, RAS는 IEEE 산하의 로봇공학 및 자동화 학회이다.

수 있는 자율무기를 만드는 게 가능한가였다. 아킨은 이론적으로는 가능하다고 결론지으면서, 넓은 의미에서 그런 시스템을 어떻게 설계할지 개략적으로 설명했다. 윤리적 관리자는 자율무기가 불법적이거나 비윤리적인 행동을 하는 걸 막을 것이다. 아킨은 로봇이 인간보다 더 윤리적일 수 있다면, 우리에게는 "민간인의 생명을 구하기 위해 이 기술을 사용해야 하는 도덕적 의무[37]"가 있다는 결과주의적 견해를 취한다.

아킨은 자율주행 자동차가 운전으로 인한 사망자를 줄일 수 있듯이, 자율무기도 전쟁에서 똑같은 역할을 할 수 있다고 말한다. 이런 관점을 뒷받침하는 선례도 있다. 아마 지금까지 전쟁에서 가장 많은 생명을 구한 혁신은 무기 금지 조약이 아니라 정밀유도무기일 것이다. 제2차 세계대전 당시의 폭격수들은 군사 목표물을 정확히 타격할 수 없었기 때문에 아무리 피하려고 해도 민간인 희생자가 나오는 걸 막을 수 없었다. 폭탄이 정확하지 않았기 때문이다. 일반적인 폭탄이 직경 2킬로미터 원 안에 떨어질 확률은 50대 50에 불과했다.[38] 이렇게 부정확한 폭탄을 이용해서 목표물을 타격할 확률을 높이려면 대규모 포화 공격을 시도하는 수밖에 없었다. 평균 크기의 목표물을 파괴할 확률을 90퍼센트까지 높이려면 9,000개 이상의 폭탄[39]이 필요했다. 넓은 지역을 뒤덮을 정도로 폭탄을 퍼붓는 건 정말 비인도적이지만, 당시에는 정밀한 공중폭격이 기술적으로 불가능했다. 오늘날 사용하는 정밀유도탄은 1.5미터 범위 이내로 정확하게[40] 적의 목표물을 타격할 수 있기 때문에 근처의 민간 물자에 손상을 입히지 않는다.

미군이 정밀유도무기로 옮겨간 이유는 작전효율을 높이기 위해서다. 제2차 세계대전 때는 폭탄의 부정확성 때문에, 목표물을 제거하는 데 필요한 9,000개의 폭탄을 떨어뜨리기 위해 3,000번이나 출격해야 했다. 오늘날에는 단 한 차례의 출격으로 표적 여러 개를 파괴할 수 있다. 정밀유도무기를 갖춘 군대는 적을 파괴하는 데 훨씬 효과적이다. 부수적인 피해 때문에 사망하는 민간인 수가 적어진 것은 높아진 정밀도 덕에 생긴 유익한 부작용이다.

이렇게 정확도가 높아지면 생명을 구할 수 있다. 덕분에 전쟁에서 예상되는 정밀도에 대한 대중의 기대치도 바뀌었다. 오늘날에는 드론 공격으로 인해 발생한 민간인 사상자에 대해 논의하지만, 제2차 세계대전 당시 독일의 함부르크, 캇셀, 다름슈타트, 드레스덴, 포르츠하임 등에서는 미국과 영국 폭격기 때문에 민간인 수만 명이 사망했다. 역사학자들은 제2차 세계대전 당시 일본 도시에 대한 미국의 전략적 폭격으로 30만 명 이상의 민간인이 사망했다고 추정한다. 도쿄의 소이탄 공격으로 하룻밤 새에 10만 명이 넘는 사람들이 목숨을 잃었다. 지금은 상황이 많이 달라졌다. 독립 감시 단체인 탐사보도국Bureau of Investigative Journalism의 주장에 따르면, 소말리아와 파키스탄, 예멘 등에서 테러리스트들을 공격한 미국 무인기[41] 때문에 사망한 민간인 숫자가 2015년에는 총 3~16명, 2016년에는 4명이었다고 한다. 사람들의 정서도 많이 달라져서, 휴먼 라이츠 워치는 "인구 밀집 지역에서 무차별 로켓을 사용하는[42] 건 국제인도법 혹은 전시 법규에 위배되며 전쟁 범죄에 해당할 수도 있다"라고 주장한다. 상황이 이러니 실제로 정밀유도무기가 필요한 것이다. 기술 발전으로 부수적인 피해를 줄이기 쉬워지면서 사회 규범도 변했다. 이제는 전쟁에서 민간인 희생자가 적어지는 걸 기대하게 되었다.

아킨은 자율무기를 '차세대 정밀유도무기'라고 생각한다. 자율무기가 사람보다 더 정확하고 믿을 수 있기 때문만이 아니다. 아킨의 주장은 인간이 도덕적으로 훌륭하지 않다는 것이다. 전쟁터에서 명예롭게 행동하는 사람도 있지만, "상당히 부도덕하고 범죄적인 행동을 하는 이들도 있다.[43]" 그는 민간인 사상자와 관련해서는 현재의 상황을 "절대 받아들일 수 없다[44]"라고 말했다. 사담 후세인, 무아마르 카다피, 바샤르 알아사드 같은 잔인한 독재자들은 의도적으로 민간인을 목표로 삼지만, 법을 준수하는 군대 내에서도 민간인에 대한 개별적인 폭력 행위가 일어나기도 한다.

아킨은 자율무기가 절대 전시 법규를 어기지 않도록 프로그래밍할 수 있다고 주장했다. 아예 그렇게 못하게 만드는 것이다. 자율무기는 복수하지 않을 것이다. 화를 내거나 겁먹지 않을 것이다. 감정에 휘둘리지 않을 것이다. 필요할 때만 죽이고, 살인이 더 이상 합법적이지 않은 상황이 되면 순식간에 살인을 멈출 수 있다.

아킨은 소총에 '소프트웨어 안전장치[45]'를 달아서 상황을 평가하고 군인들의 윤리적 조언자 역할을 하도록 하는 방법을 구상하고 있다고 말했다. 그리고 잔혹 행위를 막 저지르려던 해병과 관련해 제삼자를 통해서 들은 이야기를 해줬다. "중위가 다가오더니 '해병대는 그런 행동을 하지 않는다'라고 말했다. 그 말 한마디로 모든 상황이 끝났다. 이런 약간의 개입만으로 범죄 행위를 저지르기 직전이었던 그를 막을 수 있었다. …… 인간을 위한 윤리적 조언자도 이와 같은 기능을 할 수 있다." 아킨은 이 아이디어에 단점이 있다는 것도 인정했다. 자신의 행동에 대해 "순간적으로 의심을 품게" 하는 바람에 결국 군인들이 죽을 수도 있다. 하지만 그는 인간의 행동을 개선할 기회가 많다고 본다. "우리는 인간 전사들을 지나치게 신뢰하는 경향이 있다"고 그는 말한다.

아킨은 자율무기를 전면적으로 금지할 경우, 잠재적인 가치가 있는 자율성 활용에 관한 연구까지 금지될 수 있다고 우려한다. 아킨이 구상하는 무기가 효과를 발휘하려면, 전장의 상황을 평가하고 교전 진행 여부를 판단할 수 있어야 한다. 이를 위해서는 관리자가 실제 현장에 있어야 한다. "이런 기능이 어떤 장군의 사무실에 있어선 안 된다.[46] 무기에 직접 기능을 집어넣어야 한다."

자율무기를 가능케 하는 모든 기능을 가진 이 기술은, 자율무기 금지 지지자들이 두려워하는 바로 그 무기다. 그들은 일단 기술이 개발되면 이를 사용하려는 유혹이 너무 클 것이라고 걱정한다. 조디 윌리엄스는 자율무기가 핵무기보다 더 무섭다고 말했다. 파괴력이 더 커서가 아니라 실제로 활용될 것이기 때문이다. 윌리엄스는 현재 계획상 인간이 루프 안에 존재해야 하긴 하지만, "자율무기가 사용될 것이라는 데는 의심의 여지가 없다[47]"라고 말했다.

아킨에게 군대가 언제든 이용할 수 있는 기술 사용을 자제한다는 게 현실성 있는 일이냐고 물었다. 그도 확신하지 못했다. "호랑이를 우리에 가둬 두고는[48] 언제든 우리가 열려서 인류에게 덤벼들 가능성을 항상 두려워하며 살아야 할까?" 그는 이런 수사적인 질문을 던졌다. 아킨은 자율무기에 대한 우려에 공감한다. 그를 무조건 친자율무기파라고 특징짓는 건 잘못된 일일 것이다. "모든 게 자율적으로 이루어져야 한다고 주장하는 건 아니다. 그건 어리석은 일이다. 〈터미네이터〉 같은 영화에 나오는 완전히 자동화된 로봇 군대를 바라는 게 아니다. …… 왜 그러겠는가? …… 내 관심사는 단순히 이기는 게 아니다. 올바르게, 윤리적으로, 그리고 도덕적 나침반을 지키면서 이기고 싶다."

아킨은 자신도 자율무기 금지를 지지하는 사람들처럼 "불필요한 민간인 사망자 감소"가 목표라고 말했다. 그는 자율무기에 위험성이 도사리고 있다는 걸 인정하면서도 인간의 행동을 개선할 수 있다고 본다. "위험은 어디에 숨어 있을까?[49] 로봇일까 아니면 인간일까?" 그는 이렇게 물었다. 그는 미래의 전쟁터에서도 인간이 나름의 역할을 하겠지만, 오늘날 비행기 조종석의 경우처럼 자동화가 할 수 있는 역할도 있다. 가장 중요한 문제는 "누가 언제 어떤 결정을 내리느냐다."

아킨은 그 질문에 대답하기 위해서는 "그에 관한 연구를 해야 한다.[50] …… 그걸 받아들일 수 없다고 말하기 전에 그들에게 어떤 능력이 있는지 알아야 한다"라고 말했다. 그러면서 "기술이 현재 우리가 통제하거나 규제할 수 있는 것보다 빠른 속도로 발전하고 있다"고 인정했다. 그래서 "이 특정한 기술을 통해 우리가 얻게 될 것과 잃게 될 것이 뭔지 제대로 이해할 수 있을 때까지는" 자율무기 개발을 일시 중단하는 게 좋다고 생각하지만, 전면적인 금지를 지지하지는 않는다. "금지는 러다이트 운동과 같은 것이다. 기본적으로 절대 유용한 방법으로 될 수 없으니, 절대 그렇게 하지 말자. 공정을 늦추고, 점검하고, 진행 과정에서 계속 규제하는 게 훨씬 이치에 맞는다. …… 비전투원의 생명을 구하는 부분에서 긍정적인 결과를 얻을 수 있다는 희망과 잠재력이 크다고 생각한다. 어떤 경우든 이게 실현 불가능하다는 사실을 누군가 증명하기 전까지는 금지령을 지지할 수 없다."

아킨은 자기가 지지할 수 있는 유일한 금지령[51]은 "기계학습을 통한 목표물 일반화"라는 매우 구체적인 기능에 국한될 것이라고 말한다. 관리자 없이 현장에서 스스로 학습할 수 있는 자율무기가 새로운 유형의 표적까지 일반화하는 건 원치 않을 것이다. 그는 "어떻게 그런 일이 잘 이루어질 수 있을지 모르겠다"라고 말했다. 그래도 아킨의 어투는 단정적이지 않고 조심스럽다. "너무 권위적으로 굴지 않으려고 애쓴다"고 인정한 아킨은 "공포에 기반한 토론이 아니라 이성적인 토론을 계속할 수만 있다면…… 앞으로도 토론과 논의를" 이어가고 싶다고 말한다.

완전한 인간미 박탈

아킨은 "공리주의적이고 결과주의적인[52]" 관점에서 자율무기를 고려하고 있다고 인정했다. (공리주의는 전반적으로 가장 좋은 결과를 얻을 수 있는 행동을 하는 도덕 철학이다.) 그런 관점에서 보면 자율무기 개발을 일시 중지하고 논의를 거쳐서 추가적인 연구에 임하겠다는 아킨의 입장은 일리가 있다. 자율무기가 득보다 실이 많을지 어떨지 아직 모르기 때문에, 무엇이든 배제할 때는 신중해야 한다. 그러나 자율무기에 반대하는 또 다른 주장은 효과보다 규칙에 근거한 다른 의무론적 체계를 사용한다. 이런 주장은 민간인 사상자를 피하는 데 있어 인간보다 자율무기가 나은지 여부에 달린 게 아니다. 조디 윌리엄스는 자율무기가 "기본적으로 잔혹하고,[53] 비인간적이며, 부도덕하다고 생각해서 온갖 나쁜 말은 다 붙여가며 이를 욕했다고" 한다. 이건 심한 악담이다. 만약 어떤 게 '비인간적이라면' 그건 잘못된 거다, 끝. 그게 전체적으로 더 많은 생명을 구할 수 있다고 하더라도 말이다.

뉴 스쿨의 철학자 피터 아사로도 론 아킨처럼 로봇 윤리를 연구한다. 아사로는 로봇의 군사적 활용뿐만 아니라 섹스부터 법률 집행에 이르기까지 다양한 개인적, 상업적, 산업적 용도로 쓰면서 생기는 윤리적 문제에 관한 글을 쓴다. 아사로는 일찌감치 아킨과는 다른 결론을 내렸다. 2009년에 아사로는 국제 로봇 무기 제어 위원회ICRAC 설립을 도왔는데, 이 위원회는 자율무기가 다른 이들의 감시망에 잡히기 수년 전부터 자율무기 사용 금지를 요구했다. 아사로는 사려 깊고 목소리도 상냥한데, 자율무기를 둘러싼 윤리적 문제를 설명하는 데 가장 도움이 되는 목소리라는 생각이 늘 든다.

아사로는 의무론적 관점에서 보면, 어떤 행동은 결과에 상관없이 부도덕한 것으로 간주된다고 말했다. 그는 자율무기 사용이 전반적으로 더 좋은 결과를 가져오는지 여부에 상관없이, 이를 고문이나 노예제도처럼 '원래부터 사악한' 행동에 비유했다. 물론 시한폭탄 위치에 대한 정보를 알고 있는 테러리스트를 고문하는 건 실용적일 수도 있다는 걸 인정했다. 그러나 옳지는 않은 일이라고 말했다. 마찬가지로, 결과에 상관없이 "자율 시스템이 사람을 죽일 수 있도록 허용하는 것이 적절한가에 대한 근본적인 의문이 있다[54]"라고 말했다.

물론 행동의 동기는 중요하지 않다는 결과주의적인 입장을 취할 수도 있다. 중요한 건 결과뿐이다. 이건 온전히 방어 가능한 윤리적 입장이다. 그러나 전쟁을 할 때는 결과뿐만 아니라 결정을 내리는 과정에도 관심을 보이는 상황이 생길 수 있다. 예를 들어, 과잉 조치 금지와 관련된 결정을 생각해보자. 부수적 피해가 발생해 민간인이 목숨을 잃을 경우, 허용 가능한 선은 몇 명까지인가? 명확한 정답은 없다. 합리적인 사람들은 과잉 조치라고 생각되는 것에 대한 의견도 다를 수 있다.

이런 종류의 일에 있어서 기계가 사람보다 '낫다'는 건 무얼 의미하는가? 일부 작업의 경우에는 '더 낫다'는 걸 평가할 객관적인 지표가 있다. 충돌을 피할 수 있는 운전자는 더 뛰어난 운전자다. 그러나 과잉 조치 금지 같은 몇몇 결정은 서로 경쟁하는 가치를 저울질하는 판단력에 관한 것이다.

이런 상황에서는 기계가 아니라 인간이 결정을 내려야 한다고 주장할 수 있다. 기계가 결정을 내리지 못해서가 아니라, 오직 인간만이 이런 결정에 생사가 걸려 있는 생명의 도덕적 가치를 저울질할 수 있기 때문이다. 케네스 앤더슨 법학 교수는 "인간의 독특한 판단력이 필요한 결정은 무엇인가?[55]"라고 물었다. 그의 간단한 질문은 자율무기에 대한 의무론적 논쟁의 핵심을 찌른다. 상상할 수 있는 모든 자동화 기능과 AI가 있다고 하더라도, 반드시 인간이 내려야만 하는 결정이 있는가? 만약 그렇다면, 왜?

몇 년 전에 뉴욕에서 진행된 소규모 워크숍에 참석했는데, 이 자리는 철학자와 예술가, 엔지니어, 건축가, 공상과학 작가 등이 모여서 자율 시스템이 사회 전반에 제기하는 문제를 심사숙고하는 자리였다. 이때 등장한 가상 시나리오 중 하나는 생명 유지장치에 의존해서 살아가는 식물인간 상태인 사람의 플러그를 뽑을지 여부를 결정할 수 있는 알고리즘이었다. 그런 결정은 그 사람이 회복될 가능성, 계속해서 지출되는 의료비, 그 자원을 사회의 다른 곳에서 사용할 때의 기회비용, 가족 구성원들에게 미치는 심리적 영향, 인간 생명 자체의 가치 등 여러 경쟁 가치가 걸려 있는 곤란한 도덕적 진퇴양난이다. 이런 요소를 모두 저울질해서, 그 사람의 생명을 계속 유지하는 것과 생명 유지장치를 끄는 것 중 모두에게 가장 이로운 실용적 이득이 돌아가는 건 어느 쪽인지 판단할 수 있는 고도로 정교한 알고리즘을 상상해보자. 이런 알고리즘은 가족들이 힘겨운 도덕적 딜레마를 해결할 수 있게 도와주는 귀중한 윤리적 조언자가 될 수 있다. 하지만 여기서 한 걸음 더 나아가, 이 알고리즘을 생명 유지장치에 직접 연결해서 알고리즘이 제멋대로 생명 유지장치를 꺼버릴 수 있는 상황이 된다고 상상해보라.

워크숍에 참석한 사람들 모두 그 생각에 움찔했다. 나도 크게 동요했다. 하지만 왜일까? 순수한 실용적 관점에서 생각하면, 알고리즘을 이용했을 때 더 좋은 결과가 나올 수도 있다. 실제로 알고리즘이 가족 구성원이 직접 결정을 내려야 하는 부담을 덜어줄 수 있다면, 비록 결과는 같더라도 전체적인 고통을 줄일 수 있을 것이다. 하지만…… 그렇게 중요한 결정을 완전히 기계에 넘기는 것은 대단히 불쾌하다.

이런 불쾌감을 느끼는, 우리는 누군가가 인간 생명의 가치를 따져봤다는 사실을 알고 싶기 때문이다. 인간의 생명을 빼앗는 쪽으로 결정이 내려지더라도[56] 그게 숙고해서 내린 결정이라는 것, 누군가 이 삶은 가치 있는 삶이고 변덕스럽게 버려진 게 아니라고 인정했다는 걸 알고 싶은 것이다.

인간의 존엄성

아사로는 인간 생명의 가치를 인정해야 할 필요성은 민간인이 겪는 부수적 피해에 대한 판단뿐만 아니라 적의 생명을 빼앗는 결정에도 적용되어야 한다고 주장했다. 그는 "[자율무기를 둘러싼] 가장 근본적이고 핵심적인 윤리적 질문[57]은 인간의 존엄성과 인권에 대한 질문"이라고 말했다. 자율무기가 전반적으로 민간인 사망을 줄일 수 있다고 해도, 그건 "내 죽음을 인간이 결정한다는 인간이 누려야 할 존엄성을 침해하는 것"이기 때문에 정당하지 않다고 본다.

다른 쟁쟁한 목소리들도 이에 동의한다. 남아프리카공화국의 인권법 교수인 크리스토프 헤인즈Christof Heyns는 2010년부터 2016년까지 법외, 즉결, 임의 처형에 관한 유엔 특별보고관으로 일했다. 헤인즈는 2013년 봄에 각 나라를 대상으로 자율무기 개발을 국가적인 차원에서 중단해 달라고 촉구하면서[58] 이 기술에 대한 국제적인 논의를 요청했다. 헤인즈가 유엔에서 공식적으로 맡고 있는 역할 때문에, 그의 모라토리엄 요구는 국제적인 논쟁을 촉발시키는 데 중요한 역할을 했다.

남아프리카공화국에 있는 헤인즈와 전화 통화를 했는데, 그는 자율무기가 "알고리즘에 근거해서 내리는 결정은 임의적[59]"이기 때문에 생명권을 침해한다고 말했다. 프로그래머들이 특정한 무력 사용을 둘러싼 모든 독특한 상황을 예측하는 건 불가능하며, 따라서 알고리즘이 온전히 정보에 입각한 결정을 내릴 방법은 없다고 생각했다. 결과적으로 이 알고리즘은 독단적으로 누군가의 생명권을 박탈하게 될 것인데, 그는 이것을 생명권 침해로 판단했다. 피터 아사로도 이와 비슷한 우려를 표명하면서 "기계에 살상권을 위임하는 건 인권과 인간의 존엄성에 대한 근본적인 침해[60]"라고 주장했다.

전장에서 살해되는 병사의 관점에서 보면, 이건 자율무기에 대한 매우 기이하기까지 한 비판이다. 전투원들에게는 전쟁터에서 적에게 존엄사할 권리[61]를 줘야 한다는 법적, 윤리적, 역사적 전통이 없다. 기관총에 맞아 죽거나, 폭탄 때문에 산산조각이 나거나, 폭발에 휩쓸려서 산 채로 불타거나, 침몰하는 배에서 익사하거나, 가슴의 상처 때문에 서서히 질식사하거나, 기타 전쟁터에서 죽는 다른 끔찍한 방법들 가운데 품위 있는 방법 같은 건 없다.

헤인즈는 유엔에서 이 문제를 제기하면서, "반성 없는 전쟁은 기계적 학살[62]"이라고 경고했다. 그러나 전쟁은 대부분 기계적 학살이다. 이런 건 너무 품위가 없다는 헤인즈의 말이 옳을지도 모르지만,

그건 전쟁 자체에 대한 비판이다. 전투원에게는 존엄사할 권리가 있다고 주장하는 건, 존재한 적도 없는 낭만적인 전쟁 시대를 되돌아보라는 것과 같다. 이 추론을 논리적으로 연장해보면, 가장 윤리적으로 싸우는 방법은 전사들끼리 서로의 눈을 들여다보면서 문명인답게 상대를 토막 냈던 백병전이라는 얘기가 된다. 칼로 목이 베이거나 내장이 제거되는 게 위엄 있는 죽음인가? 전쟁터에서는 어떤 죽음이 위엄이 있는가?

더 좋은 질문은 이런 것이다. 자율무기는 어떤 점이 다르고, 그 차이가 인간의 존엄성을 의미 있는 방식으로 훼손하는가? 자율무기는 특정한 목표물을 고르기 위한 의사결정 과정을 자동화한다. 죽는 방식도 다르지 않고, 특정한 목표물을 직접 선택하지 않을 뿐 무기 발사와 작동을 책임지는 사람도 있다. 어차피 죽게 될 피해자의 관점에서 볼 때, 이 차이가 얼마나 중요한 건지는 알 수 없다. 피해자 가족들의 관점에서는 이 차이가 중요하다고 주장하는 것도 마찬가지다. 우선 폭탄 투하를 결정한 게 사람인지 기계인지 분간할 수 없을지도 모른다. 설령 결정권자가 명백하다고 하더라도, 희생자의 가족들은 대개 폭탄 발사 결정을 내린 사람과 정면으로 맞서서 그런 행동을 하기 전에 고인의 삶의 가치를 따져봤느냐고 묻지 않는다. 현대전은 대부분 멀리 떨어진 곳에서 이루어지는 비인격적인 살육이다. 크루즈 미사일은 먼 앞바다에서 발사될 수 있고, 발사를 위해 목표물 좌표를 막 받은 사람이 방아쇠를 당기고, 인공위성에서 보낸 정보를 살펴본 사람이 목표물을 정하고, 그 나라에 발을 들여놓은 적도 없는 사람이 전체 과정을 지휘한다.

전쟁이 개인의 문제가 되면 절대 예쁠 수가 없다. 전 세계에서 벌어지는 지저분한 내전에서는 민족, 부족, 종교, 종파 간의 증오를 바탕으로 서로를 죽인다. 1970년대에 크메르 루주Khmer Rouge가 캄보디아인 200만 명을 죽인 사건은 매우 사적인 일이었다. 1990년대에 르완다에서 다수 부족인 후투족Hutu이 투치족Tutsis 80만 명을 집단 학살한 것도 개인들끼리 벌어진 사건이다. 사망자 대다수가 민간인이었지만(따라서 그 행위는 전쟁 범죄다) 만약 그들이 전투원이었다면 그건 위엄 있는 죽음이었을까? 추상적으로 생각하면 사람이 그런 결정을 내렸다는 걸 아는 게 위로가 될 수도 있겠지만, 실제 전쟁에서 일어난 많은 살상이 인종이나 민족적 증오에 바탕을 두고 있다고 해서 과연 그게 위로가 될까? 사랑하는 사람이 그의 인종이나 민족, 국적 때문에 그를 미워하는(그는 인간 이하의 존재고 살 가치가 없다고 생각하는) 자들에게 살해되었다는 사실을 아는 게 더 좋은가? 아니면 기계가 그를 죽이면 전쟁이 빨리 종식되어 전반적으로 더 많은 생명을 구할 수 있다는 객관적인 계산 끝에 죽이는 게 나은가?

어떤 사람은 알고리즘을 통해 죽음을 자동화하는 건 도리에서 벗어난 일이고 인권을 근본적으로 침해한다고 말할지도 모른다. 하지만 전쟁의 추악한 현실과 비교하면 이런 입장은 대체로 취향의 문제로 보인다. 전쟁은 공포다. 자율무기가 등장하기 훨씬 전부터 언제나 그랬다.

자율무기가 확실하게 다른 부분이 하나 있다면, 무기 뒤에 있는 사람과 관련된 것이다. 자율무기를 사용하면 군인과 살인의 관계가 근본적으로 달라진다. 여기서 생사 결정을 기계에 위임하면 사회 전반의 격이 떨어진다는 헤인즈의 우려가 어느 정도 설득력을 얻는다. 전쟁의 도덕적 부담을 짊어질 사람이 없다면 자율무기를 사용하는 사회에 대해 뭐라고 하겠는가? 아사로는 알고리즘에게 삶과 죽음을 결정할 힘을 부여하는 것이 "전 세계적으로 사회의 본질을 심오하게 변화시킨다"고 말했는데, 이는 반드시 알고리즘이 잘못해서가 아니라 그것이 더 이상 생명을 중시하지 않는 사회를 암시하기 때문이다. 그는 "살인의 도덕적 부담을 없애면[63] 살인이 초도덕적인 일이 된다"라고 말했다.

이 주장은 전쟁의 부정적인 결과인 살인으로 인한 외상 후 스트레스 같은 걸 미덕으로 내세운다는 점에서 매우 흥미롭다. 심리학자들이 '도덕적 부상[64]'을 병사들이 전쟁에서 경험하는 심리적 트라우마의 일종으로 인식하는 일이 늘고 있다. 이런 부상을 당한 군인들은 신체적 위험을 겪은 것 때문에 정신적으로 충격을 받은 게 아니다. 그보다는 본인의 옳고 그름에 대한 감각을 해치는 일을 직접 보거나 행해야 했기 때문에 지속적인 트라우마를 겪게 된 것이다. 그로스먼은 살인은 전쟁에서 군인이 경험할 수 있는 가장 큰 정신적 충격이며,[65] 신체적 상해의 두려움보다 더 크다고 주장했다. 이런 도덕적 부상은 사람을 쇠약하게 만들며, 전쟁이 끝난 후 오랜 세월이 지난 뒤에도 퇴역군인들의 삶을 파괴할 수 있다. 그들은 이로 인해 우울증, 약물 남용, 가정파탄, 자살 등을 겪게 된다.

자율무기가 살인의 부담을 떠안는 세상에서는 아마 도덕적 상처로 고통받는 병사가 줄어들 것이다. 전체적인 고통도 줄어들 것이다. 순전히 실용적이고 결과주의적인 관점에서만 보면 그편이 더 나을 듯하다. 하지만 우리는 행복을 극대화하는 것 이상의 뭔가를 원한다. 우리는 도덕적인 존재이고 우리가 내리는 결정이 중요하다. 생명 유지장치 알고리즘과 관련해서 마음에 안 드는 부분 하나는, 만약 이게 내가 사랑하는 사람의 일이라면 생명 유지장치 플러그를 뽑을 것인지 결정하는 부담감을 내가 책임져야 할 것 같다는 점이다. 이런 알고리즘에 마치 도덕적인 목발처럼 의지한다면, 도덕적 행위자로서의 자아가 약화된다. 전쟁에서 사람을 죽였는데도 아무런 책임감을 느끼지 않는다면 우리는 대체 어떤 사람이란 말인가? 전쟁에서 벌어진 살인을 전 국민이 책임져야 하는 상황에서 젊은 남녀에게만 사회의 죄의식을 떠맡으라고 하는 건 비극적인 일이지만, 적어도 이 일 때문에 누군가 밤잠을 설친다는 건 우리의 도덕성이 살아 있음을 말해준다. 누군가는 전쟁의 도덕적 부담을 져야 한다. 만약 그 책임을 기계에 전가한다면, 우리는 어떤 사람이 될 것인가?

군사전문가의 역할

나는 이라크와 아프가니스탄에서 벌어진 전투에 네 차례 참전했다. 끔찍한 것들을 많이 보았다. 전우들을 잃기도 했다. 하지만 그 네 차례의 전쟁 중에 유독 반복적으로 떠오르는 장면이 하나 있는데, 때로는 한밤중에도 뇌리에서 떠나질 않는다.

그때 나는 닉과 조니라는 다른 기습 공격대원 2명과 함께 아프가니스탄에 있는 어느 산 꼭대기에 올라가 탈리반 진지를 찾기 위한 장거리 정찰을 수행하고 있었다. 우리 정찰대의 다른 부대원들도 다 도보로 이동 중이었지만 우리와는 멀리 떨어져 있었다. 정찰 목적지 중 가장 멀리까지 온 우리는 바위투성이 정상에서 휴식을 취했다. 깊고 좁은 골짜기가 우리 앞에 펼쳐져 있었다. 멀리 아주 작은 마을이 보였다. 가장 가까운 도시는 자동차로 하루가 꼬박 걸리는 거리에 있었다. 우리는 아프가니스탄 황야의 가장 깊숙한 오지에 있었다. 그곳에 우리와 함께 있는 이들은 염소 치는 사람들, 나무꾼, 파키스탄에서 국경을 넘어오는 외국인 전사들뿐이었다.

우리가 있는 산꼭대기에서 내려다보니, 10대 후반이나 20대 초반쯤 된 한 젊은이가 산등성이의 돌출부를 따라 우리가 있는 쪽을 향해 다가오는 게 보았다. 그는 염소 몇 마리를 데리고 있었지만, 염소를 돌보는 척하는 게 적의 정찰병이 자주 사용하는 위장술이라는 걸 예전부터 알고 있었다. 물론 그가 진짜로 염소를 치고 있을 가능성도 있었다. 나는 멀리서 쌍안경으로 그를 지켜보면서, 동료들과 그가 정찰병인지 아니면 그냥 동네 목동인지 의논했다. 닉과 조니는 별로 신경 쓰지 않았지만, 우리가 숨을 고르면서 쉬는 동안 그 남자는 계속 가까이 다가왔다. 마침내 그가 우리 아래쪽으로 건너가 눈에 보이지 않는 장소로 들어갔다. 몇 분이 지났지만 닉과 조니는 아직 돌아갈 준비가 되지 않았기 때문에, 나는 이 남자가 어디에 있는 건지 걱정되기 시작했다. 그는 그냥 목동일 가능성이 컸고 아마도 우리가 거기에 있다는 것조차 알아차리지 못했을 것이다. 하지만 그곳은 만약 그가 마음먹는다면, 우리가 눈치채지 못하는 사이에 바위를 이용해 꽤 가까이까지 다가올 수 있는 지형이었다. 다른 소규모 순찰대들도 이와 비슷한 계략에 속아 매복 공격을 받은 적이 있다. 개별적으로 움직이는 반란군들이 민간인인 척하면서 가까이 다가온 뒤, 외투 자락 밑에서 무기를 꺼내 발사한 것이다. 그는 아마 우리 셋을 다 죽일 수는 없겠지만, 갑자기 들이닥치면 우리 중 한 명은 죽일 수도 있을 것이다.

조니와 닉에게 그 남자가 어디로 갔는지 알아보기 위해 옆쪽 바위를 훑어보고 오겠다고 했다. 그들은 알았다며 자기들 시야에서 벗어나지만 말라고 했다. 나는 저격용 소총을 집어 들고, 어디론가 사라진 그 남자를 찾아 바위투성이 산꼭대기를 살금살금 걸어갔다.

얼마 지나지 않아, 바위 틈새를 통해 그의 모습을 발견했다. 그는 멀지 않은 곳에 있었다. 75미터쯤 떨어진 곳에서 나를 등지고 웅크리고 앉아 있었다. 나는 소총을 들고 조준경을 들여다봤다. 그가 소총을 들고 있는지 알고 싶었다. 이 지역에서는 아프간인들이 신변보호를 위해 무기를 들고 다니는 경우가 많기 때문에 총이 있다고 반드시 전투원인 건 아니었지만 적어도 잠재적 위협이 될 수는 있으니 그를 계속 주시해야 한다. 만약 그가 소총을 망토 속에 숨기고 있다면 그건 분명 좋은 징조는 아닐 것이다. 그러나 내 각도에서 볼 때는 정확하게 알 수가 없었다. 손에 뭔가 들고 있는 것 같았다. 어쩌면 소총인지도 모른다. 어쩌면 무전기인지도 모른다. 어쩌면 아무것도 아닐 수도 있다. 하지만 보이지가 않았다. 그의 손은 몸 앞쪽에 있고 그의 등이 시야를 가렸다.

바람 방향이 바뀌면서 남자의 목소리가 바위 너머로 들려왔다. 그는 누군가에게 얘기를 하고 있었다. 다른 사람은 보이지 않았지만, 내 시야는 양쪽 바위에 가로막혀 있다. 어쩌면 내 시야 밖에 다른 사람이 있을지도 모른다. 어쩌면 무전기에 대고 말을 하는 걸 수도 있다. 염소 치는 목동들은 대개 무전기를 갖고 다니지 않기 때문에 이건 소총보다 더 안 좋은 징조다.

그를 감시하기에 더 좋은 곳, 그리고 총을 쏴야 할 경우 더 안정적인 사격 자세를 취할 수 있는 곳에 자리를 잡았다. 그의 위쪽에서 비스듬히 내려다보는 자세였는데, 경사가 심한 편이라 총알이 위로 뜨지 않도록 조준점을 조정해야겠다고 생각했던 기억이 난다. 총을 쏴야 한다면 어디를 겨냥해야 할지 정하기 위해 사정거리와 각도, 바람 등도 고려했다. 그리고 조준경을 통해 그를 지켜봤다.

다른 사람은 아무도 보이지 않았다. 그에게 소총이 있는지 확인되지 않았지만, 없다고 확신할 수도 없었다. 그는 잠시 말을 멈췄다가 다시 이어갔다.

파슈토어를 할 줄 모르기 때문에 무슨 말을 하는지는 알 수 없었지만, 목소리가 다시 들리자 단어들이 맥락을 이루기 시작했다. 그는 노래를 부르고 있었다. 염소들을 향해, 혹은 혼자 노래를 부르는 듯했지만, 무전기에 대고 노래로 우리 위치를 알려주는 건 아닐 거라고 확신했다. 그건 이상한 행동이다.

나는 긴장을 풀었다. 그리고 놓친 게 없다는 확신이 들 때까지 조금 더 지켜보다가 다시 닉과 조니에게로 향했다. 그 남자는 내가 거기 있는지 전혀 몰랐다.

왜 다른 어떤 사건보다 그 사건이 자주 떠오르는 건지 궁금했다. 나는 아무 잘못도 하지 않았고 다른 사람들도 마찬가지다. 그는 분명 무고한 사람이었고 탈레반 전사가 아니었다. 내가 옳은 결정을 내린 게 틀림없다. 하지만 확실히 알지는 못해도 그 순간이 계속 뇌리에 맴도는 데는 뭔가 이유가 있다. 아마 진실이 아직 명확히 밝혀지지 않은 그 순간, 남자의 목숨이 내 손에 달려 있었기 때문일 것이다. 몇 년이 지난 지금도 그 결정이 얼마나 심각한 것이었는지 느낄 수 있다. 잘못 판단하고 싶지 않았다. 우리 넷, 즉 나와 조니, 닉 그리고 그 아프간 염소 목동은 전쟁의 크나큰 계획에 비하면 아무것도 아닌 존재들이다. 하지만 우리 목숨도 여전히 소중하다. 따라서 그건 우리에게 매우 큰 판돈, 최고의 판돈이 걸려 있는 일이었다.

전장에서 사활을 건 결정을 내리는 건 군인이라는 직업의 본질이다. 자율무기는 추상적인 수준에서만 윤리적인 문제를 제기하는 게 아니라, 군인 직업의 핵심을 직접적으로 공격한다. 무력 사용에 관한 결정을 기술자와 변호사들이 미리 프로그래밍해 놓았다면 이는 군사전문가에게 어떤 의미가 있을까? 불확실성과 모호한 정보, 상반된 가치관 속에서 판단을 내리는 게 군사전문가들이 하는 일이다. 그리고 이는 군사전문가라는 직업을 정의하는 일들이다. 그런데 자율무기가 그걸 바꿔놓을 수 있다.

미 국방부는 그동안 밥 워크 차관보 같은 사람들이 여러 공개 포럼에서 자율무기의 딜레마를 논하는 등, 자율무기에 관한 생각의 움직임을 놀라울 정도로 투명하게 공개해왔다. 이 논의는 대부분은 민간 정책과 기술 공무원들에게서 나온 것인데, 그들 대부분이 나와의 인터뷰에서 매우 솔직하게 얘기했다. 미군 고위 관계자들은 그보다 훨씬 말을 삼갔지만, 군사전문가들의 직업윤리 문제는 그들이 활발하게 의견을 개진한 몇 안 되는 사안 가운데 하나다. 폴 셀바 합동참모의장은 2016년에 이렇게 말했다.

> 우리는 개발 중인 도구가 인간을 대신해서 적에게 폭력을 가하겠다는 결정을 내려주는지 판단하는 일에 많은 시간을 쏟고 있다.[66] 그리고 우리는 눈에 선명하게 보이는 그 선을 넘지 않으려고 한다. …… 이 활성화 기술을 국방부에 도입하는 과정에서 그 선에 위험할 정도로 가까이 다가갈 가능성이 매우 크기 때문이다. 우리는 우리 자신과 우리가 섬기는 이들을 위해 이 선을 매우 밝게 유지할 의무가 있다.

셀바는 1년 후 상원 군사위원회 증언에서 이 점을 재차 강조하면서 다음과 같이 말했다.

> 전쟁에 나가서도 우리의 가치관을 지키고[67] 또 전쟁터에서 수행해야 하는 많은 일은 전시 법규의 지배를 받기 때문에…… 인간의 생명을 빼앗을지 말지에 대한 결정을 로봇에게 맡기는 건 타당하지 않다고 생각한다. …… 통제 방법도 모르는 로봇에게 인간성을 내맡기지 말고, 윤리적인 전쟁규칙을 지키기 위한 옹호자가 되어야 한다.

다른 군 관계자들도 셀바 장군과 같은 감정을 토로하는 걸 자주 듣는다. 그들은 인간의 의무와 도덕적 책임을 줄이는 것에 관심이 없다. 기술이 발전함에 따라, 어떻게 그 원칙을 실행에 옮길 것인가 하는 까다로운 문제가 제기될 것이다.

전쟁의 고통

자율무기의 윤리성을 가늠할 때의 문제점 중 하나는 어떤 비판이 자율무기에 관한 것이고 어떤 비판이 전쟁에 관한 것인지 뒤죽박죽으로 섞여서 알 수가 없다는 것이다. 살인이 곧 전쟁의 본질인데, 전쟁터에도 생존권이 있다고 말하는 건 무슨 의미인가? 이론적으로는 사람 목숨을 신중하게 고려하고 적절한 이유가 있을 때만 목숨을 앗아간다면, 전쟁이 더 윤리적으로 진행될 수 있다. 실제로 살인은 적의 생명의 가치를 세심하게 고려하지 않은 채 자행되는 경우가 많다. 살인의 금기를 극복하는 과정에는 종종 적을 비인간화하는 단계가 포함된다. 자율무기의 윤리는 추상적인 이상을 따질 게 아니라 전쟁이 실제로 진행되는 방식에 비유해야 한다.

전쟁의 참혹한 현실을 인식한다고 해서 도덕성에 대한 모든 우려를 버려야 하는 건 아니다. 조디 윌리엄스는 '정의로운 전쟁'이라는 개념을 믿지 않는다고 말했다. 그녀는 훨씬 냉소적인 견해를 지녔다. "전쟁은 자신의 힘을 늘리려고 하는 것이다.[68] …… 공정성을 위한 게 아니라, 권력을 차지하려는 것이다. …… 다 헛소리다." 아마 윌리엄스가 찬성하는 무기나 전쟁수단은 없을 것이다. 만약 모든 무기 혹은 전쟁 자체를 금할 수 있다면, 그녀는 그쪽 편을 들 것이다. 그리고 만약 그게 효과적이라면 누군들 안 그러겠는가? 하지만 그러는 사이에, 윌리엄스와 다른 사람들은 자율무기가 "도덕적, 윤리적인 측면에서 돌이킬 수 없는 강을 건넌[69]" 것으로 본다.

자율무기가 무력 사용과 우리의 관계의 본질에 대해서 근본적인 의문을 제기하는 건 의심의 여지가 없다. 자율무기는 살인을 비인격화하여 그 행위에서 인간의 감정을 제거한다. 그게 좋은지 나쁜지는 각자의 관점에 달려 있다. 감정 때문에 인간은 전쟁터에서 잔혹한 행위를 하기도 하고 자비로운 행동을 하기도 한다. 어느 쪽이든 결과주의적인 논쟁이 벌어지며, 의무론적 논쟁은 사람들이 공감을 느낄 수도 있고 아닐 수도 있다.

어떤 사람들에게는 이런 문제에 대한 답이 간단하다. 윌리엄스는 "좋은 로봇과 나쁜 로봇의 차이를 알지 않느냐[70]"라고 말했다. 좋은 로봇은 소방 로봇처럼 생명을 구하는 로봇이다. "바보에게 기관총을 주고 마음대로 하게 하면, 그건 나쁜 로봇이다."

하지만 다들 그렇게 간단하게 생각하는 건 아니다. 론 아킨이 생각하는 좋은 로봇은 인간보다 정의롭고 자비로운 방식으로 전쟁을 치르면서 비전투원의 목숨을 구하는 로봇이다. 아킨은 〈터미네이터〉 영화에도 착한 터미네이터[71]가 있었다고 지적했다. 일본 문화에서는 로봇을 보호자나 구원자로 여기는 경우가 종종 있다. 어떤 사람은 자율무기가 본질적으로 잘못된 것이라고 여기지만, 다른 사람들은 그렇게 생각하지 않는다.

어떤 사람에게는 결과주의적인 시각이 만연하다. 켄 앤더슨은 "IHL 원칙을 넘어서는 인간의 존엄성[72]"을 바탕 삼아, 잠재적으로 유익한 기술을 배제시키는 문제 때문에 골머리를 앓고 있다고 말했다. 그러면 군대는 추상적인 개념 때문에 전쟁에서 더 많은 피해를 입고 더 많은 사망자가 나오는 걸 받아들이는 후진적인 위치에 놓이게 될 것이다. 군대는 사실상 인간의 표적 설정 때문에 살해된 사람들에게, "우리가 IHL을 준수하고 또 전장에서의 피해를 줄일 수 있는 자율무기를 사용했더라면 당신은 여기서 죽을 필요가 없었다. 당신은 죽지 않았을 것이다. 하지만 그런 방법을 썼다면 인간적인 존엄성이 훼손되었을 것이므로…… 그래서 죽은 거다. 자신의 인간적 존엄성이 마음에 들었으면 좋겠다"라고 말하는 셈이다. 앤더슨에게는 인간의 생명이 존엄성보다 중요하다.

크리스토프 헤인즈는 결과주의적 관점과 의무론적 관점이 충돌할 가능성이 있다고 인정했다. 헤인즈는 자율무기가 민간인을 피하는 능력이 인간보다 나은 것으로 판명되면, "존엄성과 책임의 문제가 자의적인 게 아닌지, 아무리 사람의 생명을 구할 수 있어도 그런 도구는 원하지 않는다고 말할 만큼 중요한지…… 자문해봐야 한다[73]"라고 말했다. 헤인즈는 답을 모른다고 말했다. 오히려 이건 "이런 무기를 금지해야 한다고 주장하는 이들이 스스로 대답해야 할 문제다."

한 가지 관점이 다른 관점보다 옳다고 말하기는 어렵다. 론 아킨 같은 결과주의자들도 현재 진행 중인 의무론적 문제들을 인정한다. 아킨은 전쟁터에서 민간인 사망을 줄이기 위해 자율적인 목표물 선택 기능을 사용할 수 있기를 바란다고 말했다. "그 과정에서 영혼을 잃지만 않는다면[74]" 말이다. 문제는 두 가지를 다 시도할 방법이 있는지 알아내는 것이다. 자율무기에 대한 가장 강력한 윤리적 반대는, 전쟁이 존재하고 인간의 고통이 존재하는 한 누군가는 그런 결정을 내려야 하는 윤리적 고통을 겪어야 한다는 것이다. 살인에 대한 인간의 책임을 유지하는 데는 의무론적인 이유가 있다. 전쟁의 도덕적 부담을 기계에 떠넘기면 우리의 도덕성이 약화된다는 것이다. 또 살인으로 인한 윤리적 고통은 전쟁에 따르는 최악의 참상을 확인하는 유일한 방법이기 때문에 그렇게 해야 한다는 결과주의적인 주장도 있다. 이는 자율적인 목표물 결정 그 자체에 관한 문제가 아니라, 이것이 폭력과 인간의 관계를 어떻게 변화시키고 결과적으로 살인을 어떻게 느끼게 되는가 하는 문제다.

윌리엄 테쿰세 셔먼 장군과 커티스 르메이 장군은 전쟁에 참가한 사람들이 승리를 추구하는 과정에서 휘두른 폭력에 대해 어떻게 느끼는가 하는 점에서 흥미로운 대조를 이룬다. 두 사람 다 전면전을 벌였지만, 르메이가 벌인 전투 규모는 셔먼이 상상도 할 수 없을 정도로 엄청났다. 르메이가 수십만 명의 일본 민간인들을 죽음으로 몰아넣은 자신의 행동 때문에 곤란을 겪었다는 증거는 없다. 그는 이렇게 말했다.

> 당시에는 일본인을 죽이는 것을 별로 신경 쓰지 않았다[75]…… 만약 전쟁에서 졌다면 전범으로 재판을 받았을 것이다. …… 모든 군인은 자기가 하는 일의 도덕적인 측면을 생각한다. 그러나 모든 전쟁은 부도덕한 것이므로, 그 사실 때문에 괴로워한다면 당신은 좋은 군인이 아니다.

반면 셔먼은 전쟁의 잔혹함을 외면하지는 않았지만 그만큼 고통도 느꼈다.

> 전쟁은 지긋지긋하다.[76] 전쟁의 영광이란 건 모두 헛소리다. 큰 소리

로 피와 복수와 슬픔을 부르짖는 이들은 총을 쏘아본 적도 없고, 부상자들의 비명과 신음을 들어보지도 못한 이들뿐이다. 전쟁은 지옥이다.

그 고통을 느낄 사람이 없다면 전쟁은 어떻게 될까? 부상자들의 비명과 신음을 들을 사람이 아무도 없다면, 무엇이 최악의 공포로부터 우리를 보호해줄까? 무엇이 우리를 우리 자신으로부터 보호해줄까?

멀리서든 가까이서든, 전쟁에서 살인을 저지르는 건 인간이다. 전쟁은 인간의 결점이다. 자율적인 목표물 선정은 좋을 수도 있고 나쁠 수도 있는 방식으로 살인과 인간의 관계를 변화시킬 것이다. 그러나 기술에게 우리를 우리 자신으로부터 구해달라고 요구하는 건 무리일지도 모른다.

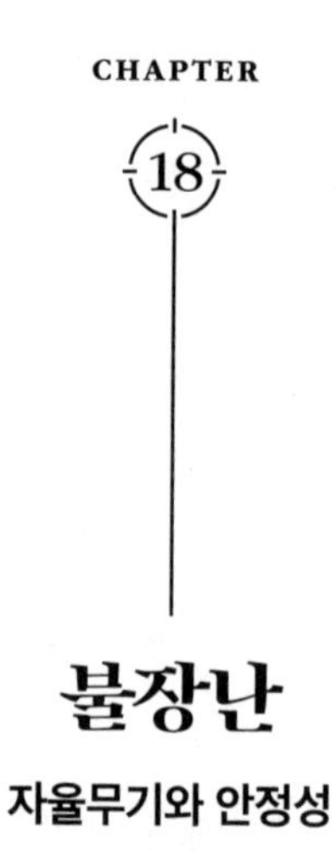

불장난

자율무기와 안정성

어떤 것이 합법적이고 윤리적이라고 해서 반드시 현명하다는 뜻은 아니다. 전 세계에서 사용하는 수류탄에는 대부분 3~5초 뒤에 터지는 퓨즈가 있다. 이걸 의무화한 조약은 없다. 그냥 논리에 따라 그렇게 만든 것이다. 퓨즈가 너무 짧으면 수류탄을 던지자마자 바로 얼굴 앞에서 폭발할 것이다. 퓨즈가 너무 길면 적들이 그것을 집어서 다시 당신 쪽으로 던질지도 모른다.

무기는 위험해야 하지만(그게 가장 중요하다) 당신이 원할 때만 그래야 한다. 과거에 여러 나라들이 지나치게 위험하다고 판단되는 무기를 규제하거나 금지하기 위해 한자리에 모인 적이 있었다. 그것이 독가스나 X선으로 탐지할 수 없는 파편이 있는 무기처럼 전투원들에게 불필요한 고통을 안겨줬기 때문이 아니었다. 집속탄이나 지뢰처럼 민간인들에게 과도한 피해를 주는 것처럼 보였기 때문도 아니다. 그보다는 무기의 '불안정성'에 대한 우려가 컸기 때문이다.

20세기 후반에는 안보 전문가들 사이에서 '전략적 안정'이라는 개념이 등장했다. '전략적 안정성'은 특히 핵무기를 언급할 때 자주 사용되는 말인데, 이 책에서는 자율무기와 관련해 '안정성'이란 말을 쓴다.

안정성은 바람직한 것이다. 안정은 현상 유지, 즉 평화를 의미했다. 불안정은 전쟁으로 이어질 수 있는 위험한 것으로 간주했다. 오늘날의 전문가들은 안정성을 저해할 가능성이 있는 자율무기에 이런 개념을 적용하고 있다.

안정성이라는 개념은 1950년대에 미국의 핵 이론가들이 이 새롭고 강력한 무기가 미치는 영향을 알아내려고 노력하는 과정에서 처음 등장했다. 미국 관리들은 1947년부터 핵무기가 지닌 파괴력의 어마어마한 규모 때문에 먼저 공격하는 나라가 유리할 것이며, 이 때문에 소련이 기습적으로 핵 공격을 개시할 수 있다고 걱정하기 시작했다. 이렇게 미국의 핵 무기력이 소련의 기습 공격에 취약하다는 사실이, 전쟁이 임박할 경우 미국이 먼저 공격할 수 있는 이유를 제공했다. 물론 소련도 이를 알고 있으므로, 적대행위가 발생하면 소련이 먼저 공격하도록 더 자극할[1] 뿐이다. 이런 위험한 역학 관계는 이론가들이 말하는 소위 '선제공격의 불안정성'의 본질을 보여주는데, 이는 마치 적국끼리 미국 서부시대의 총잡이들처럼 서로 대결을 벌이면서 상대가 총에 손을 뻗자마자 바로 총을 쏠 태세를 갖추고 있는 듯한 상황이다. 전략가이자 노벨상 수상자인 토머스 셸링Thomas Schelling은 이 딜레마에 대해, "우리가 상대방의 공격을 억지하기 위해 공격하는 걸 막기 위해 상대방이 공격할까 봐 걱정해야 하는 상황[2]"이라고 설명했다. 여기서 위험한 점은 불안정성 때문에 한쪽이 상대방의 공격이 두려워서 선제공격을 감행하는 자기충족적 예언을 만들어낼 수 있다는 점이다.

미국은 선제공격의 취약성을 줄이기 위한 조치를 취했지만, 시간이 지나면서 '안정성'에 대한 욕구가 더 커졌다. 안정성은 양측의 관점을 모두 고려하며 종종 전략적 제약을 수반하기도 한다. 국가는 기습 공격으로 적을 위협해서 상대방이 선제공격을 하도록 유도하는 방식으로 군대를 배치해서는 안 된다. 셸링은 안정된 상황이란, "먼저 공격한 쪽이 상대방의 반격 능력을 무너뜨릴 수 없을 때[3]"를 가리킨다고 했다.

안정된 평형은 외부의 힘 때문에 방해를 받아도 곧 원래의 상태로 돌아가는 것이다. 그릇 바닥에 놓여 있는 공은 안정된 평형을 이루고 있다. 공을 살짝 움직여도 이내 그릇 바닥으로 돌아온다. 반대로 불안정한 평형상태란 약간만 소동이 일어나도 시스템이 거꾸로 세워놓은 연필처럼 빠르게 전복되면서 다른 상태로 전환되는 걸 말한다. 이때는 약간의 방해만 있어도 연필은 한쪽으로 넘어질 것이다. 핵 전략가들은 후자보다 전자를 선호한다.

'선제공격의 안정성'(때로는 '선점자의 우위'라고 부르기도 한다) 외에도 다양한 종류의 안정성이 등장했다. '위기 안정화'는 위기를 고조시킬 수 있는 조건을 피하는 데 신경을 쓴다. 여기에는 의도적 확전("그들이 공격하기 전에 먼저 공격한다")이나 우발적 확전(하급 지휘관이 자기 멋대로 일을 추진하는 등)을 야기하는 왜곡된 유인이 포함될 수 있다. 사전 위임된 행동(인간이나 기계에 위임)에 의한 자동 확전은 상대의 행동이나 의도를 오해해서 벌어질 수 있으므로 이 또한 문제다. (군대의 슈퍼컴퓨터가 게임과 현실을 혼동해서 핵전쟁을 일으킬 뻔한 영화 〈워게임War Game〉 생각해보라.) 위기 안정성 이론은 국가 간의 적대행위가 늘어나는 건 사고나 계산 착오, 혹은 먼저 공격하려는 비뚤어진 동기 때문이 아니라 국가 지도부의 의도적인 선택임을 증명한다. 엘브리지 콜비Elbridge Colby는 『전략적 안정trategic Stability』에서, "안정적인 상황에서는[4] 한쪽 당사자가 진정으로 원할 때만 큰 전쟁이 일어난다"라고 말했다.

우발적인 전쟁이란 것이 이상한 개념처럼 느껴질지도 모른다. 어떻게 전쟁이 우연히 시작될 수 있을까? 하지만 냉전 전략가들은 잘못된 경보, 계산 착오, 혹은 갈등을 촉발하는 사고가 발생할 가능성을 크게 우려했다. 사실 역사를 돌이켜보면 그들은 더 많이 걱정했어야 한다. 냉전 시대에는 핵전쟁과 관련된 허위 경보, 오해, 핵 공격으로 이어질 가능성이 있는 일촉즉발의 사건들이 많았다. 평범한 위기 상황에서도 혼란, 적의 의도에 대한 오해, 전쟁의 징조 등이 긴장을 고조시키는 역할을 자주 했다.

'종전[5]'은 상황이 확대되는 걸 통제하는 또 하나의 중요한 구성요소다. 정책입안자들은 전쟁을 끝낼 때도 시작할 때와 똑같은 수준의 통제력을 발휘해야 한다. 공격 명령을 취소하지 못하거나 통신 연결이 끊어지는 바람에 정책입안자들이 군대를 확실히 통제하지 못하거나 전쟁 규모 축소가 국가를 취약하게 만들 수 있다면, 정책입안자들은 본인들이 원한다고 해도 갈등을 해소할 수 없을지도 모른다.

전략가들은 공격-방어 균형[6]도 분석한다. '공격형' 전투체제는 영토를 정복하기가 쉽지만, 방어형 체제는 영토 정복이 어렵다. 예를 들어, 기관총은 방어에 유리하다. 요새화된 기관총 진지에 가까이 접근하는 건 매우 어렵다. 제1차 세계대전 때는 비교적 정적으로 진행된 참호전에서 수백만 명이 죽었다. 반면, 탱크는 기동성 때문에 공격을 선호한다. 제2차 세계대전에서 독일은 광대한 유럽 지역을 급습해서 빠르게 영토를 획득했다. (공격-방어 균형은 먼저 움직이는 게 유리한지 따져보는 선제공격의 안정성과 미묘하게 다르다.) 이론상 영토 침략 쪽이 비용이 많이 들기 때문에 방어형 전쟁체제가 더 안정적이다.

특히 기술이 발전하면서, 전략적 안정은 핵무기의 위험을 완화하는 중요한 지적 도구라는 사실이 입증되었다. 그러나 특정한 무기가 안정성에 영향을 미치는 방식이 때로 직관에 어긋날 수도 있다. 핵 안정성을 확보하는 데 가장 중요한 무기 체계 중 하나는 공격형 타격무기인 탄도 미사일 잠수함이다. 탐지하기가 매우 어렵고 수개월 동안 계속 물속에 머무를 수 있는 잠수함은 핵보유국에 확실한 반격 능력을 안겨준다. 기습 공격을 받아 한 나라의 지상용 핵미사일과 폭격기가 모두 사라진다고 해도, 남은 잠수함이 한 척이라도 있으면 파괴적인 공격을 할 수 있다. 이건 먼저 움직인 측의 이점을 효과적으로 없앨 수 있다. 숨어서 반격할 준비가 되어 있는 해상 탄도 미사일 잠수함의 전방위적 위협은 선제공격에 대한 강력한 억제책이며 안정성 확보에도 도움이 된다.

그런데 어떤 경우에는 방어 무기가 불안정해질 수도 있다. 한 국가의 미사일 방어막은 명목상 방어를 위한 것이지만, 확실한 반격

억지력의 실행 가능성이 약화될 수 있기 때문에 냉전 기간에는 매우 불안정한 요소로 여겨졌다. 탄도 미사일을 요격하려면 비용이 많이 들고 아무리 좋은 미사일 방어막이라도 대규모의 압도적인 공격을 막아낼 수는 없다. 그러나 미사일 방어막은 잠재적으로 아주 적은 수의 미사일은 막을 수 있다. 이를 이용해 기습적인 핵 선제공격을 감행해서 적의 핵미사일을 대부분 소탕한 뒤 나머지는 미사일 방어막을 이용해서 막아낼 수 있다. 이런 방어막은 선제공격의 실행 가능성을 높여서 선점자가 우위를 차지하게 해주지만, 안정성은 약화될 수 있다.

다른 기술의 경우, 안정성에 더 직관적인 영향을 미친다. 인공위성 덕에 모든 나라가 상대국의 영토를 관측할 수 있게 되었기 때문에 냉전 기간 동안 안정성을 유지하는 역할을 했다. 이를 통해 상대방이 핵무기를 발사했는지, 아니면 군축 약속을 깨고 군비경쟁에서 확실한 우위를 점하려고 하는지 확인(혹은 부인)할 수 있었다. 인공위성을 공격하는 건 상대국을 장님으로 만들려는 시도이므로 매우 도발적이며 따라서 공격의 전초전이 될 수 있다(장님이 된 나라는 실제로 공격이 진행되고 있는지 알 길이 없다). 반면, 핵무기를 우주에 배치하면 상대가 기습 공격을 감행할 경우 방어하는 측이 경고를 받을 수 있는 시간이 대폭 줄기 때문에 안정성을 깨는 행동이라고 생각했다. 이건 기습 공격을 더욱 실현 가능하게 만들 뿐만 아니라, 경고 시간이 줄어들면 방어하는 측에서도 잘못된 경보에까지 일일이 대응할 가능성이 커져 위기 안정성을 해칠 수 있다.

냉전 기간, 특히 냉전이 끝나갈 무렵에는 미국과 소련 모두 안정성을 높이고 잠재적으로 불안정한 상황을 피하기 위해 고안된 단독적, 협력적 조치들을 많이 이행했다. 결국 양측의 적대감에도 불구하고 어느 쪽도 우발적인 핵전쟁이 벌어지는 걸 바라지 않았다. 이런 노력에는 특정 무기를 규제하거나 금지하는 다양한 국제 조약도 포함되었다. 우주 조약[7](1967년)은 우주에 핵무기를 배치하거나 달에 모든 종류의 무기를 배치하는 걸 금지한다. 해저 조약[8](1971년)은 해저에 핵무기를 배치하는 걸 금지한다. 환경변화금지협약[9](1977년)은 환경을 전쟁 무기로 사용하는 걸 금지한다. 탄도탄 요격 미사일ABM 조약[10](1972년)은 튼튼한 국가 미사일 방어막 건설을 막기 위해 소련과 미국이 배치할 수 있는 전략적 미사일 방어망MD의 수를 엄격히 제한했다. (미국은 2002년에 ABM 조약에서 탈퇴했다.) 중거리 핵전력INF 조약[11]은 목표물을 타격할 때까지 경고 시간이 거의 없어서 특히 불안정하다고 여겼던 중거리 핵미사일을 금지했다.

또 다른 사례로, 미국과 소련이 공식적인 조약이나 협정을 체결하지는 않았지만 불안정해질 수 있는 특정 무기를 사용하지 않는다는 암묵적인 합의가 있었다. 두 나라 모두 성공적으로 위성 요격 무기를 시연했지만, 대규모 작전 배치를 추진하지는 않았다. 마찬가지로, 양측 모두 제한된 수의 중성자탄[12](방사선으로 사람을 죽이지만 건물은 파괴하지 않는 '더 깔끔한' 핵폭탄)을 개발했지만, 어느 쪽도 이 무기를 공공연하게 대규모 배치하지 않았다. 중성자탄은 공격자가 도시의 기반 시설은 손상시키지 않고 사람들만 전멸시킬 수 있는 소름 끼치는 무기다. 이걸 쓰면 공격자가 유해한 잔존 방사능에 대한 두려움 없이 정복한 영토를 사용할 수 있으므로[13] 잠재적으로 사용 가능성이 커질 수 있었다. 1970년대 말에 유럽에 중성자탄을 배치하려던 미국의 계획[14]이 상당한 논란을 불러일으키자, 미국은 계획을 변경해서 배치를 중단할 수밖에 없었다.

안정성 논리는 핵무기 문턱에 미치지 못하는 무기에도 적용된다. 예를 들어, 선박에서 발사하는 대함 미사일은 해전을 치를 때 중요한 선점자의 우위[15]를 안겨준다. 먼저 타격하는 쪽은 적 함대의 일부를 격침시켜 자신들을 위협하는 적 미사일 수를 즉시 감소시키게 되므로, 누가 먼저 타격하든 결정적인 이점을 얻게 되는 것이다. 이런 많은 기술이 안정성에 큰 영향을 미치지는 않겠지만, 일부 군사기술은 전략적인 효과가 있다. 자율무기는 이런 맥락에서 우주/대우주 무기 및 사이버 무기와 함께 계속 평가되어야 하는 가장 중요한 신흥 기술이다.

자율무기와 안정성

마이클 호로비츠도 최근에 쓴 논문 〈인공지능, 전쟁, 위기 안정Artificial Intelligence, War, and Crisis Stability〉[16]을 통해 비슷한 문제를 탐구하기 시작했다. 그는 우선 "자율성의 독특한 점과 자율성이 강조하는 걸 구분해야 한다"라고 주장했다.

자율무기는 대륙간 대형 폭격기부터 소형 지상 로봇이나 잠수정에 이르기까지 다양한 형태로 등장할 수 있다. 사격 범위가 길 수도 있고 짧을 수도 있으며, 탑재량이 많을 수도 있고 적을 수도 있다.

공중, 육지, 바다, 해저, 우주, 사이버 공간에서 활동할 수 있다. 따라서 선제공격의 안정성이나 공격-방어 균형의 영향을 짐작하기가 매우 어렵다. 자율무기는 다른 무기와 동일한 물리적 제약을 받는다. 예를 들어 탄도 미사일 잠수함은 수중에서 물체를 찾아 추적하기 어렵기 때문에 선제 타격을 받아도 생존이 가능해 부분적으로 안정되어 있다. 자율무기의 정의적 특징은 목표물을 정하고 교전 결정을 내리는 방법이다. 따라서 물리적 특징은 비슷하지만 인간이 루프에 속해 있는 반자율무기와 비교해서, 자율무기가 안정성에 미치는 영향을 평가해야 한다.

따라서 로봇 공학과 자동화의 일반적인 영향을 자율적 목표 설정과 분리시키는 게 중요하다. 군대는 로봇 공학에 많은 투자를 하고 있고, 로봇 혁명이 성숙하면 전략적인 균형을 대폭 바꿀 것이 거의 확실하다. 일부 분석가들은 로봇 무리를 이용해 방어자들을 압도할 수 있기 때문에 공격 중심적인 체제가 탄생[17]할 것이라고 말한다. 또 어떤 사람들은 로봇이 공격자가 목숨을 잃을 가능성을 줄여줌으로써 무력 사용에 대한 문턱을 낮출[18] 수 있다는 우려를 제기했다. 이런 결과도 물론 생길 수 있지만, 이때 공격자만 로봇 무기를 가지고 있고 수비자는 없는 상황을 전제로 하는 경우가 많은데, 이는 아마 현실적이지 못한 가정일 것이다. 양쪽이 모두 로봇을 가지고 있을 때는 공격-방어 균형이 다르게 보일 수 있다. 로봇 무리는 방어용으로도 사용될 수 있으며, 모든 것을 감안할 때 군집과 로봇 공학이 공격과 수비 중 어느 쪽에 유리한지 아직 확실하지 않다.

로봇이 사상자 수를 줄일 것이라는 가정도 자세히 살펴봐야 한다. 로봇은 전투원이 더 먼 거리에서 공격할 수 있게 해주지만, 이건 투석기 발명부터 대륙간 탄도 미사일에 이르기까지 수천 년 동안 이어져 온 전쟁 트렌드다. 하지만 사거리가 늘어났다고 해서 무혈 전쟁으로 이어지지는 않았다. 무기의 사거리가 늘어나면 전장도 간단히 확장된다. 짧은 거리에서 서로를 창으로 죽이던 사람들이 이제 대륙간 미사일을 이용해 바다 건너에 있는 적을 죽이게 되었다. 그러나 폭력은 항상 사람들에게 가해진다. 적을 항복하게 만드는 건 고통이기 때문에 앞으로도 계속 그럴 것이다. 보다 관련성 높은 문제는 완전자율형 무기가 반자율형 무기에 비해 전략적 균형을 얼마나 변화시킬 수 있는가다. 호로비츠는 "이런 시스템을 언제 배치할 것이냐[19]"고 묻는 것부터 시작하는 게 도움이 된다고 제안했다.

• 통신: 공격-방어 균형, 회복력, 회상 능력

반자율무기나 관리형 자율무기와 비교했을 때 완전자율 무기의 한 가지 장점은 인간 통제자와의 통신 연결이 필요하지 않다는 것이다. 따라서 통신 장애가 발생해도 뛰어난 회복력을 발휘할 수 있다.

적지에서 작전을 수행하다가 전파 방해를 받으면 공격자 측끼리의 교신이 더 어려워진다. 방어용으로 통신 장비를 쓸 때는, 준비된 위치에서 유선 케이블을 사용할 수 있기 때문에 교신이 끊기지 않는다. 예를 들어 DMZ에 있는 한국의 SGR-A1 센트리 건은 매립형 케이블을 통해 인간 통제자와 연결될 수 있다. 하지만 완전자율 모드에서는 이런 게 필요하지 않을 것이다. 속도 때문에 즉각적으로 반응해야 할 때도(대인전일 때는 그럴 가능성이 낮지만) 여전히 인간이 감시할 수 있다. 이지스함 같은 일부 응용 분야의 경우, 인간이 무기 시스템과 물리적으로 같은 장소에 있으므로 통신 연결이 중요하지 않다. 공격을 할 때는 사람이 감독하지 않는 완전자율화된 무기가 가장 유용할 것이다. 하지만 자율성과 무관한 다른 여러 요소들에 의존하기 때문에, 반드시 공격 중심적인 체제로 이어질 거라고 한다면 이는 비약이다. 일반적으로, 자율성은 공격하는 측과 방어하는 측에 모두 이롭다. 많은 국가들은 이미 방어를 위해 관리형 자율무기를 사용하고 있다. 하지만 완전자율무기는 공격에 더 이득이 될 듯하다.

선도자의 우위와 관련해, 만약 어떤 국가가 공격 목표물을 결정할 때마다 그 루프에 인간을 포함시킨다면 적군은 취약한 위성을 타격하는 등의 방법을 통해 통신 링크를 공격함으로써 상대방의 공격 능력을 감소시킬 수 있다. 자율무기 덕에 군대가 신뢰할 수 있는 통신 없이 효과적으로 싸울 수 있다면, 이는 통신망 기습 공격의 이점을 떨어뜨린다. 따라서 자율무기는 선제공격에 대한 유인을 줄여서 안정성을 높일 수 있다.

그러나 통신이 끊기더라도 공격을 계속할 능력은 확전 통제나 종전과 관련된 문제를 제기한다. 만약 지휘관이 공격을 중지하고 싶더라도, 완전자율무기를 회수할 능력이 없기 때문이다.

이것은 1812년 전쟁 때의 뉴올리언스 전투와 비슷하다. 영국과 미국은 1814년 12월 24일에 종전 협정을 맺었지만, 이 소식은 6주가 지난 뒤에야 영국군과 미국군에게 전해졌다. 뉴올리언스 전투는 조약은 체결되었지만 아직 최전선까지 소식이 전해지기 전에 벌어졌다. 결국, 이미 끝난 전쟁을 치르다가 2,000명의 영국 선원과 군인들이 목숨을 잃었다.

속도와 위기 안정성

교신 없이 공격을 수행할 능력은 안정성에 복합적인 영향을 미치지만, 자율무기의 빠른 속도는 확실히 부정적인 영향을 준다. 자율무기는 전투 속도를 가속화하고 인간의 의사결정 시간을 단축할 위험이 있다. 이건 위기의 불안정성을 높인다. 전략가 토머스 셸링은 『무기와 그 영향Arms and Influence』에서 다음과 같이 썼다.

> 서두르는 데서 얻는 보상[20](전쟁의 경우, 전쟁을 개시하는 쪽이 되거나 상대가 첫 번째 타격을 끝내자마자 재빨리 보복했을 때의 이점)은 군사력에 도입될 수 있는 가장 큰 해악이자 평화롭던 상황이 갑자기 총력전으로 번지는 가장 큰 위험의 원천이다.

위기에는 불확실성과 계산 착오의 가능성이 가득하며, 셸링의 설명처럼 "속도가 중요한 상황에서[21] 사고나 거짓 경보의 희생자는 끔찍한 압박을 받는다." 몇몇 형태의 자율성은 이런 시간적 압박감을 줄이는 데 도움이 될 수 있다. 목표물을 찾고 식별하는 반자율무기는 인간 의사결정권자들에게 시간을 벌어줄 수 있기 때문에 상황이 안정된다. 그러나 완전자율무기와 관리형 자율무기는 인간의 의사결정을 줄이고 교전 속도를 높인다. 가속화된 반응과 역반응 때문에, 인간은 지금 벌어지는 사건을 이해하고 통제하기가 힘들 수 있다. 모든 게 제대로 작동하더라도, 정책입안자들의 의사결정의 속도가 전쟁터에서 진행되는 작전 속도를 도저히 따라갈 수 없기 때문에 실질적으로 확전을 통제[22]할 능력을 사실상 잃게 될 수도 있다.

인간 안전장치 제거

일이 빠른 속도로 진행되는 환경에서, 자율무기는 원치 않는 확전을 방지하는 데 필수적인 안전장치를 제거하는데, 그게 바로 인간의 판단이다. 스타니슬라프 페트로프가 세르푸코프-15 벙커에서 내린 운명적인 결정은 인간 판단력의 이점을 보여주는 극단적인 사례지만, 위기 상황에서는 이런 경우가 많다. 셸링은 지연 메커니즘, 안전장치, 이중 확인과 상담 절차, 경보와 통신 장애에 대한 보수적인 대응 규칙, 일반적으로 승인되지 않은 발포나 뜻밖의 사건에 대한 성급한 대응을 피하기 위한 제도와 메커니즘 등 무기와 인간, 그리고 의사결정 과정을 저지하는 장치[23]의 장점에 대해서 썼다.

실제로 자동화는 제대로 사용하기만 하면 자동차의 자동 브레이크 같은 안전성을 제공할 수 있다. 인간의 판단에 자동화를 더하면 안정성이 늘어나지만, 인간의 판단을 대체할 때는 그렇지 않다. 자율성이 의사결정을 가속화할 경우, 위기 상황에서 서두르거나 원치 않는 확전으로 이어질 수 있다.

지휘통제와 위기 의사결정의 심리학

안정성은 무기 자체뿐만 아니라 인식이나 인간의 심리와도 많은 관련이 있다. 서로를 노려보고 있는 두 명의 총잡이는 상대의 사격 정확성에만 관심이 있는 것이 아니라 그의 속마음에도 관심이 있다. 유감스럽게도 오늘날의 기계는 이런 일을 할 준비가 되어 있지 않다. 기계는 속도와 정밀성 면에서는 인간을 능가할 수 있지만, 현재의 AI는 다른 사람의 의도를 상상하는 등의 마음 이론 작업을 수행할 수 없다. 전술적인 수준의 전쟁에서라면 이게 중요하지 않을 수도 있다. 총잡이들이 무기를 빼 들기로 했다면, 무기를 빼서 조준하고 발사하기까지의 작업을 자동화하는 게 일일이 손으로 하는 것보다 당연히 더 빠를 것이다. 마찬가지로, 인간이 공격을 진행하라고 지시하면 자율무기는 인간보다 더 효과적으로 공격을 수행할 수 있다. 하지만 위기 상황이란 국가들 사이에 군사적 긴장감이 고조되어서 전면전으로 확대될 가능성이 있지만 아직 확전 결정을 내리지는 않은 때를 말한다. 전쟁이 시작되더라도, 핵보유국끼리의 전쟁[24]은 필요에 따라 제한될 것이다. 이런 상황에서 국가들은 자신들의 결의(필요하다면 확전을 불사하려는 의지)를 전하려고 하지만 실제로 분쟁을 확대하지는 않는다. 이것은 미묘하게 균형 잡힌 행동이다. 전술적 혹은 작전적 이익을 위해 싸우는 전투와 달리, 이런 상황은 결국 국가 지도자들 사이의 의사소통의 한 형태이며 군사행동을 통해 그 의도가 전달된다. 취리히 연방공대의 마이클 칼 하스Michael Carl Haas는 자율무기 사용으로 인해 AI라는 다른 행위자까지 대화에 참여하게 된다고 주장한다.

> [자율무기를 사용하는] 국가들은[25] 자신들이 즉각적으로 통제할 수는 없지만 인간의 전략적 심리와 상호작용하는 요소를 위기 방정식에 도입하게 될 것이다. 사실상 작전을 위해 운용되는 동안 자율 시스템의 행동을 지배하는 인공지능AI은 위기에 참여하는 추가적인 행위자가 되는데, 일련의 알고리즘과 임무 목표에 의해 엄격한 제약을 받게 될 것이다.

지휘통제는 공동의 목표를 위해 군 병력을 효과적으로 결집시킬 수 있는 지도자의 능력을 말하는데, 위기 시 자주 우려되는 부분이다. 국가 지도자들은 병력을 완벽하게 통제하지는 못하는데, 군 관계자들은 무지나 무관심, 혹은 당국에 대항하려는 의도적인 시도 때문에 때때로 국가 지도부의 의도에 맞지 않는 행동을 한다. 1962년의 쿠바 미사일 위기 때도 그런 사건들이 넘쳐났다. 위기가 발생하기 열흘 전인 10월 26일, 반덴버그Vandenberg 공군기지의 지휘관들은 예정되어 있던 아틀라스 ICBMAtlas ICBM 시험 발사[26]를 백악관에 알리지 않고 진행했다. 또한 니키타 흐루시초프Nikita Khrushchev 소련 서기장이 미국 정찰기에 대한 사격을 금하는 명령을 내렸는데도 불구하고, 다음 날인 10월 27일 오전에 미국의 U-2 정찰기가 쿠바 상공을 비행하던 중에 격추되었다. (이 미사일은 피델 카스트로Fidel Castro의 명령에 따라 쿠바군이 쏜 것으로 보인다.) 같은 날 오후, 북극권 상공을 비행하던 또 다른 U-2기[27]가 뜻하지 않게 소련 영공으로 잘못 들어섰다. 소련과 미국의 지도자들은 이런 사건들이 적국의 의도적인 확전 신호인지 아니면 개별 부대의 자의적인 행동인지 확실히 알 수가 없었다. 이런 사건들은 우발적이거나 우연한 상황 악화를 통해 긴장을 고조시킬 가능성이 있다.

이론상 자율무기는 일탈하는 일 없이 정확하게 명령을 수행하는 완벽한 병사가 되어야 한다. 그러면 몇몇 사건들을 제거할 수 있다. 예를 들어, 1962년 10월 24일에 미 전략 공군 사령부SAC가 핵전쟁 바로 직전 상황인 데프콘 2DEFCON 2 명령을 받았을 때, SAC 사령관인 토머스 파워Thomas Power[28]는 암호화되지 않은 무선 채널을 통해 부대원들에게 이 메시지를 공개적으로 전달함으로써 명령을 일탈했다. 이렇게 허락도 없이 암호화되지 않은 내용을 방송한 탓에 미국이 소련에 대한 경계태세를 강화했다는 사실이 알려졌고, 소련도 그 내용을 도청할 수 있었다. 사람과 달리, 자율무기는 자신에게 프로그래밍된 명령을 어길 수 없다. 반면, 자율무기의 불안정성과 행동의 맥락을 이해하지 못하는 점 때문에 다른 부분에서 심각한 골칫거리가 생기기도 한다. 예컨대 반덴버그 기지의 IBCM 시험 발사는 장교들이 새로운 정보(쿠바와 관련된 위기 발생)를 고려했을 때 기존에 정한 지침이 그대로 적용되는지 알아보지 않은 채 그냥 따랐기 때문에 벌어진 일이다.

어떤 순간에 올바른 결정을 내릴 수 있느냐는 지침을 엄격하게 따르는 게 아니라 지침 뒤에 숨은 의도를 이해하는 데 달려 있는 경우가 많다. 군대에는 '지휘관의 의도[29]'라는 개념이 있는데, 이는 지휘관이 자신의 목표를 부하들에게 간결하게 설명한 것이다. 때로는 현지에서 새로운 사실을 알게 되는 바람에 지휘관의 의도를 충족시키기 위해 계획에서 벗어나야 할 때도 있다. 인간은 완벽하지는 않지만, 상식과 뛰어난 판단력을 활용해서 규칙 자체보다 규칙 뒤에 숨은 의도를 따를 수 있다. 인간은 규칙에 거역할 수 있는데, 직관에 어긋나긴 하지만 긴박한 상황에서는 그게 오히려 나을 수도 있다.

문제의 핵심은 부하들이 지시를 이행할 때 융통성을 발휘하는 것이 좋으냐 나쁘냐다. 전쟁터에서는 일반적으로 광범위한 법과 교전 규칙 범위 내에서 융통성을 많이 발휘하는 걸 선호한다. 로렌스 섀턱Lawrence Shattuck 중령은 〈의도 전달과 존재 알리기〉에서 이렇게 썼다.

> 만약…… 적의 지휘관에게는 10가지 행동 방침이 있는데[30] 상급 지휘관의 제약을 받는 아군 지휘관에게는 행동 방침이 하나뿐이라면, 단연코 적이 유리하다.

위기 상황에서는 사소한 행동도 전략적 결과를 초래할 수 있기 때문에, 일반적으로 자국 군대를 엄격하게 통제하는 걸 선호한다. 그러나 상식을 발휘할 기회가 없는 하급자가 융통성도 발휘하지 못한다면 재난이 발생할 수 있다. 부분적으로 이건 국가 지도자들이 모든 만일의 사태를 예견하지 못하기 때문이다. 전쟁의 특징은 불확실성이다. 예상치 못한 상황이 발생할 것이다. 전쟁은 또 적과의 경쟁이기도 하다. 적은 틀림없이 본인들의 이익을 위해 융통성 없는 행동 규칙을 이용하려고 할 것이다. 마이클 칼 하스는 다음과 같은 전술을 제안한다.

> 중요한 자산을 번잡한 도시 환경이나 수력 발전 댐 혹은 원자력 발전소 같은 부적합한 목표물 옆에 재배치,[31] 불법적인 목표물을 시뮬레이션하기 위해 무기와 설비 외관 변경, 합법적인 목표물을 시뮬레이션하기 위해 불법적인 목표물 변경, 인체 모형과 은폐물의 대규모 사용, 모든 전자적 기만수단.

직접 해킹하지 않더라도 교전 규칙의 취약성을 악용해서 자율무기를 조작할 수 있다. 인간은 이런 계략이나 속임수를 꿰뚫어 보고, 지휘관의 의도에 따라 즉석에서 혁신을 이룰 수 있을지도 모른다. 하지만 자율무기는 프로그래밍에 따를 것이다. 순수하게 전술적 차원에서는 자율무기의 다른 이점이 이런 취약성을 능가할 수 있지만, 위기 상황에서는 빗나간 총탄 한 발로도 긴장이 고조되어 전쟁이 벌어질 수 있으니 신중한 판단이 필요하다.

최근에 미군은 '전략적 개인[32]' 문제를 걱정하기 시작했다. 기본적인 발상은 상대적으로 계급이 낮은 개인이 전장에서 하는 행동이 전쟁의 진로를 결정하는 전략적 영향을 미칠 수 있다는 것이다. 이 문제에 대한 해결책은 하급 지휘관들에게 엄격한 규칙을 부여하는 게 아니라, 그들의 행동이 미치는 전략적 영향에 대해 잘 교육해서 의사결정 과정을 개선하도록 하는 것이다. 지휘관의 의도와 무관하게 규칙을 맹목적으로 따르기만 하면 영리한 적에게 조종당할 수 있다. 자율무기는 어떤 명령이 그 순간 얼마나 어리석고 잘못된 것인지 따지지 않고 정확하게 시키는 대로만 할 것이다. 그들의 경직성은 지휘통제라는 관점에서는 매력적으로 보일 수도 있지만, 그 결과는 전략적 개인 문제를 악화시킬 뿐이다.

자동화의 전략적 결과를 우려했던 전례도 있다. 미국 국회의원들은 레이건 시대에 '스타워즈' 미사일 방어막(공식적으로는 전략 방위 구상이라고 한다)을 개발하면서 제정한 1988~1989 국방수권법에, 특정한 행동을 할 때는 인간을 루프에 포함시키는 것을 의무화하는 조항을 집어넣었다. 이 법은 상승 초기 단계에서 미사일을 요격하는 모든 시스템에 대해서도 "적절한 수준의 권한을 가진 인간의 동의[33]"를 받아야 한다고 요구한다. 이렇게 초기 단계에서 요격하려면 매우 짧은 시간 안에 일이 진행되어야 하고 또 적국의 영토 근처에서 요격이 이루어지므로 문제가 될 수 있다. 자동화된 시스템은 아마도 위성 발사나 미사일 실험을 공격으로 오인할 수 있으므로, 다른 나라의 로켓을 파괴해 불필요한 위기를 고조시킬 수 있다.

실수를 피할 수 있다고 하더라도, 자율무기에 직접 교전 규칙을 프로그래밍해서 위기 상황에서의 지휘통제권을 늘리려는 리더들에게는 더 큰 문제가 있다. 리더들 스스로가 미래에 어떤 결정을 내리고 싶은지 정확히 예측하지 못할 수도 있다. '투영 편향'은 인간이 현재 가지고 있는 신념과 욕망을 다른 사람 혹은 미래의 자신에게 잘못 투영하는 인지 편향이다.

이게 자율무기에 어떤 의미가 있을지 잘 이해하기 위해, 카네기 멜론 대학의 철학과 심리학 교수인 데이비드 댕크스David Danks에게 연락을 취했다. 댕크스는 인지과학과 기계학습을 모두 연구하기 때문에 인간과 기계인식의 장단점을 두루 알고 있다. 댕크스는 투영 편향은 자율무기와 관련해 "매우 현실적인 문제"라고 설명했다. 자율무기가 정치 지도자들의 지시를 완벽하게 이행할 수 있고 오작동이나 적의 조작이 없다고 하더라도, "그건 순간적인 기호와 욕망을 포착한 것일 뿐이라는 문제가 여전히 남아 있다.[34]" 댕크스는 사람들은 일반적으로 자기가 경험해본 상황에 대해서는 미래의 선호도를 잘 예측하지만, "완전히 새로운 상황에서는…… 매우 심한 투영 편견을 갖게 될 실질적인 위험이 있다"고 설명했다.

이번에도 쿠바 미사일 위기를 통해 그 문제를 설명할 수 있다. 당시 국방부 장관이었던 로버트 맥나마라가 나중에 설명하기를, 대통령 수석보좌관들은 쿠바 상공을 비행하던 U-2가 격추된다면 이건 확전을 꾀하는 소련군의 의도적인 조치일 것이라고 여겼다. 따라서 U-2가 격추될 경우 미국은 다음과 같이 공격하기로 미리 결정했다.

> U-2를 보내기 전에,[35] 만약 U-2가 격추된다면 다시 만나지 말고 그냥 공격하자고 합의했다. 정찰기는 금요일에 격추됐다. …… 다행히 우리는 생각을 바꿔서 "음, 사고였을 수도 있으니 공격하지 말자"라고 결정했다.

실제로 이 결정에 직면했을 때, 맥나마라 등은 다른 견해를 가지고 있었던 것으로 밝혀졌다. 그들은 비행기가 격추될 경우 어떻게 하고 싶은지 자신의 선호도를 정확히 예측할 수 없었다. 이 사례에서 맥나마라 등은 상황을 역전시킬 수도 있었다. 그들은 사실 공격 권한을 위임하지 않았다. 그러나 쿠바 미사일 위기 때 소련 지도부는 핵무기 발사 권한을 위임했고, 세계는 소름 끼칠 정도로 핵전쟁에 가까워졌다.

U-2가 쿠바 상공에서 격추되고 북극 상공에서 비행하던 또 다른 U-2가 소련 영토로 표류하던 날인 10월 27일, 검역선(봉쇄선)에 있던 미국 함선이 소련 잠수함 B-59에 폭뢰 신호를 보내기 시작해서 그걸 수면 위로 끌어올렸다. 미 해군은 B-59가 히로시마에 투하된 폭탄과 비슷한 크기인 15킬로톤 탄두가 장착된 핵탄두 기뢰로 무장한 사실을 모르고 있었다. 게다가 소련군 사령부는 함선이 뚫릴(폭뢰 때문에 선체에 구멍이 생기는 것) 경우 어뢰를 사용할 수 있는 권한을 함장에게 위임해뒀다. 통상적으로 핵 어뢰를 발사하려면 선장과 정무관 등 두 사람의 허가가 필요했다. 당시 이 잠수함에 탑승했던 소련 해군들의 말에 따르면, 잠수함 선장인 발렌틴 사비츠키Valentin Savitsky는 핵 어뢰 발사 준비를 명령하면서 "지금 발사하겠다![36] 우리는 죽겠지만, 적들을 모두 침몰시킬 것이다"라고 선언했다고 한다. 다행히 이 잠수함에는 함대 사령관인 바실리 아르키포프Vasili Arkhipov 대령도 함께 타고 있었다. 그는 사비츠키 선장의 상관이었고, 발사하려면 그의 승인도 필요했다. 전하는 바에 따르면 당시 아르키포프만 어뢰 발사에 반대했다고 한다. 스타니슬라프 페트로프의 경우와 마찬가지로, 이때도 소련군 장교 한 사람의 판단이 핵전쟁 발발을 막은 건

지도 모른다.

억지력과 죽음의 손

때로는 위기 상황에서 손을 묶어놓는 게 이로울 때도 있다. 전략가들은 위기를 두 운전자 사이의 치킨게임[37]에 비유하곤 한다. 둘 다 치명적인 속도로 상대 운전자를 향해 돌진해서 상대방이 위기일발의 순간에 방향을 틀게 하는 것이다. 어느 쪽도 충돌을 원하지 않지만, 어느 쪽도 먼저 방향을 틀고 싶어 하지 않는다. 이길 수 있는 한 가지 방법은 핸들을 돌리지 못하도록 두 손을 꽉 묶어놓은 모습을 상대방에게 보여주는 것이다. 허먼 칸Herman Kahn은 핸들을 떼어내[38] 창밖으로 던져버린 운전자의 예를 들었다. 이제 충돌을 피할 책임은 전적으로 상대방 운전자에게 있는 것이다.

호로비츠는 이런 상황에서 자율무기가 탁월한 성능을 발휘할 수 있을지 물었다. 이럴 때는 규칙을 엄격하게 준수하고 회상 능력이 없는 기계의 특징이 이득이 될 것이다. 절대 방향을 틀지 않도록 설계된 로봇은 이 치킨게임에서 이길 수 있는 완벽한 드라이버가 될 것이다. 호로비츠는 〈인공지능, 전쟁, 위기 안정성〉에서 쿠바 미사일 위기 시나리오를 이용한 사고실험 결과를 제시했는데, 여기서는 봉쇄를 진행한 미국 함선들이 자율무기다. 그들은 봉쇄선을 넘는 모든 소련 배에게 발포하도록 프로그래밍될 것이다. 만약 이 사실을 소련에 확실히 전달할 수 있다면, 충돌을 피해야 하는 책임이 소련

측으로 넘어가게 된다. 호로비츠는 "케네디 행정부는 이게 사실이라는 걸 소련 정부에 어떻게 납득시켰을까?[39]"라고 물었다. 로봇 함선이 실제로 발포하도록 프로그램되어 있다는 걸 소련 지도부에게 설득력 있게 증명할 방법은 없을 것이다. 미국 지도자들은 그게 사실이라고 주장할 수 있지만, 허세를 부려서 속일 때도 그렇게 말할 것이므로 그 주장은 무의미하다. 미국은 소련이 봉쇄에 동원된 미국 선박의 코드를 검사하도록 허용하지 않을 것이다. 미국이 자기 손을 단단히 묶어놨다는 걸 증명할 수 있는 믿을 만한 방법은 없다. 이건 핸들을 뜯어내긴 했지만 창밖으로 던지지 못하는 상황과 비슷하다. (소련도 마찬가지로 자국 함선이 절대 후퇴하지 않고 봉쇄선을 돌파하도록 프로그래밍할 수 있지만, 자기들이 그렇게 했다는 걸 미국인들에게 증명할 방법은 없다.)

스탠리 큐브릭Stanley Kubrick의 1964년도 영화 〈닥터 스트레인지러브〉는 억지력과 상호 확증 파괴라는 기괴한 논리를 탐구한다. 이 영화에 나오는 소련 대사는 미국 군부와 정치 지도자들이 모인 자리에서, 소련은 '인류 파멸 장치doomsday machine'라는 걸 만들어놓았기 때문에 만약 소련이 공격을 받는다면 대규모 핵 반격이 자동으로 실행되어 인류를 절멸시킬 것이라고 설명한다. 주인공인 스트레인지러브 박사는 "인간의 간섭을 배제하는 자동화되고 돌이킬 수 없는 의사결정 과정 때문에[40] 이 인류 파멸 장치는 무서우면서도…… 충분히 가능하고 설득력 있다"라고 말한다. 하지만 안타깝게도 이 영화에서는 소련이 그런 장치를 만들었다는 사실을 미국 측에 말하지 않는다. 그러자 스트레인지러브는 소련 대사에게 "그걸 비밀로 하면 운명의 날 장치를 만든 의미가 없지 않느냐"라고 외친다.

그런데 때로 진실이 허구보다 더 기묘할 때도 있으니, 냉전이 끝난 뒤에 소련이 실제로 '죽음의 손[41]'이라는 별명을 가진 반자동식 인류 파멸 장치를 만들었다는 증거가 나왔다. 공식적으로는 '페리미터Perimeter'라고 하는 이 시스템은, 미국의 선제공격 때문에 소련 지도부가 다 죽더라도 대규모 보복공격을 할 수 있게 설계된 자동 핵무기 지휘통제 시스템이었다고 한다. 페리미터의 기능에 대한 설명은 사람마다 다르지만,[42] 기본적인 아이디어는 시스템이 평시에는 비활성 상태를 유지[43]하다가 위기가 발생하면 확실한 보복을 위해 '파괴 보장' 메커니즘으로 활성화될 수 있다는 것이다. 작동할 때는 빛, 방사선, 지진, 압력 센서 네트워크[44]를 이용해 소련 영토에서 핵폭발이 발생했는지 평가한다. 핵폭발이 감지되면 소련군 작전 참모부와의 통신 상태를 확인한다. 통신이 작동되면 발사 취소 명령이 내려질 경우에 대비해, 15분에서 1시간 정도 미리 정해진 시간 동안 기다리게 된다. 발사 중지 명령이 없으면, 페리미터는 운용자가 무력화되거나 사망했을 경우 자동으로 작동되는 스위치인 '데드맨 장치'처럼 작동한다. 데드맨 장치는 대부분의 위험한 기계에서 자동 안전장치 기능을 한다. 잔디 깎는 기계의 손잡이를 놓으면 작동이 멈추는 것처럼, 운용자가 무력화되면 기계는 안전 작동 모드로 돌아간다. 이 경우 페리미터는 '파괴 보장 장치'로 만든 것이다. 소련군 작전 참모부에서 발사를 중지하라는 신호가 오지 않으면, 페리미터는 정상적인 지휘계층을 우회해서 지하에 깊게 파둔 보호 벙커 안에 있는 사람들에게 직접 발사 권한을 양도한다. 이때도 여전히 루프 안에 사람이 존재하지만, 발사 결정은 누구든지 그 시간에 근무하고 있는 사람이 내리게 된다. 소련 지도부는 이 루프에서 차단될 것이다.[45] 그 사람이 버튼 하나만 누르면, 통신 로켓이 여러 대 발사되어 소련 영토를 날아가면서[46] 강화된 사일로 안에 있는 미사일에 핵 발사 코드를 송신한다. 그러면 죽어가는 나라의 마지막 좀비 공격처럼 소련의 ICBM이 미국에 대규모 공격을 가하게 된다.

이런 미친 짓을 하는 건 다 목적이 있었다. 이론상 모든 게 제대로 작동한다면, 페리미터 같은 시스템은 안정성을 강화시킬 것이다. 이 시스템을 이용하면 확실한 보복공격이 보장되므로 위기에 처한 소련 지도자들이 서둘러 의사결정을 할 필요가 없어진다. 1983년의 스타니슬라프 페트로프 사건이나 1995년에 러시아 군사 지도자들이 노르웨이의 과학 로켓 발사에 대응해 보리스 옐친에게 핵 가방을 가져다줬을 때처럼 미국의 기습 공격에 대한 경고가 있었더라도 섣불리 대응하려고 하지 않았을 것이다. 미국이 기습 공격에 성공하더라도 보복할 방법이 확실히 마련되어 있기 때문에, 소련이나 러시아 지도자들은 애매한 상황에서 핵미사일을 발사할 이유가 없다. 미국도 이런 사실을 알았다면 아마 선제공격을 고려조차 하지 않았을 것이다. 물론 문제는 그런 시스템이 엄청난 위험을 안고 있다는 것이다. 1983년에 소련의 오코 위성 시스템이 미국의 ICBM 발사를 잘못 감지한 때처럼 페리미터가 사건을 잘못 감지한다면, 혹은 메커니즘이 활성화된 뒤에 소련 지도자들이 이를 멈출 수 없다면, 이 시스템은 인류를 말살할 것이다.

들리는 이야기에 따르면, 페리미터는 오늘날에도 러시아에서 여전히 운용되고 있다고 한다.[47]

안정-불안정의 역설과 미친 로봇 이론

상호 확증 파괴MAD의 논리는 모든 핵 공격은 본질적으로 자살행위라는 것이다. 보복 대응이 확실시된다면 적을 공격하는 건 곧 자신을 공격하는 것과 비슷하다. 이런 역학관계는 이것 때문에 양측 모두 핵무기를 사용하지 못한다는 점에서 안정적이다. 그러나 아이러니하게도, 시간이 지남에 따라 전략가들은 지나친 안정도 좋지 않다고 걱정하기 시작했다. 이를 '안정-불안정의 역설[48]'이라고 부르게 되었다.

문제의 본질은 핵무기가 완전히 상호 억제되면 억지력으로서의 가치를 잃을 수 있다는 것이다. 이 때문에 핵 문턱 이하의 침략이 대담해질 수 있다. 다들 적국이 핵무기로 대응하지 않을 거라고 확신할 수 있기 때문이다. 이런 논리 하에서는 사고와 오산의 위험이 있는 약간의 불안정은 오히려 주의를 촉구하기 때문에 좋은 것이다. 서로 대치하고 있는 총잡이들에게 돌아가 보자. 안정화 조치 때문에 총잡이들이 무기를 꺼낼 가능성이 줄어든다면, 지나친 안정이 다른 형태의 공격을 부추길 수도 있다. 상대가 총을 뽑지 않을 거라고 확신하면서 그를 모욕하거나 물건을 훔칠 수도 있는데, 그렇게 하는 건 자살행위일 것이다.

이 역설에 대응하는 것이 '광인 이론[49]'이다. MAD라는 약어가 암시하듯이, 상호 확증 파괴 논리는 근본적으로 제정신이 아니다. 미친 사람만이 핵무기를 발사할 것이다. 리처드 닉슨 대통령이 지지한 광인 이론의 배경이 되는 원칙은, 어떤 나라의 지도자들이 너무 변덕스럽고 비합리적이라서 버튼을 누를지도 모른다고 적국 지도부를 설득하는 것이다. 상호 자살이건 아니건, 다혈질이라고 알려진 총잡이를 모욕하는 건 자멸적인 행동이므로 누구나 망설일 것이다.

이는 자율무기가 안정성을 높일 수 있는 또 하나의 방법인 '미친 로봇 이론'을 제시한다. 각국이 자율무기를 위험하다고 인식하면, 완전히 통제할 수 없는 위기에 예측 불가능한 요소를 도입하는 것처럼, 자율무기를 위기 상황에 도입하는 것이 오히려 주의를 유발할 수 있다. 이건 토머스 셸링이 "기회를 안겨주는 위협[50]"이라고 얘기한 것과 같다. 긴장된 환경에 자율무기를 배치하는 국가는 사실상 적에게 "이제 이 일은 내 손을 떠났다. 상황이 전쟁으로 이어질 수도 있고 그렇지 않을 수도 있다. 나는 그걸 통제할 수 없고, 전쟁을 피하고 싶다면 당신이 할 수 있는 유일한 행동은 물러나는 것뿐이다"라고 말하는 셈이다. 교전 확대 규칙에 갇혀서 자기 손을 단단히 묶어버리는 문제와 달리, 이 위협은 적에게 자율무기의 교전 규칙이 뭔지 설득할 필요가 없다. 사실 억지력은 로봇이 하는 행동의 확실성보다 예측 불가능성에 달려 있기 때문에, 불확실성은 '미친 로봇'의 위협을 더 신뢰하게 만든다. 테스트를 거치지 않고 검증되지도 않은 자율무기를 배치하면 그것의 행동이 정말 예측불허라고 설득력 있게 말할 수 있으므로 억제력이 더 커질 것이다.

이 아이디어의 흥미로운 점은 그 효능이 무기 자체의 실제 기능이 아니라 자율무기에 대한 인간의 인식에만 달려 있다는 사실이다. 그 무기는 믿을 만할 수도 있고 아닐 수도 있다. 그건 중요하지 않다. 중요한 건 그것이 예측 불가능한 존재로 인식되어 결과적으로 주의력을 높인다는 것이다. 물론 위기가 전개되는 방식과 관련해서는 무기의 실제 기능이 중요하다. 관건은 인간이 인지하는 자율무기의 위험성과 실제 위험성의 차이다. 지도자들이 자율무기의 위험을 과대평가한다면 걱정할 것 없다. 이럴 때는 위기 상황에서 자율무기를 배치하더라도 조심성만 높아지고 해를 끼치지는 않을 것이다. 하지만 만약 지도자들이 그 위험을 과소평가한다면, 자율무기 사용이 재앙을 불러온다.

사람들이 자율무기의 위험을 얼마나 정확하게 평가하느냐는 개인의 심리와 조직이 복잡한 시스템에서 위험을 평가하는 방식에 달려 있다. 데이비드 댕크스에게 사람들이 이런 위험을 정확히 평가할 수 있을 것 같냐고 물어봤는데, 그의 대답은 별로 고무적이지 않았다. 그는 "여기에 자율무기의 진짜 문제가 있다[51]"라고 말했다. 우선 피드백 루프가 있어서 한 가지 행동이 반작용을 일으키는 시스템의 경우, 사람들은 그 행동을 잘 예측하지 못한다고 설명했다. (주식 거래처럼 통제되지 않는 환경에서 복잡한 자율 시스템을 이용해본 실제 경험이 이 이론에 무게를 실어준다.)

게다가 사람들은 투영 편향 때문에, 경험해보지 않은 상황의 위험성도 제대로 예측하지 못한다고 댕크스는 말했다. 예를 들어, 사람들은 자동차에 자주 타므로 자동차 사고를 당할 가능성은 잘 추정한다. 그러나 사전 지식이 없을 때는 위험을 정확하게 평가하는 능력이 무너진다. "자율무기 체계는 상당히 새로운 것이다.[52] 그건 단순히 더 큰 총이 아니다"라고 댕크스는 말했다. "만약 그걸 더 큰 총으로 생각한다면, '우리는 총을 다뤄본 경험이 많다'고 말할 것이다."

그러면 자율무기의 위험성을 정확히 평가할 수 있다고 생각하게 될 것이다. 하지만 댕크스는 자율무기는 다른 무기들과 "질적으로 다르다"고 말했다.

이는 우리가 자율무기의 위험성을 정확하게 평가하는 데 필요한 경험이 부족하다는 걸 시사한다. 자율무기 고장률을 0.0001퍼센트 이하로 낮추려면 얼마나 많은 테스트가 필요한가? 지금으로서는 알 수 없고, 시간이 지나 더 정교한 자율 시스템을 통해서 많은 경험을 쌓기 전까지는 알 수 없다. 댕크스는 우리가 실제 환경에서 복잡한 자율 시스템을 안전하게 운용해본 경험이 많다면 달라질 것이라고 말했다. 안타깝게도 우리가 경험해본 바로는 복잡한 시스템의 표면 아래에는 종종 놀라운 일이 숨겨져 있다. 댕크스는 "우리가 위험성을 잘 추정할 수 있다고 생각하는 건 완전히 불합리하고[53] 절망스러울 정도로 낙관적인 생각"이라고 결론을 내렸다.

매듭 풀기

쿠바 미사일 위기가 최고조에 달했을 때, 니키타 흐루시초프 소련 서기장이 케네디 대통령에게 핵전쟁의 위기에서 벗어나기 위해 함께 노력할 것을 촉구하는 간절한 서한을 보냈다.

> 대통령님, 우리는 이제 전쟁의 매듭을 묶은 밧줄 끝을 잡아당기면 안 됩니다.[54] 우리 둘이 잡아당길수록 그 매듭은 더 단단해질 테니까요.

매듭이 너무 단단해져서 그걸 묶은 사람조차도 풀지 못하는 상태가 되면 매듭을 잘라야 할 테고, 그게 무얼 의미하는지는 굳이 설명할 필요가 없을 겁니다, 우리 양국이 어떤 끔찍한 힘을 보유하고 있는지 잘 아실 테니까요.

자율무기는 위기 상황에서의 안정성과 긴장 고조 제어에 대한 우려를 불러일으킨다. 마이클 칼 하스는 "자율적인 타격 시스템 도입으로 인해 높은 수준의 작전통제권이 일시적으로 상실되고 원치 않는 단계적 확대(재래식 무기 또는 핵)가 발생할 수 있는 시나리오가 있다[55]"고 판단했다. 그는 정책입안자들이 현재 상태로도 매우 복잡한 방정식에 자율무기 시스템을 추가하기 전에 신중하게 주의를 기울여야 한다고 주장했다. 그들의 경직된 규칙 준수 때문에 행동의 전후 사정이나 결과를 제대로 이해하지 못한 채로 매듭을 조일 수 있다.

쿠바 미사일 위기 동안 미국 지도자들은 계속해서 소련 지도자들의 심리를 이해하려고 노력했다. 케네디 대통령은 이해관계는 달라도 흐루시초프 총리의 입장에 공감했다. 케네디는 만약 미국이 쿠바에 대항해서 움직인다면, 소련도 세계의 다른 지역, 아마 베를린 같은 곳에서 대응할 수밖에 없다는 걸 이해했다. 케네디는 체면을 유지하면서, 쿠바에서 미사일을 제거할 수 있는 선택권을 흐루시초프에게 줄 필요가 있다는 걸 알았다. 케네디와 참모들은 2차, 3차 행동의 결과를 통해 생각할 수 있었다. (흐루시초프는 결국 쿠바를 침공하지 않겠다는 미국의 다짐과 터키에서 미국 미사일을 철수시키겠다는 비밀 약속을 대가로 미사일 철수에 합의했다.) 소련 잠수함 B-59에 탑승했던 바실리 아르키포프도 이와 비슷하게, 만약 그들이 핵 어뢰를 발사해 미국 항공모함을 파괴한다면 미국인들은 다른 곳에서 핵무기로 대응해야 할 필요성을 느낄 거라고 생각했다. 그 결과 양측 다 뒤로 물러설 수 없는 수준으로 갈등이 고조될 것이다.

인간은 완벽하지 않지만, 상대방과 공감하거나 더 큰 그림을 볼 수 있다. 인간과 달리 자율무기는 자신의 행동에 따른 결과를 이해할 수 있는 능력도 없고, 전쟁 직전에 물러설 능력도 없을 것이다. 자율무기는 위기 상황에서 인간의 모든 의사결정을 앗아가는 게 아니라, 돌이킬 수 없을 정도로 매듭을 조일 가능성이 있다.

PART
6

아마겟돈 피하기: 정책이라는 무기

Averting Armageddon: The Weapon of Policy

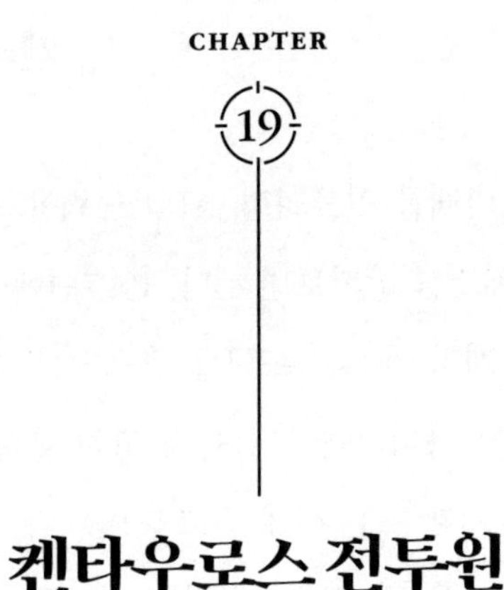

켄타우로스 전투원

인간 + 기계

자율무기를 둘러싼 법적, 윤리적, 전략적 문제 전반에 걸쳐 공통된 주제가 하나 있다면, 무력 사용 결정이 상황에 따라 얼마나 달라지는가다. 적어도 가까운 미래에는 기계가 자기 행동의 맥락을 이해하는 능력이 인간만큼 좋아지지 않을 것이다. 그러나 기계가 인간보다 훨씬 잘 작동하는 환경도 있다. 최고의 의사결정 시스템은 이 각각의 장점을 활용하게 될 것이다. 고대 그리스 신화에 나오는 반인반마의 이름을 따서 흔히 '켄타우로스 전투원'이라고 부르는 하이브리드 인간-기계 인지 시스템은 인간 지능의 강력함과 유연성을 포기하지 않고도 자동화의 정밀성과 신뢰성을 활용할 수 있다.

켄타우로스의 우위

기계 인지 능력의 미래를 엿보려면, AI의 능력을 인간에게 가장 잘 보여주는 분야인 체스를 살펴보면 된다. 1997년에 IBM의 딥 블루가 세계 체스 챔피언 게리 카스파로프[1]를 꺾으면서, 이제 인간이 세계 최고의 체스 선수가 아니라는 사실을 확고히 했다. 그러나 나중에 밝혀진 바와 같이, 기계 또한 세계 최고가 아니다. 1년 뒤, 카스파로프는 인간과 AI가 같은 팀에서 협력하는 켄타우로스 체스[2]라는 고급 체스 분야를 창설했다. AI는 가능한 수를 분석해서 인간 플레이어가 놓쳤을 수도 있는 취약점이나 기회를 파악해 실수 없는 게임을 이끌었다. 인간 플레이어는 전략을 관리하고, AI 검색이 가장 유망한 구역에 집중되도록 조정하고, 복수의 AI가 보이는 차이점을 관리할 수 있다. AI 시스템이 인간 플레이어에 피드백을 주면, 인간 플레이어가 다음에 어떤 수를 둘지 결정했다. 인간과 기계의 장점을 활용한 켄타우로스 체스는 인간이나 AI가 혼자 할 때보다 더 나은 게임을 만들어낸다.

이를 무기 교전에 어떻게 이용할 수 있는지 이해하려면 먼저 (1) 무기 체계의 핵심적 운영자 역할, (2) 안전 장치자 역할, (3) 도덕적 행위자 역할 등 인간이 오늘날 목표물을 결정할 때 수행하는 다양한 역할을 세분화해야 한다.

인간이 무기 체계의 '핵심적 운영자' 역할을 할 때는, 만약 없다면 무기가 작동하지 않는 중요한 기능을 수행한다. 레이저 유도폭탄을 표적으로 유도하기 위해 표적을 레이저로 '칠하는' 것도 핵심적 운영자가 하는 일이다. 인간이 안전장치 역할을 할 때는 무기가 스스로 작동할 수 있지만, 실패하거나 상황이 변해서 더 이상 교전을 계속할 수 없을 때 개입해서 지원하기 위해 루프 안에 대기한다. 인간이 '도덕적 행위자' 역할을 할 때는 무력 사용이 과연 적절한지를 가치관에 근거해서 판단한다.

1999년에 코소보 상공에서 벌어진 미국 항공전 일화에는 이 3가지 역할을 동시에 수행하는 교훈적인 사례가 포함되어 있다.

> 1999년 4월 17일,[3] CUDA 91과 92라는 F-15E 스트라이크 이글 두 대가 세르비아에 있는 AN/TPS-63 이동식 조기 경보 레이더를 공격하라는 임무를 받았다. 이 항공기에는 사실 F-15E의 무기 체계 장교 WSO가 원격으로 조종하는 원거리 공격 무기인 AGM-130이 실려 있었는데, 장교는 무기 앞쪽에 달린 적외선 센서를 이용해서 표적을 탐지한다. CUDA 91은…… 항공 작전 센터가 제공한 좌표로 발사되었다. 무기가 의심스러운 목표물 지점에 접근했지만, 승무원들은 아직 [적군 레이더를] 찾지 못했다. 충돌이 발생하고 12초 후, 영상이 더 선명해졌다. …… [조종사들은 교회 첨탑처럼 생긴 것의 윤곽을 보았다.] [충돌] 3초 후, WSO가 결정했다. "이 들판을 파보겠다"면서 수백 미터 떨어진 빈 들판으로 무기를 겨냥했다. …… 비행이 끝난 뒤에 테이프를 검토해본 결과 레이더라고 확실하게 식별할 수 있는 물체는 발견되지 않았지만, 세르비아 정교회 예배당의 윤곽은 똑똑히 잘 보였다.

이 사례에서, 조종사들은 3가지 역할을 동시에 수행하고 있다. 공대지 무기를 수동으로 유도하는 핵심적 운영자 역할을 했다. 또 예상했던 것과 상황이 다르다는 걸 알게 되자, 날아가는 무기를 관찰하고 즉석에서 중단 결정을 내리는 등 안전장치 역할을 했다. 그들은 또한 목표물의 군사적 필요성이 교회가 폭파될지도 모른다는 위험을 감수할 만큼 중요하지 않다고 평가하는 도덕적 행위자 역할도 했다.

전통적으로 인간의 주된 역할인 핵심적 운영자의 역할은 사실 자동화하기 가장 쉬운 역할이다. 예를 들어, 네트워크로 작동되는 GPS 폭탄은 운영자들에게 비행을 중단시킬 수 있는 능력을 주고 도덕적 행위자와 안전장치로서의 역할을 지켜주지만, 무기는 목표물까지 혼자 이동할 수 있다. 비군사적 환경에서도 이런 모습을 자주 본다. 상업용 여객기는 자동화를 이용해[4] 비행기를 조종하는 필수 임무를 수행하는데, 이때 인간 조종사들은 안전장치 역할을 한다. 생명 유지장치에 의존하는 사람의 경우, 환자의 생명을 유지하는 필수적인 임무는 기계가 수행하지만 이 장치를 계속 사용할 건지 여부를 도덕적으로 판단하는 건 인간이다. 자동화가 계속 발전함에 따라 무기 시스템의 많은 기능을 자동화하면 인간에게 의존하는 것보다 정확성, 정밀성, 신뢰성이 훨씬 더 높아질 수 있다. 그러나 인간이 도덕적 행위자나 안전장치로서 하는 역할을 자동화하는 건 훨씬 어려우므로, 아직 등장하지 않은 미래의 AI에게는 중요한 도약이 필요할 것이다.

도덕적 행위자이자 안전장치로서의 인간의 역할

켄타우로스 인간-기계팀의 장점은 자동화의 이점을 얻기 위해 인간 판단력의 이점을 포기할 필요가 없다는 것이다. 꿩도 먹고 알도 먹을 수 있다는 얘기다(적어도 몇몇 경우에는). 미국의 C-RAM(적이 발사한 로켓, 대포, 박격포를 근거리에서 공중 요격하는 무기 시스템)은 이런 접근방식의 한 예다. C-RAM은 교전 과정의 상당 부분을 자동화해서 정밀도와 정확도를 높이지만, 여전히 인간을 루프 안에 배치해둔다.

C-RAM은 로켓, 대포, 박격포 공격으로부터 미군 기지를 보호하기 위해 마련된 것이다. 레이더망을 이용해서 날아오는 탄환을 자동으로 식별하고 추적한다. C-RAM은 하늘에 아군 항공기가 떠 있는 기지에서 자주 사용하기 때문에, 이 시스템은 아군 항공기 주변에 자율적인 '교전 금지 구역[5]'을 만들어서 아군 피해를 방지한다. 그 결과, 이론상 혼자 힘으로 안전하고 합법적으로 교전을 완료할 수 있는 고도로 자동화된 시스템이 구축되었다. 그러나 여전히 교전 전에 인간이 각각의 개별 목표물에 대한 최종 검증을 시행한다. 한 C-RAM 운용자는 자동화와 인간 운용자의 역할을 다음과 같이 설명했다.

> 인간 운용자는 C-RAM 시스템 발사와 관련해 목표물을 겨냥하거나 뭔가를 직접 제어하지 않는다.[6] 인간 운용자는 목표물이 정말 로켓이나 박격포인지, 교전 구역에 아군 항공기가 없는지 확인하면서 이 과정의 최종적인 안전장치 역할을 한다. 인간 운용자가 허가 버튼을 누

르면 그제야 비로소 무기가 날아오는 발사체를 추적, 조준, 파괴할 수 있다.

따라서 C-RAM은 인간과 자동 안전장치를 모두 갖춘 이중 안전 메커니즘을 가지고 있다. 자동화된 안전장치는 인간 운용자보다 높은 정밀도와 신뢰도로 하늘에 있는 아군 항공기를 추적할 수 있고, 인간은 예상치 못한 상황에 대응할 수 있다. 이 모델은 또 교전 전에 반드시 인간 운용자가 적극적인 조치를 취하도록 함으로써, 모든 발포를 인간이 책임지도록 한다.

원칙적으로 C-RAM의 자동화 기능과 인간의 의사결정을 혼합해서 사용하는 것이 최선이다. 인간이 모든 사고를 막을 수는 없을지도 모르지만(결국 인간은 실수를 저지르게 마련이므로), 인간을 루프에 포함시키면 잘못된 교전을 되풀이할 가능성이 대폭 감소한다. 시스템이 고장 나면 인간은 최소한 무기 시스템이 더 이상 작동하지 못하도록 중지시킬 수 있는 반면, 자동화는 자기가 엉뚱한 목표물과 교전하고 있다는 사실을 이해하지 못할 수도 있다.

인간 운용자가 실제로 도덕적 행위자와 안전장치의 역할을 하려면, 이를 위한 훈련을 받고 무기 체계 운용에 적극적으로 참여하는 문화의 뒷받침도 받아야 한다. 패트리엇 아군 피해는 '자동화에 대한 부당하고 비합리적인 신뢰[7]'에서 비롯된 것이다. 인간이 교전을 책임지려면, 인간 운용자가 자신의 의도를 기계에 프로그래밍할 수 있도록 설계된 자동화 기능, 인간이 정보에 입각한 결정을 내릴 수 있도록 필요한 정보를 제공하는 인간-기계 인터페이스, 운용자가 판단력을 발휘할 수 있는 교육 과정, 그리고 인간의 책임을 강조하는 문화 등이 필요하다. 이런 모범 사례를 따르면 C-RAM처럼 안전하고 효과적인 시스템을 얻게 되는데, C-RAM의 자동화 기능은 중요한 장점이 있지만 인간도 여전히 통제력을 유지하고 있다.

켄타우로스 전투의 한계: 속도

인간과 기계가 팀을 이룬 이상적인 켄타우로스 모델은 인간이 반응할 수 있는 속도보다 빠른 행동이 요구되거나 인간과 기계 사이의 통신이 끊어지면 망가져 버린다.

이번에도 체스가 유용한 비유가 될 수 있다. 켄타우로스 인간-기계팀은 체스에서 대체로 뛰어난 결정을 내리지만, 선수가 수를 고민할 시간이 30~60초밖에 없는 시간제한 게임에서는 최적의 모델이 아니다. 결정 시간이 줄어들면 인간이 있어도 컴퓨터만 있을 때에 비해 득이 되는 부분이 전혀 없고,[8] 실수를 저질러서 도리어 해가 될 수도 있다. 세월이 흘러 컴퓨터가 더 발전하면,[9] 시간을 아무리 많이 줘도 인간이 더 이상 아무런 도움도 주지 못하는 상황이 올 수도 있다.

기계는 이미 특정한 군사적 상황에서 인간 혼자 움직일 때보다 더 훌륭하게 임무를 완수한다. 교전 속도가 인간 운용자를 압도하는 미사일과 로켓의 포화 공격을 방어하려면 기계가 필요하다. 시간이 지나면서 미사일도 군집 행동 같은 지능적인 기능을 갖추게 되기 때문에 방어를 위한 이런 관리형 자율무기가 훨씬 중요해질 가능성이 있으며, 이에 따라 인간의 개입은 필연적으로 감소하게 될 것이다.

당연히 루프에 위에 있는 인간은 루프 안에 있는 인간보다 통제력이 약하다. 무기가 고장 나면 해를 끼칠 위험이 커지고 도덕적 책임감도 줄어든다. 그렇지만 인간 감독은 교전을 어느 선까지 계속 감독한다. 이지스 같은 감시용 자율무기가 수십 년 동안 광범위하게 사용되어왔다는 건 이런 위험성을 관리할 수 있음을 시사한다. 이 모든 상황에서 추가적인 백업 역할을 하는 인간은 무기 시스템에 물리적으로 접근해서 무기 시스템을 하드웨어 수준에서 비활성화할 수 있다. 기존 시스템에서도 사고는 발생했지만, 큰 재앙으로 번진 적은 없다. 방어용으로 사용되는 관리형 자율무기가 더 많아지는 세상은 오늘날의 세상과 크게 다르지 않을 듯하다.

속도가 중요한 공격 상황도 틀림없이 있을 것이다. 그러나 이 경우 속도는 공격 개시를 결정할 때보다 공격을 실행할 때 더 가치가

관리형 자율무기를 사용하는 이유

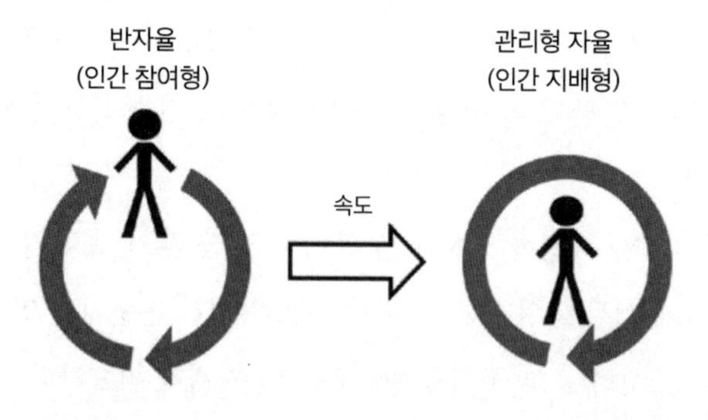

교전 속도가 너무 빨라서 인간이 루프 안에 머무르기 힘들 때는 관리형 자율무기가 필요하다.

있을 것이다. 예를 들어, 군집 미사일의 행동을 조정하거나 목표물과의 교전을 피하기 위해서는 권한을 위임할 필요가 있는데, 특히 적들도 군집 상태일 때는 더욱 그렇다. 그러나 인간은 공격 시간과 장소에 대한 선택의 폭이 넓다. 일부 표적의 경우, 인간이 적의 대상물을 일일이 선택하게 하는 건 실현 가능성이 떨어질 수도 있다. 앞으로 군대가 로봇을 수백, 수천 대씩 동원해 군집 전투를 벌일 때는 특히 그럴 것이다. 하지만 오늘날에는 인간이 특정한 표적 집단을 선택하면 무기가 알아서 목표물을 분배하는 감지신관무기나 브림스톤 미사일 같은 무기 체계가 있다. 인간이 알려진 표적 집단을 선택하면 자율무기를 둘러싼 많은 우려가 최소화되는 동시에, 개별 요소들을 따로 명시할 필요 없이 무리 전체에 대한 공격을 승인할 수 있다.

통신 기능 저하

적지 상공이나 수중처럼 무기와의 교신이 끊어지는 곳에서는 인간이 감시하는 게 불가능하다. 그러나 교전 지역에서의 교신은 양단간에 하나를 선택할 수 있는 문제가 아니다. 통신 기능이 저하될 수는 있지만 완전히 끊어지는 건 곤란하다. 선진 군대는 통신 장애에 강한[10] 기술을 보유하고 있다. 아니면 근처 차량에 있는 사람이 자율무기와 교신하면서 교전을 승인할 수도 있다. 어떤 식으로건, 어느 정도의 소통은 가능할 것이다. 그렇다면 인간을 계속 루프 안에 유지하려면 얼마나 많은 대역폭이 필요할까?

별로 많이는 필요 없다. 일례로, 이라크에서 F-15가 공격할 때 찍은 동영상에서 캡처한 아래 화면을 보면 대역폭이 겨우 12킬로바이트에 불과하다. 화면이 아주 선명하지는 않지만 개별 차량을 구분하기에는 충분한 해상도다. 훈련된 운용자는 탱크나 이동식 미사일 발사대 같은 군사용 차량과 버스나 트럭 같은 군민 양용 차량을 구별할 수 있다.

DARPA의 코드 프로그램은 1990년대에 사용한 56K 모뎀과 거의 비슷한 수준인 초당 50킬로비트를 전송할 수 있는 통신 링크를 이용해서 인간을 루프 안에 유지할 계획이다. 이런 저대역폭 통신 링크는 2초마다 아래와 같은 화질의 이미지를 한 장 전송할 수 있다. (1킬로바

이라크 F-15 공습 시의 표적 선택용 이미지(크기 12킬로바이트)

이라크에서 진행된 F-15 공습의 표적 선택용 사진은 차량 행렬이 교차로에 접근하는 모습을 보여준다. 비교적 대역폭이 낮은 네트워크를 통해 이런 이미지를 전송해서 인간 운용자가 교전을 승인하도록 한다.

이트는 8킬로비트와 같으므로, 12킬로바이트 크기의 이미지는 96킬로비트가 된다.)
이를 통해 인간은 표적을 확인하고 몇 초 안에 교전 승인 여부를 결정할 수 있다.

이런 대역폭 감소 방법은 통신이 완전히 두절된 지역에서는 효과가 없을 것이다. 그런 환경에서는 오늘날의 크루즈 미사일처럼 반자율무기가 인간 통제관이 사전에 허가한 목표물과 교전할 수 있다. 이는 일반적으로 고정된 목표물(혹은 쉽게 식별할 수 있는 특징이 있고 한정된 지역에서만 이동하는 목표물)의 경우에만 가능하다. 이때는 인간이 표적을 결정한 것이므로 책임 소재가 명확하다.

그러나 통신이 두절된 환경에서는 상황이 금세 복잡해진다.

무인 차량이 공격을 받으면 스스로 방어할 수 있어야 하는가? 미래의 군대는 값비싼 로봇 차량을 배치했을 때 자체적인 방어 기능을 원할 것이다. 인간과의 교신이 끊어졌을 때는 모든 방어가 완전히 자율적으로 이루어져야 한다. 하지만 자율적인 자기방어는 몇 가지 위험을 초래한다. 예를 들어, 누군가 로봇에게 총을 발사해 로봇이 응사하게 한 다음, 인간 방패 뒤에 숨어서 로봇이 민간인을 죽이는 사고를 고의로 유발할 수도 있다. 또 아군이 피해를 입거나 의도치 않게 위기가 고조될 위험도 있다. 순전히 방어를 위해서 마련된 교전 규칙ROE도 서로 대치하는 시스템 간의 상호작용을 유발해 결국 서로 총격을 가할 수 있다. 자기방어 권한을 위임하는 건 위험한 일이다. 그러나 군대가 값비싼 무인 시스템을 기꺼이 위험에 처하게 한 채 무방비 상태로 둘 거라고는 상상하기 힘들다. 방어조치를 제한적으로만 사용하고 과잉 조치를 금한다면 위험을 관리할 수 있을 것이다.

군이 로봇 시스템이 사용하는 특정한 ROE를 공개할 가능성은 낮아 보이지만, 국가 간의 투명성이 어느 정도 확보되면 위기 고조 위험을 관리하는 데 도움이 될 수도 있다. 로봇 시스템이 교전 지역에서 어떻게 행동해야 하는지에 관한 '충돌 예방 법규'는 사고 위험을 최소화하고 전반적인 안정성을 개선하는 데 도움이 된다. "로봇을 향해 발포하면 반드시 응사할 것이다" 같은 규칙은 반응을 강화하게 될 것이다. 로봇은 상대가 먼저 쏘지 않는 이상 발사를 보류해야 한다는 신중한 '후발포' 규칙과 결합된 이런 접근방식은 전반적으로 상황을 안정시킬 가능성이 크다. 각국 군대가 인간의 감시가 없는 환경에서 무장한 로봇 시스템이 상호작용하는 방식과 관련된 일련의 지침에 합의할 수 있다면, 앞으로 많은 국가가 로봇 시스템을 무기화함에 따라 표면화될 문제들을 관리하는 데 큰 도움이 될 것이다.

통신 두절 지역에서 움직이는 표적을 공격할 때는 인간이 작전을 감독하기가 가장 힘들다. 함선, 방공 시스템, 미사일 발사대 등

완전자율무기를 사용하는 이유

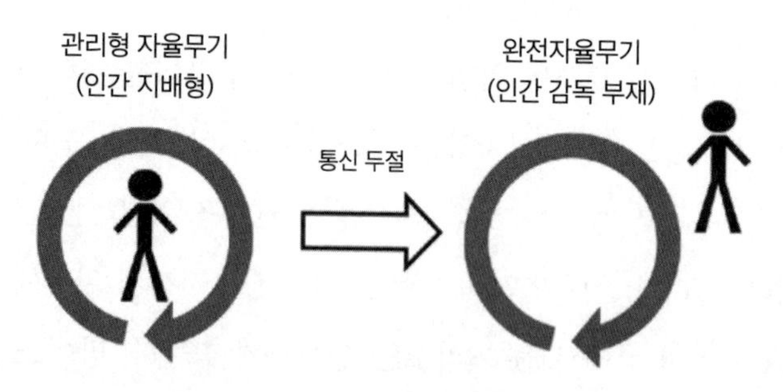

인간과 기계 사이의 교신이 없을 때는 완전한 자율성이 필요하다.

은 모두 움직이기 때문에 찾기가 어려워서 정밀 타격에 어려움이 있다. 이상적인 상황에서라면 로봇 시스템들이 이런 목표물을 탐색해 그 좌표와 사진을 인간 통제자에게 전달해 공격 승인을 받은 다음(CODE가 의도한 대로), 인간이 허가한 목표물만 공격할 것이다. 그러나 통신 링크를 사용할 수 없을 때는 완전자율형 무기를 이용해 스스로 표적을 탐색 및 선택하고 공격하도록 해야 한다.

그런 무기가 군사적으로 유용할 것이라는 데는 의심의 여지가 없다. 또 위험하기도 할 것이다. 이런 상황에서는 무기가 실패하거나 해킹당하거나 잘못된 표적을 공격하도록 조작당해도 회수하거나 중지시킬 수 없을 것이다. 방어적인 대응 사격과 달리 무기가 하는 행동이 제한을 받지 않고 과잉 조치가 금지되지도 않을 것이다. 목표물을 찾으면 바로 공격에 나설 것이다. 그 무기가 수반할 위험을 고려하면, 그런 위험을 감수할 만큼의 군사적 가치가 있는 일인지 확인해야 한다.

이지스 훈련 센터에서 일하는 갈루치 대위에게 완전자율형 무기에 대해 어떻게 생각하느냐고 묻자, 그는 "우리가 해결하려는 용도가 뭐냐?[11]"고 물었다. 중요한 질문이다. 군대가 넓은 지역에 걸쳐 목표물을 탐색하고 스스로 파괴할 수 있는 배회형 무기를 만들 능력을 갖춘 지는 꽤 됐다. 하지만 TASM이나 하피 같은 몇몇 예외를 제외하면 이런 무기는 개발되지 않았다. 그런 무기가 분쟁 지역에서 사용되었다는 알려진 사례가 없다. 완전자율형 무기는 유용할 수 있지만, 당장 자기 방어권을 행사해야 하는 극소수의 경우 외에는 꼭 필요하다는 걸 입증하기 어렵다.

완전자율형 무기를 만드는 주된 이유는 다른 사람들도 그렇게 할 수 있다는 가정 때문인 듯하다. 군사용 로봇을 가장 강력하게 지지하는 이들조차 완전자율형 무기는 주저한다…… 다른 나라에서 만들지 않는 이상. 이건 유효한 문제이며 자기 충족 예언이 될 수도 있다. 남들이 자율무기를 만들지도 모른다는 두려움이 군을 움직여서 무기를 만드는 것일 수도 있다. 조디 윌리엄스는 내게 "만약 그런 게 존재하지 않고 군사적으로도 필요 없다면,[12] 우리는 그걸 만들지 않게 될까?"라고 물었다.

위기 안정성에 대한 우려를 제기한 마이클 칼 하스는 국가들이 완전자율무기가 불러올 잠재적인 위험을 피하기 위한 옵션으로 '상호 제한[13]'을 추구해야 한다고 제안했다. 다른 이들도 그런 무기가 불가피하다고 말한다. 군비 제한의 역사는 이 2가지 관점에 대한 증거를 제공한다.

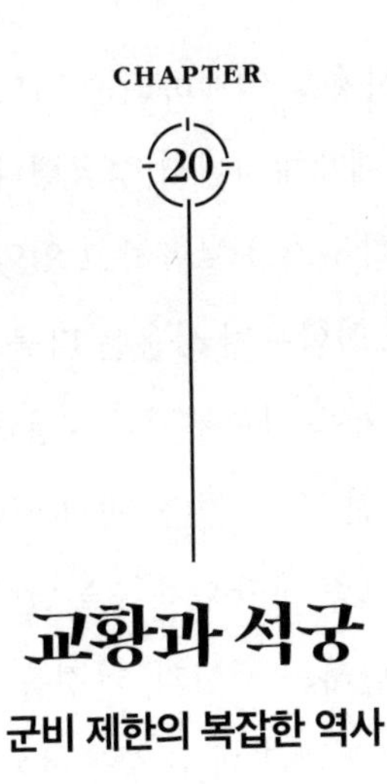

교황과 석궁

군비 제한의 복잡한 역사

2015년 여름에 저명한 AI 로봇 연구진이 자율무기 금지를 요구하는 공개서한에 서명했다. 이들은 "오늘날 인류가 직면한 핵심 문제[1]는 글로벌 AI 군비경쟁을 시작하느냐, 아니면 시작 자체를 막느냐이다. 군사 대국 중 누구라도 AI 무기 개발을 강행한다면 사실상 글로벌 군비경쟁은 불가피하다"라고 썼다.

과거에도 무기를 통제하려는 시도는 많았다. 이런 무기 제한 노력은 일부는 성공했지만 대부분 실패했다. 교황 인노첸시오 2세는 1139년에 석궁 사용을 금지했다. 하지만 그것이 중세 유럽 전체에 석궁이 확산되는 걸 늦추는 데 어떤 영향을 미쳤다는 증거는 없다. 20세기 초에 유럽 국가들은 잠수함 전쟁을 제한하고 도시에 대한 공습을 금지하는 규칙을 마련하려고 애썼다. 하지만 이런 시도는 실패했다. 반면 화학무기 사용을 억제하려는 시도는 제1차 세계대전 때는 실패했지만 제2차 세계대전에서 성공했다. 주요 강대국들 모두 제2차 세계대전 때 화학무기를 보유하고 있었지만 (서로에게) 사용하지 않았다. 오늘날에도 화학무기 사용은 다들 비난하지만, 시리아에서 바샤르 알아사드가 계속 화학무기를 사용하는 걸 보면 어떤 규제도 절대적이지 않다는 걸 알 수 있다. 냉전 시대에는 군축 협정 조약을 많이 체결했는데, 그중 상당수가 오늘날에도 여전히 유효하다. 생물무기나 실명을 유발하는 레이저, 환경을 전쟁 무기로 이용하는 것 등을 금지하는 일부 조약은 매우 성공적이었다. 최근 몇 년 동안에는 인도주의 운동이 지뢰와 집속탄 금지로 이어졌지만, 이 조약은 널리 채택되지 않았고 많은 나라에서 여전히 이 무기를 사용하고 있다. 마지막으로, 비확산 조약을 통해 핵무기와 탄도 미사일, 기타 위험한 기술이 확산되는 속도를 늦출 수 있었지만 완전히 중단시키지는 못했다.

이런 성공과 실패는 자율무기를 통제하려는 사람들에게 교훈을

무기 금지 유형

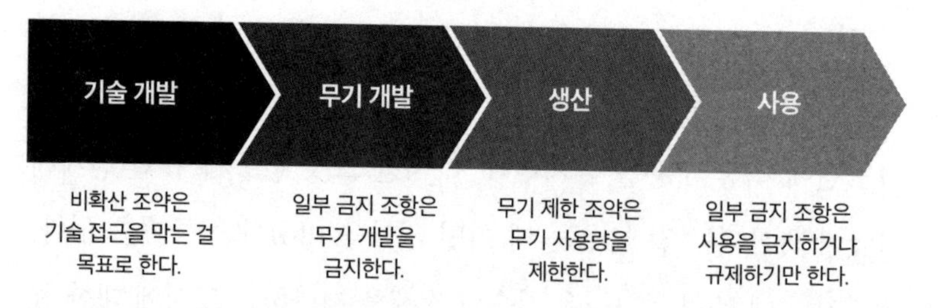

무기 금지는 무기 생산 과정의 다양한 단계를 겨냥하거나 기술에 대한 접근을 막고 국가들의 무기 개발을 금지하며 생산을 제한하거나 사용을 규제할 수 있다.

준다. 자율무기를 가능케 하는 기반 기술의 경우, 확산을 막기에는 너무 분산되어 있고 상업적으로도 이용 가능하며 복제하기도 쉽다. 이 기술을 활용하는 방식에 대한 국가 간 상호제재는 가능할지도 모르지만, 확실히 쉽지는 않을 것이다.

어떤 금지는 성공하고 어떤 건 실패하는 이유

금지 조치의 성패 여부[2]는 무기의 끔찍함에 대한 인식, 알려진 군사적 효용, 이 금지가 효과를 발휘하기 위해 협력해야 하는 관계자들의 수 같은 3가지 주요 요인에 달려 있는 듯하다. 어떤 무기가 그 참혹함에 비해 유용성은 미미하다고 판단되면, 금지 조치가 성공할 가능성이 높다. 어떤 무기가 전장에서 결정적인 이득을 안겨준다면, 아무리 끔찍해 보여도 금지령이 효과가 없을 것이다. 각국이 화학무기와 핵무기를 취급한 방식의 차이가 이 점을 잘 보여준다. 핵무기는 민간인 사상자, 전투원들이 겪는 고통, 환경 파괴 등 모든 면에서 화학무기보다 확실히 더 해롭다. 그러나 핵무기는 전장에서 결정적인 우위를 점하고 있으며, 이것이 바로 핵확산방지조약의 목표인 전세계적 핵 군축이 실현되지 않는 이유다. 반면 화학무기는 전장에서 약간의 이점이 있긴 하지만 결정적이지는 않다. 사담 후세인이 미국을 상대로 화학무기를 사용했다면 미국인 사상자가 더 많아지긴 했겠지만, 그것 때문에 제1차 걸프전이나 2003년 이라크 전쟁의 진로가 바뀌지는 않았을 것이다.

성공한 무기 금지와 실패한 무기 금지

시대	무기	연도	규제 또는 조약
전근대	독화살 또는 미늘이 달린 화살	기원전 1500년~200년 사이까지 다양	마누 법전, 다르마샤스트라, 마하바라다
	은닉 무기	기원전 1500년~200년까지 다양	마누 법전
	불에 달군 무기	기원전 1500년~200년까지 다양	마누 법전
	석궁	1097년, 1139년	1097년 라테라노 공의회, 1139년 2차 라테라노 공의회
	화기	1607~1867년	일본 도쿠가와 막부
	화기	1523~1543년	헨리 8세
세기가 바뀔 무렵	400그램 이하의 폭발성 또는 인화성 발사체	1868년	1868년 상트페테르부르크 선언문
	덤덤탄	1899년	1899년 헤이그 선언
	질식 가스 (발사체를 이용한)	1899년	1899년 헤이그 선언
	독약	1899년, 1907년	1899년 및 1907년 헤이그 선언
	불필요한 부상을 입히는 무기	1899년, 1907년	1899년 및 1907년 헤이그 선언
	풍선으로 운반하는 발사체나 폭발물	1899년, 1907년	1899년 및 1907년 헤이그 선언
	무방비 상태의 도시에 대한 공중 폭격	1907년	1907년 헤이그 선언
제1차 세계대전부터 제2차 세계대전까지	톱니 모양 총검	제1차 세계대전	전장에서의 암묵적 합의
	화학무기와 세균무기	1925년	1925년 제네바 가스 및 세균 협정

법적 구속력?	규제 유형	성공 여부	동기
법적 구속력 있음	사용 금지	성공 여부 불명	불필요한 고통
법적 구속력 있음	사용 금지	성공 여부 불명	배신
법적 구속력 있음	사용 금지	성공 여부 불명	불필요한 고통
법적 구속력 있음	사용 금지	실패	정치적 통제
법적 구속력 있음	실질적인 생산 금지	성공(250년간 지속)	정치적 통제
법적 구속력 있음	민간인 소유 제한	단명	정치적 통제
법적 구속력 있음	사용 금지	기술로 대체되었지만 정신적으로 고수	불필요한 고통
법적 구속력 있음	사용 금지	전장에서의 사용을 제한하는 데는 성공했지만, 민간 사용은 합법적	불필요한 고통
법적 구속력 있음	사용 금지	실패 - 제1차 세계대전에서 사용	불필요한 고통
법적 구속력 있음	사용 금지	성공	불필요한 고통
법적 구속력 있음	사용 금지	의견이 엇갈리지만 전반적으로 성공	불필요한 고통
법적 구속력 있음	사용 금지	단명	민간인 사상자
법적 구속력 있음	사용 금지	실패	민간인 사상자
명시적으로 합의되지 않음	규범상 소지 반대	성공	불필요한 고통
법적 구속력 있음	사용 금지	제2차 세계대전 때 전장 사용을 억제하는 데 크게 성공	불필요한 고통

시대	무기	연도	규제 또는 조약
제1차 세계대전부터 제2차 세계대전까지	잠수함	1899년, 1921~1922년	1899년 헤이그 협약, 1921~1922년 워싱턴 해군 조약
	잠수함	1907년, 1930년, 1936년	1907년 헤이그 선언, 1930 런던 해군 군축 조약, 1936년 런던 의정서
	해군력 규모	1922년, 1930년, 1936년	1922년 워싱턴 해군 조약, 1930년 런던 해군 조약, 1936년 제2차 런던 해군 조약
냉전 시대	핵실험	1963년, 1967년, 1985년, 1995년, 1996년	부분적 핵실험 금지 조약, 틀라텔롤코 조약, 라로통가 조약, 방콕 조약, 펠린다바 조약, 포괄적 핵실험 금지 조약
	남극에 무기 배치	1959년	남극 조약
	우주에 대량살상무기 배치	1967년	우주 조약
	달에 무기 배치	1967년	우주 조약
	비핵 지대	1967년, 1985년, 1995년, 1996년	틀라텔롤코 조약, 라로통가 조약, 방콕 조약, 펠린다바 조약
	핵무기	1970년	핵확산 금지 조약
	해저 핵무기	1971년	해저 조약
	탄도 미사일 방어	1972년	탄도탄 요격 미사일 조약
	생물무기	1972년	생물무기 금지 협약
	환경을 무기로 이용	1976년	환경 변화 금지 협약
	위성 공격 무기	1970~1980년대	미국과 소련의 암묵적인 협력

법적 구속력?	규제 유형	성공 여부	동기
비준되지 않음	금지 시도 - 비준되지 않음	실패 - 조약이 비준되지 않음	민간인 사상자
법적 구속력 있음	사용 규제	실패 - 전쟁 때 규제가 무너짐	민간인 사상자
법적 구속력 있음	선박 수량과 크기 제한	단명	군비경쟁 제한
법적 구속력 있음	핵실험 제한	일부 예외가 있지만 전반적으로 성공	민간인에게 미치는 영향, 군비경쟁 제한
법적 구속력 있음	배치 금지	성공	군비경쟁 제한
법적 구속력 있음	배치 금지	성공	전략적 안정
법적 구속력 있음	배치 금지	성공	군비경쟁 제한
법적 구속력 있음	개발, 제작, 소유, 배치 금지	성공	군비경쟁 제한
법적 구속력 있음	확산 금지	일부 예외가 있지만 전반적으로 성공	전략적 안정
법적 구속력 있음	배치 금지	성공	전략적 안정
법적 구속력 있음	제한적 배치	냉전 기간에는 성공, 다극화된 세계에서 실패	전략적 안정
법적 구속력 있음	개발, 생산, 비축, 사용 금지	일부 예외는 있지만 전반적으로 성공	불필요한 고통, 민간인 사상자, 군비경쟁 방지
법적 구속력 있음	사용 금지	성공	민간인 사상자, 군비경쟁 방지
명시적으로 합의되지 않음	규범상 배치 반대	성공했지만 현재 다극적 세계에서 위협받고 있음	전략적 안정

시대	무기	연도	규제 또는 조약
냉전 시대	중성자 폭탄	1970년대	미국과 소련의 암묵적 합의
	X선으로 탐지할 수 없는 파편	1980년	특정 재래식무기 금지협약(CCW) 의정서 I
	지뢰	1980년	CCW 의정서 II
	소이 무기	1980년	CCW 의정서 III
	화학생물무기	1985년	오스트레일리아 그룹
	탄도 미사일과 크루즈 미사일	1987년, 2002년	미사일 기술 통제 체제, 헤이그 행동 규범
	중거리 미사일	1987년	중거리 핵전력(INF) 조약
	핵무기 및 발사대 수량	1972년, 1979년, 1991년, 2002년, 2011년	SALT I, SALT II, 스타트, SORT, 뉴 스타트
탈냉전 시대	재래식 공군과 지상군	1991년	유럽 재래식무기 감축 조약
	화학무기	1993년	화학무기 금지 조약
	실명을 유발하는 레이저	1995년	CCW 의정서 IV
	재래식 무기	1996년	바세나르 협정
	지뢰	1997년	지뢰 금지 협약(오타와 협약)
	집속탄	2008년	집속탄 금지 협약

법적 구속력?	규제 유형	성공 여부	동기
명시적으로 합의되지 않음	규범상 배치 반대	성공	전략적 안정
법적 구속력 있음	사용 금지	성공	불필요한 고통
법적 구속력 있음	사용 규제	실패	민간인 사상자
법적 구속력 있음	사용 규제	복합적 성공	민간인 사상자
법적 구속력 없음	확산 금지	복합적 성공	불필요한 고통, 민간인 사상자
법적 구속력 없음	확산 제한	어느 정도 성공	전략적 안정
법적 구속력 있음	보유 금지	성공했지만 현재 다극적 세계에서 위협받고 있음	전략적 안정
법적 구속력 있음	수량 제한	성공	군비경쟁 제한
법적 구속력 있음	수량 제한	다극적 세계에서 붕괴	군비경쟁 제한
법적 구속력 있음	개발, 생산, 비축, 사용 금지	일부 예외가 있지만 전반적으로 성공	불필요한 고통, 민간인 사상자
법적 구속력 있음	사용 금지	성공	불필요한 고통
법적 구속력 없음	확산 제한	일부 성공	정치적 통제
법적 구속력 있음	개발, 생산, 비축, 사용 금지	일부 예외가 있지만 전반적으로 성공	민간인 사상자
법적 구속력 있음	개발, 생산, 비축, 사용 금지	일부 예외가 있지만 전반적으로 성공	민간인 사상자

이 역학관계로 인해 비효율적인 무기들이 대거 금지되었다. 그러나 무기가 가치가 있다면 아무리 금지 조치를 만들어도 실패할 거라고 말하는 건 지나치게 단순한 생각이다. 무기와 관련해 유일하게 중요한 요소가 전장에서의 유용성이라면, 군대는 틀림없이 독가스를 사용할 것이다. 적 작전을 교란하고 적군을 공포에 떨게 하는 효과가 크기 때문이다. 덤덤탄과 실명을 유발하는 레이저(둘 다 조약에 의해 금지된) 또한 어느 정도 군사적 효용성이 있다. 하지만 이 경우 인지된 가치가 낮기 때문에, 대부분의 국가가 이런 금지를 위반할 만큼 그 무기를 중요시하지 않는 것이다.

금지 조치가 성공하려면 참여하는 국가 수도 중요하다. 강대국이 2개밖에 없던 냉전 시대에는 군비를 통제하는 게 한결 수월했다. 하지만 모든 강대국이 동의해야 했던 20세기 초반에는 일이 훨씬 어려웠다. 그중 한 나라만 배신해도 군비 제한 협정이 효력을 잃을 수 있었다. 냉전이 종식된 이후 이런 역학관계가 다시 등장하기 시작했다.

흥미롭게도 조약의 법적 지위는 조약 성공과 거의 관계가 없는 듯하다. 법적 구속력이 있는 조약은 항상 위반하는 반면, 어떤 경우에는 아무런 공식적 합의도 없이 구속력이 유지되기도 한다. 법적 구속력이 있든 없든, 국제 협약은 협력을 위한 구심점 역할을 한다. 실제로 각 나라가 금지령을 위반하는 걸 가로막는 건 조약이 아니다. 기본적으로 한쪽이 전쟁에서 승리할 경우 법적 책임을 묻지 않고 오히려 상호법칙을 적용하기 때문이다. 상대 국가가 똑같이 보복할까 봐 두려울 때는 국가들이 자제력을 발휘한다. 보복할 능력이 없는 전투국들끼리는 자제하는 모습이 별로 보이지 않는다. 예를 들어, 제2차 세계대전 당시 일본은 화학무기를 보유하지 않은 중국을 상대로 화학무기를 소량 사용했고, 독일은 홀로코스트 때 가스실에서 수백만 명을 살해했다. 그중 어느 나라도 똑같이 보복할 수 있는 적에게 독가스를 사용하지 않았다.

상호 구속력이 작용하려면 협력을 위한 명확한 구심점이 있어야 한다. 토머스 셸링은 『갈등의 전략Strategy of Conflict』과 『무기와 그 영향』에서 "가장 강력한 제약,[3] 가장 호소력 있는 제약은 눈에 띄는 특징이 있고 단순하며, 정도보다 질을 중요시하고, 인식 가능한 경계를 제공하는 것"이라고 설명했다. 셸링은 이렇게 말했다.

> '약간의 가스'란 말은 어디의 어떤 상황에서 얼마나 많은 가스를 뜻하는 것인가라는 복잡한 의문을 제기한다.[4] '가스 사용 금지'는 간단하고 확실하다. 군인들에게만 가스 사용, 방어 부대만 가스 사용, 차량이나 발사체를 통해서만 가스 살포, 경고 없이는 가스 사용 불가 등 다양한 제약을 상상할 수 있다. 일부는 이치에 맞을 수도 있고, 전쟁 결과에 더 공정하게 작용했을 수도 있다. 그러나 '가스 사용 금지' 처럼 단순한 규정은 양측 모두 상대방이 제안할 규칙을 추측만 할 수 있고 첫 번째 시도에서 조정에 실패할 경우 어떤 제약이든 잠자코 따라야만 하는 상황에서 거의 유일한 합의점을 마련해준다.

이런 단순성은 제2차 세계대전 당시 유럽 국가들이 총력전을 벌여 유럽 대륙이 초토화되는 상황에서도 서로에 대한 독가스 사용만큼은 자제하는 데 큰 역할을 했다.

독일과 영국은 또 민간 목표물에 대한 폭격을 서로 피하려고 했다. 이런 시도는 실패했지만, 이는 공중 폭격이 꼭 가스보다 더 효과적이거나 덜 끔찍했기 때문은 아니다. 도시에 대한 공중 폭격은 대부분 효과가 없었고 모두에게 비난받았다. 영국과 독일이 이런 공격을 감행한 주된 이유는 아마 다른 나라들도 그렇게 했기 때문인 듯하다.

공중 폭격과 가스 사용의 중요한 차이점, 그리고 공중 폭격을 자제하기가 어려웠던 이유는, 민간 목표물 공격 규제에는 '가스 사용 금지' 규칙과 같은 명확성과 단순성이 부족했기 때문이다. 폭격기는 이미 도시 공격 이외의 다른 임무에도 사용되었다. 처음에는 배, 다음에는 육지에 있는 군사 목표물(민간인 사상자 발생이 불가피했다), 그리고 결국 도시 공격에 사용된 것이다. 이 단계들은 점진적으로 진행되었다. 한 단계에서 다음 단계로 확대되는 과정[5]은 우연히 진행될 수도 있다. 실제로 본격적인 공중 폭격을 향한 마지막 단계는 사고 때문에 발생한 것으로 보인다. 전쟁 초기에 영국의 보복을 걱정한 히틀러는, 독일 공군에게 도시 공격을 피하고 군사 목표물에 충실하라는 명확한 지시를 내렸다. 그러나 1940년 8월 24일, 독일 폭격기 몇 대가 어둠 속을 떠돌다가 실수로 런던 중심부를 폭격했다. 영국은 베를린 공격으로 이에 보복했다. 히틀러는 격분했다. 그는 대중 연설에서 "만약 그들이 우리 도시를 대규모로 공격하겠다고 선언한다면,[6] 우리는 그들의 도시를 송두리째 날려버릴 것"이라고 선언했다. 독일이 런던 대공습을 시작하면서부터 자제하려는 모든 시도가 사라졌다. 하지만 가스만은 달랐다. '가스 사용을 금지'하다가 갑자기 사용하는 건 분명 한계점을 넘는 행동이다. 그건 전쟁을 확대하겠다는 명확한 결정이다. 만약 전쟁터에서 군사 목표물을 상대로 가스를 사용했다면, 분명 도시들에 대한 공격으로 확대되었을 것이다.

무기 사용을 완전히 금지하는 조약은 무기 사용을 통제하는 복잡한 규칙보다 더 성공적인 경향이 있다. 민간인 사상자를 피하기 위해 전쟁터에서의 무기 사용 방법을 규제하려는 다른 시도들(잠수함전, 소이 무기, CCW 지뢰 의정서 같은 제약)도 성공 기록이 저조하기는 마찬가지다. 폭발하는 탄환, 덤덤탄, 화학무기, 생물무기, 환경 변형 무기, 실명을 유발하는 레이저 등은 완전히 금지[7]시키는 편이 낫다.

이 규칙을 증명하는 듯한 2가지 흥미로운 예외는 지뢰와 집속탄 금지다. 2가지 조약 모두 본문에 간단하고 직접적으로 사용을 금지한다고 명시되어 있다. 이 조약에 서명한 국가들은 "어떤 상황에서도 지뢰와 집속탄을 사용하지 않겠다"고 맹세한다. 겉보기에는 절대 복잡할 것 없는 명확하고 단순한 금지를 선언하는 듯하다. 복잡한 세부 사항은 무기의 정의 안에 파묻혀 있다. 두 사례 모두 현존하는 특정 무기의 허점을 밝혀내는 방식으로 조약 내용을 정의했다. '대인지뢰[8]'의 정의는 (사람에게 치명적인) 지뢰 제거 방해 장치가 있는 대차량 지뢰까지 허용한다. 집속탄 협약에는 소형 자탄의 수와 무게까지 다루는 훨씬 복잡한 정의가 나와 있다. 그 효과는 일반인에게 집속탄처럼 보이는 다른 여러 무기 체계까지 허용하는 것이다. 이건 우연이 아니다. 이 정의는 일부 국가가 현재 집속탄에 해당되지 않는 기존 무기 재고를 계속 보유할 수 있도록 협상 과정에서 그런 식으로 공들여 작성한 것이다. 호주는 서명을 하면서, 이 조약 내용에는 대전차용 자탄 2개가 포함된 자국의 SMArt 155 포탄[9]이 포함되지 않는다는 사실을 명확히 했다. 그러나 이런 복잡한 규칙을 정의안에 파묻은 덕에 금지 사항이 명확해졌고 규범적인 관점에서 보면 한층 더 강력한 금지처럼 보인다. 어떤 상황에서든 불법으로 인식되는 무기는 낙인을 찍기가 더 쉽다. '집속탄 금지'라고 해놓으면 '이 집속탄은 금지지만, 이건 아니다'라고 하는 것보다 옹호하기가 쉽고 간단하다. 실제 금지령 내용은 후자라고 하더라도 말이다.

예외 조항을 없애면 더 많은 나라가 금지령에 쉽게 서명할 수 있지만, 기술이 아직 발전하는 중이라면 문제가 될 수 있다. 역사 속에서 얻을 수 있는 교훈이 하나 있다면 기술의 미래 진로를 예측하는 건 매우 어렵다는 것이다. 1899년 헤이그 선언에서는 독가스를 채운 발사체는 금지하면서 용기에 든 독가스는 금지하지 않았다. 그래서 독일은 제1차 세계대전 때 이프르Ypres에서 처음 자행한 대규모 독가스 공격[10]을 옹호하기 위해 이 부분을 악용했다. 또 1899년 선언에서는 덤덤탄도 금지했는데, 나중에 알고 보니 이건 별로 끔찍한 기술이 아니었다. 군대에서는 일반적으로 덤덤탄 사용을 자제해왔지만, 미국에서는 민간인들이 호신용으로 구입해서 널리 사용하고 있다.

이 사실을 깨달은 헤이그 대표단은 특히 빠르게 발전 중인 공중 무기와 관련된 문제를 해결하려고 애썼다. 1899년 선언문에서는 풍선이나 "그와 비슷한 속성을 지닌 다른 새로운 방법을 이용한[11]" 발사체를 금지시키면서 4년 뒤에나 등장할 항공기의 가능성을 예측했다. 1907년 헤이그 원칙은 "무방비 상태인 도시, 마을, 주거지, 건물 등을 어떤 방법으로든 공격하거나 폭격하는 것[12]"을 금지함으로써 발전하는 기술 문제를 해결하려고 했다. 하지만 여전히 미흡했다. 무방비 상태인 목표물에만 초점을 맞춘 탓에 공습 시 방어의 무력함이나 방어를 해도 폭격기가 항상 뚫어버리는[13] 현실을 미처 예상하지 못했다.

기술은 예기치 못한 방식으로 발전할 것이다. 성공한 선제적 금지는 특정한 제약보다 기술 이면의 의도에 초점을 맞춘다. 예를 들어, 실명을 유발하는 레이저를 금지시키는 건 레이저의 특정한 출력 수준을 제한하는 게 아니라 영구적인 실명을 유발하도록 특별히 고안된 레이저를 금지하는 조치다. 미국은 덤덤탄 금지에 대해서도 이와 비슷하게 의도를 기준으로 해석해서, 불필요한 고통을 가하려는 의도가 있을 때만 금지시킨다.

선제적 금지는 독특한 과제와 기회를 안겨준다. 실명을 유발하는 레이저나 환경 변형 무기 같은 신무기는 아직 보유하지 않은 나라들이 많으므로, 그 군사적 효용성이 비정형적일 수 있다. 그래서 때로는 금지 조치를 성공시키는 게 더 쉬울 수도 있다. 만약 새로운 무기의 군사적 효용이 불확실해 보인다면, 국가들이 굳이 군비경쟁을 촉발할 위험을 무릅쓰지 않을지도 모른다. 반면, 전쟁터에서 무기가 사용되는 모습을 보기 전까지는 그 무기가 얼마나 끔찍한지 온전히 이해하지 못할 수도 있다. 공중에서 투하하는 무기가 무방비 상태의 도시에 끼칠 수 있는 피해는 정확하게 예상했지만, 독가스와 핵무기는 동시대인들이 미처 대비하지 못한 방식으로 양심에 충격을 줬다.

검증

자율무기에 관한 논의에서 자주 등장하는 주제는 조약의 검증 제도가 하는 역할이다. 이와 관련해서는 실적이 뒤죽박죽이다. 핵확산금지조약,[14] 화학무기협약,[15] INF 조약,[16] 스타트,[17] 뉴 스타트[18] 같은 많은 조약은 준수 여부를 확인하기 위해서 공식적인 사찰을 진행한다. 달에 군사 시설 설치를 금지한 우주 조약[19] 같은 다른 조약들도 실질적인 사찰 제도가 있다. 지뢰와 집속탄 금지의 경우 사찰 제도가 없지만, 비축 지뢰를 제거할 때는 각 나라가 이를 투명하게 공개해야 한다.

성공적인 금지조약에 모두 검증 제도가 포함되어 있었던 건 아니다. 1899년 덤덤탄[20] 금지, 1925년 제네바 독가스 의정서,[21] CCW,[22] SORT,[23] 우주 조약의 대량살상무기WMD[24] 궤도 진입 금지 등은 모두 검증 제도가 없다. 환경변화협약[25]과 생물무기 금지 협약BWC[26]의 경우에는 다른 나라가 부정행위를 하고 있다는 우려가 들면 유엔 안전보장이사회에 제소해야 한다고만 밝히고 있다. (소문에 의하면 소련에는 비밀 생물무기 프로그램[27]이 있었다고 하니, BWC는 복합적인 사례다.)

일반적으로 여러 나라가 비밀리에 금지 무기를 개발하고 있다고 믿을 만한 이유가 있을 때는 검증 제도가 유용하다. 이미 그런 무기를 보유하고 있거나(화학무기, 지뢰, 집속탄 등) 곧 보유하게 될 경우(핵무기)가 그렇다. 검증 제도가 늘 필수적인 건 아니다. 정말 필요한 건 투명성이다. 상호 규제가 성공하려면 다른 나라들이 금지 규정을 잘 지키고 있는지 알아야 한다. 일부 무기는 비밀로 하기 어렵다는 단순한 사실 때문에 투명성 요구가 충족되는 경우도 있다. 탄도탄 요격 미사일 시설과 선박은 쉽게 숨길 수 없다. 다른 무기는 그럴 수 있다.[28]

왜 금지할까?

마지막으로, 무기를 금지시키는 동기를 고려해보는 건 성공 가능성 측면에서 중요하다. 성공적인 금지 사례는 몇 가지 범주로 나눌 수 있다. 첫째는 불필요한 고통을 유발한다고 인식되는 무기들이다. 정의상, 그 군사적 가치에 비해 전투원들에게 과도한 해를 끼치는 무기를 말한다. 이런 무기를 제한하는 건 자신들에게도 득이 된다. 이런 무기를 쓰면 적들이 분명히 보복할 것이기 때문에, 전투원들이 그 무기를 사용할 동기는 빈약한 반면 사용하지 않을 이유는 많다.

과도한 민간인 피해를 초래하는 듯한 무기도 금지하는 데 성공했지만, 그런 금지는 일부 상황에서는 사용을 허가(공중 투하 무기, 잠수함전, 소이 무기, CCW 지뢰 의정서 등)하는 게 아니라 무기 보유를 아예 금지(집속탄과 오타와 지뢰 금지 협약)해야 의미가 있다. 소수의 당사자만 협력하면 될 때는 불안정하게 여겨지는 무기에 대한 금지 조치(해저 조약, 우주 조약, ABM 조약, INF 조약 등)도 대체로 성공했다. 군비 제한은 당사자 수가 적을 때는 정말 힘들지만, 어느 정도 성공한 전력이 있다. 새로운 지역으로 전쟁을 확산시키는 걸 금지하는 것은 협력의 초점이 명확하고 달이나 남극에 무기 배치를 금지하는 것처럼 그 일의 군사적 효용이 낮은 경우에만 효과가 있었다. 해저나 공중에서의 전쟁을 규제하거나 제한하려는 시도는 실패했는데, 그 이유는 규정 내용이 애매했기 때문인 듯하다. 차라리 잠수함 금지나 항공기 금지라고 했으면 훨씬 명확했을 것이다.

결국 최상의 경우에도 금지는 완벽하지 않다. 매우 성공적인 금지 조치를 마련해도 일부 국가는 이를 따르지 않을 것이다. 이 때문에 군사 효용성이 결정적인 요인이 된다. 국가들은 잠재적으로 전쟁에서 승리할 수 있게 해주는 무기를 포기하는 게 아니라는 걸 알고 싶어 한다. 이건 자율무기 금지를 추구하는 사람들에게 심오한 과제다.

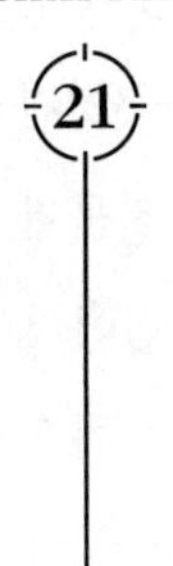

자율무기는 불가피한가?

로봇공학의 치명적인 법칙 찾기

지금까지 10년 가까이 자율무기 문제를 연구하면서 대화를 나눠본 이들은 대부분 기계가 전쟁에서 할 수 있는 행동에 어느 정도 제한을 둬야 한다고 주장했는데, 그들이 이 선을 긋는 위치는 저마다 크게 달랐다. 론 아킨은 현장에서 새로운 목표물을 만들기 위해 자율적인 기계학습을 진행하는 건 금지해야 한다고 말했다. 밥 워크는 범용 인공지능을 갖춘 무기에 선을 그었다. 전쟁터에서는 위험하거나 비윤리적이거나 불법적인 일에 자율성과 기계 지능을 이용하는 일이 분명히 있을 것이다. 국가들이 이런 해로운 결과를 피하기 위해 서로 협력할 수 있는지는 또 다른 문제다.

각국은 2014년부터 매년 제네바에서 열리는 유엔 특정 재래식 무기 금지 협약CCW[1]에서 만나 자율무기에 대해 논의하고 있다. 빙하가 흐르듯 느리게 움직이는 외교상의 진전은 기술 발전의 빠른 속도와 현저한 대조를 이룬다. CCW는 3년간의 비공식 회의 끝에 2016년에 자율무기 문제를 논의할 정부 전문가 그룹GGE을 설립하기로 합의했다. GGE는 좀 더 공식적인 포럼이지만 다국적 조약을 협상할 권한이 없다. 이 그룹의 주요 임무는 자율무기에 대한 실무 정의를 마련하는 것인데, 이건 그동안 각국이 이 문제와 관련해 얼마나 진전을 이루지 못했는지 보여주는 표시다.

하지만 정의는 중요하다. 어떤 이들은 자율무기란 넓은 지역을 탐색하고 스스로 목표물을 공격할 수 있는 단순한 로봇 시스템이라고 상상한다. 그런 무기는 지금 당장이라도 만들 수 있지만, 많은 상황에서 전시 법규를 준수하기는 어려울 것이다. 또 어떤 사람에게 '자율무기'란 LRASM부터 어뢰에 이르기까지 어떤 식으로든 자율성을 활용하는 모든 종류의 미사일이나 무기를 일컫는 일반 용어다. 이런 관점에서 보면 자율무기에 대한 우려는 근거가 없다(70년 전부터 존재해왔으니까!). 어떤 사람은 '자율성'을 자체 학습이나 적응 시스템과 동일시하는데, 이건 오늘날 가능하긴 하지만 이 기능이 아직 무기에 통합되지는 않았다. 또 '자율무기'라는 말을 듣고 인간 수준의 지능을 가진 기계를 상상하는 사람도 있는데, 이런 발전이 곧 이루어질 것 같지는 않고 만약 그렇게 된다면 여러 다른 문제가 생길 것이다. 이렇듯 공통의 어휘가 없으면 나라들끼리 전혀 다른 문제를 얘기하면서 심한 의견 불일치가 생길 수 있다.

두 번째 문제는 새로 등장한 기술과 관련된 모든 논의에 공통적으로 등장하는 것인데, 이런 무기를 어떤 조건에서 어떻게 사용할 수 있을지, 그리고 향후 전쟁에서 어떤 영향을 미칠지 예측하기 어렵다는 것이다. 어떤 사람은 정밀유도무기의 논리적 진화 단계인 자율무기는 사람보다 더 신뢰할 수 있고 정밀하며, 앞으로 민간인 사상자가 적은 인도적인 전쟁이 가능할 것이라고 상상한다. 그런가 하면 사악한 로봇들과 죽음의 기계가 수많은 사람을 죽이는 재앙이 벌어질 거라고 상상하는 이도 있다. 이중 어떤 비전이 더 가능성이 큰지는 알 수 없다. 2가지 상황이 다 가능할 수도 있다. 자율무기가 제대로 기능한다면 정밀하고 인도적인 전쟁을 치를 수 있고, 고장을 일으킨다면 대량살상이 발생하는 것이다.

세 번째 문제는 정치다. 각국은 자국의 안보 이익이라는 렌즈를 통해 자율무기를 바라본다. 자율무기가 자신들에게 이익이 될 수 있다고 생각하는지에 따라 각자의 입장이 매우 다르다. 모든 논의가 금지 방향으로 움직일 거라고 가정하는 건 실수일 것이다.

하지만 국제적인 논의는 어느 정도 진전을 이루었다. 자율무기가 무력을 사용할 때는 어느 정도의 인간 개입이 필요하다는 생각을 중심으로 초기 합의가 이루어지기 시작했다. 이 개념은 다양한 방식으로 표현되고 있는데, 몇몇 NGO와 나라에서는 '의미 있는 인간 통제'를 요구한다. 미국은 DoD 지침 3000.09의 표현에 의지해서 '적절한 인간의 판단'이라는 용어를 사용한다. 이런 엇갈린 견해를 반영하듯, 2016년 전문가 회의에서 나온 CCW 최종 보고서에는 '적절한 인적 개입[2]'이라는 중립적인 문구를 사용했다. 그러나 어떤 나라도 치명적인 무력 사용을 결정할 때 인간이 전혀 관여하지 않는 걸 용인할 수 있다고는 말하지 않는다. 약하긴 하지만, 이러한 공통된 기반이 협력의 출발점이다.

현재 자율무기 논의의 당면 과제 중 하나는 자율무기 금지 노력을 주도하는 게 국가가 아니라 NGO라는 사실이다. 금지를 지지한다고 선언한 국가는 몇 안 되는데, 그들 중에는 중요한 군사 강국이 없다. 무기를 규제하려는 역사적 시도의 맥락에서 보면, 이건 이례적인 일이다. 지금까지는 무기 제한 시도가 대부분 강대국에서 시작되었다.

이 사안의 프레이밍이 '킬러 로봇'을 금지하려는 NGO 활동의 지배를 받고 있다는 사실이 논쟁에 영향을 미친다. 민간인에 대한 잠재적 위해가 논의의 중심이 되었다. 과거 여러 금지의 근거가 됐던 전략적인 문제들은 뒷전으로 밀렸다. 금지 운동을 벌이는 NGO들은 지뢰와 집속탄 금지 같은 전철을 밟고 싶어 하지만, 민간인 피해에 대한 우려 때문에 무기를 선제적으로 금지한 것이 성공한 사례는 없다. 왜 그런지는 쉽게 알 수 있다. 과도한 민간인 희생에 대한 우려 때문에 촉발된 금지 운동은 군에 부수적인 우려를 안겨주는데, 이는 군사적 필요성이라는 근본적인 우선순위에 반하는 것이다. 심지어 국가들이 민간인 피해를 막는 것에 진지하게 신경 쓸 때도, 법을 준수하는 국가는 IHL의 기존 규칙을 따를 것이고 IHL을 존중하지 않는 국가들은 그렇게 하지 않을 것이라고 당당하게 말할 수 있다. 이미 법을 존중하는 사람들의 손을 불필요하게 묶는 것 외에, 이 금지 조치를 통해 뭘 더 이룰 수 있을 것인가? 집속탄과 지뢰 금지를 옹호하는 사람들은 그런 무기가 일으킨 실제적인 피해를 지적할 수 있지만, 새로운 기술의 경우에는 양측 모두 가설을 바탕으로 얘기하는 것 외에는 다른 방법이 없다.

무기가 과도한 민간인 사상자를 낸다고 생각될 때의 해결책은 인구 밀집 지역에서의 공격을 피하는 등 그 사용을 규제하는 것이다. 이론적으로는 이런 규정을 통해 군인이 민간인을 보호하면서 동시에 합법적인 목적을 위해 무기를 사용할 수 있다. 실제로 이런 금지는 대부분 전쟁에서 실패했다. 토머스 셸링은 '도시에서는' 핵무기 사용을 금하자고 요구한 로버트 맥나마라의 원칙을 분석하면서, 이 규칙의 본질적인 문제를 지적했다. "도시에서 얼마나 가까워야[3] 군에서 인정하는 도시의 '일부분'에 속하는가? 무기가 빗나가서 도시를 강타할 경우, 그 도시가 전쟁에 '휩싸였다는' 결론을 내리기 전까지 이런 실수를 몇 번이나 용납할 수 있는가? …… 이런 걸 명확하게 구분할 수 있는 선 같은 건 없다."

자율무기 금지 지지자들은 해저처럼 민간인이 없는 환경에서는 사용을 허락하지만 인구 밀집 지역에서는 허락하지 않는 '분할[4]'이라는 방법에 대해 현명하게 반대 의견을 피력하고 있다. 킬러 로봇 저지 캠페인 측에서는 완전자율무기의 개발과 생산, 사용을 전면 금지해야 한다고 요구했다.[5] 금지에 반대하는 사람들은 이미 기술이 너무 확산된 탓에[6] 멈출 수 없다고 반박하지만, 그건 금지와 비확산 체제를 잘못 동일시한 것이다. 이런 무기를 가능케 한 기반 기술을 제한하지 않으면서도 성공적으로 금지시킨 사례(덤덤탄, 환경 변형 무기, 화학무기와 생물무기, 실명을 유발하는 레이저, 지뢰 금지 조약, 집속탄 등)가 많다.

그러나 이 모든 금지의 공통점이자 현재 진행 중인 자율무기에 관한 논의에서 부족한 건 바로 명확성이다. 영구 실명을 유발할 목적으로 레이저를 만든 사람이 아직은 없다고 하더라도 그 개념은 명확하다. 앞서도 살펴본 것처럼, 자율무기가 무엇이냐에 대해 광범위하게 일치하는 합의점은 없다. NGO 분야의 일부 지도자들은 사실 실무 정의 작성에 반대한다. 휴먼 라이츠 워치의 스티브 구스는 실무 정의를 내리는 건 "일을 처음 시작할 때의 현명한 캠페인 전략이 아니다[7]"라고 말한다. 그런 정의는 "무엇이 포함되고 무엇이 빠지는지를" 정해버리기 때문이다. 그는 "정의에 대해 얘기할 때는 반드시 잠재적 예외에 관한 얘기부터 꺼내야 한다"라고 말했다. 지뢰나 집속탄 금지를 위한 이전의 노력을 살펴보면 이 말이 확실히 맞다. 각국은 협상이 끝날 무렵에 용어들을 정의했다. 차이가 있다면, 지뢰나 집속탄이 무엇인지 다들 알고 있었기에 이를 금지한다는 일반원칙에 공감하여 동참하고 세부사항 논의는 마지막으로 미룰 수 있었다는 점이다. 자율무기에는 이런 공통의 이해가 없다. 민간인 사상자를 막는 데 신경을 많이 쓰는 나라와 개인도 자기가 실제로 뭘 금지하려는 것인지 모를 때는 금지령을 지지하는 데 회의적일 수밖에 없다. 자동화 기능은 수십 년 전부터 무기에 사용되어왔으니, 각 나라는 자율성을 어떻게 이용했을 때 문제가 생기는지 확인할 필요가 있다. 하지만 정치가 이런 정의 문제를 해결하는 데 방해가 된다. 일부 단체가 '자율무기 금지'를 요구한다는 게 논의의 출발점이라면, 자율무기가 과연 어떻게 정의될지 우려된다.

결과적으로 다른 무기 금지 시도와 근본적으로 다른 역학관계가 생겼다. 이는 강대국들에 의해 주도되는 게 아니며, 지뢰나 집속탄처럼 민간인 피해를 걱정하는 민주주의 국가들이 주도하지도 않는다. 자율무기 금지를 지지하는 나라들은 파키스탄, 에콰도르, 이집트, 교황청, 쿠바, 가나, 볼리비아, 팔레스타인, 짐바브웨, 알제리, 코스타리카, 멕시코, 칠레, 니카라과, 파나마, 페루, 아르헨티나, 베네수엘라, 과테말라, 브라질, 이라크, 우간다 등이다(금지를 지지한 순서). 그렇다면 쿠바, 짐바브웨, 알제리, 파키스탄은 금지를 지지하지 않은 캐나다, 노르웨이, 스위스 같은 나라들보다 인권을 더 중요시하는가?[8] 금지를 지지하는 국가들의 공통점은 군사 대국이 아니라는 것이다. 교황청 같은 몇몇 나라를 제외하면, 자율무기 금지를 지지하는 국가 대부분은 민간인을 보호하기 위해서가 아니라 더 강력한 나라들의 손을 묶으려고 그러는 것이다. 이 목록에 속한 나라들은 자신들에게 대항할 자율무기가 뭔지 알 필요도 없다. 자율무기가 뭐든, 자기들은 그걸 만들 수 없다는 걸 알기 때문이다.

국제적인 논의에서는 자율무기가 선진 군대에 가장 큰 이익이 될 것이라는 게 지배적인 가정이다. 단기적으로는 이것이 사실일 가능성이 크지만, 자율화 기술이 국제시스템 전반에 확산됨에 따라 이런 역학관계가 역전될 가능성도 있다. 완전자율형 무기는 약자에게도 이익이 될 수 있다. 교전 환경에서 인간이 계속 루프 안에 존재하려면 보호 통신 기능이 필요한데, 이는 스스로 목표물을 사냥할 수 있는 무기를 만드는 것보다 훨씬 어려운 일이다. 그런데도 이 나라들은 금지가 자신들에게 이익이 될 거라고 생각한다.

이 때문에 적어도 단기적으로는 자율무기 금지를 주장하는 NGO와 소국들이 비대칭적인 이익을 얻을 수 있으므로, 그들은 이런 주장을 포기하지 않을 것이다. 이는 군사용 로봇 분야에서 선두를 달리는 국가들의 반감을 사는 행동인데, 이들은 대부분 자신들의 기술 개발이 더없이 합리적이고 신중하게 진행되고 있다고 생각한다. 남들이 자율무기를 빼앗고 싶어 할수록 그걸 만들 수 있는 나라들에게는 더욱 매력적으로 보일 뿐이다.

특히 법을 준수하는 국가들이 완전자율무기를 개발하는 나라들로부터 어떻게 스스로를 방어할 수 있는지에 대해 자율무기 금지 지지자들이 마땅한 답을 내놓지 못하니 문제가 더 심각해진다. 스티브 구스도 이 문제를 인정했다. "전 세계 모든 나라가 어떤 일에 즉시 동참하게 할 수는 없지만, 포괄적인 금지에 수반되는 낙인의 영향을 받을 수는 있다[9]"라고 그는 말했다. "자기는 선을 넘지 않는다는 이런 낙인을 만들어야 한다." 이건 규제를 장려하는 강력한 도구가 될 수 있지만, 실패할 염려가 아예 없는 건 아니다. 화학무기는 오명이 매우 높지만, 법이나 민간인의 고통에 전혀 신경 쓰지 않는 독재자들은 지금도 계속 사용하고 있다. 따라서 많은 이들이 볼 때 금지에 반대하는 이유는 간단하다. 금지안에 서명하고 법을 준수하는 나라들만 무장 해제된다는 것이다. 이 위험한 무기가 세계에서 가장 혐오스러운 정권에 힘을 실어주는 동안 국제법 준수에 신경 쓰는 나라들이 불리한 처지에 놓이는 것은 가능한 모든 결과 중 최악의 결과가 될 것이다. 자율무기 금지를 지지하는 이들은 왜 반대 지지가 군사 강국에도 도움이 되는지, 그 전략적 근거를 명확히 밝히지 않고 있다.

늘 성공하지는 못했지만, 강대국들은 과도한 해를 끼칠 수 있는 무기를 피하기 위해 서로 협력해왔다. 그런데 이번에 군사 강대국들이 나서지 않는 이유는 이것이 전략적 문제가 아니라 인도주의적 문제라는 프레임이 씌워져 있기 때문이다. 각국 대표들은 CCW 논의 중에 지금까지 한 번도 무기 금지에 사용된 적이 없는 마르텐스 조항에 대한 전문가의 의견을 들어봤지만, 여기에는 전략적 고려가 부족했다. 몇몇 전문가는 공격-방어 균형과 군비경쟁에 관해 얘기했지만,[10] 자율무기가 어떻게 위기 안정이나 확전 통제, 전쟁 종식 문제를 복잡하게 만들 수 있는지에 대한 논의는 사실상 없었다. 유엔 군축연구소의 존 보리는 자율무기가 "의도치 않은 치명적 영향"을 미칠 위험을 우려하지만, 그는 "CCW에서 진행된 정책토론에서는 별로 중요한 의제로 다뤄지지 않았다[11]"고 인정했다.

자율무기는 안정성에 중요한 문제를 제기하기 때문에 이는 꽤 유감스러운 일이다. 완전자율형 무기를 사용하면 군사적인 이득이 있을 수도 있지만, 그게 인간을 루프 안에 두는 반자율무기보다 전반적으로 더 안전하고 인도적인 무기라고 말하는 건 안이하고 잘못된 주장일 것이다. 이 주장은 인간을 루프에서 완전히 제거하고 중요한 자동화 기능을 추가했을 때의 이점을 강조한다. 물론 통신이 두절된 곳에서 인질을 구출하거나 대량살상무기로 무장한 이동식 미사일 발사대를 파괴하는 등 적절한 상황에서 제대로 기능할 경우 보다 인도적인 결과를 얻을 수도 있다. 그러나 전체적으로 볼 때, 전쟁터에 완전자율무기를 도입함으로써 발생하는 일은 속도가 빨라지고 사고 시 더 큰 결과가 초래되며 인간의 통제력이 감소하는 것 등이다.

국가들은 무력을 아무 제약 없이 사용하는 세상을 피하기 위해 서로 협력하고자 한다. 상호제재는 확실히 국가의 이익에 부합한다.

강대국끼리의 전쟁이 불러올 어마어마한 파괴 수준을 생각하면, 이는 특히 강대국들에게 맞는 말이다. 하지만 자제는 조약을 통해 생기는 게 아니다. 상호주의에 대한 두려움이 자제력을 발생시킨다. 조약은 단지 조율을 위한 구심점일 뿐이다. 자제가 가능한가? 역사는 자율무기를 억제하려는 시도가 성공하려면 3가지 필수 조건이 충족되어야 한다고 알려준다.

첫째, 조율을 위한 명확한 구심점이 필요하다. 선은 단순하고 선명할수록 좋다. '일반 지능 사용 금지' 같은 일부 규칙은 처음부터 제대로 기능하지 않는다는 얘기다. 인공지능 과학자 3,000명이 서명한 공개서한은 '의미 있는 인간 통제를 벗어난 공격형 자율무기[12]'의 금지를 요구한다. 하지만 이는 단어 하나하나가 다 애매모호한 난국이다. 만일 각국이 '공격용'과 '방어용' 무기의 차이에 합의할 수 있다면, 그들은 이미 오래전에 공격용 무기를 금지했을 것이다. '의미 있는 인간 통제'라는 말은 더 모호하다. 기술의 정확한 형태를 명시한 선제적 금지도 효과가 없다. 가장 좋은 선제적 금지는 영구적인 실명을 유발하는 레이저를 금지하는 것처럼 중요한 금지 개념에 초점을 맞추는 것이다.

둘째, 무기의 참혹함이 군사적 효용을 능가해야 금지 노력이 성공한다. 무기가 불안정하거나, 민간인에게 위협이 되거나, 불필요한 고통을 가하는 등 국가가 금지령을 어기려는 유혹을 느끼지 않을 정도로 나쁘거나 군사적으로 쓸모가 없다고 인식되어야 한다.

셋째, 투명성이 필수적이다. 자기들이 포기하겠다고 맹세한 무기를 다른 나라가 남몰래 개발하고 있지 않다고 믿어야 한다. 밥 워크는 각국이 "자율무기를 어디까지 사용해야 하는지에 관한 광범위한 국제적 논의를 진행할 것[13]"이라고 말했다. 그는 검증이 문제라고 생각한다. "이 체제를 검증하는 건 매우, 매우 어려울 것이다. 어디에나 존재하기 때문이다. 지금 우리 주변에서도 폭발적으로 늘어나고 있다." 이것이 자율무기의 근본적인 문제다. 자율성의 본질은 하드웨어가 아닌 소프트웨어라서 투명성을 유지하기가 매우 어렵다.

이런 기준에 부합하는 자율무기 자제 모델이 있는가? 아시모프의 로봇 공학 3원칙과 맞먹는 군대의 원칙, 모든 국가가 동의할 수 있는 치명적인 로봇 규제법이 있는가? 국가들이 선을 그을 수 있는 지점은 많다. 자율무기의 물리적 특성(규모, 사거리, 탑재량 등)에 초점을 맞출 수도 있다. 전쟁터에서의 자율적인 기계학습 같은 특정한 기계 지능을 사용하지 않기로 합의할 수도 있다. 가능한 범위를 설명하기 위해, 국가들이 이 문제에 접근할 수 있는 네 가지 특징적인 방법을 소개하겠다.

옵션 1: 완전자율무기 금지

킬러 로봇 저지 캠페인은 '완전자율무기의 개발, 생산, 사용에 대한 포괄적이고 선제적인 금지'를 요구한다. 국가들이 그렇게 하는 게 자신들에게 이득이 된다고 생각할 경우, 성공적인 자제가 가능한 금지안을 만들 수 있을까?

모든 금지안은, 금지할 무기와 이미 자율 기능을 이용 중인 기존의 많은 무기를 명확하게 구별할 필요가 있다. 오늘날 방어를 위해 사용되는 인간 관리형 자율무기의 종류와 인간이 관리하지 않는 완전자율무기 종류를 명확히 구분할 수 있어야 한다. '공격형'과 '방어형'으로 구분하는 건 효과가 없지만 '고정식'과 '이동식' 자율무기 구분은 사용할 수 있다. 현재 사용되는 시스템 종류는 모두 제자리에 고정되어 있다. 정적인(움직이지 않는) 무기거나 아니면 사람들이 탄 차량에 부착되어 있다.

이동식 완전자율무기와 첨단 미사일을 구분하는 건 더 어렵다. 반자율적인 HARM과 완전자율적인 하피의 주요한 차이점은 넓은 지역을 배회하면서 목표물을 탐색하는 하피의 능력이다. LRASM과 브림스톤 같은 무기에 대한 논쟁은 무기의 기능뿐만 아니라 의도된 용도까지 자세히 이해하지 못하면 이런 구별이 얼마나 어려운지를 보여준다. 회수 가능한 로봇 차량과 회수 불가능한 무기를 구별하는 건 더 쉬울 것이다.

무기의 참혹성과 군사적 필요성의 균형을 맞추는 관점에서 볼 때, 이런 식의 구별은 합리적이다. 자율성이 가장 문제가 되는 부분은 이동형 로봇 차량에 완전자율형 무기를 탑재하는 것이다. 고정식 자율무기는 주로 방어용이다. 또 인간이 교전을 감독할 수 있고 시스템이 오작동할 경우 물리적으로 시스템을 무력화할 수 있기 때문에 위험성도 낮다. 회수 불가능한 완전자율무기(예: 배회형 무기)는 허용되지만, 정찰용으로 쓸 수 없다는 사실 때문에 위험이 완화될 것이다. 군에서는 이런 무기를 발사하기 전에 근처에 적이 있는지 알고 싶을 것이다. 국가들이 허용되는 것과 허용되지 않는 것 사이에 선을 긋는 다른 방법들도 물론 있지만, 이건 합리적으로 보이는 선택안 중 하나다.

국가들이 어디에 선을 긋든 간에, 자제하기 힘들게 만드는 요소들이 많다. 다른 나라들이 순응하고 있다는 걸 어떻게 알겠는가? 미국, 영국, 프랑스, 러시아, 중국, 이스라엘은 이미 실험용 스텔스 드론을 개발하고 있다. 이런 항공기를 작전용으로 쓸 때는 통신이 두절될 수도 있는 지역으로 보낸다. 이런 전투용 드론은 사람의 허가가 없는 이상 목표물을 공격해서는 안 된다는 데 동의한다고 해도, 그들이 서로의 준수 여부를 확인할 방법은 없을 것이다. 자율성을 온전히 위임하는 건 어떤 환경에서는 가치 있는 일이다. 평시일 때는 다들 진심으로 상호자제를 원하더라도, 전시에는 꺼림칙한 기분을 무시할 만큼 강한 유혹을 느낄 것이다. 어쨌든 하피나 TASM, 레이더를 추적하는 전투용 드론 같은 무기가 양심에 충격을 준다고 주장하기는 어렵다. 그걸 사용하면서 다른 수준의 위험을 받아들이게 될 수도 있지만, 그것이 본질적으로 부도덕하다고 보기는 어렵다. 더 복잡한 제약은, 국가들이 전시에 이 규칙을 준수하는지조차 알기 어렵다. 만약 로봇이 표적을 파괴했다면, 인간이 그 표적을 승인했는지 아니면 로봇이 혼자 알아서 한 건지 다른 사람들이 어떻게 알겠는가?

명료성, 군사적 효용성, 무기의 참혹성, 투명성 같은 요소들은 완전자율무기에 대한 금지가 성공할 가능성이 낮다는 걸 시사한다. 합의가 필요한 CCW에서 통과되지 못하리라는 것도 거의 확실하고, 통과되더라도 전시에 이런 규정이 어떻게 존속될지 알 수 없다. 사람이 루프 안에 존재하는 무장 로봇이 완전히 자율적으로 움직이려면 스위치를 한 번 누르거나 소프트웨어 패치만 하면 된다. 역사는 일단 전쟁이 시작되면 나라들이 재빨리 그 스위치를 누를 거라는 걸 알려준다.

옵션 2: 대인용 자율무기 금지

사람을 표적으로 삼는 자율무기를 금지하는 것은 또 다른 문제다. 금지해야 하는 이유가 더 명확하고, 무기의 참혹성은 더 크며, 군사적 효용성은 낮다. 이런 요인들 때문에 대인용 자율무기 제한은 실현 가능성이 높다.

국가들도 대인용 자율무기와 기존 시스템을 구별하기는 쉬울 것이다. 전 세계에서 사용되고 있는 자동 추적 미사일이나 자동 방어 시스템과 맞먹는 대인용 무기는 없다.[14] 따라서 각 국가는 기존 무기를 계속 사용하기 위해 이런저런 예외를 인정하는 곤란한 작업을 피할 수 있다.

대인용 자율무기의 경우, 군사적 효용성과 무기의 참혹성 사이의 균형도 매우 다르다. 사람을 표적으로 삼는 건 물건을 표적으로 삼는 것보다 여러 면에서 훨씬 문제가 된다. 대인용 자율무기는 또 대물용 자율무기보다 훨씬 위험하다. 무기가 오작동할 경우, 인간은 표적이 되는 걸 피하려고 쉽게 탱크 밖으로 빠져나갈 수가 없다. 사람이 다른 존재가 될 수는 없다. 또 대인용 자율무기는 일부러 민간인을 공격하려고 하는 사람들에게 남용될 위험도 크다.

마지막으로, 대중들은 혼자서 사람을 표적으로 삼아 죽이는 기계를 정말 끔찍하게 여길 것이다. 자율적으로 사람을 겨냥하는 무기는, 기계가 자신의 제작자에게 반항해 폭동을 일으킬지도 모른다는 오래된 두려움을 건드릴 것이다. 대중의 혐오감은 금지 요구에 대한 정치적 지지를 얻는 데 결정적인 요인이 될 수 있다. 해군 기술자 존 캐닝의 말을 빌리자면, "기계는 기계를 표적으로 삼고,[15] 인간은 인간을 표적으로 삼는다는" 규칙을 정해두는 게 깔끔하고 만족스러울 것이라고 한다.

대인용 자율무기는 군사적 효용성도 대물용 자율무기보다 훨씬 낮다. 일반적으로 사람을 표적으로 삼을 때는 관리형 자율무기(속도)나 완전자율무기(통신 두절)로 전환할 때와 같은 이유가 적용되지 않는다. 이지스 같은 방어 시스템은 고속 미사일의 기습 공격을 방어하기 위해 관리형 자율 모드가 필요하지만, 기관총이 발명된 이후로는 다수의 인간 공격자를 이용해 방어 진지를 무너뜨리는 게 효과적인 전술이 되지 못한다. 한국의 센트리 건 같은 무기의 경우, 인간이 루프 안에 계속 머물러도 추가되는 시간이 0.5초밖에 안 되므로 차이가 미미하다. 통신이 두절된 환경에서 대인용 자율무기를 사용하는 건 군대의 한계 가치가 될 가능성이 크다. 전쟁 초반에 통신이 두절되면 군대는 사람이 아닌 레이더, 미사일 발사대, 기지, 비행기, 선박 같은 물체를 목표물로 삼을 것이다. 군대는 테러리스트 지도자 같은 특정 개인을 공격하기 위해 작고 식별 능력이 있는 대인용 무기를 사용하고 싶어 하지만, 그건 인간이 표적을 선택하는 반자율형 무기일 것이다.

투명성을 보장하기는 여전히 어려울 것이다. 한국의 센트리 건 경우에도 그렇지만, 어떤 나라가 루프 안에 인간이 존재한다고 말하면 기본적으로 그 말을 믿어야 한다. 이미 많은 나라가 무장한 로봇 지상 차량을 실전 배치하고 있으며, 이는 미래 군대의 공통된 특징이 될 듯하다. 이런 로봇 무기에 스스로 인간을 겨냥할 수 있는 모드나 소프트웨어 패치가 준비되어 있지 않은지 검증하는 건 불가능할 것이다. 자율 기술의 보편성을 감안할 때, 테러리스트들이 집에서 자율무기를 만드는 걸 막는 것도 불가능할 것이다. 그러나 스튜어트 러셀이 두려워하는 것 같은 대인 무기를 산업시설에서 대규모로 생산하면서 그 사실을 숨기기는 어려울 것이다. 만약 이 무기의 군사적 효용성이 낮다면, 소규모로 사용할 위험이 있다고 해서 다른 나라들까지 금지령을 위반하게 될지 확실하지 않다.

러셀은 협정이 "군비경쟁을 중단시키고[16] 그런 무기의 대규모 제조를 막는 데" 효과적일 수 있다고 주장한다. 낮은 군사적 효용성과 높은 잠재적 위험을 합치면 대인 자율무기를 억제할 수 있을지도 모른다.

옵션 3: 자율무기 '통행 규칙' 제정

자율무기와 관련된 다양한 문제는 다양한 해결책을 낳는다. 대인용 자율무기 금지는 민간인이 피해를 겪을 위험을 감소시키겠지만, 자율무기가 위기 안정성, 확전 통제, 전쟁 종료 등과 관련해서 제기하는 문제는 해결하지 못할 것이다. 이는 매우 현실적인 우려이며, 각국은 로봇 시스템이 의도치 않은 결과를 초래하는 상호작용을 하지 않도록 서로 협력하고 싶을 것이다.

조약을 체결하기보다는 법적 구속력이 없는 행동강령을 채택해서 자율무기에 대한 '통행 규칙'을 정하는 게 한 가지 해법일 수 있다. 이런 규칙의 주된 목표는 위기 상황에서 자율 시스템끼리 의도하지 않은 상호작용을 할 가능성을 줄이는 것이다. 가장 좋은 규칙은 '로봇 차량은 상대가 먼저 쏘지 않는 이상 발포해서는 안 된다'라든가 '응사는 제한적이고 차별적이어야 하며 과잉 조치를 취해서는 안 된다'처럼 간단하면서 스스로 강제력을 지녀야 한다. 해상법과 마찬가지로 이런 규칙도 자율적인 에이전트들이 비구조적인 환경에서 마주쳤을 때 상호작용하는 방식을 통제하기 위한 것으로, 상대의 자위권을 존중할 뿐만 아니라 원치 않는 긴장 고조를 피하려는 바람도 있다.

모든 규칙은 싸움을 갈망하는 영리한 적들에 의해 조작될 수도 있지만, 주요 목적은 긴장이 고조되는 걸 막으려는 국가들의 로봇 시스템에서 예측 가능한 반응을 전달받는 것이다. 이런 규칙은 법적 구속력이 있을 필요가 없다. 서로 협력하는 게 각 나라에 가장 이롭기 때문이다. 잠수함전에 관한 규칙처럼 이 규칙도 전시에는 붕괴될 가능성이 높지만, 전시가 아닐 때 긴장이 고조되는 걸 막으려는 것이기 때문에 그건 중요하지 않다. 일단 전면전이 진행될 때는 규칙이 필요하지 않을 것이다.

• 옵션 4: 전쟁에서 인간의 판단력이 하는 역할에 대한 원칙 만들기

위와 같은 방식들의 문제는 기술이 항상 변화한다는 것이다. 아무리 사려 깊은 규제나 금지령도 자율무기가 시간이 지나면서 어떻게 진화할지 전부 예견할 수는 없다. 이를 대체할 방법은 전쟁에서 늘 변치 않는 요소인 인간에 초점을 맞추는 것이다.[17]

전시 법규에는 치명적인 무력 사용을 결정할 때 인간이 어떤 역할을 해야 하는지 명시되어 있지 않지만, 아마 뭔가 역할을 해야 할 것이다. 우리가 상상할 수 있는 모든 기술을 가졌더라도 전시에 인간이 판단을 내려야 하는 부분이 있을까? 기계가 못 하기 때문이 아니라 그래서는 안 되기 때문에, 전시에 기계가 내리는 결정에 제한이 있을까?

한 가지 방법은 무력을 사용할 때 인간이 개입하기 위한 긍정적인 요건을 명확히 하는 것이다. '의미 있는 인간 통제', '적절한 인간의 판단', '적절한 인간 개입' 같은 표현[18]은 모두 이런 개념을 이르는 듯하다. 이런 용어는 아직 정의되지는 않았지만, 전쟁터에서 치명적인 무력 사용을 결정할 때 인간이 해야 하는 돌이킬 수 없는 역할이 있다는 광범위한 합의가 존재함을 알려준다. 구체적인 문구는 잠시 제쳐두고, '_____ 인간 _____'이라는 원칙을 떠받치는 근본적인 생각은 무엇일까?

전시 법규는 기계가 아니라 인간에게 적용된다는 견해를 받아들인다면, IHL이 그 문제를 이해하도록 도와줄 것이다. 미국 국방부 전쟁법 매뉴얼에는 다음과 같은 시각이 담겨 있다.

> 공격 수행과 관련된 전시 법규 규정[19](구별 및 과잉 조치 금지와 관련된 규칙 등)은 사람들에게 의무를 부과한다. 이 규칙은 무기 자체에 의무를 부과하지 않는다. …… 전시 법규를 준수해야 하는 건 인간이다.

인간은 IHL에 의거해 공격의 합법성을 판단할 의무가 있으며 이 의무를 기계에 위임할 수 없다. 이는 공격할 때 구별, 과잉 조치 금지, 예방조치 시행 등의 원칙을 준수하는지 판단하기 위해 특정한 공격에 관한 정보를 인간이 어느 정도 가지고 있어야 한다는 뜻이다. 인간이 특정한 공격이 합법적인지 판단하려면 목표물, 무기, 환경, 공격 상황에 대한 충분한 정보가 있어야 한다. 또 공격하는 시간과 공간, 표적, 공격 수단 등이 제한되어 있어야 그 공격의 합법성에 대한 판단이 의미가 있다. 아마 공격의 합법성에 대한 인간의 판단이 더 이상 유효하지 않은 상황(시간 경과, 지리적 경계 통과, 상황 변화)이 있을 것이다.

이때 개인에게 필요한 정보의 양과 그런 제한이 자율성에 미치는 영향 등은 논쟁의 여지가 있다. 그러나 이런 관점은 IHL이 치명적인 무력 사용을 결정할 때 최소한의 인간 개입을 요구한다는 걸 시사한다. (1) 공격의 합법성에 대한 인간적 판단, (2) 특정한 공격의 합법성을 판단하기 위한 공격 대상, 무기, 환경, 공격 맥락 등에 관한 구체적인 정보, (3) 무기의 자율성이 공간, 시간, 가능한 목표물, 공격 수단 등과 연결되어 있는가.

이 원칙을 표현하는 다른 방법이 있을 수 있고, 합리적인 사람들은 이에 동의하지 않을 수도 있지만, 치명적인 무력 사용에 인간이 개입하기 위한 공통 기준에 합의한 국가들에게는 가치가 있을 수 있다. 이와 관련된 중요한 원칙은 어떤 무기가 허용되고 어떤 무기가 허용되지 않는지 일일이 알려주지는 않지만, 기술이 발전하는 과정에서 이를 평가하기 위한 공통된 출발점이 될 수 있다. 예를 들어, 공격 시 불필요한 고통이나 과잉 조치 금지, 예방 조치 시행 같은 IHL의 많은 원칙은 자유로운 해석이 가능하다. 이 조건도 어떤 무기가 불필요한 고통을 유발하는지 혹은 얼마나 많은 부수적 피해를 과잉 조치라고 하는지 알려주지는 않지만, 그래도 여전히 중요하다. 또 전쟁에서 인간의 판단력이 하는 역할을 설명하는 광범위한 원칙은 미래 무기를 평가하는 데 소중한 기준이 될 수 있다.

어려운 문제, 불완전한 제도

인류는 전쟁과의 관계를 근본적으로 바꿀 수 있는 신기술의 문턱에서 있다. 인간사회가 이런 도전에 맞설 때 이용하는 제도들은 불완전하다. CCW에서 동의를 얻는 건 합의 기반의 조직 구조 때문에 어렵다. 완전자율무기가 법적, 도덕적, 전략적 이유로 좋지 못한 아이디어일 수도 있지만, 국가들끼리 제약을 두려는 시도는 실패할 것이다. 이런 일은 이번이 처음이 아니다. 지금은 국가, NGO, ICRC 같은 국제기구들이 CCW에서 계속 만나 자율무기 문제를 논의하고 있다. 그러는 동안에도 기술은 계속 발전한다.

결론

정해진 운명 같은 건 없다, 우리가 만들어갈 뿐

〈터미네이터〉 영화에서는 사라 코너와 훗날 기계에 대한 저항 운동을 이끄는 그녀의 아들 존이 터미네이터보다 더 나쁜 적, 스카이넷에게 운명의 괴롭힘을 당한다. 사라와 존이 스카이넷을 아무리 몇 번씩 물리쳐도, 스카이넷은 그들을 괴롭히기 위해 다른 영화에서 다시 돌아온다. 이건 괜찮은 할리우드식 사업으로 사라와 존은 속편을 제작하면 확실한 돈벌이가 되는 영화 시리즈에 출연하는 바람에 이런 고생을 하게 됐다. 그러나 그들이 처한 운명의 함선은 영화의 스토리텔링에 필수적이다. 사라와 존은 영화마다 그들을 죽여서 존이 훗날 기계에 저항하는 인간 레지스탕스를 이끌지 못하게 하려고 미래에서 보낸 터미네이터들에게 끊임없이 공격당한다. 이야기를 끌고 나가는 사건의 본질은 시간 여행의 역설이다. 터미네이터들이 사라나 존을 죽이는 데 성공했다면 존은 인간 레지스탕스를 이끌 수 없을 테니, 애초에 그들을 죽일 이유가 사라진다. 한편 사라와 존은 스카이넷이 존재하기도 전에 스카이넷을 파괴하려고 한다. 이건 또 다른 역설이다. 만약 그들이 성공한다면, 스카이넷은 제때 터미네이터를 보내서 그들을 공격하지 않을 테니 스카이넷을 파괴할 동기도 생기지 않을 것이다.

사라와 존은 과거와 현재, 미래를 넘나드는 스카이넷과의 전투에 영원히 갇혀 있다.[1] 그들이 어떤 행동을 하건 상관없이 심판의 날은 계속 발생하지만, 날짜가 계속 달라진다(편리하게도 항상 영화 개봉일로부터 불과 몇 년 뒤의 날짜이므로, 심판의 날은 관객의 미래에 영원히 간직되어 있다). 이런 상황에서도 사라와 존은 이번만큼은 스카이넷을 완전히 이겨서 심판의 날을 피할 수 있으리라는 믿음을 버리지 않고 계속 운명과 맞서 싸운다. 〈터미네이터 2: 심판의 날〉에서 존 코너는 "미래는 정해지지 않았다. 운명은 우리가 만들어가는 것이지 정해져 있는 게 아니다"라는 자기 어머니의 말을 인용한다. 이 대사는 후속작에서도 "정해진 운명 같은 건 없다, 우리가 만들어갈 뿐"이라는 식으로 계속 반복해서 나온다.

물론 사라 코너의 말이 옳다. 현실 세계에서도 미래는 정해져 있지 않다. 이 책에서 제시한 가능성 있는 미래의 비전(무서운 비전, 좋은 비전 등)은 한 가닥 상상에 불과하다. 진짜 미래는 한 번에 한 걸음씩, 한 번에 하루씩, 한 번에 코드 한 줄씩 진행된다. 미래는 기술에 의해 형성될까? 물론이다. 하지만 그 기술은 사람이 만든 것이다. 듀안 데이비스, 브래드퍼드 투슬리, 브랜던 쳉 같은 사람들이 만들고 있다. 래리 슈에트, 프랭크 켄들, 밥 워크 같은 정부 관리자들이 만들어 나간다. 그들이 내리는 결정은 스튜어트 러셀, 조디 윌리엄스, 론 아킨 같은 목소리의 인도를 받는다. 이 개인들에게는 각기 선택권이 있고, 인류 전체에도 선택권이 있다.

인간의 판단이나 의사결정 없이 사람의 생명을 앗아갈 수 있는 기계를 만드는 기술이 우리 손에 있다. 그 기술로 어떤 일을 할 것인가도 우리에게 달려 있다. 인공지능을 이용해 더 안전한 세상, 즉 인간의 고통도 줄고, 사고도 줄고, 잔학한 행위도 줄고, 꼭 필요한 곳에 인간의 판단력을 발휘하는 그런 세상을 만들 수도 있다. 전쟁터에 극히 드문 공감과 연민을 위한 자리를 보존하고, 천사 같은 마음씨에 문을 열어줄 수도 있다. 아니면 속도나 겉으로 드러나는 완벽함, 차가운 정밀함 같은 기계의 매력에 유혹당할지도 모른다. 모든 권한을 기계에 위임하면서 그들이 주어진 임무를 망설이지 않고 정확하게 수행할 거라고 믿는다. 그리고 우리가 잘못 생각한 게 아니기를, 또 코드에 숨어 있는 결함 때문에 예기치 못한 사건이 발생하거나 적이 그걸 악용하지 않기를 바란다.

쉬운 답은 없다. 전쟁을 피할 수 있고 나라들이 무기의 힘이 아닌 조약을 통해 평화를 확보할 수 있다면, 오래전부터 그렇게 했을 것이다. 군대는 법률이나 국제적 친선 때문에 야욕을 포기하지 않는 사람들로부터 무고한 이들을 지키기 위한 수단이다. 각국에 자신을 방어할 수 있는 잠재적 수단을 포기하라고 요구하는 건 중대하고 심각한 도박을 하라고 요구하는 것이다.

그런데……

전시 법규를 강제로 집행할 경찰도 없고 오직 승자만이 재판을 받을 사람을 결정하는 현실에도 불구하고. …… 정의가 아닌 힘이 누가 전장에서 이기고 죽는지를 결정할 수 있는 현실에도 불구하고. …… 이 모든 것에도 불구하고, 지금까지 수천 년 동안 행동강령이 전쟁터에서 인간의 행동을 지배해왔다. 심지어 가장 초기에 만들어진 강령에도 전쟁에서 어떤 무기를 사용할 수 있고 또 어떤 무기가 도리에서 벗어났는지 알려주는 지침이 포함되어 있다. 미늘이 달렸거나 끝에 독을 묻힌 화살은 전쟁에서 확실히 유용하다. 하지만 이를 사용하는 건 잘못된 행동이다.

인간사회는 전쟁 중에 도를 넘는 최악의 행동을 억제하고 생사가 걸린 상황에서도 특정한 행동이나 살육 수단을 금지하기 위해 몇 번이고 되풀이해서 협력했다. 때로는 이런 협력이 실패했지만, 때때로 성공한 적도 있다는 건 기적 같은 일이다. 현대의 군대는 주로 화학무기와 생물무기, 레이저, 지뢰, 집속탄 같은 전쟁 무기에서 손을 뗐다. 모든 군대가 다 그런 건 아니지만 대부분 그렇게 하고 있다. 핵보유국들은 전략적 안정을 높이기 위해 핵무기 배치 방식을 제한하기로 추가 합의했다. 가끔 이런 규칙이 깨지기도 하지만, 평소 서로를 두려워하는 국가들 사이에 제약이 존재한다는 건 더 나은 세계에 대한 희망이 있음을 보여준다.

너무 위험하고 비인간적인 무기에서 손을 떼기 위한 의식적 선택인 이런 제약은 오늘날 꼭 필요한 것이다. 어떤 나라가 원한다면, 종잇장 하나로 자율무기 제작을 막을 수는 없다. 또 우리를 어디로 이끌어갈지 정확히 모르는 채로 자율성을 향해 허둥지둥 달려가기만

해서는 누구도 이득을 보지 못한다. 국가들은 함께 힘을 모아 자율성을 어떻게 이용하는 게 적절하고, 필요한 경우 전쟁터에서 인간의 판단력까지 포기해야 할 정도로 심한 건 무엇인지에 대한 이해를 발전시켜야 한다. 이 규칙을 통해 우리가 인간의 의사결정에서 중요하게 여기는 걸 보존하고, 전쟁에서 저지르는 인간의 실책을 개선해야 한다. 그리고 학자, 변호사, 군사전문가뿐만 아니라 사회의 모든 구성원이 함께 참여하는 토론장에서 이런 인간적인 가치를 저울질해야 한다. 이 자리에는 일반 시민도 있어야 한다. 자율적인 군용 로봇은 우리가 사는 이 세상에서 함께 살면서 싸울 것이기 때문이다.

기계는 많은 일을 할 수 있지만, 의미를 창조하지는 못한다. 그들은 우리를 위해 이 질문에 답할 수 없다. 기계는 우리가 무엇을 중시해야 하는지, 어떤 선택을 해야 하는지 말해줄 수 없다. 우리가 창조하는 세계 안에는 인공지능 기계가 존재하겠지만, 이건 그들을 위한 세계가 아니다. 우리를 위한 세계다.

감사의 말

책은 이상한 물건이다. 책을 만들려면 수십 명의 노력이 필요한데 표지에는 한 사람 이름만 남는다. 이 책은 10년 전 친구 진 티엔과 나눈 대화에서 시작되었다. 그리고 집필 과정에서 수많은 사람이 책에 담긴 아이디어를 구체화하는 데 도움을 주었다. 그들의 도움이 없었다면 이 책은 세상에 나오지 못했을 것이다.

미셸 프로노이, 리처드 폰테인, 숀 브림리, 데이비드 롬리 등 신미국안보센터CNAS 경영진과 CNAS의 전 CEO인 밥 워크에게 감사한다. 그들은 이 책의 집필을 놀라울 정도로 많이 지원해줬다. 계속해서 훌륭한 멘토 역할을 해준 CNAS 동료 로버트 캐플런의 조언과 지도에 정말 감사한다.

이 책의 소재는 존 D.와 캐서린 T. 맥아더 재단 덕에 진행할 수 있었던 CNAS 윤리적 자율성 프로젝트의 내 연구 결과를 이용했다. 우리 연구에 관심을 두고 지원해준 맥아더 재단의 제프 유보이스에게 감사한다. 나와 함께 윤리적 자율성 프로젝트를 이끌면서 수많은 보고서를 공동 작성한 마이클 호로비츠에게 특별한 감사 인사를 전한다. 켈리 세일러, 알렉스 벨레즈 그린, 애덤 색스턴, 매트 실리 등도 우리 연구와 출판물에 귀중한 도움을 주었다. 멜로디 쿡은 우리 프로젝트에 사용된 그래픽 디자인을 담당했는데, 그중 상당수를 CNAS의 허락하에 이 책에서도 사용했다.

이 책에 나오는 여러 아이디어는 수년 전 내가 펜타곤에서 일할 때 시작되었다. 당시 리더십 팀에서 함께 일한 레슬리 헌터, 젠 자크리스키, 토드 하비, 데이비드 오흐마넥, 캐슬린 힉스, 제임스 N. 밀러의 인내심과 선견지명 덕분에 이 사안에 일찍부터 관여할 수 있었는데, 이건 관료주의 사회에서는 매우 드물게 일어나는 일이다. 최고의 과학자이자 놀라운 사람들인 존 홀리와 바비 융커는 자율성과 인간 통제의 본질에 관한 생각을 구체화하는 데 도움을 주었다. 앤드루 메이, 앤디 마셜, 밥 베이트먼은 이 사안의 중요성을 가장 일찍 깨달은 사람들이고 이 분야에서 연구를 진행하도록 도와줬다.

켄 앤더슨, 피터 아사로, 론 아킨, 스튜어트 암스트롱, 폴 벨로, 존 보리, 셀머 브링스요드, 브라이언 브뤼게만, 레이 부에트너, 존 캐닝, 마이카 클라크, 제프 클룬, 켈리 코헨, 메리 '미시' 커밍스, 데이비드 댕크스, 듀안 데이비스, 닐 데이비슨, 찰스 델라 케스타, 톰 디터리히, 보니 도처티, 찰리 던랩, 피터 갈루치, 스티브 구스, 존 홀리, 마이클 호로비츠, 크리스토프 헤인즈, 프랭크 켄들, 윌리엄 케네디,

톰 말리노프스키, 브라이언 맥그래스, 마이크 메이어, 헤더 로프, 스튜어트 러셀, 래리 슈에트, 브래드퍼드 투슬리, 브랜던 쳉, 커스틴 비냐르, 마이클 워커, 메리 웨어햄, 스티브 웰비, 밥 워크, 조디 윌리엄스 등 이 책을 위한 인터뷰에 참여해준 많은 분들께 감사하고 싶다. 아쉽게도 공간상의 이유로 인터뷰 내용을 모두 담을 수는 없었지만, 이들의 아이디어와 통찰력은 책 내용을 구체화하는 데 크고 작은 도움을 줬다. 자율무기에 대한 내 생각은 칼 창, 레베카 크루토프, 데이비드 코플로, 캐슬린 로앤드, 패트릭 린, 매트 맥코맥, 브라이언 홀, 팀 황, 데이비드 사이먼, 숀 스틴, 노엘 샤키, 라이언 티웰, 알렉스 와그너, 매트 왁스먼 등 함께 이 주제를 연구한 많은 동료들 덕에 여러 해에 걸쳐 형성된 것이다. 이 책 초안을 읽고 피드백을 해준 엘브리지 콜비와 숀 스틴에게 감사한다. 모라 매카시의 편집자로서의 날카로운 시선 덕분에 출판사에서 이 책 제안서를 받아줬다. 동료인 닐 우르비츠, 자렐 클레이, 자스민 버틀러 등은 홍보에 엄청난 도움을 줬다. 제목을 제안해준 제니퍼-리 오프리호리에게도 정말 감사한다.

미 국방부는 이 책을 쓰는 동안 계속해서 매우 개방적인 태도로 지지해줬다. 특히 방문과 원활한 인터뷰를 도와준 방위고등연구계획국DARPA의 재러드 애덤스와 이지스 훈련 및 준비 본부의 킴벌리 랜스데일에게 감사한다.

나와 이 책을 믿고 모험을 해준 혼피셔 리터러리 매니지먼트의 내 담당 에이전트인 짐 혼피셔와 W. W. 노튼의 편집자 톰 메이어에게도 감사를 표하고 싶다. 엠마 히치콕, 사라 볼링, 카일 래들러, 그리고 이 책이 결실을 맺게 해준 노튼의 다른 팀원들에게도 특별한 감사를 전한다.

동생 스티브는 내가 수년 동안 자율무기에 대해 떠드는 걸 놀랍도록 참을성 있게 들어줬고, 책 초반 몇 챕터에 대해 중요한 피드백도 해줬다. 부모님 재니스와 데이비드에게 내 모든 것을 빚지고 있다. 그분들의 사랑과 지지가 없었다면 아무것도 하지 못했을 것이다.

무엇보다 이제 본인의 관심사 이상으로 자율무기에 대해 많이 알게 된 아내 헤더에게 무한히 감사한다. 그녀의 인내심과 사랑, 지지가 있었기에 이 일을 해낼 수 있었다.

약어

AAA	대공포대
ABM	탄도탄 요격 미사일
ACTUV	대잠수함전 지속 추적 무인선
AGI	범용 인공지능
AGM	공대지 미사일
AI	인공지능
AMRAAM	첨단 중거리 공대공 미사일
ARPA	고등연구계획국
ASI	슈퍼 인공지능
ASW	대잠수함전
ATR	자동 표적 인식
BDA	전투 피해 평가
BWC	생물무기 금지 협약
CCW	특정 재래식 무기 금지 협약
C&D	지휘결심
CIC	전투 정보센터
CIWS	근접방어 무기 체계
CODE	고립 환경에서의 협력 운용
DARPA	미 국방부 고등연구계획국
DDoS	분산 서비스 거부
DMZ	비무장지대
DoD	미 국방부
FAA	연방항공국
FIAC	고속 연안 공격정
FIS	방화 스위치
FLA	고속 경량자율
GGE	정부 전문가 그룹
GPS	위성 위치 확인 시스템
ICRAC	국제 로봇 무기 제어 위원회
ICRC	국제적십자위원회
IEEE	전기 전자 기술자 협회
IFF	피아식별장치
IHL	국제인도법
IMU	관성 측정 장비
INF	중거리 핵전력
IoT	사물인터넷
J-UCAS	통합 무인전투 항공 시스템
LIDAR	빛 탐지 및 거리 측정기
LOCAAS	저비용 자율 공격체계
LRASM	장거리 대함 미사일

MAD	상호 확증 파괴
MARS	이동식 자율로봇 시스템
MMW	밀리미터파
NASA	미국 항공우주국
NGO	비정부기구
NORAD	북미 항공우주 방위사령부
ONR	해군 연구소
OODA	관찰, 방향 파악, 결정, 행동
OPM	미 정부 인사관리국
PGM	정밀유도무기
PLC	프로그래밍 가능한 로직 컨트롤러
RAS	IEEE 산하의 로봇공학 및 자동화 학회
R&D	연구개발
ROE	교전 규칙
SAG	수상전투전대
SAR	합성 개구 레이더
SAW	분대 자동화기
SEC	증권거래위원회
SFW	감지신관무기
SORT	전략 공격 감축 조약
START	전략무기 감축 조약
SUBSAFE	잠수함 안전 프로그램
TASM	토마호크 대함 미사일
TBM	전술 탄도 미사일
TJ	토머스 제퍼슨 고등학교
TLAM	토마호크 지상 공격 미사일
TRACE	교전 환경에서의 목표물 인식 및 적응
TTO	전술 기술실
TTP	전술과 기술, 절차
UAV	무인 항공기
UCAV	무인 전투기
UK	영국
UN	국제연합
UNIDIR	유엔 군축연구소
U.S.	미국
WMD	대량살상무기

주

서문
삶과 죽음을 가르는 힘

1 **shot down a commercial airliner**: Thom Patterson, "The downing of Flight 007: 30 years later, a Cold War tragedy still seems surreal," CNN.com, August 31, 2013, http://www.cnn.com/2013/08/31/us/kal-fight-007-anniversary/index.html.

2 **Stanislav Petrov**: David Hoffman, "'I Had a Funny Feeling in My Gut,'" *Washington Post*, February 10, 1999, http://www.washingtonpost.com/wp-srv/inatl/longterm/coldwar/shatter021099b.htm.

3 **red backlit screen**: Pavel Aksenov, "Stanislav Petrov: The Man Who May Have Saved the World," *BBC.com*, September 26, 2013, http://www.bbc.com/news/world-europe-24280831.

4 **five altogether**: Ibid.

5 **Petrov had a funny feeling**: Hoffman, "I Had a Funny Feeling in My Gut.'"

6 **Petrov put the odds**: Aksenov, "Stanislav Petrov: The Man Who May Have Saved the World."

7 **Sixteen nations already have armed drones**: The United States, United Kingdom, Israel, China, Nigeria, Iran, Iraq, Jordan, Egypt, United Arab Emirates, Saudi Arabia, Kazakhstan, Turkmenistan, Pakistan, Myanmar, Turkey. Matt Fuhrmann and Michael C. Horowitz, "Droning On: Explaining the Proliferation of Unmanned Aerial Vehicles," *International Organization*, 71 no. 2 (Spring 2017), 397–418.

8 **"next industrial revolution"**: "Robot Revolution—Global Robot & AI Primer," *Bank of America Merrill Lynch*, December 16, 2015, http://www.bofaml.com/content/dam/boamlimages/documents/PDFs/robotics_and_ai_condensed_primer.pdf.

9 **Kevin Kelly**: Kevin Kelly, "The Three Breakthroughs That Have Finally Unleashed AI on the World," *Wired*, October 27, 2014, http://www.wired.com/2014/10/future-of-artificial-intelligence/.

10 **cognitization of machines**: Antonio Manzalini, "Cognitization is Upon Us!," *5G Network Softwarization*, May 21, 2015, http://ieee-sdn.blogspot.com/2015/05/cognitization-is-upon-us.html.

11 **"fully roboticized . . . military operations"**: Robert Coalson, "Top Russian General Lays Bare Putin's Plan for Ukraine," *Huffington Post*, September 2, 2014, http://www.huffingtonpost.com/robert-coalson/valery-gerasimov-putin-ukraine_b_5748480.html.

12 **Department of Defense officials state**: Deputy Assistant Secretary of Defense for Research Melissa Flagg, as quoted in Stew Magnuson, "Autonomous, Lethal Robot Concepts Must Be 'On the Table,' DoD Official Says," March 3, 2016, http://www.nationaldefensemagazine.org/blog/Lists/Posts/Post.aspx?ID=2110.

13 AI programs today: For an overview of machine capabilities and limitations today for image recognition and understanding, see JASON, "Perspectives on Research in Artificial Intelligence and Artificial General Intelligence Relevant to DoD, JSR-16-Task-003," The Mitre Corporation, January 2017, 10–11, https://fas.org/irp/agency/dod/jason/ai-dod.pdf.

14 **Over 3,000 robotics and artificial intelligence experts**: "Autonomous Weapons: An Open Letter From AI & Robotics Researchers," *Future of Life Institute*, http://futureoflife.org/open-letter-autonomous-weapons/. Additionally, over one hundredrobotics and AI company founders and CEOs signed an open letter in 2017 warning of the dangers of autonomous weapons. This second letter had a more muted call to action, however. Rather than calling for a ban

as the 2015 letter did, the 2017 letter simply implored countries engaged in discussions at the United Nations to "find a way to protect us from all these dangers." "An Open Letter to the United Nations Convention on Certain Conventional Weapons," accessed August 24, 2017, https://www.dropbox.com/s/g4ijcaqq6ivq19d/2017%20Open%20Letter%20to%20the%20United%20Nations%20Convention%20on%20Certain%20Conventional%20Weapons.pdf?dl=0.

15 **Campaign to Stop Killer Robots**: "Who We Are," *Campaign to Stop Killer Robots*, http://www.stopkillerrobots.org/coalition/.

16 **"global AI arms race"**: Autonomous Weapons: An Open Letter From AI & Robotics Researchers," *Future of Life Institute.*

17 **"If our competitors go to Terminators"**: Bob Work, remarks at the Atlantic Council Global Strategy Forum, Washington, DC, May 2, 2016, http://www.atlanticcouncil.org/events/webcasts/2016-global-strategy-forum.

18 **"The Terminator Conundrum"**: Andrew Clevenger, "'The Terminator Conundrum': Pentagon Weighs Ethics of Pairing Deadly Force, AI," *Defense News*, January 23, 2016, http://www.defensenews.com/story/defense/policy-budget/budget/2016/01/23/terminator-conundrum-pentagon-weighs-ethics-pairing-deadly-force-ai/79205722/.

1장
다가오는 무리
군사용 로봇 혁명

1 **Global spending on military robotics**: "Robot Revolution–Global Robot & AI Primer," *Bank of America Merrill Lynch.*

2 **increasing sixfold to over $2 billion per year**: Office of the Secretary of Defense, "Unmanned Aircraft Systems Roadmap, 2005–2030," August 4, 2005, 37, Figure 2.6-1, http://fas.org:8080/irp/program/collect/uav_roadmap2005.pdf.

3 **"over-the-hill reconnaissance"**: Dyke Weatherington, "Unmanned Aircraft

Systems Roadmap, 2005–2030," presentation, 2005, http://www.uadrones.net/military/research/acrobat/050713.pdf.

4 **Hundreds of drones**: Ibid.

5 **Drones weren't new**: "Thomas P. Ehrhard, "Air Force UAVs: The Secret History," July 2010 Mitchell Institute Study, 28.

6 **over $6 billion per year**: Office of the Secretary of Defense, "Unmanned Systems Integrated Roadmap, FY2011–2036," 13, http://www.acq.osd.mil/sts/docs/Unmanned%20Systems%20Integrated%20Roadmap%20FY2011-2036.pdf.

7 **DoD had over 7,000 drones**: Ibid, 21.

8 **over 6,000 ground robots**: Office of the Secretary of Defense, "Unmanned Systems Integrated Roadmap, FY2009–2034," 3, http://www.acq.osd.mil/sts/docs/UMSIntegratedRoadmap2009.pdf.

9 **"For unmanned systems to fully realize"**: Office of the Secretary of Defense, "Unmanned Systems Integrated Roadmap, FY2011–2036," 45.

10 **ways of communicating that are more resistant to jamming**: Kelley Sayler, "Talk Stealthy to Me," *War on the Rocks*, December 4, 2014, https://warontherocks.com/2014/12/talk-stealthy-to-me/.

11 **human pilot could remain effective sitting in the cockpit**: Graham Warwick, "Aurora Claims Endurance Record For Orion UAS," *Aviation Week & Space Technology*, January 22, 2015, http://aviationweek.com/defense/aurora-claims-endurance-record-orion-uas. Paul Scharre, "The Value of Endurance," Center for a New American Security, Washington, DC, November 12, 2015, https://www.cnas.org/publications/blog/infographic-the-value-of-endurance.

12 **"Autonomy reduces the human workload"**: Office of the Secretary of Defense, "Unmanned Systems Integrated Roadmap, FY2011–2036," 45.

13 **"fully autonomous swarms"**: Office of the Secretary of Defense, "Unmanned Aircraft Systems Roadmap, 2005–2030," 48.

14 **2011 roadmap articulated . . . four levels of autonomy**: Office of the Secretary of Defense, "Unmanned Systems Integrated Roadmap, FY2011–2036," 46.

15 **"single greatest theme"**: Office of the U.S. Air Force Chief Scientist, "Technology Horizons: A Vision for Air Force Science and Technology During 2010-30," May 15, 2010, xx http://www.defenseinnovationmarketplace.mil/resources/AF_TechnologyHorizons2010-2030.pdf.

16 **"If I have fifty planes"**: Duane Davis, interview, May 10, 2016.

17 **"fifty humans and fifty balls"**: Ibid.

18 **the colony converges on the fastest route**: Goss S., Beckers R., Deneubourg J. L., Aron S., Pasteels J. M., "How Trail Laying and Trail Following Can Solve Foraging Problems for Ant Colonies," in Hughes R. N., ed. *Behavioural Mechanisms of Food Selection, NATO ASI Series* (Series G: Ecological Sciences), vol 20 (Berlin, Heidelberg: Springer, 1990) http://www.ulb.ac.be/sciences/use/publications/JLD/77.pdf.

19 ***stigmergy***: For an excellent overview of animal swarming, see Eric Bonabeau, Guy Theraulaz, Marco Dorigo, *Swarm Intelligence: From Natural to Artificial Systems* (New York: Oxford University Press, 1999).

20 **"a collective organism . . . like swarms in nature"**: Chris Baraniuk, "US Military Tests Swarm of Mini-Drones Launched from Jets," *BBC News*, January 10, 2017, http://www.bbc.com/news/technology-38569027. Shawn Snow, "Pentagon Successfully Tests World's Largest Micro-Drone Swarm," *Military Times*, January 9, 2017, http://www.militarytimes.com/articles/pentagon-successfully-tests-worlds-largest-micro-drone-swarm.

21 **China demonstrated a 119-drone swarm**: Emily Feng and Charles Clover, "Drone Swarms vs. Conventional Arms: China's Military Debate," *Financial Times*, August 24, 2017.

22 **a swarm of small boats**: Office of Naval Research, "Autonomous Swarm," video, October 4, 2014, https://www.youtube.com/watch?v=ITTvgkO2Xw4.

23 **five boats working together**: Ibid.

24 **"game changer"**: Bob Brizzolara as quoted in Office of Naval Research, "Autonomous Swarm."

25 **"always a human in the loop"**: Sydney J. Freedburg, Jr., "Naval Drones 'Swarm,'

But Who Pulls The Trigger?" *Breaking Defense*, October 5, 2015, http://breakingdefense.com/2014/10/who-pulls-trigger-for-new-navy-drone-swarm-boats/.

26 **"Goal: Collapse adversary's system"**: John Boyd, "Patterns of Conflict," eds. Chet Richards and Chuck Spinney, presentation, slide 87, January 2007.

27 **"without necessarily requiring human input"**: United States Air Force, "Unmanned Aircraft Systems Flight Plan, 2009–2047," May 18, 2009, 41, https://fas.org/irp/program/collect/uas_2009.pdf.

28 **"Authorizing a machine"**: Ibid, 41.

29 **"Policy guidelines"**: Office of the Secretary of Defense, "Unmanned Systems Integrated Roadmap, FY2011–2036," 50.

2장
터미네이터와 룸바
자율성이란 무엇인가?

1 **Three Laws of Robotics**: Asimov's Three Laws of Robotics first appear in their original form in the short story "Runaround" in his 1950 collection, *I, Robot*. Isaac Asimov, *I, Robot*, (New York: Grome Press, 1950).

2 **rescuing a U.S. F-16 in Syria**: Guy Norris, "Ground Collision Avoidance System 'Saves' First F-16 In Syria," *Aerospace Daily & Defense Report*, February 5, 2015, http://aviationweek.com/defense/ground-collision-avoidance-system-saves-first-f-16-syria.

3장
살상 기계
자율무기란 무엇인가?

1 **Well-trained troops could fire**: George Knapp, "Rifled Musket, Springfield, Model 1861," in Jerold E. Brown, *Historical Dictionary of the U.S. Army* (Santa Barbara, CA: Greenwood Publishing Group, 2001), 401.

2 **"[T]he Gatling gun . . . I liked it very much."**: As quoted in Julia Keller, *Mr.*

Gatling's Terrible Marvel (New York: Penguin Books, 2009).

3 **as more than a hundred men**: The Gatling gun could fire 350–400 rounds per minute. A well-trained Civil War–era soldier could fire three rounds per minute with a Springfield rifle, allowing a hundred men to fire 300 rounds per minute. George Knapp, "Rifled Musket, Springfield, Model 1861."

4 **Richard Gatling's motivation**: Keller, Mr. Gatling's Terrible Marvel, 7.

5 **"It occurred to me"**: Ibid, 27.

6 **Gatling was an accomplished inventor**: Ibid, 71.

7 **"bears the same relation"**: Ibid, 43.

8 **they were mowed down**: Ibid, 9.

9 **B. F. Skinner**: C. V. Glines, "Top Secret WWII Bat and Bird Bomber Program," HistoryNet.com, June 12, 2006, http://www.historynet.com/top-secret-wwii-bat-and-bird-bomber-program.htm.

10 **G7e/T4 *Falke***: "The Torpedoes," uboat.net, http://uboat.net/technical/torpedoes.htm, accessed June 19, 2017; "Torpedoes of Germany," NavWeaps, http://www.navweaps.com/Weapons/WTGER_WWII.php, accessed June 19, 2017; "TV (G7es) Acoustic Homing Torpedo," German U-Boat, http://www.uboataces.com/torpedo-tv.shtml, accessed June 19, 2017.

11 **G7es/T5 *Zaunkönig***: Ibid.

12 **tactic of diving immediately after launch**: Ibid.

13 **an improved acoustic seeker**: "The Torpedoes." "Torpedoes of Germany." "TV (G7es) Acoustic Homing Torpedo."

14 **Bat anti-ship glide bomb**: Jim Sweeney, "Restoration: The Bat," *Air & Space Magazine* (January 2002), http://www.airspacemag.com/military-aviation/restoration-the-bat-2925632/.

15 **going "maddog"**: Air Land Sea Application Center, "Brevity: Multi-Service Brevity Codes," February, 2002, http://www.dtic.mil/dtic/tr/fulltext/u2/a404426.pdf, I–19.

16 **allows the missile to fly past other ships**: "Harpoon Missiles," United States Navy Fact File, http://www.navy.mil/navydata/fact_display.

asp?cid=2200&tid=200&ct=2, accessed June 19, 2017. "Harpoon," WeaponSystems.net, http://weaponsystems.net/weaponsystem/HH10+-+Harpoon.html, accessed June 19, 2017.

17 **A weapon system consists of**: The official DoD definition of "weapon system" takes a somewhat broader view, including the personnel and support equipment needed for a weapon to function: "A combination of one or more weapons with all related equipment, materials, services, personnel, and means of delivery and deployment (if applicable) required for self-sufficiency." U.S. Department of Defense, "weapon system," in "DoD Dictionary of Military and Associated Terms," March 2017, http://www.dtic.mil/doctrine/dod_dictionary/data/w/7965.html.

18 **"Because 'precision munitions' require detailed data"**: Barry D. Watts, "Six Decades of Guided Munitions and Battle Networks: Progress and Prospects," Center for Strategic and Budgetary Assessments, Washington, DC, March, 2007, http://csbaonline.org/uploads/documents/2007.03.01-Six-Decades-Of-Guided-Weapons.pdf, ix.

19 **At least thirty nations currently employ**: Australia, Bahrain, Belgium, Canada, Chile, China, Egypt, France, Germany, Greece, India, Israel, Japan, Kuwait, the Netherlands, New Zealand, Norway, Pakistan, Poland, Portugal, Qatar, Russia, Saudi Arabia, South Africa, South Korea, Spain, Taiwan, the United Arab Emirates, the United Kingdom, and the United States. Paul Scharre and Michael Horowitz, "An Introduction to Autonomy in Weapon Systems," Center for a New American Security, February 2015, Appendix B, https://s3.amazonaws.com/files.cnas.org/documents/Ethical-Autonomy-Working-Paper_021015_v02.pdf.

20 **Some loitering munitions keep humans in the loop**: Dan Gettinger and Arthur Holland Michel, "Loitering Munitions," Center for the Study of the Drone at Bard College, February 10, 2017, http://dronecenter.bard.edu/files/2017/02/CSD-Loitering-Munitions.pdf.

21 **Harpy has been sold to several countries**: Israel Aerospace Industries, "Harpy

NG," http://www.iai.co.il/Sip_Storage//FILES/5/41655.pdf. Israel Aerospace Industries, "Harpy NG," http://www.iai.co.il/2013/36694-16153-en/IAI.aspx. "Harpy," Israeli-Weapons.com, http://www.israeli-weapons.com/weapons/aircraft/uav/harpy/HARPY.html. "Harpy Air Defense Suppression System," Defense Update, http://defense-update.com/directory/harpy.htm. Tamir Eshel, "IAI Introduces New Loitering Weapons for Anti-Radiation, Precision strike," Defense-Update.com, February 15, 2016, http://defense-update.com/20160215_loitering-weapons.html.

22 **airborne for approximately four and a half minutes**: United States Navy, "AGM-88 HARM Missile," February 20, 2009, http://www.navy.mil/navydata/fact_display. asp?cid=2200&tid=300&ct=2.

23 **stay aloft for over two and a half hours**: Robert O'Gorman and Chriss Abbott, "Remote Control War: Unmanned Combat Air Vehicles in China, India, Israel, Iran, Russia, and Turkey" (Open Briefing, September 2013), 75, http://www.oxfordresearchgroup.org.uk/sites/default/files/Remote%20Control%20War.pdf.

24 **Tomahawk Anti-Ship Missile (TASM)**: Carlo Kopp, "Tomahawk Cruise Missile Variants," Air Power Australia, http://www.ausairpower.net/Tomahawk-Subtypes.html.

25 **Tomahawk Land Attack Missile [TLAM]**: U.S. Navy, "Tactical Tomahawk," http://www.navair.navy.mil/index.cfm?fuseaction=home.display&key=F4E98B0F-33F5-413B-9FAE-8B8F7C5F0766.

26 **TASM was taken out of Navy service**: The Tomahawk Anti-Ship Missile (TASM) refers to the BGM/RGM-109B, a Tomahawk variant that was employed by the U.S. Navy from 1982 to 1994. In 2016, the Navy decided to reconfigure existing Tomahawk Land Attack Missiles (TLAMs) to a new anti-ship version of the Tomahawk, which would enter the force in 2021. Sam LaGrone, "WEST: U.S. Navy Anti-Ship Tomahawk Set for Surface Ships, Subs Starting in 2021," USNI News, February 18, 2016, https://news.usni.org/2016/02/18/west-u-s-navy-anti-ship-tomahawk-set-for-surface-ships-subs-starting-in-2021.

27 **Tacit Rainbow**: Carlo Kopp, "Rockwell AGM-130A/B and Northrop AGM-136A Tacit Rainbow," Air Power Australia, last updated January 27, 2014, http://www.ausairpower.net/TE-AGM-130-136.html. Andreas Parsch, "AGM/BGM-136," Designation-Systems.net, 2002, http://www.designation-systems.net/dusrm/m-136.html.

28 **LOCAAS**: Andreas Parsch, "LOCAAS," Designation-Systems.net, 2006, http://www.designation-systems.net/dusrm/app4/locaas.html

29 **110 million land mines**: Graca Machel, "Impact of Conflict on Armed Children," UNICEF, 1996, http://www.unicef.org/graca/.

30 **Ottawa Treaty**: International Committee of the Red Cross, "Convention on the Prohibition of the Use, Stockpiling, Production and Transfer of Anti-Personnel Mines and on their Destruction, 18 September 1997," ICRC.org, https://ihl-databases.icrc.org/applic/ihl/ihl.nsf/States.xsp?xp_viewStates=XPages_NORMStatesParties&xp_treatySelected=580.

31 **Antitank land mines and naval mines are still permitted**: From 2004 to 2014, the U.S. land mine policy was to use only self-destructing/self-deactivating mines. U.S. Department of State, "New United States Policy on Landmines: Reducing Humanitarian Risk and Saving Lives of United States Soldiers," U.S. Department of State Archive, February 27, 2004, http://2001-2009.state.gov/t/pm/rls/fs/30044.htm. In 2014, the United States established a new policy of aligning itself with the requirements of the Ottawa Treaty, with the exception of the Korean Peninsula. U.S. Department of State, "U.S. Landmine Policy," State.gov, http://www.state.gov/t/pm/wra/c11735.htm.

32 **Encapsulated torpedo mines**: "Mine Warfare Trends," Mine Warfare Association, presentation, May 10, 2011, www.minwara.org/Meetings/2011_05/Presentations/tuespdf/WMason_0900/MWTrends.pdf.

33 **Mk 60 CAPTOR**: Federation of American Scientists, "MK60 Encapsulated Torpedo (CAPTOR)," FAS Military Analysis Network, December 13, 1998, https://web.archive.org/web/20160902152533/http://fas.org:80/man/dod-101/sys/dumb/mk60.htm.

34 **Russian PMK-2**: Scott C. Truver, "Taking Mines Seriously: Mine Warfare in China's Near Seas," Naval War College Review, 65 no. 2 (Spring 2012), 40–41, https://www.usnwc.edu/getattachment/19669a3b-6795-406c-8924-106d7a5adb93/Taking-Mines-Seriously--Mine-Warfare-in-China-s-Ne. Andrew S. Erickson, Lyle J. Goldstein, and William S. Murray, "Chinese Mine Warfare," China Maritime Studies Institute, (Newport, RI: Naval War College, 2009), 16, 20, 28–30, 44, 90.

35 **Sensor Fuzed Weapon**: Textron Systems, "SFW: Sensor Fuzed Weapon," video, published on November 21, 2015, https://www.youtube.com/watch?v=AEXMHf2Usso.

36 **TASM was in service in the U.S. Navy from 1982 to 1994**: "Harpoon," NavSource Online, http://www.navsource.org/archives/01/57s1.htm. James C. O'Halloran, ed., "RGM/UGM-109 Tomahawk," *IHS Jane's Weapons: Strategic, 2015-2016* (United Kingdom, 2015), 219-223. Carlo Kopp, "Tomahawk Cruise Missile Variants." "AGM/BGM/RGM/UGM-109," Designation-Systems.net, http://www.designation-systems.net/dusrm/m-109.html.

37 **"lack of confidence in how the targeting picture"**: Bryan McGrath, interview, May 19, 2016.

38 **"a weapon we just didn't want to fire"**: Ibid.

39 **"Because the weapons cost money"**: Ibid.

40 **Harpy 2, or Harop**: Publicly available documents are unclear on whether the Harop retains the Harpy's ability to conduct fully autonomous anti-radar engagements as one mode of operation. Israel Aerospace Industries, developer of the Harpy and Harop, declined to comment on details of the Harpy and Harop functionality. Israel Aerospace Industries, "Harop," http://www.iai.co.il/2013/36694-46079-EN/Business_Areas_Land.aspx.

41 **"You've got to talk to the missile:"**: Bryan McGrath, interview, May 19, 2016.

42 **At least sixteen countries already possess**: The United States, United Kingdom, Israel, China, Nigeria, Iran, Iraq, Jordan, Egypt, United Arab Emirates, Saudi Arabia, Kazakhstan, Turkmenistan, Pakistan, Myanmar, Turkey. Fuhrmann

and Horowitz, "Droning On: Explaining the Proliferation of Unmanned Aerial Vehicles."

4장
오늘 건설되는 미래
자동제어 미사일, 드론, 로봇 군집

1 **the MQ-25 is envisioned primarily as a tanker**: Sydney J. Freedburg, Jr., "CBARS Drone Under OSD Review; Can A Tanker Become A Bomber?" *Breaking Defense*, February 19, 2016, http://breakingdefense.com/2016/02/cbars-drone-under-osd-review-can-a-tanker-become-a-bomber/. Richard Whittle, "Navy Refueling Drone May Tie Into F-35s," Breaking Defense, March 22, 2016, http://breakingdefense.com/2016/03/navy-refueling-drone-may-tie-into-f-35s-f-22s/.

2 **2013 *Remotely Piloted Aircraft Vector***: United States Air Force, "RPA Vector: Vision and Enabling Concepts, 2013–2038," February 17, 2014, http://www.defenseinnovationmarketplace.mil/resources/USAF-RPA_VectorVision EnablingConcepts2013-2038_ForPublicRelease.pdf.

3 **cultural resistance to combat drones**: Jeremiah Gertler, "History of the Navy UCLASS Program Requirements: In Brief," Congressional Research Service, August 3, 2015, https://www.fas.org/sgp/crs/weapons/R44131.pdf.

4 **uninhabited combat aerial vehicle**: "UCAV" specifically refers to the air vehicle whereas "UCAS" refers to the entire system: air vehicle, communications links, and ground control station. In practice, the terms are often used interchangeably.

5 **China has developed anti-ship ballistic and cruise missiles**: Kelley Sayler, "Red Alert: The Growing Threat to U.S. Aircraft Carriers," Center for a New American Security, Washington, DC, February 22, 2016, https://www.cnas.org/publications/reports/red-alert-the-growing-threat-to-u-s-aircraft-carriers. Jerry Hendrix, "Retreat from Range: The Rise and Fall of Carrier Aviation," Center for a New American Security, Washington, DC, October 19, 2015,

https://www.cnas.org/publications/reports/retreat-from-range-the-rise-and-fall-of-carrier-aviation.

6 **Sea power advocates outside the Navy**: Sam LaGrone, "Compromise Defense Bill Restricts Navy UCLASS Funds," *USNI News*, December 3, 2014, https://news.usni.org/2014/12/03/compromise-defense-bill-restricts-navy-uclass-funds. Sam LaGrone, "McCain Weighs in on UCLASS Debate, Current Navy Requirements 'Strategically Misguided,'" *USNI News*, March 24, 2015, https://news.usni.org/2015/03/24/mccain-weighs-in-on-uclass-debate-current-navy-requirements-strategically-misguided.

7 **the Navy is deferring any plans for a future UCAV**: Sydney J. Freedburg, Jr., "Navy Hits Gas On Flying Gas Truck, CBARS: Will It Be Armed?" *Breaking Defense*, March 11, 2016, http://breakingdefense.com/2016/03/navy-hits-gas-on -flying-gas-truck-cbars-will-it-be-armed/.

8 **a range of only 67 nautical miles**: 67 nautical miles equals 124 kilometers.

9 **can fly up to 500 nautical miles**: 500 nautical miles equals 930 kilometers.

10 **three *New York Times* articles**: John Markoff, "Fearing Bombs That Can Pick Whom to Kill," *New York Times*, November 11, 2014, http://www.nytimes.com/2014/11/12/science/weapons-directed-by-robots-not-humans-raise-ethical-questions.html?_r=0. John Markoff, "Report Cites Dangers of Autonomous Weapons," *New York Times*, February 26, 2016, http://www.nytimes.com/2016/02/29/technology/report-cites-dangers-of-autonomous-weapons.html. John Markoff, "Arms Control Groups Urge Human Control of Robot Weaponry," *New York Times*, April 11, 2016, http://www.nytimes.com/2016/04/12/technology/arms-control-groups-urge-human-control-of-robot-weaponry.html.

11 **"artificial intelligence outside human control"**: Markoff, "Fearing Bombs That Can Pick Whom to Kill."

12 **"an autonomous weapons arms race"**: Ibid.

13 **"LRASM employed precision routing and guidance"**: Lockheed Martin, "Long Range Anti-Ship Missile," http://www.lockheedmartin.com/us/products/

LRASM/overview.html (accessed on May 15, 2017).

14 **Lockheed's description of LRASM**: Lockheed Martin, "Long Range Anti-Ship Missile," as of October 20, 2014, https://web.archive.org/web/20141020231650/http://www.lockheedmartin.com/us/products/LRASM.html.

15 **"The semi-autonomous guidance capability gets LRASM"**: Lockheed Martin, "Long Range Anti-Ship Missile," as of December 16, 2014, https://web.archive.org/web/20141216100706/http://www.lockheedmartin.com/us/products/LRASM.html.

16 **video online that explains LRASM's functionality**: The video is no longer available on the Lockheed Martin website. Lockheed Martin, "LRASM: Long Range Anti-Ship Missile," published on May 3, 2016, archived on December 15, 2016, https://web.archive.org/web/20160504083941/https://www.youtube.com/watch?v=6eFGPIg05q0&gl=US&hl=en.

17 **literally wrote the textbook**: Stuart Russell and Peter Norvig, *Artificial Intelligence: A Modern Approach*, 3rd ed. (Boston: Pearson, 2009).

18 **"offensive autonomous weapons beyond meaningful human control"**: "Autonomous Weapons: An Open Letter From AI & Robotics Researchers," Future of Life Institute, https://futureoflife.org/open-letter-autonomous-weapons/.

19 **"The challenge for the teams now"**: DARPA, "FLA Program Takes Flight," DARPA.mil, February 12, 2016, http://www.darpa.mil/news-events/2016-02-12.

20 **"FLA technologies could be especially useful"**: Ibid.

21 **Lee explained**: Daniel Lee, email to author, June 3, 2016.

22 **"localization, mapping, obstacle detection"**: Ibid.

23 **"applications to search and rescue"**: Vijay Kumar, email to author, June 3, 2016.

24 **"foreshadow planned uses"**: Stuart Russell, "Take a Stand on AI Weapons," Nature.com, May 27, 2015, http://www.nature.com/news/robotics-ethics-of-

artificial-intelligence-1.17611.

25 **wasn't "cleanly directed only at"**: Stuart Russell, interview, June 23, 2016.

26 **"You can make small, lethal quadcopters"**: Ibid.

27 **"if you were wanting to develop autonomous weapons"**: Ibid.

28 **"certainly think twice" about working on**: Ibid.

29 **"collaborative autonomy—the capability of groups"**: DARPA, "Collaborate Operations in Denied Environments," DARPA.com, http://www.darpa.mil/program/collaborative-operations-in-denied-environment.

30 **"just as wolves hunt in coordinated packs"**: DARPA, "Establishing the CODE for Unmanned Aircraft to Fly as Collaborative Teams," DARPA.com, http://www.darpa.mil/news-events/2015-01-21.

31 **"multiple CODE-enabled unmanned aircraft"**: Ibid.

32 **Graphics on DARPA's website**: DARPA, "Collaborate Operations in Denied Environments."

33 **"contested electromagnetic environments"**: Ibid.

34 **methods of communicating stealthily**: Sayler, "Talk Stealthy to Me." Amy Butler, "5th-To-4th Gen Fighter Comms Competition Eyed In Fiscal 2015," *AWIN First*, June 18, 2014, http://aviationweek.com/defense/5th-4th-gen-fighter-comms-competition-eyed-fiscal-2015.

35 **56K dial-up modem**: DARPA, "Broad Agency Announcement: Collaborative Operations in Denied Environment (CODE) Program," DARPA-BAA-14-33, April 25, 2014, 13, available at https://www.fbo.gov/index?s=opportunity&mode=form&id=2f2733be59230cf2ddaa46498fe5765a&tab=core&_cview=1.

36 **"under a single person's supervisory control"**: DARPA, "Collaborative Operations in Denied Environment."

37 **A May 2016 video released online**: DARPA, "Collaborative Operations in Denied Environment (CODE): Test of Phase 1 Human-System Interface," https://www.youtube.com/watch?v=o8AFuiO6ZSs&feature=youtu.be.

38 **under the supervision of the human commander**: DARPA, "Collaborative Operations in Denied Environment (CODE): Phase 2 Concept Video,"

https://www.youtube.com/watch?v=BPBuE6fMBnE.

39 **The CODE website says**: DARPA, "Collaborative Operations in Denied Environment."

40 **"Provide a concise but comprehensive targeting chipset"**: DARPA, "Broad Agency Announcement: Collaborative Operations in Denied Environment (CODE) Program," 10.

41 **"Autonomous and semi-autonomous weapon systems shall be"**: Department of Defense, "Department of Defense Directive Number 3000.09: Autonomy in Weapon Systems," November 21, 2012, http://www.dtic.mil/whs/directives/corres/pdf/300009p.pdf, 2.

42 **approval to build and deploy autonomous weapons**: Ibid, 7–8.

43 **"providing multi-modal sensors"**: DARPA, "Broad Agency Announcement: Collaborative Operations in Denied Environment (CODE) Program," 6.

44 **Stuart Russell said that he found these projects concerning**: Stuart Russell, interview, June 23, 2016.

5장
국방부 안으로
국방부 건물은 자율무기인가?

1 **Klingon Bird of Prey**: Bob Work, "Remarks at the ACTUV 'Seahunter' Christening Ceremony," April 7, 2016, https://www.defense.gov/News/Speeches/Speech-View/Article/779197/remarks-at-the-actuv-seahunter-christening-ceremony/.

2 **"fighting ship"**: Ibid.

3 **"You can imagine anti-submarine warfare pickets"**: Ibid.

4 **"Our fundamental job"**: Bradford Tousley, interview, April 27, 2016.

5 **"That final decision is with humans, period"**: Ibid.

6 **"Until the machine processors equal or surpass"**: Ibid.

7 **"Groups of platforms that are unmanned"**: Ibid.

8 **"We're using physical machines and electronics"**: Ibid.

9 **"As humans ascend to the higher-level":** Ibid.

10 **"We expect that there will be jamming"**: Ibid.

11 **"I think that will be a rule of engagement-dependent decision"**: Ibid.

12 **"If [CODE] enables software"**: Ibid.

13 **"In a target-dense environment"**: DARPA, "Target Recognition and Adaptation in Contested Environments," http://www.darpa.mil/program/trace.

14 **"develop algorithms and techniques"**: DARPA, "Broad Agency Announcement: Target Recognition and Adaptation in Contested Environments (TRACE)," DARPABAA-15-09, December 1, 2014, 6, https://www.fbo.gov/index?s=opportunity&mode=form&id=087d9fba51700a89d154e8c9d9fdd93d&tab=core&_cview=1.

15 ***Deep* neural networks**: Alex Krizhevsky, Ilya Sutskever, and Geoffrey E. Hinton, "ImageNet Classification with Deep Convolutional Neural Networks," https://papers.nips.cc/paper/4824-imagenet-classification-with-deep-convolutional-neural-networks.pdf.

16 **over a hundred layers**: Christian Szegedy et al., "Going Deeper With Convolutions," https://www.cs.unc.edu/~wliu/papers/GoogLeNet.pdf.

17 **error rate of only 4.94 percent**: Richard Eckel, "Microsoft Researchers' Algorithm Sets ImageNet Challenge Milestone," Microsoft Research Blog, February 10, 2015, https://www.microsoft.com/en-us/research/microsoft-researchers-algorithm-sets-imagenet-challenge-milestone/. Kaiming He et al., "Delving Deep into Rectifiers: Surpassing Human-Level Performance on ImageNet Classification," https://arxiv.org/pdf/1502.01852.pdf.

18 **estimated 5.1 percent error rate**: Olga Russakovsky et al., "ImageNet Large Scale Visual Recognition Challenge," January 20, 2015, https://arxiv.org/pdf/1409.0575.pdf.

19 **3.57 percent rate**: Kaiming He et al., "Deep Residual Learning for Image Recognition," December 10, 2015, https://arxiv.org/pdf/1512.03385v1.pdf.

6장

문턱을 넘다

자율무기 승인

1 **delineation of three classes of systems**: Department of Defense, "Department of Defense Directive Number 3000.09."

2 **"minimize the probability and consequences"**: Ibid, 1.

3 **"We haven't had anything that was even remotely close"**: Frank Kendall, interview, November 7, 2016.

4 **"We had an automatic mode"**: Ibid.

5 **"relatively soon"**: Ibid.

6 **"sort through all that"**: Ibid.

7 **"Are you just driving down"**: Ibid.

8 **"other side of the equation"**: Ibid.

9 **"a reasonable question to ask"**: Ibid.

10 **"where technology supports it"**: Ibid.

11 **"principles and obey them"**: Ibid.

12 **"Automation and artificial intelligence are"**: Ibid.

13 **Work explained in a 2014 monograph**: Robert O. Work and Shawn Brimley, "20YY: Preparing for War in the Robotic Age," *Center for a New American Security*, January 2014, 7–8, http://www.cnas.org/sites/default/files/publications-pdf/CNAS_20YY_WorkBrimley.pdf.

14 **"We will not delegate lethal authority"**: Bob Work, interviewed by David Ignatius, "Securing Tomorrow," March 30, 2016, https://static.dvidshub.net/media/video/1603/DOD_103167280/DOD_103167280-512x288-442k.mp4. Comments on autonomystart around 29:00.

15 **"We might be going up against"**: Ibid.

16 **"our potential competitors may not"**: Bob Work, interviewed by August Cole, "Global Strategy Forum," Atlantic Council, http://www.atlanticcouncil.org/events/webcasts/2016-global-strategy-forum. Comments starting around 38:00.

17 **"We, the United States, have had"**: Bob Work, interview, June 22, 2016.

18 **"We are moving to a world"**: Ibid.

19 **"The thing that people worry about"**: Ibid.

20 **"same determination that we have right now"**: Ibid.

21 **"What is your comfort level on target"**: Ibid.

22 **"I hear people say"**: Ibid.

23 **Work contrasted these narrow AI systems**: Ibid.

24 **"People are going to use AI"**: Ibid.

25 **Schuette made it clear to me**: Larry Schuette, interview, May 5, 2016.

26 **"The man pushes a button"**: Ibid.

27 **"History is full of innovations"**: Ibid.

28 **"We've had these debates before"**: Ibid.

29 **"EXECUTE AGAINST JAPAN"**: Joel Ira Holwitt, " 'EXECUTE AGAINST JAPAN': Freedom-of-the-Seas, The U.S. Navy, Fleet Submarines, and the U.S. Decision to Conduct Unrestricted Submarine Warfare, 1919–1941," Dissertation, Ohio State University, 2005, https://etd.ohiolink.edu/rws_etd/document/get/osu1127506553/inline.

30 **"Is it December eighth or December sixth?"**: Larry Schuette, interview, May 5, 2016.

7장

월드워 R

전 세계의 로봇 무기

1 **"A growing number of countries"**: The United States, United Kingdom, Israel, China, Nigeria, Iran, Iraq, Jordan, Egypt, United Arab Emirates, Saudi Arabia, Kazakhstan, Turkmenistan, Pakistan, Myanmar, Turkey. Fuhrmann and Horowitz, "Droning On: Explaining the Proliferation of Unmanned Aerial Vehicles."

2 **Even Shiite militias in Iraq**: David Axe, "An Iraqi Shi'ite Militia Now Has Ground Combat Robots," *War Is Boring*, March 23, 2015, https://warisboring.

com/an-iraqi-shi-ite-militia-now-has-ground-combat-robots-68ed69121d21#.hj0vxomjl.

3 **armed uninhabited boat, the Protector**: Berenice Baker, "No Hands on Deck—Arming Unmanned Surface Vessels," naval-technology.com, November 23, 2012, http://www.naval-technology.com/features/featurehands-on-deck-armed-unmanned-surface-vessels/.

4 **Singapore has purchased the Protector**: "Protector Unmanned Surface Vessel, Israel," naval-technology.com, http://www.naval-technology.com/projects/protector-unmanned-surface-vehicle/.

5 **ESGRUM**: "BAE ESGRUM USV," NavalDrones.com, http://www.navaldrones.com/BAE-ESGRUM.html.

6 **Only twenty-two nations have said they support**: Campaign to Stop Killer Robots, "Country Views on Killer Robots," November 16, 2017, http://www.stopkillerrobots.org/wp-content/uploads/2013/03/KRC_CountryViews_16Nov2017.pdf.

7 **These include the United Kingdom's Taranis**: Nicholas de Larringa, "France Begins Naval Testing of Neuron UCAV," IHS Jane's Defence Weekly, May 19, 2016; archived at https://web.archive.org/web/20161104112421/http://www.janes.com/article/60482/france-begins-naval-testing-of-neuron-ucav. "New Imagery Details Indian Aura UCAV," *Aviation Week & Space Technology*, July 16, 2012, http://aviationweek.com/awin/new-imagery-details-indian-aura-ucav. "Israel Working on Low-Observable UAV," FlightGlobal, November 28, 2012, https://www.flightglobal.com/news/articles/israel-working-on-low-observable-uav-379564/.

8 **a handful of countries already possess the fully autonomous Harpy**: Tamir Eshel, "IAI Introduces New Loitering Weapons for Anti-Radiation, Precision Strike."

9 **"the ultimate decision about shooting"**: Jean Kumagai, "A Robotic Sentry For Korea's Demilitarized Zone," *IEEE Spectrum: Technology, Engineering, and Science News*, March 1, 2007, http://spectrum.ieee.org/robotics/military-

robots/a-robotic-sentry-for-koreas-demilitarized-zone.

10 **SGR-A1 cited as an example**: Christopher Moyer, "How Google's AlphaGo Beat a Go World Champion," *The Atlantic*, March 28, 2016, https://www.theatlantic.com/technology/archive/2016/03/the-invisible-opponent/475611/. Adrianne Jeffries, "Should a Robot Decide When to Kill?," *The Verge*, January 28, 2014, https://www.theverge.com/2014/1/28/5339246/war-machines-ethics-of-robots-on-the-battlefield. "Future Tech? Autonomous Killer Robots Are Already Here," NBC News, May 16, 2014, http://www.nbcnews.com/tech/security/future-tech-autonomous-killer-robots-are-already-here-n105656. Sharon Weinberger, "Next Generation Military Robots Have Minds of Their Own," accessed June 18, 2017, http://www.bbc.com/future/story/20120928-battle-bots-think-for-themselves."The Scariest Ideas in Science," *Popular Science*, accessed June 18, 2017, http://www.popsci.com/scitech/article/2007-02/scariest-ideas-science.

11 **"WHY, GOD? WHY?"**: "The Scariest Ideas in Science."

12 **cited the SGR-A1 as fully autonomous**: Ronald C. Arkin, *Governing Lethal Behavior in Autonomous Robots* (Boca Raton, FL: Taylor & Francis Group, 2009), 10. Patrick Lin, George Bekey, and Keith Abney, "Autonomous Military Robotics: Risk, Ethics, and Design," California Polytechnic State University, San Luis Obispo, CA, December 20, 2008, http://digitalcommons.calpoly.edu/cgi/viewcontent.cgi?article=1001&context=phil_fac; Hin-Yan Liu, "Categorization and legality of autonomous and remote weapons systems," *International Review of the Red Cross* 94, no. 886 (Summer 2012), https://www.icrc.org/eng/assets/files/review/2012/irrc-886-liu.pdf.

13 **In 2010, a spokesperson for Samsung**: "Machine Gun-Toting Robots Deployed on DMZ," *Stars and Stripes*, July 12, 2010, https://www.stripes.com/machine-gun-toting-robots-deployed-on-dmz-1.110809.

14 **"the SGR-1 can and will prevent wars"**: Ibid.

15 **critics who have questioned whether it has too much**: Markoff, "Fearing Bombs That Can Pick Whom to Kill."

16 **Brimstone has two primary modes of operation**: MBDA, "Brimstone 2 Data Sheet November 2015," accessed June 7, 2017, https://mbdainc.com/wp-content/uploads/2015/11/Brimstone2-Data-Sheet_Nov-2015.pdf.

17 **"This mode provides through-weather targeting"**: Ibid.

18 **"It can identify, track, and lock on"**: David Hambling Dec 4 and 2015, "The U.K. Fights ISIS With a Missile the U.S. Lacks," *Popular Mechanics*, December 4, 2015, http://www.popularmechanics.com/military/weapons/a18410/brimstone -missile-uk-david-cameron-isis/.

19 **"In May 2013, multiple Brimstone"**: MBDA, "Brimstone 2 Data Sheet."

20 **reported range in excess of 20 kilometers**: "Dual-Mode Brimstone Missile Proves Itself in Combat," *Defense Media Network*, April 26, 2012, http://www.defensemedianetwork.com/stories/dual-mode-brimstone-missile-proves-itself-in-combat/.

21 **Brimstone can engage these targets**: I am grateful to MBDA Missile Systems for agreeing to an interview on background in 2016 to discuss the Brimstone's functionality.

22 **"1. Taranis would reach the search area"**: BAE Systems, "Taranis: Looking to the Future," http://www.baesystems.com/en/download-en/20151124120336/1434555376407.pdf.

23 **BAE Chairman Sir Roger Carr**: Sir Roger Carr, "What If: Robots Go to War?—World Economic Forum Annual Meeting 2016 | World Economic Forum," video, accessed June 7, 2017, https://www.weforum.org/events/world-economic-forum-annual-meeting-2016/sessions/what-if-robots-go-to-war.

24 **"decisions to release a lethal mechanism"**: John Ingham, "WATCH: Unmanned Test Plane Can Seek and Destroy Heavily Defended Targets," Express.co.uk, June 9, 2016, http://www.express.co.uk/news/uk/678514/WATCH-Video-Unmanned-test-plane-Taranis.

25 **"The UK does not possess"**: UK Ministry of Defence, "Defence in the Media: 10 June 2016," June 10, 2016, https://modmedia.blog.gov.uk/2016/06/10/defence-in-the-media-10-june-2016/.

26 **"must be capable of achieving"**: UK Ministry of Defence, "Joint Doctrine Note 2/11: The UK Approach to Unmanned Aircraft Systems," March 30, 2011, https://www.gov.uk/government/uploads/system/uploads/attachment_data/file/33711/20110505JDN_211_UAS_v2U.pdf, 2-3.

27 **"As computing and sensor capability increases"**: Ibid, 2–4.

28 **one short-lived effort during the Iraq war**: "The Inside Story of the SWORDS Armed Robot 'Pullout' in Iraq: Update," *Popular Mechanics*, October 1, 2009, http://www.popularmechanics.com/technology/gadgets/4258963.

29 **"the military robots were assigned"**: Alexander Korolkov and special to RBTH, "New Combat Robot Is Russian Army's Very Own Deadly WALL-E," Russia Beyond The Headlines, July 2, 2014, https://www.rbth.com/defence/2014/07/02/new_combat_robot_is_russian_armys_very_own_deadly_wall-e_37871.html.

30 **"Platform-M . . . is used"**: Ibid.

31 **videos of Russian robots show soldiers**: This video (https://www.youtube.com/watch?v=RBi977p0plA) is no longer available online.

32 **According to David Hambling of *Popular Mechanics***: David Hambling, "Check Out Russia's Fighting Robots," Popular Mechanics, May 12, 2014, http://www.popularmechanics.com/technology/military/robots/russia-wants-autonomous-fighting-robots-and-lots-of-them-16787165.

33 **amphibious Argo**: "Battle Robotic complex 'Argo'—Military Observer," accessed June 7, 2017, http://warsonline.info/bronetechnika/boevoy-robotizirovanniy-kompleks-argo.html.

34 **Pictures online show Russian soldiers**: Tamir Eshel, "Russian Military to Test Combat Robots in 2016," Defense Update, December 31, 2015, http://defense-update.com/20151231_russian-combat-robots.html.

35 **slo-mo shots of the Uran-9 firing**: Rosoboronexport, *Combat Robotic System Uran-9*, n.d., https://www.youtube.com/watch?v=VBC9BM4-3Ek.

36 **Uran-9 could make the modern battlefield a deadly place**: Rich Smith, "Russia's New Robot Tank Could Disrupt the International Arms Market," *The Motley*

Fool, February 7, 2016, https://www.fool.com/investing/general/2016/02/07/russias-new-robot-tank-could-disrupt-international.aspx.

37 **Vikhr . . . "lock onto a target"**: Simon Holmes, "Russian Army Puts New Remote-Controlled Robot Tank to Test," *Mail Online*, April 29, 2017, http://www.dailymail.co.uk/~/article-4457892/index.html.

38 **DJI's base model Spark**: "Spark," DJI.com, http://www.dji.com/spark.

39 **T-14 Armata**: Alex Lockie, "Russia Claims Its Deadly T-14 Armata Tank Is in Full Production," *Business Insider*, March 17, 2016, http://www.businessinsider.com/russia-claims-t14-armata-tank-is-in-production-2016-3.

40 **"Quite possibly, future wars will be waged"**: "Engineers Envisioned T-14 Tank 'robotization' as They Created Armata Platform," *RT International*, June 1, 2015, https://www.rt.com/news/263757-armata-platform-remote-control/.

41 **"fully automated combat module"**: "Kalashnikov Gunmaker Develops Combat Module based on Artificial Intelligence," TASS Russian News Agency, July 5, 2017, http://tass.com/defense/954894.

42 **"Another factor influencing the essence of modern"**: Coalson, "Top Russian General Lays Bare Putin's Plan for Ukraine."

43 **Deputy Secretary of Defense Bob Work mentioned**: "Remarks by Defense Deputy Secretary Robert Work at the CNAS Inaugural National Security Forum," December 14, 2015, https://www.cnas.org/publications/transcript/remarks-by-defense-deputy-secretary-robert-work-at-the-cnas-inaugural-national-security-forum.

44 **some have suggested, that a dangerous arms race**: Markoff, "Fearing Bombs That Can Pick Whom to Kill."

45 **Policy discussions may be happening**: Thanks to Sam Bendett for pointing out this important distinction.

46 **NGO Article 36**: Article 36, "The United Kingdom and Lethal Autonomous Weapon Systems," April 2016, http://www.article36.org/wp-content/uploads/2016/04/UK-and-LAWS.pdf

8장

차고에서 만든 로봇

DIY 킬러 로봇

1 **fifteen-second video clip . . . Connecticut teenager**: Rick Stella, "Update: FAA Launches Investigation into Teenager's Gun-Wielding Drone Video," *Digital Trends*, July 22, 2015, https://www.digitaltrends.com/cool-tech/man-illegally-straps-handgun-to-a-drone/.

2 **For under $500**: "Spark," DJI.com.

3 **Shield AI**: "Shield AI," http://shieldai.com/

4 **grant from the U.S. military**: Mark Prigg, "Special Forces developing 'AI in the sky' drones that can create 3D maps of enemy lairs: Pentagon reveals $1m secretive 'autonomous tactical airborne drone' project," DailyMail.com, http://www.dailymail.co.uk/sciencetech/article-3776601/Special-Forces-developing-AI-sky-drones-create-3D-maps-enemy-lairs-Pentagon-reveals-1m-secretive-autonomous-tactical-airborne-drone-project.html.

5 **"Robotics and artificial intelligence are"**: Brandon Tseng, email to author, June 17, 2016.

6 **"fully automated combat module"**: "Kalashnikov Gunmaker Develops Combat Module based on Artificial Intelligence."

7 **more possible positions in go**: "AlphaGo," *DeepMind*, accessed June 7, 2017, https://deepmind.com/research/alphago/.

8 **"Our goal is to beat the best human players"**: "AlphaGo: Using Machine Learning to Master the Ancient Game of Go," *Google*, January 27, 2016, http://blog.google:443/topics/machine-learning/alphago-machine-learning-game-go/.

9 **game 2, on move 37**: Daniel Estrada, "Move 37!! Lee Sedol vs AlphaGo Match 2" video, https://www.youtube.com/watch?v=JNrXgpSEEIE.

10 **"I thought it was a mistake"**: Ibid.

11 **"It's not a human move"**: Cade Metz, "The Sadness and Beauty of Watching Google's AI Play Go," *WIRED*, March 11, 2016, https://www.wired.

com/2016/03/sadness-beauty-watching-googles-ai-play-go/.

12 **1 in 10,000**: Cade Metz, "In Two Moves, AlphaGo and Lee Sedol Redefined the Future," *WIRED*, accessed June 7, 2017, https://www.wired.com/2016/03/two-moves-alphago-lee-sedol-redefined-future/.

13 **"I kind of felt powerless"**: Moyer, "How Google's AlphaGo Beat a Go World Champion."

14 **"AlphaGo isn't just an 'expert' system"**: "AlphaGo," January 27, 2016.

15 **AlphaGo Zero**: "AlphaGo Zero: Learning from Scratch," DeepMind, accessed October 22, 2017, https://deepmind.com/blog/alphago=zero=learning=scratch/.

16 **neural network to play Atari games**: Volodymyr Mnih et al., "Human-Level Control through Deep Reinforcement Learning," *Nature* 518, no. 7540 (February 26, 2015): 529–33.

17 **deep neural network**: JASON, "Perspectives on Research in Artificial Intelligence and Artificial General Intelligence Relevant to DoD."

18 **Inception-v3**: Inception-v3 is trained for the Large Scale Visual Recognition Challenge (LSVRC) using the 2012 data. "Image Recognition," *TensorFlow*, accessed June 7, 2017, https://www.tensorflow.org/tutorials/image_recognition.

19 **one of 1,000 categories**: The categories available for Inception-v3 are those from the Large Scale Visual Recognition Challenge (LSVRC) 2012, which is the same as the LSVRC 2014. "ImageNet Large Scale Visual Recognition Competition 2014 (ILSVRC2014)," accessed June 7, 2017, http://image-net.org/challenges/LSVRC/2014/browse-synsets.

20 **Pascal Visual Object Classes database**: "The PASCAL Visual Object Classes Challenge 2012 (VOC2012)," accessed June 7, 2017, http://host.robots.ox.ac.uk/pascal/VOC/voc2012/index.html.

21 **FIRST Robotics Competition**: "FIRST Robotics Competition 2016 Season Facts," FirstInspires.org, http://www.firstinspires.org/sites/default/files/uploads/resource_library/frc-2016-season-facts.pdf.

22 **"They can pretty much program in anything"**: Charles Dela Cuesta, interview, May 20, 2016.

23 **"The stuff that was impressive to me"**: Ibid.

24 **"I don't think we're ever going to give"**: Brandon Tseng, email to author, June 17, 2016.

9장
미친 듯이 날뛰는 로봇
자율 시스템 고장

1 **March 22, 2003**: This account is based on official public records of the fratricide, including an investigation by the UK government in regard to the Tornado fratricide and a Defense Science Board report on both incidents. It is also based, in part, on individuals close to both incidents who asked to remain anonymous as they were not authorized to speak on the record about the incidents. Ministry of Defence, "Aircraft Accident to Royal Air Force Tornado GR MK4A ZG710," https://www.gov.uk/government/uploads/system/uploads/attachment_data/file/82817/maas03_02_tornado_zg710_22mar03.pdf. Defense Science Board, "Report of the Defense Science Board Task Force on Patriot Performance," January 2005, http://www.acq.osd.mil/dsb/reports/2000s/ADA435837.pdf.

2 **All they had was a radio**: Ministry of Defence, "Aircraft Accident to Royal Air Force Tornado GR MK4A ZG710."

3 **attack on a nearby base**: "Army: U.S. Soldier Acted Out of Resentment in Grenade Attack," Associated Press, (March 24, 2003), http://www.foxnews.com/story/2003/03/24/army-us-soldier-acted-out-resentment-in-grenade-attack.html.

4 **Tornado GR4A fighter jet**: Staff and Agencies, "'Glaring Failures' Caused US to Kill RAF Crew," *The Guardian*, October 31, 2006, https://www.theguardian.com/uk/2006/oct/31/military.iraq.

5 **It could be because the system simply broke**: A UK board of inquiry

discounted the possibility that Main and Williams had intentionally turned off the IFF, although without explaining why. In the absence of other possible explanations, it concluded the IFF system "had a fault." Ministry of Defence, "Aircraft Accident to Royal Air Force Tornado GR MK4A ZG710," 4–5.

6 **Their screen showed a radar-hunting enemy missile**: Ministry of Defence, "Aircraft Accident to Royal Air Force Tornado GR MK4A ZG710."

7 **parabolic trajectory**: This is an approximation. Lior M. Burko and Richard H. Price, "Ballistic Trajectory: Parabola, Ellipse, or What?," May 17, 2004, https://arxiv.org/pdf/physics/0310049.pdf.

8 **The Tornado's IFF signal**: There are actually two relevant IFF modes of operation that might have prevented the Tornado fratricide, Mode 1 and Mode 4. More 4 is the standard encrypted military IFF used by coalition aircraft in theater. It was tested on the Tornado prior to starting engines on the ground and found functional, but there is no evidence it was broadcasting at any point during the flight. The reasons why are unclear. Mode 1 is an unencrypted mode that all coalition aircraft were supposed to be using as a backup. The UK accident investigation report does not specify whether this mode was broadcasting or not. In any case, the Patriot battery did not have the codes for Mode 1, so they couldn't have received a Mode 1 signal in any case. This is likely because their equipment was not interoperable and so they were not on the network. The Mode 1 codes would have had to have been delivered by hand to be loaded, and apparently they were not. Ministry of Defence, "Aircraft Accident to Royal Air Force Tornado GR MK4A ZG710."

9 **They had seconds to decide**: John K. Hawley, "Looking Back at 20 Years of MANPRINT on Patriot: Observations and Lessons," Army Research Laboratory, September, 2007, 7, http://www.dtic.mil/docs/citations/ADA472740.

10 **Main and Williams' wingman landed in Kuwait**: Stewart Payne, "US Colonel Says Sorry for Tornado Missile Blunder," March 25, 2003, http://www.telegraph.co.uk/news/worldnews/middleeast/iraq/1425545/US-colonel-says-

sorry-for-Tornado-missile-blunder.html.

11 **Patriot crew was unharmed**: "F-16 Fires on Patriot Missile Battery," *Associated Press*, March 25, 2003, http://www.foxnews.com/story/2003/03/25/f-16-fires-onpatriot-missile-battery.html.

12 **Two PAC-3 missiles launched automatically**: Pamela Hess, "Feature: The Patriot's Fratricide Record," *UPI*, accessed June 7, 2017, http://www.upi.com/Feature-The-Patriots-fratricide-record/63991051224638/. "The Patriot Flawed?," April 24,2003, http://www.cbsnews.com/news/the-patriot-flawed-19-02-2004/.

13 **U.S. Navy F/A-18C Hornet**: Ibid.

14 **both missiles struck his aircraft**: Ibid.

15 **"substantial success"**: The Defense Science Board Task Force assessed the Patriot's performance as a "substantial success." This seems perhaps overstated. It's worth asking at what point a system's fratricide rate negates its operational advantages. Defense Science Board, "Report of the Defense Science Board Task Force on Patriot Performance," 1.

16 **"unacceptable" fratricide rate**: Hawley, "Looking Back at 20 Years of MANPRINT on Patriot."

17 **IFF was well understood**: Defense Science Board, "Report of the Defense Science Board Task Force on Patriot Performance."

18 **"trusting the system without question"**: Hawley, "Looking Back at 20 Years of MANPRINT on Patriot."

19 **"unwarranted and uncritical trust"**: John K. Hawley, "Not by Widgets Alone: The Human Challenge of Technology-intensive Military Systems," *Armed Forces Journal*, February 1, 2011, http://www.armedforcesjournal.com/not-by-widgets-alone/. Patriot operators now train on this and other similar scenarios to avoid this problem of unwarranted trust in the automation.

20 **more than 30,000 people a year**: "Accidents or Unintentional Injuries," Centers for Disease Control and Prevention, http://www.cdc.gov/nchs/fastats/accidental-injury.htm.

21 **advanced vehicle autopilots**: For example "Intelligent Drive," Mercedes-Benz, https://www.mbusa.com/mercedes/technology/videos/detail/title-safety/videoId-fc0835ab8d127410VgnVCM100000ccec1e35RCRD.

22 **"No, Ken said that"**: Bin Kenney, "Jeopardy!—The IBM Challenge (Day 1—February 14)," video, https://www.youtube.com/watch?v=i-vMW_Ce51w.

23 **Watson hadn't been programmed**: Casey Johnston, "Jeopardy: IBM's Watson Almost Sneaks Wrong Answer by Trebek," *Ars Technica*, February 15, 2011, https://arstechnica.com/media/news/2011/02/ibms-watson-tied-for-1st-in-jeopardy-almost-sneaks-wrong-answer-by-trebek.ars.

24 **"We just didn't think it would ever happen"**: Ibid.

25 **2016 fatality involving a Tesla Model S**: Neither the autopilot nor driver applied the brake when a tractor-trailer turned in front of the vehicle. Anjali Singhvi and Karl Russell, "Inside the Self-Driving Tesla Fatal Accident," **New York Times**, July 1, 2016, https://www.nytimes.com/interactive/2016/07/01/business/inside-tesla-accident.html. "A Tragic Loss," June 30, 2016, https://www.tesla.com/blog/tragic-loss.

26 ***The Sorcerer's Apprentice***: *Sorcerer's Apprentice—Fantasia*, accessed June 7, 2017, http://video.disney.com/watch/sorcerer-s-apprentice-fantasia-4ea9ebc01a74ea59a5867853.

27 **German poem written in 1797**: Johann Wolfgang von Goethe, "The Sorcerer's Apprentice," accessed June 7, 2017, http://germanstories.vcu.edu/goethe/zauber_e4.html.

28 **"When you delegate authority to a machine"**: Bob Work, interview, June 22, 2016.

29 **"Traditional methods . . . fail to address"**: U.S. Air Force Office of the Chief Scientist, *Autonomous Horizons: System Autonomy in the Air Force*—A Path to the Future (June 2015), 23, http://www.af.mil/Portals/1/documents/SECAF/AutonomousHorizons.pdf?timestamp=1435068339702.

30 **"We had seen it once before"**: Interestingly, this random move may have played a key role in shaking Kasparov's confidence. Unlike AlphaGo's 1

in 10,000 surprise move that later turned out to be a stroke of brilliance, Kasparov could see right away that Deep Blue's 44th move was tactically nonsensical. Deep Blue resigned the game one move later. Later that evening while pouring over a recreation of the final moves, Kasparov discovered that in 20 moves he would have checkmated Deep Blue. The implication was that Deep Blue made a nonsense move and resigned because it could see 20 moves ahead, a staggering advantage in chess. Nate Silver reports that this bug may have irreparably shaken Kasparov's confidence. Nate Silver, *The Signal and the Noise: Why So Many Predictions Fail* (New York: Penguin, 2015), 276–289.

31 **recent UNIDIR report on autonomous weapons and risk**: UN Institute for Disarmament Research, "Safety, Unintentional Risk and Accidents in the Weaponization of Increasingly Autonomous Technologies," 2016, http://www.unidir.org/files/publications/pdfs/safety-unintentional-risk-and-accidents-en-668.pdf. (I was a participant in a UNIDIR-hosted workshop that helped inform this project and I spoke at a UNIDIR-hosted panel in 2016.)

32 **"With very complex technological systems"**: John Borrie, interview, April 12, 2016.

33 **"Why would autonomous systems be any different?"**: Ibid.

34 **Three Mile Island incident**: This description is taken from Charles Perrow, *Normal Accidents: Living with High-Risk Technologies* (Princeton, NJ: Princeton University Press, 1999), 15–31; and United States Nuclear Regulatory Commission, "Backgrounder on the Three Mile Island Accident," https://www.nrc.gov/reading-rm/doc-collections/fact-sheets/3mile-isle.html.

35 **Apollo 13**: For a very brief summary of the incident, see National Aeronautics and Space Administration, "Apollo 13," https://www.nasa.gov/mission_pages/apollo/missions/apollo13.html. NASA's full report on the Apollo 13 disaster can be found at National Aeronautics and Space Administration, "Report of the Apollo 13 ReviewBoard," June 15, 1970, http://nssdc.gsfc.nasa.gov/planetary/lunar/apollo_13_review_board.txt. See also Perrow, Normal

Accidents, 271–281.

36 **“failures . . . we hadn’t anticipated”**: John Borrie, interview, April 12, 2016.

37 ***Challenger* (1986) and *Columbia* (2003)**: On *Challenger*, see National Aeronautics and Space Administration, “Report of the Presidential Commission on the Space Shuttle Challenger Accident,” June 6, 1986, http://history.nasa.gov/rogersrep/51lcover.htm. On the *Columbia* accident, see National Aeronautics and Space Administration, “Columbia Accident Investigation Board, Volume 1,” August 2003, http://spaceflight.nasa.gov/shuttle/archives/sts-107/investigation/CAIB_medres_full.pdf.

38 **“never been encountered before”**: Matt Burgess, “Elon Musk Confirms SpaceX’s Falcon 9 Explosion Was Caused by ‘Frozen Oxygen,’ ” *WIRED*, November 8, 2016, http://www.wired.co.uk/article/elon-musk-universal-basic-income-falcon-9-explosion. “Musk: SpaceX Explosion Toughest Puzzle We’ve Ever Had to Solve,” *CNBC*, video accessed June 7, 2017, http://video.cnbc.com/gallery/?video=3000565513.

39 **Fukushima Daiichi**: Phillip Y. Lipscy, Kenji E. Kushida, and Trevor Incerti, “The Fukushima Disaster and Japan’s Nuclear Plant Vulnerability in Comparative Perspective,” *Environmental Science and Technology* 47 (2013), http://web.stanford .edu/~plipscy/LipscyKushidaIncertiEST2013.pdf.

40 **“A significant message for the”**: William Kennedy, interview, December 8, 2015.

41 **“almost never occur individually”**: Ibid.

42 **“The automated systems”**: Ibid.

43 **“Both sides have strengths and weaknesses”**: Ibid.

44 **F-16 fighter aircraft**: Guy Norris, “Ground Collision Avoidance System ‘Saves’ First F-16 In Syria,” February 5, 2015, http://aviationweek.com/defense/ground-collision-avoidance-system-saves-first-f-16-syria.

45 **software-based limits on its flight controls**: Dan Canin, “Semper Lightning: F-35 Flight Control System,” Code One, December 9, 2015, http://www.codeonemagazine.com/f35_article.html?item_id=187.

46 **software with millions of lines of code**: Robert N. Charette, "This Car Runs on Code," *IEEE Spectrum: Technology, Engineering, and Science News*, February 1, 2009, http://spectrum.ieee.org/transportation/systems/this-car-runs-on-code. Joey Cheng, "Army Lab to Provide Software Analysis for Joint Strike Fighter," *Defense Systems*, August 12, 2014, https://defensesystems.com/articles/2014/08/14/army-f-35-joint-strike-fighter-software-tests.aspx. Robert N. Charette, "F-35 Program Continues to Struggle with Software," *IEEE Spectrum: Technology, Engineering, and Science News*, September 19, 2012, http://spectrum.ieee.org/riskfactor/aerospace/military/f35-program-continues-to-struggle-with-software.

47 **0.1 to 0.5 errors per 1,000 lines of code**: Steve McConnell, *Code Complete: A Practical Handbook of Software Construction* (Redmond, WA: Microsoft Press, 2004), http://www.amazon.com/Code-Complete-Practical-Handbook-Construction/dp/0735619670.

48 **some errors are inevitable**: The space shuttle is an interesting exception that proves the rule. NASA has been able to drive the number of errors on space shuttle code down to zero through a labor-intensive process employing teams of engineers. However, the space shuttle has only approximately 500,000 lines of code, and this process would be entirely unfeasible for more complex systems using millions of lines of code. The F-35 Joint Strike Fighter, for example, has over 20 million lines of code. Charles Fishman, "They Write the Right Stuff," FastCompany.com, December 31, 1996, http://www.fastcompany.com/28121/they-write-right-stuff.

49 **F-22 fighter jets**: Remarks by Air Force retired Major General Don Sheppard on "This Week at War," *CNN*, February 24, 2007, http://transcripts.cnn.com/TRANSCRIPTS/0702/24/tww.01.html.

50 **hack certain automobiles**: Andy Greenberg, "Hackers Remotely Kill a Jeep on the Highway – With Me in It," *Wired*, July 21, 2015, http://www.wired.com/2015/07/hackers-remotely-kill-jeep-highway/.

51 **A study of Nest users**: Rayoung Yang and Mark W. Newman, "Learning

from a Learning Thermostat: Lessons for Intelligent Systems for the Home," UbiComp'13, September 8–12, 2013.

52 **"As systems get increasingly complex"**: John Borrie, interview, April 12, 2016.

53 **Air France Flight 447**: "Final Report: On the accidents of 1st June 2009 to the Airbus A330-203 registered F-GZCP operated by Air France flight 447 Rio de Janeiro—Paris," Bureau d'Enquêtes et d'Analyses pour la sécurité de l'aviation civile, [English translation], 2012, http://www.bea.aero/docspa/2009/f-cp090601.en/pdf/f-cp090601.en.pdf. William Langewiesche, "The Human Factor," *Vanity Fair*, October 2014, http://www.vanityfair.com/news/business/2014/10/air-franceflight-447-crash. Nick Ross and Neil Tweedie, "Air France Flight 447: 'Damn it, We're Going to Crash,'" *The Telegraph*, April 28, 2012, http://www.telegraph.co.uk/technology/9231855/Air-France-Flight-447-Damn-it-were-going-to-crash.html.

54 **Normal accident theory sheds light**: In fact, Army researchers specifically cited the Three Mile Island incident as having much in common with the Patriot fratricides. Hawley, "Looking Back at 20 Years of MANPRINT on Patriot."

55 **"even very-low-probability failures"**: Defense Science Board, "Report of the Defense Science Board Task Force on Patriot Performance."

10장
지휘결심
자율무기를 안전하게 사용할 수 있을까?

1 **aircraft carrier flight decks**: Gene I. Rochlin, Todd R. La Porte, and Karlene H. Roberts, "The Self-DesigningHigh-Reliability Organization: Aircraft Carrier Flight Operations at Sea," *Naval War College Review*, Autumn 1987, https://fas.org/man/dod-101/sys/ship/docs/art7su98.htm. Gene I. Rochlin, Todd R. La Porte, and Karlene H. Roberts, "Aircraft Carrier Operations At Sea: The Challenges of High Reliability Performance," University of California, Berkeley, July 15, 1988, http://www.dtic.mil/dtic/tr/fulltext/u2/a198692.pdf.

2 **High-reliability organizations**: Karl E. Weick and Kathleen M. Sutcliffe,

Managing the Unexpected: Sustained Performance in a Complex World, 3rd ed. (San Francisco: Jossey-Bass, 2015).

3 **militaries as a whole would not be considered**: Scott A Snook, *Friendly Fire: The Accidental Shootdown of U.S. Black Hawks over Northern Iraq* (Princeton, NJ: Princeton University Press, 2002).

4 **"The SUBSAFE Program"**: Paul E. Sullivan, "Statement before the House Science Committee on the SUBSAFE Program," October 29, 2003, http://www.navy.mil/navydata/testimony/safety/sullivan031029.txt.

5 **seventy submarines in its force**: Department of Defense, "Quadrennial Defense Review 2014," http://archive.defense.gov/pubs/2014_Quadrennial_Defense_Review.pdf.

6 **"You can mix and match"**: Peter Galluch, interview, July 15, 2016.

7 **"kill or be killed"**: Ibid.

8 **"there is no voltage that can be applied"**: Ibid.

9 **"Absolutely, it's automated"**: Ibid.

10 **"You're never driving around"**: Ibid.

11 **"there is a conscious decision to fire"**: Ibid.

12 **"ROLL GREEN"**: The command, as reported on the Navy's website, is "roll FIS green." U.S. Navy, "Naval Terminology," http://www.public.navy.mil/surfor/Pages/Navy-Terminology.aspx.

13 **"terrible, painful lesson"**: Peter Galluch, interview, July 15, 2016.

14 **"tanker war"**: Ronald O'Rourke, "The Tanker War," Proceedings, May 1988, https://www.usni.org/magazines/proceedings/1988-05/tanker-war.

15 **Iran Air 655**: This account comes from an ABC special on the *Vincennes* incident which relies on first-hand interviews and video and audio recordings from the *Vincennes* during the incident. ABC Four Corners, "Shooting Down of Iran Air 655," 2000, https://www.youtube.com/watch?v=Onk_wI3ZVME.

16 **"unwarranted and uncritical trust"**: Hawley, "Not by Widgets Alone."

17 **"spent a lot of money looking into"**: John Hawley, interview, December 5, 2016.

18 **"If you make the [training]"**: Ibid.

19 **"sham environment . . . the Army deceives"**: Ibid.

20 **"consistent objective feedback"**: Ibid.

21 **"Even when the Army guys"**: Ibid.

22 **"Navy brass in the Aegis"**: Ibid.

23 **"too sloppy an organization"**: Ibid.

24 **"Judging from history"**: Ibid.

25 **training tape left in a computer**: Lewis et al., "Too Close for Comfort: Cases of Near Nuclear Use and Options for Policy," The Royal Institute of International Affairs, London, April 2014, https://www.chathamhouse.org/sites/files/chathamhouse/field/field_document/20140428TooCloseforComfortNuclearUseLewisWilliamsPelopidasAghlani.pdf, 12–13.

26 **faulty computer chip**: Ibid, 13. William Burr, "The 3 A.M. Phone Call," The National Security Archive, March 1, 2012, http://nsarchive.gwu.edu/nukevault/ebb371/.

27 **brought President Boris Yeltsin the nuclear briefcase**: Lewis, "Too Close for Comfort," 16–17.

28 **"erosion" of adherence**: Defense Science Board Permanent Task Force on Nuclear Weapons Surety, "Report on the Unauthorized Movement of Nuclear Weapons," February 2008, http://web.archive.org/web/20110509185852/http://www.nti.org/e_research/source_docs/us/department_defense/reports/11.pdf. Richard Newton, "Press Briefing with Maj. Gen. Newton from the Pentagon, Arlington, Va.," October 19, 2007, http://web.archive.org/web/20071023092652/http://www.defenselink.mil/transcripts/transcript.aspx?transcriptid=4067.

29 **thirteen near-use nuclear incidents**: Lewis, "Too Close for Comfort."

30 **"When I began this book"**: Scott D. Sagan, *The Limits of Safety: Organizations, Accidents, and Nuclear Weapons* (Princeton, NJ: Princeton University Press, 1993), 251.

31 **"the historical evidence . . . nuclear weapon systems"**: Ibid, 252.

32 **"the inherent limits of organizational safety"**: Ibid, 279.

33 **"always/never dilemma"**: Ibid, 278.

34 **this is effectively "impossible"**: Ibid, 278.

35 **Autonomous weapons have an analogous problem to the always/never dilemma**: Special thanks to Heather Roff at Arizona State University for pointing out this parallel.

36 **"You can go through all of the kinds of training"**: John Hawley, interview, December 5, 2016.

37 **"planned actions"**: William Kennedy, interview, December 8, 2015.

11장
블랙박스
이상하고 이질적인 심층 신경망의 세계

1 **object recognition, performing as well or better than humans**: Kaiming He et al., "Delving Deep into Rectifiers: Surpassing Human-Level Performance on ImageNet Classification."

2 **Adversarial images**: Christian Szegedy et al., "Intriguing properties of neural networks," February 2014, https://arxiv.org/pdf/1312.6199v4.pdf.

3 **usually created by researchers intentionally**: In at least one case, the researchers were intentionally evolving the images, but they were not attempting to fool the deep neural network by making nonsensical images. The researchers explained, "we were trying to produce recognizable images, but these unrecognizable images emerged." "Deep neural networks are easily fooled: High confidence predictions for unrecognizable images," Evolving Artificial Intelligence Laboratory, University of Wyoming, http://www.evolvingai.org/fooling. For more, see Nguyen A, Yosinski J, Clune J (2015) "Deep neural networks are easily fooled: High confidence predictions for unrecognizable images," *Computer Vision and Pattern Recognition* (CVPR '15), IEEE, 2015.

4 **specific internal structure of the network**: Szegedy et al., "Intriguing properties

of neural networks."

5 **"huge, weird, alien world of imagery"**: Jeff Clune, interview, September 28, 2016.

6 **surreptitiously embedded into normal images**: Ibid.

7 **"hidden exploit"**: Ibid.

8 **linear methods to interpret data**: Ian J. Goodfellow, Jonathan Shlens, and Christian Szegedy, "Explaining and Harnessing Adversarial Examples," March 20, 2015, https://arxiv.org/abs/1412.6572; Ian Goodfellow, Presentation at Re-Work Deep Learning Summit, 2015, https://www.youtube.com/watch?v=Pq4A2mPCB0Y.

9 **"infinitely far to the left"**: Jeff Clune, interview, September 28, 2016.

10 **"real-world images are a very, very small"**: Ibid.

11 **present in essentially every deep neural network**: "Deep neural networks are easily fooled." Goodfellow et al., "Explaining and Harnessing Adversarial Examples."

12 **specially evolved noise**: Corey Kereliuk, Bob L. Sturm, and Jan Larsen, "Deep Learning and Music Adversaries," http://www2.imm.dtu.dk/pubdb/views/edoc_download.php/6904/pdf/imm6904.pdf.

13 **News-reading trading bots**: John Carney, "The Trading Robots Really Are Reading Twitter," April 23, 2013, http://www.cnbc.com/id/100666302. Patti Domm, "False Rumor of Explosion at White House Causes Stocks to Briefly Plunge; AP Confirms Its Twitter Feed Was Hacked," April 23, 2013, http://www.cnbc.com/id/100646197.

14 **deep neural networks to understand text**: Xiang Zhang and Yann LeCun, "Text Understanding from Scratch," April 4, 2016, https://arxiv.org/pdf/1502.01710v5.pdf.

15 **Associated Press Twitter account was hacked**: Domm, "False Rumor of Explosion at White House Causes Stocks to Briefly Plunge; AP Confirms Its Twitter Feed Was Hacked."

16 **design deep neural networks that aren't vulnerable**: "Deep neural networks

are easily fooled."

17 **"counterintuitive, weird" vulnerability**: Jeff Clune, interview, September 28, 2016.

18 **"[T]he sheer magnitude, millions or billions"**: JASON, "Perspectives on Research in Artificial Intelligence and Artificial General Intelligence Relevant to DoD," 28–29.

19 **"the very nature of [deep neural networks]"**: Ibid, 28.

20 **"As deep learning gets even more powerful"**: Jeff Clune, interview, September 28, 2016.

21 **"super complicated and big and weird"**: Ibid.

22 **"sobering message . . . tragic extremely quickly"**: Ibid.

23 "[I]t is not clear that the existing AI paradigm": JASON, "Perspectives on Research in Artificial Intelligence and Artificial General Intelligence Relevant to DoD," Ibid, 27.

24 **"nonintuitive characteristics"**: Szegedy et al., "Intriguing Properties of Neural Networks."

25 **we don't really understand how it happens**: For a readable explanation of this broader problem, see David Berreby, "Artificial Intelligence Is Already Weirdly Inhuman," *Nautilus*, August 6, 2015, http://nautil.us/issue/27/dark-matter/artificial-intelligence-is-already-weirdly-inhuman.

12장
치명적인 실패
자율무기의 위험성

1 **"I think that we're being overly optimistic"**: John Borrie, interview, April 12, 2016.

2 **"If you're going to turn these things loose"**: John Hawley, interview, December 5, 2016.

3 **"[E]ven with our improved knowledge"**: Perrow, *Normal Accidents*, 354.

4 **"robo-cannon rampage"**: Noah Shachtman, "Inside the Robo-Cannon

Rampage (Updated)," *WIRED*, October 19, 2007, https://www.wired.com/2007/10/inside-the-robo/.

5 **bad luck, not deliberate targeting**: " 'Robotic Rampage' Unlikely Reason for Deaths," *New Scientist*, accessed June 12, 2017, https://www.newscientist.com/article/dn12812-robotic-rampage-unlikely-reason-for-deaths/.

6 **35 mm rounds into a neighboring gun position**: "Robot Cannon Kills 9, Wounds 14," *WIRED*, accessed June 12, 2017, https://www.wired.com/2007/10/robot-cannon-ki/.

7 **"The machine doesn't know it's making a mistake"**: John Hawley, interview, December 5, 2016.

8 **"incidents of mass lethality"**: John Borrie, interview, April 12, 2016.

9 **"If you put someone else"**: John Hawley, interview, December 5, 2016.

10 **"I don't have a lot of good answers for that"**: Peter Galluch, interview, July 15, 2016.

13장

로봇 대 로봇

속도를 위한 군비 경쟁

1 **May 6, 2010**: U.S. Commodity Futures Trading Commission and U.S. Securities and Exchange Commission, "Findings Regarding the Market Events of May 6, 2010," September 30, 2010), 2, http://www.sec.gov/news/studies/2010/marketevents-report.pdf.

2 **"horrifying" and "absolute chaos"**: Tom Lauricella and Peter A. McKay, "Dow Takes a Harrowing 1,010.14-Point Trip," *Wall Street Journal*, May 7, 2010, http://www.wsj.com/articles/SB10001424052748704370704575227754131412596. Alexandra Twin, "Glitches Send Dow on Wild Ride," *CNN Money*, May 6, 2010, http://money.cnn.com/2010/05/06/markets/markets_newyork/.

3 **Gone are the days of floor trading**: D. M. Levine, "A Day in the Quiet Life of a NYSE Floor Trader," Fortune, May 20, 2013, http://fortune.com/2013/05/29/a-day-in-the-quiet-life-of-a-nyse-floor-trader/.

4 **three-quarters of all trades**: "Rocky Markets Test the Rise of Amateur 'Algo' Traders," *Reuters*, January 28, 2016, http://www.reuters.com/article/us-europe-stocks-algos-insight-idUSKCN0V61T6. The percentage of trades that are automated has varied over time and is subject to some uncertainty. Estimates for the past several years have ranged from 50 percent to 80 percent of all U.S. equity trades. WashingtonsBlog, "What Percentage of U.S. Equity Trades Are High Frequency Trades?," October 28, 2010, http://www.washingtonsblog.com/2010/10/what-percentage-of-u-s-equity-trades-are-high-frequency-trades.html.

5 **sometimes called algorithmic trading**: Tom C. W. Lin, "The New Investor," SSRN Scholarly Paper (Rochester, NY: Social Science Research Network, March 3, 2013), https://papers.ssrn.com/abstract=2227498.

6 **automated trading decisions to buy or sell**: Some writers on automated stock trading differentiate between automated trading and algorithmic trading, using the term algorithmic trading only to refer to the practice of breaking up large orders to execute via algorithm by price, time, or volume, and referring to other practices such as seeking arbitrage opportunities as automated trading. Others treat algorithmic trading and automated trading as effectively synonymous.

7 **Automated trading offers the advantage**: Shobhit Seth, "Basics of Algorithmic Trading: Concepts and Examples," *Investopedia*, October 10, 2014, http://www.investopedia.com/articles/active-trading/101014/basics-algorithmic-trading-concepts-and-examples.asp.

8 **blink of an eye**: "Average Duration of a Single Eye Blink—Human Homo Sapiens—BNID 100706," accessed June 12, 2017, http://bionumbers.hms.harvard.edu//bionumber.aspx?id=100706&ver=0.

9 **speeds measured in microseconds**: Michael Lewis, *Flash Boys: A Wall Street Revolt* (New York: W. W. Norton, 2015), 63, 69, 74, 81.

10 **shortest route for their cables**: Ibid, 62–63.

11 **optimizing every part of their hardware for speed**: Ibid, 63–64.

12 **test them against actual stock market data**: D7, "Knightmare: A DevOps Cautionary Tale," *Doug Seven*, April 17, 2014, https://dougseven.com/2014/04/17/knightmare-a-devops-cautionary-tale/.

13 **"The Science of Trading, the Standard of Trust"**: Jeff Cox, " 'Knight-Mare': Trading Glitches May Just Get Worse," August 2, 2012, http://www.cnbc.com/id/48464725.

14 **Knight's trading system began flooding the market**: "Knight Shows How to Lose $440 Million in 30 Minutes," *Bloomberg.com*, August 2, 2012, https://www.bloomberg.com/news/articles/2012-08-02/knight-shows-how-to-lose-440-million-in-30-minutes.

15 **neglected to install a "kill switch"**: D7, "Knightmare."

16 **executed 4 million trades**: "How the Robots Lost: High-Frequency Trading's Rise and Fall," *Bloomberg.com*, June 7, 2013, https://www.bloomberg.com/news/articles/2013-06-06/how-the-robots-lost-high-frequency-tradings-rise-and-fall.

17 **Knight was bankrupt**: D7, "Knightmare."

18 **"Knightmare on Wall Street"**: For a theory on what happened, see Nanex Research, "03-Aug-2012—The Knightmare Explained," http://www.nanex.net/ aqck2/3525.html.

19 **Waddell & Reed**: Waddell & Reed was not named in the official SEC and CFTC report, which referred only to a "large fundamental trader (a mutual fund complex)." U.S. Commodity Futures Trading Commission and U.S. Securities and Exchange Commission, "Findings Regarding the Market Events of May 6, 2010," 2. However, multiple news sources later identified the firm as Waddell & Reed Financial Inc. E. S. Browning and Jenny Strasburg, "The Mutual Fund in the 'Flash Crash,' " *Wall Street Journal*, October 6, 2010, http://www.wsj.com/articles/SB10001424052748704689804575536513798579500. "Flash-Crash Spotlight on Kansas Manager Avery," Reuters, May 18, 2010, http://www.reuters.com/article/us-selloff-ivyasset-analysis-idUSTRE64H6G620100518.

20 **E-minis**: "What Are Emini Futures? Why Trade Emini Futures?," *Emini-Watch.com*, accessed June 13, 2017, http://emini-watch.com/emini-trading/emini-futures/.

21 **9 percent of the trading volume over the previous minute**: U.S. Commodity Futures Trading Commission and U.S. Securities and Exchange Commission, "Findings Regarding the Market Events of May 6, 2010," 2.

22 **no instructions with regard to time or price**: Both Waddell & Reed and the Chicago Mercantile Exchange contest the argument, made principally by the CFTF & SEC, that the large E-mini sale was a factor in precipitating the Flash Crash. The independent market research firm Nanex has similarly criticized the suggestion that the Waddell & Reed sell algorithm led to the crash. "Waddell & Reed Responds to 'Flash Crash' Reports—May. 14, 2010," accessed June 13, 2017, http://money.cnn.com/2010/05/14/markets/flash_crash_waddell_reed/. "CME Group Statement on the Joint CFTC/SEC Report Regarding the Events of May 6 - CME Investor Relations," October 1, 2010, http://investor.cmegroup.com/investor-relations/releasedetail.cfm?ReleaseID=513388. "Nanex - Flash Crash Analysis - Continuing Developments," accessed June 13, 2017, http://www.nanex.net/FlashCrashFinal/FlashCrashAnalysis_WR_Update.html.

23 **"unusually turbulent"**: U.S. Commodity Futures Trading Commission and U.S. Securities and Exchange Commission, "Findings Regarding the Market Events of May 6, 2010," 1.

24 **"unusually high volatility"**: Ibid, 2.

25 **"hot potato" effect**: Ibid, 3.

26 **27,000 E-mini contracts**: Ibid, 3.

27 **automated "stop logic" safety**: Ibid, 4.

28 **"irrational prices"**: Ibid, 5.

29 **"clearly erroneous" trades**: Ibid, 6.

30 **Michael Eisen**: Michael Eisen, "Amazon's $23,698,655.93 book about flies," it is NOT junk, April 22, 2011, http://www.michaeleisen.org/blog/?p=358.

31 **Eisen hypothesized**: "Amazon.com At a Glance: bordeebook," accessed on October 1, 2016.

32 **Navinder Singh Sarao**: Department of Justice, "Futures Trader Pleads Guilty to Illegally Manipulating the Futures Market in Connection With 2010 'Flash Crash,' " November 9, 2016, https://www.justice.gov/opa/pr/futures-trader-pleads-guilty-illegally-manipulating-futures-market-connection-2010-flash.

33 **By deliberately manipulating the price**: Department of Justice, "Futures Trader Charged with Illegally Manipulating Stock Market, Contributing to the May 2010 Market 'Flash Crash,' " April 21, 2015, https://www.justice.gov/opa/pr/futures-trader-charged-illegally-manipulating-stock-market-contributing-may-2010-market-flash. United States District Court Northern District of Illinois Eastern Division, "Criminal Complaint: United States of America v. Navinder Singh Sarao," February 11, 2015, https://www.justice.gov/sites/default/files/opa/press-releases/attachments/2015/04/21/sarao_criminal_complaint.pdf.

34 **pin the blame for the Flash Crash**: "Post Flash Crash, Regulators Still Use Bicycles To Catch Ferraris," **Traders Magazine Online News**, accessed June 13, 2017, http://www.tradersmagazine.com/news/technology/post-flash-crash-regulators-still-use-bicycles-to-catch-ferraris-113762-1.html.

35 **spoofing algorithm was reportedly turned off**: "Guy Trading at Home Caused the Flash Crash," *Bloomberg.com*, April 21, 2015, https://www.bloomberg.com/view/articles/2015-04-21/guy-trading-at-home -caused-the-flash-crash.

36 **exacerbated instability in the E-mini market**: Department of Justice, "Futures Trader Charged with Illegally Manipulating Stock Market, Contributing to the May 2010 Market 'Flash Crash,' " April 21, 2015, https://www.justice.gov/opa/pr/futures-trader-charged-illegally-manipulating-stock-market-contributing-may-2010-market-flash.

37 **"circuit breakers"**: The first tranche of individual stock circuit breakers, implemented in the immediate aftermath of the Flash Crash, initiated a five-minute pause if a stock's price moved up or down more than 10 percent in the preceding five minutes. U.S. Commodity Futures Trading Commission

and U.S. Securities and Exchange Commission, "Findings Regarding the Market Events of May 6, 2010," 7.

38 **Market-wide circuit breakers**: A 7 percent or 13 percent drop halts trading for 15 minutes. A 20 percent drop stops trading for the rest of the day.

39 "limit up–limit down": Securities and Exchange Commission, "Investor Bulletin: Measures to Address Market Volatility," July 1, 2012, https://www.sec.gov/oiea/investor-alerts-bulletins/investor-alerts-circuitbreakersbulletinhtm.html.Specificprice bands are listed here: Investopedia Staff, "Circuit Breaker," *Investopedia*, November 18, 2003, http://www.investopedia.com/terms/c/circuitbreaker.asp.

40 **An average day sees a handful of circuit breakers tripped**: Maureen Farrell, "Mini Flash Crashes: A Dozen a Day," *CNNMoney*, March 20, 2013, http://money.cnn.com/2013/03/20/investing/mini-flash-crash/index.html.

41 **over 1,200 circuit breakers**: Matt Egan, "Trading Was Halted 1,200 Times Monday," *CNNMoney*, August 24, 2015, http://money.cnn.com/2015/08/24/investing/stocks-markets-selloff-circuit-breakers-1200-times/index.html. Todd C. Frankel, "Mini Flash Crash? Trading Anomalies on Manic Monday Hit Small Investors," *Washington Post*, August 26, 2015, https://www.washingtonpost.com/business/economy/mini-flash-crash-trading-anomalies-on-manic-monday-hit-small-investors/2015/08/26/6bdc57b0-4c22-11e5-bfb9-9736d04fc8e4_story.html?utm_term=.749eb0bbbf5b.

42 **simple human error**: Joshua Jamerson and Aruna Viswanatha, "Merrill Lynch to Pay $12.5 Million Fine for Mini-Flash Crashes," *Wall Street Journal*, September 26, 2016, http://www.wsj.com/articles/merrill-lynch-to-pay-12-5-million-fine-for-mini-flash-crashes-1474906677.

43 **underlying conditions for flash crashes remain**: Bob Pisani, "A Year after the 1,000-Point Plunge, Changes Cut Trading Halts on Volatile Days," August 23, 2016, http://www.cnbc.com/2016/08/23/a-year-after-the-1000-point-plunge-changes -cut-trading-halts-on-volatile-days.html.

44 **"Circuit breakers don't prevent"**: Farrell, "Mini Flash Crashes."

45 **Gulf of Tonkin incident**: Historians have since argued that there was ample evidence at the time that the purported naval battle on August 4, 1964, never happened, that Secretary of Defense Robert McNamara deliberately misled Congress in order to push for war in Vietnam, and that President Lyndon Johnson was aware that the battle never took place. Pat Paterson, "The Truth About Tonkin," *Naval History magazine*, February 2008, https://www.usni.org/magazines/navalhistory/2008-02/truth-about-tonkin. John Prados, "The Gulf of Tonkin Incident, 40 Years Later," The National Security Archive, August 4, 2004, http://nsarchive.gwu.edu/NSAEBB/NSAEBB132/. John Prados, "Tonkin Gulf Intelligence 'Skewed' According to Official History and Intercepts," The National Security Archive, December 1, 2005. Robert J. Hanyok, "Skunks, Bogies, Silent Hounds, and the Flying Fish: The Gulf of Tonkin Mystery, 2–4 August 1964," *Cryptologic Quarterly*, http://nsarchive.gwu.edu/NSAEBB/NSAEBB132/relea00012.pdf.

46 **an "act of war": Dan Gettinger**, " 'An Act of War': Drones Are Testing China-Japan Relations," Center for the Study of the Drone, November 8, 2013, http://dronecenter.bard.edu/act-war-drones-testing-china-japan-relations/. "Japan to Shoot down Foreign Drones That Invade Its Airspace," *The Japan Times Online*, October 20, 2013, http://www.japantimes.co.jp/news/2013/10/20/national/japan-to-shoot-down-foreign-drones-that-invade-its-airspace/. "China Warns Japan against Shooting down Drones over Islands," *The Times of India*, October 27, 2013, http://timesofindia.indiatimes.com/world/china/China-warns-Japan-against-shooting-down-drones-over-islands/articleshow/24779422.cms.

47 **broach other nations' sovereignty**: "Kashmir Firing: Five Civilians Killed after Drone Downed," *BBC News*, July 16, 2015, sec. India, http://www.bbc.com/news/world-asia-india-33546468.

48 **Pakistan shot down**: "Pakistan Shoots Down Indian Drone 'Trespassing' into Kashmir," *AP News*, accessed June 13, 2017, https://apnews.com/b67d689fb1f7410e9d0be01daaded3a7/pakistani-and-indian-troops-trade-fire-kashmir.

49 **Israel has shot down drones**: Gili Cohen, "Israeli Fighter Jet Shoots Down Hamas Drone Over Gaza," *Haaretz*, September 20, 2016, http://www.haaretz.com/israel-news/1.743169.

50 **Syria shot down**: Missy Ryan, "U.S. Drone Believed Shot down in Syria Ventured into New Area, Official Says," *Washington Post*, March 19, 2015, https://www.washingtonpost.com/world/national-security/us-drone-believed-shot-down-in-syria-ventured-into-new-area-official-says/2015/03/19/891a3d08-ce5d-11e4-a2a7-9517a3a70506_story.html.

51 **Turkey shot down**: "Turkey Shoots down Drone near Syria, U.S. Suspects Russian Origin," *Reuters*, October 16, 2015, http://www.reuters.com/article/us-mideast-crisis-turkey-warplane-idUSKCN0SA15K20151016.

52 **China seized a small underwater robot**: "China to Return Seized U.S. Drone, Says Washington 'Hyping Up' Incident," *Reuters*, December 18, 2016, http://www.reuters.com/article/us-usa-china-drone-idUSKBN14526J.

53 **Navy Fire Scout drone**: Elisabeth Bumiller, "Navy Drone Wanders Into Restricted Airspace Around Washington," *New York Times*, August 25, 2010, https://www.nytimes.com/2010/08/26/us/26drone.html.

54 **Army Shadow drone**: Alex Horton, "Questions Hover over Army Drone's 630-Mile Odyssey across Western US," *Stars and Stripes*, March 1, 2017, https://www.stripes.com/news/questions-hover-over-army-drone-s-630-mile-odyssey-across-western-us-1.456505#.WLby0hLyv5Z.

55 **RQ-170**: Greg Jaffe and Thomas Erdbrink, "Iran Says It Downed U.S. Stealth Drone; Pentagon Acknowledges Aircraft Downing," *Washington Post*, December 4, 2011, https://www.washingtonpost.com/world/national-security/iran-says-it-downed-us-stealth-drone-pentagon-acknowledges-aircraft-downing/2011/12/04/gIQAyxa8TO_story.html.

56 **Reports swirled online**: Scott Peterson and Payam Faramarzi, "Exclusive: Iran Hijacked US Drone, Says Iranian Engineer," *Christian Science Monitor*, December 15, 2011, http://www.csmonitor.com/World/Middle-East/2011/1215/Exclusive-Iran-hijacked-US-drone-says-Iranian-engineer.

57 **"complete bullshit"**: David Axe, "Did Iran Hack a Captured U.S. Stealth Drone?" *WIRED*, April 24, 2012, https://www.wired.com/2012/04/iran-drone-hack/.

58 **United States did awkwardly confirm**: Bob Orr, "U.S. Official: Iran Does Have Our Drone," *CBS News*, December 8, 2011, http://www.cbsnews.com/news/us-official-iran-does-have-our-drone/.

59 **"networks of systems"**: Heather Roff, interview, October 26, 2016.

60 **"If my autonomous agent"**: Ibid.

61 **"What are the unexpected side effects"**: Bradford Tousley, interview, April 27, 2016.

62 **"I don't know that large-scale military impacts"**: Ibid.

63 **"machine speed . . . milliseconds"**: Ibid.

14장
보이지 않는 전쟁
사이버 공간의 자율성

1 **Internet Worm of 1988**: Ted Eisenberg et al., "The Cornell Commission: On Morris and the Worm," *Communications of the ACM 32*, 6 (June 1989), 706–709, http://www.cs.cornell.edu/courses/cs1110/2009sp/assignments/a1/p706-eisenberg.pdf;

2 **over 70,000 reported cybersecurity incidents**: Government Accountability Office, "Information Security: Agencies Need to Improve Controls over Selected High-Impact Systems," GAO-16-501, Washington, DC, May 2016, http://www.gao.gov/assets/680/677293.pdf.

3 **most frequent and most serious attacks**: Ibid, 11.

4 **exposed security clearance investigation data**: James Eng, "OPM Hack: Government Finally Starts Notifying 21.5 Million Victims," *NBC News*, October 1, 2015, http://www.nbcnews.com/tech/security/opm-hack-government-finally-starts-notifying-21-5-million-victims-n437126. "Why the OPM Hack Is Far Worse Than You Imagine," *Lawfare*, March 11, 2016, https://www.

lawfareblog.com/why-opm-hack-far-worse-you-imagine.

5 **Chinese government claimed**: David E. Sanger, "U.S. Decides to Retaliate Against China's Hacking," *New York Times*, July 31, 2015, https://www.nytimes.com/2015/08/01/world/asia/us-decides-to-retaliate-against-chinas-hacking.html. Sean Gallagher, "At First Cyber Meeting, China Claims OPM Hack Is 'criminal Case' [Updated]," Ars Technica, December 3, 2015, https://arstechnica.com/tech-policy/2015/12/at-first-cyber-meeting-china-claims-opm-hack-is-criminal-case/. David E. Sanger and Julie Hirschfeld Davis, "Hacking Linked to China Exposes Millions of U.S. Workers," *New York Times*, June 4, 2015, https://www.nytimes.com/2015/06/05/us/breach-in-a-federal-computer-system-exposes-personnel-data.html.

6 **affected Estonia's entire electronic infrastructure**: Dan Holden, "Estonia, Six Years Later," Arbor Networks, May 16, 2013, https://www.arbornetworks.com/ blog/asert/estonia-six-years-later/.

7 **over a million botnet-infected computers**: "Hackers Take Down the Most Wired Country in Europe," *WIRED*, accessed June 14, 2017, https://www.wired.com/2007/08/ff-estonia/. "Denial-of-Service: The Estonian Cyberwar and Its Implications for U.S. National Security," *International Affairs Review*, accessed June 14, 2017, http://www.iar-gwu.org/node/65.

8 **"disastrous" consequences if Estonia removed the monument**: "Hackers Take Down the Most Wired Country in Europe."

9 **Russian Duma official confirmed**: "Russia Confirms Involvement with Estonia DDoS Attacks," *SC Media US*, March 12, 2009, https://www.scmagazine.com/news/russia-confirms-involvement-with-estonia-ddos-attacks/article/555577/.

10 **many alleged or confirmed cyberattacks**: "Estonia, Six Years Later."

11 **cyberattacks against Saudi Arabia and the United States**: Keith B. Alexander, "Prepared Statement of GEN (Ret) Keith B. Alexander* on the Future of Warfare before the Senate Armed Services Committee," November 3, 2015, http://www.armed-services.senate.gov/imo/media/doc/Alexander_11-03-15.pdf.

12 **team of professional hackers months if not years**: David Kushner, "The Real Story of Stuxnet," *IEEE Spectrum: Technology, Engineering, and Science News*, February 26, 2013, http://spectrum.ieee.org/telecom/security/the-real-story-of-stuxnet.

13 **"zero days"**: Kim Zetter, "Hacker Lexicon: What Is a Zero Day?," *WIRED*, November 11, 2014, https://www.wired.com/2014/11/what-is-a-zero-day/.

14 **Stuxnet had four**: Michael Joseph Gross, "A Declaration of Cyber War." *Vanity Fair*, March 2011, https://www.vanityfair.com/news/2011/03/stuxnet-201104.

15 **programmable logic controllers**: Gross, "A Declaration of Cyber War." Nicolas Falliere, Liam O Murchu, and Eric Chien, "W32.Stuxnet Dossier," Symantec Security Response, February 2011, https://www.symantec.com/content/en/us/enterprise/media/security_response/whitepapers/w32_stuxnet_dossier.pdf.

16 **two encrypted "warheads"**: Gross, "A Declaration of Cyber War."

17 **Natanz nuclear enrichment facilit**y: Gross, "A Declaration of Cyber War." Ralph Langner, "Stuxnet Deep Dive," S4x12, https://vimeopro.com/s42012/s4-2012/video/35806770. Kushner, imeopro.com/s42012/Stuxnet.t

18 **Computer security specialists widely agree**: Falliere et al., "W32.Stuxnet Dossier," 2, 7.

19 **Nearly 60 percent of Stuxnet infections**: Falliere et al., "W32.Stuxnet Dossier," 5–7. Kim Zetter, "An Unprecedented Look at Stuxnet, the World's First Digital Weapon," *WIRED*, November 3, 2014, https://www.wired.com/2014/11/countdown-to-zero-day-stuxnet/.

20 **sharp decline in the number of centrifuges**: John Markoff and David E. Sanger, "In a Computer Worm, a Possible Biblical Clue," New York Times, September 24, 2010, http://www.nytimes.com/2010/09/30/world/middleeast/30worm.html.

21 **Security specialists have further speculated**: Ibid. Gross, "A Declaration of Cyber War."

22 **"While attackers could control Stuxnet"**: Falliere et al., "W32.Stuxnet Dossier," 3.

23 **"collateral damage"**: Ibid, 7.

24 **spread via USB to only three other machines**: Ibid, 10.

25 **self-terminate date**: Ibid, 18.

26 **Some experts saw these features as further evidence**: Gross, "A Declaration of Cyber War."

27 **"open-source weapon"**: Patrick Clair, "Stuxnet: Anatomy of a Computer Virus," video, 2011, https://vimeo.com/25118844.

28 **blueprint for cyber-weapons to come**: Josh Homan, Sean McBride, and Rob Caldwell, "IRONGATE ICS Malware: Nothing to See Here . . . Masking Malicious Activity on SCADA Systems," FireEye, June 2, 2016, https://www.fireeye.com/blog/threat-research/2016/06/irongate_ics_malware.html.

29 **"It should be automated"**: Keith B. Alexander, Testimony on the Future of Warfare, Senate Armed Services Committee, November 3, 2015, http://www.armed-services.senate.gov/hearings/15-11-03-future-of-warfare. Alexander's comments on automation come up in the question-and-answer period, starting at 1:14:00.

30 **DARPA held a Robotics Challenge**: DARPA, "DARPA Robotics Challenge (DRC)," accessed June 14, 2017, http://www.darpa.mil/program/darpa-robotics-challenge. DARPA, "Home | DRC Finals," accessed June 14, 2017, http://archive.darpa.mil/roboticschallenge/.

31 **"automatically check the world's software"**: David Brumley, "Why CGC Matters to Me," ForAllSecure, July 26, 2016, https://forallsecure.com/blog/2016/07/26/why-cgc-matters-to-me/.

32 **"fully autonomous system for finding and fixing"**: David Brumley, "Mayhem Wins DARPA CGC," ForAllSecure, August 6, 2016, https://forallsecure.com/blog/2016/08/06/mayhem-wins-darpa-cgc/.

33 **vulnerability is analogous to a weak lock**: David Brumley, interview, November 24, 2016.

34 **"There's grades of security"**: Ibid.

35 **"an autonomous system that's taking all of those things"**: Ibid.

36 **"Our goal was to come up with a skeleton key"**: Ibid.

37 **"true autonomy in the cyber domain"**: Michael Walker, interview, December 5, 2016.

38 **comparable to a "competent" computer security professional**: David Brumley, interview, November 24, 2016.

39 **DEF CON hacking conference**: Daniel Tkacik, "CMU Team Wins Fourth 'World Series of Hacking' Competition," CMU.edu, July 31, 2017.

40 **Brumley's team from Carnegie Mellon**: Ibid.

41 **Mirai**: Brian Krebs, "Who Makes the IoT Things Under Attack?" Krebs on Security, October 3, 2016, https://krebsonsecurity.com/2016/10/who-makes-the-iot-things-under-attack/.

42 **massive DDoS attack**: Brian Krebs, "KrebsOnSecurity Hit With Record DDoS," Krebs on Security, September 21, 2016, https://krebsonsecurity.com/2016/09/krebsonsecurity-hit-with-record-ddos/.

43 **most IoT devices are "ridiculous vulnerable"**: David Brumley, interview, November 24, 2016.

44 **6.4 billion IoT devices**: "Gartner Says 6.4 Billion Connected," Gartner, November 10, 2015, http://www.gartner.com/newsroom/id/3165317.

45 **"check all these locks"**: David Brumley, interview, November 24, 2016.

46 **"no difference" between the technology**: Ibid.

47 **"All computer security technologies are dual-use"**: Michael Walker, interview, December 5, 2016.

48 **"you have to trust the researchers"**: David Brumley, interview, November 24, 2016.

49 **"It's going to take the same kind"**: Michael Walker, interview, December 5, 2016.

50 **"I'm not saying that we can change to a place"**: Ibid.

51 **"It's scary to think of Russia"**: David Brumley, interview, November 24, 2016.

52 **"counter-autonomy"**: David Brumley, "Winning Cyber Battles: The Next 20 Years," unpublished working paper, November 2016.

53 **"trying to find vulnerabilities"**: David Brumley, interview, November 24, 2016.

54 **"you play the opponent"**: Ibid.

55 **"It's a little bit like a Trojan horse"**: Ibid.

56 **"computer equivalent to 'the long con'"**: Brumley, "Winning Cyber Battles: The Next 20 Years."

57 **"Make no mistake, cyber is a war"**: Ibid.

58 **F-35 . . . tens of millions of lines of code**: Jacquelyn Schneider, "Digitally-Enabled Warfare: The Capability-Vulnerability Paradox," Center for a New American Security, Washington DC, August 29, 2016, https://www.cnas.org/publications/reports/digitally-enabled-warfare-the-capability-vulnerability-paradox.

59 **Hacking back is when**: Dorothy E. Denning, "Framework and Principles for Active Cyber Defense," December 2013, 3.

60 **Hacking back can inevitably draw in third parties**: Dan Goodin, "Millions of Dynamic DNS Users Suffer after Microsoft Seizes No-IP Domains," Ars Technica, June 30, 2014, https://arstechnica.com/security/2014/06/millions-of-dymanic-dns-users-suffer-after-microsoft-seizes-no-ip-domains/.

61 **Hacking back is controversial**: Hannah Kuchler, "Cyber Insecurity: Hacking Back," *Financial Times*, July 27, 2015, https://www.ft.com/content/c75a0196-2ed6-11e5-8873-775ba7c2ea3d.

62 **"Every action accelerates"**: Steve Rosenbush, "Cyber Experts Draw Line Between Active Defense, Illegal Hacking Back," *Wall Street Journal*, July 28, 2016, https://blogs.wsj.com/cio/2016/07/28/cyber-experts-draw-line-between-active-defense-illegal-hacking-back/.

63 **Coreflood botnet**: Denning, 6.

64 **Automated hacking back would delegate**: "Hacking Back: Exploring a New Option of Cyber Defense," *InfoSec Resources*, November 8, 2016, http://resources.infosecinstitute.com/hacking-back-exploring-a-new-option-of-cyber-defense/.

65 **"autonomous cyber weapons could automatically escalate"**: Patrick Lin,

remarks at conference, "Cyber Weapons and Autonomous Weapons: Potential Overlap, Interaction and Vulnerabilities," UN Institute for Disarmament Research, New York, October 9, 2015, http://www.unidir.org/programmes/emerging-security-threats/the-weaponization-of-increasingly-autonomous-technologies-addressing-competing-narratives-phase-ii/cyber-weapons-and-autonomous-weapons-potential-overlap-interaction-and-vulnerabilities. Commentat 5:10.

66 **Automated hacking back is a theoretical concep**t: Alexander Velez-Green, "When 'Killer Robots' Declare War," *Defense One*, April 12, 2015, http://www.defenseone.com/ideas/2015/04/when-killer-robots-declare-war/109882/.

67 **automate "spear phishing" attacks**: Karen Epper Hoffman, "Machine Learning Can Be Used Offensively to Automate Spear Phishing," Infosecurity Magazine, August 5, 2016, https://www.infosecurity-magazine.com/news/bhusa-researchers-present-phishing/.

68 **automatically develop "humanlike" tweets**: John Seymour and Philip Tully, "Weaponizing data science for social engineering: Automated E2E spear phishing on Twitter," https://www.blackhat.com/docs/us-16/materials/us-16-Seymour-Tully-Weaponizing-Data-Science-For-Social-Engineering-Automated-E2E-Spear-Phishing-On-Twitter-wp.pdf.

69 **"in offensive cyberwarfare"**: Eric Messinger, "Is It Possible to Ban Autonomous Weapons in Cyberwar?," *Just Security*, January 15, 2015, https://www.justsecurity.org/19119/ban-autonomous-weapons-cyberwar/.

70 **estimated 8 to 15 million computers worldwide**: "Virus Strikes 15 Million PCs," *UPI*, January 26, 2009, http://www.upi.com/Top_News/2009/01/26/Virus-strikes-15-million-PCs/19421232924206/.

71 **method to counter Conficker**: "Clock ticking on worm attack code," *BBC News*, January 20, 2009, http://news.bbc.co.uk/2/hi/technology/7832652.stm.

72 **brought Conficker to heel**: *Microsoft Security Intelligence Report: Volume 11* (11), Microsoft, 2011.

73 **"prevent and react to countermeasures"**: Alessandro Guarino, "Autonomous

Intelligent Agents in Cyber Offence," in K. Podins, J. Stinissen, M. Maybaum, eds., *2013 5th International Conference on Cyber Conflict* (Tallinn, Estonia: NATO CCD COE Publications, 2013), https://ccdcoe.org/cycon/2013/proceedings/d1r1s9_guarino.pdf.

74 **"the synthesis of new logic"**: Michael Walker, interview, December 5, 2016.

75 **"those are a possibility and are worrisome"**: David Brumley, interview, November 24, 2016.

76 **"Defense is powered by openness"**: Michael Walker, interview, December 5, 2016.

77 **"I tend to view everything as a system"**: David Brumley, interview, November 24, 2016.

78 **what constitutes a "cyberweapon"**: Thomas Rid and Peter McBurney, "Cyber-Weapons," *The RUSI Journal*, 157 (2012):1, 6–13.

79 **specifically exempts cyberweapons**: Department of Defense, "Department of Defense Directive Number 3000.09, 2.

80 **"goal is not offense"**: Bradford Tousley, interview, April 27, 2016.

81 **"the narrow cases where we will allow"**: Bob Work, interview, June 22, 2016.

82 **"We'll work it through"**: Ibid.

83 **"they would just shut it down"**: Ibid.

15장
"악마를 소환하다"
인공지능 기계의 부상

1 **cannot piece these objects together**: Machines have been able to caption images with reasonable accuracy, describing in a general sense what the scene depicts. For an overview of current abilities and limitations in scene interpretation, see JASON, "Perspectives on Research in Artificial Intelligence and Artificial General Intelligence Relevant to DoD," 10.

2 **Brain imaging**: "Human Connectome Project | Mapping the Human Brain Connectivity," accessed June 15, 2017, http://www.humanconnectomeproject.

org/. "Meet the World's Most Advanced Brain Scanner," *Discover Magazine*, accessed June 15, 2017, http://discovermagazine.com/2013/june/08-meet-the-worlds-most-advanced-brain-scanner.

3 **whole brain emulations**: Anders Sandburg and Nick Bostrom, "Whole Brain Emulation: A Roadmap," Technical Report #2008-3, Oxford, UK, 2008, http://www.fhi.ox.ac.uk/Reports/2008-3.pdf

4 **"When people say a technology"**: Andrew Herr, email to the author, October 22, 2016.

5 **"last invention"**: Irving J. Good, "Speculations Concerning the First Ultraintelligent Machine", May 1964, https://web.archive.org/web/20010527181244/http://www.aeiveos.com/~bradbury/Authors/Computing/Good-IJ/SCtFUM.html. See also James Barrat, *Our Final Invention* (New York: Thomas Dunne Books, 2013).

6 **"development of full artificial intelligence"**: Rory Cellan-Jones, "Stephen Hawking Warns Artificial Intelligence Could End Mankind," *BBC News*, December 2, 2014, http://www.bbc.com/news/technology-30290540.

7 **"First the machines will"**: Peter Holley, "Bill Gates on Dangers of Artificial Intelligence: 'I Don't Understand Why Some People Are Not Concerned,' " Washington Post, January 29, 2015, https://www.washingtonpost.com/news/the-switch/wp/2015/01/28/bill-gates-on-dangers-of-artificial-intelligence-dont-understand-why-some-people-are-not-concerned/.

8 **"summoning the demon"**: Matt McFarland, "Elon Musk: 'With Artificial Intelligence We Are Summoning the Demon,' " *Washington Post*, October 24, 2014, https://www.washingtonpost.com/news/innovations/wp/2014/10/24/elon-musk-with-artificial-intelligence-we-are-summoning-the-demon/.

9 **"I am in the camp that is concerned"**: Holley, "Bill Gates on Dangers of Artificial Intelligence: 'I Don't Understand Why Some People Are Not Concerned.' "

10 **"Let an ultraintelligent machine be defined"**: Good, "Speculations Concerning the First Ultraintelligent Machine."

11 **lift itself up by its own boostraps**: "Intelligence Explosion FAQ," *Machine Intelligence Research Institute*, accessed June 15, 2017, https://intelligence.org/ie-faq/.

12 **"AI FOOM"**: Robin Hanson and Eliezer Yudkowsky, "The Hanson-Yudkowsky AI Foom Debate," http://intelligence.org/files/AIFoomDebate.pdf.

13 **"soft takeoff" scenario**: Müller, Vincent C. and Bostrom, Nick, 'Future progress in artificial intelligence: A Survey of Expert Opinion, in Vincent C. Müller (ed.), *Fundamental Issues of Artificial Intelligence* (Berlin: Springer Synthese Library, 2016), http://www.nickbostrom.com/papers/survey.pdf.

14 **"the dissecting room and the slaughter-house"**: Mary Shelley, *Frankenstein, Or, The Modern Prometheus* (London: Lackington, Hughes, Harding, Mavor & Jones, 1818), 43.

15 **Golem stories**: Executive Committee of the Editorial Board., Ludwig Blau, Joseph Jacobs, Judah David Eisenstein, "Golem," JewishEncylclopedia.com, http://www.jewishencyclopedia.com/articles/6777-golem#1137.

16 **"the dream of AI"**: Micah Clark, interview, May 4, 2016.

17 **"building human-like persons"**: Ibid.

18 **"Why would we expect a silica-based intelligence"**: Ibid.

19 **Turing test**: The Loebner Prize runs the Turing test every year. While no computer has passed the test by fooling all of the judges, some programs have fooled at least one judge in the past. Tracy Staedter, "Chat-Bot Fools Judges Into Thinking It's Human," *Seeker*, June 9, 2014, https://www.seeker.com/chat-bot-fools-judges-into-thinking-its-human-1768649439.html. Every year the Loebner Prize awards a prize to the "most human" AI. You can chat with the 2016 winner, "Rose," here: http://ec2-54-215-197-164.us-west-1.compute.amazonaws.com/speech.php.

20 **AI virtual assistant called "Amy"**: "Amy the Virtual Assistant Is So Human-Like, People Keep Asking It Out on Dates," accessed June 15, 2017, https://mic.com/articles/139512/xai-amy-virtual-assistant-is-so-human-like-people-keep-

asking-it-out-on-dates.

21 **"If we presume an intelligent alien life"**: Micah Clark, interview, May 4, 2016.

22 **"any level of intelligence could in principle"**: Nick Bostrom, "The Superintelligent Will: Motivation and Instrumental Rationality in Advanced Artificial Agents," http://www.nickbostrom.com/superintelligentwill.pdf.

23 **"The AI does not hate you"**: Eliezer S. Yudkowsky, "Artificial Intelligence as a Positive and Negative Factor in Global Risk," http://www.yudkowsky.net/singularity/ai-risk.

24 **"[Y]ou build a chess playing robot"**: Stephen M. Omohundro, "The Basic AI Drives," https://selfawaresystems.files.wordpress.com/2008/01/ai_drives_final.pdf.

25 **"Without special precautions"**: Ibid.

26 **lead-lined coffins connected to heroin drips**: Patrick Sawer, "Threat from Artificial Intelligence Not Just Hollywood Fantasy," June 27, 2015, http://www.telegraph.co.uk/news/science/science-news/11703662/Threat-from-Artificial-Intelligence-not-just-Hollywood-fantasy.html.

27 **"its final goal is to make us happy"**: Nick Bostrom, *Superintelligence: Paths, Dangers, Strategies* (Oxford: Oxford University Press, 2014), Chapter 8.

28 **"a system that is optimizing a function"**: Stuart Russell, "Of Myths and Moonshine," *Edge*, November 14, 2014, https://www.edge.org/conversation/the-myth-of-ai#26015.

29 **"perverse instantiation"**: Bostrom, *Superintelligence*, Chapter 8.

30 **learned to pause Tetris**: Tom Murphy VII, "The First Level of Super Mario Bros. is Easy with Lexicographic Orderings and Time Travel . . . after that it gets a little tricky," https://www.cs.cmu.edu/~tom7/mario/mario.pdf. The same AI also uncovered and exploited a number of bugs, such as one in Super Mario Brothers that allowed it to stomp goombas from underneath.

31 **EURISKO**: Douglas B. Lenat, "EURISKO: A Program That Learns New Heuristics and Domain Concepts," *Artificial Intelligence* 21 (1983), http://www.cs.northwestern.edu/~mek802/papers/not-mine/Lenat_EURISKO.pdf, 90.

32 **"not to put a specific purpose into the machine"**: Dylan Hadfield-Menell, Anca Dragan, Pieter Abbeel, Stuart Russell, "Cooperative Inverse Reinforcement Learning," 30th Conference on Neural Information Processing Systems (NIPS 2016), Barcelona, Spain, November 12, 2016, https://arxiv.org/pdf/1606.03137.pdf.

33 **correctable by their human programmers**: Nate Soares et al., "Corrigibility," in AAAI Workshops: Workshops at the Twenty-Ninth AAAI Conference on Artificial Intelligence, Austin, TX, January 25–26, 2015, https://intelligence.org/files/Corrigibility.pdf.

34 **indifferent to whether they are turned off**: Laurent Orseau and Stuart Armstrong, "Safely Interruptible Agents," https://intelligence.org/files/Interruptibility.pdf.

35 **designing AIs to be tools**: Holden Karnofsky, "Thoughts on the Singularity Institute," May 11, 2012, http://lesswrong.com/lw/cbs/thoughts_on_the_singularity_institute_si/.

36 **"they might not work"**: Stuart Armstrong, interview, November 18, 2016.

37 **Tool AIs could still slip out of control**: Bostrom, Superintelligence, 184–193.

38 **"We also have to consider . . . whether tool AIs"**: Stuart Armstrong, interview, November 18, 2016.

39 **"Just by saying, 'we should only build . . .'"**: Ibid.

40 **AI risk "doesn't concern me"**: Sharon Gaudin, "Ballmer Says Machine Learning Will Be the next Era of Computer Science," *Computerworld*, November 13, 2014, http://www.computerworld.com/article/2847453/ballmer-says-machine-learning-will-be-the-next-era-of-computer-science.html.

41 **"There won't be an intelligence explosion"**: Jeff Hawkins, "The Terminator Is Not Coming. The Future Will Thank Us," Recode, March 2, 2015, https://www.recode.net/2015/3/2/11559576/the-terminator-is-not-coming-the-future-will-thank-us.

42 **Mark Zuckerberg**: Alanna Petroff, "Elon Musk Says Mark Zuckerberg's Understanding of AI Is 'Limited,' " CNN.com, July 25, 2017.

43 **"not concerned about self-awareness"**: David Brumley, interview, November 24, 2016.

44 **"has been completely contradictory"**: Stuart Armstrong, interview, November 18, 2016.

45 **poker became the latest game to fall**: Olivia Solon, "Oh the Humanity! Poker Computer Trounces Humans in Big Step for AI," *The Guardian*, January 30, 2017, sec. Technology, https://www.theguardian.com/technology/2017/jan/30/libratus-poker-artificial-intelligence-professional-human-players-competition.

46 **"imperfect information" game**: Will Knight, "Why Poker Is a Big Deal for Artificial Intelligence," *MIT Technology Review*, January 23, 2017, https://www.technologyreview.com/s/603385/why-poker-is-a-big-deal-for-artificial-intelligence/.

47 **world's top poker players had handily beaten**: Cameron Tung, "Humans Out-Play an AI at Texas Hold 'Em—For Now," WIRED, May 21, 2015, https://www.wired.com/2015/05/humans-play-ai-texas-hold-em-now/.

48 **upgraded AI "crushed"**: Cade Metz, "A Mystery AI Just Crushed the Best Human Players at Poker," *WIRED*, January 31, 2017, https://www.wired.com/2017/01/mystery-ai-just-crushed-best-human-players-poker/.

49 **"as soon as something works"**: Micah Clark, interview, May 4, 2016.

50 **"as soon as a computer can do it"**: Stuart Armstrong, interview, November 18, 2016. This point was also made by authors of a Stanford study of AI. Peter Stone, Rodney Brooks, Erik Brynjolfsson, Ryan Calo, Oren Etzioni, Greg Hager, Julia Hirschberg, Shivaram Kalyanakrishnan, Ece Kamar, Sarit Kraus, Kevin Leyton-Brown, David Parkes, William Press, AnnaLee Saxenian, Julie Shah, Milind Tambe, and Astro Teller. "Artificial Intelligence and Life in 2030." One Hundred Year Study on Artificial Intelligence: Report of the 2015–2016 Study Panel, Stanford University, Stanford, CA, September 2016, 13. http://ai100.stanford.edu/2016-report.

51 **"responsible use"**: AAAI.org, http://www.aaai.org/home.html.

52 **"most of the discussion about superintelligence"**: Tom Dietterich, interview, April 27, 2016.

53 **"runs counter to our current understandings"**: Thomas G. Dietterich and Eric J. Horvitz, "Viewpoint Rise of Concerns about AI: Reflections and Directions," *Communications of the ACM* 58, no. 10 (October 2015): 38–40, http://web.engr.oregonstate.edu/~tgd/publications/dietterich-horvitz-rise-of-concerns-about-ai-reflectionsand-directions-CACM_Oct_2015-VP.pdf.

54 **"The increasing abilities of AI"**: Tom Dietterich, interview, April 27, 2016.

55 **"robust to adversarial attack"**: Ibid.

56 **"The human should be taking the actions"**: Ibid.

57 **"The whole goal in military doctrine"**: Ibid.

58 **AGI as "dangerous"**: Bob Work, interview, June 22, 2016.

59 **more Iron Man than Terminator**: Sydney J. Freedburg Jr., "Iron Man, Not Terminator: The Pentagon's Sci-Fi Inspirations," *Breaking Defense*, May 3, 2016, http://breakingdefense.com/2016/05/iron-man-not-terminator-the-pentagons-sci-fi-inspirations/. Matthew Rosenberg and John Markoff, "The Pentagon's 'Terminator Conundrum': Robots That Could Kill on Their Own," *New York Times*, October 25, 2016, https://www.nytimes.com/2016/10/26/us/pentagon-artificial-intelligence-terminator.html.

60 **"impose obligations on persons"**: Office of General Counsel, Department of Defense, "Department of Defense Law of War Manual," June 2015, https://www.defense.gov/Portals/1/Documents/law_war_manual15.pdf, 330.

61 **"the ultimate goal of AI"**: "The ultimate goal of AI (which we are very far from achieving) is to build a person, or, more humbly, an animal." Eugene Charniak and Drew McDermott, *Introduction to Artificial Intelligence* (Boston: Addison-Wesley Publishing Company, 1985), 7.

62 **"what they're aiming at are human-level"**: Selmer Bringsjord, interview, November 8, 2016.

63 **"we can plan all we want"**: Ibid.

64 **"adversarial AI" and "AI security"**: Stuart Russell, Daniel Dewey, and Max

Tegmark, "Research Priorities for Robust and Beneficial Artificial Intelligence," Association for the Advancement of Artificial Intelligence (Winter 2015), http://futureoflife.org/data/documents/research_priorities.pdf.

65 **malicious applications of AI**: One of the few articles to tackle this problem is Federico Pistono and Roman V. Yampolskiy, "Unethical Research: How to Create a Malevolent Artificial Intelligence," September 2016, https://arxiv.org/pdf/1605.02817.pdf.

66 **Elon Musk's reaction**: Elon Musk, Twitter post, July 14, 2016, 2:42am, https://twitter.com/elonmusk/status/753525069553381376.

67 **"adaptive and unpredictable"**: David Brumley, interview, November 24, 2016.

68 **"Faustian bargain"**: Richard Danzig, "Surviving on a Diet of Poisoned Fruit: Reducing the National Security Risks of America's Cyber Dependencies," Center for a New American Security, Washington, DC, July 21, 2014, https://www.cnas.org/publications/reports/surviving-on-a-diet-of-poisoned-fruit-reducing-the-national-security-risks-of-americas-cyber-dependencies, 9.

69 **"placing humans in decision loops"**: Ibid, 21.

70 **"abnegation"**: Ibid, 20.

71 **"ecosystem"**: David Brumley, interview, November 24, 2016.

72 **Armstrong estimated**: Stuart Armstrong, interview, November 18, 2016.

16장
시험 중인 로봇
자율무기와 전시 법규

1 **biblical book of Deuteronomy**: Deuteronomy 20:10–19. Laws of Manu 7:90–93.

2 ***principle of distinction***: "Article 51: Protection of the Civilian Population" and "Article 52: General Protection of Civilian Objects," Protocol Additional to the Geneva Conventions of 12 August 1949, and relating to the Protection of Victims of International Armed Conflicts (Protocol I), 8 June 1977, https://ihl-databases.icrc.org/ihl/webart/470-750065 and https://ihl-databases.icrc.org/ihl/WebART/470-750067.

3 ***principle of proportionality***: Article 51(5)(b), Protocol Additional to the Geneva Conventions of 12 August 1949 (Protocol I); and "Rule 14: Proportionality in Attack," Customary IHL, https://ihl-databases.icrc.org/customary-ihl/eng/docs/v1_cha_chapter4_rule14.

4 ***principle of avoiding unnecessary suffering***: "Practice Relating to Rule 70. Weapons of a Nature to Cause Superfluous Injury or Unnecessary Suffering," Customary IHL, https://ihl-databases.icrc.org/customary-ihl/eng/docs/v2_rul_rule70.

5 ***precautions in the attack***: "Article 57: Precautions in Attack," Protocol Additional to the Geneva Conventions of 12 August 1949 (Protocol I), https://ihl -databases.icrc.org/applic/ihl/ihl.nsf/9ac284404d38ed2bc1256311002afd89/50fb5579fb098faac12563cd0051dd7c; "Rule 15: Precautions in Attack," Customary IHL, https://ihl-databases.icrc.org/customary-ihl/eng/docs/v1_rul_rule15.

6 ***'hors de combat'***: "Article 41: Safeguard of an Enemy Hors de Combat," Protocol Additional to the Geneva Conventions of 12 August 1949 (Protocol I), https://ihl-databases.icrc.org/applic/ihl/ihl.nsf/WebART/470-750050?OpenDocument; "Rule 41: Attacks Against Persons Hors de Combat," Customary IHL, https://ihl-databases.icrc.org/customary-ihl/eng/docs/v1_rul_rule47.

7 **by their nature, indiscriminate or uncontrollable**: "Article 51: Protection of the Civilian Population," and "Rule 71: Weapons That Are By Nature Indiscriminate," Customary IHL, https://ihl-databases.icrc.org/customary-ihl/eng/docs/v1_rul_rule71.

8 **"lots of civilian dying"**: Steve Goose, interview, October 26, 2016.

9 **"there is no accepted formula"**: Kenneth Anderson, Daniel Reisner, and Matthew Waxman, "Adapting the Law of Armed Conflict to Autonomous Weapon Systems," *International Law Studies* 90 (2014): 386-411, https://www.usnwc.edu/getattachment/a2ce46e7-1c81-4956-a2f3-c8190837afa4/dapting-the-Law-of-Armed-Conflict-to-Autonomous-We.aspx, 403.

10 **Ancient Sanskrit texts**: Dharmaśāstras 1.10.18.8, as quoted in A. Walter Dorn, *The Justifications for War and Peace in World Religions Part III: Comparison of Scriptures from Seven World Religions* (Toronto: Defence R&D Canada, March 2010), 20, http://www.dtic.mil/dtic/tr/fulltext/u2/a535552.pdf. Mahabharata, Book 11, Chapter 841, "Law, Force, and War," verse 96.10, from James L. Fitzgerald, ed., *Mahabharata*, Volume 7, Book 11 and Book 12, Part One, 1st ed. (Chicago: University of Chicago Press, 2003), 411.

11 **"blazing with fire"**: Chapter VII: 90, Laws of Manu, translated by G. Buhler, http://sourcebooks.fordham.edu/halsall/india/manu-full.asp.

12 **"sawback" bayonets**: Sawback bayonets are not illegal, however, provided the purpose is to use the saw as a tool and not for unnecessarily injuring the enemy. Bill Rhodes, *An Introduction to Military Ethics: A Reference Handbook* (Santa Barbara, CA: Praeger, 2009), 13–14.

13 **because of the wounds they cause**: "Protocol on Non-Detectable Fragments (Protocol I), United Nations Conference on Prohibitions or Restrictions on the Use of Certain Conventional Weapons Which May be Deemed to be Excessively Injurious or to Have Indiscriminate Effects," Geneva, 1980, https://ihl-databases.icrc.org/applic/ihl/ihl.nsf/Article.xsp?action=openDocument&documentId=1AF77FFE8082AE07C12563CD0051EDF5; "Rule 79: Weapons Primarily Injuring by Non-Detectable Fragments," Customary IHL, https://ihl-databases.icrc.org/customary-ihl/eng/docs/v1_rul_rule79.

14 **Is being blinded by a laser really worse**: Charles J. Dunlap, "Is it Really Better to be Dead than Blind?," *Just Security*, January 13, 2015, https://www.justsecurity.org/19078/dead-blind/.

15 **"take all feasible precautions"**: Article 57(2)(a)(ii), Protocol Additional to the Geneva Conventions of 12 August 1949 (Protocol I); and "Rule 15: Precautions in Attack," Customary IHL.

16 **"feasible" precautions**: Anderson et al., "Adapting the Law of Armed Conflict to Autonomous Weapon Systems," 403–405.

17 **Lieber Code**: "Article 71, General Orders No. 100: The Lieber Code," The

Avalon Project, http://avalon.law.yale.edu/19th_century/lieber.asp#art71.

18 **"has been rendered unconscious"**: "Article 41: Safeguard of an Enemy Hors de Combat," Protocol Additional to the Geneva Conventions of 12 August 1949 (Protocol I).

19 **"perfidy"**: "Practice Relating to Rule 65: Perfidy," Customary IHL, https://ihl-databases.icrc.org/customary-ihl/eng/docs/v2_rul_rule65.

20 **"You've just been disarmed"**: John S. Canning, "'You've just been disarmed. Have a nice day!'" *IEEE Technology and Society Magazine* (Spring 2009), 12–15.

21 **"targeting either the bow or the arrow"**: John Canning, interview, December 6, 2016.

22 **ultra-precise weapons that would disarm**: John S. Canning, "Weaponized Unmanned Systems: A Transformational Warfighting Opportunity, Government Roles in Making It Happen," http://www.sevenhorizons.org/docs/CanningWeaponizedunmannedsystems.pdf

23 **"let the machines target machines"**: John S. Canning, "A Concept of Operations for Armed Autonomous Systems," presentation, http://www.dtic.mil/ndia/2006disruptive_tech/canning.pdf.

24 **"accountability gap"**: Bonnie Docherty, "Mind the Gap: The Lack of Accountability for Killer Robots," Human Rights Watch, April 9, 2015, https://www.hrw.org/report/2015/04/09/mind-gap/lack-accountability-killer-robots.

25 **"fair nor legally viable"**: Bonnie Docherty, interview, November 18, 2016.

26 **"'punishing' the robot"**: Docherty, "Mind the Gap."

27 **generally shielded from civil liability**: Docherty notes: "Immunity for the US military and its defense contractors presents an almost insurmountable hurdle to civil accountability for users or producers of fully autonomous weapons. The military is immune from lawsuits related to: (1) its policy determinations, which would likely include a choice of weapons, (2) the wartime combat activities of military forces, and (3) acts committed in a foreign country. Manufacturers contracted by the military are similarly immune from suit when

they design a weapon in accordance with government specifications and without deliberately misleading the military. These same manufacturers are also immune from civil claims relating to acts committed during wartime." Ibid.

28 **"dangerous combination"**: Bonnie Docherty, interview, November 18, 2016.

29 **"retributive justice"**: Ibid.

30 **"eliminate this accountability gap"**: Docherty, "Mind the Gap."

31 **shootdown was a mistake**: Rebecca Crootof, "War Torts: Accountability for Autonomous Weapons," *University of Pennsylvania Law Review* 164, no. 6 (May 2016): 1347-1402, http://scholarship.law.upenn.edu/cgi/viewcontent.cgi?article=9528&context=penn_law_review.

32 **U.S. government paid $61.8 million**: Crootof, "War Torts."

33 **"resonates with everyone"**: Bonnie Docherty, interview, November 18, 2016.

34 **must be an individual to hold accountable**: Charles Dunlap Jr., "Accountability and Autonomous Weapons: Much Ado About Nothing?" *Temple International and Comparative Law Journal* 30 (1), Spring 2016, 65–66.

35 **"issue is not with autonomous weapons"**: Ibid.

36 **"In cases not covered by the law"**: Protocol Additional to the Geneva Conventions of 12 August 1949, and relating to the Protection of Victims of Non-International Armed Conflicts (Protocol II), June 8, 1977, https://ihl-databases.icrc.org/applic/ihl/ihl.nsf/7c4d08d9b287a42141256739003e636b/d67c3971bcff1c10c125641e0052b545.

37 **"There is no accepted interpretation"**: Rupert Ticehurst, "The Martens Clause and the Laws of Armed Conflict," *International Review of the Red Cross* 317 (April 30, 1997), https://www.icrc.org/eng/resources/documents/article/other/57jnhy.htm.

38 **"priming"**: Cengiz Erisen, Milton Lodge and Charles S. Taber, "Affective Contagion in Effortful Political Thinking," *Political Psychology* 35, no. 2 (April 2014): 187–206.

39 **Carpenter found**: Charli Carpenter, "How Do Americans Feel About

Fully Autonomous Weapons?" Duck of Minerva, June 19, 2013, http://duckofminerva.com/2013/06/how-do-americans-feel-about-fully-autonomous-weapons.html.

40 **sharp arrow in the quiver of ban advocates**: "Q&A on Fully Autonomous Weapons," Human Rights Watch, October 21, 2013, https://www.hrw.org/news/2013/10/21/qa-fully-autonomous-weapons.

41 **"it is too early to argue that"**: Michael C. Horowitz, "Public Opinion and the Politics of the Killer Robots Debate," February 16, 2016, http://rap.sagepub.com/content/3/1/2053168015627183.

42 **"'Conscience' has an explicitly moral inflection"**: Peter Asaro, "Jus nascendi: Robotic Weapons and the Martens Clause," http://www.peterasaro.org/writing/Asaro%20Jus%20Nascendi%20PROOF.pdf.

43 **"disservice to reduce the 'dictates of public conscience'"**: Ibid.

44 **"through public discussion, as well as academic scholarship"**: Ibid.

45 **"The bar for claiming to speak for humanity"**: Horowitz, "Public Opinion and the Politics of the Killer Robots Debate."

46 **"the clearest manifestation of"**: Steve Goose, email to author, November 22, 2016.

47 **"emphasize *effects* rather than weapons"**: Charles J. Dunlap et al., "Guest Post: To Ban New Weapons or Regulate Their Use?," *Just Security*, April 3, 2015, https://www.justsecurity.org/21766/guest-post-ban-weapons-regulate-use/.

48 **modern-day CS gas**: Ibid.

49 **legal for military use against civilians**: "Riot Control Agents," Organization for the Prohibition of Chemical Weapons, accessed June 16, 2017, https://www.opcw.org/about-chemical-weapons/types-of-chemical-agent/riot-control-agents/.

50 **"smart mines"**: Dunlap et al., "Guest Post."

51 **"the paradox that requires"**: Ibid.

52 **"Given the pace of accelerated scientific development"**: Dunlap et al., "Is It Really Better to Be Dead than Blind?"

53 **“strict compliance with the core principles”**: Dunlap et al., “Guest Post.”

54 “even though there are no victims”: Bonnie Docherty, interview, November 18, 2016.

55 **“grave concern”**: Steve Goose, interview, October 26, 2016.

56 **Protocol II**: Protocol on Prohibitions or Restrictions on the Use of Mines, Booby-Traps and Other Devices as amended on 3 May 1996 (Protocol II to the 1980 CCW Convention as amended on 3 May 1996), https://ihl-databases.icrc.org/ihl/INTRO/575.

57 **“The dangers just far outweigh”**: Steve Goose, interview, October 26, 2016.

58 **“where you stand depends on where you sit”**: Rufus E. Miles, Jr., “The Origin and Meaning of Miles’ Law” *Public Administration Review* 38, no. 5 (September/ October, 1978): 399-403. https://www.jstor.org/stable/975497?seq=1#page_scan_tab_contents.

59 **“Denying such capabilities to nations”**: Dunlap et al., “Guest Post.”

60 **“The law of war rules on conducting attacks”**: Department of Defense, “Department of Defense Law of War Manual,” 330.

61 **“acts of violence against the adversary”**: “Article 49: Definition of Attacks and Scope of Application,” Protocol Additional to the Geneva Conventions of 12 August 1949, and relating to the Protection of Victims of International Armed Conflicts (Protocol I), June 8, 1977, https://ihl-databases.icrc.org/ihl/WebART/470-750062?OpenDocument.

62 **“the size of something that constitutes an attack”**: Kenneth Anderson, interview, January 6, 2017.

63 **“is a technical term relating to”**: International Committee of the Red Cross, “Commentary of 1987 Protection of the Civilian Population,” https://ihl-databases.icrc.org/applic/ihl/ihl.nsf/Comment.xsp?action=openDocument&documentId=2C8494C2FCAF8B27C12563CD0043AA67.

64 **“The notion of the launching of an attack”**: Kenneth Anderson, interview, January 6, 2017.

17장

무감각한 살인자

자율무기의 도덕성

1 **"morally reprehensible"**: Jody Williams, interview, October 27, 2016.

2 **combatants would have an ethical responsibility**: Kenneth Anderson and Matthew Waxman, "Law and Ethics for Autonomous Weapon Systems Why a Ban Won't Work and How the Laws of War Can," Hoover Institution, http://media.hoover.org/sites/default/files/documents/Anderson-Waxman_LawAndEthics_r2_FINAL.pdf, 21-22.

3 **detailed policy guidance**: Department of Defense, "Department of Defense Directive Number 3000.09."

4 **"naked soldier"**: Michael Walzer, *Just and Unjust Wars: A Moral Argument With Historical Illustrations*, 4th ed. (New York: Basic Books, 1977), 138–142.

5 **"It is not against the rules of war"**: Ibid, 142.

6 **"War is cruelty"**: "William Tecumseh Sherman," Biography.com, https://www.biography.com/people/william-tecumseh-sherman-9482051.

7 **sergeant chastised the soldiers**: Walzer, Just and Unjust Wars, 141.

8 **"He got him, but"**: Ibid, 140.

9 **They are the exception**: It is also worth noting that this concern about the role of mercy only applies to antipersonnel autonomous weapons. All of the examples of these moments of mercy are ones where a single enemy individual is targeted. They do not appear to arise in situations where soldiers are targeting objects, even those that have people in them such as ships or tanks. Anti-vehicle or anti-material weapons, therefore, would not run afoul of this concern.

10 **"posturing"**: Dave Grossman, On Killing: The Psychological Cost of Learning to Kill in War and Society (Boston: Little, Brown and Company, 1996), 3–4.

11 **evidence from a variety of wars**: Ibid, 9–28.

12 **innate biological resistance**: Ibid, 177–178.

13 **one animal submits first**: Ibid, 5–6.

14 **drone crews**: Kelly Faircloth, "Everyone Names Their Roomba. What Would You Name Yours?," http://jezebel.com/everyone-names-their-roomba-what-would-you-name-yours. James Dao, "Drone Pilots Are Found to Get Stress Disorders Much as Those in Combat Do," *New York Times*, February 22, 2013, https://www.nytimes.com/2013/02/23/us/drone-pilots-found-to-get-stress-disorders-much-as-those-in-combat-do.html. Rebecca Hawkes, "Post-Traumatic Stress Disorder Is Higher in Drone Operators," *The Telegraph*, May 30, 2015, http://www.telegraph.co.uk/culture/hay-festival/11639746/Post-traumatic-stress-disorder-is-higher-in-drone-operators.html. "Can Drone Pilots Be Diagnosed With Post-Traumatic Stress Disorder?," NPR.org, accessed June 16, 2017, http://www.npr.org/2015/06/06/412525635/can-drone-pilots-be-diagnosed-with-post-traumatic-stress-disorder. Ed Pilkington, "Life as a Drone Operator: 'Ever Step on Ants and Never Give It Another Thought?,'" *The Guardian*, November 19, 2015, https://www.theguardian.com/world/2015/nov/18/life-as-a-drone-pilot-creech-air-force-base-nevada.

15 **firing rates**: Grossman, *On Killing*, 153.

16 **"if he can get others to share"**: Another psychological factor that contributed to higher firing rates among machine gun crews, Grossman argues, was mutual accountability for their actions among the teammates. If one of them wasn't performing his job properly, the others could immediately tell. Ibid, 149–154.

17 **"We see some really dangerous behaviors"**: Mary "Missy" Cummings, interview, June 1, 2016.

18 **"[P]hysical and emotional distancing"**: M. L. Cummings, "Creating Moral Buffers in Weapon Control Interface Design," *IEEE Technology and Society Magazine* (Fall 2004), 29–30.

19 **"[It] is more palatable"**: Ibid, 31.

20 **name their Roomba**: Celeste Biever, "My Roomba's Name Is Roswell," *Slate*, March 23, 2014, http://www.slate.com/articles/health_and_science/new_scientist/2014/03/roomba_vacuum_cleaners_have_names_irobot_ceo_on_

people_s_ties_to_robots.html.

21 **"It is possible that without consciously"**: Cummings, "Creating Moral Buffers in Weapon Control Interface Design," 31.

22 **"could permit people to perceive"**: Ibid, 32.

23 **"cheerful, almost funny graphic"**: Ibid, 32–33.

24 **Cummings criticized the Army's decision**: Cummings uses the terms "management by exception" to refer to a human-supervised autonomous control mode and "management by consent" to refer to a semi-autonomous control mode. Ibid, 33.

25 **"[E]nabling a system to essentially fire at will"**: Ibid, 33.

26 **take a positive action before the weapon fires**: Ibid, 33.

27 **changed its marksmanship training**: Grossman, *On Killing*, 35.

28 **U.S. aerial firebombing killed**: Robert S. McNamara in *Fog of War: Eleven Lessons From the Life of Robert S. McNamara*, documentary, directed by Errol Morris (2003; Sony Pictures Classics).

29 **"were behaving as war criminals"**: Ibid.

30 **"the television coverage was starting"**: Colin L. Powell with Joseph E. Persico, *My American Journey* (New York: Ballantine Books, 2003).

31 **The dehumanization that enables killing**: Grossman, *On Killing*, 156–164.

32 **war crimes**: Ibid, 210–211.

33 **mental health surveys of deployed U.S. troops**: Office of the Surgeon, Multi-National Force Iraq and Office of the Surgeon General, United States Army Medical Command, "Mental Health Advisory Team (MHAT) IV, Operation Iraqi Freedom 05-07, Final Report," November 17, 2006, http://armymedicine.mil/Documents/MHAT-IV-Report-17NOV06-Full-Report.pdf, 34-42. Office of the Surgeon, Multi-National Force Iraq and Office of the Surgeon General, United States Army Medical Command, "Mental Health Advisory Team (MHAT) V, Operation Iraqi Freedom 06-08, Final Report," February 14, 2008, http://armymedicine.mil/Documents/Redacted1-MHATV-OIF-4-FEB-2008Report.pdf, 30–32.

34 **"What if [robotics] actually works?"**: Ron Arkin, interview, June 8, 2016.

35 **"I don't care about the robots"**: Ibid.

36 **"ethical governor"**: Ronald C. Arkin, "Governing Lethal Behavior: Embedding Ethics in a Hybrid Deliberative/Reactive Robot Architecture," Technical Report GIT-GVU-07-11, http://www.cc.gatech.edu/ai/robot-lab/online-publications/formalizationv35.pdf.

37 **"moral imperative to use this"**: Ron Arkin, interview, June 8, 2016.

38 **A typical bomb had only**: "Accuracy and Employment of Air-Dropped Guided Munitions by the United States," Center for a New American Security, https://s3.amazonaws.com/files.cnas.org/images/Accuracy-and-employment-air-dropped-guided-munitions.jpg.

39 **More than 9,000 bombs**: Richard P. Hallion, "Precision Guided Munitions and the New Era of Warfare," APSC Paper Number 53, Air Power Studies Centre, http://fas.org/man/dod-101/sys/smart/docs/paper53.htm.

40 **accurate to within five feet**: "Accuracy and Employment of Air-Dropped Guided Munitions by the United States."

41 **U.S. drone strikes**: "Drone Wars: The Full Data," *The Bureau of Investigative Journalism*, accessed June 16, 2017, https://www.thebureauinvestigates.com/stories/2017-01-01/drone-wars-the-full-data.

42 **"the use of indiscriminate rockets"**: "Ukraine: Unguided Rockets Killing Civilians," *Human Rights Watch*, July 24, 2014, https://www.hrw.org/news/2014/07/24/ukraine-unguided-rockets-killing-civilians.

43 **"some of it is quite dishonorable"**:, Ron Arkin, interview June 8, 2016.

44 **"utterly and wholly unacceptable"**: Ronald Arkin, "The Case for Banning Killer Robots: Counterpoint," accessed June 16, 2017, https://cacm.acm.org/magazines/2015/12/194632-the-case-for-banning-killer-robots/abstract.

45 **"software safety"**: Ron Arkin, interview, June 8, 2016.

46 **"back in some general's office"**: Ibid.

47 **"There is no doubt in my mind"**: Jody Williams, interview, October 27, 2016.

48 **"Should we create caged tigers"**: Ron Arkin, interview, June 8, 2016.

49 **"Where does the danger lurk?"**: Ibid.

50 **"we need to do the research"**: Ibid.

51 **"could possibly support"**: Ibid.

52 **"utilitarian, consequentialist"**: Ibid.

53 **"fundamentally inhuman"**: Jody Williams, interview, October 27, 2016.

54 **"fundamental question of whether it's appropriate"**: Peter Asaro, interview, December 19, 2016.

55 **"What decisions require uniquely human judgment?"**: Kenneth Anderson, email to author, January 4, 2016.

56 **if a decision is made to take a human life**: Duncan Purves, Ryan Jenkins & Brad-ley J. Strawser, "Autonomous Machines, Moral Judgment, and Acting for the Right Reasons" *Ethical Theory and Moral Practice* 18, no. 4 (2015): 851–872.

57 **"the most fundamental and salient moral question"**: Peter Asaro, interview, December 19, 2016.

58 **Heyns called on states to declare**: Christof Heyns, "Report of the Special Rapporteur on extrajudicial, summary or arbitrary executions," United Nations Human Rights Council, April 9, 2013, http://www.ohchr.org/Documents/HRBodies/HRCouncil/RegularSession/Session23/A-HRC-23-47_en.pdf.

59 **"arbitrary for a decision to be taken"**: Christof Heyns, interview, May 18, 2016.

60 **"fundamental violation"**: Peter Asaro, interview, December 19, 2016.

61 **the right to die a dignified death in war**: Of course, dying honorably has often been important in warrior culture, but that is not the same as extending the enemy the opportunity to die an honorable death.

62 **"war without reflection is mechanical slaughter"**: Nick Cumming-Bruce, "U.N. Expert Calls for Halt on Military Robots," New York Times, May 30, 2013, sec. Europe, https://www.nytimes.com/2013/05/31/world/europe/united-nations-armed-robots.html.

63 **"If you eliminate the moral burden"**: Peter Asaro, interview, December 19, 2016.

64 **"moral injury"**: David Wood, "Moral Injury," *The Huffington Post*, accessed June 17, 2017, http://projects.huffingtonpost.com/projects/moral-injury. Shira Maguen and Brett Litz, "Moral Injury in the Context of War," PTSD: National Center for PTSD, accessed June 17, 2017, https://www.ptsd.va.gov/professional/co-occurring/moral_injury_at_war.asp. "What Is Moral Injury," The Moral Injury Project, accessed June 17, 2017, http://moralinjuryproject.syr.edu/about-moral-injury/.

65 **the most traumatic thing a soldier can experience**: Grossman, *On Killing*, 87–93, 156–158.

66 **"One of the places that we spend"**: Paul Selva, "Innovation in the Department of Defense with General Paul Selva," Center for Strategic and International Studies, https://www.csis.org/events/innovation-defense-department-general-paul-selva. Remarks on autonomous weapons begin around 39:00.

67 **"Because we take our values to war"**: Paul Selva, testimony before the Senate Armed Services Committee, July 18, 2017, https://www.armed-services.senate.gov/hearings/17-07-18-nomination_--selva. Comments on autonomous weapons begin around 1:11:10.

68 **"War is about attempting to increase"**: Jody Williams, interview, October 27, 2016.

69 **"crosses a moral and ethical Rubicon"**: Ibid.

70 **"You know the difference between a good robot and a bad robot"**: Ibid.

71 **good Terminators**: Ron Arkin, interview, June 8, 2016.

72 **"beyond-IHL principle of human dignity"**: Ken Anderson, interview, January 6, 2016.

73 **"then we must ask ourselves whether"**: Christof Heyns, interview, May 18, 2016.

74 **"as long as we don't lose our soul"**: Ron Arkin, interview, June 8, 2016.

75 **"Killing Japanese didn't bother me very much"**: "General Curtis E. LeMay, (1906–1990)," PBS.org, http://www.pbs.org/wgbh//amex/bomb/peopleevents/pandeAMEX61.html.

76 **"I am tired and sick of war"**: "William Tecumseh Sherman."

18장
불장난
자율무기와 안정성

1 **further incentivized the Soviet Union**: Michael S. Gerson, "The Origins of Strategic Stability: The United States and the Threat of Surprise Attack," in Elbridge A. Colby and Michael S. Gerson, eds., *Strategic Stability: Contending Interpretations* (Carlisle, PA: Strategic Studies Institute and U.S. Army War College Press, 2013), 3–35.

2 **"we have to worry about his striking us"**: T. C. Schelling, *Surprise Attack and Disarmament* (Santa Monica, CA: RAND, December 10, 1958).

3 **"when neither in striking first"**: Ibid.

4 **"In a stable situation"**: Elbridge Colby, "Defining Strategic Stability: Reconciling Stability and Deterrence," in Colby and Gerson, *Strategic Stability*, 57.

5 **"War termination"**: Thomas C. Schelling, *Arms and Influence* (New Haven and London: Yale University Press, 1966), 203–208. Fred Ikle, *Every War Must End* (New York: Columbia Classics, 2005).

6 **offense-defense balance**: Charles L. Glaser and Chaim Kaufmann, "What Is the Offense-Defense Balance and Can We Measure It? (Offense, Defense, and International Politics)," *International Security* 22, no. 4 (Spring 1998).

7 **Outer Space Treaty**: Treaty on Principles Governing the Activities of States in the Exploration and Use of Outer Space, including the Moon and Other Celestial Bodies, 1967, http://www.unoosa.org/oosa/en/ourwork/spacelaw/treaties/outerspacetreaty.html.

8 **Seabed Treaty**: Treaty on the Prohibition of the Emplacement of Nuclear Weapons and Other Weapons of Mass Destruction on the Seabed and the Ocean Floor and in the Subsoil Thereof, 1971, https://www.state.gov/t/isn/5187.htm.

9 **Environmental Modification Convention**: Convention on the Prohibition of

Military or Any Other Hostile Use of Environmental Modification Techniques, 1977, https://www.state.gov/t/isn/4783.htm.

10 **Anti-Ballistic Missile (ABM) Treaty**: Treaty Between The United States of America and The Union of Soviet Socialist Republics on The Limitation of Anti-Ballistic Missile Systems (ABM Treaty), 1972, https://www.state.gov/t/avc/trty/101888.htm.

11 **Intermediate-Range Nuclear Forces (INF) Treaty**: U.S. Department of State, "Treaty Between the United States of American and the Union of Soviet Socialist Republics on the Elimination of their Intermediate-Range and Shorter-Range Missiles," accessed June 17, 2017, https://www.state.gov/www/global/arms/treaties/inf1.html#treaty.

12 **neutron bombs**: In practice, though, any adjustable dial-a-yield nuclear weapon could function as a neutron bomb.

13 **attacker could use the conquered territory**: This is not to say that neutron bombs did not have, in theory, legitimate uses. The United States viewed neutron bombs as valuable because they could be used to defeat Soviet armored formations on allied territory without leaving residual radiation.

14 **U.S. plans to deploy neutron bombs to Europe**: Mark Strauss, "Though It Seems Crazy Now, the Neutron Bomb Was Intended to Be Humane," *io9*, September 19, 2014, http://io9.gizmodo.com/though-it-seems-crazy-now-the-neutron-bomb-was-intende-1636604514.

15 **first-mover advantage in naval warfare**: Wayne Hughes, *Fleet Tactics and Coastal Combat*, 2nd ed. (Annapolis, MD: Naval Institute Press, 1999).

16 **"Artificial Intelligence, War, and Crisis Stability"**: Michael C. Horowitz, "Artificial Intelligence, War, and Crisis Stability," November 29, 2016. [unpublished manuscript, as of June 2017].

17 **robot swarms will lead to**: Jean-Marc Rickli, "Some Considerations of the Impact of LAWS on International Security: Strategic Stability, Non-State Actors and Future Prospects," paper submitted to Meeting of Experts on Lethal Autonomous Weapons Systems, United Nations Convention on

Certain Conventional Weapons (CCW), April 16, 2015, http://www.unog.ch/80256EDD006B8954/(httpAssets)/B6E6B974512402BEC1257E2E0036AAF1/$file/2015_LAWS_MX_Rickli_Corr.pdf.

18 **lower the threshold for the use of force**: Peter M. Asaro, "How Just Could a Robot War Be?" http://peterasaro.org/writing/Asaro%20Just%20Robot%20War.pdf.

19 **"When is it that you would deploy these systems"**: Michael Horowitz, interview, December 7, 2016.

20 **"The premium on haste"**: Schelling, *Arms and Influence*, 227.

21 **"when speed is critical"**: Ibid, 227.

22 **control escalation**: See also Jürgen Altmann and Frank Sauer, "Autonomous Weapon Systems and Strategic Stability," *Survival* 59:5 (2017), 117–42.

23 **"restraining devices for weapons"**: Ibid, 231.

24 **war among nuclear powers**: Elbridge Colby, "America Must Prepare for Limited War," *The National Interest*, October 21, 2015, http://nationalinterest.org/feature/america-must-prepare-limited-war-14104.

25 **"[S]tates [who employ autonomous weapons]"**: Michael Carl Haas, "Autonomous Weapon Systems: The Military's Smartest Toys?" *The National Interest*, November 20, 2014, http://nationalinterest.org/feature/autonomous-weapon-systems-the-militarys-smartest-toys-11708.

26 **test launch of an Atlas ICBM**: Sagan, *The Limits of Safety*, 78–80.

27 **U-2 flying over the Arctic Circle**: Martin J. Sherwin, "The Cuban Missile Crisis at 50," *Prologue Magazine* 44, no. 2 (Fall 2012), https://www.archives.gov/publications/prologue/2012/fall/cuban-missiles.html.

28 **General Thomas Power**: Powers' motivations for sending this message have been debated by historians. See Sagan, *The Limits of Safety*, 68–69.

29 **"commander's intent"**: Headquarters, Department of the Army, Field Manual 100-5 (June 1993), 6-6.

30 **"If . . . the enemy commander has"**: Lawrence G. Shattuck, "Communicating Intent and Imparting Presence," *Military Review* (March–April 2000), http://

www.au.af.mil/au/awc/awcgate/milreview/shattuck.pdf, 66.

31 **"relocating important assets"**: Haas, "Autonomous Weapon Systems."

32 **"strategic corporal"**: Charles C. Krulak, ""The Strategic Corporal: Leadership in the Three Block War," *Marines Magazine* (January 1999).

33 **"affirmative human decision"**: "No agency of the Federal Government may plan for, fund, or otherwise support the development of command control systems for strategic defense in the boost or post-boost phase against ballistic missile threats that would permit such strategic defenses to initiate the directing of damaging or lethal fire except by affirmative human decision at an appropriate level of authority." 10 U.S.C. 2431 Sec. 224.

34 **"you still have the problem that that's"**: David Danks, interview, January 13, 2017.

35 **"[B]efore we sent the U-2 out"**: Robert McNamara, Interview included as special feature on *Dr. Strangelove or: How I Learned to Stop Worrying and Love the Bomb* (DVD). Columbia Tristar Home Entertainment, (2004) [1964].

36 **"We're going to blast them now!"**: William Burr and Thomas S. Blanton, eds., "The Submarines of October," The National Security Briefing Book, No. 75, October 31, 2002, http://nsarchive.gwu.edu/NSAEBB/NSAEBB75/. "The Cuban Missile Crisis, 1962: Press Release, 11 October 2002, 5:00 PM," accessed June 17, 2017, http://nsarchive.gwu.edu/nsa/cuba_mis_cri/press3.htm.

37 **game of chicken**: Schelling, *Arms and Influence*, 116–125. Herman Kahn, *On Escalation: Metaphors and Scenarios* (New Brunswick and London: Transaction Publishers, 2010), 10-11.

38 **"takes the steering wheel"**: Kahn, *On Escalation*, 11.

39 **"how would the Kennedy Administration"**: Horowitz, "Artificial Intelligence, War, and Crisis Stability," November.

40 **"because of the automated and irrevocable"**: *Dr. Strangelove or: How I Learned to Stop Worrying and Love the Bomb*, directed by Stanley Kubrick (1964).

41 **"Dead Hand"**: Nicholas Thompson, "Inside the Apocalyptic Soviet Doomsday

Machine," *WIRED*, September 21, 2009, https://www.wired.com/2009/09/mf-deadhand/. Vitalii Leonidovich Kataev, interviewed by Ellis Mishulovich, May 1993, http://nsarchive.gwu.edu/nukevault/ebb285/vol%20II%20Kataev.PDF. Varfolomei Vlaimirovich Korobushin, interviewed by John G. Hines, December 10, 1992, http://nsarchive.gwu.edu/nukevault/ebb285/vol%20II%20Korobushin.PDF.

42 **Accounts of Perimeter's functionality differ**: Some accounts by former Soviet officials state that the Dead Hand was investigated and possibly even developed, but never deployed operationally. Andrian A. Danilevich, interview by John G. Hines, March 5, 1990, http://nsarchive.gwu.edu/nukevault/ebb285/vol%20iI%20 Danilevich.pdf, 62-63; and Viktor M. Surikov, interview by John G. Hines, September 11, 1993, http://nsarchive.gwu.edu/nukevault/ebb285/vol%20II%20 Surikov.PDF, 134-135. It is unclear, though, whether this refers in reference or not to a fully automatic system. Multiple sources confirm the system was active, although the degree of automation is ambiguous in their accounts: Kataev, 100–101; and Korobushin, 107.

43 **remain inactive during peacetime**: Korobushin, 107; Thompson, "Inside the Apocalyptic Soviet Doomsday Machine."

44 **network of light, radiation, seismic, and pressure**: Ibid.

45 **leadership would be cut out of the loop**: Ibid.

46 **rockets that would fly over Soviet territory**: Kataev. Korobushin.

47 **Perimeter is still operational**: Thompson, "Inside the Apocalyptic Soviet Doomsday Machine."

48 **"stability-instability paradox"**: Michael Krepon, "The Stability-Instability Paradox, Misperception, and Escalation Control in South Asia," The Stimson Center, 2003, https://www.stimson.org/sites/default/files/file-attachments/stability-instability-paradox-south-asia.pdf. B.H. Liddell Hart, Deterrent or Defence (London: Stevens and Sons, 1960), 23.

49 **"madman theory"**: Harry R. Haldeman and Joseph Dimona, The Ends of Power (New York: Times Books, 1978), 122. This is not a new idea. It dates

back at least to Machiavelli. Niccolo Machiavelli, Discourses on Livy, Book III, Chapter 2.

50 **"the threat that leaves something to chance"**: Thomas C. Schelling, The Strategy of Conflict (Cambridge, MA: Harvard University Press, 1960).

51 **"There's a real problem here"**: David Danks, interview, January 13, 2017.

52 **"Autonomous weapon systems are very new"**: Ibid.

53 **"it's just completely unreasonable"**: Ibid.

54 **"Mr. President, we and you ought not"**: Department of State Telegram Transmitting Letter From Chairman Khrushchev to President Kennedy, October 26, 1962, http://microsites.jfklibrary.org/cmc/oct26/doc4.html.

55 **"there are scenarios in which"**: Haas, "Autonomous Weapon Systems."

19장
켄타우로스 전투원
인간 + 기계

1 **Gary Kasparov**: Mike Cassidy, "Centaur Chess Brings out the Best in Humans and Machines," BloomReach, December 14, 2014, http://bloomreach.com/2014/12/centaur-chess-brings-best-humans-machines/.

2 **centaur chess**: Tyler Cowen, "What are Humans Still Good for? The Turning Point in Freestyle Chess may be Approaching," *Marginal Revolution*, November 5, 2013, http://marginalrevolution.com/marginalrevolution/2013/11/what-are-humans-still-good-for-the-turning-point-in-freestyle-chess-may-be-approaching.html.

3 **"On 17 April 1999"**: Mike Pietrucha, "Why the Next Fighter will be Manned, and the One After That," *War on the Rocks*, August 5, 2015, http://warontherocks.com/2015/08/why-the-next-fighter-will-be-manned-and-the-one-after-that/.

4 **Commercial airliners use automation**: Mary Cummings and Alexander Stimpson, "Full Auto Pilot: Is it Really Necessary to Have a Human in the Cockpit?," *Japan Today*, May 20, 2015, http://www.japantoday.com/category/

opinions/view/full-auto-pilot-is-it-really-necessary-to-have-a-human-in-the-cockpit.

5 **"Do Not Engage Sector"**: Mike Van Rassen, "Counter-Rocket, Artillery, Mortar (C-RAM)," Program Executive Office Missiles and Space, accessed June 16, 2017, Slide 28, http://www.msl.army.mil/Documents/Briefings/C-RAM/C-RAM%20Program%20Overview.pdf.

6 **"The human operators do not aim"**: Sam Wallace, "The Proposed Ban on Offensive Autonomous Weapons is Unrealistic and Dangerous," Kurzweilai, August 5, 2015, http://www.kurzweilai.net/the-proposed-ban-on-offensive-autonomous-weapons-is-unrealistic-and-dangerous.

7 **"unwarranted and uncritical trust"**: Hawley, "Not by Widgets Alone."

8 **the human does not add any value**: Given recent advances in machine learning, it is possible we are at this point now. In December 2017, the AI research company Deep-Mind unveiled AlphaZero, a single algorithm that had achieved superhuman play in chess, go, and the Japanese strategy game shogi. Within a mere four hours of self-play and with no training data, AlphaZero eclipsed the previous top chess program. The method behind AlphaZero, deep reinforcement learning, appears to be so powerful that it is unlikely that humans can add any value as members of a "centaur" humanmachine team for these games. Tyler Cowen, "The Age of the Centaur Is *Over* Skynet Goes Live," MarginalRevolution.com, December 7, 2017, http://marginalrevolution.com/marginalrevolution/2017/12/the-age-of-the-centaur-is-over.html. David Silver et al., "Mastering Chess and Shogi by Self-Play with a General Reinforcement Learning Algorithm," December 5, 2017, https://arxiv.org/pdf/1712.01815.pdf.

9 **as computers advance**: Cowen, "What Are Humans Still Good For?"

10 **jam-resistant communications**: Sayler, "Talk Stealthy to Me." Paul Scharre, "Yes, Unmanned Aircraft Are The Future," *War on the Rocks*, August 11, 2015, https://warontherocks.com/2015/08/yes-unmanned-combat-aircraft-are-the-future/. Amy Butler, "5th-To-4th Gen Fighter Comms Competition Eyed In

Fiscal 2015," *Aviation Week Network*, June 18, 2014, http://aviationweek.com/defense/5th-4th-gen-fighter-comms-competition-eyed-fiscal-2015.

11 **"What application are we trying"**: Peter Galluch, interview, July 15, 2016.

12 **"If they don't exist, there is no"**: Jody Williams, interview, October 27, 2016.

13 **"mutual restraint"**: Evan Ackerman, "We Should Not Ban 'Killer Robots,' and Here's Why," *IEEE Spectrum: Technology, Engineering, and Science News*, July 29, 2015, http://spectrum.ieee.org/automaton/robotics/artificial-intelligence/we-should-not-ban-killer-robots.

20장
교황과 석궁
군비 제한의 복잡한 역사

1 **"The key question for humanity today"**: "Autonomous Weapons: An Open Letter From AI & Robotics Researchers."

2 **Whether or not a ban succeeds**: For analysis of why some weapons bans work and some don't, see: Rebecca Crootof, http://isp.yale.edu/sites/default/files/publications/killer_robots_are_here_final_version.pdf; Sean Watts, "Autonomous Weapons: Regulation Tolerant or Regulation Resistant?" *Temple International & Comparative Law Journal* 30 (1), Spring 2016, 177–187; and Rebecca Crootof, https://www.lawfareblog.com/why-prohibition-permanently-blinding-lasers-poor-precedent-ban-autonomous-weapon-systems.

3 **"the most powerful limitations"**: Schelling, *Arms and Influence*, 164.

4 **"'Some gas' raises complicated questions"**: Thomas C. Schelling, *The Strategy of Conflict* (Cambridge, MA: Harvard University, 1980), 75.

5 **Escalation from one step to another**: Schelling makes this point in Arms and Influence in a critique of the McNamara "no cities" doctrine. Schelling, *Arms and Influence*, 165.

6 **"If they declare that they will attack"**: "Hitlers Bombenterror: 'Wir Werden Sie Ausradieren,'" *Spiegel Online*, accessed April 1, 2003, http://www.spiegel.de/

spiegelspecial/a-290080.html.

7 **Complete bans on weapons**: This seems to suggest that if lasers were used in future wars for non-blinding purposes and ended up causing incidental blinding, then they would quickly evolve into use for intentional blinding.

8 **"antipersonnel land mine"**: Human Rights Watch, "Yemen: Houthi Landmines Claim Civilian Victims," September 8, 2016, https://www.hrw.org/news/2016/09/08/yemen-houthi-landmines-claim-civilian-victims.

9 **SMArt 155 artillery shells**: "Fitzgibbon Wants to Keep SMArt Cluster Shells," Text, *ABC News*, (May 29, 2008), http://www.abc.net.au/news/2008-05-29/fitzgibbon-wants-to-keep-smart-cluster-shells/2452894.

10 **poison gas attack at Ypres**: Jonathan B. Tucker, *War of Nerves: Chemical Warfare from World War I to Al-Qaeda* (New York: Pantheon Books, 2006).

11 **"or by other new methods"**: Declaration (IV,1), to Prohibit, for the Term of Five Years, the Launching of Projectiles and Explosives from Balloons, and Other Methods of Similar Nature. The Hague, July 29, 1899, https://ihl-databases.icrc.org/applic/ihl/ihl.nsf/385ec082b509e76c41256739003e636d/53024c9c9b216ff2c125641e0035be1a?OpenDocument.

12 **"attack or bombardment"**: Regulations: Article 25, Convention (IV) respecting the Laws and Customs of War on Land and its annex: Regulations concerning the Laws and Customs of War on Land. The Hague, October 18, 1907, https://ihl-databases.icrc.org/applic/ihl/ihl.nsf/Article.xsp?action=openDocument&documentId=D1C251B17210CE8DC12563CD0051678F.

13 **"the bomber will always get through"**: "The bomber will always get through," Wikipedia, https://en.wikipedia.org/wiki/The_bomber_will_always_get_through.

14 **Nuclear Non-Proliferation Treaty**: "Treaty on the Non-Proliferation of Nuclear Weapons (NPT)," United Nations Office for Disarmament Affairs, https://www.un.org/disarmament/wmd/nuclear/npt/text, accessed June 19, 2017.

15 **Chemical Weapons Convention**: "Chemical Weapons Convention," Organisation for the Prohibition of Chemical Weapons, https://www.opcw.

org/chemical-weapons-convention/, accessed June 19, 2017.

16 **INF Treaty**: "Treaty Between the United States of American and the Union of Soviet Socialist Republics on the Elimination of their Intermediate-Range and Shorter-Range Missiles."

17 **START**: "Treaty Between the United States of American and the Union of Soviet Socialist Republics on the Reduction and Limitation of Strategic Offensive Arms," U.S. Department of State, https://www.state.gov/www/global/arms/starthtm/start/start1.html, accessed June 19, 2017.

18 **New START**: "New Start," U.S. Department of State, https://www.state.gov/t/avc/newstart/, accessed June 19, 2017.

19 **Outer Space Treaty**: Treaty on Principles Governing the Activities of States in the Exploration and Use of Outer Space, including the Moon and Other Celestial Bodies.

20 **expanding bullets**: Declaration (IV,3) concerning Expanding Bullets, The Hague, July 29, 1899, https://ihl-databases.icrc.org/applic/ihl/ihl.nsf/Article.xsp?action =openDocument&documentId=F5FF4D9CA7E41925C12563CD0051616B.

21 **Geneva Gas Protocol**: Protocol for the Prohibition of the Use of Asphyxiating, Poisonous or Other Gases, and of Bacteriological Methods of Warfare, Geneva, June 17, 1925, https://ihl-databases.icrc.org/ihl/INTRO/280?OpenDocument.

22 **CCW**: "The Convention on Certain Conventional Weapons," United Nations Office for Disarmament Affairs, https://www.un.org/disarmament/geneva/ccw/, accessed June 19, 2017.

23 **SORT**: "Treaty Between the United States of America and the Russian Federation On Strategic Offensive Reductions (The Moscow Treaty)," U.S. Department of State, https://www.state.gov/t/isn/10527.htm, accessed June 19, 2017.

24 **weapons of mass destruction (WMD) in orbit**: Treaty on Principles Governing the Activities of States in the Exploration and Use of Outer Space, including

the Moon and Other Celestial Bodies.

25 **Environmental Modification Convention**: Convention on the Prohibition of Military or Any Other Hostile Use of Environmental Modification Techniques.

26 **Biological Weapons Convention**: "The Biological Weapons Convention," United Nations Office for Disarmament Affairs, https://www.un.org/disarmament/wmd/bio/, accessed June 19, 2017.

27 **secret biological weapons program**: Tim Weiner, "Soviet Defector Warns of Biological Weapons," *New York Times*, February 24, 1998. Milton Leitenberg, Raymond A. Zilinskas, and Jens H. Kuhn, *The Soviet Biological Weapons Program: A History* (Cambridge: Harvard University Press, 2012). Ken Alibek, *Biohazard: The Chilling True Story of the Largest Covert Biological Weapons Program in the World* (Delta, 2000). Raymond A. Zilinskas, "The Soviet Biological Weapons Program and Its Legacy in Today's Russia," CSWMD Occasional Paper 11, July 18, 2016.

28 **Other weapons can be**: The lack of a verification regime has been a long-standing concern regarding the Biological Weapons Convention. "Biological Weapons Convention (BWC) Compliance Protocol," NTI, August 1, 2001, http://www.nti.org/analysis/articles/biological-weapons-convention-bwc/. "The Biological Weapons Convention: Proceeding without a Verification Protocol," Bulletin of the Atomic Scientists, May 9, 2011, http://thebulletin.org/biological-weapons-convention-proceeding-without-verification-protocol.

21장
자율무기는 불가피한가?
로봇 공학의 치명적인 법칙 찾기

1 **Convention on Certain Conventional Weapons (CCW)**: "2014 Meeting of Experts on LAWS," The United Nations Office at Geneva, http://www.unog.ch/__80256ee600585943.nsf/(httpPages)/a038dea1da906f9dc1257dd90042e261?OpenDocument&ExpandSection=1#_Section1. "2015 Meeting of Experts on LAWS," The United Nations Office at Geneva, http://www.unog.

ch/80256EE600585943/(httpPages)/6CE049BE22EC75A2C1257C8D00513E26?OpenDocument; "2016 Meeting of Experts on LAWS," The United Nations Office at Geneva, http://www.unog.ch/80256EE600585943/(httpPages)/37D51189AC4FB6E1C1257F4D004CAFB2?OpenDocument.

2 **"appropriate human involvement"**: CCW, "Report of the 2016 Informal Meeting of Experts on Lethal Autonomous Weapon Systems (LAWS), June 10, 2016.

3 **"How near to a city is"**: Schelling, *Arms and Influence*, 165.

4 **"partition"**: Article 36, "Autonomous weapons—the risks of a management by 'partition,' " October 10, 2012, http://www.article36.org/processes-and-policy/protection-of-civilians/autonomous-weapons-the-risks-of-a-management-bypartition/.

5 **Campaign to Stop Killer Robots has called**: "A comprehensive, pre-emptive prohibition on the development, production and use of fully autonomous weapons." The Campaign to Stop Killer Robots, "The Solution," http://www.stopkillerrobots.org/the-solution/.

6 **technology is too diffuse**: Ackerman, "We Should Not Ban 'Killer Robots,' and Here's Why."

7 **"not a wise campaign strategy"**: Steve Goose, interview, October 26, 2016.

8 **care more about human rights**: Ian Vasquez and Tanja Porcnik, "The Human Freedom Index 2016," Cato Institute, the Fraser Institute, and the Friedrich Naumann Foundation for Freedom, 2016, https://object.cato.org/sites/cato.org/files/human-freedom-index-files/human-freedom-index-2016.pdf.

9 **"You know you're not"**: Steve Goose, interview, October 26, 2016.

10 **A few experts have presented**: For example, Rickli, "Some Considerations of the Impact of LAWS on International Security: Strategic Stability, Non-State Actors and Future Prospects."

11 **"it's not really a significant feature"**: John Borrie, interview, April 12, 2016.

12 **"offensive autonomous weapons beyond meaningful"**: "Autonomous Weapons: An Open Letter From AI & Robotics Researchers."

13 **"will move toward some type"**: Bob Work, interview, June 22, 2016.

14 **no antipersonnel equivalents**: Precision-guided weapons are evolving down to the level of infantry combat, including some laser-guided munitions such as the DARPA XACTO and Raytheon Spike missile. Because these are laser-guided, they are still remotely controlled by a person.

15 **"let machines target machines"**: Canning, "A Concept of Operations for Armed Autonomous Systems."

16 **"stopping an arms race"**: Stuart Russell Walsh Max Tegmark and Toby, "Why We Really Should Ban Autonomous Weapons: A Response," *IEEE Spectrum: Technology, Engineering, and Science News*, August 3, 2015, http://spectrum.ieee.org/automaton/robotics/artificial-intelligence/why-we-really-should-ban-autonomous-weapons.

17 **focus on the unchanging element in war**: The ICRC, for example, has called on states to "focus on the role of the human in the targeting process." International Committee of the Red Cross, "Views of the International Committee of the Red Cross (ICRC) on autonomous weapon system," paper submitted to the Convention on Certain Conventional Weapons (CCW) Meeting of Experts on Lethal Autonomous Weapons Systems (LAWS), April 11, 2016, 5, available for download at https://www.icrc.org/en/document/views-icrc-autonomous-weapon-system.

18 **Phrases like . . . "appropriate human involvement"**: Heather M. Roff and Richard Moyes, "Meaningful Human Control, Artificial Intelligence and Autonomous Weapons," Briefing paper prepared for the Informal Meeting of Experts on Lethal Autonomous Weapons Systems, UN Convention on Certain Conventional Weapons, April 2016, http://www.article36.org/wp-content/uploads/2016/04/MHC-AI-and-AWS-FINAL.pdf. Human Rights Watch, "Killer Robots and the Concept of Meaningful Human Control," April 11, 2016, https://www.hrw.org/news/2016/04/11/killer-robots-and-concept-meaningful-human-control. UN Institute for Disarmament Research, "The Weaponization of Increasingly Autonomous Technologies: Considering

how Meaningful Human Control might move the discussion forward," 2014, http://www.unidir.org/files/publications/pdfs/considering-how-meaningful-human-control-might-move-the-discussion-forward-en-615.pdf. Michael Horowitz and Paul Scharre, "Meaningful Human Control in Weapon Systems: A Primer," Center for a New American Security, Washington DC, March 16, 2015, https://www.cnas.org/publications/reports/meaningful-human-control-in-weapon-systems-a-primer. CCW, "Report of the 2016 Informal Meeting of Experts on Lethal Autonomous Weapon Systems (LAWS).

19 **"The law of war rules"**: Department of Defense, "Department of Defense Law of War Manual," 330.

결론
정해진 운명 같은 건 없다, 우리가 만들어 갈 뿐

1 **Sarah and John are forever trapped**: Kudos to Darren Franich for a mind-melting attempt to map the *Terminator* timelines: " 'Terminator Genisys': The Franchise Timeline, Explained," *EW.com*, June 30, 2015, http://ew.com/article/2015/06/30/terminator-genisys-franchise-timeline-explained/.